Avak
Stahlbetonbau in Beispielen
Teil 1

Stahlbetonbau in Beispielen

DIN 1045 und EUROPÄISCHE NORMUNG

Teil 1
Bemessung von Stabtragwerken

Prof. Dr.-Ing. Ralf Avak

4., neu bearbeitete
und erweiterte Auflage 2004

Werner Verlag

1. Auflage 1991
2. Auflage 1994
3. Auflage 2001
4. Auflage 2004

Bibliografische Information Der Deutschen Bibliothek
Die Deutsche Bibliothek verzeichnet diese Publikation in der Deutschen Nationalbibliografie; detaillierte bibliografische Daten sind im Internet über **http://dnb.ddb.de** abrufbar.

ISBN 3-8041-1082-7

www.werner-verlag.de

© 2004 Wolters Kluwer Deutschland GmbH, München/Unterschleißheim.
Werner Verlag – eine Marke von Wolters Kluwer Deutschland.
Alle Rechte vorbehalten.

Das Werk einschließlich aller seiner Teile ist urheberrechtlich geschützt. Jede Verwertung außerhalb der engen Grenzen des Urheberrechtsgesetzes ist ohne Zustimmung des Verlages unzulässig und strafbar. Das gilt insbesondere für Vervielfältigungen, Übersetzungen, Mikroverfilmungen und die Einspeicherung und Verarbeitung in elektronischen Systemen. Zahlenangaben ohne Gewähr.

Druck und Verarbeitung: Verlagsdruckerei Schmidt GmbH, 91413 Neustadt/Aisch
Printed in Germany, Februar 2004

Archiv-Nr.: 876/4-2.2004

Vorwort

Die DIN 1045 (Ausgabe 07.2001) wurde bauaufsichtlich eingeführt und ist damit relevant für die Bemessung und Konstruktion von Stahlbeton- und Spannbetonbauteilen in Deutschland. Ihre Grundlage ist der Eurocode 2 (Ausgabe 06.1992), dessen Bemessungsverfahren in einigen Bereichen weiterentwickelt wurden. Der Eurocode 2 darf in anderen europäischen Ländern verwendet werden, nicht jedoch in Deutschland. „Stahlbetonbau in Beispielen" berücksichtigt in allen Abschnitten die Regelungen der DIN 1045 und des Eurocode 2. Sofern Letzterer von der nationalen Norm abweicht, werden entsprechende Hinweise gegeben. Dieses Buch ist so aufgebaut, dass die gesamte Theorie und alle Nachweise komplett nach DIN 1045 geführt werden. Falls der EC 2 für den jeweiligen Leser nicht von Interesse sein sollte, können die entsprechenden Seiten überblättert werden, ohne die Verständlichkeit zu beeinträchtigen.

Ziel des Verfassers ist es auch weiterhin, aus der Theorie des Stahlbetons in knapper Form die Regelungen der Normen so zu entwickeln, dass der studierende Leser die Tragwirkung im Baustoff Stahlbeton und dessen Bemessung versteht, bevor Anwendungen in zahlreichen Übungsbeispielen demonstriert werden.

Entsprechend der zunehmenden Bedeutung der Ermüdungsbeanspruchung infolge steigender Lastspielzahlen bei Ingenieurbauwerken werden in dieser Auflage Grundlagen und Nachweis gegen Ermüdung ausführlich behandelt.

Den Lesern der vorangegangenen Auflagen möchte ich für die gute Annahme des Buches danken. Sie ermöglichte es, bereits zwei Jahre nach dem Erscheinen der letzten umfassenden Neubearbeitung diese 4. Auflage vorzubereiten. Mein Dank gilt auch dem Werner Verlag für die langjährige gute Zusammenarbeit.

Cottbus / Biberach an der Riss, im Januar 2004   *Ralf Avak*

Aus dem Vorwort zur 1. Auflage

Annähernd jedes zu errichtende Bauwerk weist Stahlbetonbauteile auf. Das vorliegende Buch soll Studierende an diesen Verbundbaustoff heranführen und mit der Theorie, Berechnung und Konstruktion vertraut machen.

Ziel des Verfassers ist es, zunächst eine anwendungsnahe Theorie des Stahlbetons aufzuzeigen, um nicht nur eine Berechnung nach festgelegten Algorithmen zu ermöglichen, sondern auch das ingenieurmäßige Verständnis für zukünftige Entwicklungen, die sich in internationalen Vorschriften niederschlagen werden, zu fördern.

Biberach an der Riss, im März 1991   *Ralf Avak*

Inhaltsverzeichnis

1	**Allgemeines**		1
	1.1	Geschichtliche Zusammenfassung	1
	1.2	Eigenschaften von Stahlbeton	1
	1.3	Eigenschaften des Verbundbaustoffes Stahlbeton	3
	1.3.1	Tragverhalten unter zentrischem Druck	3
	1.3.2	Tragverhalten unter zentrischem Zug	5
	1.3.3	Tragverhalten unter Biegung	10
	1.3.4	Schlussfolgerungen	12
2	**Baustoffe des Stahlbetons**		13
	2.1	Beton	13
	2.1.1	Einteilung und Begriffe	13
	2.1.2	Bestandteile	15
	2.2	Frischbeton	16
	2.2.1	Wasserzementwert und Betonqualität	16
	2.2.2	Nachbehandlung des Betons	18
	2.3	Festbeton	20
	2.3.1	Druckfestigkeit	20
	2.3.2	Zugfestigkeit	22
	2.3.3	Elastizitätsmodul	23
	2.3.4	Werkstoffgesetze	23
	2.4	Betonstahl	26
	2.4.1	Werkstoffkennwerte für Druck- und Zugbeanspruchung	26
	2.4.2	Werkstoffgesetze	29
	2.5	Stahlbeton unter Umwelteinflüssen	30
	2.5.1	Karbonatisierung	30
	2.5.2	Betonkorrosion	33
	2.5.3	Chlorideinwirkung	33
	2.5.4	Dauerhafte Stahlbetonbauwerke	34
3	**Betondeckung**		35
	3.1	Aufgabe	35
	3.2	Maße der Betondeckung	35
	3.3	Regelungen nach DIN 1045	36
	3.3.1	Mindestmaß	36
	3.3.2	Vorhaltemaß	37
	3.4	Regelungen nach EC 2	39
	3.4.1	Mindestmaß	39
	3.4.2	Vorhaltemaß	39

	3.5	Abstandhalter	41
	3.5.1	Arten und Bezeichnungen	41
	3.5.2	Anordnung der Abstandhalter	43
4	**Bewehren mit Betonstabstahl**		**44**
	4.1	Betonstahlquerschnitte	44
	4.2	Biegen von Betonstahl	46
	4.2.1	Beanspruchungen infolge der Stabkrümmung	46
	4.2.2	Mindestwerte des Biegerollendurchmessers nach DIN 1045	48
	4.2.3	Mindestwerte des Biegerollendurchmessers nach EC 2	49
	4.2.4	Hin- und Zurückbiegen von Bewehrungsstäben	50
	4.2.5	Grenzabmaße von Bewehrungsstäben	53
	4.3	Verankerung von Betonstählen	53
	4.3.1	Tragwirkung	53
	4.3.2	Grundmaß der Verankerungslänge	53
	4.3.3	Allgemeine Bestimmungen der Verankerungslänge	56
	4.3.4	Verankerungslänge an Auflagern	58
	4.3.5	Ergänzende Regelungen für dicke Bewehrungsstäbe	62
	4.3.6	Verankerung von Stabbündeln	62
	4.3.7	Verankerungslänge nach EC 2	63
	4.3.8	Ankerkörper	64
	4.4	Stöße von Betonstahl	64
	4.4.1	Erfordernis von Stößen	64
	4.4.2	Übergreifungsstöße	66
	4.4.3	Bestimmung der Übergreifungslänge	68
	4.4.4	Bestimmung der Übergreifungslänge nach EC 2	71
	4.5	Direkte Zug- und Druckstöße	71
	4.5.1	Erfordernis, Stoßarten und Auswahlkriterien	71
	4.5.2	Schweißverbindungen	75
	4.5.3	Mechanische Verbindungen	75
	4.6	Hinweise zur Bewehrungswahl	77
5	**Tragwerke und deren Idealisierung**		**78**
	5.1	Tragwerke	78
	5.2	Tragwerksidealisierung	79
	5.2.1	Systemfindung	79
	5.2.2	Auflager und Stützweiten	81
	5.2.3	Steifigkeiten	84
	5.3	Mindestabmessungen	86
	5.4	Verfahren zur Schnittgrößenermittlung	87
	5.4.1	Allgemeines	87
	5.4.2	Lineare Verfahren auf Basis der Elastizitätstheorie	87
	5.4.3	Lineare Verfahren mit begrenzter Momentenumlagerung	88
	5.4.4	Nichtlineare Verfahren	90
	5.4.5	Verfahren auf Grundlage der Plastizitätstheorie	90
	5.5	Mindestmomente	90

	5.6	Gebäudeaussteifung	93
	5.6.1	Lotrechte aussteifende Bauteile	93
	5.6.2	Waagerechte aussteifende Bauteile	95
	5.7	Näherungsverfahren zur Schnittgrößenermitttlung für horizontal unverschiebliche Rahmen des Hochbaus	95
	5.7.1	Anwendungsmöglichkeiten	95
	5.7.2	Regeldurchführung des c_o-c_u-Verfahrens	97
	5.7.3	Durchführung des c_o-c_u-Verfahrens bei Rippenplatten	98
	5.7.4	Durchführung des c_o-c_u-Verfahrens bei in Stahlbetonwand einspannenden Balken	100
	5.8	Bautechnische Unterlagen	102
6	**Grundlagen der Bemessung**		103
	6.1	Allgemeines	103
	6.2	Bemessungskonzepte	103
	6.2.1	Grenzzustände	103
	6.2.2	Bemessungskonzept im Grenzzustand der Tragfähigkeit	105
	6.2.3	Schnittgrößenermittlung im Grenzzustand der Tragfähigkeit	106
	6.2.4	Vereinfachte Schnittgrößenermittlung für Hochbauten	109
	6.2.5	Bemessungskonzept im Grenzzustand der Gebrauchstauglichkeit	110
	6.2.6	Schnittgrößenermittlung im Grenzzustand der Gebrauchstauglichkeit	110
7	**Nachweis für Biegung und Längskraft (Biegebemessung)**		111
	7.1	Grundlagen des Nachweises	111
	7.2	Bauteilhöhe und statische Höhe	113
	7.3	Bemessungsmomente	114
	7.4	Zulässige Stauchungen und Dehnungen	116
	7.4.1	Grenzdehnungen	116
	7.4.2	Dehnungsbereiche	118
	7.4.3	Auswirkungen unterschiedlicher Grenzdehnungen	119
	7.5	Biegebemessung von Querschnitten mit rechteckiger Druckzone für einachsige Biegung	121
	7.5.1	Grundlegende Zusammenhänge für die Erstellung von Bemessungshilfen	121
	7.5.2	Bemessung mit einem dimensionslosen Verfahren	125
	7.5.3	Bemessung mit einem dimensionsgebundenen Verfahren	133
	7.5.4	Bemessung mit einem grafischen Verfahren	135
	7.5.5	Bemessung mit Druckbewehrung	137
	7.6	Biegebemessung von Plattenbalken	142
	7.6.1	Begriff	142
	7.6.2	Mitwirkende Plattenbreite	143
	7.6.3	Bemessung bei rechteckiger Druckzone	148
	7.6.4	Bemessung bei gegliederter Druckzone	152
	7.7	Grenzwerte der Biegezugbewehrung	159
	7.7.1	Mindestbewehrung nach DIN 1045	159
	7.7.2	Mindestbewehrung nach EC 2	160
	7.7.3	Höchstwert der Biegezugbewehrung	160

	7.8	Vorbemessung	161
	7.8.1	Rechteckquerschnitte	161
	7.8.2	Plattenbalken	162
	7.9	Bemessung bei beliebiger Form der Druckzone	162
	7.10	Bemessung vollständig gerissener Querschnitte	164
	7.10.1	Grundlagen	164
	7.10.2	Bemessung	165
	7.11	Bemessung mit Interaktionsdiagrammen	167
	7.11.1	Grundlagen	167
	7.11.2	Anwendung bei einachsiger Biegung	168
	7.11.3	Anwendung bei zweiachsiger Biegung	171
8	**Bemessung für Querkräfte**		**175**
	8.1	Allgemeine Grundlagen	175
	8.2	Bemessungswert der einwirkenden Querkraft	177
	8.2.1	Bauteile mit konstanter Bauteilhöhe	177
	8.2.2	Bauteile mit variabler Bauteilhöhe	180
	8.3	Bauteile ohne Querkraftbewehrung	182
	8.3.1	Tragverhalten	182
	8.3.2	Nachweisverfahren nach DIN 1045	184
	8.3.3	Nachweisverfahren nach EC 2	189
	8.4	Bauteile mit Querkraftbewehrung	191
	8.4.1	Fachwerkmodell	191
	8.4.2	Höchstabstände der Querkraftbewehrung	198
	8.4.3	Mindestquerkraftbewehrung	199
	8.4.4	Bemessung von Stegen nach DIN 1045	200
	8.4.5	Bemessung von Stegen nach EC 2	203
	8.5	Schubsicherung in den Gurten von Plattenbalken	208
	8.5.1	Fachwerkmodell im Gurt	208
	8.5.2	Bemessung von Gurten nach DIN 1045	210
	8.5.3	Bemessung von Gurten nach EC 2	213
	8.6	Schubkräfte in Arbeitsfugen	214
	8.6.1	Anwendungsbereiche	214
	8.6.2	Einwirkende Schubkraft	215
	8.6.3	Bauteilwiderstand in der Kontaktfuge nach EC 2	216
	8.6.4	Bauteilwiderstand in der Kontaktfuge nach DIN 1045	217
	8.7	Querkraftdeckung	218
	8.7.1	Allgemeines	218
	8.7.2	Querkraftbewehrung aus senkrecht stehender Bewehrung	219
	8.7.3	Querkraftbewehrung aus senkrecht und schräg stehender Bewehrung	223
	8.8	Bewehrungsformen	228
	8.9	Auf- und Einhängebewehrung	229
	8.9.1	Einhängebewehrung	229
	8.9.2	Aufhängebewehrung	229

9	**Bemessung für Torsionsmomente**	231
9.1	Allgemeine Grundlagen	231
9.2	Querschnittswerte für Torsion	233
9.2.1	Schubmittelpunkt	233
9.2.2	Geschlossene Querschnitte	233
9.2.3	Offene Querschnitte	235
9.3	Bemessungsmodell bei alleiniger Wirkung von Torsionsmomenten	236
9.3.1	Isotropes Material	236
9.3.2	Räumliches Fachwerkmodell	236
9.3.3	Bemessung nach DIN 1045	239
9.3.4	Bemessung nach EC 2	239
9.3.5	Bewehrungsführung	239
9.4	Bemessungsmodell bei kombinierter Wirkung von Querkräften und Torsionsmomenten	240
9.4.1	Geringe Beanspruchung ohne Nachweis	240
9.4.2	Bemessung	241
9.4.3	Druckstrebenwinkel bei Bemessung nach DIN 1045	242
9.4.4	Druckstrebenwinkel bei Bemessung nach EC 2	246
10	**Zugkraftdeckung**	**249**
10.1	Grundlagen	249
10.2	Durchführung der Zugkraftdeckung	251
11	**Begrenzung der Spannungen**	**256**
11.1	Erfordernis	256
11.2	Nachweis der Spannungsbegrenzung	256
11.2.1	Voraussetzungen	256
11.2.2	Spannungsbegrenzungen im Beton	257
11.2.3	Spannungsbegrenzungen im Betonstahl	258
11.3	Entfall des Nachweises	262
12	**Beschränkung der Rissbreite**	**263**
12.1	Allgemeines	263
12.2	Grundlagen der Rissentwicklung	264
12.2.1	Rissarten und Rissursachen	264
12.2.2	Bauteile mit erhöhter Wahrscheinlichkeit einer Rissbildung	266
12.3	Grundlagen der Rissbreitenberechnung	267
12.3.1	Eintragungslänge und Rissabstand	267
12.3.2	Zugversteifung	269
12.3.3	Grundgleichung der Rissbreite	269
12.3.4	Wirksame Zugzone	270
12.3.5	Schnittgrößen aus Zwang und Lasten	271
12.3.6	Mindestbewehrung	271
12.4	Nachweis nach DIN 1045-1	275
12.4.1	Berechnung der Rissbreite	275
12.4.2	Beschränkung der Rissbildung ohne direkte Berechnung	279

	12.5	Nachweis nach EC 2	281
	12.5.1	Berechnung der Rissbreite	281
	12.5.2	Beschränkung der Rissbildung ohne direkte Berechnung	284
	12.6	Weitere Verfahren zum Nachweis der Beschränkung der Rissbreite	287
	12.6.1	Überblick	287
	12.6.2	Tafeln zur Rissbreitenbeschränkung nach Meyer	287
	12.6.3	Grafische Rissbreitenermittlung für Zwang nach Windels	288
13	**Begrenzung der Verformungen**		**291**
	13.1	Allgemeines	291
	13.2	Verformungen von Stahlbetonbauteilen	292
	13.3	Begrenzung der Biegeschlankheit	293
	13.3.1	Allgemeines	293
	13.3.2	Regelung nach DIN 1045	293
	13.3.3	Regelung nach EC 2	297
	13.4	Direkte Berechnung der Verformungen	300
	13.4.1	Grundlagen der Berechnung	300
	13.4.2	Durchführung der Berechnung	301
14	**Nachweis gegen Ermüdung**		**306**
	14.1	Grundlagen	306
	14.1.1	Wöhlerlinie	306
	14.1.2	Baustoff Stahlbeton	308
	14.1.3	Betriebsfestigkeitsnachweis	310
	14.2	Entfall des Nachweises	310
	14.3	Vereinfachter Nachweis	310
	14.3.1	Möglichkeiten der Nachweisführung	310
	14.3.2	Nachweis für Beton	311
	14.3.3	Nachweis für Betonstahl	312
	14.4	Genauer Betriebsfestigkeitsnachweis	315
	14.4.1	Lineare Schadensakkumulation	315
	14.4.2	Nachweis für Betonstahl	315
	14.5	Vereinfachter Betriebsfestigkeitsnachweis	318
	14.5.1	Nachweis für Betonstahl	318
	14.5.2	Nachweis für Beton	319
15	**Druckglieder und Stabilität**		**321**
	15.1	Einteilung der Druckglieder	321
	15.2	Vorschriften zur konstruktiven Gestaltung	322
	15.2.1	Stabförmige Druckglieder	322
	15.2.2	Wände	325
	15.3	Einfluss der Verformungen	326
	15.3.1	Berücksichtigung von Tragwerksverformungen	326
	15.3.2	Einflussgrößen auf die Verformung	327
	15.3.3	Ersatzlänge	329
	15.4	Statisches System	331
	15.4.1	Horizontal verschiebliche und unverschiebliche Tragwerke	331
	15.4.2	Modellstützenverfahren	334

	15.4.3	Einzeldruckglieder und Rahmentragwerke	336
	15.4.4	Schlanke und gedrungene Druckglieder	337
	15.5	Durchführung des Stabilitätsnachweises am Einzelstab bei einachsiger Knickgefahr	338
	15.5.1	Kriterien für den Entfall des Nachweises	338
	15.5.2	Stabilitätsnachweis für den Einzelstab	342
	15.5.3	Bemessungshilfsmittel	347
	15.6	Durchführung des Stabilitätsnachweises am Einzelstab bei zweiachsiger Knickgefahr	349
	15.6.1	Getrennte Nachweise in beiden Richtungen	349
	15.6.2	Nachweis für schiefe Biegung	352
	15.7	Kippen schlanker Balken	352
16	**Literatur**		**353**
	16.1	Vorschriften, Richtlinien, Merkblätter	353
	16.2	Bücher, Aufsätze, sonstiges Schrifttum	354
	16.3	Prospektunterlagen von Bauproduktenanbietern	357
17	**Bezeichnungen**		**358**
	17.1	Allgemeines	358
	17.2	Allgemeine Bezeichnungen	358
	17.3	Fachspezifische Abkürzungen	358
	17.3.1	Geometrische Größen	358
	17.3.2	Baustoffkenngrößen	362
	17.3.3	Kraftbezogene Kenngrößen	363
	17.3.4	Sonstige Größen	366
18	**Stichwortverzeichnis**		**369**

Verzeichnis der Beispiele nach DIN 1045

In den Beispielüberschriften des redaktionellen Teils wird beschrieben, ob das Beispiel „nach DIN 1045-1" oder „nach EC 2" bearbeitet wird. Es gilt dann nur für die jeweilige Norm. Sofern keine Angabe gemacht wird, ist die Berechnungsgrundlage des Beispiels DIN 1045-1, das Beispiel gilt sinngemäß aber auch für EC 2.

2.1	Berechnung der Wasserverdunstung im Frischbeton	18
2.2	Berechnung des Karbonatisierungsfortschritts	32
3.1	Ermittlung der erforderlichen Betondeckung	38
3.3	Bezeichnung von Abstandhaltern	43
4.1	Ermittlung von Verankerungslängen	60
4.2	Ermittlung von Übergreifungslängen	70
5.1	Tragwerksidealisierung für einen Hochbau	80
5.2	Stützweitenermittlung	83
5.3	Bemessungsschnittgrößen nach Elastizitätstheorie mit Momentenumlagerung	91
5.4	Anwendung des c_o-c_u-Verfahrens	100
6.1	Schnittgrößen nach Elastizitätstheorie im Grenzzustand der Tragfähigkeit	108
7.1	Biegebemessung eines Rechteckquerschnitts (für ein positives Moment) mit einem dimensionslosen Verfahren	124
7.2	Biegebemessung eines Rechteckquerschnitts mit einem dimensionslosen Verfahren (Biegung und Längszugkraft)	128
7.3	Biegebemessung eines Rechteckquerschnitts mit einem dimensionslosen Verfahren (Biegung und Längsdruckkraft)	129
7.4	Biegebemessung eines Rechteckquerschnitts mit einem dimensionslosen Verfahren (negatives Moment)	130
7.5	Biegebemessung eines Wasserbehälters	131
7.6	Ermittlung des aufnehmbaren Biegemoments bei vorgegebener Bewehrung	132
7.8	Biegebemessung eines Rechteckquerschnitts mit einem grafischen Verfahren	136
7.9	Bemessung mit Druckbewehrung	140
7.10	Ermittlung der mitwirkenden Plattenbreite	145
7.12	Biegebemessung eines Plattenbalkens	148
7.13	Biegebemessung eines stark profilierten Plattenbalkens (Nulllinie im Steg)	153
7.15	Biegebemessung eines gedrungenen Plattenbalkens (Nulllinie im Steg)	158
7.16	Mindestbewehrung	159
7.17	Mindestbewehrung	160
7.19	Vorbemessung eines Rechteckquerschnitts	161
7.20	Biegebemessung eines Querschnitts mit beliebiger Form der Druckzone	162
7.21	Bemessung eines vollständig gerissenen Querschnitts	165
7.22	Bemessung einer Stütze unter einachsiger Biegung ohne Knickgefahr	168
7.23	Bemessung eines Bauteils unter zweiachsiger Biegung	173

8.1	Querkraftbemessung einer Stahlbetonplatte	186
8.2	Biege- und Querkraftbemessung einer Stahlbetonplatte	186
8.5	Querkraftbemessung eines Balkens	200
8.7	Querkraftbemessung in der Platte eines Plattenbalkens	210
8.8	Querkraftbemessung einer Elementplatte	218
8.9	Querkraftdeckung unter Benutzung des Einschneidens	220
8.10	Querkraftdeckung mit Bügeln und Schrägaufbiegungen	224
8.11	Einhängebewehrung eines Nebenträgers	229
9.1	Bemessung für Querkräfte und Torsionsmomente	242
10.1	Zugkraftdeckung an einem gevouteten Träger	254
11.1	Nachweis der Spannungsbegrenzung	259
12.1	Beschränkung der Rissbreite bei Zwangschnittgrößen	274
12.2	Beschränkung der Rissbreite durch Einhalten von Konstruktionsregeln	277
12.3	Berechnung der Rissbreite bei Lastschnittgrößen	278
12.5	Beschränkung der Rissbreite mit dem Grenzdurchmesser bei Lastschnittgrößen	285
13.1	Begrenzung der Biegeschlankheit	295
13.2	Begrenzung der Biegeschlankheit	296
13.4	Ermittlung der Durchbiegung	303
14.1	Vereinfachter Nachweis der Ermüdung	313
14.2	Betriebsfestigkeitsnachweis (für Betonstahl)	316
14.3	Vereinfachter Betriebsfestigkeitsnachweis (für Beton)	320
15.2	Überprüfung der Stabilitätsgefährdung	338
15.4	Bemessung einer Rahmenstütze nach dem Modellstützenverfahren	345
15.6	Bemessung einer zweiseitig knickgefährdeten Stütze	350

Folgende Beispiele ergeben aneinander gereiht die Bemessungslösung eines Stahlbetonbauteils:

Wand eines Wasserbehälters:

Beispiel: $6.1 \rightarrow 7.5 \rightarrow 7.16 \rightarrow 8.1 \rightarrow 11.1 \rightarrow 12.3$
Seite: 108   131   159   186   259   278

Durchlaufträger mit Plattenbalkenquerschnitt:

Beispiel: $7.10 \rightarrow 7.12 \rightarrow 7.15 \rightarrow 8.5 \rightarrow 8.7 \rightarrow 8.10 \rightarrow 13.2 \rightarrow 14.1$
Seite: 145   148   158   200   210   224   296   313

Verzeichnis der Beispiele nach EC 2

2.1	Berechnung der Wasserverdunstung im Frischbeton	18
2.2	Berechnung des Karbonatisierungsfortschritts	32
3.2	Ermittlung der erforderlichen Betondeckung	40
3.3	Bezeichnung von Abstandhaltern	43
5.2	Stützweitenermittlung	83
5.3	Bemessungsschnittgrößen nach Elastizitätstheorie mit Momentenumlagerung	91
5.4	Anwendung des c_o-c_u-Verfahrens	100
6.1	Schnittgrößen nach Elastizitätstheorie im Grenzzustand der Tragfähigkeit	108
7.7	Biegebemessung eines Rechteckquerschnitts mit einem dimensionsgebundenen Verfahren	134
7.11	Ermittlung der mitwirkenden Plattenbreite	147
7.14	Biegebemessung eines stark profilierten Plattenbalkens (Nulllinie im Steg)	155
7.18	Mindestbewehrung	160
8.3	Biege- und Querkraftbemessung einer Stahlbetonplatte	190
8.4	Extremwerte für die Strebenkräfte des Fachwerkmodells	195
8.6	Querkraftbemessung eines Balkens	205
8.11	Einhängebewehrung eines Nebenträgers	229
9.2	Bemessung für Querkräfte und Torsionsmomente	246
11.2	Nachweis der Spannungsbegrenzung	260
12.4	Nachweis durch Ermittlung der Rissbreite	283
12.6	Rissbreitenbeschränkung mit Tafelwerk nach Meyer	287
12.7	Rissbreitenbeschränkung mit Diagrammen nach Windels	289
13.3	Begrenzung des Biegeschlankheit	299
15.1	Untersuchung bezüglich der horizontalen Unverschieblichkeit eines statischen Systems	333
15.3	Überprüfung der Stabilitätsgefährdung	340
15.5	Bemessung einer Rahmenstütze mit dem μ-Nomogramm	348

Folgende Beispiele ergeben aneinander gereiht die Bemessungslösung eines Stahlbetonbauteils:

Durchlaufträger mit Rechteckquerschnitt:

Beispiel: 5.2 → 5.3 → 8.6 → 8.11 → 11.2 → 13.3
Seite: 83   91   205   229   260   299

1 Allgemeines

1.1 Geschichtliche Zusammenfassung

Beton ist ein relativ junger Baustoff, der erst in den letzten 150 Jahren an Bedeutung gewonnen hat. Allerdings reichen seine Ursprünge 2000 Jahre zurück. Eine Zusammenfassung der wesentlichen Entwicklungsstufen ist in **TAB 1.1** dargestellt. Um zum allgemeinen Verständnis beizutragen, wurden die betonspezifischen Daten in Relation zu gleichzeitig stattfindenden Ereignissen in Wissenschaft und Technik sowie in Politik und Gesellschaft gesetzt.

1.2 Eigenschaften von Stahlbeton

Belastet man einen Balken, so biegt er sich durch. Unter der Belastung werden im Inneren des Balkens Druck- und Zugspannungen wirksam.

Beton kann zwar hohe Druckspannungen, aber nur geringe Zugspannungen aufnehmen. Ein unbewehrter Betonbalken versagt daher sehr schnell. Stahl besitzt dagegen eine hohe Zugfestigkeit. Legt man nun Stahlbewehrungen unverschieblich dort in den Beton, wo Zugkräfte auftreten, so vereint sich die Druckfestigkeit des Betons mit der hohen Zugfestigkeit des Stahles zum tragfähigen Stahlbeton (**ABB 1.1**). Zur Entfaltung dieser Tragwirkung müssen sich im Bauteil Risse ausbilden. Diese sind ein (die Dauerhaftigkeit nicht beeinträchtigender) Bestandteil der Bauweise, sofern sie ausreichend klein gehalten werden ($\rightarrow$ Kap. 12).

Stahlbetontragwerke sind i. d. R. komplexe zusammenhängende (= monolithische) Tragwerke. Sie werden für die Bemessung in einzelne Tragelemente ($\rightarrow$ Kap. 5) zerlegt. Bauteile lassen sich einteilen in:

- *stabförmige Bauteile* (Balken, Stützen, Zugstäbe): Ihre Aufgabe ist der Lastabtrag.
- *flächenförmige Bauteile* (Platten, Wände, Wandartige Träger {$\rightarrow$ Teil 2): Ihre Aufgabe ist der Lastabtrag und i. d. R. zusätzlich die Bildung des Raumabschlusses.
- *räumliche Bauteile* (Schalen): Ihre Aufgabe ist der Lastabtrag und i. d. R. zusätzlich die Bildung des Raumabschlusses.

Der Stahlbetonbau hat als Baustoff eine ganz wesentliche Bedeutung erlangt. Dies liegt hauptsächlich an folgenden beiden Gründen:

- Stahlbeton ist während der Herstellung beliebig formbar und ermöglicht damit vielfältige Gestaltungsformen.
- Stahlbeton läßt sich bei geeigneter Bewehrungsführung mit den verfügbaren Schalsystemen äußerst wirtschaftlich herstellen.

Jahr	Betontechnik	Bauwesen und Bauwerke	Wissenschaft und Technik	Politik und Gesellschaft
150 v. Chr.	Römischer Beton (opus caementitium)	Bau des Pantheon in Rom (27 v. Chr.)	Entwicklung des Bogen- und Gewölbebaus	Eroberung und Zerstörung Karthagos (146 v. Chr.)
1786	erstmaliges Herstellen von Zement durch Brennen von Kalkmergel und Tonerde	Baubeginn des Brandenburger Tores in Berlin (1788)	erstes Dampfschiff (1807)	Französische Revolution (1789)
1844	industr. Herstellung von Portlandzement	Weiterbau des Kölner Domes (1842)	erste Eisenbahnlinie in Deutschland (1835)	März-Revolution in Deutschland (1848)
1877	erste deutsche Zementnorm	Gründung vieler Baufirmen (Dyckerhoff & Widmann, Held & Franke, Wayss & Freytag)	elektromagnetisches Telefon (1872)	Gründung des 2. Deutschen Reiches (1871)
1895	Gründung des Deutschen Beton-Vereins	Bau des Eiffelturms (1889)	Entdeckung der Röntgenstrahlen (1895)	Einführung der Alters- und Invalidenversicherung in Deutschland (1889)
1915	Bestimmungen für Eisenbeton [1]	Bau der Jahrhunderthalle in Breslau (1913)	erstes Atommodell (1911)	Ausbruch des 1. Weltkrieges (1914)
ab 1919	Bau zahlreicher Hoch- und Brückenbauwerke in Stahlbeton	Bau des Zeiss-Planetariums in Jena (1925)	Relativitätstheorie (1915)	Weimarer Verfassung (1919)
1937	Vorspannung für Stabtragwerke	Bau der Bahnhofsbrücke in Aue (1937)	künstliche Kernspaltung (1938)	Ausbruch des 2. Weltkrieges (1939)
1950	Einführung neuartiger Bauverfahren im Beton- (brücken-) bau	Bau der Spannbetonbrücke über die Lahn im Freivorbau (1950)	Erfindung des Transistors (1948)	Gründung der Bundesrepublik Deutschland (1949)
1972	grundlegende Neufassung der Stahlbetonnorm DIN 1045	Bau der Überdachung des Olympiastadions in München (1971)	Mondlandung (1969)	1. Ölkrise (1973)
1993	Einführung Europäischer Stahlbetonvorschriften	Fertigstellung des Ärmelkanaltunnels (1994)	erstmalige Kernfusion im Labor (1991)	Europäischer Binnenmarkt (1993)
2001	grundlegende Neufassung der Stahlbetonnorm DIN 1045 für Stahl- und Spannbeton	Normung von Hochleistungsbeton (2001)	Realisierung des Atomlasers (1999)	Gemeinsame Europäische Währung (2002)

TAB 1.1: Entwicklung der Betontechnik im Überblick

---

[1] heutiger Begriff: Stahlbeton

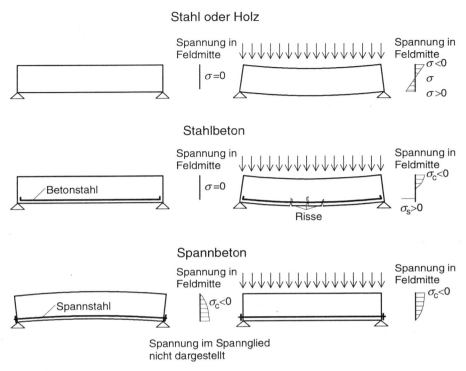

ABB 1.1: Tragverhalten verschiedener Baustoffe

1.3 Eigenschaften des Verbundbaustoffes Stahlbeton

1.3.1 Tragverhalten unter zentrischem Druck

Im Stahlbeton beteiligen sich der Beton und der Betonstahl an der Aufnahme der Beanspruchung (Schnittgrößen). Die anteilige Aufteilung hängt hierbei von der Art der Beanspruchung (Druck-, Zug-, Biegebeanspruchung) und ihrer Größe ab. Der Tragmechanismus und die Lastaufteilung wird nachfolgend für jede dieser Beanspruchungen erklärt.

Für die Erläuterung von Stahlbeton unter zentrischem Druck soll ein Prisma mit der Querschnittsfläche A_c und einem mittig angeordneten Bewehrungsstab der Fläche A_s betrachtet werden (**ABB 1.2**). Aufgetragen ist neben den Stauchungen des Betons ε_c und des Betonstahls ε_s sowie den zugehörigen Spannungen σ_c bzw. σ_s die Relativverschiebung u zwischen den beiden Werkstoffen in ihrer Kontaktfläche. Betrachtet werden unterschiedliche Laststufen.

Niedrige Beanspruchung (Bereich A):

Beide Baustoffe verhalten sich nach dem HOOKEschen Gesetz. Hierüber lassen sich Spannungen und innere Kräfte formulieren:

$$\sigma_c = E_c \cdot \varepsilon_c \tag{1.1}$$

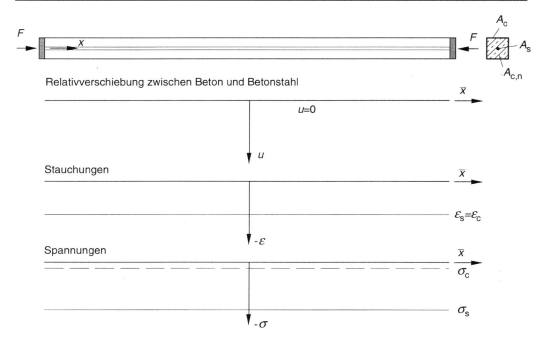

ABB 1.2: Stahlbetonprisma unter zentrischem Druck

$$\sigma_s = E_s \cdot \varepsilon_s = \alpha_e \cdot \sigma_c \tag{1.2}$$

$$\text{mit } \alpha_e = \frac{E_s}{E_c} \tag{1.3}$$

$$F = F_c + F_s = \sigma_c \cdot A_{c,n} + \sigma_s \cdot A_s = \sigma_c \cdot A_{c,n}\left(1 + \alpha_e \cdot \frac{A_s}{A_{c,n}}\right) \tag{1.4}$$

Beachtet man, dass die Nettofläche des Betonquerschnitts $A_{c,n}$ ungefähr der Querschnittsfläche des Prismas A_c gleich ist und definiert als Verhältnis der Stahlfläche zur Betonfläche den geometrischen Bewehrungsgrad ρ, so kann die Beanspruchung über die innere Betondruckkraft F_c beschrieben werden.

$$\rho = \frac{A_s}{A_{c,n}} \approx \frac{A_s}{A_c} \tag{1.5}$$

$$F = F_c \cdot (1 + \alpha_e \cdot \rho) \tag{1.6}$$

Da der geometrische Bewehrungsgrad von Stahlbetonkonstruktionen wenige Prozent beträgt und das Verhältnis der Elastizitätsmoduli < 10 ist, lässt sich aus Gl. (1.6) sofort erkennen, dass der zweite Summand in der Klammer < 1 ist und somit die Tragfähigkeit einer Stahlbetonkonstruktion auf Druck durch den Beton bestimmt wird. Der Einfluss der Bewehrung nimmt weiterhin mit steigender Betonfestigkeit (= wachsendem E_c) ab. Versucht man die Steifigkeit EA der Konstruktion darzustellen (**ABB 1.3**), ergibt sich bei niedrigen Beanspruchungen folgendes:

$$EA = EA^{\mathrm{I}} = E_{\mathrm{c}} A_{\mathrm{c,n}} + E_{\mathrm{s}} A_{\mathrm{s}} = E_{\mathrm{c}} A_{\mathrm{c,n}} \cdot (1 + \alpha_{\mathrm{e}} \cdot \rho) \qquad (1.7)$$

Aus Gl. (1.7) ist sofort ersichtlich, dass der Ausdruck $A_{\mathrm{c,n}} \cdot (1 + \alpha_{\mathrm{e}} \cdot \rho)$ eine Fläche darstellt. Sie wird als ideeller Querschnitt A_{i} definiert.

$$A_{\mathrm{i}} = A_{\mathrm{c,n}} \cdot (1 + \alpha_{\mathrm{e}} \cdot \rho) \qquad (1.8)$$

Bei zunehmender Belastungssteigerung verhält sich der Beton zunehmend nichtlinear. Die Steifigkeit vermindert sich (Bereich B).

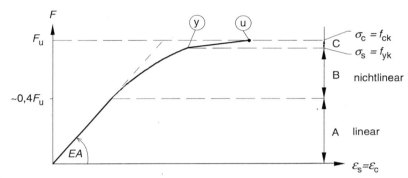

ABB 1.3: Kraft-Stauchungs-Beziehung eines zentrisch gedrückten Stahlbetonbauteils

Hohe Beanspruchung (Punkt u):

Der Betonstahl erreicht mit zunehmender Belastung und damit Stauchung des Prismas die Streckgrenze f_{yk}. Dieser Zustand wird in (**ABB 1.3**) durch den Punkt y beschrieben. Bei weiterer Laststeigerung nimmt nur noch die Druckspannung im Beton zu, bis diese die Druckfestigkeit f_{ck} erreicht. Mit den Gln. (1.4) und (1.5) lässt sich die Bruchlast F_{u} ausdrücken:

$$F_{\mathrm{u}} = F_{\mathrm{c}} + F_{\mathrm{s}} = f_{\mathrm{ck}} \cdot A_{\mathrm{c,n}} + f_{\mathrm{yk}} \cdot A_{\mathrm{s}} \qquad (1.9)$$

$$F_{\mathrm{u}} = F_{\mathrm{c}} \cdot \left(1 + \frac{f_{\mathrm{yk}}}{f_{\mathrm{ck}}} \cdot \rho\right) \qquad (1.10)$$

Versagensursache ist somit der Beton (der Stahl fließt).

1.3.2 Tragverhalten unter zentrischem Zug

Es wird wieder ein Stahlbetonprisma betrachtet. Diesmal wirkt eine Zugkraft ein (**ABB 1.4**).

Niedrige Beanspruchung (Bereich A):

Beide Baustoffe verhalten sich zunächst wieder nach dem HOOKEschen Gesetz. Die inneren Spannungen und Kräfte lassen sich somit formulieren zu:

$$\begin{aligned} F &= F_{\mathrm{c}} + F_{\mathrm{s}} = \sigma_{\mathrm{ct}} \cdot A_{\mathrm{c,n}} + \sigma_{\mathrm{s}} \cdot A_{\mathrm{s}} \\ &= \sigma_{\mathrm{ct}} \cdot A_{\mathrm{c,n}} \left(1 + \alpha_{\mathrm{e}} \cdot \frac{A_{\mathrm{s}}}{A_{\mathrm{c,n}}}\right) = \sigma_{\mathrm{ct}} \cdot A_{\mathrm{i}} \end{aligned} \qquad (1.11)$$

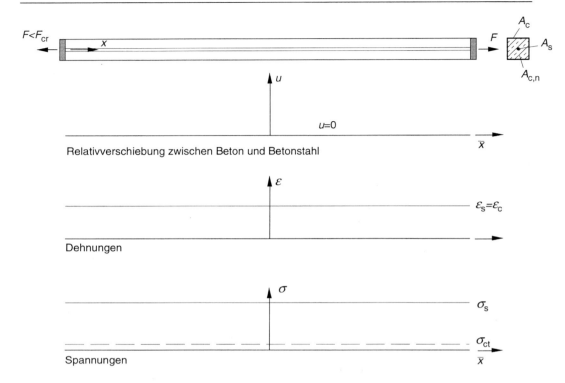

ABB 1.4: Stahlbetonprisma unter zentrischem Zug vor Rissbildung

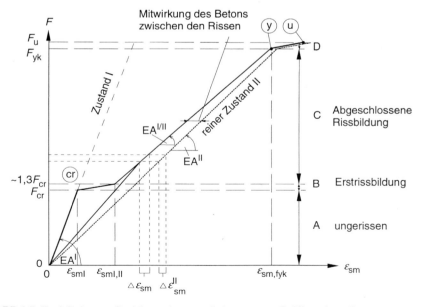

ABB 1.5: Kraft-Dehnungs-Beziehung eines zentrisch gezogenen Stahlbetonbauteils

1 Allgemeines

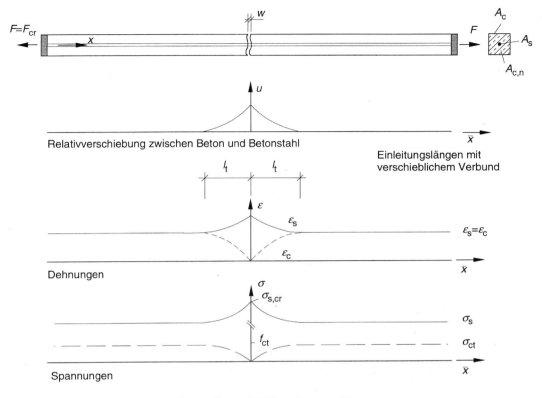

ABB 1.6: Stahlbetonprisma unter zentrischem Zug nach Bildung des ersten Risses

$$\sigma_{ct} = \frac{F}{A_i} \approx \frac{F}{A_c} \tag{1.12}$$

$$\sigma_s = E_s \cdot \varepsilon_s = \alpha_e \cdot \sigma_{ct} \tag{1.13}$$

Bis auf das entgegengesetzte Vorzeichen der Spannungen liegt somit zunächst die gleiche Situation wie bei zentrischem Druck vor. Dies gilt auch für die Steifigkeit (**ABB 1.5**) nach Gl. (1.7).

Bildung des 1. Risses (Punkt cr):

Mit zunehmender Laststeigerung wird an der Stelle mit den geringsten Betonzugfestigkeiten (Materialkennwerte streuen) die Zugfestigkeit f_{ct} erreicht und überschritten.

unmittelbar *vor* Rissbildung (Zustand I) $\quad F \approx F_{cr} = f_{ct} \cdot A_i \tag{1.14}$

unmittelbar *nach* Rissbildung (Zustand II) $\quad \sigma_c = 0 \;\Rightarrow\; F_{cr} = \sigma_{s,cr} \cdot A_s \tag{1.15}$

Durch Gleichsetzen von Gl. (1.14) und (1.15) lassen sich folgende Erkenntnisse gewinnen:

$$f_{ct} \cdot A_i = \sigma_{s,cr} \cdot A_s$$
$$\sigma_{s,cr} = f_{ct} \cdot \frac{A_i}{A_s} = f_{ct} \cdot \frac{A_{c,n} \cdot (1 + \alpha_e \cdot \rho)}{\rho \cdot A_{cn}} = f_{ct} \cdot \frac{1 + \alpha_e \cdot \rho}{\rho} \tag{1.16}$$

$$\Delta\sigma_s = \sigma_{s,cr} - \sigma_s = f_{ct} \cdot \left(\frac{1 + \alpha_e \cdot \rho}{\rho} - \alpha_e \right) = \frac{f_{ct}}{\rho} \qquad (1.17)$$

Im Betonstahl nehmen durch die Rissbildung die Spannungen und damit auch die Dehnungen an der Rissstelle sprunghaft zu (**ABB 1.6**). Dieser Spannungssprung ist umso größer, je kleiner der Bewehrungsgrad ρ ist. Die Rissbreite w ist das Integral der Dehnungsunterschiede von Beton und Betonstahl (**ABB 1.6**). Infolge der Verbundwirkung zwischen Beton und Betonstahl wird der Dehnungsunterschied jedoch schnell abgebaut. In einer Entfernung l_t liegen im Prisma die Verhältnisse des ungerissenen Zustandes vor.

Erstrissbildung (Bereich B):

Schon bei weiterer geringer Belastungssteigerung bilden sich weitere Risse (**ABB 1.7**). Die Rissabstände sind hierbei zunächst noch deutlich größer als die Einleitungslänge l_t. Im Bereich zwischen den Einleitungslängen haben Beton und Betonstahl identische Dehnungen. Für die Betonstahldehnungen kann ein Mittelwert ε_{sm} angegeben werden. Der Beiwert β_t erfasst den Rissabstand und die Belastungsdauer; er ist geometrisch ein Völligkeitsbeiwert.

$$\varepsilon_{sm} = \varepsilon_{s,max} - \beta_t \cdot \Delta\varepsilon_s = \varepsilon_{s,max} - \beta_t \cdot \frac{\Delta\sigma_s}{E_s} \qquad (1.18)$$

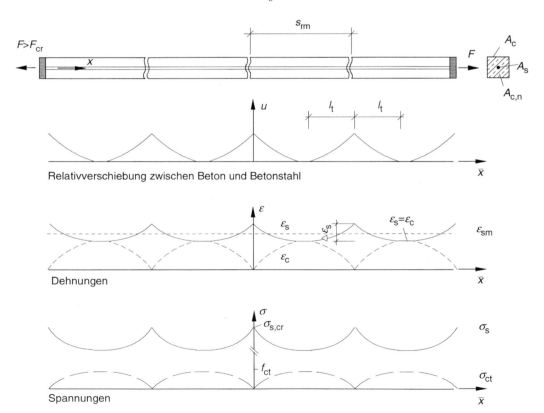

ABB 1.7: Stahlbetonprisma unter zentrischem Zug bei Erstrissbildung

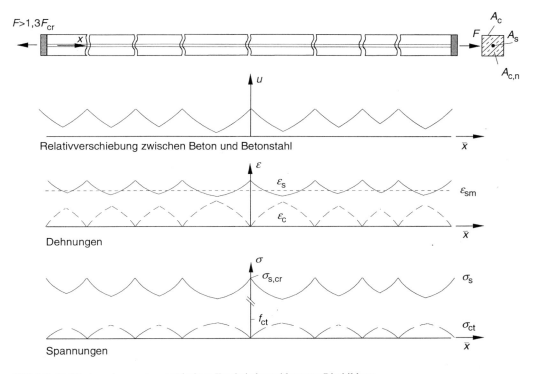

ABB 1.8: Stahlbetonprisma unter zentrischem Zug bei abgeschlossener Rissbildung

Abgeschlossene Rissbildung (Bereich C):

Bei etwa $1,3\,F_{cr}$ haben die Rissabstände sich so weit verringert, dass sich die Einleitungslänge nicht mehr voll ausbilden kann und zwischen Rissen keine Bereiche mit gleichen Beton- und Stahldehnungen mehr vorhanden sind; die Rissbildung ist abgeschlossen. Da sich die Einleitungslänge l_t nicht mehr voll ausbilden kann, ist die Betonzugspannung $\sigma_{ct} < f_{ct}$ (**ABB 1.8**). Wegen der zunehmenden Schädigung des Verbundes in der Nähe der Rissufer ist $\Delta\varepsilon_{sm} > \Delta\varepsilon_s^{II}$. Für die Steifigkeit der Konstruktion gilt:

$$EA^{I/II} = \frac{\Delta F}{\Delta\varepsilon_{sm}} \tag{1.19}$$

$$EA^{II} = \frac{\Delta F}{\Delta\varepsilon_s} \tag{1.20}$$

Für Nachweise im Grenzzustand der Tragfähigkeit (→ Kap. 6.2.1) kann ein reiner Zustand II betrachtet werden; für Nachweise im Grenzzustand der Gebrauchstauglichkeit muss die Mitwirkung des Betons zwischen den Rissen (Zugversteifung; tension stiffening) berücksichtigt werden.

Erreichen der Fließgrenze (Punkt y):

Wenn die Zugspannung im Betonstahl die Streckgrenze f_{yk} erreicht, nehmen die weiteren Dehnungen sehr stark zu. Infolge des Verfestigungsbereiches des Betonstahls ist noch eine geringe Laststeigerung möglich, bis der Bruch infolge Betonstahlversagens eintritt (Punkt u).

1.3.3 Tragverhalten unter Biegung

Es wird ein Stahlbetonbalken betrachtet, auf den ein Biegemoment wirkt (**ABB 1.9**). Durch analoge Betrachtungen zu den bei Druck- und Zuglast auftretenden Spannungen lassen sich die entsprechenden Gleichungen formulieren. Anstatt der Dehnsteifigkeit EA ist hier die Biegesteifigkeit EI zu betrachten.

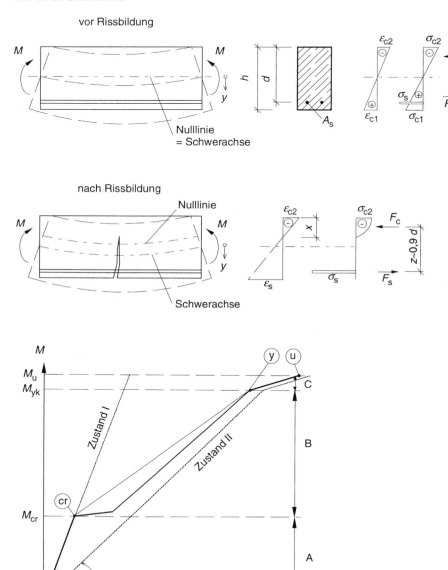

ABB 1.9: Stahlbetonbalken unter Biegung und das entsprechende Momenten-Krümmungs-Diagramm:

Niedrige Beanspruchung (Bereich A):

Beide Baustoffe verhalten sich zunächst wieder nach dem HOOKEschen Gesetz. Es gilt die Hypothese von BERNOULLI. Die inneren Spannungen und Kräfte lassen sich entsprechend **ABB 1.9** formulieren, wobei die Nulllinie (bei reiner Biegung) in Höhe der Schwerachse liegt. Für die Spannung ergibt sich analog zu Gln. (1.12) und (1.2):

$$\sigma_c = \frac{M}{I_i} y \approx \frac{M}{I_c} y \tag{1.21}$$

$$M = \sigma_c \cdot W \tag{1.22}$$

$$\sigma_s = \alpha_e \cdot \sigma_c \tag{1.2}$$

$$\kappa = \frac{|\varepsilon_{c1}| + |\varepsilon_{c2}|}{h} = \frac{M}{EI^{I}} \tag{1.23}$$

$$EI^{I} = E_c I_i \approx E_c I_c \tag{1.24}$$

Bildung des 1. Risses (Punkt cr):

Mit zunehmender Laststeigerung wird an der Stelle mit den geringsten Betonzugfestigkeiten die Zugfestigkeit f_{ct} am gezogenen Rand erreicht und überschritten.

unmittelbar *vor* Rissbildung (Zustand I) $\quad M \approx M_{cr} = f_{ct} \cdot W_i \approx f_{ct} \cdot W \tag{1.25}$

unmittelbar *nach* Rissbildung (Zustand II) $\quad M_{cr} = \sigma_{s,cr} \cdot A_s \cdot z = F_{s,cr} \cdot z \tag{1.26}$

Die Nulllinie und die Schwerachse fallen nach der Rissbildung nicht mehr zusammen. Die Lage der Nulllinie ist hierbei abhängig von der Stahldehnung (und somit vom Stahlquerschnitt A_s). Der Hebelarm der inneren Kräfte nimmt durch die Rissbildung zu ($z > \frac{2}{3}d$). Dies ist gegenüber Werkstoffen mit linear elastischem Verhalten eine sehr günstige Eigenschaft, da hierdurch der Bauteilwiderstand auf Biegung zunimmt. Bei weiterer Steigerung des Momentes liegt wiederum Erstrissbildung vor. Der Beton trägt nur noch in den ungerissenen Querschnittsteilen (in der Druckzone und zwischen den Rissen).

Abgeschlossene Rissbildung (Bereich C):

Die entsprechenden Identitätsbedingungen lassen sich direkt aus **ABB 1.9** formulieren.

$$M = F_c \cdot z \qquad\qquad \text{oder} \tag{1.27}$$

$$M = F_s \cdot z = \sigma_s \cdot A_s \cdot z = E_s \cdot \varepsilon_s \cdot A_s \cdot z \tag{1.28}$$

$$\varepsilon_s = \frac{M}{E_s \cdot A_s \cdot z} \tag{1.29}$$

$$\kappa = \frac{1}{r} = \frac{\varepsilon_s}{d-x} = \frac{M}{E_s \cdot A_s \cdot z \cdot (d-x)} = \frac{M}{EI^{II}} \tag{1.30}$$

$$EI^{II} = E_s \cdot A_s \cdot z \cdot (d-x) \tag{1.31}$$

Aus Gl. (1.28) kann auch die Stahlspannung σ_s bestimmt werden, wenn näherungsweise eine lineare Spannungsverteilung in der Druckzone angenommen wird und damit

$$z \approx d - \frac{x}{3} \tag{1.32}$$

ist.

$$\sigma_s = \frac{M}{A_s \cdot z} = \frac{M}{A_s \cdot \left(d - \frac{x}{3}\right)} \tag{1.33}$$

Bei weiterer Momentensteigerung ist entweder die Tragfähigkeit der Druckzone oder der Biegezugbewehrung erschöpft[2] und der Bruch wird erreicht.

1.3.4 Schlussfolgerungen

In den vorangegangenen Abschnitten wurde das Tragverhalten für unterschiedliche Beanspruchungen erläutert. Es wurde deutlich, dass der Verbund eine notwendige Voraussetzung für das Tragverhalten ist. Bei fehlendem Verbund würde der Versagenszustand schon bei Auftreten des ersten Risses eintreten, da die im Beton nicht mehr aufnehmbaren Zugspannungen nicht umgelagert werden können. Weiterhin wurde gezeigt, dass sich der Beton im tatsächlichen Tragverhalten an der Aufnahme von Zugspannungen beteiligt. Diese Eigenschaft wird allerdings im Rahmen von Bemessungsnachweisen nur für die Nachweise im Grenzzustand der Gebrauchstauglichkeit berücksichtigt werden ($\rightarrow$ Kap. 6.2.1).

Voraussetzung für das Zusammenwirken beider ist die (relative) Unverschieblichkeit des Stahls gegenüber dem ihn umgebenden Beton, die auch dauerhaft gewährleistet sein muss. Dies ist infolge desselben Temperaturausdehnungskoeffizienten von Beton und Stahl möglich. Die Verbundwirkung wird wesentlich durch die Rippung der Betonstähle (**ABB 2.7**) erreicht.

---

[2] Es ist auch der Fall denkbar, bei dem beide Werkstoffe gleichzeitig versagen.

2 Baustoffe des Stahlbetons

2.1 Beton

2.1.1 Einteilung und Begriffe

Beton ist ein künstlicher Stein, der aus einem Gemisch von Zement, grob- und feinkörnigem Betonzuschlag und Wasser – gegebenenfalls auch mit Betonzusatzmitteln und Betonzusatzstoffen – durch Erhärten des Zementleims entsteht. Bei einem Nennwert des Größtkorns für den Zuschlag von nicht mehr als 4 mm liegt ein „Mörtel" vor.

Man unterscheidet Beton je nach der Trockenrohdichte ([DIN EN 206-1 – 01], 3.1 und 4.3.2). Die Trockenrohdichte wird maßgeblich durch die Kornrohdichte des Zuschlags beeinflusst.

- *Leicht*beton   ($\rho \leq 2{,}0$ kg/dm^3)
- *Normal*beton   ($2{,}0$ kg/dm$^3 < \rho \leq 2{,}6$ kg/dm^3)
- *Schwer*beton   ($\rho > 2{,}6$ kg/dm^3).

Wenn von Beton gesprochen wird, ist hierunter i. Allg. Normalbeton zu verstehen. Beton kann auch nach der Herstellung (Baustellenbeton, Transportbeton), dem Erhärtungszustand (Frischbeton, Festbeton), der Festigkeit (Hochleistungsbeton bzw. hochfester Beton) oder der Verwendung (Beton für Außenbauteile) bezeichnet werden. Weiterhin kann Beton nach der Konsistenz (steifer Beton, Fließbeton) unterschieden werden. Die quantitative Zusammensetzung von Beton und die Konsequenzen hieraus sind Lehrbüchern zur Baustoffkunde, z. B. [Scholz – 95], zu entnehmen.

Beton ist wie alle Baustoffe den Einwirkungen aus der Umwelt ausgesetzt. Je nach den Umweltbedingungen werden für den Beton „Expositionsklassen" ([EN 206-1 – 01], 4) festgelegt. Diese werden mit *X* (für E*x*positionsklasse) – *Buchstabe* (für Art der Expositionsklasse) – *laufende Nummerierung* (größere Zahl = stärkerer Angriff) beschrieben. Es gibt diverse Expositionsklassen, die sich aus folgenden Einwirkungen ergeben (Beispiele siehe **TAB 2.1**):

X0 **kein Korrosions- oder Angriffsrisiko**
für Bauteile ohne Bewehrung oder eingebettetes Metall in nicht betonangreifender Umgebung; für Bauteile mit Bewehrung in sehr trockener Umgebung

XC*i* **Bewehrungskorrosion durch Karbonatisierung**
wenn Beton, der Bewehrung oder anderes eingebettetes Metall enthält, Luft und Feuchtigkeit ausgesetzt ist

XD*i* **Bewehrungskorrosion, ausgelöst durch Chloride, ausgenommen Meerwasser**
wenn Beton, der Bewehrung oder anderes eingebettetes Metall enthält, chloridhaltigem Wasser (einschließlich Taumittel, ausgenommen Meerwasser) ausgesetzt ist.

	Klasse	Beschreibung der Umgebung	Beispiele für die Zuordnung von Expositionsklassen
	X0	Kein Angriffsrisiko	Bauteil ohne Bewehrung in nicht betonangreifender Umgebung
Umweltklassen für Bewehrungskorrosion	XC1	Trocken oder ständig nass	Bauteil in Innenräumen mit normaler Luftfeuchte (einschl. Küche und Bad); Bauteile, die sich ständig unter Wasser befinden
	XC2	Nass, selten trocken	Teile von Wasserbehältern, Gründungsbauteile
	XC3	Mäßige Feuchte	Bauteile, zu denen die Außenluft ständig Zugang hat, z. B. offene Garagen und Innenräume mit hoher Luftfeuchte
	XC4	Wechselnd nass und trocken	Außenbauteile mit direkter Beregnung, Bauteile in Wasserwechselzonen
	XD1	Mäßige Feuchte	Bauteile im Sprühnebelbereich von Verkehrsflächen
	XD2	Nass, selten trocken	Schwimmbecken; Bauteile, die chloridhaltigen Industriewässern ausgesetzt sind
	XD3	Wechselnd nass und trocken	Bauteile im Spritzwasserbereich von taumittelbehandelten Straßen, direkt befahrene Parkdecks
	XS1	Salzhaltige Luft, kein unmittelbarer Meerwasserkontakt	Außenbauteile in Küstennähe
	XS2	Unter Wasser	Bauteile in Hafenanlagen, die ständig unter Wasser liegen
	XS3	Tidebereiche, Spritzwasser- und Sprühnebelbereiche	Kaimauern in Hafenanlagen
Umweltklassen für Betonangriff	XF1	Mäßige Wassersättigung ohne Taumittel	Außenbauteile
	XF2	Mäßige Wassersättigung mit Taumittel oder Meerwasser	Bauteile im Sprühnebelbereich von taumittelbehandelten Verkehrsflächen oder im Sprühnebelbereich von Meerwasser
	XF3	Hohe Wassersättigung ohne Taumittel	Offene Wasserbehälter; Bauteile in der Wasserwechselzone von Süßwasser
	XF4	Hohe Wassersättigung mit Taumittel oder Meerwasser	Bauteile im Spritzwasserbereich von taumittelbehandelten Verkehrsflächen oder in der Wechselwasserzone von Meerwasser; direkt befahrene Parkdecks; Räumerlaufbahnen von Kläranlagen
	XA1	Chemisch schwach angreifende Umgebung	Behälter von Kläranlagen; Güllebehälter
	XA2	Chemisch mäßig angreifende Umgebung	Betonbauteile, die mit Meerwasser in Berührung kommen; Bauteile in stark betonangreifenden Böden
	XA3	Chemisch stark angreifende Umgebung	Industrieabwasseranlagen mit chemisch angreifenden Abwässern; Gärfuttersilos und Futtertische der Landwirtschaft
	XM1	Mäßiger Verschleiß	Bauteile von Industrieanlagen mit Beanspruchung durch luftbereifte Fahrzeuge
	XM2	Schwerer Verschleiß	Bauteile von Industrieanlagen mit Beanspruchung durch luft- oder vollgummibereifte Gabelstapler
	XM3	Extremer Verschleiß	Bauteile von Industrieanlagen mit Beanspruchung durch elastomer- oder stahlgliederbereifte Gabelstapler; Wasserbauwerke in geschiebebelasteten Gewässern

TAB 2.1: Beispiele für Expositionsklassen ([DIN 1045-1 – 01], 6.2)

XS*i* **Bewehrungskorrosion, ausgelöst durch Chloride aus Meerwasser**
wenn Beton, der Bewehrung oder anderes eingebettetes Metall enthält, Chloriden aus Meerwasser oder salzhaltiger Seeluft ausgesetzt ist

XF*i* **Betonkorrosion durch Frost ohne und mit Taumittel**
wenn durchfeuchteter Beton erheblichem Angriff durch Frost-Tauwechsel ausgesetzt ist

XA*i* **Betonkorrosion durch chemischen Angriff**
wenn Beton chemischem Angriff durch natürliche Böden, Grundwasser und Meerwasser ausgesetzt ist

XM*i* **Betonkorrosion durch Verschleißbeanspruchung**
wenn Beton einer erheblichen mechanischen Beanspruchung ausgesetzt ist.

2.1.2 Bestandteile

Zement

ist ein hydraulisches Bindemittel, das, mit Wasser angemacht, Zementleim ergibt, welcher durch Hydratation erhärtet und nach dem Erhärten auch unter Wasser fest und raumbeständig bleibt. Zementarten sind entweder in [DIN EN 197-1 - 01] genormt oder bauaufsichtlich zugelassen. Zur Herstellung von Beton wird meistens Portlandzement CEM I oder Hochofenzement CEM III verwendet. Daneben gibt es diverse weitere Sorten, wie z. B. Portlandkompositzemente (CEM II); hierzu zählen Portlandhüttenzement, Portlandpuzzolanzement, Portlandflugaschezement, Portlandölschieferzement usw. (näheres → [Hilsdorf – 00]; [Scholz – 95]).

Die Normzemente werden gemäß [DIN EN 197-1 - 01] in drei Festigkeitsklassen 32,5; 42,5 und 52,5 eingeteilt (28-Tage-Festigkeit des Mörtels). Je nach Erhärtungsgeschwindigkeit werden sie in schnell (R) und normal (N) erhärtende Zemente eingeteilt.

Betonzuschläge

bestehen aus einem Gemenge von Körnern aus natürlichen (Granit, Quarzit, Kalkstein usw.) oder künstlichen (Hochofenschlacke, Ziegelsplitt usw.) mineralischen Stoffen. Die Körner können gebrochen oder ungebrochen sein. Zur Herstellung von genormtem Stahlbeton müssen die Korngrößen eine definierte Zusammensetzung aufweisen, d. h., zu einer bestimmten Sieblinie gehören ([DIN 1045-2 – 01], Anhang L).

Betonzusatzstoffe und Betonzusatzmittel

Um bestimmte Eigenschaften des Betons günstig zu beeinflussen, können ihm spezielle Zusätze beigegeben werden. Man unterscheidet Betonzusatzstoffe und Betonzusatzmittel. Betonzusatzmittel verändern durch chemische oder physikalische Wirkung die Verarbeitbarkeit, das Erstarrungsverhalten des Betons (Betonverflüssiger, Verzögerer usw.). Betonzusatzstoffe beeinflussen die Betoneigenschaften. Sie werden in größerer Menge als die Betonzusatzmittel zugegeben und sind daher volumenmäßig in der Betonzusammensetzung zu berücksichtigen. Man unterscheidet

- latent-hydraulische Stoffe
- nicht hydraulische Stoffe
- puzzolanische Stoffe

- faserartige Stoffe
- Zusatzstoffe mit organischen Bestandteilen.

Zugabewasser

ist erforderlich, damit der Beton verarbeitet werden und der Zement erhärten kann. Der Wassergehalt w darf eine bestimmte Menge weder unter- noch überschreiten ($\rightarrow$ Kap. 2.2.1). Geeignet ist Trinkwasser oder (im Allg.) in der Natur vorkommendes Wasser.

2.2 Frischbeton

2.2.1 Wasserzementwert und Betonqualität

Der gesamte Wassergehalt w des Frischbetons setzt sich aus der Oberflächenfeuchte des Zuschlags und dem Zugabewasser zusammen. Der Wassergehalt bestimmt die Steifigkeit, die Verarbeitbarkeit und den Zusammenhang des Frischbetons. Diese Eigenschaften werden durch die Konsistenz beschrieben. Nach [DIN 1045-2 – 01] bzw. [DIN EN 106-1 – 01], 4.2.1 sind vier verschiedene Verfahren zur Bestimmung der Konsistenzklassen möglich:

- Einteilung nach *Setzmaß*
- Einteilung nach *Setzzeit*
- Einteilung nach *Verdichtungsmaß*
- Einteilung nach *Ausbreitmaß*

In Deutschland ist die letztgenannte Methode zur Bestimmung des Konsistenzbereichs üblich (**TAB 2.2**). Die Konsistenz wird bei vergleichbaren Sieblinien und Oberflächen der Zuschläge maßgeblich durch Fließmittel (sofern welche zugegeben wurden) und den Wasserzementwert (bzw. Wasserbindemittelwert) beeinflusst. Der Wasserzementwert w/z ist das Verhältnis des Wassergehaltes w zum Zementgehalt z; der Wasserbindemittelwert w/b berücksichtigt neben dem Zementgehalt zusätzlich die anrechenbaren Betonzusatzstoffe mit hydraulischen Eigenschaften (z. B. Flugasche, Silikastaub), welche mit einem Wirksamkeitsfaktor k gewichtet werden.

$$b = z + k \cdot \text{Zusatzstoff} \tag{2.1}$$

Klasse	Ausbreitmaß (Durchmesser) in mm	Konsistenzbereich
F1	≤ 340	steif
F2	350 bis 410	plastisch
F3	420 bis 480	weich
F4	490 bis 550	sehr weich
F5	560 bis 620	fließfähig
F6	≥ 630	sehr fließfähig

TAB 2.2: Konsistenzbereiche des Frischbetons ([DIN 1045-2 – 01], Tabelle 6)

Zement kann ca. 25 % seines Gewichtes an Wasser chemisch fest binden. Darüber hinaus bindet er ca. 10 – 15 % seines Gewichtes physikalisch als sogenanntes „Gelwasser". Somit benötigt er insgesamt ca. 35 – 40 % seines Gewichtes an Wasser (w/b = 0,35 bis 0,40), um vollständig abzubinden, man spricht von „vollständiger Hydratation". Wasser, das vom Beton nicht gebunden werden kann, verdunstet nach dem Erhärten des Betons und hinterlässt Kapillarporen. Mit steigendem Wasserzementwert kann mehr Wasser verdunsten, es entstehen also mehr und größere Kapillarporen. Diese können sich nachteilig auf die Dauerhaftigkeit des Betons auswirken (→ Kap. 2.5). Andererseits würde ein zu kleiner Wasserbindemittelwert zu einer ungenügenden (Druck-)festigkeit führen, da der Zement nicht vollständig hydratisieren kann und sich nicht einbauen lässt. Daher ist der Wasserzementwert durch die Steuerung des maximalen Wassergehaltes und minimalen Zementgehaltes so zu optimieren, dass beide Anforderungen – gute Verarbeitbarkeit des Frischbetons und Dauerhaftigkeit des Festbetons – bestmöglich erreicht werden. Grenzwerte für die Zusammensetzung von Beton sind in **TAB 2.3** angegeben.

Expositionsklasse nach TAB 2.1	Mindestfestigkeitsklasse	Mindestzementgehalt in kg/m^3	Maximal zulässiger w/z-Wert	Mindestluftgehalt in %
X0	C12/15	-	-	-
XC1	C16/20	240	0,75	-
XC2	C16/20	240	0,75	-
XC3	C20/25	260	0,65	-
XC4	C25/30	280	0,60	-
XS1	C30/37	300	0,55	-
XS2	C35/45	320	0,50	-
XS3	C35/45	320	0,45	-
XD1	C30/37	300	0,55	-
XD2	C35/45	320	0,50	-
XD3	C35/45	320	0,45	-
XF1	C25/30	280	0,60	-
XF2	C25/30	300	0,55	a)
XF3	C25/30	300	0,55	a)
XF4	C30/37	320	0,50	a)
XA1	C25/30	280	0,60	-
XA2	C35/45	320	0,50	b)
XA3	C35/45	320	0,45	b)

a) Der mittlere Luftgehalt im Frischbeton unmittelbar vor dem Einbau muss bei einem Größtkorn der Gesteinskörnung von 8 mm ≥ 5,5 % Volumenanteil, 16 mm ≥ 4,5 % Volumenanteil, 32 mm ≥ 4,0 % Volumenanteil und 63 mm ≥ 3,5 % Volumenanteil betragen. Einzelwerte dürfen diese Anforderung um höchstens 0,5 % Volumenanteil unterschreiten.

b) Zement mit Sulfatwiderstand; wenn SO_4^{2-} zu den Expositionsklassen XA2 und XA3 führt, ist die Verwendung von Zement mit Sulfatwiderstand unabdingbar. Wenn Zement bezüglich des Sulfatwiderstands klassifiziert wird, sollte Zement mit mäßigem oder hohem Sulfatwiderstand für die Expositionsklasse XA2 (und für die Expositionsklasse XA1, wenn zutreffend) und Zement mit hohem Sulfatwiderstand für die Expositionsklasse XA3 verwendet werden.

TAB 2.3: Empfohlene Grenzwerte für die Zusammensetzung und Eigenschaften von Beton ([DIN 1045-1 – 01], Tabelle 3 und [DIN 1045-2 – 01], Tabelle F.2.1 und F.2.2)

Beton muss so zusammengesetzt sein, dass er nach dem Verdichten ein geschlossenes Gefüge aufweist. Das bedeutet, dass ein Normalbeton (Zuschlaggrößtkorn ≥ 16 mm) einen Luftgehalt von maximal 3% aufweisen darf.

2.2.2 Nachbehandlung des Betons

Beton ist bis zum genügenden Erhärten seiner oberflächennahen Schichten gegen schädigende Einflüsse zu schützen, z. B. gegen Austrocknen, zu starke Temperaturänderung, Gefrieren, Auswaschen infolge strömenden Wassers, Erschütterungen usw. Unter Nachbehandlung des Betons ([DIN 1045-3 - 01], 8.7) werden alle Maßnahmen

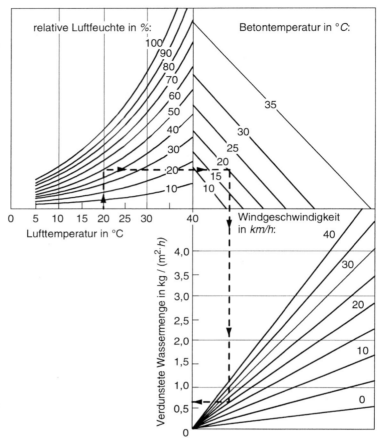

ABB 2.1: Das Austrocknungsverhalten von Beton in Abhängigkeit von Windgeschwindigkeit, Luftfeuchtigkeit und Temperatureinfluss (nach [Wierig – 84])

verstanden, die den frisch verarbeiteten Beton bis zur ausreichenden Erhärtung von schädlichen Einwirkungen abschirmen.

Beispiel 2.1: Berechnung der Wasserverdunstung im Frischbeton

gegeben: Ein Außenbauteil wird mit einer Betontemperatur $\vartheta = 20$ °C bei einer relativen Luftfeuchtigkeit rel $F = 50$ % betoniert. Die Windgeschwindigkeit beträgt $v = 20$ km/h. Der Beton wurde mit einem Zementgehalt $z = 300$ kg/m³ hergestellt und wird mit einem Wasserzementwert $w/z = 0{,}60$ eingebaut. Entgegen den Regeln der Technik wird eine Nachbehandlung nicht durchgeführt.

gesucht: Wann ist der gesamte Wassergehalt w in der 3,5 cm dicken Betondeckung verdunstet?

Lösung:

ABB 2.1 ergibt mit rel $F = 50$ %; $\vartheta = 20$ K; $v = 20$ km/h eine verdunstende Wassermenge von 0,6 l/m²h. Der Wassergehalt im Beton beträgt

$w = 0{,}6 \cdot 300 = 180 \text{ kg/m}^3 = 180 \text{ l/m}^3$

$w = \dfrac{180}{100} = 1{,}8 \text{ l/m}^2\text{cm}$

$w = 0{,}6 \cdot z$

Wassergehalt je cm Beton

Aus diesen Zahlen wird deutlich, dass nach 3 Stunden das gesamte Wasser verdunstet ist, das innerhalb der Randschicht von 1 cm enthalten war. Bei einer für Außenbauteile erforderlichen Betondeckung von 35 mm ist das innerhalb der Betondeckung vorhandene Wasser nach 10,5 Stunden verdunstet. Da aus den weiter innen liegenden Bereichen Wasser jedoch nur langsam und unzureichend an die Betonoberfläche transportiert werden kann und der Beton eine weitaus längere Zeit zum Hydratisieren benötigt, wird deutlich, dass bei einem nicht nachbehandelten Beton die Betondeckung geschädigt und nicht dauerhaft ist.

Gebräuchliche Verfahren der Nachbehandlung sind:
- Belassen in der Schalung
- Abdecken mit Folien, die an den Kanten und Stößen gegen Durchzug gesichert sind
- Aufbringen wasserspeichernder Abdeckungen mit gleichzeitigem Verdunstungsschutz
- Aufbringen flüssiger Nachbehandlungsmittel mit nachgewiesener Eignung
- Fluten des Bauteils mit Wasser.

Besprühen mit Wasser ist insbesondere an heißen Sommertagen nur eine bedingt geeignete Nachbehandlungsmaßnahme, da durch die Verdunstungskälte des Wassers Eigenspannungen aus Temperatur im Beton erzeugt werden, die zu Rissen führen können.

Wände werden i. Allg. in der Schalung belassen. Sofern eine Stahlschalung verwendet wird, ist diese bei direkter Sonneneinstrahlung vor zu starkem Aufheizen zu schützen. Dasselbe gilt bei niedrigen Temperaturen für zu starkes Abkühlen.

Decken werden mit Kunststofffolien abgedeckt. Hierbei besteht jedoch bei normalem Beton die Schwierigkeit, dass er nicht sofort nach dem Betonieren trittfest ist. Die Folie kann erst einige Stunden nach dem Betonieren aufgelegt werden. Bei ungünstigen Windverhältnissen können dann schon erste Risse infolge Austrocknung entstanden sein. Sofern an das Betonbauteil besonders hohe Anforderungen gestellt werden, kann Vakuumbeton [3] hergestellt werden, der sofort nach der Herstellung begehbar ist. Eine andere Möglichkeit ist ein Auskleiden der Schalung mit einem wasseraufsaugenden Textilgewebe ([Karl / Solacolu – 92]), um Überschusswasser zu entziehen.

Bei niedrigen Temperaturen reicht es nicht aus, das Austrocknen des Betons allein zu verhindern; der Beton ist zusätzlich gegen Abkühlen mit einer Wärmedämmung abzudecken. Hierfür eignen sich mit Stroh oder Styropor gefüllte abgesteppte Kunststofffolien, da diese beide Aufgaben – Verdunstungsschutz und Wärmedämmung – gleichzeitig erfüllen. Bei sehr geringer Luftfeuchtigkeit kann unter die Folie ein wasserhaltendes Material (z. B. Jutegewebe oder Strohmatte) gelegt werden.

---

[3] Vakuumbeton ist ein Beton, dem nach dem Einbau durch Erzeugen eines Unterdrucks auf der Oberfläche überschüssiges Wasser entzogen wird. Dies bewirkt beim Festbeton eine Oberfläche mit weniger Kapillarporen.

Mindestnachbehand-lungsdauer in d	Festigkeitsentwicklung des Betons a) $r = \dfrac{f_{cm\,2}}{f_{cm\,28}}$ b)			
Oberflächentemperatur ϑ in °C	$r \geq 0{,}50$	$r \geq 0{,}30$	$r \geq 0{,}15$	$r < 0{,}15$
$\vartheta \geq 25$	1	2	2	3
$25 > \vartheta \geq 15$	1	2	4	5
$15 > \vartheta \geq 10$	2	4	7	10
$10 > \vartheta \geq 5$ c)	3	6	10	15

a) Die Festigkeitsentwicklung des Betons wird durch das Verhältnis r der Mittelwerte der Druckfestigkeiten nach 2 Tagen und nach 28 Tagen beschrieben, das bei einer Eignungsprüfung oder auf der Grundlage eines bekannten Verhältnisses von Beton vergleichbarer Zusammensetzung ermittelt wurde.
b) Eine lineare Interpolation zwischen den Spalten der r-Wete ist zulässig.
c) Bei einer Temperatur unter 5° C ist die Nachbehandlungsdauer um die Zeit zu verlängern, während der die Temperatur unter 5° C lag.

TAB 2.4: Mindestdauer der Nachbehandlung von Beton bei den Expostionsklassen nach **TAB 2.1** außer X0, XC1 und XM (nach [DIN 1045-3 – 01], Tabelle 2)

Die Dauer der Nachbehandlung hängt wesentlich von der Festigkeitsentwicklung des Betons ab. Sie muss so bemessen sein, dass auch in den oberflächennahen Schichten eine ausreichende Erhärtung des Betons erreicht wird. Dies wird erreicht, wenn die Nachbehandlung solange durchgeführt wird, bis 40-50% der charakteristischen Festigkeit erreicht sind. In [DIN 1045-3 – 01], 8.7.4 ist diese Forderung in eine Mindestnachbehandlungsdauer (**TAB 2.4**) umgesetzt worden. Die hierin festgelegten Zeiten der Nachbehandlung sind angemessen zu verlängern, wenn

- an die Bauteile besonders hohe Anforderungen gestellt werden (z. B. Frost-Tausalz-Beständigkeit, chemischer Angriff)
- die Betontemperatur die Frostgrenze unterschreitet (praktisch erfaßt als Grenztemperatur auf der Bauteiloberfläche von 5°C) um die Zeit, während der die Grenztemperatur unterschritten wurde
- Betonverzögerer eingesetzt werden (um die Verzögerungszeit) oder die Betonierdauer 5 Stunden überschreitet.

2.3 Festbeton

2.3.1 Druckfestigkeit

Die wichtigste bautechnische Eigenschaft des Betons (für die meisten Anwendungen) ist die hohe Druckfestigkeit (im Verhältnis zu den geringen Herstellkosten). Bei Normalbeton sind Druckfestigkeiten von ca. 80 N/mm^2, bei Zugabe von Microsilica von ca. 150 N/mm^2 erreichbar.

Die Druckfestigkeit hängt von Aufbau und Durchführung des Versuches ab, da die Form des Probekörpers und die Art der Prüfmaschine das Ergebnis beeinflussen. Um die an unterschiedlichen Orten ermittelten Druckfestigkeiten vergleichen zu können, muss die Prüfmethode genau festgelegt sein. Die Druckfestigkeit wird mit einem definierten Versuch bestimmt. Die Definition besteht in

- Festlegen der *Probekörperform* und -größe (Zylinder, Prisma bzw. Würfel vgl. **ABB 2.2**); [DIN 1048-5 – 91]: wahlweise Zylinder $\varnothing/h$ = 150/300 mm oder Würfel h = 150 mm mit Umrechnung nach Gl. (2.5)
- Festlegen des *Prüfzeitpunkt*es und der Lagerungsbedingungen bis zum Prüfzeitpunkt; [DIN 1048-5 – 91]: 28 Tage nach Herstellung
- Festlegen der Versuchseinrichtung (Belastung über starre Stahlplatten, durch die die Querdehnung behindert wird, bzw. Belastung über Stahlbürsten, bei denen die Querdehnung nicht behindert wird) und die (Mindest-)*Prüfkörperanzahl*. [DIN 1048-5 – 91]: starre Lastplatten
- Festlegen der *Belastungsfunktion* (z. B. Kurzzeitversuch ohne Lastwechsel mit kontinuierlicher Steigerung der Prüflast bis zur Bruchlast nach ca. 1-2 Minuten)

Die Druckfestigkeit an einem Würfel wird bestimmt aus:

$$f_c = \frac{F_u}{A_0} \qquad (2.2)$$

A_0 Querschnittsfläche des Prüfkörpers senkrecht zur Lastrichtung

Die Ergebnisse von Prüfkörpern aus einer Grundgesamtheit streuen nach der Normalverteilung. Da das Versagen eines Bauteils durch die Stelle mit dem geringsten Bauteilwiderstand initiiert wird, ist die minimale Betonfestigkeit wichtig; für eine statistische Beurteilung ist daher ein charakteristischer Wert der Druckfestigkeit f_{ck} zu verwenden, der von einem vorgegebenen Anteil der Grundgesamtheit nicht unterschritten wird. Für die Betonfestigkeit nach [DIN 1045-2 – 01] wird das 5%-Quantil verwendet. Bei Kenntnis des Mittelwerts der Druckfestigkeit f_{cm} und der Standardabweichung σ lässt sich somit die charakteristische Festigkeit der normalverteilten Grundgesamtheit bestimmen:

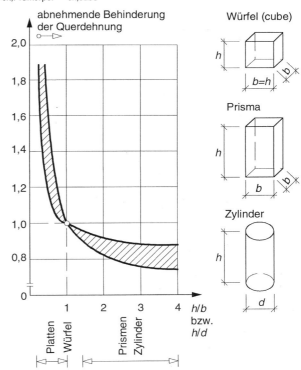

ABB 2.2: Festigkeitverhältnis unterschiedlicher Prüfkörperformen

$$f_{ck} = f_{cm} - k_p \cdot \sigma \qquad (2.3)$$

k_p Quantilenfaktor (für 5%-Quantil k_p = 1,645)
σ Standardabweichung (näherungsweise unabhängig von der Festigkeit $\sigma \approx 5$ N/mm²)

Während für Nachweise im Grenzzustand der Tragfähigkeit der charakteristische Wert der Festigkeit wichtig ist, ist für den Grenzzustand der Gebrauchstauglichkeit der Mittelwert der Festigkeit wichtig. Dieser lässt sich aus der umgestellten Gl. (2.3) ermitteln:

Beanspruchung			Druck				Zug		
		Festigkeitsklasse	f_{ck}	$f_{ck,cube}$	E_{cm} EC 2	DIN 1045-1 in N/mm²	$f_{ctk;0.05}$	f_{ctm}	$f_{ctk;0.95}$
Zulässige Festigkeitsklassen nach EC 2	Zulässige Festigkeitsklassen nach [DIN 1045-1 – 01]	C12/15	12	15	26 000	25 800	1,1	1,6	2,0
		C16/20	16	20	27 500	27 400	1,3	1,9	2,5
		C20/25	20	25	29 000	28 800	1,5	2,2	2,9
		C25/30	25	30	30 500	30 500	1,8	2,6	3,3
		C30/37	30	37	32 000	31 900	2,0	2,9	3,8
		C35/45	35	45	33 500	33 300	2,2	3,2	4,2
		C40/50	40	50	35 000	34 500	2,5	3,5	4,6
		C45/55	45	55	36 000	35 700	2,7	3,8	4,9
		C50/60	50	60	37 000	36 800	2,9	4,1	5,3
		C55/67	55	67		37 800	3,0	4,2	5,5
		C60/75	60	75		38 800	3,1	4,4	5,7
		C70/85	70	85		40 600	3,2	4,6	6,0
		C80/95	80	95		42 300	3,4	4,8	6,3
		C90/105	90	105		43 800	3,5	5,0	6,6
		C100/115	100	115		45 200	3,7	5,2	6,8

TAB 2.5: Festigkeitskennwerte und Elastizitätsmodul von Beton nach [DIN 1045-1 – 01] und [DIN V ENV 1992 – 92]

$$f_{cm} = f_{ck} + k_p \cdot \sigma = f_{ck} + 1{,}645 \cdot 5 \approx f_{ck} + 8 \qquad (2.4)$$

Die charakteristische Festigkeit gilt für den zylindrischen Prüfkörper. Das Prüfergebnis an einem Würfel kann folgendermaßen umgerechnet werden:

$$f_{ck,cube} = \begin{cases} 0{,}92\ \beta_{WN(150)} & \text{für Festigkeitsklassen bis C55/67} \\ 0{,}95\ \beta_{WN(150)} & \text{für Festigkeitsklassen ab C60/75} \end{cases} \qquad (2.5)$$

Aufgrund der charakteristischen Festigkeit werden die Betonsorten in Festigkeitsklassen eingeteilt. Normalbetone werden mit C $f_{ck}/f_{ck,cube}$ (CONCRETE), Leichtbetone mit LC $f_{ck}/f_{ck,cube}$ (LIGHTWEIGHT CONCRETE) bezeichnet (**TAB 2.5**). Die Festigkeitsklassen umfassen in EC 2 [DIN V ENV 1992 – 92] nur die normalfesten Betone, in [DIN 1045-2 – 01] auch die hochfesten Betone (HIGH STRENGTH CONCRETE)

2.3.2 Zugfestigkeit

Die Zugfestigkeit des Betons ist wesentlich kleiner als die Druckfestigkeit; sie beträgt nur ca. 5 bis 10% der Druckfestigkeit. Außerdem streut sie je nach Zuschlägen, Beanspruchungsart, Festigkeitsklasse des Betons wesentlich stärker als die Druckfestigkeit. Sie ist daher kein Werkstoffparameter, mit dem sich Beton hinsichtlich seiner Festigkeit ausreichend genau beschreiben lässt.

Für Nachweise im Grenzzustand der Tragfähigkeit (→ Kap. 6.2.1) wird die Zugfestigkeit zu null gesetzt (kein Mitwirken des Betons auf Zug). Für einige Nachweise insbesondere im Grenzzustand der Gebrauchstauglichkeit (→ Kap.6.2.1) werden jedoch Anhaltswerte benötigt. In **TAB 2.5** sind die Quantilwerte für die genormten Festigkeitsklassen angegeben.

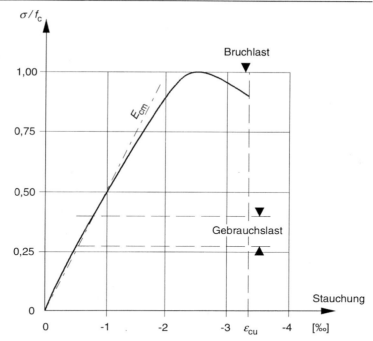

ABB 2.3: Rechenwerte für die Spannungs-Dehnungs-Linie des Betons

2.3.3 Elastizitätsmodul

Für linear elastische Werkstoffe – wie Stahl – gilt das HOOKEsche Gesetz. Der Elastizitätsmodul ist für alle Spannungen konstant.

$$\sigma_s = E_s \cdot \varepsilon_s \tag{2.6}$$

Sofern das Werkstoffverhalten – wie beim Beton – nichtlinear ist, hängt der Elastizitätsmodul von der Spannung ab. Um dennoch die Formänderungen näherungsweise durch eine lineare Berechnung ermitteln zu können, verwendet man den Sekantenmodul (**ABB 2.3**) und definiert diesen als Rechenwert des Elastizitätsmoduls E_{cm} (**TAB 2.5**). Die Neigung der Sekante wird dabei je nach Bemessungsnorm so vorgegeben, dass sie die tatsächliche Spannungs-Dehnungs-Beziehung bei ca. 33 – 40 % der Prismen- bzw. Zylinderdruckfestigkeit schneidet.

2.3.4 Werkstoffgesetze

Für die Schnittgrößenermittlung (statisch unbestimmter Tragwerke) und die Bemessung ist nicht allein die Kenntnis der Festigkeiten ausreichend, sondern es muss ein „Werkstoffgesetz" formuliert werden, das die Dehnungen des Baustoffs mit den Spannungen verknüpft. Die Spannungs-Dehnungs-Linien werden in Kurzzeitversuchen ermittelt. **ABB 2.4** zeigt Spannungs-Dehnungs-Linien für unterschiedliche Festigkeitsklassen. Es ist zu erkennen, dass der abfallende Ast der

Spannungs-Dehnungs-Linie nach Überschreiten der Festigkeit mit zunehmender Festigkeitsklasse immer steiler wird und die Bruchstauchung geringer wird. Der Beton wird mit zunehmender Festigkeit spröder. Im ansteigenden Ast ist dagegen erkennbar, dass hochfester Beton zunächst ein deutlich lineares Verhalten aufweist. Dies ist in einem gleichmäßigeren Spannungszustand von Zuschlag und Zementstein in hochfestem Beton und einer damit verbundenen geringeren Mikrorissbildung begründet.

Die Spannungs-Dehnungs-Linie ist werkstoffspezifisch und gilt strenggenommen sowohl für die „äußeren" als auch die „inneren" Schnittgrößen. Von diesem Gesichtspunkt wird jedoch derzeit aus rein praktischen Gründen der Handhabung in der Tragwerksplanung abgewichen und es werden *unterschiedliche* Spannungs-Dehnungs-Linien für die Schnittgrößenermittlung und die Querschnittsbemessung formuliert.

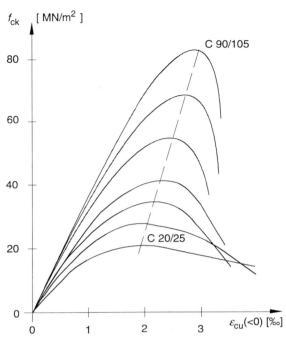

ABB 2.4: Reale Spannungs-Dehnungs-Linie von Betonen unterschiedlicher Festigkeit

Schnittgrößenermittlung:

Mögliche Spannungs-Dehnungs-Linien, die bei der Ermittlung der Schnittgrößen (Beanspruchung) verwendet werden dürfen, sind in **ABB 2.5** dargestellt; i. d. R. wird die lineare Beziehung (Gl. (2.7)) verwendet werden. Daneben ist auch die dargestellte nichtlineare Funktion (Gl. (2.8)) möglich, die in dieser Form für kurzzeitig wirkende Einwirkungen und einachsige Spannungszustände gilt. Vereinfachend darf sie jedoch auch unabhängig von der zeitlichen Einwirkung und bei mehrachsigen Spannungszuständen verwendet werden.

linear: $\quad \sigma_c = E_{cm} \cdot \varepsilon_c$ \hfill (2.7)

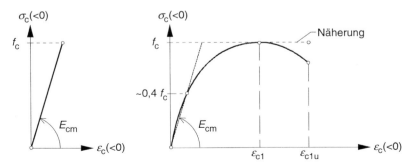

ABB 2.5: Spannungs-Dehnungs-Linien von Beton für die Schnittgrößenermittlung

C	12/15	16/20	20/25	25/30	30/37	35/45	40/50	45/55	50/60	55/67	60/75	70/85	80/95	90/105	100/115
ε_{c2} in ‰	-2,0									-2,03	-2,06	-2,1	-2,14	-2,17	-2,2
ε_{c2u} in ‰	-3,5									-3,1	-2,7	-2,5	-2,4	-2,3	-2,2
n	2,0									1,9		1,8	1,7	1,6	1,55

TAB 2.6: Formänderungskennwerte von Normalbeton bei Verwendung des Parabel-Rechteck-Diagramms nach [DIN 1045-1 - 01], Tabelle 9

nichtlinear:
$$\sigma_c = -\frac{k \cdot \eta - \eta^2}{1 + (k-2) \cdot \eta} \cdot f_c \qquad (2.8)$$

k Spannungsbeiwert eines elastischen Dehnungsansatzes für die Dehnung bei Erreichen der größten Spannung

$$k = -1{,}1 \frac{E_{cm} \cdot \varepsilon_{c1}}{f_{cm}} \qquad (2.9)$$

η Dehnungsverhältnis

$$\eta = \frac{\varepsilon_c}{\varepsilon_{c1}} \leq 1{,}0 \qquad (2.10)$$

Querschnittsbemessung:

Gemäß [DIN 1045-1 – 01] und EC 2 [DIN V ENV 1992 – 92] sind die in **ABB 2.6** gezeigten Spannungs-Dehnungs-Linien möglich. Es sind dies

– das *Parabel-Rechteck-Diagramm*, das im Regelfall verwendet wird;

$$\sigma_c = \begin{cases} \left[\left(1 - \frac{\varepsilon_c}{\varepsilon_{c2}}\right)^n - 1\right] \cdot f_{cd} & \text{für } 0 \leq |\varepsilon_c| < |\varepsilon_{c2}| \\ f_{cd} & \text{für } |\varepsilon_{c2}| \leq |\varepsilon_c| \leq |\varepsilon_{c2u}| \end{cases} \qquad (2.11)$$

Die Formänderungskennwerte n, ε_{c2}, und ε_{c2u} sind in **TAB 2.6** angegeben.

– das *bilineare Diagramm*, das für kompliziertere Querschnitte sinnvoll ist (Formänderungskennwerte ε_{c3}, und ε_{c3u} sind [DIN 1045-1 – 01], Tabelle 9 zu entnehmen)

$$\sigma_c = \begin{cases} \dfrac{\varepsilon_c}{\varepsilon_{c3}} \cdot f_{cd} & \text{für } 0 \leq |\varepsilon_c| < \varepsilon_{c3} \\ f_{cd} & \text{für } \varepsilon_{c3} \leq |\varepsilon_c| \leq |\varepsilon_{c3u}| \end{cases} \qquad (2.12)$$

– der *Spannungsblock*, der für Handrechnungen ohne Bemessungshilfsmittel sinnvoll ist und nur bei im Querschnitt liegender Dehnungsnulllinie gilt.

$$\sigma_c = \chi \cdot f_{cd} \qquad (2.13)$$

x Höhe der Druckzone

χ Beiwert für Betonfestigkeitsklasse ($\chi \approx 0{,}95$ für $f_{ck} \leq 50$ N/mm²)

In allen Spannungs-Dehnungs-Linien ist f_{cd} der Bemessungswert der Betondruckfestigkeit. Er wird aus der charakteristischen Druckfestigkeit f_{ck} ermittelt.

$$f_{cd} = \frac{\alpha \cdot f_{ck}}{\gamma_c} \quad (2.14)$$

α Beiwert zur Erfassung der Festigkeit unter Dauerlasten für die mit Kurzzeitversuchen gewonnene charakteristische Druckfestigkeit ($\alpha = 0{,}85$ im Allgemeinen, bei nachgewiesener Kurzzeitbelastung dürfen auch höhere Werte verwendet werden, jedoch immer $\alpha \leq 1$). Im EC 2 wird der Beiwert in den Bemessungstafeln berücksichtigt und in Gl. (2.14) mit 1 angesetzt.

γ_c Teilsicherheitsbeiwert für Beton in der Grundkombination für

Ortbeton: $\gamma_c = 1{,}50$ (2.15)
Fertigteil: $\gamma_c = 1{,}35$ (2.16)

Für hochfesten Beton ab C55/67 ist der Teilsicherheitsbeiwert wegen der größeren Streuungen der Materialeigenschaften zu vergrößern mit:

$$\gamma_c' = \frac{1}{1{,}1 - \dfrac{f_{ck}}{500}} \geq 1{,}0 \quad (2.17)$$

2.4 Betonstahl

2.4.1 Werkstoffkennwerte für Druck- und Zugbeanspruchung

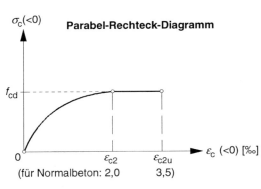
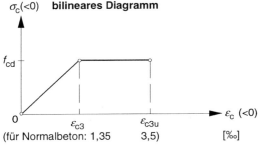
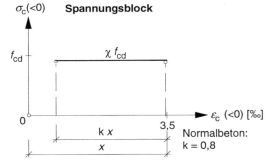

ABB 2.6: Spannungs-Dehnungs-Linien von Beton für die Bemessung

Die im Stahlbetonbau anwendbaren Stähle sind in [DIN 488-1 – 84] genormt. Die drei wesentlichen Kenngrößen im Hinblick auf die Bemessung zur Bezeichnung einer Stahlsorte sind:

- der charakteristische Wert der *Streckgrenze* f_{yk} (Bezeichnung in [DIN 488-1 – 84]: β_S)
- der charakteristische Wert der *Zugfestigkeit* f_{tk} (Bezeichnung in [DIN 488-1 – 84]: β_Z)
- die *Duktilität* ([DIN 1045-1 – 01], Tabelle 11))

normalduktil: $\varepsilon_{uk} \geq 2{,}5\%$ und $\dfrac{f_{tk}}{f_{yk}} \geq 1{,}05$ (Kennbuchstabe A) (2.18)

hochduktil: $\varepsilon_{uk} \geq 5{,}0\%$ und $\dfrac{f_{tk}}{f_{yk}} \geq 1{,}08$ (Kennbuchstabe B) (2.19)

ε_{uk} Stahldehnung unter Höchstlast

2 Baustoffe des Stahlbetons

Betonstahlsorte	Erzeugnisform	Betonstabstahl	Betonstahlmatte	Betonstabstahl	Betonstahlmatte
	Benennung	BSt 500S(A)	BSt 500M(A)	BSt 500S(B)	BSt 500M(B)
Duktilität		normal		hoch	
Streckgrenze f_{yk}		500 N/mm²			
Zugfestigkeit f_{tk}		≥ 550 N/mm² (festgelegt durch nächste Zeile)			
Verhältnis $(f_t/f_y)_k$		≥ 1,05		≥ 1,08	
Stahldehnung unter Höchstlast ε_{uk}		0,025		0,050	
Nenndurchmesser d_s in mm		6 bis 28 a)	4 bis 12 b)	6 bis 28 a)	4 bis 12 b)

a) Nenndurchmesser d_s ≥ 32 mm sind bauaufsichtlich zugelassen.
b) Betonstahlmatten mit Nenndurchmessern von 4,0 mm und 4,5 mm dürfen nur bei vorwiegend ruhender Belastung und – mit Ausnahme von untergeordneten vorgefertigten Bauteilen, wie eingeschossigen Einzelgaragen – nur als Querbewehrung bei einachsig gespannten Platten, bei Rippendecken und bei Wänden verwendet werden.

TAB 2.7: Sorteneinteilung und Eigenschaften der Betonstähle (nach [DIN 1045-1 – 01], Tabelle 11)

Die in Deutschland wichtigen Stahlsorten und Eigenschaften sind in **TAB 2.7** zusammengefasst. Man unterscheidet:

– Betonstabstahl
– Betonstahlmatten.

Unter Betonstabstahl versteht man einzelne Stäbe, während Betonstahlmatten (→Teil 2) aus einer Vielzahl von Stäben bestehen, die werksmäßig in einem orthogonalen Raster durch Punktschweißung verbunden wurden. Stäbe können hochduktil sein, wenn sie aus warmverformtem Material bestehen. Sie können auch nur normalduktil sein, wenn sie aus kaltverformtem Material (vom Ring) gefertigt werden. Letztgenannte treten insbesondere für die Durchmesserreihen bis $d_s = 16$ mm auf.

Betonstähle werden z. B. mit einer Buchstaben-Zahlen-Kombination bezeichnet: BSt 500S(B)

BSt BetonStahl nach [DIN 488-1 – 84]
500 Streckgrenze f_{yk} (β_S) des Stahls, genormt sind β_S = 500 N/mm² und (nicht mehr gebräuchlich) β_S = 420 N/mm²

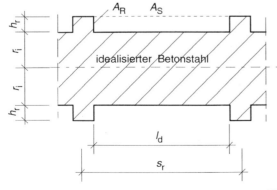

ABB 2.7: Geometriekennzahlen zur Ermittlung der bezogene Rippenfläche f_R

d_s in mm	f_R
5,0 ≤ d_s ≤ 6,0	0,039
6,5 ≤ d_s ≤ 8,5	0,045
9,0 ≤ d_s ≤ 10,5	0,052
11,0 ≤ d_s ≤ 40	0,056

S   Kennzeichen für die Betonstahlform; genormt sind §täbe und Matten
B   Kennzeichen für Duktilität; A = normalduktil, B = hochduktil.

Beide Betonstahlformen haben eine gerippte Oberfläche, um den Verbund zwischen dem Stahl und dem ihn umgebenden Beton zu verbessern. Eine Kenngröße zur Beschreibung der Rippen als wichtige Einflussgröße auf die Verbundeigenschaften ist die bezogene Rippenfläche f_R des Betonstahls (**ABB 2.7**). Aus der Anordnung der Rippen lässt sich die Betonstahlsorte erkennen (**ABB 2.8**).

$$f_R = \frac{A_R}{A_S} = \frac{\pi \cdot (d_s + h_R) \cdot h_R}{\pi \cdot (d_s + 2\,h_R) \cdot s_r} \approx \frac{h_R}{s_r} \tag{2.20}$$

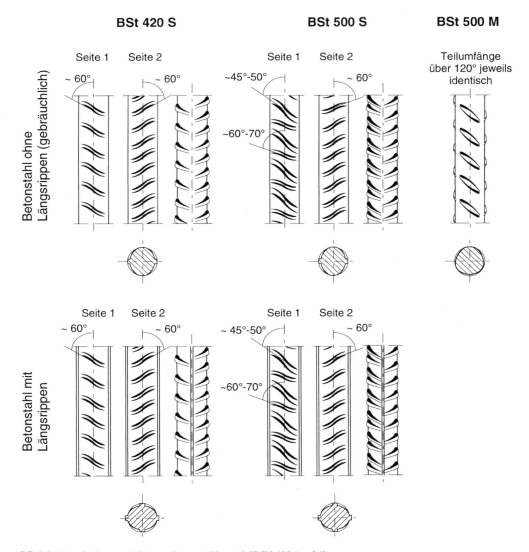

ABB 2.8: Oberfläche verschiedener Betonstähle nach [DIN 488-1 – 84]

2 Baustoffe des Stahlbetons

Betonstähle nach [DIN 488-1 – 84] sind schweißbar. Neben diesen genormten Stählen gibt es Betonstabstahl vom Ring, beschichtete und nichtrostende Betonstähle für besondere Anforderungen an den Korrosionsschutz und „GEWI"-Stahl ($\rightarrow$ Kap. 4.5.3) für spezielle Verbindungsmittel. Ihre Anwendung wird durch bauaufsichtliche Zulassungen geregelt.

2.4.2 Werkstoffgesetze

Für die statische Berechnung (Schnittgrößenermittlung bzw. Bemessung) ist das Werkstoffgesetz zu formulieren.

Schnittgrößenermittlung:

Mögliche Spannungs-Dehnungs-Linien, die bei der Ermittlung der Schnittgrößen (Beanspruchung) verwendet werden dürfen, sind in **ABB 2.9** dargestellt. Üblich ist hierbei der linearisierte Verlauf.

$$\sigma_s = \begin{cases} E_s \cdot \varepsilon_s & \text{für } |\varepsilon_s| \leq \varepsilon_{yk} \\ f_y \left[1 + \frac{\left(\frac{f_t}{f_y}\right)_k - 1}{\varepsilon_{uk} - \varepsilon_{yk}} \right] & \text{für } \varepsilon_{yk} < |\varepsilon_s| \leq \varepsilon_{uk} \end{cases} \quad (2.21)$$

Querschnittsbemessung:

Es wird ebenfalls eine bilineare Spannungs-Dehnungs-Linie verwendet (**ABB 2.9**). Der Verfestigungsbereich darf hierbei ausgenutzt oder vereinfacht vernachlässigt werden.

Genauer mit Verfestigungsbereich:

$$\sigma_{sd} = \begin{cases} E_s \cdot \varepsilon_s \\ \frac{f_{yk}}{\gamma_s} \left[1 + \left(\frac{f_{tk,cal}}{f_{yk}} - 1\right) \cdot \frac{\varepsilon_s - \varepsilon_{yk}}{\varepsilon_{uk} - \varepsilon_{yk}} \right] \end{cases} \text{für } \begin{array}{l} |\varepsilon_s| \leq \varepsilon_{yk} = \frac{f_{yk}}{\gamma_s \cdot E_s} \\ \varepsilon_{yk} < |\varepsilon_s| \leq \varepsilon_{uk} \end{array} \quad (2.22)$$

Vereinfachung:

$$\sigma_{sd} = \begin{cases} E_s \cdot \varepsilon_s & \text{für } |\varepsilon_s| \leq \varepsilon_{yk} = \frac{f_{yk}}{\gamma_s \cdot E_s} \\ \frac{f_{yk}}{\gamma_s} & \text{für } \varepsilon_{yk} < |\varepsilon_s| \leq \varepsilon_{uk} \end{cases} \quad (2.23)$$

Die Dehnung unter Höchstlast ε_{su} ist hierbei in

[DIN 1045-1 – 01] $\varepsilon_{su} = 2,5\ \%$ (2.24)
[DIN V ENV 1992 – 92] nicht festgelegt
[NAD zu ENV 1992 – 95] bei Ausnutzung des Verfestigungsbereichs: $\varepsilon_{su} = 1,0\ \%$ (2.25)
ohne Ausnutzung des Verfestigungsbereichs: $\varepsilon_{su} = 2,0\ \%$ (2.26)

Der durch den Teilsicherheitsbeiwert für Betonstahl γ_s dividierte charakteristische Wert der Festigkeit f_{yk} ist der Bemessungswert der Stahlspannung f_{yd}.

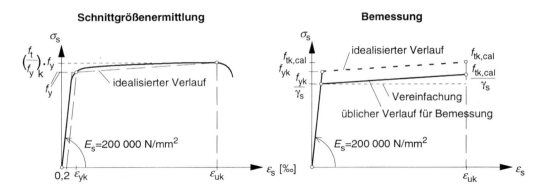

ABB 2.9: Spannungs-Dehnungs-Linien von Betonstahl für die Schnittgrößenermittlung und Bemessung

$$f_{yd} = \frac{f_{yk}}{\gamma_s} \tag{2.27}$$

γ_s Teilsicherheitsbeiwert für Betonstahl
in der Grundkombination $\gamma_s = 1,15$ (2.28)

2.5 Stahlbeton unter Umwelteinflüssen

2.5.1 Karbonatisierung

Junger Beton besitzt einen hohen pH-Wert von etwa 13. Dieser wird durch das vom Zement erzeugte Calciumhydroxid $Ca(OH)_2$ bewirkt. Überschüssiges Anmachwasser ($\rightarrow$ Kap. 2.2.1) füllt zunächst die Kapillarporen aus. Trocknet das nicht gebundene Wasser aus dem erhärteten Beton aus, so kann das in der Luft enthaltene Kohlendioxid CO_2 in die Kapillarporen des Betons eindringen. Dort reagiert es mit dem Calciumhydroxid zu Calciumcarbonat $CaCO_3$ und Wasser H_2O.

$$Ca(OH)_2 + CO_2 \rightarrow CaCO_3 + H_2O \tag{2.29}$$

Calciumcarbonat (auch „Kalkstein" genannt), ein Salz, ist neutral (pH = 7). Hierdurch sinkt der pH-Wert des Betons an der Oberfläche langsam ab. Dieser Vorgang wird als „Karbonatisierung" bezeichnet. Die Fläche, an der der Beton den Wert pH = 9 hat, nennt man Karbonatisierungsfront; auf der bauteilinneren Seite der Karbonatisierungsfront ist der pH-Wert größer, auf der äußeren Seite kleiner als 9 (**ABB 2.10**). Der Fortschritt der Karbonatisierungsfront verläuft nicht mit zeitlich konstanter Geschwindigkeit, sondern wird mit zunehmender Karbonatisierungstiefe, also mit zunehmendem Betonalter, immer langsamer. Der zeitliche Verlauf der Karbonatisierungstiefe hängt ab von:

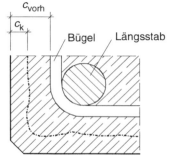

ABB 2.10: Karbonatisierungsfront und Betondeckung

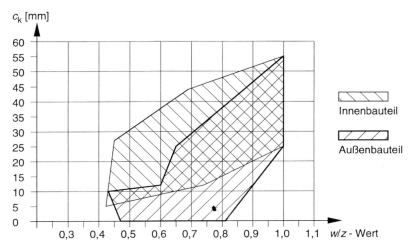

ABB 2.11: Einfluss des Wasserzementwertes auf die mittlere Karbonatisierungstiefe von 1 bis 55 Jahre alten Betonbauteilen (nach [Soretz – 79])

- dem *w/z*-Wert und der Verdichtung bzw. dem sich daraus ergebenden Porenvolumen (**ABB 2.11** und **ABB 2.12**)
- der Betongüte (Zementgehalt, Zementfestigkeitsklasse, *w/z*-Wert) (**ABB 2.13**)
- der Nachbehandlung (gute Nachbehandlung verbessert den Widerstand gegen Karbonatisierung)
- den Umweltbedingungen (CO_2-Gehalt in der Luft).

Bei gleichbleibenden Umweltbedingungen kann man die Karbonatisierungstiefe nach folgender Gleichung bestimmen:

$$c_k(t) = \alpha \cdot \sqrt{t} \tag{2.30}$$

$$\alpha = \frac{c_k(t_0)}{\sqrt{t_0}} \tag{2.31}$$

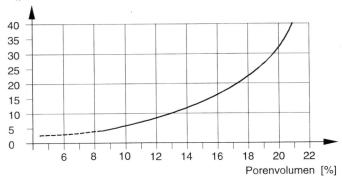

ABB 2.12: Einfluss des Porenvolumens auf die Karbonatisierungsfront (nach [Grunau – 92])

Der Faktor α erfasst hierbei die o. g. Einflussfaktoren. Sofern die Karbonatisierungstiefe an einem Bauteil zu einem bestimmten Zeitpunkt t_0 bekannt ist, kann ihr weiteres Fortschreiten für spätere Zeitpunkte t_1 ermittelt werden nach Gl. (2.30) bis (2.32)

$$t_1 = \left(\frac{c_k}{\alpha}\right)^2 - t_0 \qquad (2.32)$$

In der Praxis zeigt sich, dass die Karbonatisierungsfront einem Endwert zustrebt. Für unbewehrten Beton ist der Vorgang der Karbonatisierung ohne Bedeutung, zumal die Oberflächenfestigkeit hierdurch etwas ansteigt. Bei Stahlbetonbauteilen bewirkt die hohe Alkalität bei pH $\geq$ 10 den Korrosionsschutz des Betonstahls. Durch die Karbonatisierung wird dieser Schutz aufgehoben. Karbonatisierung ist also eine Voraussetzung für eine mögliche Betonstahlkorrosion. Stahlkorrosion kann aber erst dann eintreten, wenn zusätzlich Feuchtigkeit und Sauerstoff hinzukommen. Bei einer Betonstahlkorrosion müssen demnach folgende Voraussetzungen vorliegen:

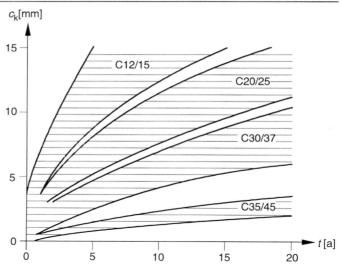

ABB 2.13: Zeitlicher Verlauf der Karbonatisierungstiefe bei geschützter Lagerung im Freien (nach [KLOPFER - 83])

> *karbonatisierter Beton*
> ⊕ ausreichende *Feuchtigkeit* zur Erhöhung der elektrischen Leitfähigkeit
> ⊕ ständiger Luftzutritt (Einwirkung von *Sauerstoff*).

Hieraus wird deutlich, dass Stahl in einem karbonatisierten Bauteil, das sich ständig im Wasser befindet, (im Sinne der für das Bauwesen relevanten Werte) nicht korrodieren kann. Durch die Korrosion entsteht aus Eisen Eisenhydroxid (Rost):

$$4\,Fe + 3\,O_2 + 2\,H_2O \rightarrow 4\,FeOOH \qquad (2.33)$$

Eisenhydroxid hat das 2,5fache Volumen von Stahl. Deshalb verursacht der korrodierte Betonstahl eine Sprengwirkung auf den ihn umgebenden Beton, und die Betondeckung platzt ab. Daher muss u. a. durch eine ausreichend bemessene Betondeckung sichergestellt werden, dass die Karbonatisierungsfront während der geplanten Nutzungsdauer eines Bauwerks die Bewehrung nicht erreichen kann, sofern der Zutritt von Feuchtigkeit möglich ist.

Beispiel 2.2: Berechnung des Karbonatisierungsfortschritts

gegeben: – An einem Betonbauteil wird im Alter von 5 Jahren eine Karbonatisierungstiefe von $c_k = 10$ mm ermittelt. Die Betondeckung des Bauteils beträgt 3,0 cm.

gesucht: – Wann erreicht die Karbonatisierungsfront die Bewehrung?

Lösung:

$$\alpha = \frac{10}{\sqrt{5}} = 4{,}47 \text{ mm}/\sqrt{a} \qquad\qquad (2.31): \alpha = \frac{c_k(t_0)}{\sqrt{t_0}}$$

$$t_1 = \left(\frac{30}{4{,}47}\right)^2 - 5 = \underline{\underline{40 \text{ a}}} \qquad\qquad (2.32): t_1 = \left(\frac{c_k}{\alpha}\right)^2 - t_0$$

Nach weiteren 40 Jahren wird die Bewehrung von der Karbonatisierungsfront erreicht. Die Oberfläche des Betonbauteils muss daher in den nächsten Jahren nicht zusätzlich beschichtet werden.

2.5.2 Betonkorrosion

Unter Betonkorrosion werden ausschließlich Schädigungen durch *chemische* Angriffe verstanden. Die chemischen Angriffe lassen sich in lösende und in treibende Angriffe unterteilen. Lösende Angriffe entstehen durch das in der Luft enthaltene Kohlendioxid und Schwefeldioxid SO_2. Schwefeldioxid ist in der Luft durch Hausbrand-, Kraftwerksabgase usw. enthalten. Die UV-Strahlung läßt in Verbindung mit der Luftfeuchtigkeit Schwefelsäure H_2SO_4 entstehen.

$$SO_2 + H_2O \rightarrow H_2SO_3 \qquad\qquad (2.34)$$

$$2\,H_2SO_3 + O_2 \rightarrow 2\,H_2SO_4 \qquad\qquad (2.35)$$

Die Schwefelsäure löst das Calciumhydroxid des Betons auf und zerstört das Betongefüge, es entsteht Gips $CaSO_4 \cdot 2H_2O$. Damit ist der Beton zerstört.

$$Ca(OH)_2 + H_2SO_4 \rightarrow CaSO_4 \cdot 2H_2O \qquad\qquad (2.36)$$

Gips hat ein größeres Volumen als das Calciumhydroxid. Hierdurch entsteht gleichzeitig zu dem lösenden ein treibender Angriff.

Weiterhin reagiert das in der Luft enthaltene Kohlendioxid mit Regen zu Kohlensäure H_2CO_3.

$$CO_2 + H_2O \rightarrow H_2CO_3 \qquad\qquad (2.37)$$

Die Kohlensäure dringt mit weiterem Regen in die Oberfläche des Betons ein und löst das Calciumhydroxid auf. Dabei wird der Zementstein zerstört, es entsteht Calciumcarbonat $CaCO_3$, ein wasserunlösliches Salz.

$$Ca(OH)_2 + H_2CO_3 \rightarrow CaCO_3 + 2\,H_2O \qquad\qquad (2.38)$$

2.5.3 Chlorideinwirkung

Stahlbetontragwerke können im Wesentlichen durch folgende Einwirkungen mit Chloriden beansprucht werden:

- Salze (Natriumchlorid), die z. B. als Auftaumittel im Winterdienst eingesetzt werden, setzen Chloridionen frei. Da sie im Schmelzwasser gelöst vorliegen, können sie gut in die äußeren, durchnässten Bereiche des Betons eingetragen werden (durchnässt sind ca. 2 bis 10 mm je nach Betonqualität).

- Meerwasser enthält Salze. Überall dort, wo Beton mit Meerwasser in Berührung kommt, werden Chloride in den Beton eingetragen.
- Im Brandfall verbrennen heute fast immer auch Kunststoffe, die chloridhaltig sein können (z. B. PVC = Polyvinylchlorid). Zusammen mit dem Löschwasser dringen sie in den Beton ein.

Die Chloride greifen den Beton nicht an, sie diffundieren jedoch auch durch dichten Beton und zerstören die alkalische Schutzschicht des Betonstahls. Am Betonstahl kommt es dann zur chloridinduzierten Stahlkorrosion, dem sog. Lochfraß. Der Zement kann nur eine sehr geringe Menge an Chloriden durch Bildung von „Friedelschem Salz" binden (Einflussgrößen sind Zementmenge und möglichst große Menge von Aluminaten im Zement). Bei längerer Chlorideinwirkung ist diese Schutzwirkung schnell erschöpft. Während Beton durch geeignete Maßnahmen bei der Herstellung der Karbonatisierung und der Betonkorrosion ausreichenden Widerstand entgegensetzen kann und während der Nutzungsdauer eines Bauwerks dauerhaft ist, müssen daher Stahlbetonbauwerke zusätzlich geschützt werden, sofern sie Chlorideinwirkung ausgesetzt sind. Dies kann durch eine Beschichtung (z. B.: auf Epoxidharzbasis) geschehen.

2.5.4 Dauerhafte Stahlbetonbauwerke

Um der Karbonatisierung und der Betonkorrosion eine den Umgebungsbedingungen angepassten ausreichenden Widerstand entgegenzusetzen, sind seitens der Betonrezeptur folgende Maßnahmen zu ergreifen:

- *Mindestfestigkeitsklasse* des Betons (Begründung → ABB 2.13) je nach Schwere des Angriffs (d. h. Expositionsklasse) nach TAB 2.3
- *Mindestzementmenge* (Begründung → ABB 2.13) nach TAB 2.3
- *Begrenzung des Wasserzementwertes* (Begründung → ABB 2.11) je nach Expositionsklasse nach TAB 2.3

Weiterhin ist die Betondeckung (→ Kap. 3) ausreichend groß zu wählen (Begründung → ABB 2.11).

Ein Bauwerk, das die vorgesehene Nutzungsdauer (z. B. 70 bis 110 Jahre) unter planmäßigen Einwirkungen erreicht, bezeichnet man als dauerhaft. Stahlbetonbauteile sind dauerhaft, sofern sie

- *sachgerecht geplant und konstruiert* sind (Einflussgrößen: Bauphysik, Zementwahl, Bewehrungsdurchmesser und -abstände usw.)
- *fachgerecht ausgeführt* werden (Einflussgrößen: vorhandene Betondeckung, w/z-Wert, Nachbehandlung usw.)
- *termingerecht überprüft und gewartet* werden (Beobachten von Rissen, Reinigen von Oberflächen usw.)
- *materialgerecht und rechtzeitig gepflegt* werden (bei Bedarf hydrophobieren und beschichten).

Schäden an (im Verhältnis zur Gesamtzahl wenigen) bestehenden Gebäuden wurden verursacht durch die Verletzung einer oder mehrerer der o. g. Bedingungen.

3 Betondeckung

3.1 Aufgabe

Als Betondeckung wird die Betonschicht bezeichnet, die die Bewehrung zu den Bauteiloberflächen hin schützend abdeckt (**ABB 3.1**). Sie erfüllt im Stahlbetonbau die folgenden wesentlichen Funktionen:

- *Sicherung des* für das Tragverhalten notwendigen *Verbundes* zwischen Bewehrung und Beton ($\rightarrow$ Kap. 4, **ABB 4.1**)
- *Schutz* der Bewehrung *vor Korrosion* ($\rightarrow$ Kap. 2, **ABB 2.10**)
- *Schutz* der Bewehrung *im Brandfall* vor frühzeitigem Verlust der Festigkeit ($\rightarrow$ [DIN 4102-4 - 94], 3.1)
- Verhinderung von Betonabplatzungen infolge geringer Eigenspannungen zwischen Betonstahl und Beton (z. B. durch ungenaue Biegeform).

Eine in Dicke und Dichtheit gute Betondeckung kann nur dann gelingen, wenn hierauf bei allen Herstellungsstufen des Bauwerks besonderes Augenmerk gerichtet wird:

- *Planung*   feingliedrige Bauteile vermeiden,
                         Maßtoleranzen und Verformungen von Schalungen beachten
- *Konstruktion*   Anordnung von Füllgassen und Rüttellücken,
                         Passlängen bei der Bewehrung vermeiden,
                         Bewehrungsanhäufungen vermeiden
- *Betontechnik*   Sieblinie muss gute Umhüllung der Bewehrung ermöglichen.
- *Bauausführung*   Beton in einer angemessenen Konsistenz verarbeiten,
                         abbindenden Beton nachbehandeln.

Die große Bedeutung der Betondeckung für die Herstellung dauerhafter Stahlbetonbauwerke ($\rightarrow$ Kap. 2.5) wurde in der Vergangenheit nicht immer ausreichend beachtet, was zu Schäden an Betonbauteilen führte.

3.2 Maße der Betondeckung

Sowohl Biegeformen von Bewehrungsstäben als auch Schalungen sind mit Ausführungsabweichungen behaftet ([DIN 18201 - 97], [DIN 18202 - 97]). Weiterhin treten beim Verlegen der Bewehrung Abweichungen zum gewünschten Sollmaß auf (**ABB 3.2**). Diese Ungenauigkeiten werden durch das Vorhaltemaß Δc abgedeckt, welches zum Mindestmaß der Betondeckung c_{min} zu addieren ist. Die Summe aus beiden ergibt das Nennmaß der Betondeckung c_{nom} (**ABB 3.1**):

Das *Nenn*maß ist sowohl für die Bemessung ($\rightarrow$ Kap. 7) als auch für die Höhe der Abstandhalter der unten liegenden Bewehrung bzw. der Unterstützungskörbe bei Platten ($\rightarrow$ Teil 2) für die oben liegende Bewehrung maßgebend. Es ist daher auch auf den Bewehrungsplänen anzugeben z. B. Betondeckung $c_{nom} = \ldots$ mm.

$$c_{nom} = c_{min} + \Delta c \quad (3.1)$$

Das *Mindest*maß der Betondeckung (= Mindestbetondeckung) ist an jeder Stelle einzuhalten. Es ist das für die Bewehrungsabnahme maßgebende Maß und gilt für *alle Bewehrungsstäbe* unabhängig davon, ob es sich um einen statisch erforderlichen oder einen nur für die Montage erforderlichen Stab handelt. Das Mindestmaß der Betondeckung hängt ab vom Durchmesser des Betonstahls und den Umweltbedingungen. Es ist zu bestimmen aus:

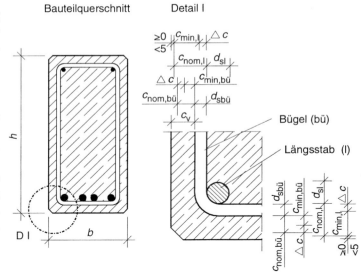

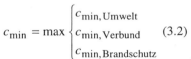

$$c_{min} = \max \begin{cases} c_{min, Umwelt} \\ c_{min, Verbund} \\ c_{min, Brandschutz} \end{cases} \quad (3.2)$$

ABB 3.1: Veranschaulichung der Betondeckungsmaße

ABB 3.2: Mindestmaß und Nennmaß der Betondeckung

Insbesondere die letztgenannte Bedingung ist nicht in der jeweiligen Stahlbetongrundnorm ([DIN 1045-1 – 01] bzw. [DIN V ENV 1992 – 92]) quantitativ geregelt.

Das nach Gl. (3.1) ermittelte Nennmaß wird im 5-mm-Raster *auf*gerundet und ergibt dann das Verlegemaß c_V, welches ebenfalls auf den Bewehrungsplänen anzugeben ist.

3.3 Regelungen nach DIN 1045

3.3.1 Mindestmaß

Das Mindestmaß der Betondeckung hinsichtlich des Verbundes $c_{min, Verbund}$ hängt vom Durchmesser der oberflächennahen Bewehrungen ab. Der ungünstigste Bewehrungsdurchmesser (dies muss nicht unbedingt der oberflächennächste sein) wird maßgebend.

$$c_{min, Verbund} \geq d_s \quad \text{bzw.} \quad d_{sV} \quad (3.3)$$

d_s Stabdurchmesser
d_{sV} Vergleichsdurchmesser eines Stabbündels ($\rightarrow$ Kap. 4.3.6)

3 Betondeckung

Mindestbetondeckung (in mm)	Expositionsklasse nach TAB 2.1									
	Karbonatisierungsinduzierte Korrosion				Cloridinduzierte Korrosion			Cloridinduzierte Korrosion aus Meerwasser		
	XC1	XC2	XC3	XC4	XD1	XD2	XD3 d)	XS1	XS2	XS3
Verbundbedingung	$c_{\min} \geq d_s$ bzw. d_{sV}									
Umweltbedingung für Betonstahl a) b) c)	10	20		25	40				40	

a) Die Mindestbetondeckung darf für Bauteile, deren Festigkeit um 2 Festigkeitsklassen höher liegt, als nach TAB 2.1 erforderlich ist (außer für die Umweltklasse XC 1), um 5 mm vermindert werden. Wird Ortbeton kraftschlüssig mit einem Fertigteil verbunden, dürfen die Werte an der der Fuge zugewandten Rändern auf 5 mm im Fertigteil und auf 10 mm im Ortbeton verringert werden. Sofern die Bewehrung im Bauzustand ausgenutzt wird, müssen die Bedingungen zur Sicherstellung des Verbundes jedoch eingehalten werden.
b) Für mechanische Beanspruchung sind die Werte zu erhöhen; in Expositionsklasse XM 1 +5 mm, in XM 2 +10 mm und in XM 3 +15 mm.
c) In [DIN 1045-1 – 01], Tabelle 4 sind auch Angaben für Spannstahl zu finden.
d) Im Einzelfall können besondere Maßnahmen zum Korrosionsschutz der Bewehrung nötig werden.

TAB 3.1: Mindestbetondeckung für Betonstahl in Abhängigkeit von der Expositionsklasse (nach [DIN 1045-1 – 01], Tabelle 4)

Das Mindestmaß der Betondeckung hinsichtlich des Verbundes $c_{\min,\text{Umwelt}}$ hängt von der Expositionsklasse ab. Von den in **TAB 2.1** beschriebenen Expositionsklassen sind diejenigen hinsichtlich der Bewehrungskorrosion und des Betonangriffs zu unterscheiden. Es können gleichzeitig mehrere Expositionsklassen zutreffen. In diesem Fall ist die ungünstigste Expositionsklasse maßgebend. Die Forderungen hinsichtlich des Verbundes und der Umwelt sind in **TAB 3.1** berücksichtigt. Die lt. Fußzeile der Tabelle mögliche Verringerung der Betondeckung bei einer die Erfordernisse übersteigende Betongüte um mindestens zwei Festigkeitsklassen ist in **ABB 2.13** begündet. Die für die Umweltklassen XMi notwendige Erhöhung entspricht einer Verschleißschicht.

Wird Ortbeton kraftschlüssig mit einem Fertigteil verbunden, darf die Mindestbetondeckung an den der Arbeitsfuge zugewandten Flächen auf 5 mm im Fertigteil und 10 mm im Ortbeton verringert werden. Sofern die Bewehrung im Bauzustand statisch wirksam ist, sind die Bedingungen zur Sicherstellung des Verbundes einzuhalten.

3.3.2 Vorhaltemaß

Im Regelfall versteht man unter der Mindestbetondeckung den 5%-Quantilwert. Dies entspricht einem Vorhaltemaß $\Delta c = 15$ mm für die Umweltklassen XC 2 bis XS 3 nach **TAB 3.1**. Für Innenbauteile der Umweltklasse XC 1 gilt der 10%-Quantilwert, der einem Vorhaltemaß $\Delta c = 10$ mm entspricht. Bei besonderen Qualitätssicherungsmaßnahmen ([DBV – 97/1] und [DBV – 97/2]) dürfen die Werte abgemindert werden.

Für Beton, der gegen unebene Oberflächen geschüttet wird, sollte das Vorhaltemaß grundsätzlich erhöht werden. Die Erhöhung erfolgt generell um das Differenzmaß der Unebenheit, mindestens jedoch um 20 mm und bei Schüttung direkt gegen Erdreich um 50 mm.

Beispiel 3.1: Ermittlung der erforderlichen Betondeckung (nach DIN 1045-1)

gegeben: – Bauteil lt. Skizze; es handelt sich hierbei um einen Randunterzug einer offenen Halle.
– Brandschutzanforderungen bestehen nicht.
– Betonfestigkeitsklasse C30/37

gesucht: Nennmaß der Betondeckung auf allen Seiten des Randunterzuges

Lösung:

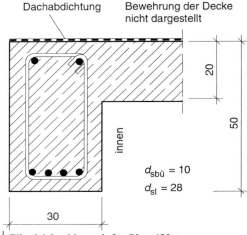

Außenseite:

Zunächst sind die Expositionsklassen zu bestimmen. Wenn das Bauwerk nicht an der Küste liegt, ist die Seite hinsichtlich der Bewehrungskorrosion in Expositionsklasse XC4 einzuordnen. Hinsichtlich des Betonangriffs ist es in Expositionsklasse XF1 einzuordnen.

Die Mindestfestigkeitsklasse ist in beiden Fällen C25/30

$c_{min, Umwelt} = 25$ mm

Eine Abminderung darf nicht vorgenommen werden, da die verwendete Betonfestigkeitsklasse C30/37 nicht um 2 Festigkeitsklassen über der Mindestfestigkeitsklasse C25/30 liegt.

$c_{min, Verbund} \geq d_{sbü} = 10$ mm

$c_{min, Verbund} \geq d_s = 28$ mm

$\qquad < c_{min, Umwelt} + d_{sbü} = 25 + 10 = 35$ mm

$\Delta c = 15$ mm

$c_{nom} = 25 + 15 = 40$ mm

Außen: $c_V = \underline{\underline{40 \text{ mm}}}$

Innenseite:

Hinsichtlich der Bewehrungskorrosion gilt Expositionsklasse XC3, hinsichtlich des Betonangriffs Expositionsklasse X0. Die Mindestfestigkeitsklasse ist die größere, somit C20/25.

$c_{min, Umwelt} = 20$ mm

Gilt gleichzeitig auch für Ober-/ Unterseite
TAB 2.1

TAB 2.3
TAB 3.1 für Expositionsklasse XC4
TAB 3.1 Fußnote

(3.3): $c_{min, Verbund} \geq d_s$ zunächst für die außen liegende Bügelbewehrung; die Umweltbedingung ist damit maßgebend.
Überprüfung der Betondeckung für die Längsbewehrung (vgl. Aufgabenskizze)

Der Bügel ist für die Betondeckung außen maßgebend.
Vorhaltemaß für XC4
(3.1): $c_{nom} = c_{min} + \Delta c$
Aufrunden auf das Verlegemaß im 5-mm-Raster

TAB 2.1

TAB 2.3
TAB 3.1 für Expositionsklasse XC3

Eine Abminderung um 5 mm darf vorgenommen werden, da die verwendete Betonfestigkeitsklasse C30/37 um 2 Festigkeitsklassen über der Mindestfestigkeitsklasse C20/25 liegt.

red $c_{min, Umwelt} = 20 - 5 = 15$ mm

$c_{min, Verbund} \geq d_{sbü} = 10$ mm

$c_{min, Verbund} \geq d_s = 28$ mm
$> c_{min, Umwelt} + d_{sbü} = 15 + 10 = 25$ mm

$\Delta c = 15$ mm
$c_{nom} = (28 - 10) + 15 = 33$ mm
Innen: $c_V = \underline{\underline{35 \text{ mm}}}$

TAB 3.1 Fußnote

(3.3): $c_{min, Verbund} \geq d_s$ zunächst für die außen liegende Bügelbewehrung; die Umweltbedingung ist damit maßgebend
Überprüfung der Betondeckung für die Längsbewehrung

Die Längsbewehrung ist für die Betondeckung innen maßgebend.
Vorhaltemaß für XC3
(3.1): $c_{nom} = c_{min} + \Delta c$
Aufrunden auf das Verlegemaß im 5-mm-Raster

3.4 Regelungen nach EC 2

3.4.1 Mindestmaß

Hinsichtlich der Umweltbedingung gilt **TAB 3.2**. Aufgrund der Expositionsklasse (dort mit Umweltklasse bezeichnet) wird das Mindestmaß der Betondeckung bestimmt, wobei zur Sicherung des Verbundes zusätzlich Gl. (3.3) einzuhalten ist. Die Mindestwerte der Betondeckung dürfen um 5 mm vermindert werden, wenn

- mindestens Betonfestigkeitsklasse C40/50 verwendet wird und Umweltbedingungen nach **TAB 3.2**, Zeilen 2a bis 5b vorliegen;
- Flächentragwerke vorliegen, die Umweltbedingungen nach **TAB 3.2**, Zeilen 2a bis 5c ausgesetzt sind.

Eine Vergrößerung des Mindestmaßes ist grundsätzlich dann erforderlich, wenn der Beton gegen unebene Oberflächen geschüttet wird, um die größeren Maßabweichungen auszugleichen. Schüttung des Betons:

- direkt gegen das Erdreich $\qquad c_{min} \geq 75$ mm
- auf vorbereiteten *Untergrund* (z. B. Sauberkeitsschicht) $\quad c_{min} \geq 40$ mm

Bei einem Größtkorn des Zuschlags $d_g > 32$ mm ist das Mindestmaß um 5 mm zu erhöhen.

3.4.2 Vorhaltemaß

Das Vorhaltemaß wird mit Δh bezeichnet. Das Vorhaltemaß beträgt im Regelfall $\Delta h = 10$ mm. Es darf nur verringert werden, falls beim Verlegen besondere Maßnahmen ergriffen werden (z. B.: [DBV – 97/1] und [DBV – 97/2]).

$$c_{nom} = c_{min} + \Delta h \qquad (3.4)$$

Umweltklasse		Beispiele für Umweltbedingungen	c_{min} in mm
1 Trockene Umgebung		Innenräume von Wohn- und Bürogebäuden	15
2 Feuchte Umgebung	a ohne Frost	– Gebäudeinnenräume mit hoher Feuchte (z. B. Wäschereien) – Außenbauteile [1)] – Bauteile in nichtangreifendem Boden und/oder Wasser, die Frost ausgesetzt sind	20
	b mit Frost	– Innenbauteile bei hoher Luftfeuchte, die Frost ausgesetzt sind – Außenbauteile, die Frost ausgesetzt sind – Bauteile in nichtangreifendem Boden und/oder Wasser	25
3 Feuchte Umgebung mit Frost und Taumitteleinwirkung		– Außenbauteile, die Frost und Taumitteln ausgesetzt sind	40
4 Meerwasserumgebung	a ohne Frost	– Bauteile im Spritzwasserbereich oder ins Meerwasser eintauchende Bauteile, bei denen eine Fläche der Luft ausgesetzt ist [1)] – Bauteile in salzgesättigter Luft	40
	b mit Frost	– Bauteile im Spritzwasserbereich oder ins Meerwasser eintauchende Bauteile, bei denen eine Fläche Luft und Frost ausgesetzt ist – Bauteile, die salzgesättigter Luft und Frost ausgesetzt sind	40
Die folgenden Klassen können einzeln oder in Kombination mit den oben genannten vorliegen:			
5 chemisch angreifende Umgebung	a	– schwach chemisch angreifende Umgebung (gasförmig, flüssig oder fest) – aggressive industrielle Atmosphäre	35
	b	mäßig chemisch angreifende Umgebung (gasförmig, flüssig oder fest)	40
	c	stark chemisch angreifende Umgebung (gasförmig, flüssig oder fest)	50

1) Dieses Beispiel gilt nicht für mitteleuropäische Verhältnisse.

TAB 3.2: Mindestmaße der Betondeckung (nach [DIN V ENV 1992 – 92] Tabelle 4.1 und Tabelle 4.2)

Beispiel 3.2: Ermittlung der erforderlichen Betondeckung (nach EC 2)

gegeben: –Bauteil lt. Skizze; es handelt sich hierbei um einen Randunterzug einer offenen Halle
 –Brandschutzanforderungen bestehen nicht
 –Betonfestigkeitsklasse C30/37

3 Betondeckung

gesucht: Nennmaß der Betondeckung auf der Außenseite des Randunterzuges

Lösung:

Außenseite:
Zunächst sind die Umweltklassen zu bestimmen. Wenn das Bauwerk nicht an der Küste liegt, ist die Außenseite Umweltklasse 2b einzuordnen.

$c_{min,Umwelt} = 25$ mm

$c_{min,Verbund} \geq d_{sbü} = 10$ mm

$c_{min,Verbund} \geq d_s = 28$ mm
$\qquad < c_{min,Umwelt} + d_{sbü} = 25 + 10 = 35$ mm

$\Delta c = 10$ mm
$c_{nom} = 25 + 10 = 35$ mm
Außen: $c_V = \underline{35 \text{ mm}}$

TAB 3.2
Eine Abminderung darf nicht vorgenommen werden, da die verwendete Betonfestigkeitsklasse C30/37 der hierfür geltenden Mindestfestigkeitsklasse C40/50 liegt.
(3.3): $c_{min,Verbund} \geq d_s$ zunächst für die außen liegende Bügelbewehrung; die Umweltbedingung ist damit maßgebend.
Überprüfung der Betondeckung für die Längsbewehrung (vgl. Aufgabenskizze)

Der Bügel ist für die Betondeckung außen maßgebend.
Vorhaltemaß im Regelfall
(3.4): $c_{nom} = c_{min} + \Delta h$
Aufrunden auf das Verlegemaß im 5-mm-Raster

3.5 Abstandhalter

3.5.1 Arten und Bezeichnungen

Abstandhalter sind notwendig, um die erforderliche Dicke der Betondeckung beim Betonieren sicherzustellen. Hierzu müssen die Abstandhalter an der äußersten Bewehrungslage befestigt werden.

Abstandhalter werden aus verschiedenen Werkstoffen (Kunststoff, Faserbeton) und in verschiedenen Ausführungen (Unterstützung punkt-, linien- oder flächenförmig) hergestellt. Aus dem lieferbaren Sortiment ist der für den jeweiligen Anwendungsfall geeignete Abstandhalter auszuwählen. Einerseits ist eine sichere Lastabtragung des Bewehrungsgewichts und des Betonierdrucks auf die Schalung, andererseits eine geringe Beeinträchtigung der Dichtigkeit der Betondeckung im Bereich des Abstandhalters anzustreben. Für Balken und senkrechte Flächentragwerke eignen sich punktförmige Abstandhalter; diese sollten kreisförmig sein, damit sie nicht infolge der Vibrationen aus dem Rütteln beim Einbringen des Betons den Abstand zur Schalung beim Verdrehen verändern. Für waagerechte Flächentragwerke eignen sich linien- oder flächenförmige Abstandhalter. Abstandhalter aus Kunststoff sind bei Sichtbetonflächen deutlicher sichtbar als jene aus Faserbeton. Insbesondere bei einer weichen Schalhaut oder beim Betonieren gegen Dämmplatten (Dreischichtverbundplatten, Perimeterdämmungen) ist darauf zu achten, dass die Fußpunkte der Abstandhalter nicht eindrücken. Andernfalls muss das Nennmaß der Betondeckung angemessen vergrößert werden.

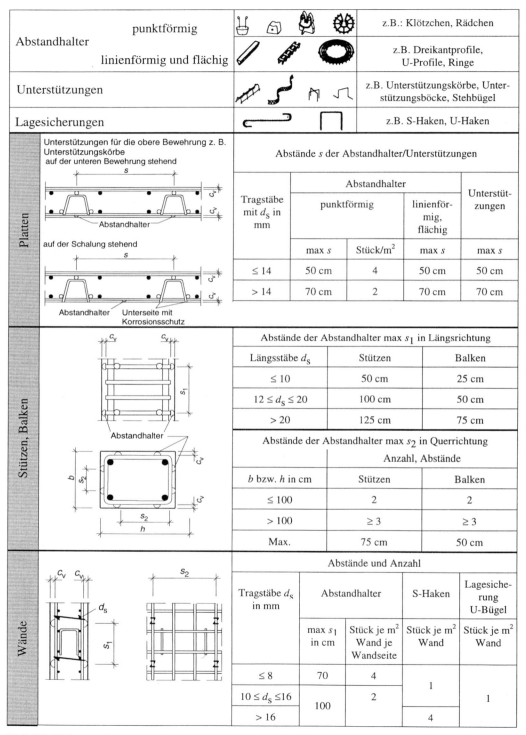

TAB 3.3: Richtwerte für Anzahl und Anordnung von Abstandhaltern (nach [DBV – 97/1])

Abstandhalter gelten jeweils für eine bestimmte Betondeckung und einen eingeschränkten Bereich aller Stabdurchmesser. Diese beiden Angaben sind auf den Abstandhaltern bzw. deren Verpackung verzeichnet.

3.5.2 Anordnung der Abstandhalter

Die Anordnung und Anzahl der einzubauenden Abstandhalter hängt ab von

- dem zu unterstützenden Stabdurchmesser der Bewehrung
- der Art der Abstandhalter (linien- oder punktförmig wirkend)
- Art und Lage des Bauteils.

Im DBV-Merkblatt Betondeckung und Bewehrung [DBV – 97/1] sind Richtwerte für die Anzahl und Anordnung von Abstandhaltern angegeben (**TAB 3.3**). Da auf der Baustelle i. d. R. zu wenig Abstandhalter eingebaut werden, ist es zweckmäßig, die erforderliche Anzahl Abstandhalter je m² auf dem Bewehrungsplan anzugeben.

Beispiel 3.3: Bezeichnung von Abstandhaltern

gegeben: – Nennmaß der Betondeckung c_{nom} = 30 mm ist einzuhalten.
– Stabdurchmesser $8 \leq d_s \leq 12$ in mm sind aufzunehmen.

gesucht: korrekte Bezeichnung für die erforderlichen Abstandhalter.

Lösung:

$$30 / 8 - 12 \qquad\qquad | \; c_{nom} / \min d_s - \max d_s$$

4 Bewehren mit Betonstabstahl

4.1 Betonstahlquerschnitte

Ziel der Bemessung wird es sein, die zur Gewährleistung des Gleichgewichts notwendigen Bauteilquerschnitte zu bestimmen. Hierzu zählt auch die erforderliche Betonstahlfläche. Wichtig bei der Wahl der Bauteilabmessungen, die durch die Bemessung zu bestätigen sind, ist eine ausreichende Größe auch im Hinblick auf den Platzbedarf der Bewehrung. Die Bedingungen zur Bestimmung des Platzbedarfs werden in den folgenden Abschnitten behandelt.

Der Betonstahl ist umgeben von Beton und liegt mit diesem im Verbund. Nur hierdurch ist es möglich, dass längs der Stabrichtung Spannungen (bzw. als deren Integral Kräfte) zwischen Betonstahl und Beton übertragen werden. Die Spannungen werden im Wesentlichen durch Formschluss über die Rippen (ABB 4.1) übertragen, die Adhäsionsspannungen des Betons am Stahl sind demgegenüber vernachlässigbar klein. Die Betonstahlrippen übertragen schräge, kegelförmig ausstrahlende Druckspannungskomponenten auf den Beton. Die hierbei senkrecht zur Stabachse auftretende Spannungskomponente wird über Zugringe kurzgeschlossen. Damit sich die Zugringe ausbilden können, ist eine ausreichend große Betondeckung ($\to$ Kap. 3) erforderlich. Um die Zugkraft im Ring gering zu halten, sind Form und Größe der Rippen optimiert und über die bezogene Rippenfläche (ABB 2.7) definiert. Auch bei im Bauteilinneren liegenden Stäben muss zwischen den Stäben ein Mindeststababstand vorhanden sein, damit sich der Zugring ausbilden kann. Die Bewehrungsstäbe müssen vollständig von Beton umgeben sein und der lichte Abstand (in beliebiger radialer Richtung zur Stabachse) zu einem Nachbarstab muss mindestens

$$s \geq 20 \text{ mm} \geq \begin{cases} d_s & \text{für Einzelstäbe} \\ d_{sV} & \text{für Stabbündel} \\ d_g + 5 & \text{für Zuschlagkörnung } d_g > 16 \text{ mm} \end{cases} \tag{4.1}$$

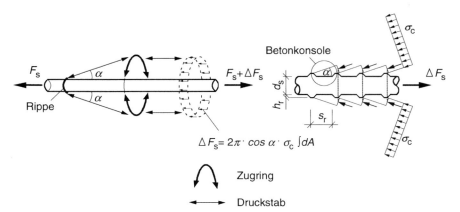

ABB 4.1: Mehrdimensionaler Spannungszustand infolge Veränderung der Kraft im Bewehrungsstab

4 Bewehren mit Betonstabstahl

betragen. Hierbei ist zu beachten, dass der reale Durchmesser von Betonstahl aufgrund der Rippen größer als der Nenndurchmesser d_s ist (**TAB 4.1**). Aus der Abstandsregel nach Gl. (4.1) ergibt sich je nach verwendetem Durchmesser eine Höchstzahl von Stäben, die bei festgelegter Balkenbreite in einer Lage angeordnet werden kann. Sofern nur eine Durchmessergröße verwendet wurde, ist die Maximalanzahl dem unteren Teil der **TAB 4.1** zu entnehmen. Eingeklammerte Werte bedeuten, dass der Platz *knapp* ausreicht. Sofern die Betondeckung im aktuellen Fall größer als der in **TAB 4.1** angesetzte Wert $c_{nom} = 30$ mm ist, ist die in Klammern stehende Anzahl nicht mehr möglich, die Stückzahl ist um einen Stab zu vermindern.

Es dürfen aber auch Bewehrungsstäbe unterschiedlicher Durchmesser innerhalb einer Bewehrungsart (z. B. Biegezugbewehrung; Querkraftbewehrung) kombiniert werden. In diesem Fall kann die Stabanzahl näherungsweise aus **TAB 4.1** ermittelt werden, wenn der größte verwendete

Nenndurchmesser d_s in mm	6	8	10	12	14	16	20	25	28	32
Realer Durchmesser in mm	7	10	12	14	17	19	24	30	34	39
Stabanzahl n	Betonstahlquerschnitt A_s in cm²									
1	0,28	0,50	0,79	1,13	1,54	2,01	3,14	4,91	6,16	8,04
2	0,57	1,01	1,57	2,26	3,08	4,02	6,28	9,82	12,3	16,1
3	0,85	1,51	2,36	3,39	4,62	6,03	9,42	14,7	18,5	24,1
4	1,13	2,01	3,14	4,52	6,16	8,04	12,6	19,6	24,6	32,2
5	1,41	2,51	3,93	5,65	7,70	10,1	15,7	24,5	30,8	40,2
6	1,70	3,02	4,71	6,79	9,24	12,1	18,8	29,5	37,0	48,2
7	1,98	3,52	5,50	7,92	10,8	14,1	22,0	34,4	43,1	56,2
8	2,26	4,02	6,28	9,05	12,3	16,1	25,1	39,3	49,3	64,3
9	2,54	4,52	7,07	10,2	13,9	18,1	28,3	44,2	55,4	72,4
10	2,83	5,03	7,85	11,3	15,4	20,1	31,4	49,1	61,6	80,4
Balkenbreite an der Stelle der Bewehrung b; b_w in cm	Größte Stabanzahl in einer Lage (bei einer Betondeckung $c_V = 30$ mm)									
15	3	3	2	2	2	2	(2)			
20	5	4	4	4	3	3	3	2	2	(2)
25	7	6	(6)	5	5	4	4	3	3	2
30	(9)	8	7	7	6	6	5	4	(4)	3
35		9	9	8	(8)	7	6	5	4	(4)
40		11	10	9	9	8	7	6	5	4
45			12	11	10	(10)	(9)	7	6	5
50			13	12	(12)	11	10	8	7	5
55				14	13	12	11	(9)	8	6
60				15	14	13	12	9	8	7
65					16	15	13	10	9	7
70						16	14	11	10	8
min $d_{sbü}$	8						10			

TAB 4.1: Betonstahlquerschnitte und größte Stabanzahl je Lage

Durchmesser der Tabelleneingangswert ist. Weiterhin ist zu beachten, dass alle Stäbe Durchmesser derselben Größenordnung besitzen, da sonst aufgrund des unterschiedlichen Verbundes dickerer und dünner Stäbe die dünnen Stäbe in den Fließbereich geraten. Bei dünneren Stäben darf ein Durchmesser übersprungen werden, bei dickeren Stäben dürfen nur benachbarte Durchmesser verwendet werden. Als Anhalt sollen die folgenden Gleichungen dienen:

$$\max d_s \leq 20 \text{ mm}: \quad \max d_s \leq \min d_s + 4 \quad \text{in mm} \quad (4.2)$$

$$\max d_s > 20 \text{ mm}: \quad \max d_s \leq \min d_s + 7 \quad \text{in mm} \quad (4.3)$$

4.2 Biegen von Betonstahl

4.2.1 Beanspruchungen infolge der Stabkrümmung

Die Bewehrungsführung bedingt oft gebogene Bewehrungsstäbe. An die Ausbildung der Stabkrümmungen werden Mindestanforderungen gestellt, um Schäden infolge zu hoher Beanspruchung im Betonstahl und im Beton zu vermeiden.

Beanspruchung des Betonstahls:

Der Bewehrungsstab wird in einer Biegemaschine um den Biegedorn mit dem Durchmesser d_{br} gebogen und dabei plastisch verformt, d. h., in Teilen des Stabes wird die Streckgrenze erreicht bzw. überschritten (**ABB 4.2**). Nach dem Biegen federt der Stab nur geringfügig zurück, da in ihm durch die (bleibende) Verformung ein Eigenspannungszustand erzeugt worden ist. Die aufnehmbare Kraft des Stabes wird durch die Krümmung (rechnerisch) nicht vermindert, da die resultierende Längskraft auch nach dem Biegen null ist. Der Biegerollendurchmesser ist so zu begrenzen, dass die Stahldehnungen deutlich unter den Bruchdehnungen bleiben.

Beanspruchung des Betons:

Aus der Umlenkung der Zugkraft im Betonstahl sind zur Erfüllung des Gleichgewichts in der Krümmung des Stabes Spannungen zwischen Beton und Stahl (**ABB 4.3**) notwendig. Diese Span-

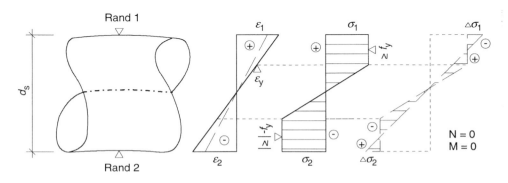

ABB 4.2: Verzerrungs- und Spannungsverlauf in einem Betonstahl infolge einer Stabkrümmung

nungen (Umlenkpressungen) können aus der Gleichgewichtsbedingung in vertikaler Richtung bestimmt werden [4].

$$\sum F_v = 0 = 2 \cdot F_s \cdot \sin\frac{\alpha}{2} - 2\int_0^{\frac{\alpha}{2}} p_u \cdot d_s \cdot \frac{d_{br}}{2} \cdot \cos\varphi \, d\varphi$$

$$= 2 \cdot F_s \cdot \sin\frac{\alpha}{2} - p_u \cdot d_s \cdot d_{br} \cdot \sin\varphi \Big|_0^{\frac{\alpha}{2}}$$

$$= 2 \cdot \pi \cdot \frac{d_s^2}{4} \cdot f_{yk} - p_u \cdot d_s \cdot d_{br}$$

$$d_{br} = \frac{\pi \cdot d_s \cdot f_{yk}}{2 \cdot p_u}$$

Die Druckspannungen dürfen die Betondruckfestigkeit an der Kontaktstelle f_c (bzw. rechnerisch f_{ck}) nicht überschreiten.

$$p_u \leq f_{ck}$$
$$d_{br} \geq \frac{\pi \cdot d_s \cdot f_{yk}}{2 \cdot f_{ck}} \tag{4.4}$$

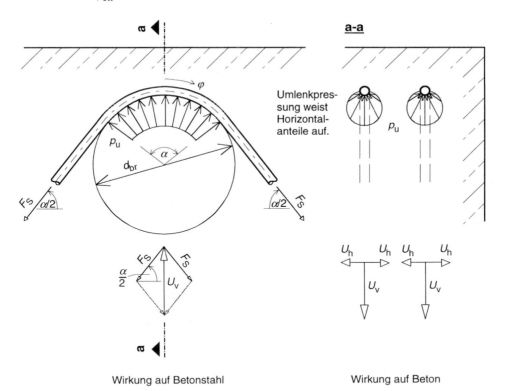

Wirkung auf Betonstahl   Wirkung auf Beton

ABB 4.3: Spannungen an Stabkrümmungen zwischen Beton und Betonstahl

---

[4] Alternativ erhält man die entsprechende Gl. (4.4) nach der Kesselformel ([Schnell – 92], [Motz – 91]).

Aus Gl. (4.4) ist ersichtlich, dass die Umlenkpressungen mit abnehmendem Biegerollendurchmesser zunehmen. Der Biegerollendurchmesser darf daher einen Mindestwert nicht unterschreiten, wenn die Druckfestigkeit des Betons (und die Verformbarkeit des Stahls) unterschritten werden soll. Es ist weiterhin ersichtlich, dass die Umlenkpressung mit zunehmendem Stabdurchmesser und zunehmender Stahlgüte (also zunehmender Zugkraft im Stab) zunimmt. Da sich die Druckspannungen senkrecht zur Staboberfläche ausbilden, entstehen auch Spannungen senkrecht zur Krümmungsebene (**ABB 4.3**). Diese wirken als Spaltzugspannung auf den Beton, sodass auch die Zugfestigkeit des Betons f_{ct} senkrecht zur Stabebene nicht überschritten werden darf.

$$U_h \leq f_{ct} \cdot A_{ct} \tag{4.5}$$

Bei Stäben, die nahe an der Oberfläche eines Bauteiles liegen, ist daher der Biegerollendurchmesser auf größere Werte zu begrenzen, damit die äußere Betonschale nicht abplatzt. Die Grenzbedingung ist mit Gl. (4.6) angegeben:

$$d_{br,min} \approx \frac{\pi \cdot f_{yk}}{10 \, f_{ct}} \cdot \frac{d_s^2}{c + 0,5 \, d_s} \tag{4.6}$$

Beispiel für $c = 3 \, d_s$ und C20/25 (vgl. **TAB 4.2**, Z. 5):

$$d_{br,min} \approx \frac{\pi \cdot 500}{10 \cdot 2,2} \cdot \frac{d_s^2}{3 \, d_s + 0,5 \, d_s} = 20,4 \, d_s$$

4.2.2 Mindestwerte des Biegerollendurchmessers nach DIN 1045

Aufgrund der geschilderten Beanspruchungen sind in [DIN 1045-1 – 01], 12.3 Mindestwerte des Biegerollendurchmessers vorgeschrieben (**TAB 4.2**). Sie hängen zusätzlich von der Biegeform ab (**ABB 4.4**). Bei geschweißten Bewehrungsstäben gelten zusätzliche Bedingungen (**TAB 4.3**).

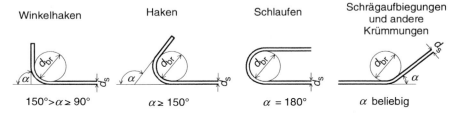

Haken und Winkelhaken werden nur zum Verankern von Stäben verwandt.

ABB 4.4: Benennung unterschiedlicher Biegeformen

Zeile	Stabdurchmesser d_s in mm	d_{br} für Haken, Winkelhaken, Schlaufen
1	< 20	$4 \, d_s$
2	≥ 20	$7 \, d_s$
	Mindestmaß der Betondeckung c_{min} rechtwinklig zur Biegeebene	d_{br} für Schrägstäbe und andere gebogene Stäbe (z. B. in Rahmenecken)
3	> 100 mm und > 7 d_s	$10 \, d_s$
4	> 50 mm und > 3 d_s	$15 \, d_s$
5	≤ 50 mm und ≤ 3 d_s	$20 \, d_s$

TAB 4.2: Mindestwerte des Biegerollendurchmessers (nach [DIN 1045-1 – 01], Tabelle 23)

4 Bewehren mit Betonstabstahl   49

Vorwiegend ruhende Einwirkung		Nicht vorwiegend ruhende Einwirkung	
Schweißung außerhalb des Biegebereichs	Schweißung innerhalb des Biegebereichs	Schweißung auf der Biegeaußenseite	Schweißung auf der Biegeinnenseite
für $a < 4\,d_s$: $\quad 20\,d_s$ für $a \geq 4\,d_s$: $\quad$ TAB 4.2	$20\,d_s$	$100\,d_s$	$500\,d_s$

a ist der Abstand zwischen Biegeanfang und Schweißstelle.

TAB 4.3: Mindestwerte des Biegerollendurchmessers für nach dem Schweißen gebogene Bewehrung (nach [DIN 1045-1 – 01], Tabelle 24)

4.2.3 Mindestwerte des Biegerollendurchmessers nach EC 2

Ähnliche Werte für den Biegerollendurchmesser gelten auch nach EC 2 ([DIN V ENV 1992 – 92], 5.2.1.2) (**TAB 4.4**). Sofern im Bereich der Stabkrümmung eine Schweißstelle oder ein angeschweißter Stab liegt, ist **TAB 4.5** zu beachten.

Mindestwert des Biege-rollendurchmessers	Haken, Winkelhaken, Schlaufen		Schrägstäbe und andere gekrümmte Stäbe		
	Stabdurchmesser		Mindestwerte der Betondeckung senkrecht zur Krümmungsebene		
	$d_s < 20\,\text{mm}$	$d_s \geq 20\,\text{mm}$	$> 100\,\text{mm}$ und $> 7\,d_s$	$> 50\,\text{mm}$ und $> 3\,d_s$	$\leq 50\,\text{mm}$ und $\leq 3\,d_s$
glatte Stäbe BSt 220	$2{,}5\,d_s$	$5\,d_s$	$10\,d_s$	$10\,d_s$	$15\,d_s$
Rippenstäbe BSt 400, BSt 500	$4\,d_s$	$7\,d_s$	$10\,d_s$	$15\,d_s$	$20\,d_s$

TAB 4.4: Mindestwerte des Biegerollendurchmessers ([DIN V ENV 1992 – 92], Tabelle 5.1)

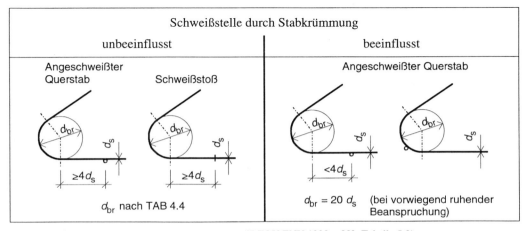

TAB 4.5: Biegungen an geschweißten Bewehrungen ([DIN V ENV 1992 – 92], Tabelle 5.2)

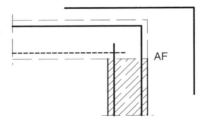

Bewehrung wurde infolge schlechter Tragwerksplanung auf der Baustelle hochgebogen, um die Schaltische einfahren zu können

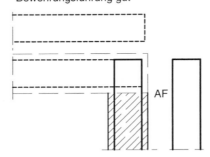

ABB 4.5: Beispiel der Folge einer schlechten Bewehrungsführung und Vorschlag für eine bessere Gestaltung

4.2.4 Hin- und Zurückbiegen von Bewehrungsstäben

Infolge des Arbeitsablaufs auf Baustellen ist es manchmal erforderlich, bereits gebogene Bewehrungsstäbe nach dem Einbau zurückzubiegen. Die wesentlichen Gründe hierfür sind (**ABB 4.5**):

- die Arbeitsfuge kreuzende Bewehrungsstäbe
- dem Bauablauf nicht angepasste Bewehrungsführung.

Das Hin- und Zurückbiegen stellt für den Betonstahl und den umgebenden Beton eine zusätzliche Beanspruchung dar und ist ohne Verwahrkästen (**ABB 4.6**) nach Möglichkeit zu vermeiden. Ein mehrfaches Hin- und Zurückbiegen ist in jedem Fall unzulässig. Man unterscheidet ein Zurückbiegen im kalten Zustand (= Kaltrückbiegen) von einem in warmem Zustand (= Warmrückbiegen). Hierbei sind folgende Einschränkungen zu beachten ([DIN 1045-1 – 01], 12.3.2).

Kaltrückbiegen

Das Kaltrückbiegen ist nur bis zum Stabdurchmesser d_s = 14 mm zulässig. Im Bereich der Rückbiegestelle ist die Querkraft auf 0,6 $V_{Rd,max}$ (→ Kap. 8) zu begrenzen. Der Biegerollendurchmesser beim Hinbiegen ist angemessen zu vergrößern:

- *Vorwiegend ruhende Belastung*: $d_{br} \geq 6\,d_s$. Die Bewehrung darf im Grenzzustand der Tragfähigkeit höchstens zu 80 % ausgenutzt werden.
- *Nicht vorwiegend ruhende Belastung*: $d_{br} \geq 15\,d_s$. Die Schwingbreite der Stahlspannung darf 50 /mm² nicht überschreiten.

4 Bewehren mit Betonstabstahl

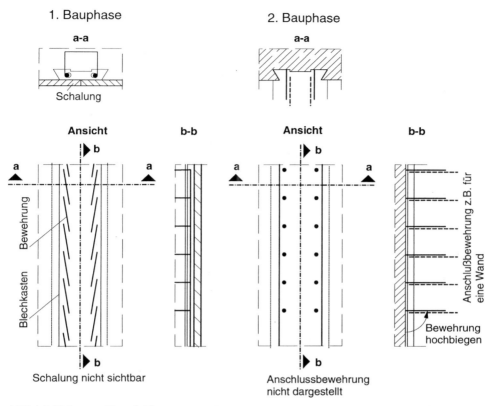

ABB 4.6: Einbau von Verwahrkästen

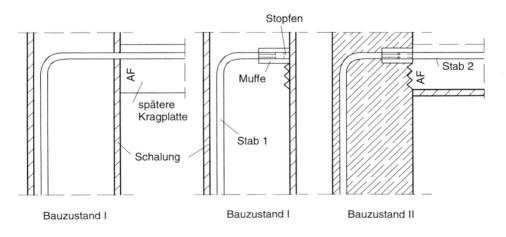

ABB 4.7: Vermeidung von Schalungsdurchdringungen mit Hilfe von Muffenstößen

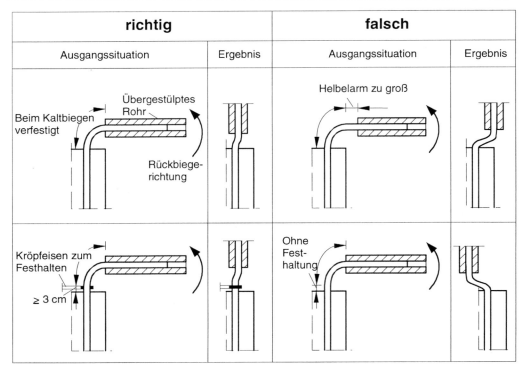

ABB 4.8: Kaltrückbiegen mit einem Rohr (nach [DBV – 96])

Mit den auf der Baustelle verfügbaren Hilfsmitteln ist es nicht möglich, einen gebogenen Stab in kaltem Zustand wieder vollständig gerade zu richten. Im Stab verbleibt eine S-förmige Doppelkrümmung. Infolge der durch sie verursachten Umlenkkräfte entstehen Zusatzbeanspruchungen im Beton. Diese lassen sich in den meisten Fällen durch eine andere Bewehrungsführung oder -ausbildung vermeiden (**ABB 4.6**, **ABB 4.7**). Weiterhin muss entsprechend den Anweisungen in [DBV – 96] zurückgebogen werden (**ABB 4.8**).

	d_s in mm		≤ 14	> 14	≤ 14	> 14	≤ 10	> 10
Grenzabmaße Δl in cm		allgemein	+0 -1,5	+0 -2,5	+0 -1,0	+0 -2,0	+0 -1,0	+0 -1,5
		bei Passlängen	+0 -1,0	+0 -1,5	+0 -1,0	+0 -2,0	+0 -0,5	+0 -1,0

[1]) Bei diesem Maß ist das Grenzmaß der zugehörigen Bügel zu beachten.

TAB 4.6: Grenzabmaße Δl von gebogenen Bewehrungsstäben (nach [DBV – 97/1])

Warmrückbiegen

Hierbei wird der Stab über 500° C erwärmt. Wegen der hierdurch bewirkten Festigkeitsabnahme kann der Stahl rechnerisch nur noch mit $f_{yk} = 220 \text{ N/mm}^2$ ausgenutzt werden ([DIN V ENV 1992 - 92], 12.3.2). Ein Warmrückbiegen ist daher nur zulässig, sofern es schon im Planungsstadium vorgesehen wurde. Die Schwingbreite der Stahlspannung bei nicht vorwiegend ruhender Belastung darf 50 /mm^2 nicht überschreiten.

4.2.5 Grenzabmaße von Bewehrungsstäben

Die Istmaße der Bewehrungsstäbe weisen Abweichungen gegenüber den Sollmaßen auf. Diese dürfen die in **TAB 4.6** angegebenen Grenzabmaße nicht überschreiten, damit z. B. die Betondeckung sicher eingehalten werden kann.

4.3 Verankerung von Betonstählen

4.3.1 Tragwirkung

Wenn ein Bewehrungsstab rechnerisch nicht mehr erforderlich ist (z. B. am Bauteilende oder aufgrund der Zugkraftdeckungslinie), muss die Stabkraft in den Beton eingeleitet werden, bevor der Stab enden darf (**ABB 4.9**).

Die Länge, die zur Einleitung der Stabkraft in den Beton erforderlich ist, wird mit Verankerungslänge bezeichnet. In der Regel erfolgt die Einleitung der Stabkräfte über einen zusätzlich vorzusehenen Bewehrungsabschnitt, die Verankerungslänge. Eine Verankerung mittels Ankerplatte ist auf Ausnahmen beschränkt. Der Wirkungsmechanismus der Kraftübertragung aus dem Betonstahl in den Beton ist in **ABB 4.1** dargestellt. Die Verankerungslänge muss ausreichend lang sein, damit weder die Ringzugspannungen die Zugfestigkeit des Betons erreichen, noch die Tragfähigkeit der Betonkonsolen erreicht wird. Das erstgenannte Versagen führt zu einem Längsriss parallel zum Bewehrungsstab, das zweitgenannte zu einem Abscheren des Betons zwischen den Rippen.

4.3.2 Grundmaß der Verankerungslänge

Zur Berechnung der Verankerungslänge wird der Scherverbund herangezogen ($\rightarrow$ Kap. 7.2.4). Die erforderliche Verankerungslänge wird über die Verbundspannungen f_b berechnet, die (rechnerisch) um die Zylindermantelfläche des Betonstahls wirken. Die Größe der aufnehmbaren Verbundspannung [5] hängt neben der Betonfestigkeitsklasse maßgeblich von der Lage des Stabes beim Betonieren ab. Die Lage des Stahls ist wichtig, da der Beton nach dem Verdichten sackt. Bei parallel zur Betonierrichtung verlaufenden oberflächennahen Stäben kann sich der Beton dabei von der Bewehrung lösen, und es entsteht eine (zunächst) wassergefüllte Linse (**ABB 4.10**).

---

[5] Anmerkung: Die Rippenausbildung beeinflusst ganz wesentlich die Verbundspannung. Sie liegt jedoch fest und ist nicht mehr wählbar.

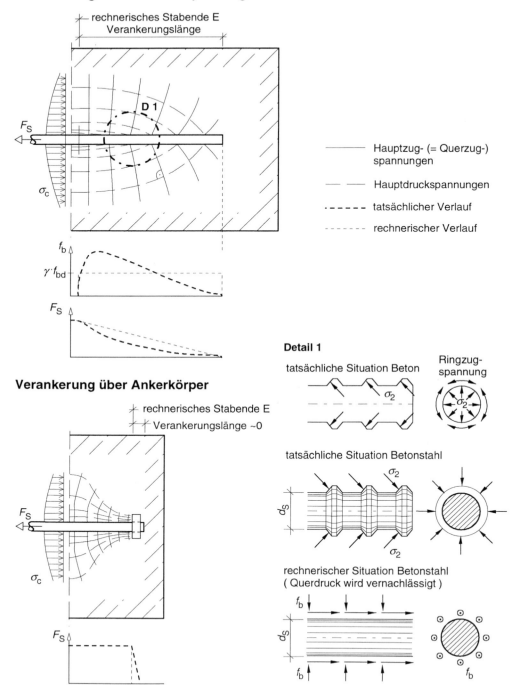

ABB 4.9: Spannungen im Verankerungsbereich eines Bewehrungsstabes

4 Bewehren mit Betonstabstahl

Hierdurch können sich die Verbundspannungen nicht mehr über die volle Mantelfläche ausbilden. In [DIN 1045-1 – 01], 12.5 werden daher zwei Verbundbereiche unterschieden:

- Verbundbereich I = *guter* Verbundbereich
- Verbundbereich II = *mäßiger* Verbundbereich

Die Einteilung in einen der Verbundbereiche erfolgt gemäß **ABB 4.10**. Sofern einer der Fälle 1 bis 4 zutrifft, liegt das zu verankernde Stabende im Verbundbereich I, andernfalls im Verbundbereich II. Der Nachweis der Verbundspannungen erfolgt auch im Verbundbereich II mit der vollen Stahloberfläche. Der Bemessungswert der Verbundspannungen f_{bd} (**TAB 4.7**) wird jedoch gegenüber Verbundbereich I auf 70 % reduziert.

$$f_{bd,II} = 0{,}7\, f_{bd} \tag{4.7}$$

Sofern im Verankerungsbereich senkrecht zur Stabachse Druckspannungen (Querdruck) wirken, steigern diese die übertragbaren Verbundspannungen. Die zulässigen Verbundspannungen dürfen erhöht werden.

$$f_{bd,cal} = \frac{1}{1-0{,}04\,p} \cdot f_{bd} \leq 1{,}5\, f_{bd} \tag{4.8}$$

p Querdruck in N/mm²

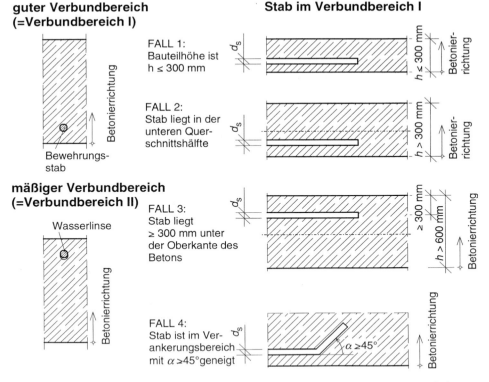

ABB 4.10: Erläuterung und Einteilung der Verbundbereiche

f_{ck}	12	16	20	25	30	35	40	45	50	55	60	70	80	90	100
f_{bd}	1,6	2,0	2,3	2,7	3,0	3,4	3,7	4,0	4,3	4,4	4,5	4,7	4,8	4,9	4,9

TAB 4.7: Bemessungswert der Verbundspannung f_{bd} in N/mm² im Verbundbereich I und für $d_s \leq 32$ mm
($f_{bd} = 2{,}25\, f_{ctk;0{,}05}/\gamma_c$)

Ein gleichartiger Effekt tritt bei einer allseitig großen Betondeckung von mindestens 10 d_s mit gleichzeitiger Verbügelung auf. In diesem Fall gilt der obere Grenzwert von Gl. (4.8).

Der Nachweis der Verbundspannungen wird indirekt über den Nachweis geführt, dass die vorhandene Verankerungslänge nicht kleiner als die sich bei Ansatz der zulässigen Grundwerte der Verbundspannung ergebende Verankerungslänge ist. Die Betrachtung erfolgt zunächst am *geraden* Stabende. Man definiert hierzu das Grundmaß der Verankerungslänge l_b. Dieses kann man aus der Bedingung bestimmen, dass die in einem Bewehrungsstab zulässige Kraft der über die Stahloberfläche übertragbaren Kraft gleich sein muss.

$$F_{sd} = A_s \cdot f_{yd} = \pi \cdot \frac{d_s^2}{4} \cdot f_{yd} \leq \pi \cdot d_s \cdot l_b \cdot f_{bd} \tag{4.9}$$

$$l_b = \frac{f_{yd}}{4 \cdot f_{bd}} \cdot d_s \tag{4.10}$$

Die Gl. (4.10) lässt sich für alle Betongüten und Stabdurchmesser allgemein auswerten. Bei Doppelstäben geschweißter Betonstahlmatten wird anstatt des Stabdurchmessers der Vergleichsdurchmesser d_{sV} analog zu Stabbündeln angesetzt.

$$d_{sV} = \sqrt{2} \cdot d_s \qquad \text{Sonderfall von Gl. (4.24) für } n = 2 \tag{4.11}$$

4.3.3 Allgemeine Bestimmungen der Verankerungslänge

Das Grundmaß der Verankerungslänge wurde für einen gerade endenden Stab bestimmt. Es gilt unabhängig vom Vorzeichen der Stabkraft. Neben dem geraden Stabende bestehen jedoch auch andere Möglichkeiten der Verankerung, wie Haken, Winkelhaken oder Schlaufen (**TAB 4.8**). Diese Biegeformen benötigen bei Zugkräften im Stab eine kürzere Verankerungslänge. Bei Druckstäben führen Haken zu einer Biegebeanspruchung des Stabes, eine Verkürzung der Verankerungslängen durch Haken darf daher bei Druckstäben nicht berücksichtigt werden ($\alpha_1 = 1{,}0$). Die gekrümmte Stabform ist ungünstig und sollte vermieden werden. Lediglich angeschweißte Querstäbe verringern für Zug- und Druckkräfte die erforderliche Verankerungslänge. Daher darf das Grundmaß der Verankerungslänge auf die erforderliche Verankerungslänge nach folgender Gleichung vermindert werden:

$$l_{b,net} = \alpha_a \cdot \alpha_A \cdot l_b \geq l_{b,min} \tag{4.12}$$

$$\alpha_A = \frac{A_{s,erf}}{A_{s,vorh}} \tag{4.13}$$

$$l_{b,min} = \begin{cases} 0{,}3\, \alpha_a \cdot l_b \geq 10\, d_s & \text{für Zugstäbe} \\ 0{,}6\, l_b \geq 10\, d_s & \text{für Druckstäbe} \end{cases} \tag{4.14}$$

Art und Ausbildung der Verankerung	Beiwert α_a Zugstab	Beiwert α_a Druckstab
Gerade Stabenden	1,0	1,0
Haken ($\alpha \geq 150°$), Winkelhaken ($150° > \alpha \geq 90°$), Schlaufen (Draufsicht)	0,7 (1,0)[a]	–
Gerade Stabenden mit mindestens einem angeschweißten Stab innerhalb $l_{b,net}$	0,7	0,7
Haken, Winkelhaken ($150° > \alpha \geq 90°$), Schlaufen (Draufsicht) mit jeweils mindestens einem angeschweißten Stab innerhalb $l_{b,net}$ vor dem Krümmungsbeginn	0,5 (0,7)[a]	–
Gerade Stabenden mit jeweils mindestens zwei angeschweißten Stäben innerhalb $l_{b,net}$ (Stababstand $s < 10$ cm bzw. $\geq 5\,d_s$ und ≥ 5 cm) nur zulässig bei Einzelstäben mit $d_s \leq 16$ mm bzw. Doppelstäben mit $d_s \leq 12$ mm	0,5	0,5

a) Die in Klammern angegebenen Werte gelten, wenn im Krümmungsbeginn rechtwinklig zur Krümmungsebene die Betondeckung weniger als $3\,d_s$ beträgt oder kein Querdruck oder keine enge Verbügelung vorhanden ist.

TAB 4.8: Beiwert α_a zur Berücksichtigung der Biegeform der Verankerung ([DIN 1045-1 – 01], Tabelle 26)

Der Beiwert α_a berücksichtigt hierbei die Biegeform nach **TAB 4.8**. Der Beiwert α_A berücksichtigt, dass der Bewehrungsstab spannungsmäßig nicht vollständig ausgenutzt ist, wenn die vorhandene Bewehrung die erforderliche übersteigt. Die Mindestverankerungslänge $l_{b,min}$ soll die sich bei kurzen Verankerungen besonders stark auswirkenden Verlegungenauigkeiten abdecken.

Im Verankerungsbereich treten – besonders bei Haken und Winkelhaken – Querzugspannungen auf (**ABB 4.9**), die zu Betonabplatzungen führen können. Daher muss die seitliche Betondeckung bei Bauteilen beachtet und eine Querbewehrung A_{st} im Verankerungsbereich angeordnet werden

(**ABB 4.11**). Die Querbewehrung soll auf der zur Oberfläche hin zeigenden Seite angeordnet werden. Bei Platten mit dünnen zu verankernden Stäben (z. B. von Betonstahlmatten) ist auch die Innenseite möglich. Bei Druckstäben sollte die Querbewehrung die zu verankernden Stäbe umfassen und am Ende der Verankerungslänge konzentriert angeordnet werden. Zusätzlich ist ein Querstab hinter den Stabenden anzuordnen, um die Spaltzugspannungen aus dem Spitzendruck der Stirnflächen aufnehmen zu können. Bei Balken und Stützen mit Bügelbewehrung im Verankerungsbereich ist keine zusätzliche Querbewehrung erforderlich.

$$\Sigma A_{st} = n \cdot A_{st} \geq 0,25 \cdot A_{s,ds} \qquad (4.15)$$

n Anzahl der Querstäbe innerhalb der Verankerungslänge
$A_{s,ds}$ Querschnittsfläche *eines* zu verankernden Stabes
A_{st} Querschnittsfläche eines Stabes der Querbewehrung

4.3.4 Verankerungslänge an Auflagern

Mindestens ein Viertel der größten Bewehrung im Feld ist über das Auflager zu führen und dort zu verankern. Bei Platten muss mindestens die Hälfte der Bewehrung zum Auflager geführt und dort verankert werden.

Allgemein: $\quad A_{sR} \geq \dfrac{A_{s,Feld}}{4}$ (4.16)

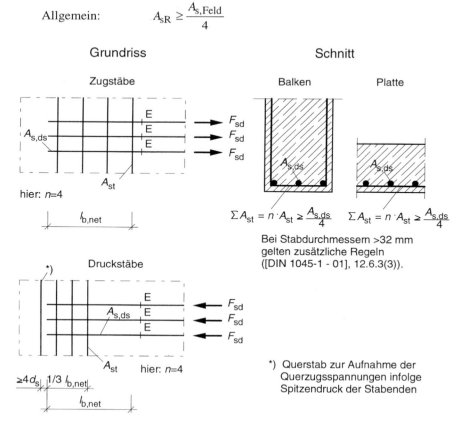

ABB 4.11: Querbewehrung im Verankerungsbereich von Stäben

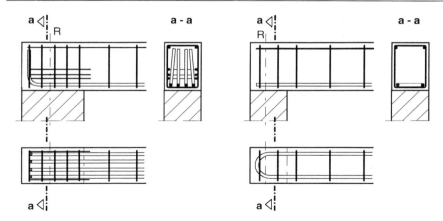

Endverankerung mit Winkelhaken möglich bei Krümmungsbeginn hinter dem rechnerischen Auflager

Endverankerung mit Schlaufen möglich bei nur zwei unten liegenden Stäben

ABB 4.12: Bewehrungsführung an Endauflagern

Platten: $$A_{sR} \geq \frac{A_{s,\text{Feld}}}{2} \tag{4.17}$$

Bei der Ermittlung der Verankerungslänge wird unterschieden, ob es sich um ein Zwischen- oder ein Endauflager handelt. Weiterhin wird die Lagerungsart unterschieden. Ein Bauteil gilt als direkt (oder unmittelbar) gelagert, wenn es auf dem stützenden Bauteil aufliegt, sodass die Auflagerkraft über Druckspannungen in das gestützte Bauteil eingetragen wird. Das stützende Bauteil kann eine Stütze, eine Wand oder ein hoher Unterzug sein (**ABB 8.2**). In allen anderen Fällen ist ein Bauteil indirekt (oder mittelbar) gestützt (**ABB 8.4**).

Endauflager:

Am Endauflager wirkt entsprechend der Zugkraftdeckungslinie (siehe Kap. 10) noch eine Zugkraft, die sich nach Gl. (4.18) ermitteln lässt.

$$F_{sdR} = V_{Ed} \frac{a_l}{z} + N_{Ed} \geq \frac{V_{Ed}}{2} \tag{4.18}$$

a_l Versatzmaß nach Gl. (10.5)

Die günstige Wirkung der Auflagerpressungen bei direkter Lagerung ermöglicht eine kürzere Verankerungslänge (vgl. auch Gl. (4.8), die jedoch *nicht zusätzlich* angesetzt werden darf).

Direkte Lagerung: $$l_{b,\text{dir}} = \frac{2}{3} l_{b,\text{net}} \geq 6\,d_s \tag{4.19}$$

Indirekte Lagerung: $$l_{b,\text{ind}} = l_{b,\text{net}} \geq 10\,d_s \tag{4.20}$$

Die Verankerungslänge beginnt an der Auflagervorderkante. Der Bewehrungsstab darf nicht vor der rechnerischen Auflagerlinie R enden (**ABB 8.4**).

Sofern Haken oder Winkelhaken als Verankerungselement benutzt werden, soll der Krümmungsbeginn hinter der rechnerischen Auflagerlinie R liegen. Konstruktiv ist es besser (besonders bei dicken Durchmessern), die Haken horizontal anzuordnen oder zwei Stäbe in Form einer Schlaufe zu führen (**ABB 4.12**). Hiermit wird ein Abplatzen der Auflagerecke vermieden. Ist dies nicht möglich, sollten zusätzliche horizontale Steckbügel vorgesehen werden.

Zwischenauflager:

Zur Erfassung rechnerisch nicht berücksichtigter Einwirkungen (z. B. Brandeinwirkung, Stützensenkung usw.) soll ein Teil der unten liegenden Feldbewehrung ungestoßen über ein Zwischenauflager geführt oder kraftschlüssig gestoßen werden.

Beispiel 4.1: Ermittlung von Verankerungslängen

gegeben: Baustoffe C30/37; BSt 500S

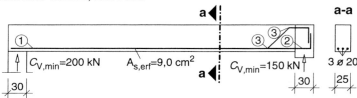

gesucht: Verankerungslängen

Lösung:

linkes Ende:	gerade Verankerung
$A_{s,vorh} = 9,42 \text{ cm}^2$	**TAB 4.1:** 3 Ø20
$A_{sR} = 9,42 \text{ cm}^2 > 2,3 \text{ cm}^2 = \dfrac{9,0}{4} = \dfrac{A_{s,Feld}}{4}$	(4.16): $A_{sR} \geq \dfrac{A_{s,Feld}}{4}$
Verbundbereich I	**ABB 4.10:** Stab liegt unten: Fall 2
$f_{bd} = 3,0 \text{ N/mm}^2$	**TAB 4.7:** C30/37
$f_{yd} = \dfrac{500}{1,15} = 435 \text{ N/mm}^2$	(2.27): $f_{yd} = \dfrac{f_{yk}}{\gamma_s}$
$l_b = \dfrac{435}{4 \cdot 3,0} \cdot 20 = 725 \text{ mm}$	(4.10): $l_b = \dfrac{f_{yd}}{4 \cdot f_{bd}} \cdot d_s$
Hier: $a_l = \dfrac{z}{2}$ 6	(10.5): $a_l = \dfrac{1}{2}(\cot\theta - \cot\alpha) \cdot z$
$F_{sdR} = 200 \dfrac{z}{2 \cdot z} + 0 = \dfrac{200}{2} = 100 \text{ kN}$	(4.18): $F_{sdR} = V_{Ed}\dfrac{a_l}{z} + N_{Ed} \geq \dfrac{V_{Ed}}{2}$
$A_{s,erf} = \dfrac{100}{435} \cdot 10 = 2,3 \text{ cm}^2$	$A = \dfrac{F}{\sigma}$

---

6 Das Versatzmaß wird in Kap. 8 und 10 erläutert.

$\alpha_A = \dfrac{2,3}{9,42} = 0,24$ | (4.13): $\alpha_A = \dfrac{A_{s,erf}}{A_{s,vorh}}$

$\alpha_a = 1,0$ | TAB 4.8: gerades Stabende

| (4.14):

$l_{b,min} = 0,3 \cdot 1,0 \cdot 725 = \underline{217 \text{ mm}}$ | $l_{b,min} = \begin{cases} 0,3\,\alpha_a \cdot l_b \geq 10\,d_s & \text{Zug} \\ 0,6\,l_b \geq 10\,d_s & \text{Druck} \end{cases}$
$> 200 \text{ mm} = 10 \cdot 20 = 10\,d_s$ |

$l_{b,net} = 1,0 \cdot 0,24 \cdot 725 = 181 \text{ mm} < \underline{217 \text{ mm}} = l_{b,min}$ | (4.12): $l_{b,net} = \alpha_a \cdot \alpha_A \cdot l_b \geq l_{b,min}$

Direkte Lagerung | ABB 8.2

$l_{b,dir} = \dfrac{2}{3} \cdot 217 = \underline{145 \text{ mm}} > 120 \text{ mm} = 6 \cdot 20$ | (4.19): $l_{b,dir} = \dfrac{2}{3}\,l_{b,net} \geq 6\,d_s$

$l_{b,vorh} \approx 300 - 50 = 250 \text{ mm} > 145 \text{ mm}$ | Hier: $l_{b,vorh} = t - c_V$

Die erforderliche Querbewehrung ist bei Balken durch für Querkraft erforderlichen Bügel vorhanden. | ABB 4.11

| Winkelhaken

rechtes Ende: | TAB 4.1: 2 Ø20

$A_{s,vorh} = 6,28 \text{ cm}^2$ |

$A_{sR} = 6,28 \text{ cm}^2 > 2,25 \text{ cm}^2 = \dfrac{9,0}{4} = \dfrac{A_{s,Feld}}{4}$ | (4.16): $A_{sR} \geq \dfrac{A_{s,Feld}}{4}$

Verbundbereich I | ABB 4.10: Stab liegt unten: Fall 2

$f_{bd} = 3,0 \text{ N/mm}^2$ | TAB 4.7: C30/37

$F_{sdR} = 150\,\dfrac{z}{2 \cdot z} + 0 = \dfrac{150}{2} = 75 \text{ kN}$ | (4.18): $F_{sdR} = V_{Ed}\,\dfrac{a_1}{z} + N_{Ed} \geq \dfrac{V_{Ed}}{2}$

$A_{s,erf} = \dfrac{75}{435} \cdot 10 = 1,7 \text{ cm}^2$ | $A = \dfrac{F}{\sigma}$

$\alpha_A = \dfrac{1,7}{6,28} = 0,27$ | (4.13): $\alpha_A = \dfrac{A_{s,erf}}{A_{s,vorh}}$

$\alpha_a = 0,7$ | TAB 4.8: Winkelhaken

Die Betondeckung rechtwinklig zur Krümmungsebene ist infolge des Hauptträgers $> 3\,d_s$. |

| (4.14):

$l_{b,min} = 0,3 \cdot 0,7 \cdot 725 = 153 \text{ mm}$ | $l_{b,min} = \begin{cases} 0,3\,\alpha_a \cdot l_b \geq 10\,d_s & \text{Zug} \\ 0,6\,l_b \geq 10\,d_s & \text{Druck} \end{cases}$
$> \underline{200 \text{ mm}} = 10 \cdot 20 = 10\,d_s$ |

$l_{b,net} = 0,7 \cdot 0,27 \cdot 725 = 137 \text{ mm} < \underline{200 \text{ mm}} = l_{b,min}$ | (4.12): $l_{b,net} = \alpha_a \cdot \alpha_A \cdot l_b \geq l_{b,min}$

indirekte Lagerung | ABB 8.4

$l_{b,ind} = 200 \text{ mm} = 10 \cdot 20$ | (4.20): $l_{b,ind} = l_{b,net} \geq 10\,d_s$

$l_{b,vorh} \approx 300 - 50 = 250 \text{ mm} > 200 \text{ mm}$ | Hier: $l_{b,vorh} = t - c_V$

$d_{br} = 7 \cdot 20 = 140 \text{ mm}$ | TAB 4.4: $d_{br} = 7\,d_s$

Aufbiegung: | Es handelt sich um den mittleren Ø20

$c = \dfrac{1}{2}(250 - 20) = 115 \text{ mm} > 60 \text{ mm} = 3 \cdot 20 > 50 \text{ mm}$ | Mindestwerte der Betondeckung senkrecht zur Krümmungsebene

$d_{br} = 15 \cdot 20 = 300 \text{ mm}$ | TAB 4.2: $d_{br} = 15\,d_s$

4.3.5 Ergänzende Regelungen für dicke Bewehrungsstäbe

Hierzu zählen Stabdurchmesser $d_s > 32$ mm. Sie müssen als gerades Stabende oder mit Ankerkörpern verankert werden. Der Bemessungswert der Verbundspannung nach **TAB 4.7** muss abgemindert werden auf:

$$f_{bd,cal} = \frac{132 - d_s}{100} \cdot f_{bd} \qquad (4.21)$$

Eine zusätzliche Querbewehrung ist auch dann erforderlich, sofern Bügel im Verankerungsbereich vorhanden sind. Der Querschnitt der Querbewehrung ist gegenüber Gl. (4.15) zu erhöhen. Er beträgt

– in Richtung parallel zur Bauteilunterseite:

$$\sum A_{st} = n_1 \cdot A_{st} \geq 0{,}25 \cdot A_{s,ds} \qquad (4.22)$$

– in der Richtung rechtwinklig zur Bauteilunterseite:

$$\sum A_{st} = n_2 \cdot A_{st} \geq 0{,}25 \cdot A_{s,ds} \qquad (4.23)$$

n_1 Anzahl der Bewehrungslagen, die im selben Schnitt verankert werden
n_2 Anzahl der Bewehrungsstäbe, die in jeder Lage verankert werden

Die Zusatzbewehrung muss in Abständen verlegt werden, die näherungsweise dem fünffachen Stabdurchmesser der zu verankernden Bewehrung entsprechen.

4.3.6 Verankerung von Stabbündeln

Stabbündel bestehen aus zwei oder drei Stäben mit Einzelstabdurchmessern $d_s \leq 28$ mm, die sich berühren (**ABB 4.13**). Sie sind bei der Montage und beim Betonieren durch geeignete Maßnahmen zusammenzuhalten ([DIN 1045-1 - 00], 12.9). Stabbündel sind bei sehr dichter Bewehrung vorteilhaft, um Platz für Rüttelgassen zu schaffen.

Die Vorschriften über die Anordnung und Verankerung von Einzelstäben gelten auch für Stabbündel mit einigen Ergänzungen. Anstelle des Einzelstabdurchmessers d_s ist der Vergleichsdurchmesser d_{sV} einzusetzen, der einem flächengleichen Kreisquerschnitt entspricht. Er ergibt sich bei Stäben gleichen Durchmessers d_s zu:

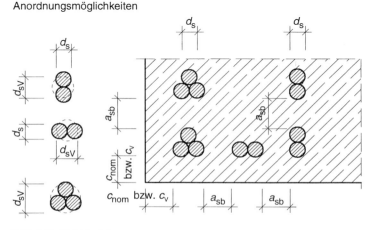

ABB 4.13: Stabbündel

$d_{sV} = \sqrt{n} \cdot d_s$ (4.24)

n 2 oder 3 Stäbe gleichen Durchmessers d_s

Hiermit gelten die konstruktiven Regeln zur Ermittlung des Mindestmaßes der Betondeckung (Gl. (3.3)) und des Stababstandes (Gl. (4.1)) weiterhin.

Die Verankerung von *zug*beanspruchten Stabbündeln kann nach ABB 4.14 erfolgen. Bei *druck*beanspruchten Stabbündeln dürfen alle Stäbe an einer Stelle enden. Ab einem Vergleichsdurchmesser $d_{sV} > 28$ mm sind im

auseinandergezogene rechnerische Endpunkte E

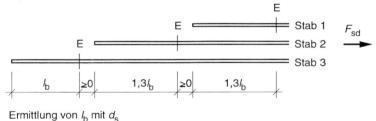

Ermittlung von l_b mit d_s

dicht zusammenliegende rechnerische Endpunkte E

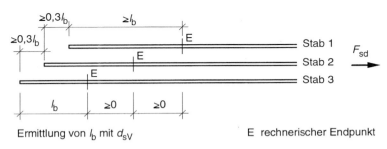

Ermittlung von l_b mit d_{sV}

E rechnerischer Endpunkt

ABB 4.14: Verankerung von Stabbündeln

Bereich des Bündelendes mindestens vier Bügel $\varnothing 12$ anzuordnen, sofern der Spitzendruck nicht durch andere Maßnahmen aufgenommen wird. Ein Bügel ist dabei vor den Stabenden anzuordnen

4.3.7 Verankerungslänge nach EC 2

Nach EC 2 gelten fast identische Regelungen. Sie unterscheiden sich nur in Details, wie z. B. die Mindestverankerungslängen oder die Mindestquerbewehrung im Verankerungsbereich.

– Verankerung von Zugstäben:

$$l_{b,net} = \max \begin{cases} \alpha_a \cdot \alpha_A \cdot l_b \\ 0{,}3 l_b \\ l_{b,min} \end{cases} \quad (4.25)$$

$$l_{b,min} \geq \begin{cases} 10 d_s \\ 100 \, mm \end{cases} \quad (4.26)$$

– Verankerung von Druckstäben:

$$l_{b,net} = \max \begin{cases} \alpha_a \cdot \alpha_A \cdot l_b \\ 0{,}6 l_b \\ l_{b,min} \end{cases} \quad (4.27)$$

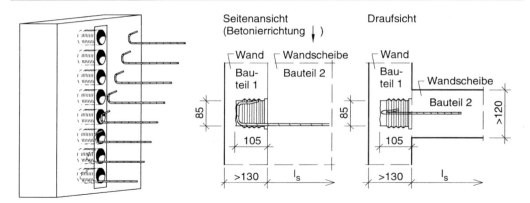

ABB 4.15: Bewehrungsanschluss mit Formkörpern ([H-BAU], Boxfer-Bewehrungsanschluss)

$\alpha_a = 1,0$ bei geraden Stäben

$\alpha_a = 0,7$ bei Zugstäben *und* Haken, Winkelhaken oder Schlaufen, sofern die Betondeckung senkrecht zur Krümmungsebene mindestens 3 d_s beträgt

$\alpha_a = 0,7$ für Betonstahlmatten aus gerippten Stäben, wenn mindestens ein Querstab im Verankerungsbereich vorhanden ist, und angeschweißten Querstäben im Verankerungsbereich sowie bei Rippenstäben $d_s > 32$ mm

$$\sum A_{st} = n \cdot A_{st} \geq 0,25 \cdot A_{s,ds} \tag{4.28}$$

4.3.8 Ankerkörper

Die Verankerung von Stäben mit Ankerkörpern ist in den bauaufsichtlichen Zulassungen der Ankerkörper geregelt.

Zum einen gibt es Ankerkörper, die direkt mit dem Bewehrungsstab verbunden werden. Das Prinzip der Kraftübertragung vom Stab auf den Ankerkörper ist dem bei Muffenstößen (→ Kap. 4.5) ähnlich. Die Übertragung der Kraft aus dem Ankerkörper in den Beton ist aus **ABB 4.9** ersichtlich.

Zum anderen gibt es Ankerkörper, die in Verbindung mit einer definierten Biegeform des Bewehrungsstabes und einem Verbundkörper die Verbundoberfläche erhöhen (**ABB 4.15**).

4.4 Stöße von Betonstahl

4.4.1 Erfordernis von Stößen

Im Stahlbetonbau werden Stöße für folgende Aufgaben eingesetzt:

- Kreuzung einer Arbeitsfuge

- Verlängerung der Bewehrung; diese kann erforderlich sein, weil der Stabstrang länger als die Regellieferlänge von 14 m ist. Stabdurchmesser $d_s \leq 14$ mm im Biegebetrieb werden auch von Coils verarbeitet. Die Lieferlänge wird dann nur durch die Transportmöglichkeiten begrenzt.
- begrenzte Stablängen aufgrund der Einbausituation in die Schalung
- Anordnung von vorgefertigten Stößen, z. B. Verwahrkästen (**ABB 4.6**).

Es werden direkte und indirekte Stöße unterschieden. Bei einem indirekten Stoß (üblich mit Übergreifungsstoß bezeichnet) wird die Stabkraft *über den Beton* in den anderen Stab eingeleitet, während bei einem direkten Stoß die Stabkraft durch ein Verbindungsmittel zwischen zwei Stäben übertragen wird, sodass der Beton keine Tragwirkung übernimmt. Aufgrund des Preises wird i. d. R. der indirekte Stoß gewählt, der direkte Stoß wird nur verwendet, wenn der indirekte Stoß aufgrund der Bauteilgeometrie oder des Bauablaufs nicht möglich ist (**ABB 4.7**). Ein Stoß soll nach Möglichkeit an einer Stelle geringer Beanspruchung (Stelle mit betragsmäßig kleinem Biegemoment) angeordnet werden, da an dieser Stelle auch die Kraft in den Bewehrungsstäben gering ist.

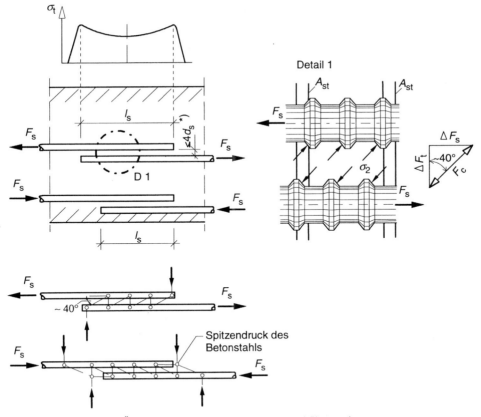

*) Anderfalls muß die Übergreifungslänge um den Betrag erhöht werden, um den der lichte Abstand $4d_s$ übersteigt.

ABB 4.16: Tragwirkung eines Übergreifungsstoßes

4.4.2 Übergreifungsstöße

Ein Übergreifungsstoß ist nur tragfähig, sofern folgende Anforderungen erfüllt werden:
- Der Beton übernimmt über Druckstreben die Kraftübertragung (s. u.).

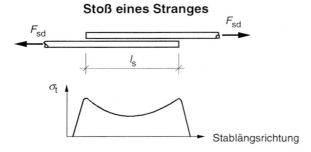

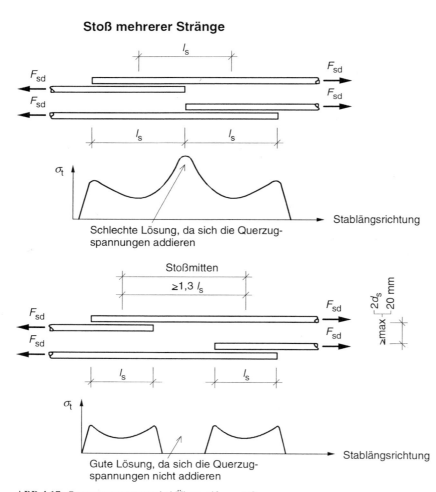

ABB 4.17: Querzugspannungen bei Übergreifungsstößen

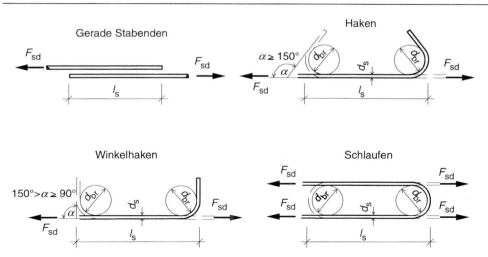

ABB 4.18: Beispiele für die Ausbildung von Übergreifungsstößen

- Die zu stoßenden Stäbe liegen ausreichend dicht nebeneinander (oder übereinander).
- Zwischen Beton und Betonstahl ist (über die Rippen) die Übertragung von Verbundspannungen möglich.

Beim Übergreifungsstoß wird die Zugkraft F_s über schräge Betondruckstreben, die sich zwischen den Rippen ausbilden, übertragen (**ABB 4.16**). Diese schrägen Druckkräfte erzeugen in Querrichtung Zugspannungen σ_t, was anhand eines Fachwerkmodells leicht ersichtlich ist. Um diese Querzugspannungen aufnehmen zu können, ist bei Übergreifungsstößen immer eine Querbewehrung erforderlich.

Sofern mehrere Stäbe gestoßen werden, sollten die Übergreifungsstöße möglichst versetzt werden, damit sich die Querzugspannungen nicht überlagern (**ABB 4.16**). Ein Versatz um 1,0 l_s ist ungünstig, da sich hierbei die Querzugspannungen besonders ungünstig addieren (**ABB 4.17**). Übergreifungsstöße gelten als längsversetzt, wenn der Längsabstand der Stoßmitten mindestens 1,3 l_s beträgt ([DIN 1045-1 – 01], 12.8). Sofern dieser Längsversatz nicht möglich ist, sollten die Stöße um 0,3 l_s bis 0,5 l_s versetzt werden. Die zu stoßenden Stäbe sollen in Querrichtung möglichst nahe beieinander liegen. Der lichte Abstand von Stäben, die nicht gestoßen werden, muss in der Querrichtung Gl. (4.1) genügen. Übergreifungsstöße werden üblicherweise mit geraden Stabenden ausgebildet. Es sind jedoch auch Haken, Winkelhaken oder Schlaufen möglich (**ABB 4.18**).

Stöße sind vorzugsweise in Bauteilbereichen mit geringer Beanspruchung vorzusehen, sodass die Bewehrung nicht voll ausgenutzt ist. Eine Überbeanspruchung des Betons im Stoßbereich muss vermieden werden. Bei einlagiger Bewehrung dürfen zwar alle Stäbe in einem Querschnitt gestoßen werden; konstruktiv besser ist es jedoch, den Stoß nicht an einer Stelle auszuführen. Verteilen sich die zu stoßenden Stäbe jedoch auf mehrere Bewehrungslagen, sollten in einem Querschnitt nur 50 % der gesamten Bewehrung gestoßen werden.

Ein Stoß übereinander liegender Stäbe ist aufgrund des Betoniervorgangs ungünstiger als einer nebeneinander liegender Stäbe, da in dem Betonbereich zwischen den Stäben nur Feinanteile sind und Absetzerscheinungen mit Wasserlinsen wie in **ABB 4.10** auftreten. Stöße übereinander liegender Stäbe sind daher nach Möglichkeit zu vermeiden. Sofern dies nicht möglich ist, sollten die Verankerungslängen nicht zu knapp gewählt werden.

4.4.3 Bestimmung der Übergreifungslänge

Im Gegensatz zur Verankerung von Stäben bilden sich die Betondruckstreben auf nur einer Seite des jeweiligen Stabes aus, nämlich derjenigen, die auf den zu stoßenden (anderen) Stab zeigt. Die Übergreifungslänge muss daher größer als die Verankerungslänge sein. Die Übergreifungslänge l_s wird aus der erforderlichen Verankerungslänge $l_{b,net}$ berechnet. Zusätzlich muss eine Mindestverankerungslänge $l_{s,min}$ eingehalten werden.

$$l_s = \alpha_1 \cdot l_{b,net} \geq l_{s,min} \tag{4.29}$$

$$l_{s,min} = 0{,}3 \cdot \alpha_a \cdot \alpha_1 \cdot l_b \geq \max \begin{cases} 15 d_s \\ 200 \text{ mm} \end{cases} \tag{4.30}$$

Der Beiwert α_a kennzeichnet die Form des Übergreifungsstoßes und darf nach **TAB 4.8** bestimmt werden; im Falle angeschweißter Querstäbe darf deren Einfluss nicht angesetzt werden. Der Beiwert α_1 bezeichnet die Wirksamkeit von Bewehrungsstößen und wird aus **TAB 4.9** bestimmt. Für die Bestimmung des im Stoßbereich erforderlichen Stabquerschnitts sind die Beanspruchungen am stärker beanspruchten Stoßende zugrunde zu legen. Bei mehrlagiger Bewehrung ist als statische Nutzhöhe bei der Bestimmung des Stahlquerschnitts die Höhe der inneren Lage anzusetzen, wenn die Stahleinlagen zu mehr als 80 % ausgenutzt sind. Hiermit soll eine Überbeanspruchung an den Stoßenden vermieden werden. Bei Stabbündeln und bei Stäben $d_s > 32$ mm sind Übergreifungsstöße aufgrund der langen Übergreifungslänge und der Bewehrungsanhäufung zu vermeiden. In diesem Fall wird besser ein direkter Stoß angeordnet.

Indirekte Druckstöße treten bei der Bewehrung von Stützen auf (**ABB 4.19**). Ein Teil der Druckkraft im Stab wird dabei über Spitzendruck an den Stabenden übertragen. Die Übergreifungslänge l_s darf deshalb geringer als bei Zugstößen sein (**TAB 4.9**). Die Sprengwirkung des Spitzendruckes bedingt eine enge Querbewehrung, die auch noch über die Stabenden hinaus eingelegt werden muss (**ABB 4.19**). Haken, Winkelhaken und Schlaufen sollen als Verankerungselemente nicht verwendet werden, da sie

Anteil der ohne Längsversatz gestoßenen Stäbe am Querschnitt einer Bewehrungslage		≤30 %	>30 %
Stoß in der Zugzone (Zugstoß)	$d_s < 16$ mm	1,2 a)	1,4 a)
	$d_s \geq 16$ mm	1,4 a)	2,0 b)
Stoß in der Druckzone (Druckstoß)		1,0	1,0

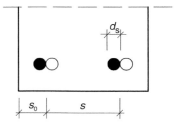

Bedingung a: $s \geq 10\ d_s$
Bedingung b: $s_0 \geq 5\ d_s$

a) Falls $s \geq 10\ d_s$ und $s_0 \geq 5\ d_s$, gilt $\alpha_1 = 1{,}0$
b) Falls $s \geq 10\ d_s$ und $s_0 \geq 5\ d_s$, gilt $\alpha_1 = 1{,}4$

TAB 4.9: Beiwert α_1 zur Berücksichtigung der Übergreifungsanordnung (nach [DIN 1045-1 – 01], Tabelle 27)

- den Stab zusätzlich auf Biegung (infolge des exzentrischen Spitzendrucks) beanspruchen
- die Gefahr von Betonabplatzungen bei außen liegenden Stäben erhöhen.

Die Querbewehrung soll die im Stoßbereich auftretenden Sprengkräfte aufnehmen und die Breite evtl. auftretender Längsrisse gering halten. Daher ist im Übergreifungsbereich immer eine Querbewehrung erforderlich. Diese Forderung ist bei Balken leicht erfüllbar, da sie stets eine Bügelbewehrung haben. Eine außen liegende Bewehrung ist wirkungsvoller als eine innen liegende (**ABB 4.20**), daher muss die Querbewehrung bei Längsstabdurchmessern $d_s \geq 16$ mm zwischen der Oberfläche und den zu stoßenden Stäben liegen. Die Querbewehrung wird längs des Übergreifungsstoßes so verteilt, dass sie im Bereich der maximalen Querzugspannungen liegt. Sie wird daher jeweils in den äußeren Dritteln der Übergreifungslänge angeordnet und soll keine größeren Abstände als 15 cm haben (**ABB 4.21**). Eine vorhandene Querbewehrung darf angerechnet werden. Die Größe der erforderlichen Querbewehrung erhält man nach **TAB 4.10**.

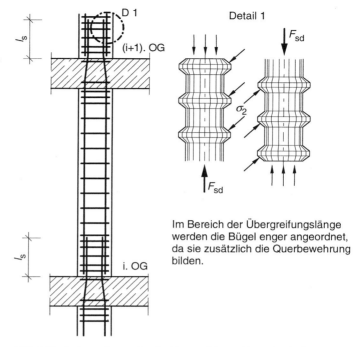

Im Bereich der Übergreifungslänge werden die Bügel enger angeordnet, da sie zusätzlich die Querbewehrung bilden.

ABB 4.19: Stoß von Stützen im Hochbau und Tragwirkung im Stoß

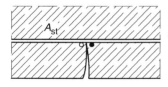

Querbewehrung A_{st} innen:

Riss geht zwischen die zu stoßende Längsbewehrung. Die Querbewehrung ist fast wirkungslos.

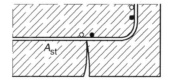

Querbewehrung A_{st} außen:

Querbewehrung kreuzt den Riss und beschränkt die Rissbreite und -tiefe. Die Querbewehrung ist wirkungsvoll.

o • Übergreifungsstoß

ABB 4.20: Lage der Querbewehrung

Gemeinsam zu erfüllende Bedingungen				Querbewehrung	
Zu stoßende Stäbe d_s in mm	Anteil der gestoßenen Stäbe δ in %	Betonfestigkeitsklasse	Abstand benachbarter Stöße	erforderlicher Querschnitt A_{st}	Anordnung
< 12	$0 < \delta \leq 100$	$\geq$ C60/75	beliebig	Mindestbew.	konstruktiv
< 16	$0 < \delta \leq 100$	$\leq$ C55/67	beliebig	entsprechend [DIN 1045-1 – 01], 13	konstruktiv
$\leq$ 32	$\delta < 20$	beliebig	beliebig		konstruktiv
$\leq$ 32	$0 < \delta \leq 100$	$\geq$ C70/85	beliebig	$\geq \sum A_{sl}$	Bügel
$\leq$ 32	$0 < \delta \leq 100$	beliebig	$\geq 12\, d_s$	$\geq A_{s,ds}$	Bügel

(Alternative Möglichkeiten)

$A_{s,ds}$ Querschnitt *eines* gestoßenen Stabes $\sum A_{sl}$ Querschnitt *aller* gestoßenen Stäbe

TAB 4.10: Erforderliche Querbewehrung (nach [DIN 1045-1 – 01], 12.8.3)

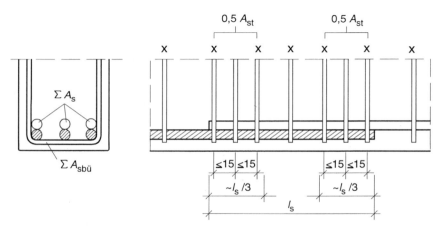

x Bügel $A_{sbü}$ ist aus der Bemessung für Querkräfte bereits vorhanden. Er darf auf die erforderliche Querbewehrung A_{st} angerechnet werden.

ABB 4.21: Beispiel für die Anordnung zusätzlicher Querbewehrung bei Übergreifungsstößen

Beispiel 4.2:   Ermittlung von Übergreifungslängen

gegeben: Skizze in Beispiel 4.1 ($\rightarrow$ S. 60)

gesucht: Übergreifungslänge für 2 $\varnothing$20 der unteren Bewehrung an der Stelle $M_{Ed} = 0{,}7\, M_{max}$ (es werden die beiden äußeren Stäbe gestoßen)

Lösung:

Verbundbereich I

$l_b = \dfrac{435}{4 \cdot 3{,}0} \cdot 20 = 725$ mm

ABB 4.10: Stab liegt unten: Fall 2

$\rightarrow$ Beispiel 4.1

$\alpha_A \approx \dfrac{M_{Ed}}{M_{max}} = 0{,}70$ $\Big|$ (4.13): $\alpha_A = \dfrac{A_{s,erf}}{A_{s,vorh}}$

$\alpha_a = 1{,}0$ $\Big|$ TAB 4.8: gerades Stabende

 $\Big|$ (4.14):

$l_{b,min} = 0{,}3 \cdot 1{,}0 \cdot 725 = \underline{217\ \text{mm}}$ $\Big|$ $l_{b,min} = \begin{cases} 0{,}3\,\alpha_a \cdot l_b \geq 10\,d_s & \text{Zug} \\ 0{,}6\,l_b \geq 10\,d_s & \text{Druck} \end{cases}$

$> 200\ \text{mm} = 10 \cdot 20 = 10\,d_s$

$l_{b,net} = 1{,}0 \cdot 0{,}70 \cdot 725 = \underline{508\ \text{mm}} > 217\ \text{mm} = l_{b,min}$ $\Big|$ (4.12): $l_{b,net} = \alpha_a \cdot \alpha_A \cdot l_b \geq l_{b,min}$

Die Stäbe können verschwenkt eingebaut werden, so dass sich die Übergreifungslängen beider Stäbe nicht beeinflussen und effektiv in einem Schnitt nur 1 Stab von 3 Ø20 gestoßen wird.

$s_0 = c_V + d_{s,bü} < 100\ \text{mm} = 5 \cdot 20 = 5\,d_s$ $\Big|$ TAB 4.9:

$\alpha_1 = 2{,}0$ $\Big|$ TAB 4.9: Anteil gestoßener Stäbe 33%

$l_{s,min} = 0{,}3 \cdot 1{,}0 \cdot 2{,}0 \cdot 725 = \underline{435\ \text{mm}}$ $\Big|$ $l_{s,min} = 0{,}3 \cdot \alpha_a \cdot \alpha_1 \cdot l_b$

$> \max \begin{cases} 300\ \text{mm} = 15 \cdot 20 \\ 200\ \text{mm} \end{cases}$ $\Big|$ (4.30): $\geq \max \begin{cases} 15\,d_s \\ 200\ \text{mm} \end{cases}$

$l_s = 2{,}0 \cdot 508 = 1016\ \text{mm} > 435\ \text{mm}$ $\Big|$ (4.29): $l_s = \alpha_1 \cdot l_{b,net} \geq l_{s,min}$

gew: $l_s = 1{,}05\ \text{m}$

Querbewehrung:

$A_{st} = 3{,}14\ \text{cm}^2$ $\Big|$ TAB 4.10: letzte Zeile $A_{st} \geq A_{s,ds}$

$A_{st,vorh} = 9{,}04 \cdot \dfrac{2}{3} \cdot 1{,}05 = 6{,}3\ \text{cm}^2 > 3{,}14\ \text{cm}^2 = A_{st}$ $\Big|$ Im Stoßbereich sollen Bügel Ø12-12.5 ($a_{s,bü} = 9{,}04\ \text{cm}^2/\text{m}$) liegen. Angerechnet werden die horizontalen unteren Bügelschenkel in den äußeren Dritteln der Verankerungslänge.

4.4.4 Bestimmung der Übergreifungslänge nach EC 2

Die Regeln sind weitestgehend identisch mit denjenigen der DIN 1045-1 unter Beachtung der Randbedingung, dass Hochleistungsbeton nach EC 2 nicht möglich ist.

4.5 Direkte Zug- und Druckstöße

4.5.1 Erfordernis, Stoßarten und Auswahlkriterien

Bei besonderen Randbedingungen sind Übergreifungsstöße nicht möglich, oder es sprechen Gründe des Bauablaufs für einen direkten Stoß:

- bei hohem Bewehrungsgrad. Hier führte ein Übergreifungsstoß (infolge der Verdoppelung der zu stoßenden Bewehrung) zu einem unzulässig großen Bewehrungsgrad bzw. ein Einbringen und Verdichten des Frischbetons wäre nicht mehr möglich.

- an abgeschalten Arbeitsfugen, die von Bewehrung gekreuzt werden. Hier müsste die Schalung durchbohrt werden (übliche Systemschalungen sind nicht verwendbar). Das Ein- und Ausschalen ist erschwert, die Schalung kann nur einmal verwendet werden.
- bei Erfordernis, alle Stäbe an einer Stelle stoßen zu müssen ohne die Möglichkeit, eine ausreichende Querbewehrung einlegen zu können;
- bei Vermeidung großer Stoßlängen.

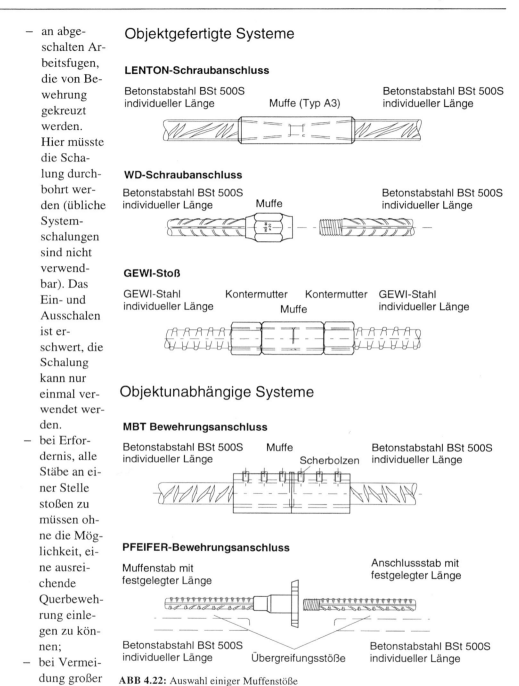

ABB 4.22: Auswahl einiger Muffenstöße

Die direkten Stöße lassen sich einteilen in
- *Schweißverbindungen* (→ Kap. 4.5.2)

Verfahren	Prinzip der Verbindung	Einsatzbereich	Herstellung und Geräte	Vor- und Nachteile
GEWI	Betonsonderstahl mit zu Gewinde ausgeformten Rippen	d_s = 12; 20; 25; 28; 32; 40; 50 mm und Reduziermuffen	keine Sondergeräte auf der Baustelle	unempfindliches Gewinde; hohe dynamische Belastung möglich; schnelle Montage; Betonsonderstahl teuer
LENTON	kegelstumpfförmig im Biegebetrieb aufgeschnittenes Gewinde auf Betonstabstahl gemäß [DIN 488–1 – 84]	10 mm ≤ d_s ≤ 32 mm und Reduzier- sowie Positionsmuffen (Rechts-/Linksgewinde)	keine Sondergeräte auf der Baustelle	keine Kontermuttern erforderlich; leichtes Einschrauben infolge Gewindegeometrie; Muffe erfordert großen Abstand von Stabkrümmungen
BBR SWIF	kegelstumpfförmig aufgepresstes Gewinde auf Betonstabstahl gemäß [DIN 488–1 – 84]	10 mm ≤ d_s ≤ 28 mm	keine Sondergeräte auf der Baustelle	unempfindliches Gewinde, keine Kontermuttern erforderlich; leichtes Einschrauben infolge Gewindegeometrie
WD	Betonstabstahl mit werkseitig aufgerolltem zylindrischem Gewinde	10 mm ≤ d_s ≤ 28 mm und Positionsmuffen (Rechts-/Linksgewinde)	keine Sondergeräte auf der Baustelle	zylindrisches Gewinde fasst schlecht; bei dynamischer Beanspruchung nicht anwendbar; Änderungen auf Baustelle unmöglich
Pressmuffenstoß	aufgeschobene Muffe wird durch Kaltreduzieren auf Betonstabstahl (nach [DIN 488–1 – 84]) gequetscht	16 mm ≤ d_s ≤ 28 mm und Reduziermuffen	Spezialpresse auf Baustelle erforderlich	bei großer Stückzahl schnelles und preiswertes Verfahren; großer Platzbedarf (infolge Presse) an der Einbaustelle
MBT Bewehrungsanschluss	Stäbe werden in Muffe mittels Scherbolzen festgeklemmt	10 mm ≤ d_s ≤ 50 mm und Reduziermuffen	keine Sondergeräte auf der Baustelle	keine Bearbeitung der Stäbe; unempfindlich gegen Beschädigungen; einfache optische Kontrolle
Standardbewehrungsanschluss	Seriengefertigte Muffen- und Anschlussstäbe mit festgelegter (durchmesserabhängiger) Standardlänge	12 mm ≤ d_s ≤ 28 mm	keine Sondergeräte auf der Baustelle	diverse Anbieter; preiswerte Standardserienteile; Anwendungseinschränkung durch nochmalige Übergreifungsstöße auf beiden Seiten

TAB 4.11: Eigenschaften mechanischer Verbindungen

Nachträgliches Betonieren einer Platte zwischen vorab hergestellten Wänden

Schließen einer Aussparung, durch welche nach dem Montagevorgang eine Bewehrung verläuft

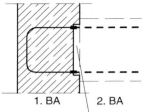

1. BA   2. BA

Aufnageln einer Bohle zur Lagesicherung der Stäbe und zur Verbesserung der Querkraftübertragung

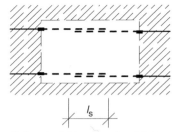

Sofern l_s nicht vorhanden ist, können beide Stäbe auch mit einer Positionsmuffe direkt gestoßen werden. Maßgenauer Einbau der Stäbe ist erforderlich.

Biegefester Anschluss eines Stahlträgers an einer Wand

Direkter Stoß von Stäben bei sehr hohem Bewehrungsgrad

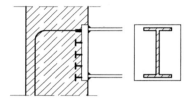
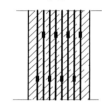

Muffe wird an Stahlplatte angeschweißt. Stahlplatte wird in die Schalung gelegt.

ABB 4.23: Anwendungsbeispiele für Gewindemuffenstöße

- *mechanische Verbindungen* (**ABB 4.22, TAB 4.11**). Allen Systemen gemeinsam ist das Erfordernis einer allgemeinen bauaufsichtlichen Zulassung des Deutschen Instituts für Bautechnik (DIBt), sofern sie in Deutschland eingesetzt werden sollen. Bei den mechanischen Verbindungen ist zwischen standardisierten objektunabhängigen und objektgefertigten Systemen zu unterscheiden ($\rightarrow$ Kap. 4.5.3).

Die Auswahl des geeigneten Verbindungsmittels aus der Vielzahl der angebotenen Systeme richtet sich nach folgenden Punkten:

- *Kosten*
  - Materialkosten der Verbindung (= Lieferpreis für die Zubehörteile)
  - Zeitaufwand für die Montage
  - evtl. Erfordernis zusätzlicher Montagegeräte auf der Baustelle (Schweißgerät, Presse)
  - evtl. erforderliche Zusatzbewehrung
- *Herstellbarkeit*
  - erforderlicher Platzbedarf für den Zusammenbau
  - Möglichkeit der Vorfertigung außerhalb des Einbauortes
  - Einschränkungen in der Montage (z. B.: Stäbe lassen sich nicht drehen; Stäbe unterschiedlichen Durchmessers sollen verbunden werden; Stabkrümmungen beeinflussen den Stoß)

- *Systemeinflüsse*
  - bei dynamischen Einwirkungen bestehen Unterschiede in der zulässigen Schwell-/ Wechselspannung
  - erforderliche Qualifikation des Personals
  - Personal ist Arbeit mit einem bestimmten System gewohnt
  - Gefahr von Beschädigungen vor dem Einbau
  - Flexibilität des Systems bei Fehlern (sind Änderungen auf der Baustelle möglich, oder müssen neue Teile angeliefert werden?)
- *Konstruktive Gesichtspunkte*
  - Zusatzbeanspruchungen auf den Beton und hieraus erforderliche Zusatzbewehrung
  - erforderliche Mindeststababstände (ermittelt aus den größten Teilen der Verbindung, z. B.: Muffe)
  - mögliche Erhöhung der Betondeckung infolge des größten Teils der Verbindung (z. B.: Muffe)
  - mögliche Durchmesserauswahl für Betonstabstahl (Systeme verfügen nicht über Muffen für alle Stabdurchmesser).

4.5.2 Schweißverbindungen

Die in Deutschland verwendeten Betonstähle sind zwar seit etlichen Jahren schweißgeeignet ([DIN 488-1 – 84]), trotzdem konnte sich das Schweißen auf der Baustelle bisher kaum durchsetzen. Dies liegt sicherlich an der fachfremden Tätigkeit (des Schweißens) für den die Bewehrung Verlegenden. Bei dem zeitlichen Anfall der Arbeiten können ausgebildete Schweißer nicht ausgelastet werden, das mangelhaft qualifizierte Verlegepersonal kann und darf nicht schweißen. Einen Überblick über die möglichen Schweißverfahren gibt [Rußwurm/Martin – 93].

4.5.3 Mechanische Verbindungen

Die Anwendungen sind vielfältig möglich und allein der Kreativität des Konstrukteurs belassen. Einige Anwendungsbeispiele zeigt **ABB 4.23**. Bei den angebotenen Systemen gibt es standardisierte Systeme, die objektunabhängig vorgefertigt und als Lagerware verfügbar sind (z. B. Pfeifer Bewehrungsanschluss **ABB 4.22**). Kennzeichen dieser Verbindungen ist, dass sie den Übergang zu dem eigentlichen Bewehrungsstab durch je einen zusätzlichen Übergreifungsstoß (auf jeder Seite der Arbeitsfuge) vollziehen. Bei den objektgefertigten Muffenverbindungen (z. B. LENTON-Schraubanschluss **ABB 4.22**) werden dagegen die weiterführenden Bewehrungsstäbe direkt gekoppelt. Den vielen Vorteilen der Muffenverbindungen stehen nur wenige Nachteile gegenüber:

- höhere Gesamtkosten (Lohn, Material) für den Stoß als bei einem indirekten Stoß
- nachträgliche Änderung der Stablänge auf der Baustelle bei einigen Systemen nur schwer möglich
- aufgrund des größeren Muffendurchmessers ist evtl. Stabanordnung mit verminderter statischer Höhe erforderlich, um die Betondeckung im Bereich der Muffe einhalten zu können.

Die für die Berechnung zu beachtenden Besonderheiten sind der jeweils geltenden bauaufsichtlichen Zulassung zu entnehmen.

GEWI-Schraubanschluss:

Ausgehend vom DYWIDAG-Gewindestahl, einem Spannstahl mit aufgewalztem Rechtsgewinde, wurde ein Betonrippenstahl mit aufgewalztem Linksgewinde (Unterscheidung!) entwickelt [DSI]. Die Form der Rippen auf dem GEWI-Stahl wurde unter Berücksichtigung walztechnischer Gesichtspunkte, der Selbsthemmung des Gewindes und des Verbundverhaltens entwickelt. Um bei dem aufgewalzten Grobgewinde eine schlupffreie Verbindung herzustellen, muss die Muffe beidseitig mit Kontermuttern gekontert werden (**ABB 4.22**). Neben der Muffe sind auch Endverankerungen mit Ankerstücken möglich.

LENTON-Schraubanschluss:

Die Besonderheit des LENTON-Schraubanschlusses [ERICO] ist das kegelförmige Gewinde, welches auf beiden mittels der Muffe zu verbindenden Stabenden geschnitten ist (**ABB 4.22**). Das kegelförmige Gewinde bietet gegenüber den anderen Systemen einige Vorteile:

- Es gibt kein langwieriges Zentrieren mit langen Stäben (wie bei den zylindrisch aufgeschnittenen Gewinden), bis die ersten Gewindegänge fassen.
- Es bedarf nur ca. 5 Umdrehungen, um eine Verbindung herzustellen, da sich der Stab tief in die Muffe stecken lässt.
- Durch das kegelförmige Gewinde können Kontermuttern entfallen, bei Anzug mit dem Drehmomentschlüssel verspannen sich die Gewinde; es ist kein Schlupf vorhanden.
- Durch den günstigen Kraftfluss ist eine sehr kurze Muffe möglich (da der Querschnitt jeder Muffe größer als der eines Stabes ist, werden die Verzerrungen des Bauteils durch die Muffe beeinflusst).

BBR SWIF-Schraubanschluss:

Die Besonderheit des BBR SWIF-Schraubanschlusses [SUSPA] ist das kegelförmige Gewinde ähnlich dem des LENTON-Schraubanschlusses. Beide Systeme bieten somit auch die gleichen Vorteile. Beim BBR SWIF-Schraubanschluss ist das Gewinde aufgrund der aufgepressten Form allerdings unempfindlicher gegen Beschädigungen.

WD 90-Schraubanschluss:

Es handelt sich um einen werkmäßig hergestellten Stab mit aufgerolltem Gewinde [HALFEN]. Die Muffe wird werkseitig montiert (**ABB 4.22**). Die Stäbe werden nach Angabe des Auftraggebers im Werk gefertigt. Unterschiedliche Ausführungen, auch Muffen für gebogene Anschlussstäbe und mit Rechts-Links-Gewinde sind lieferbar.

Pressmuffenstoß:

Betonstabstähle werden zunächst wie jede andere Bewehrung in der Schalung verlegt. Anschließend wird die über die Stabenden geschobene und mit einer Klemmschraube lagegesicherte Muffe mittels einer Presse durch Kaltreduzieren auf die Betonstäbe gepresst. Die Stabrippen werden dabei in das weichere Muffenmaterial formschlüssig eingedrückt [DSI].

HALFEN-Bewehrungsanschluss MBT:

Der Stoß erfolgt mit nicht besonders vorbereiteten Stäben mittels einer Klemmuffe [HALFEN]. In der Muffe befinden sich zwei Zahnleisten aus gehärtetem Stahl. Auf diese werden die Stabstähle mit Hilfe von Scherbolzen gedrückt. Die Scherbolzen scheren bei ordnungsgemäßer Montage ab, sodass der Anschluss über eine einfache Sichtkontrolle überprüft werden kann.

Vorgefertigte Standard-Bewehrungsanschlüsse:

Bei diesen Muffenstößen handelt es sich um Stäbe, die in einer festen Stablänge vorfabriziert werden (z. B. [PFEIFER], [BETOMAX]). Ihr Einsatzgebiet sind vornehmlich Stöße an Arbeitsfugen. Für den Anschluss werden ein Muffenstab und ein Anschlussstab benötigt (**ABB 4.22**). Aufgrund der kurzen Länge der Stäbe sind i. d. R. weitere Übergreifungsstöße erforderlich.

Neben diesen aufgeführten Systemen mit überregionaler Bedeutung werden weitere Bewehrungsanschlüsse angeboten. Für den Einsatz sind (wie auch bei den explizit aufgeführten Verbindungen) die Bestimmungen der jeweiligen bauaufsichtlichen Zulassung zu beachten.

4.6 Hinweise zur Bewehrungswahl

Nicht die Minimierung des Stahlbedarfs, sondern eine lohnsparende Bewehrungswahl fördert wirtschaftliches Bauen. Hierbei sind insbesondere bei der Planerstellung diverse Punkte zu beachten. Aber auch im Rahmen der statischen Berechnung kann die Wirtschaftlichkeit durch Beachten der folgenden Hinweise gesteigert werden:

- bei vorgegebenem Bewehrungsquerschnitt möglichst große Stabdurchmesser (unter Beachtung des Nachweises der Rissbreitenbeschränkung → Kap. 12) verwenden (senkt Lohnkosten beim Verlegen);
- möglichst gerade Stäbe verwenden (Kosten für das Biegen entfallen) [7];
- die Haupttragbewehrung so anordnen, dass der Hebelarm der inneren Kräfte möglichst groß wird (senkt Stahlbedarf);
- wenige Biegeformen verwenden (senkt Lohnkosten beim Biegen und Verlegen);
- bei Erfordernis von dünnen Stabdurchmessern vorgefertigte Bewehrungselemente (z. B. Betonstahlmatten) verwenden (senkt Lohnkosten beim Verlegen).

---

[7] Da die Biegebetriebe mit einer Mischkalkulation aus Erfahrungswerten vergangener Aufträge arbeiten, kommt die Beachtung dieses Punktes dem aktuellen Bauvorhaben nicht direkt zugute.

5 Tragwerke und deren Idealisierung

5.1 Tragwerke

Die Tragwerksplanung für ein Bauwerk erfolgt schrittweise in aufeinander aufbauenden logischen Elementen. Hierbei filtert der Tragwerksplaner aus dem geplanten (und damit zunächst imaginären) Bauwerk das Tragwerk heraus. Hierzu entfernt er alle Bauteile, die keine tragende Funktion haben (z. B. Fenster, Fußbodenaufbauten usw.). In der verbleibenden Struktur befinden sich dann weitere Bauteile, deren Einsatz als Tragelement nicht sinnvoll ist. Das Ausblenden dieser Teile hängt von den geometrischen Randbedingungen des Bauwerks ab und ist ein ingenieurmäßiger Gedankengang (z. B.: Soll eine Wand, die im Erdgeschoss fehlt, in den oberen Geschossen ein Tragelement sein?).

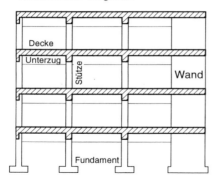

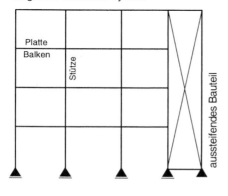

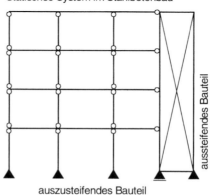

ABB 5.1: Tragwerksidealisierung bei Stahlbetontragwerken im Hochbau

Ausdehnung	Tragelemente (Grundtypen)	Beispiel	Eignung von Stahlbeton für das Tragelement im Vergleich zu anderen Werkstoffen
eindimensional	Seil	Hochspannungsleitung	ungeeignet
	Stab	Stütze	auf Zug: bedingt geeignet auf Druck: sehr geeignet
	Balken	Unterzug	sehr geeignet
zweidimensional	Scheibe	Wand, Wandartiger Träger	sehr geeignet
	Platte	Decke	sehr geeignet
dreidimensional	Schale	Behälter	optimal geeignet

TAB 5.1: Tragelemente im Stahlbetonbau

Anschließend wird die Tragstruktur in einzelne Tragelemente zerlegt (**ABB 5.1**). Die Tragelemente können ein- oder mehrdimensional sein. Mit den Grundtypen (**TAB 5.1**) können bei Beachtung von Bedingungen auch weitere Tragelemente gebildet werden (z. B. aus mehreren Stäben wird ein Fachwerk, aus mehreren Scheiben ein Faltwerk gebildet).

Die einzelnen Tragelemente sind an diskreten Stellen oder an Linien gekoppelt. Die Koppelstellen sind

- bei Ausleitung von Kräften (bzw. Momenten) aus dem Tragelement die *Lager*; die Lager nehmen je nach Ausbildung Kräfte, Biegemomente, Torsionsmomente auf;
- bei Einleitung von Einwirkungen in das Tragelement *Einwirkungsstellen*; die Einwirkungen können Kräfte und/oder Momente sein.

Der Ablauf Tragwerksplanung erfolgt in folgenden Schritten:

1. Bilden des Tragwerks und Separieren der Tragelemente
2. Lastannahmen am zu realisierenden Bauwerk. Für Hochbauten gilt DIN 1055.
3. Tragwerksidealisierung ($\to$ Kap. 5.2)
4. Ermittlung der Beanspruchungen ($\to$ Kap. 5.4) am globalen statischen System (= am ganzen Bauwerksteil) und evtl. zusätzlich in örtlichen Bereichen (z. B. Lasteinleitungsbereichen)
5. Superposition zu extremalen Beanspruchungen (Extremalschnittgrößen) ($\to$ Kap. 5.4.2)
6. Festlegen der maßgebenden Bemessungsschnittgrößen
7. Bemessung (für Stahlbeton $\to$ Kap. 6 bis 15)

5.2 Tragwerksidealisierung

5.2.1 Systemfindung

Für die statische Berechnung muss das tatsächliche Tragwerk in ein statisches System (geometrisch) idealisiert werden. Dieser Vorgang kennzeichnet einen Teil der Tragwerksidealisierung.

Bei der Schnittgrößenermittlung (→ Kap. 5.4) erfolgt ein weiterer Teil der Tragwerksidealisierung hinsichtlich des Materialverhaltens (elastisch, elastoplastisch). Auch bei der Bemessung werden Idealisierungen vorgenommen, diese erfolgen jedoch nicht für das Tragwerk insgesamt oder für die Tragelemente, sondern nur für den jeweils betrachteten Querschnitt. Diese Idealisierungen sind somit von der Tragwerksidealisierung entkoppelt. Hierdurch können Widersprüche entstehen (im Stahlbetonbau z. B. eine linear-elastische Schnittgrößenermittlung und eine nichtlineare Bemessung).

Als statische Systeme kommen statisch bestimmte und statisch unbestimmte in Betracht. Bauteile aus Stahlbeton sind i. d. R. monolithisch hergestellt, sofern sie als Ortbetonbauwerke erstellt wurden (und damit vorzugsweise statisch unbestimmt). Im Fertigteilbau werden die Fertigteile durch Ortbeton so ergänzt, dass quasi-monolithische Konstruktionen entstehen. Alle Verbindungen von Decken, Unterzügen und Stützen sind somit tatsächlich biegesteif. Im Stahlbeton ist daher das statisch unbestimmte System mit seinen günstigen Eigenschaften der Regelfall. Es ist oftmals sogar sinnvoll, einen Teil der statisch Unbestimmten zu vernachlässigen. Wenn z. B. biegesteife Verbindungen keine bedeutenden Auswirkungen auf die Biegemomente haben, wird statt einer Einspannung ein Gelenk angesetzt, um den Rechenaufwand zu vermindern. Die vernachlässigten Einspannmomente werden durch eine Mindestbewehrung konstruktiv berücksichtigt. Dies zeigt das Beispiel 5.1.

Zur Nachweisführung werden Tragwerke oder Tragwerksteile in ausgesteifte oder nicht ausgesteifte eingeteilt, je nachdem, ob aussteifende Bauteile vorhanden sind (**ABB 5.1**). Ein aussteifendes Bauteil ist ein Teil des Tragwerks, das eine große Biege- und/oder Schubsteifigkeit aufweist und das entweder vollständig oder teilweise mit dem Fundament verbunden ist. Ein aussteifendes Bauteil sollte eine ausreichende Steifigkeit besitzen, um alle auf das Tragwerk wirkenden horizontalen Lasten aufzunehmen und in die Fundamente weiterzuleiten. Aussteifende Bauteile (→ Kap. 5.6) sind insbesondere bei Bauwerken mit mehr als zwei Geschossen äußerst sinnvoll, da andernfalls alle Biegemomente aus Wind und Imperfektionen über die Stützen abzuleiten wären, was zum einen viel Stützenbewehrung erfordert und zum anderen große Horizontalverschiebungen im Bauwerk bewirkt.

Beispiel 5.1: Tragwerksidealisierung für einen Hochbau

gegeben: Tragwerk lt. **ABB 5.1**

gesucht: Tragwerksidealisierung

Lösung:

Aus dem Tragwerk werden die einzelnen Tragelemente (gemäß **TAB 5.1**) selektiert. Bei der Kopplung der Tragelemente ist zu beachten, dass sowohl für jedes einzelne Element als auch für das gesamte Tragwerk ein stabiles System gebildet wird (Gebäudeaussteifung).

Im vorliegenden Fall könnte das mögliche statische System ein vielfach innerlich und äußerlich statisch unbestimmter Rahmen sein (**ABB 5.1**). Aufgrund des Steifigkeitsverhältnisses der Rahmenriegel (Unterzüge mit monolithischen Decken) und der Stützen und der zu erwartenden Biegelinie des Riegels werden bei diesem System an den Kopf- und Fußpunkten der Stützen nur geringe Biegemomente auftreten. Es ist daher nicht sinnvoll, mit einem derart aufwendigen stati-

5 Tragwerke und deren Idealisierung

schen System zu arbeiten. Der Tragwerksplaner idealisiert das System weiter zu einem System aus Durchlaufträgern (Unterzüge und Decken) und Pendelstützen. Sofern die Idealisierung zu größeren Fehlern führen wird (z. B. an den Endauflagern der Durchlaufträger), ist zu einem späteren Zeitpunkt eine Korrektur durchzuführen (→ Kap. 5.7).

Das gewählte System hat neben einer Verminderung der Anzahl der statisch Unbestimmten (aufgrund der Datenverarbeitung ist dies nicht mehr so bedeutungsvoll) den Vorteil, dass bei denselben Nutzungsarten die Durchlaufträger in den Geschossen identisch werden. Es muss somit nur noch ein Träger bearbeitet werden. In ähnlicher Form können auch leicht die Stützen der maximalen Beanspruchung gefunden werden. Der Umfang der statischen Berechnung sinkt entscheidend. Es werden bearbeitet:

- Platte → Durchlaufträger (bei einachsig gespannten Systemen)
- Unterzug → Durchlaufträger mit einer Korrekturberechnung für die Randfelder (→ Kap. 5.7)
- Stützen → Pendelstäbe mit einer Korrekturberechnung für die Randfelder (→ Kap. 5.7)

5.2.2 Auflager und Stützweiten

Es ist festzulegen, an welcher Stelle der Unterstützung das Auflager anzusetzen ist. Diese Stelle ist abhängig von der Art der Unterstützung (Endauflager oder Zwischenauflager) und den verwendeten Baustoffen (**ABB 5.2** und **ABB 5.3**). Allgemein lässt sich die Stützweite l_{eff} aus der lichten Weite l_n und den rechnerischen Auflagertiefen a_i ermitteln [8].

$$l_{eff} = l_n + a_1 + a_2 \tag{5.1}$$

Sofern die Stützweiten nicht durch Lager eindeutig gegeben sind, lassen sie sich folgendermaßen bestimmen:

Endauflager:

- aus einer Mauerwerks- oder Betonwand, einem Stahl-/Holzunterzug (**ABB 5.2**)
$$a_i = \frac{t}{3} \tag{5.2}$$
- einer Stahlbetonwand oder -stütze (nur bei einem ausgesteiften Hochbau [9] oder einem Stahlbetonunterzug) (**ABB 5.2**)
$$a_i = \frac{t}{2} \tag{5.3}$$
- einer Stahlbetonwand oder -stütze bei Annahme einer Einspannung (kein ausgesteifter Hochbau) oder einem beliebigen Baustoff bei einem auskragenden Durchlaufträger (**ABB 5.2**)
$$a_i = \frac{t}{2} \tag{5.4}$$

---

[8] Die Regeln gelten für DIN 1045-1 und EC 2 gleichermaßen.
[9] Bei ausgesteiften Hochbauten werden alle Lager unabhängig vom Baustoff gelenkig angenommen.

- einem beliebigen Baustoff bei einem Kragträger (**ABB 5.3**): $a_i = 0$

Zwischenauflager:

- eines Durchlaufträgers (**ABB 5.3**): $\qquad a_i = \dfrac{t}{2}$ (5.5)

Endauflager mit gelenkiger Lagerung

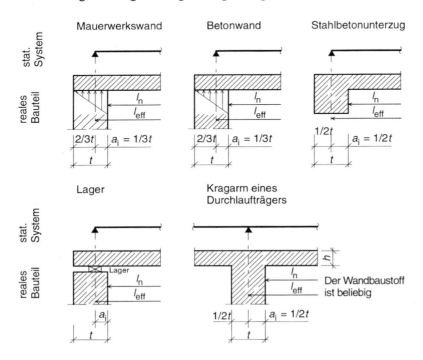

Endauflager mit Einspannung

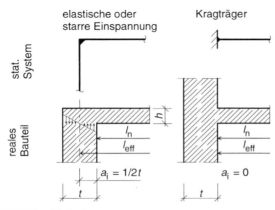

ABB 5.2: Endauflager

gelenkige Lagerung wird an Durchlaufsystemen ausgesteifter Bauwerke im Hochbau unabhängig vom Baustoff der Unterstützung angenommen

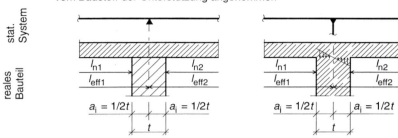

ABB 5.3: Zwischenauflager

Beispiel 5.2: Stützweitenermittlung

gegeben: Balken im Hochbau lt. Skizze

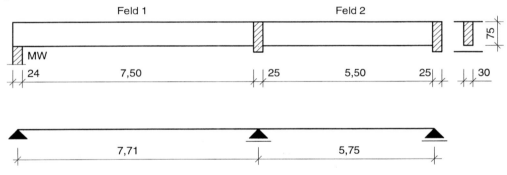

gesucht: Stützweiten

Lösung:

Feld 1:

$$a_1 = \frac{0,24}{3} = 0,08 \text{ m}$$ (5.2): $a_i = \frac{t}{3}$

$$a_2 = \frac{0,25}{2} = 0,125 \text{ m}$$ (5.5): $a_i = \frac{t}{2}$

$$l_{eff} = 7,50 + 0,08 + 0,125 = 7,71 \text{ m}$$ (5.1): $l_{eff} = l_n + a_1 + a_2$

Feld 2:

$$a_2 = \frac{0,25}{2} = 0,125 \text{ m}$$ (5.5): $a_i = \frac{t}{2}$

$$a_2 = \frac{0,25}{2} = 0,125 \text{ m}$$ (5.3): $a_i = \frac{t}{2}$

$$l_{eff} = 5,50 + 0,125 + 0,125 = 5,75 \text{ m}$$ (5.1): $l_{eff} = l_n + a_1 + a_2$

(Fortsetzung mit Beispiel 5.3)

5.2.3 Steifigkeiten

Bei statisch unbestimmten Systemen beeinflusst das Verhältnis der Steifigkeiten innerhalb des Tragelementes die Verteilung der Schnittgrößen. Bei Plattenbalken (**ABB 5.4**) führt die Beantwortung der Frage der für die Schnittgrößenermittlung einzuführenden Steifigkeiten auf den Begriff der mitwirkenden Plattenbreite b_{eff} [10]. Wenn diese mitwirkende Plattenbreite bekannt ist, werden die Flächenmomente 2. Ordnung (Trägheitsmomente) für einen Plattenbalken ermittelt, dessen rechnerische Breite die mitwirkende Breite ist.

Aufgrund der schubfesten Verbindung zwischen Gurt und Steg wirken die Gurtplatten im stegnahen Bereich in vollem Umfang, mit zunehmender Entfernung vom Steg jedoch immer weniger mit. Rechnerisch kann dieses Tragverhalten mit der Elastizitätstheorie einer Scheibe erfasst werden. Da die Scheibentheorie für die alltägliche Praxis zu aufwendig ist, wird mit einem Näherungsverfahren gerechnet, das mit der Ermittlung der mitwirkenden Plattenbreite arbeitet.

Betrachtet man die Druckspannungen aus der Tragwirkung des Plattenbalkens, so haben sie ihr Maximum im Steg und werden mit zunehmender Entfernung vom Steg kleiner (**ABB 5.4**). Bei sehr breiten Platten kann die Druckspannung in den vom Steg weit entfernten Plattenbereichen auch null sein; hier beteiligt sich die Platte dann nicht mehr am Tragverhalten.

Die mitwirkende Breite muss sich vom Nulldurchgang des Biegemomentes (in **ABB 5.4** z. B. am Endauflager) erst entwickeln, da erst von dieser Stelle an Schubkräfte T über die Verbindungsstelle Steg-Platte in dieselbe eingeleitet werden. Aus **ABB 5.4** ist auch ersichtlich, dass die mitwirkende Plattenbreite maßgeblich von der zur Verfügung stehenden Breite b_i und der Stützweite l_{eff} abhängt.

Überschläglich kann die mitwirkende Plattenbreite nach den folgenden Gleichungen bestimmt werden (**ABB 5.5**):

$$b_{\text{eff}} = \sum_i b_{\text{eff},i} + b_w \tag{5.6}$$

DIN 1045-1: $\quad b_{\text{eff},i} = 0,2\, b_i + 0,1\, l_0 \leq \max \begin{cases} 0,2\, l_0 \\ b_i \end{cases}$ \hfill (5.7)

EC 2: $\quad b_{\text{eff},i} = 0,1\, l_0 \leq b_i$ \hfill (5.8)

l_0 Abstand der Momentennullpunkte; bei gleichen Steifigkeitsverhältnissen innerhalb eines Durchlaufträgers näherungsweise (**ABB 5.5**), wenn die Platte in der Druckzone liegt:

Endfeld: $\quad l_0 = 0,85 \cdot l_{\text{eff},1}$ \hfill (5.9)

Innenfeld: $\quad l_0 = 0,70 \cdot l_{\text{eff},2}$ \hfill (5.10)

Innenstütze: $\quad l_0 = 0,15 \cdot \left(l_{\text{eff},1} + l_{\text{eff},2}\right)$ \hfill (5.11)

Kragarm: $\quad$ DIN 1045-1: $\quad l_0 = 1,5 \cdot l_{\text{eff},3}$ \hfill (5.12)

$\quad\quad\quad\quad$ EC 2: $\quad l_e = 2,0 \cdot l_3$ \hfill (5.13)

---

[10] Weitere Zusammenhänge zur mitwirkenden Plattenbreite werden in Kap. 7.6.2 behandelt, für dessen Verständnis die Grundlagen der Biegebemessung benötigt werden.

5 Tragwerke und deren Idealisierung

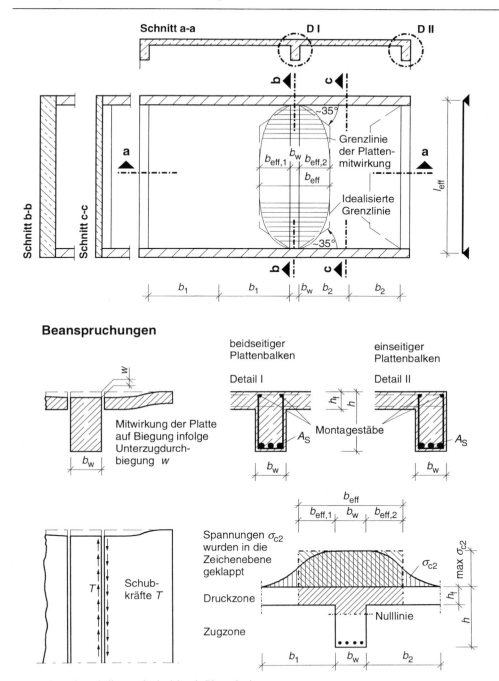

ABB 5.4: Plattenbalken und mitwirkende Plattenbreite

Unter Einzellasten und über (Zwischen-) Auflagern schnürt sich die mitwirkende Plattenbreite ein. Wenn solche Einzellasten einen wesentlichen Anteil am maßgebenden Moment haben, sollte

Ermittlung der mitwirkenden Plattenbreite

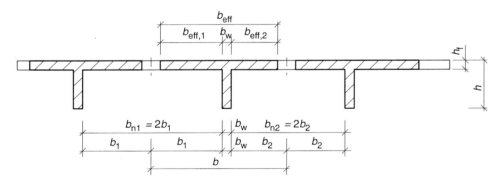

Näherungsweiser Abstand der Momentennullpunkte
(= ideelle Stützweite)

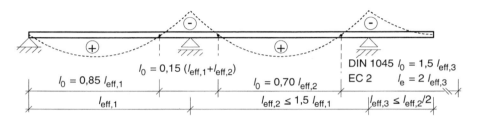

ABB 5.5: Näherungsweise Bestimmung des Abstands der Momentennullpunkte

die mitwirkende Plattenbreite um 20 % reduziert werden [11]. Wenn an Innenstützen von Durchlaufträgern die Platte in der Druckzone (unten bei negativen Momenten) liegt, wird die Einschnürung der mitwirkenden Plattenbreite so groß, dass sie zu reduzieren ist auf

$$\text{red } b_{\text{eff}} = 0{,}6 \cdot b_{\text{eff}} \tag{5.14}$$

5.3 Mindestabmessungen

Mindestabmessungen von Bauteilen sind erforderlich, um einerseits die bei der Herstellung unvermeidlichen Abweichungen von den Sollmaßen (z. B.: zu dünn betonierte Platte), andererseits um rechnerisch nicht berücksichtigte Effekte (z. B. Schlupf zwischen Stahl und Beton bei Querkraft-/ Durchstanzbewehrung) nicht versagensauslösend werden zu lassen. Angaben sind **TAB 5.2** zu entnehmen.

---

[11] Sofern die tatsächliche Breite so gering ist, dass sie in Gl. (5.7) und (5.8) das *maßgebende* Kriterium für b_{eff} wird, kann auf eine Reduktion verzichtet werden.

Bauteil		DIN 1045-1		EC 2	
		§	h_{min} in mm	§	h_{min} in mm
Liniengestützte Platten	ohne Querkraftbewehrung	13.3.1	70	5.4.3.1	50
	mit Querkraftbewehrung	13.3.1	160	5.4.3.3	200
Punktgestützte Platten mit Durchstanzbewehrung		13.3.1	200	5.4.3.3	200
Stützen	Ortbeton	13.5.1	200	5.4.1.1	200
	Fertigteil liegend hergestellt	13.5.1	120	5.4.1.1	140

TAB 5.2: Mindestabmessungen

5.4 Verfahren zur Schnittgrößenermittlung

5.4.1 Allgemeines

Die Schnittgrößen werden mit den in der Statik üblichen Verfahren ermittelt. Im Stahlbetonbau sind folgende Methoden zulässig:

– lineare Verfahren auf Basis der Elastizitätstheorie ohne Momentenumlagerung (→ Kap. 5.4.2)
– lineare Verfahren auf Basis der Elastizitätstheorie mit begrenzter Momentenumlagerung (→ Kap. 5.4.3)
– nichtlineare Verfahren (→ Kap. 5.4.4)
– Verfahren auf Grundlage der Plastizitätstheorie (→ Kap. 5.4.5).

Da Stahlbeton ein Werkstoff ist, der sich sowohl aufgrund der Rissentwicklung als auch aufgrund der Werkstoffgesetze nichtlinear verhält, sind die mit den elastischen Verfahren (ohne und mit Momentenumlagerung) grobe, aber für die Praxis in den meisten Fällen ausreichend genaue Näherungen.

5.4.2 Lineare Verfahren auf Basis der Elastizitätstheorie

Von allen genannten Verfahren liefert die Elastizitätstheorie die ungünstigsten (größten) Querschnittsabmessungen bzw. Bemessungsergebnisse. Dies muss (abgesehen von wirtschaftlichen Gesichtspunkten) jedoch nicht unbedingt gut sein, da z. B. eine zu groß ermittelte oben liegende Biegezugbewehrung über einer Stütze das Betonieren behindern kann.

Kennzeichen der elastischen Verfahren ist eine konstante, von den Einwirkungen unabhängige Steifigkeit des statischen Systems; i. d. R. wird die Steifigkeit des ungerissenen Querschnitts (Zustand I) angesetzt. Die konstante Steifigkeit bewirkt einen lastunabhängigen Proportionalitätsfaktor zwischen Einwirkungen und Beanspruchungen. Damit wird die Anwendung des Superpositionsgesetzes möglich (jede Belastung kann als Summe von Teillastfällen gebildet werden).

Exemplarisch wird dies am Zweifeldträger mit Gleichlast gezeigt (**ABB 5.6**). Das Stützmoment weist den Proportionalitätsfaktor $-0{,}125\, l_{\text{eff}}^2$ auf. Es ist in diesem Fall sogar unabhängig von den Abmessungen, weil das Steifigkeits*verhältnis* beider Felder eins ist. Die Durchbiegung weist den Proportionalitätsfaktor $\dfrac{2}{369}\dfrac{l_{\text{eff}}^4}{EI}$ auf. Die Steifigkeit *EI* geht lastunabhängig in die Durchbiegung ein.

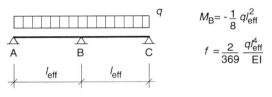

ABB 5.6: Zweifeldträger mit Gleichlast

5.4.3 Lineare Verfahren mit begrenzter Momentenumlagerung

Die Anwendung der Elastizitätstheorie auf Stahlbetontragwerke ist nur eine Näherung für den Grenzzustand der Tragfähigkeit, da sich infolge der Rissbildung im Beton je nach Belastungszustand die Steifigkeit verändert. Dies hat bei statisch unbestimmten Systemen Auswirkung auf die Schnittgrößen. Dieser Umstand wird gezielt genutzt, um die erforderlichen Abmessungen bzw. die erforderliche Bewehrung zu minimieren. Das Tragwerk wird so bemessen, dass sich aufgrund der Rissbildung die Steifigkeit in Teilen desselben und damit das Biegemoment vermindert (gegenüber der Elastizitätstheorie). Dieses Verfahren hat den Terminus „Schnittgrößen- (bzw. Momenten-)umlagerung". Der Begriff kennzeichnet jedoch nur die Vorgehensweise des Tragwerkplaners ausgehend von der Elastizitätstheorie. Das Tragwerk sucht sich in jedem Fall den Gleichgewichtszustand unter Beachtung des Minimums der inneren Arbeit.

Bei der Schnittgrößenumlagerung wird ausgehend von dem Biegemoment M_{el}, das sich aufgrund der Elastizitätstheorie ergibt, ein Moment ΔM umgelagert. Die Größe der Umlagerung ist durch den Umlagerungsgrad $(1 - \delta)$ gekennzeichnet, den man aus dem Verhältnis des rechnerischen zum elastischen Moment δ erhält.

$$M_{\text{cal}} = M_{\text{el}} - \Delta M \tag{5.15}$$

$$\delta = \frac{M_{\text{cal}}}{M_{\text{el}}} \tag{5.16}$$

$$1 - \delta = 1 - \frac{M_{\text{cal}}}{M_{\text{el}}} = 1 - \frac{M_{\text{el}} - \Delta M}{M_{\text{el}}} = \frac{\Delta M}{M_{\text{el}}} \tag{5.17}$$

Bei der Schnittgrößenumlagerung (**ABB 5.7**) sind zwei Voraussetzungen zu beachten:
- Es muss ein *Gleichgewichtszustand* möglich sein, d. h., es ist zu überprüfen, ob das Feldmoment bei Ausbildung des Fließmomentes über der Stütze (= Biegemoment im Fließgelenk) maßgebend wird. Meistens ist für das extremale Stützmoment jedoch eine andere Lastfallkombination maßgebend als für das extremale Feldmoment. In diesem Fall führt die Momentenumlagerung infolge entstehender Fließmomente zu geringeren Bemessungsschnittgrößen und damit zu geringerer Biegezugbewehrung.
- Die infolge des Fließgelenks an der Stelle der abgeminderten Bewehrung (i. d. R. über der Stütze) entstehende Verdrehung (Rotation) muss sowohl vom Beton als auch von der Biegezugbewehrung ermöglicht werden. Dies wird im Rahmen eines *Rotationsnachweis*es überprüft.

DIN 1045-1			Betonfestigkeitsklasse	
			$\leq$ C50/60	$\geq$ C55/67
Stahleigenschaft	normalduktil		$\delta_{\lim} = \max \begin{cases} 0{,}64 + 0{,}8\,\xi \\ 0{,}85 \end{cases}$	$\delta_{\lim} = 1{,}0$
	hochduktil		$\delta_{\lim} = \max \begin{cases} 0{,}64 + 0{,}8\,\xi \\ 0{,}70 \end{cases}$	$\delta_{\lim} = \max \begin{cases} 0{,}72 + 0{,}8\,\xi \\ 0{,}8 \end{cases}$
EC 2			Betonfestigkeitsklasse	
			$\leq$ C35/45	$\geq$ C40/50
Stahleigenschaft	normalduktil		$\delta_{\lim} = \max \begin{cases} 0{,}44 + 1{,}25\,\xi \\ 0{,}85 \end{cases}$	$\delta_{\lim} = \max \begin{cases} 0{,}56 + 1{,}25\,\xi \\ 0{,}85 \end{cases}$
	hochduktil		$\delta_{\lim} = \max \begin{cases} 0{,}44 + 1{,}25\,\xi \\ 0{,}70 \end{cases}$	$\delta_{\lim} = \max \begin{cases} 0{,}56 + 1{,}25\,\xi \\ 0{,}7 \end{cases}$

TAB 5.3: Grenzwerte $\delta_{\lim}$ nach [DIN 1045-1 – 01], 8.3 und [DIN V ENV 1992 – 92], 2.5.3.4.2

Der Rotationsnachweis kann vereinfacht über eine Begrenzung der Momentenumlagerung δ oder genauer über einen Nachweis des Rotationswinkels geführt werden. Nachfolgend wird nur die erstgenannte Möglichkeit erläutert, da die zweite Methode eine vertiefte Kenntnis über Stahlbetontragwerke erfordert und daher an dieser Stelle noch nicht verständlich ist.

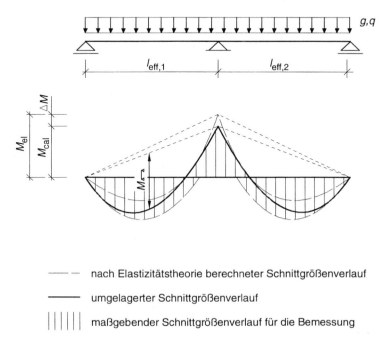

Der Grenzwert der Momentenumlagerung $\delta_{\lim}$ hängt sowohl von der Duktilität des Betons als auch des Betonstahls ab und ist in **TAB 5.3** angegeben. Die Duktilität des Betons wird hierbei maßgeblich von der Festigkeitsklasse und der Höhe der Beanspruchung beeinflusst, die sich ihrerseits in der bezogenen Höhe der Druckzone ξ manifestiert.

$$\xi = \frac{x}{d} \qquad (7.23)$$

($\rightarrow$ Kap. 7, **ABB 7.13**)

$$\delta \geq \delta_{\lim} \qquad (5.18)$$

– – – nach Elastizitätstheorie berechneter Schnittgrößenverlauf

——— umgelagerter Schnittgrößenverlauf

|||||| maßgebender Schnittgrößenverlauf für die Bemessung

ABB 5.7: Momentenumlagerung unter Wahrung des Gleichgewichts

5.4.4 Nichtlineare Verfahren

Nichtlineare Verfahren führen zwar zu „genaueren" Ergebnissen und erlauben daher eine wirklichkeitsnähere Bemessung von Stahlbetonbauteilen, sie weisen in der praktischen Handhabung jedoch folgende Nachteile auf:

- Aufgrund der Nichtlinearität gilt das Superpositionsgesetz nicht mehr. Die Schnittgrößenermittlung muss daher getrennt für alle Kombinationsmöglichkeiten erfolgen.
- Da nichtlineare Verfahren die Bauteilsteifigkeiten entsprechend der jeweiligen Laststufe iterativ benötigen, sind sie numerisch aufwendig. Dieser Aspekt wird in Zukunft aufgrund immer leistungsfähigerer Rechnerleistungen an Bedeutung verlieren. Von großer Bedeutung bleibt aber ein anderer Aspekt der Bauteilsteifigkeiten.
- Ein realitätsnahes Ergebnis setzt als Eingangswert die Vorgabe der richtigen Bauteilabmessungen (inkl. der Biegezugbewehrung) voraus, damit die Steifigkeit richtig ermittelt werden kann. Die Kenntnis der Querschnittswerte ist jedoch das *Ziel* einer jeden Bemessung. Daher kann eine nichtlineare Rechnung nur im iterativen Verfahren durchgeführt werden. Als erster Anhalt müsste z. B. eine Bemessung nach der Elastizitätstheorie vorangestellt werden.
- Es müssen für alle Nachweise im Grenzzustand der Gebrauchstauglichkeit zusätzlich die Schnittgrößen bestimmt werden.

Diese Hemmnisse führen in der Gegenwart dazu, dass eine nichtlineare Berechnung für die üblichen Fälle der Baupraxis einen hohen Aufwand in der technischen Bearbeitung erfordert und dieser nicht durch Einsparungen in der Bauausführung zu einem insgesamt wirtschaftlichen Vorgehen führt.

5.4.5 Verfahren auf Grundlage der Plastizitätstheorie

Die Plastizitätstheorie geht bei Annahme eines ideal plastischen Verhaltens davon aus, dass der Werkstoff ausschließlich Verformungen in Fließgelenken erfährt. Diese Annahme erfordert in diesen Fließgelenken eine hohe Duktilität (Rotationsfähigkeit) des Werkstoffs und ist im Stahlbetonbau nur für dünne Tragwerke (z. B. Platten) zutreffend. Weiterhin gilt die Plastizitätstheorie nur für den Grenzzustand der Tragfähigkeit. Für die Nachweise im Grenzzustand der Gebrauchstauglichkeit sind weitere Schnittgrößenermittlungen, z. B. auf Basis der Elastizitätstheorie, erforderlich. Daher ist auch diese Methode derzeit für den baupraktischen Regelfall unüblich.

5.5 Mindestmomente

Die Bemessung an der Stütze muss bei linearer Berechnung ohne oder mit Umlagerung mindestens für ein Moment erfolgen, das 65 % des mit der lichten Weite l_n ermittelten Festeinspannmomentes entspricht ([DIN 1045-1 – 01], 8.2 bzw. [DIN V ENV 1992 – 92], 2.5.3.4.2). Hierdurch werden Abweichungen des tatsächlichen Tragelements von der Idealisierung und unbeabsichtigte geometrische Abweichungen von der Systemachse erfasst. Für einen Durchlaufträger unter Gleichstreckenlast erhält man also:

5 Tragwerke und deren Idealisierung

1. Innenstütze im Endfeld $\quad \min M_{Ed} = -0{,}65 \cdot F_d \cdot \dfrac{l_n^2}{8} \approx -F_d \cdot \dfrac{l_n^2}{12}$ (5.19)

übrige Innenstützen $\quad \min M_{Ed} = -0{,}65 \cdot F_d \cdot \dfrac{l_n^2}{12} \approx -F_d \cdot \dfrac{l_n^2}{18}$ (5.20)

$F_d\quad$ Bemessungswert der Streckenlast

Beispiel 5.3: Bemessungsschnittgrößen nach Elastizitätstheorie mit Momentenumlagerung (Fortsetzung von Beispiel 5.2) [12]

gegeben:
- Balken im Hochbau lt. Skizze
- Belastung $g_k = 50$ kN/m; $q_k = 40$ kN/m
- Baustoffe C35/45; BSt 500S(A)

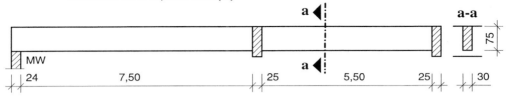

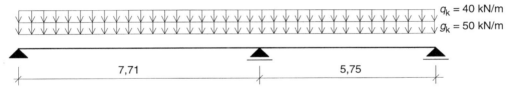

gesucht: Bemessungsschnittgrößen nach Elastizitätstheorie mit begrenzter Momentenumlagerung um 10 %

Lösung:

Beanspruchungen		LF G	LF Q
max M_1	[kNm]	236	218
max M_2	[kNm]	84	132
max M_B	[kNm]	-301	-241
max V_A	[kN]	154	132
min V_{Bli}	[kN]	-232	-185
max V_{Br}	[kN]	196	157
min V_C	[kN]	-91	-103

Die Schnittgrößen können z. B. mit dem Kraftgrößenverfahren bestimmt werden oder mit Tabellenwerken z. B. [Schneider – 02] S. 4.19 (Abschnitt 4 - Baustatik Kap. 1.4.3).

Superposition zu Bemessungsschnittgrößen:
$\gamma_G = 1{,}35$; $\gamma_Q = 1{,}50$

TAB 6.5:

---

[12] Dieses Beispiel ist hinsichtlich des Rotationsnachweises erst vollkommen verständlich, wenn die Kapitel 6 und 7 bekannt sind.

$\max M_1 = 1{,}35 \cdot 236 + 1{,}50 \cdot 218 = 646 \text{ kNm}$
$\max M_2 = 1{,}35 \cdot 84 + 1{,}50 \cdot 132 = 311 \text{ kNm}$
$\min M_B = 1{,}35 \cdot (-301) + 1{,}50 \cdot (-241) = -768 \text{ kNm}$
$V_{\text{Bli}} = 1{,}35 \cdot (-232) + 1{,}50 \cdot (-185) = -591 \text{ kN}$
$V_{\text{Br}} = 1{,}35 \cdot 196 + 1{,}50 \cdot 157 = 500 \text{ kN}$

Momentenumlagerung:
$\Delta M_B = (1 - 0{,}90) \cdot (-768) = -77 \text{ kNm}$
$M_{\text{cal}} = -768 + 77 = -691 \text{ kNm}$
$V_{\text{Bli,cal}} = -591 + \dfrac{77}{7{,}71} = -581 \text{ kN}$
$V_{\text{Br,cal}} = 500 - \dfrac{77}{5{,}75} = 487 \text{ kN}$

$\Delta M = \min \begin{cases} |-581| \cdot \dfrac{0{,}25}{2} = 73 \text{ kNm} \\ |487| \cdot \dfrac{0{,}25}{2} = 61 \text{ kNm} \end{cases}$

$M_{\text{Ed}} = |-691| - |61| = -630 \text{ kNm}$

$\gamma_c = 1{,}5$

DIN 1045_1: $f_{\text{cd}} = \dfrac{0{,}85 \cdot 35}{1{,}50} = 19{,}8 \text{ N/mm}^2$

$\mu_{\text{Eds}} = \dfrac{0{,}630}{0{,}30 \cdot 0{,}675^2 \cdot 19{,}8} = 0{,}233$

$\varepsilon_{c2}/\varepsilon_s = -3{,}50/6{,}97 \text{‰}; \; \xi = 0{,}334$

$\delta_{\lim} = \max \begin{cases} 0{,}64 + 0{,}8 \cdot 0{,}334 = \underline{0{,}907} \\ 0{,}85 \end{cases}$

EC 2: $f_{\text{cd}} = \dfrac{1{,}0 \cdot 35}{1{,}50} = 23{,}3 \text{ N/mm}^2$

$\mu_{\text{Sds}} = \dfrac{0{,}630}{0{,}30 \cdot 0{,}675^2 \cdot 23{,}3} = 0{,}199 \approx 0{,}20$

$\varepsilon_{c2}/\varepsilon_s = -3{,}50/6{,}85 \text{‰}; \; \xi = 0{,}338$

$\delta_{\lim} = \max \begin{cases} 0{,}44 + 1{,}25 \cdot 0{,}338 = \underline{0{,}86} \\ 0{,}85 \end{cases}$

$\delta = 0{,}90 \approx 0{,}907 = \delta_{\lim}$

$\min M_{\text{Ed}} = -(1{,}35 \cdot 50 + 1{,}50 \cdot 40) \cdot \dfrac{7{,}50^2}{12} = -598 \text{ kNm}$

$M_{\text{Ed}} = |-630| > |-598| \text{ kNm}$

(6.6):
$\sum \gamma_{\text{G,i}} \cdot G_{\text{k,i}} + \gamma_P \cdot P_k$
$\oplus \gamma_{\text{Qj}} \cdot Q_{\text{kj}} \oplus \sum \gamma_{\text{Q,i}} \cdot \psi_{\text{Q,i}} \cdot Q_{\text{k,i}}$

(5.17): $1 - \delta = \dfrac{\Delta M}{M_{\text{el}}}$

(5.15): $M_{\text{cal}} = M_{\text{el}} - \Delta M$

Korrektur der nach Elastizitätstheorie berechneten Querkräfte um den Anteil aus der Stützmomentenänderung

(7.16): $\Delta M = \min \begin{cases} |V_{\text{Ed,li}}| \cdot \dfrac{b_{\text{sup}}}{2} \\ |V_{\text{Ed,re}}| \cdot \dfrac{b_{\text{sup}}}{2} \end{cases}$

(7.14): $M_{\text{Ed}} = |M_{\text{el}}| - |\Delta M|$

TAB 6.2: Grundkombination + Ortbeton

(2.14): $f_{\text{cd}} = \dfrac{\alpha \cdot f_{\text{ck}}}{\gamma_c}$

(7.22): $\mu_{\text{Eds}} = \dfrac{M_{\text{Eds}}}{b \cdot d^2 \cdot f_{\text{cd}}}$

TAB 7.1: interpolierte Werte

TAB 5.3: $\delta_{\lim} = \max \begin{cases} 0{,}64 + 0{,}8 \, \xi \\ 0{,}85 \end{cases}$

(2.14): $f_{\text{cd}} = \dfrac{\alpha \cdot f_{\text{ck}}}{\gamma_c}$

(7.22): $\mu_{\text{Sds}} = \dfrac{M_{\text{Sds}}}{b \cdot d^2 \cdot f_{\text{cd}}}$

[Avak - 93], S. 78

TAB 5.3: $\delta_{\lim} = \max \begin{cases} 0{,}44 + 1{,}25 \, \xi \\ 0{,}85 \end{cases}$

(5.18): $\delta \geq \delta_{\lim}$

(5.19): $\min M_{\text{Ed}} \approx -F_d \cdot \dfrac{l_n^2}{12}$

Es ist zu überprüfen, ob durch die Umlagerung des Stützmomentes eine andere Lastfallkombination maßgebend wird. Dies geschieht hier, indem die ($F_d \cdot l^2/8$)-Parabel in die Schlusslinie eingehängt wird. Man sieht, dass sich an den maßgebenden Lastfallkombinationen nichts ändert.

$|\Delta V_{\text{Feld 1}}| = \dfrac{768 - 691}{7{,}71} = 10 \text{ kN}$

$|\Delta V| = \dfrac{\Delta M}{l_{\text{eff}}}$

$$\left|\Delta V_{\text{Feld 2}}\right| = \frac{768-691}{5{,}75} = 13\,\text{kN} \qquad \left|\Delta V\right| = \frac{\Delta M}{l_{\text{eff}}}$$

Wegen der geringen Querkraftänderungen werden keine Überlegungen angestellt, welche Querkraftlinie zu welcher Momentenlinie zuzuordnen ist.

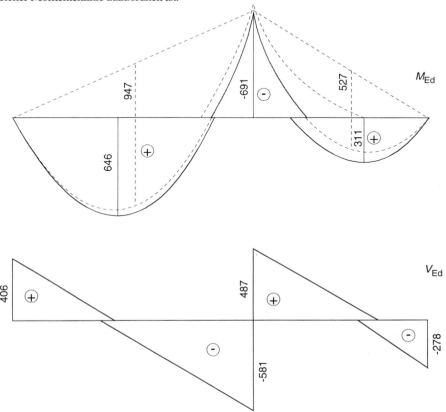

5.6 Gebäudeaussteifung

5.6.1 Lotrechte aussteifende Bauteile

Eine Herstellung von *genau* waagerechten bzw. senkrechten Bauteilen (wie im statischen System unterstellt) ist in der Realität nicht möglich. Eine mögliche ungünstige Einwirkung infolge von Schiefstellungen ist bei der Schnittgrößenermittlung für den Grenzzustand der Tragfähigkeit zu berücksichtigen ([DIN 1045-1 – 01], 7.3 bzw. [DIN V ENV 1992 – 92], 2.5.1.3). Bei der Schnittgrößenermittlung für das aussteifende Bauteil wird daher eine Ersatzschiefstellung α_{a1} des Gesamttragwerks unterstellt (**ABB 4.6**), aus der sich Belastungen für das aussteifende Bauteil ergeben. Sofern mehrere ($n > 1$) vertikale Lasten abtragende Bauteile (Stützen) gleichzeitig vorhanden sind, unterscheiden sich die Schiefstellungen der Stützenreihen nach Größe und Richtung. Daher kompensieren sich die Abtriebskräfte teilweise. Dies berücksichtigt der Beiwert α_n.

$$\alpha_{a1} = \pm\frac{1}{100\sqrt{h_{\text{tot}}}} \tag{5.21}$$

Imperfektionen für das Gesamttragwerk

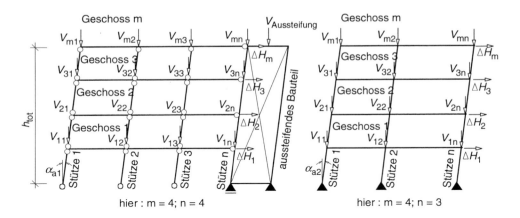

Imperfektionen für horizontal abtragende Bauteile

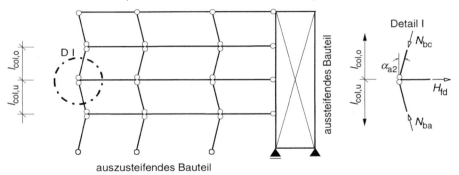

ABB 5.8: Ansatz von Ersatzschiefstellungen

$$\alpha_n = \sqrt{\frac{1+\frac{1}{n}}{2}} \tag{5.22}$$

h_{tot} Gesamthöhe des Bauwerks ab Einspannebene
n Anzahl der Stützenreihen mit mindestens 70 % der mittleren Längskraft (**ABB 5.8**)

$$\alpha_{red} = \alpha_n \cdot \alpha_{a1} \tag{5.23}$$

Die für das Gesamtsystem ermittelte Schiefstellung α_{a1} ist auch bei der Bemessung von Stützen anzusetzen (→ Kap. 15.3.2), wobei anstatt von h_{tot} die Stützenlänge l_{col} zu verwenden ist.

Mit der reduzierten Lotabweichung werden die Abtriebskräfte ermittelt.

$$\Delta H_j = \sum_{i=1}^{n} V_{ji} \cdot \alpha_{red} \tag{5.24}$$

5.6.2 Waagerechte aussteifende Bauteile

Für diejenigen Bauteile, die die Abtriebskräfte von den auszusteifenden Bauteilen in die aussteifenden Bauteile leiten (z. B.: Decken), sind ebenfalls Zusatzbeanspruchungen zu ermitteln und bei der Bemessung zu berücksichtigen. Der ungünstigste denkbare Fall ist hierbei, dass die Stützenneigungen zweier benachbarter Stockwerke gerade entgegengesetzt sind (**ABB 5.8**). Die Regelungen zur rechnerischen Ermittlung der Abtriebskraft H_{fd} unterscheiden sich in DIN 1045 und EC 2. Die Abtriebskraft H_{fd} dient nur zur Bemessung der Decke. Sie braucht nicht als Belastung auf das vertikal aussteifende Bauteil angesetzt zu werden.

DIN 1045 ([DIN 1045-1 – 01], 7.3):

$$\alpha_{a2} = \frac{8}{\sqrt{2k}} \text{ in \textperthousand} \tag{5.25}$$

$$H_{fd} = \pm(N_{ba} + N_{bc}) \cdot \alpha_{a2} \tag{5.26}$$

k Anzahl der auszusteifenden Stützenstränge im betrachteten Geschoss

N_{ba}, N_{bc} Bemessungswert der Stützenlängskraft im jeweils unteren und oberen Geschoss für den betrachteten Stützenstrang

EC 2 ([DIN V ENV 1992 – 92], 2.5.1.3):

$$l_{col} = \frac{l_{col,i} + l_{col,i+1}}{2} \tag{5.27}$$

$$\nu_2 = \frac{1}{200\sqrt{l_{col}}} \geq 0{,}5 \cdot \nu_{min} \tag{5.28}$$

$$\nu_{min} = \begin{cases} \frac{1}{400} & \text{für nicht stabilitätsgefährdete Systeme} \\ \frac{1}{200} & \text{für stabilitätsgefährdete Systeme} \end{cases} \quad (\rightarrow \text{Kap. 15.4.4}) \tag{5.29}$$

$$\text{red}\,\nu_2 = \alpha_n \cdot \nu_2 \tag{5.30}$$

$$\Delta H_{fd} = \sum_{i=1}^{n} \left(N_j + N_{j+1}\right)_i \cdot \text{red}\,\nu_2 \tag{5.31}$$

Die Abtriebskraft ΔH_{fd} darf bei der Bemessung vernachlässigt werden, sofern sie kleiner als die planmäßige Horizontalkraft H_{Sd} ist.

5.7 Näherungsverfahren zur Schnittgrößenermitttlung für horizontal unverschiebliche Rahmen des Hochbaus

5.7.1 Anwendungsmöglichkeiten

Stahlbetonskeletttragwerke sind innerlich vielfach statisch unbestimmte Rahmen. Derartige Rahmen können zwar heutzutage durch die Möglichkeiten der EDV als vielfach statisch unbestimmtes System berechnet werden; dies ist jedoch in vielen Fällen weder sinnvoll noch erforderlich.

Stahlbetontragwerke können durch Rissbildung ihre Steifigkeitsverhältnisse verändern. Bei statisch unbestimmten Systemen lassen sich hierdurch die Schnittgrößen umlagern (→ Kap. 5.4.3), solange die Gleichgewichtsbedingungen eingehalten werden. Daher brauchen die Schnittgrößen bei horizontal unverschieblichen mehrfeldrigen Rahmensystemen des Hochbaus auch nicht exakt in Rahmentragwerken ermittelt zu werden (**ABB 5.1**). Am exakten statischen System müssen dagegen berechnet werden:

- einfeldrige Rahmen
- horizontal verschiebliche Rahmen
- alle Rahmen des Tiefbaus.

Das nachfolgend beschriebene Näherungsverfahren ([Grasser / Thielen – 91] Kapitel 1.6) darf für horizontal unverschiebliche Rahmensysteme des Hochbaus verwendet werden. Es kann sowohl bei Bemessung nach DIN 1045-1 als auch bei Bemessung nach EC 2 Anwendung finden:

- Die Rahmenriegel werden als Durchlaufträger berechnet, die Biegemomente in den biegesteif angeschlossenen Innenstützen werden rechnerisch vernachlässigt (**ABB 5.1**, **ABB 5.9**). Sie sind konstruktiv durch die Mindestbewehrung in den Stützen abgedeckt (→ Kap. 15.2.1).
- Bei biegefester Verbindung von Randstützen und Rahmenriegel müssen die Schnittgrößen in den Randfeldern des Durchlaufträgers korrigiert werden (**ABB 5.9**). Diese Korrektur ist im Grundsatz der 1. Ausgleichsschritt des Momentenausgleichsverfahrens nach CROSS [Schneider – 88]. Sie wird mit „c_0-c_u-Verfahren" bezeichnet. Bei dem in [Grasser / Thielen – 91] dargestellten „verbesserten c_0-c_u-Verfahren" wird zusätzlich der Lastanteil der Verkehrslast an der Gesamtlast berücksichtigt.
Bei einer Endauflagerung auf Mauerwerk ist eine wesentliche Einspannung nicht vorhanden. Die gelenkig angenommene Endauflagerung muss daher nicht korrigiert werden.

Eine biegesteife Verbindung von Stütze und Riegel kann bei folgenden Bauteilen auftreten:

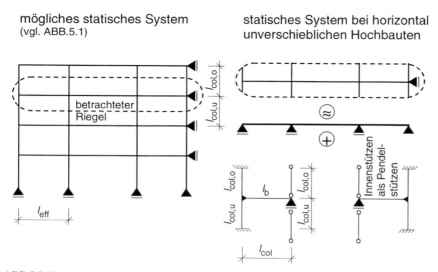

ABB 5.9: Prinzip des c_0-c_u-Verfahrens

5 Tragwerke und deren Idealisierung

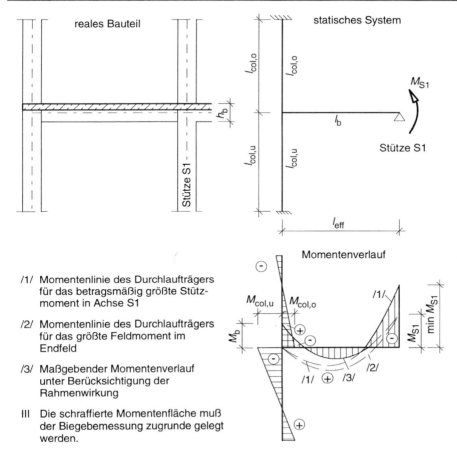

/1/ Momentenlinie des Durchlaufträgers für das betragsmäßig größte Stützmoment in Achse S1

/2/ Momentenlinie des Durchlaufträgers für das größte Feldmoment im Endfeld

/3/ Maßgebender Momentenverlauf unter Berücksichtigung der Rahmenwirkung

|||| Die schraffierte Momentenfläche muß der Biegebemessung zugrunde gelegt werden.

ABB 5.10: Momentenverlauf in den Endfeldern eines Rahmens

- Stahlbetonskelettbau mit Riegel als Balken (oder Plattenbalken) und Stütze (Regelfall der Berechnung mit dem c_o-c_u-Verfahren → Kap. 5.7.2)
- Schottenbauweise mit Riegel als Stahlbetondecke und Stahlbetonwand (Regelfall der Berechnung mit dem c_o-c_u-Verfahren → Kap. 5.7.2)
- Stahlbetonskelettbau mit Riegel als einachsig gespannte Rippendecke und Stütze (Sonderfall der Berechnung mit dem c_o-c_u-Verfahren → Kap. 5.7.3)
- Riegel als Balken (oder Plattenbalken) und Stahlbetonwand (Sonderfall der Berechnung mit dem c_o-c_u-Verfahren → Kap. 5.7.4)
- Stahlbetonplatte (ohne Unterzüge) als Riegel und Stütze. Dieser Fall muss wie die Momente in den Randfeldern von punktgestützten Platten berechnet werden.

5.7.2 Regeldurchführung des c_o-c_u-Verfahrens

Die Biegemomente werden an einem Ersatzdurchlaufträger berechnet. Die Rahmenwirkung in den Randfeldern dieses Durchlaufträgers wird anschließend am Teilsystem erfaßt. Die Rahmenwirkung am Teilsystem ergibt den Momentenverlauf für das Endfeld des Durchlaufträgers

(ABB 5.10). Die Biegemomente des Randfeldes M_R, M_{So}, M_{Su} werden mit den folgenden Gln. ermittelt.

$$c_o = \frac{l_{eff}}{l_{col,o}} \cdot \frac{I_{col,o}}{I_b} \quad ^{13} \tag{5.32}$$

$$c_u = \frac{l_{eff}}{l_{col,u}} \cdot \frac{I_{col,u}}{I_b} \tag{5.33}$$

$$M_b = \frac{c_o + c_u}{3(c_o + c_u) + 2{,}5} \cdot \left[3 + \frac{\gamma_Q \cdot q_k}{\gamma_G \cdot g_k + \gamma_Q \cdot q_k}\right] \cdot M_b^{(0)} \tag{5.34}$$

$$M_{col,o} = \frac{-c_o}{3(c_o + c_u) + 2{,}5} \cdot \left[3 + \frac{\gamma_Q \cdot q_k}{\gamma_G \cdot g_k + \gamma_Q \cdot q_k}\right] \cdot M_b^{(0)} \tag{5.35}$$

$$M_{col,u} = \frac{c_u}{3(c_o + c_u) + 2{,}5} \cdot \left[3 + \frac{\gamma_Q \cdot q_k}{\gamma_G \cdot g_k + \gamma_Q \cdot q_k}\right] \cdot M_b^{(0)} \tag{5.36}$$

c_o, c_u Steifigkeitsbeiwerte der oberen und unteren Stütze

M_b Stützmoment des Riegels am Endauflager

$M_b^{(0)}$ Stützmoment des Endfeldes unter Annahme einer beidseitigen Volleinspannung und Volllast ($\gamma_G \cdot g_k + \gamma_Q \cdot q_k$)

I_b Flächenmoment 2. Grades des Riegels; sofern der Rahmenriegel durch einen Plattenbalken gebildet wird, ist das Flächenmoment unter Berücksichtigung der mitwirkenden Plattenbreite zu ermitteln (→ Kap. 5.2.3).

$I_{col,o}$ Flächenmoment 2. Grades der oberen Randstütze

$I_{col,u}$ Flächenmoment 2. Grades der unteren Randstütze

Aus den Gln. (5.34) bis (5.36) ist ersichtlich, dass das Momentengleichgewicht am Knoten erfüllt ist. Die Genauigkeit des c_o-c_u-Verfahrens nimmt ab, sofern sich die Riegelstützweiten sehr stark unterscheiden. Um die Ungenauigkeiten des Verfahrens zu kompensieren, kann auf eine Verringerung des Feldmomentes im Endfeld verzichtet werden (Linie /2/ in ABB 5.10 wird der Bemessung zugrunde gelegt), oder das Bemessungsfeldmoment wird erhöht auf:

$$\text{cal}\, M_{F,Ed} = M_{F,Ed} + 0{,}15 \cdot |M_b| \tag{5.37}$$

5.7.3 Durchführung des c_o-c_u-Verfahrens bei Rippenplatten

Das Verfahren kann auch auf einachsig gespannte Rippenplatten angewendet werden, die wie ein Rahmenriegel spannen. Zur Vermeidung von Schäden am Stützenkopf infolge zu großer Rissbildung ist die Wirkung der Einspannung der Rippenplatte im Randunterzug und der daraus folgenden Torsionsverdrehung des Randunterzuges zu berücksichtigen. Hierzu wird in der Rippendecke ein mitwirkender Streifen der Breite b_{eff} (ABB 5.11) bestimmt. Die mitwirkende Breite dient

---

[13] Die Bezeichnungen wurden hier an die in DIN 1045 und EC 2 gebräuchliche Schreibweise angepasst. In [Grasser/Thielen – 91] wird die in [DIN 1045 – 88] gebräuchliche Schreibweise verwendet.

dabei gleichzeitig als Lasteinzugsbreite. Sie hängt von einem Beiwert λ ab, der das Verhältnis der Biegesteifigkeit des Riegels zur Torsionssteifigkeit des Randunterzuges berücksichtigt. Mit dem Beiwert kann die mitwirkende Breite aus **ABB 5.12** entnommen werden.

$$\lambda = 3{,}5 \sqrt{\frac{I_b}{I_T} \cdot \frac{l_{\text{Rand}}}{l_{\text{eff}}}} \qquad (5.38)$$

I_b Flächenmoment 2. Grades für den Riegel unter Berücksichtigung der mitwirkenden Breite

I_T Torsionsflächenmoment 2. Grades ($\rightarrow$ Kap. 9.2) des Randunterzugs

l_{Rand} Abstand der Rahmen; entspricht der Stützweite des Randunterzuges zwischen den Rahmen

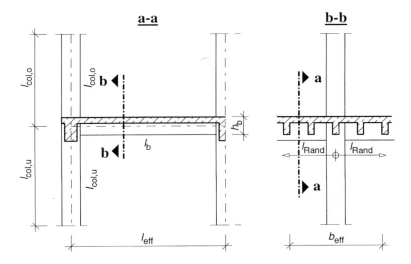

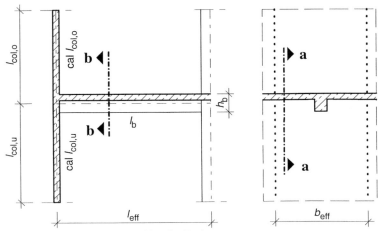

ABB 5.11: Bestimmung der mitwirkenden Breite

5.7.4 Durchführung des c_o-c_u-Verfahrens bei in Stahlbetonwand einspannenden Balken

Wenn ein Rahmenriegel in eine Stahlbetonwand einbindet, kann ein Flächenmoment 2. Grades für eine fiktive Stütze ermittelt werden. Hierzu ist zunächst in der Wand eine mitwirkende Breite b_{eff} (ABB 5.11) zu bestimmen, mit der anschließend das Flächenmoment 2. Grades cal $I_{col,o}$ = cal $I_{col,u}$ für einen Rechteckquerschnitt bestimmt wird. Die mitwirkende Breite in der fiktiven Stütze kann wie bei einem Plattenbalken ($\rightarrow$ Kap. 5.2.3) nach Gl. (5.6) bestimmt werden. Die einschnürende Wirkung des Rahmenriegelstegs auf die mitwirkende Plattenbreite ist durch Anwendung von Gl. (5.14) zu berücksichtigen.

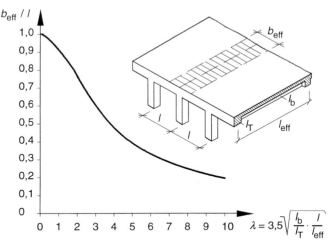

ABB 5.12: Bezogene mitwirkende Breite zur Berechnung der Rahmeneckmomente bei Rippendecken (nach ([Grasser / Thielen – 91])

$$l_{col} = \min \begin{cases} 2\, l_{col,o} \\ 2\, l_{col,u} \end{cases} \qquad (5.39)$$

$$l_0 = 0,6\, l_{col} \qquad (5.40)$$

Beispiel 5.4: Anwendung des c_o-c_u-Verfahrens

gegeben: In Wand einspannender 2-Feld-Träger in einem ausgesteiften Hochbau mit Lasten lt. Skizze

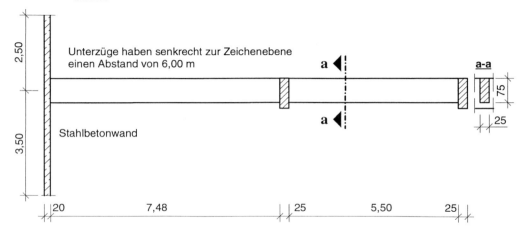

5 Tragwerke und deren Idealisierung

gesucht: Biegemomente des Riegels am linken Endauflager

Lösung:

Das statische System und die Belastung des sich aus dem Riegel ergebenden Durchlaufträgers stimmen mit Beispiel 5.3 überein. Die Schnittgrößen des Durchlaufträgers können daher S. 93 entnommen werden.

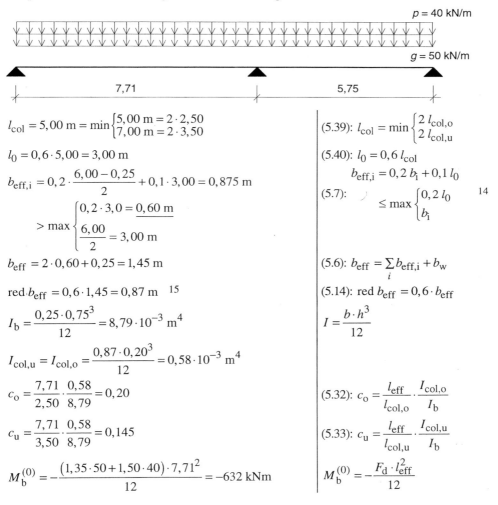

$l_{col} = 5,00 \text{ m} = \min \begin{cases} 5,00 \text{ m} = 2 \cdot 2,50 \\ 7,00 \text{ m} = 2 \cdot 3,50 \end{cases}$ \quad (5.39): $l_{col} = \min \begin{cases} 2\, l_{col,o} \\ 2\, l_{col,u} \end{cases}$

$l_0 = 0,6 \cdot 5,00 = 3,00 \text{ m}$ \quad (5.40): $l_0 = 0,6\, l_{col}$

$b_{eff,i} = 0,2 \cdot \dfrac{6,00 - 0,25}{2} + 0,1 \cdot 3,00 = 0,875 \text{ m}$

$\qquad > \max \begin{cases} 0,2 \cdot 3,0 = \underline{0,60 \text{ m}} \\ \dfrac{6,00}{2} = 3,00 \text{ m} \end{cases}$ \quad (5.7): $\leq \max \begin{cases} 0,2\, l_0 \\ b_i \end{cases}$ \quad 14

$b_{eff} = 2 \cdot 0,60 + 0,25 = 1,45 \text{ m}$ \quad (5.6): $b_{eff} = \sum_i b_{eff,i} + b_w$

red$\cdot b_{eff} = 0,6 \cdot 1,45 = 0,87 \text{ m}$ \quad 15 \quad (5.14): red $b_{eff} = 0,6 \cdot b_{eff}$

$I_b = \dfrac{0,25 \cdot 0,75^3}{12} = 8,79 \cdot 10^{-3} \text{ m}^4$ \quad $I = \dfrac{b \cdot h^3}{12}$

$I_{col,u} = I_{col,o} = \dfrac{0,87 \cdot 0,20^3}{12} = 0,58 \cdot 10^{-3} \text{ m}^4$

$c_o = \dfrac{7,71}{2,50} \cdot \dfrac{0,58}{8,79} = 0,20$ \quad (5.32): $c_o = \dfrac{l_{eff}}{l_{col,o}} \cdot \dfrac{I_{col,o}}{I_b}$

$c_u = \dfrac{7,71}{3,50} \cdot \dfrac{0,58}{8,79} = 0,145$ \quad (5.33): $c_u = \dfrac{l_{eff}}{l_{col,u}} \cdot \dfrac{I_{col,u}}{I_b}$

$M_b^{(0)} = -\dfrac{(1,35 \cdot 50 + 1,50 \cdot 40) \cdot 7,71^2}{12} = -632 \text{ kNm}$ \quad $M_b^{(0)} = -\dfrac{F_d \cdot l_{eff}^2}{12}$

---

14 Bei Anwendung von EC 2 ist an dieser Stelle Gl. (5.8) zu verwenden

15 Die Abminderung der mitwirkenden Breite führt hier dazu, dass das Einspannmoment geringer wird. Es könnte hierauf (genauso richtig) auch verzichtet werden. Die Auswirkungen sind gering.

$$M_b = \frac{0,20+0,145}{3\cdot(0,20+0,145)+2,5} \cdot$$

$$\left(3+\frac{1,50\cdot 40}{1,35\cdot 50+1,50\cdot 40}\right)\cdot(-632)$$

$$= -214 \text{ kNm}$$

(5.34):
$$M_b = \frac{c_o+c_u}{3(c_o+c_u)+2,5} \cdot$$
$$\left[3+\frac{\gamma_Q\cdot q_k}{\gamma_G\cdot g_k+\gamma_Q\cdot q_k}\right]\cdot M_b^{(0)}$$

5.8 Bautechnische Unterlagen

Die Umsetzung der Gedanken des Tragwerkplaners erfolgt mit Hilfe der bautechnischen Unterlagen. Hierzu gehören:

- die Baubeschreibung mit Nennung der verwendeten Baustoffe, Angaben zum Haupttragwerk, soweit sie für die Prüfung von Zeichnungen und Berechnungen erforderlich sind;
- evtl. eine Montagebeschreibung, sofern ein besonderer Bauablauf oder das Verlegen von Fertigteilen vorgesehen ist;
- die statische Berechnung mit Positionsplan ($\rightarrow$ Teil 2) (mit den Positionsnummern der berechneten Bauteile);
- die Zeichnungen ($\rightarrow$ Teil 2) (Schalpläne, Bewehrungspläne, Stahllisten, Verlegepläne bei Fertigteilen).

Vollständige und eindeutige Zeichnungen sind mindestens ebenso wichtig wie eine richtige statische Berechnung.

6 Grundlagen der Bemessung

6.1 Allgemeines

Die Bemessung eines Bauteils hat die Aufgaben, die

- *Tragfähigkeit* (= Standsicherheit)
- *Gebrauchstauglichkeit*
- *Dauerhaftigkeit*

zu gewährleisten. Weiterhin soll die Bemessung zu wirtschaftlichen (i. d. R. geringen) Bauteilquerschnitten führen. Es ist offensichtlich, dass Sicherheitsanforderungen und Wirtschaftlichkeitsbedürfnisse in der Tendenz zu unterschiedlichen Ergebnissen führen und gegeneinander abzuwägen sind. Die Anforderungen an die Sicherheit müssen umso höher sein, je höher das Schadenspotential eines Bauwerkes ist (**TAB 6.1**).

- Einsturz einer Scheune führt i. d. R. zu Sachschaden
  → geringe Sicherheitsanforderungen und damit geringeres Sicherheitsniveau
- Einsturz eines Kaufhauses führt zu sehr großem Personen- und Sachschaden
  → hohe Sicherheitsanforderungen und damit höheres Sicherheitsniveau.

Weiterhin soll eine Bemessung innerhalb eines Bauwerks erreichen, dass alle Tragelemente in etwa das gleiche Sicherheitsniveau aufweisen, da für ein Versagen das schwächste Tragelement maßgebend ist. Hierzu wird im Stahlbetonbau das auf der semiprobalistischen Sicherheitstheorie ([Fischer – 98]) beruhende Konzept der Teilsicherheitsbeiwerte verwendet. Mit diesem Verfahren lässt sich ein gleichmäßiges Sicherheitsniveau bestmöglich annähern. Hinsichtlich der Hintergründe zu Sicherheitsmodellen für die Bemessung wird auf [Grünberg – 01] verwiesen. Da die Bemessungen für die Standsicherheit als reine Querschnittsbemessungen erfolgen, ein Querschnittsversagen bei statisch unbestimmten Bauteilen jedoch nicht notwendig ein Tragwerksversagen zur Folge hat (Beispiel: Ausbildung von Fließgelenken in einem Durchlaufträger), wird ein gleiches Sicherheitsniveau jedoch nicht erreicht. Die Systemreserven statisch unbestimmter Systeme werden derzeit nur zum Teil genutzt.

6.2 Bemessungskonzepte

6.2.1 Grenzzustände

Die Bemessung im Stahlbetonbau erfolgt sowohl nach DIN 1045-1 als auch nach EC 2 nach Grenzzuständen. Ein Grenzzustand ist als derjenige Zustand definiert, in dem das Tragelement die nachzuweisende Eigenschaft (Tragfähigkeit oder Gebrauchstauglichkeit) *rechnerisch* verliert. Demzufolge wird unterschieden zwischen

- Grenzzuständen der *Tragfähigkeit*
- Grenzzuständen der *Gebrauchstauglichkeit*.

Sicherheits-klasse	Versagens-wahrschein-lichkeit p_f	Mögliche Folgen von Gefährdungen, die	
		vorwiegend die Tragfähigkeit betreffen	vorwiegend die Gebrauchs-fähigkeit betreffen
1	10^{-5}	Keine Gefahr für Menschenleben; wirtschaftliche Folgen gering	Geringe wirtschaftliche Folgen; geringe Beeinträchtigung der Nutzung
2	10^{-6}	Gefahr für Menschenleben und/oder große wirtschaftliche Folgen	Beachtliche wirtschaftliche Folgen und Beeinträchtigung der Nutzung
3	10^{-7}	Große Bedeutung der baulichen Anlage für öffentliche Sicherheit	Große wirtschaftliche Folgen; große Beeinträchtigung der Nutzung

TAB 6.1: Sicherheitsklassen, operative Versagenswahrscheinlichkeiten p_f in den Grenzzuständen der Tragfähigkeit und Gebrauchstauglichkeit für einen Bezugszeitraum von einem Jahr (nach [DIN – 81])

Im Grenzzustand der Tragfähigkeit tritt das *rechnerische Versagen* durch Überschreiten der Querschnittsfestigkeiten, durch Stabilitätsversagen, durch Ermüdung oder durch Verlust des globalen Gleichgewichts ein. Zur Vermeidung dieser Versagensformen sind die folgenden Nachweise zu führen [16]:

Nachweis im Grenzzustand der Tragfähigkeit für [17]

- *Biegung* und Längskraft (→ Kap. 7)
- *Querkraft* (→ Kap. 8)
- *Durchstanzen* (→ Teil 2)
- *Torsion* (→ Kap. 9)
- *Materialermüdung* (→ Kap. 14)
- durch Tragwerksverformung beeinflusste Beanspruchungen (*Stabilitätsnachweis*) (→ Kap. 15)

Im Grenzzustand der Gebrauchstauglichkeit werden die *Nutzungsanforderungen rechnerisch nicht* mehr *erfüllt*. Zur Vermeidung dieser Versagensformen sind die folgenden Nachweise zu führen:

Nachweis im Grenzzustand der Gebrauchstauglichkeit für die

- Begrenzung der *Spannungen* (→ Kap. 11)
- Beschränkung der *Rissbreite* (→ Kap. 12)
- Begrenzung der *Verformungen* (→ Kap. 13)
- Begrenzung von *Schwingungen* (im Hochbau i. d. R. nicht erforderlich).

---

[16] In der Regel werden nur solche Nachweise geführt, die maßgebend werden können, es sind also nicht immer alle aufgelisteten Nachweise erforderlich.

[17] Das Wort „für" wird im Sinne von „... gegen Versagen infolge ..." verwendet.

6.2.2 Bemessungskonzept im Grenzzustand der Tragfähigkeit

In einer Bemessung wird nachgewiesen, dass der auf ein Tragwerk wirkende Bemessungswert der Einwirkungen (= Beanspruchungen) E_d (in EC 2: S_d [18] nicht größer als der Bemessungswert des Tragwiderstands R_d (= Bauteilwiderstand) ist.

$$E_d \leq R_d \quad \text{bzw.} \quad S_d \leq R_d \tag{6.1}$$

Grundsätzlich sind hierbei zwei unterschiedliche Bemessungssituationen zu betrachten:
- *gewöhnliche* Bemessungssituation (Tragwerk unter planmäßigen Ereignissen Eigenlast, Verkehr, Wind, Schnee usw.); üblicherweise die „*Grundkombination*"
- *außergewöhnliche* Bemessungssituation (Katastrophenfälle wie Fahrzeuganprall, Explosion, Erdbeben).

Der Bauteilwiderstand wird für den maßgebenden Querschnitt ermittelt. Die Bemessungswerte der Materialeigenschaften werden hierbei durch Division der charakteristischen Werte mit dem Teilsicherheitsbeiwert (**TAB 6.2**) ermittelt.

$$R_d = R_d \left[f_{cd} = \alpha \frac{f_{ck}}{\gamma_c}; f_{sd} = \frac{f_{yk}}{\gamma_s}; f_{pd} = \frac{f_{p0.1k}}{\gamma_s} \right] \tag{6.2}$$

Bei einer Schnittgrößenermittlung mit einem nichtlinearen Verfahren[19] ist der Teilsicherheitsbeiwert auf den Gesamtquerschnitt zu beziehen.

$$R_d = \frac{1}{\gamma_R} R \left[f_{cR}; f_{yR}; f_{pR} \right] \tag{6.3}$$

Bemessungssituation	Beton γ_c		Betonstahl oder Spannstahl γ_s
	in Stahlbeton a)	in unbewehrtem Beton	
Ständige und vorübergehende Kombination (EC 2: Grundkombination)	1,5 b)	1,8	1,15
Außergewöhnliche Kombination (ausgenommen Erdbeben)	1,3	1,55	1,0
Nachweis gegen Ermüdung	1,5	-	1,15

a) Für Beton $\geq$ C55/67 ist der Teilsicherheitsbeiwert wegen der größeren Streuungen mit dem Faktor $\gamma'_c = \frac{1}{1,1 - \frac{f_{ck}}{500}} \geq 1,0$ zu multiplizieren.

b) Bei Fertigteilen darf der Wert bei einer werksmäßigen und ständig überwachten Herstellung der Fertigteile auf $\gamma_c = 1,35$ verringert werden.

TAB 6.2: Teilsicherheitsbeiwerte für die Bestimmung des Tragwiderstands nach [DIN 1045-1 – 01], 5.3.3 bzw. [DIN V ENV 1992 – 92], 2.3.3.2

---

[18] In den folgenden Kapiteln gelten die für DIN 1045-1 angegebenen Gln. auch für EC 2 (mit dem Substitut des Buchstabens E durch S), sofern nicht ausdrücklich zwischen beiden Normen unterschieden wurde.

[19] Der Ausdruck „nichtlinear" bezieht sich hierbei ausschließlich auf eine *physikalisch* nichtlineare Berechnung, eine *geometrisch* nichtlineare Berechnung (Theorie II. Ordnung) ist hiervon nicht betroffen.

Einwirkungsgruppen	Einwirkungen
Ständige Einwirkungen $G_{k,i}$	– Eigenlast, feste Einbauten $G_{k,1}$ – Vorspannung P_k
Veränderliche Einwirkungen $Q_{k,i}$	– Nutzlasten $Q_{k,1}$ – Schneelasten $Q_{k,2}$ – Windlasten $Q_{k,3}$ – Temperatureinwirkungen $Q_{k,4}$ – Erddruck und Wasserdruck $Q_{k,5}$ – Baugrundsetzung $Q_{k,6}$
Außergewöhnliche Einwirkungen $A_{k,i}$	– Anprallasten $A_{k,1}$ – Explosionslasten $A_{k,2}$ – Bergsenkungen $A_{k,3}$
Vorübergehende Einwirkungen	– Einwirkungen während der Bauausführung – Montagelasten – Einbauten (nicht dauernd vorhanden) – Ablagerungen (z. B. Staub)

TAB 6.3: Unabhängige Einwirkungsgruppen

6.2.3 Schnittgrößenermittlung im Grenzzustand der Tragfähigkeit

Ausgangswert für den Bemessungswert der Einwirkungen E_d (S_d) sind die Einwirkungen selbst. Eine Einwirkung F auf ein Bauwerk kann sich darstellen als

- eine *Last*, die auf ein Tragwerk einwirkt (direkte Einwirkung);
- ein *Zwang* (z. B. aus Temperatur, Setzungen, Kriechen und Schwinden), dem das Bauteil unterliegt (indirekte Einwirkung);
- ein *Einfluss aus der Umgebung* (chemische oder physikalische Einwirkungen), z.B. Chlorideinwirkung.

Einwirkung		Kombinationsbeiwerte		
		ψ_0	ψ_1	ψ_2
Nutzlasten für Hochbauten a) c)				
Kategorie A:	Wohn- und Aufenthaltsräume	0,7	0,5	0,3
Kategorie B:	Büros	0,7	0,5	0,3
Kategorie C:	Versammlungsräume	0,7	0,7	0,6
Kategorie D:	Verkaufsräume	0,7	0,7	0,6
Kategorie E:	Lagerräume	1,0	0,9	0,8
Schnee- und Eislasten		0,6 b)	0,2 b)	0 b)
Windlasten		0,6 b)	0,5 b)	0 b)

a) Abminderungsbeiwerte für Nutzlasten in mehrgeschossigen Hochbauten siehe DIN 1055-3
b) Abänderungen für unterschiedliche geografische Gegenden können erforderlich sein.
c) ψ-Beiwerte für Maschinenlasten sind betriebsbedingt festzulegen.

TAB 6.4: Kombinationswerte für Einwirkungen bei Hochbauten (Auszug aus [DIN 1055-100 – 01], 11.2

Auswirkung	ständige Einwirkungen γ_G	veränderliche Einwirkungen γ_Q	Vorspannung γ_P
günstig	1,0	0	1,0
ungünstig	1,35	1,5	1,0

TAB 6.5: Teilsicherheitsbeiwerte für Einwirkungen auf Bauwerke ([DIN 1045-1 – 01], Tabelle 1)

Für die zu führenden Nachweise sind die maßgebenden Einwirkungskombinationen zu betrachten ([DIN 1045-1 – 01], 5.3.4). Sofern sehr viele Einwirkungen auftreten können (z. B. im Brückenbau) ist es sinnvoll, die Einwirkungen in Einwirkungsgruppen zusammen zufassen (**TAB 6.3**). Die Größe der Einwirkungen ist in den einschlägigen Lastnormen als jeweils charakteristischer Wert (Index k) quantifiziert. Der in der jeweiligen Lastnorm (z. B. DIN 1055 Teile 1 bis 10) angegebene Wert stellt einen *Mindestwert* dar, der vom Bauherrn erhöht werden kann.

Die charakteristischen Einwirkungen werden unter Beachtung von Kombinationsbeiwerten ψ (**TAB 6.4**) kombiniert. Durch die Kombinationsbeiwerte wird erfasst, dass bei einer zunehmenden Zahl von Einwirkungen nicht alle Einwirkungen gleichzeitig mit maximaler Lastordinate auftreten.

Den Bemessungswert einer Einwirkung E_d erhält man durch Multiplikation der Einwirkung bzw. des Produkts aus Kombinationsbeiwert und Einwirkung mit dem für den nachzuweisenden Grenzzustand geltenden Teilsicherheitsbeiwert. Die entsprechende Teilsicherheitsbeiwerte sind je nach Lastart **TAB 6.5** zu entnehmen.

$$E_d = \gamma_F F_k \qquad \text{oder} \qquad E_d = \gamma_F \cdot \psi_i \cdot F_k \tag{6.4}$$

Beim Nachweis der Lagesicherheit gelten abweichend zu den in **TAB 6.5** genannten Teilsicherheitsbeiwerten für die ständige Last $\gamma_{Gstat} = 0{,}9$ für Anteile der ständigen Einwirkung, die günstig wirken, bzw. $\gamma_{Gstat} = 1{,}1$ für Anteile der ständigen Einwirkung, die ungünstig wirken.

Die ungünstigsten Bemessungssituationen (d.h. Kombinationen von Einwirkungen zur Ermittlung von Beanspruchungen entsprechend der linken Seite von Gl. (6.1)) sind nun anhand der folgenden Kombinationsregeln zu bestimmen:

— *ständige und vorübergehende Bemessungssituationen*, ausgenommen Nachweise auf Ermüdung (Grundkombination)

$$\sum \gamma_{G,i} \cdot G_{k,i} + \gamma_P \cdot P_k \oplus \gamma_{Qj} \cdot Q_{kj} \oplus \sum \gamma_{Q,i} \cdot \psi_{0,i} \cdot Q_{k,i} \tag{6.5}$$

$\oplus$ bedeutet Überlagerung im Sinne einer Extremwertbildung

— *außergewöhnliche Bemessungssituationen* (sofern nicht anderweitig abweichend angegeben)

$$\sum \gamma_{GA,i} \cdot G_{k,i} + \gamma_P \cdot P_k \oplus A_d + \psi_{1,j} \cdot Q_{kj} \oplus \sum \psi_{2,i} \cdot Q_{k,i} \tag{6.6}$$

Beispiel 6.1: Schnittgrößen nach Elastizitätstheorie im Grenzzustand der Tragfähigkeit

gegeben: Wand eines Wasserbehälters laut Skizze

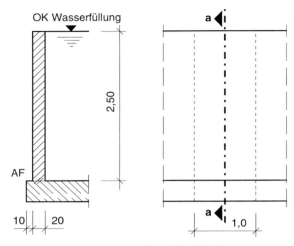

gesucht: Extremalschnittgrößen für Bemessungen im Grenzzustand der Tragfähigkeit

Lösung:

$a_i = 0$	(5.5): $a_i = 0$
$l_{eff} = 2,50 + 0 = 2,50$ m	(5.1): $l_{eff} = l_n + a_1 + a_2$
Stelle mit Extremalschnittgrößen ist die Einspannung	Schnittgrößen für 1 m Breite
$N_{Gk} = -25 \cdot 1,0 \cdot 0,20 \cdot 2,50 = -12,5$ kN	$N_{Gk} = \rho_w \cdot V$
$M_{Qk} = -(10 \cdot 2,50) \cdot \dfrac{2,50^2}{6} = -26,0$ kNm	$M_k = -F_k \cdot \dfrac{l_{eff}^2}{6}$
	(z. B. [Schneider – 02], S. 4.12)
$V_{Qk} = 10 \cdot 2,50 \cdot \dfrac{2,50}{2} = 31,3$ kN	$V_k = -F_k \cdot \dfrac{l_{eff}}{2}$
	(z. B. [Schneider – 02], S. 4.12)
$\gamma_G = 1,00$ (die Längskraft wirkt bei der späteren Biegebemessung günstig)	TAB 6.5
$\gamma_Q = 1,35$ [20]	[DAfStb Heft 525 – 03]
$N_{Ed} = 1,0 \cdot (-12,5) + 0 = -12,5$ kN	(6.5):
$M_{Ed} = 0 + 1,35(-26,0) = -35,1$ kNm	$\sum \gamma_{G,i} \cdot G_{k,i} + \gamma_P \cdot P_k$
$V_{Ed} = 0 + 1,35 \cdot 31,3 = 42,3$ kN	$\oplus \gamma_{Qj} \cdot Q_{k,j} \oplus \sum \gamma_{Q,i} \cdot \psi_{Q,i} \cdot Q_{k,i}$

---

[20] Der Teilsicherheitsbeiwert für die Verkehrslast $\gamma_Q = 1,50$ (**TAB 6.5**) ist zwar streng genommen nach [DIN 1055-100 – 01], 11.3 richtig. Hier liegt jedoch ein Sonderfall vor, da der Behälter nicht „überladen" werden kann, eine höhere Füllung als bis zum Rand ist unmöglich. Daher verbleiben im Teilsicherheitsbeiwert nur noch die Anteile für die Modellunsicherheiten 1,10 ([Grünberg – 01]) und Geometrietoleranzen. Aufgrund der hier vorliegenden Situation wäre auch ein $\gamma_Q < 1,35$ denkbar. Die Eigenlast wirkt hinsichtlich der Längskraft günstig ($\gamma_Q = 1,0$).

| Beispiel wird mit Bsp. 7.5 fortgesetzt

6.2.4 Vereinfachte Schnittgrößenermittlung für Hochbauten

Für Tragwerke des üblichen Hochbaus dürfen vereinfachte Kombinationsregeln verwendet werden. Die vereinfachten Kombinationsregeln setzen voraus, dass die *Schnittgrößenermittlung linear-elastisch* erfolgt. Die Regelungen unterscheiden sich nach DIN 1045-1 und EC 2:

DIN 1045-1:

Die nationale Norm greift auf [DIN 1055-100 – 01], 11.4 zurück. Die unabhängigen veränderlichen Auswirkungen dürfen durch Kombination ihrer ungünstigen charakteristischen Werte als repräsentative Größen $E_{Q,unf}$ zusammengefasst werden.

$$E_{Qk,unf} = E_{Q,1} + \psi_{0,Q} \sum_{i>1(unf)} E_{Q,i} \qquad (6.7)$$

mit der vorherrschenden unabhängigen veränderlichen Auswirkung $E_{Q,1} = \text{extr } E_{Q,i}$

Im Grenzzustand der Tragfähigkeit wird dann folgende Kombination für ständige und vorübergehende Einwirkungen (Grundkombination) gebildet:

$$E_d = \sum_j \gamma_{G,j} E_{Gk,j} + 1{,}50 \cdot E_{Qk,unf} \qquad (6.8)$$

Für die Weiterleitung der vertikalen Lasten im Tragwerk darf für den häufig gegebenen Fall, dass die ständigen Einwirkungen insgesamt ungünstig sind, die Grundkombination wie folgt vereinfacht werden:

$$\max E_d = 1{,}35 \cdot E_{Gk} + 1{,}50 \cdot E_{Qk,unf} \qquad (6.9)$$

$$\min E_d = 1{,}0 \cdot E_{Gk} \qquad (6.10)$$

EC 2:

In [DIN V ENV 1992 – 92], 2.3.3.1 werden vereinfachte Kombinationsregeln für Stahlbetonbauten angegeben:.

Bemessungssituationen mit einer veränderlichen Einwirkung $Q_{k,1}$:

$$S_d = \text{extr} \left[\sum_j \gamma_{G,j} G_{k,j} + 1{,}5 \cdot Q_{k,1} \right] \qquad (6.11)$$

Bemessungssituationen mit mehreren veränderlichen Einwirkungen $Q_{k,i}$:

$$S_d = \text{extr} \left[\sum_j \gamma_{G,j} G_{k,j} + 1{,}35 \cdot \sum_i Q_{k,i} \right] \qquad (6.12)$$

Für die ständigen Einwirkungen muß i. Allg. nur der Teilsicherheitsbeiwert für ungünstige Auswirkung im gesamten Tragwerk berücksichtigt werden, eine feldweise Variation des Teilsicherheitsbeiwertes ist nicht erforderlich. Weiterhin darf bei Durchlaufträgern und Platten des üblichen Hochbaus folgende Vereinfachung ([DIN V ENV 1992 – 92], 2.5.1.2) getroffen werden:

- maximales Feldmoment: Jedes 2. Feld erhält die Bemessungswerte der ständigen und der veränderlichen Last, die anderen tragen nur den Bemessungswert der ständigen Einwirkung.
- minimales Stützmoment: Zwei benachbarte Felder erhalten die Bemessungswerte der ständigen und der veränderlichen Einwirkung, die anderen Felder tragen nur die Bemessungswerte der ständigen Last.

6.2.5 Bemessungskonzept im Grenzzustand der Gebrauchstauglichkeit

Die Nachweise für den Grenzzustand der Gebrauchsfähigkeit werden analog zu denen der Tragfähigkeit geführt. Der Unterschied besteht darin, dass die Teilsicherheitsbeiwerte i. d. R. für den Gebrauchszustand zu 1 gesetzt werden. Die Bemessungsformel lautet:

$$E_d \leq C_d \tag{6.13}$$

E_d eine durch Einwirkungen verursachte Größe (z. B. Durchbiegungen, Rissbreite)
C_d ein festgelegter Grenzwert (z. B. zulässige Durchbiegung, zulässige Rissbreite)

Der Bauteilwiderstand wird für den maßgebenden Querschnitt ermittelt. Die Bemessungswerte der Materialeigenschaften werden hierbei durch Division der mittleren Festigkeitswerte mit dem Teilsicherheitsbeiwert (i. d. R. 1,0) ermittelt.

$$C_d = C_d \left[\frac{f_{cm}}{\gamma_c} ; \frac{f_{ym}}{\gamma_s} ; \binom{0,9}{1,1} \frac{f_{pm}}{\gamma_s} \right] \tag{6.14}$$

6.2.6 Schnittgrößenermittlung im Grenzzustand der Gebrauchstauglichkeit

Je nach durchzuführendem Nachweis sind die Schnittgrößen für unterschiedliche Lastniveaus (Einwirkungsniveaus) zu bestimmen:

- *Seltene* Kombinationen
$$\sum G_{k,i} + P_k \oplus Q_{kj} \oplus \sum \psi_{0,i} \cdot Q_{k,i} \tag{6.15}$$

- *Nicht häufige* Kombinationen
$$\sum G_{k,i} + P_k \oplus \psi'_{1j} \cdot Q_{kj} \oplus \sum \psi_{1,i} \cdot Q_{k,i} \tag{6.16}$$

- *Häufige* Kombinationen
$$\sum G_{k,i} + P_k \oplus \psi_{1j} \cdot Q_{kj} \oplus \sum \psi_{2,i} \cdot Q_{k,i} \tag{6.17}$$

- *Quasi-ständige* Kombinationen
$$\sum G_{k,i} + P_k \oplus \sum \psi_{2,i} \cdot Q_{k,i} \tag{6.18}$$

Die Art der zu verwendenden Kombination wird bei dem jeweiligen Nachweis im Grenzzustand der Gebrauchstauglichkeit behandelt.

7 Nachweis für Biegung und Längskraft (Biegebemessung)

7.1 Grundlagen des Nachweises

Die Bemessung erfolgt im Grenzzustand der Tragfähigkeit (→ Kap. 6.2.1). Im Unterschied zu homogenen elastischen Werkstoffen erfolgt der Nachweis im Stahlbetonbau nicht über Hauptspannungen, die aus allen Schnittgrößen ermittelt werden, sondern in getrennten Nachweisen für Biegung und Längskraft, Querkraft (→ Kap. 8) und evtl. Torsion (→ Kap. 9).

Bei der Bemessung könnte entweder der erforderliche Betonquerschnitt oder der Betonstahlquerschnitt minimiert werden. Im Hinblick auf eine lohnsparende Bauweise werden die Bauteilquerschnitte (= Betonquerschnitte) möglichst einheitlich festgelegt (also gewählt), um Schalungsumbauten zu vermeiden. Die Biegebemessung hat daher folgende zwei Aufgaben:

- nachzuweisen, dass der gewählte Betonquerschnitt die vorhandenen (Druck-)Spannungen aufnehmen kann (Nachweis der Druckzone);
- die in das Bauteil einzulegende Biegezugbewehrung A_s zu bestimmen (Nachweis der Zugzone).

Bei der Biegebemessung geht man von folgenden Annahmen aus:

- Die Hypothese von BERNOULLI gilt, d. h., Querschnitte, die vor der Verformung eben waren, bleiben auch während der Verformung eben. Diese Annahme gilt nur bei schlanken Bauteilen (= Balken, Platten) und nicht bei wandartigen Trägern (= Scheiben). Schlanke Bauteile liegen dann vor, wenn

$$\frac{l_0}{h} \geq 2 \qquad (7.1)$$

l_0 Abstand der Momentennullpunkte
h Bauteilhöhe

ist. Die Biegebemessung ist also nur auf solche Bauteile anwendbar, die Gl. (7.1) erfüllen. Aus der Hypothese von BERNOULLI folgt, dass die Verzerrungen mit zunehmendem Abstand von der Nulllinie linear zunehmen (**ABB 7.1**).

- Zwischen dem Beton und der Bewehrung liegt vollkommener Verbund vor, d. h., die Biegezugbewehrung hat dieselbe Dehnung wie die Betonfaser in der Höhe des Schwerpunkts des Bewehrungsstranges.

- Die Zugfestigkeit des Betons wird rechnerisch nicht berücksichtigt (im Unterschied zu dem in Kap. 1.3.3 geschilderten tatsächlichen Tragverhalten), d. h., der Querschnitt wird für die Bemessung als bis zur Nulllinie gerissen angenommen (Zustand II). Sämtliche Zugkräfte müssen durch die Bewehrung aufgenommen werden (**ABB 7.1**).

— Die Verknüpfung der Stauchungen mit den Beton*druck*spannungen und der Dehnungen/Stauchungen mit den Stahlspannungen erfolgt über festgelegte Werkstoffgesetze (z. B. nach **ABB 2.6** und **ABB 2.9**).

Ein Spannungsnachweis nach der technischen Biegelehre ist nur für ungerissene Querschnitte gültig. In der Beanspruchungskombination Biegemoment plus Längskraft sind Stahlbetonbauteile gerissen. Daher sind die Gleichungen (7.2) bis (7.4) nicht anwendbar.

$$\sigma = \sigma_x = \frac{N(x)}{A(x)} + \frac{M_y(x)}{I_y(x)} \cdot z \qquad (7.2)$$

$$\tau = \tau_{xz} = \frac{V_z(x) \cdot S_y(x)}{I_y(x) \cdot b(x)} \qquad (7.3)$$

$$\sigma_{\mathrm{I,II}} = \frac{\sigma_x}{2} \pm \sqrt{\left(\frac{\sigma_x}{2}\right)^2 + \tau_{xz}^2} \qquad (7.4)$$

Um Stahlbetonbauteile bemessen zu können, sind Hilfsmittel (z. B. [Schmitz/Goris – 01]; [Goris et al. – 02]) oder Informationstechnologie erforderlich. Die Grundlagen hierzu werden nachfolgend dargestellt. Der Nachweis für Biegung und Längskraft erfolgt mit den o. g. Annahmen über die Identitätsbedingung zwischen den (äußeren) Schnittgrößen M_{Ed} (M_{Sd}) und N_{Ed} (N_{Sd}) und den inneren Kräften F_c und F_s (bzw. F_{cd}; F_{sd}). Aus praktischen Gründen (die Bemessungshilfsmittel lassen sich unabhängig von der Längskraft aufstellen) werden vorher die Schnittgrößen in die Schwerachse der (gesuchten) Biegezugbewehrung transformiert. Es gilt:

$$M_{Eds} = |M_{Ed}| - N_{Ed} \cdot z_s \qquad \text{bzw.} \quad M_{Sds} = |M_{Sd}| - N_{Sd} \cdot z_s \qquad (7.5)$$

Da das Vorzeichen des Moments lediglich die Lage der Druck- bzw. Zugzone im Querschnitt zuordnet, somit anzeigt, in welcher Querschnittshälfte die Biegezugbewehrung angeordnet werden muss, kann die Gl. (7.5) unabhängig vom Vorzeichen des Moments geschrieben werden:

Für den Abstand der Bewehrung gemessen von der Systemachse (Schwerachse) des Bauteils gilt:

$$z_s = d - z_{SP} \qquad \text{allgemein} \qquad (7.6)$$

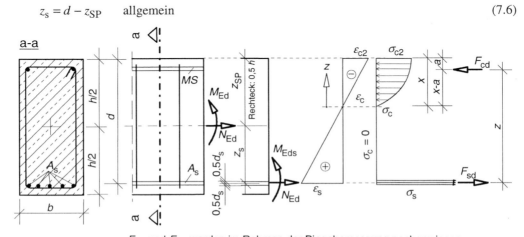

F_{cd} und F_{sd} werden im Rahmen der Biegebemessung nachgewiesen.

ABB 7.1: Rechteckquerschnitt unter einachsiger Biegung

7 Nachweis für Biegung und Längskraft (Biegebemessung)

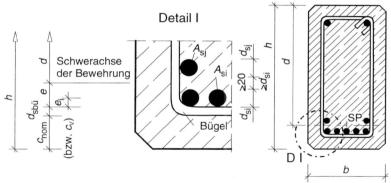

ABB 7.2: Ermittlung der statischen Höhe

$$z_s = d - \frac{h}{2} \quad \text{für Rechteckquerschnitte} \tag{7.7}$$

7.2 Bauteilhöhe und statische Höhe

Die Bauteilabmessungen b und h sind aus den Werkplänen des Architekten oder einer Vorbemessung bekannt. Die statische Höhe d ist der Abstand vom gedrückten Querschnittsrand bis zum Schwerpunkt der Biegezugbewehrung. Sie muss zunächst geschätzt werden, da Anzahl und Durchmesser der Bewehrungsstäbe der Biegezugbewehrung erst durch die Bemessung bestimmt werden sollen und auch erst dann der Schwerpunkt bekannt ist (**ABB 7.2**). Am Ende einer Biegebemessung ist diese Schätzung zu überprüfen.

Die Biegezugbewehrung wird möglichst so angeordnet, dass die statische Höhe groß wird (dies minimiert F_c bzw. F_s in **ABB 7.1**). Sie wird daher unter Beachtung des Verlegemaßes der Betondeckung möglichst oberflächennah angeordnet.

Bei mehrlagiger Bewehrung oder bei obenliegender Biegezugbewehrung ist jedoch gleichzeitig darauf zu achten, dass der Beton auf der Baustelle eingebracht werden kann, es sind Rüttelgassen

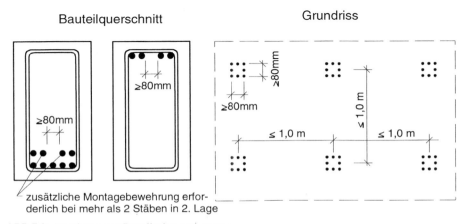

ABB 7.3: Anordnung von Rüttellücken und -gassen

vorzusehen. Aufgrund des Flächenbedarfs für einen Innenrüttler ergibt sich für die Rüttelgasse ein lichter Abstand von 4 bis 8 cm. Der Abstand von Rüttelgassen ist ebenfalls zu beachten (**ABB 7.3**). Innenrüttler $\varnothing 40$ mm haben einen Wirkungsgrad < 45 cm, Innenrüttler $\varnothing 80$ mm < 110 cm.

Bei üblichen Hochbauten wird eine Biegezugbewehrung ein- oder zweilagig angeordnet. Für die Schätzung der statischen Höhe muss entschieden werden, ob die Biegezugbewehrung in *einer* Lage eingelegt werden kann oder ob eine zweilagige Bewehrung (wie in **ABB 7.3**) erforderlich ist, da sich beide Schwerpunkte deutlich unterscheiden. Für Schätzungen kann je nach Betondeckung und Bewehrungsgrad

$$d_{est} = h - (4 \text{ bis } 10) \qquad \text{in cm} \tag{7.8}$$

angenommen werden. Die Überprüfung der Schätzung erfolgt mit folgenden Gleichungen (vgl. **ABB 7.3**), wobei der Bügeldurchmesser d_{sw}, der erst nach der Querkraftbemessung bekannt ist, im Hochbau mit 10 mm angenommen werden sollte. Hier sind Bügeldurchmesser $8 \text{ mm} \leq d_s \leq 12 \text{ mm}$ üblich.

$$d = h - c_V - d_{sbü} - e \qquad \text{in cm} \tag{7.9}$$

$$e = \frac{\sum_i A_{si} \cdot e_i}{\sum_i A_{si}} \tag{7.10}$$

Sofern auf eine genaue Ermittlung von e verzichtet werden soll, kann dieses Maß auf „der sicheren Seite" liegend ermittelt werden

- bei einlagiger Bewehrung $\qquad e = \dfrac{\max d_s}{2}$ (7.11)

- bei zweilagiger Bewehrung $\qquad e = 1,5 \cdot \max d_s \geq d_s + 10 \text{ mm}$ (7.12)

$\qquad \max d_s$ größter Durchmesser der Biegezugbewehrung

Wenn die sich tatsächlich ergebende statische Höhe d bei üblichen Hochbauabmessungen um mehr als 5 bis 10 mm von der Schätzung abweicht, ist die Biegebemessung zu wiederholen, oder die ermittelte Biegezugbewehrung ist (in Näherung) zu erhöhen auf:

$$A_{s,erf} = A_s \cdot \frac{d_{alt}}{d_{neu}} \tag{7.13}$$

7.3 Bemessungsmomente

Die Biegebemessung erfolgt an den Stellen der maximalen Biegebeanspruchung. Bei einem Bauteil konstanter Dicke sind dies die Stellen der Extremalmomente im Feld und/oder über der Stütze. Sie treten an Lagern von Durchlaufträgern direkt über dem idealisierten Auflager auf. Lager haben in Wirklichkeit aber eine endliche Ausdehnung. Eine schneidenförmige Lagerung, wie sie im statischen System angenommen wird, darf daher korrigiert werden. Es dürfen die Biegemomente an Auflagern durchlaufender Konstruktionen mit folgenden Bemessungswerten verwendet werden, sofern eine gelenkige Lagerung angenommen wurde. Gl. (7.16) entspricht dabei einer Bemessung am Anschnitt des Auflagers.

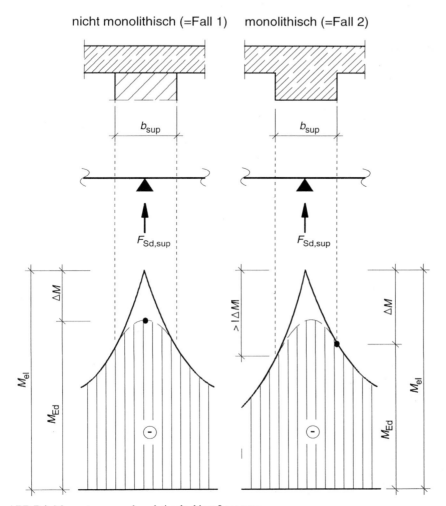

ABB 7.4: Momentenausrundung bei gelenkiger Lagerung

$$M_{Ed} = |M_{el}| - |\Delta M| \tag{7.14}$$

ABB 7.4: Fall 1: $\quad \Delta M = F_{Ed,sup} \cdot \dfrac{b_{sup}}{8} \tag{7.15}$

Fall 2: $\quad \Delta M = \min \begin{cases} |V_{Ed,li}| \cdot \dfrac{b_{sup}}{2} \\ |V_{Ed,re}| \cdot \dfrac{b_{sup}}{2} \end{cases} \tag{7.16}$

$F_{Ed,sup}$ zugehörige Auflagerkraft zum Moment M_{Ed}

Die Bemessung muss dabei jedoch unter Einhaltung eines Mindestmomentes erfolgen, das 65 % des mit der lichten Weite l_n ermittelten Festeinspannmoments ($\to$ Kap. 5.5) entspricht, sofern die

Schnittgrößenermittlung mit einem linearen Verfahren (mit begrenzter Momentenumlagerung) erfolgt ist. An Endauflagern ist ebenfalls ein Mindestmoment einzuhalten.

7.4 Zulässige Stauchungen und Dehnungen

7.4.1 Grenzdehnungen

Um ein Bauteil bemessen zu können, müssen die Spannungs-Dehnungs-Linien bekannt sein, beim Stahlbeton diejenigen für den Beton und den Betonstahl. Als Rechenwert der Spannungs-Dehnungs-Linie für den Beton wird eine der gemäß **ABB 2.6** möglichen, für den Betonstahl eine nach **ABB 2.9** verwendet. In der Regel wird dabei für den Beton das „Parabel-Rechteck-Diagramm" verwendet.

Die Biegebemessung erfolgt – wie bereits erläutert – im Grenzzustand der Tragfähigkeit. Dieser rechnerische Versagenszustand tritt ein, wenn die Grenzverzerrungen (= Grenzdehnung oder Grenzstauchung) auftreten. Je nachdem, wo diese Grenzverzerrungen auftreten, kann das Versagen durch den Beton oder den Betonstahl ausgelöst werden:

- Ein *Versagen des Betons* (Bereiche 3 bis 5) liegt vor, wenn folgende Grenzstauchungen am Bauteilrand erreicht werden:
  bei Biegung: $\quad \varepsilon_{c1} = -3,5‰$ \hfill (7.17)
  bei zentrischem Druck: DIN 1045-1 $\quad \varepsilon_{c1} = \varepsilon_{c2} = -2,2‰$ \hfill (7.18)
  $\qquad\qquad\qquad\qquad$ EC 2 $\quad \varepsilon_{c1} = \varepsilon_{c2} = -2,0‰$ \hfill (7.19)

- Ein *Versagen des Betonstahls* (Bereiche 1 und 2) liegt vor, wenn der Stahl folgende Grenzdehnungen erreicht:
  DIN 1045-1 $\quad \varepsilon_{s1} = \varepsilon_{s2} = 25‰$ \hfill (7.20)
  EC 2 $\quad$ keine Angabe
  Anwendungsdokument [NAD zu ENV 1992 – 95] $\varepsilon_{s1} = \varepsilon_{s2} = 10$ bzw. $20‰$ \hfill (7.21)

- Ein *gleichzeitiges Versagen des Betons und des Betonstahls* (Grenzfall der Bereiche 2 und 3) liegt vor, wenn die Grenzstauchung des Betons nach Gl. (7.17) und die Grenzdehnung des Stahls nach Gl. (7.20) bzw. (7.21) gleichzeitig auftreten.

Die zulässigen Dehnungsverteilungen aufgrund der verschiedenen Annahmen für die möglichen Spannungs-Dehnungs-Linien nach DIN 1045-1 und EC 2 sind in **ABB 7.5** dargestellt. Die gezeigten Bereiche der Verzerrungen werden im folgenden näher erläutert.

7 Nachweis für Biegung und Längskraft (Biegebemessung)

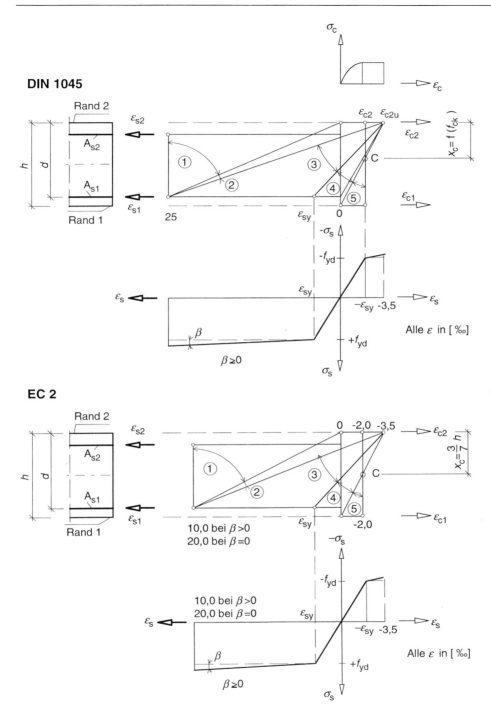

ABB 7.5: Rechnerisch mögliche Dehnungsverteilungen für Stahlbetonquerschnitte nach [DIN 1045-1 – 01], 10.2 und [DIN V ENV 1992 – 92], 4.3.1.2 in Verbindung mit [NAD zu ENV 1992 – 95]

7.4.2 Dehnungsbereiche

Bereich 1:

Bereich 1 tritt bei einer mittig angreifenden Zugkraft oder bei einer Zugkraft mit kleiner Ausmitte (Biegung mit großem Axialzug) auf. Er umfasst alle Lastkombinationen, die über den gesamten Querschnitt Zug verursachen (ABB 7.6). Der statisch wirksame Querschnitt besteht nur aus der Bewehrung mit den Querschnitten A_{s1} und A_{s2}. Die Bewehrung A_{s1} versagt, weil sie die Grenzdehnung von $\varepsilon_{s1} = 25{,}0\,\permil$ (DIN 1045-1) bzw. $10{,}0\,\permil$ oder $20{,}0\,\permil$ (EC 2) erreicht. Die Bemessung erfolgt nach dem Hebelgesetz ($\rightarrow$ Kap. 7.10).

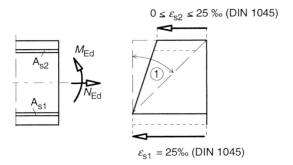

ABB 7.6: Dehnungen im Bereich 1

Bereich 2:

Bereich 2 tritt bei reiner Biegung und bei Biegung mit Längskraft (Druck- oder Zugkraft) auf (ABB 7.7). Die Nulllinie liegt innerhalb des Querschnitts. Die Biegezugbewehrung wird voll ausgenutzt, d. h., der Stahl versagt, weil er die Grenzdehnung erreicht. Der Betonquerschnitt wird i. Allg. nicht voll ausgenutzt (Stauchungen erreichen nicht $3{,}5\,\permil$). Sofern das Dehnungsverhältnis $\varepsilon_{c2}/\varepsilon_{s1} = -3{,}5\,/\,25{,}0$ (bei DIN 1045-1) auftritt, versagen Beton und Betonstahl gleichzeitig. Die Bemessung erfolgt z. B mit einem dimensionslosen Bemessungsverfahren ($\rightarrow$ Kap. 7.5.3) oder dem k_d-Verfahren. ($\rightarrow$ Kap. 7.5.2).

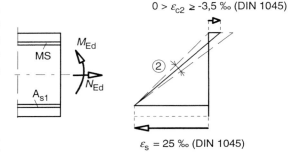

ABB 7.7: Stauchungen und Dehnungen im Bereich 2

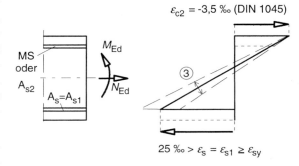

ABB 7.8: Stauchungen und Dehnungen im Bereich 3

Bereich 3:

Bereich 3 tritt bei reiner Biegung und bei Biegung mit Längskraft (Druck) auf (ABB 7.8). Die Tragkraft des Stahls ist größer als die Tragkraft des Betons; es versagt der Beton, weil seine Grenzstauchung $\varepsilon_{c2} = -3{,}5\,\permil$ erreicht wird. Das Versagen kündigt sich wie in den Bereichen 1 und 2 durch breite Risse an, da der Stahl die Streckgrenze überschreitet (Bruch mit Vorankündigung). Die Bemessung erfolgt z. B. mit einem dimensionslosen Bemessungsverfahren oder dem k_d-Verfahren.

7 Nachweis für Biegung und Längskraft (Biegebemessung)

Bereich 4:

Bereich 4 tritt bei Biegung mit einer Längsdruckkraft auf (**ABB 7.9**). Er stellt den Übergang eines vorwiegend auf Biegung beanspruchten Querschnitts zu einem auf Druck beanspruchten Querschnitt dar. Der Beton versagt, bevor im Stahl die Streckgrenze erreicht wird, da die möglichen Dehnungen äußerst klein sind. Dieser Bereich führt zu einem stark bewehrten Querschnitt. Er wird daher bei der Bemessungspraxis durch Einlegen einer Druckbewehrung (→ Kap. 7.5.5) vermieden. Kleine Stahldehnungen in der Zugzone führen zum Bruch ohne Vorankündigung (die Biegezugbewehrung gerät nicht ins Fließen).

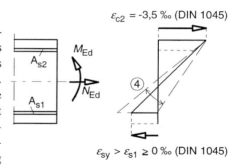

ABB 7.9: Stauchungen und Dehnungen im Bereich 4

$-2{,}2\,‰ \geq \varepsilon_{c2} > -3{,}5\,‰$ (für $C \leq C50/60$)

Bereich 5:

Bereich 5 tritt bei einer Druckkraft mit geringer Ausmitte (z. B. bei Stützen) oder einer zentrischen Druckkraft auf. Er umfasst alle Lastkombinationen, die über den gesamten Querschnitt Stauchungen (**ABB 7.10**) erzeugen, sodass nur Druckspannungen auftreten. Die Stauchung am weniger gedrückten Rand liegt zwischen $0 > \varepsilon_{c1} > \varepsilon_{c2}$. Alle Stauchungsverteilungen schneiden sich in dem Punkt C. Für profilierte Querschnitte gilt die in DIN 1045-1 nach

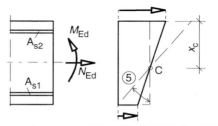

$0 > \varepsilon_{c1} \geq -2{,}2\,‰$ (DIN 1045 für $C \leq C50/60$)

ABB 7.10: Stauchungen im Bereich 5

ABB 7.11 einzuhaltende Zusatzbedingung hinsichtlich des Punktes C (**ABB 7.5**), der nicht unter der Plattenmitte liegen darf. Die untere Grenze der Tragfähigkeit wird durch ein eingeschriebenes Rechteck festgelegt. Die Bemessung erfolgt z. B. mit Interaktionsdiagrammen (→ Kap. 7.11).

7.4.3 Auswirkungen unterschiedlicher Grenzdehnungen

Zwischen EC 2 ([DIN V ENV 1992 – 92] in Verbindung mit [NAD zu ENV 1992 – 95]) und DIN 1045-1 gelten z. T. unterschiedliche Grenzstauchungen bzw. -dehnungen. Die Auswirkungen hieraus sollen im Folgenden betrachtet werden. Um die Betrachtung unabhängig von den Bauteilabmessungen zu ermöglichen, werden bezogene Werte (der Dimension 1) eingeführt. Sie sind auch in **ABB 7.13** erläutert.

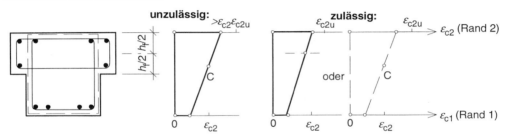

ABB 7.11: Begrenzung der Stauchung profilierter Druckglieder über die Lage von Punkt C und den Querschnitt

Bezogenes Moment $\quad \mu_{Eds} = \dfrac{M_{Eds}}{b \cdot d^2 \cdot f_{cd}}$ (7.22)

Bezogener innerer Hebelarm $\quad \zeta = \dfrac{z}{d}$ (7.23)

Bezogene Druckzonenhöhe $\quad \xi = \dfrac{x}{d}$ (7.24)

Auf der Zugseite werden in DIN 1045-1 größere Grenzdehnungen zugelassen. Aus einer Veränderung der zulässigen Grenzdehnungen entstehen jedoch nur geringe Auswirkungen auf das Bemessungsergebnis, den gesuchten Querschnitt der Biegezugbewehrung (**ABB 7.12**). Der bezogene Hebelarm der inneren Kräfte ζ (**ABB 7.13**), der umgekehrt proportional zur erforderlichen Biegezugbewehrung ist[21], unterscheidet sich nur bei geringer Beanspruchung μ_{Eds} je nach Grenzdehnung ε_s, bei höherer Beanspruchung ist er unabhängig von der Grenzdehnung.

Die bezogene Druckzonenhöhe ξ unterscheidet sich für geringere Beanspruchungen zwar stärker. Diese wird jedoch bei derartigen geringen Beanspruchungen nicht bemessungsrelevant.

Druckglieder weisen Stauchungen bzw. Dehnungen der Bereiche 4 und 5 (**ABB 7.5**) auf. Kennzeichen von [DIN 1045-1 – 01], Tabelle 9 ist hierbei, dass die Randstauchung ε_{c2u} im Bereich 5 für Hochleistungsbeton auf unterschiedliche Werte je nach Festigkeitsklasse zu begrenzen ist (vgl. **TAB. 2.6**). Dies führt zu unterschiedlichen Drehpunkten C (**ABB 7.11**). Bemessungshilfsmittel werden daher (für die höherfesten Festigkeitsklassen) von der Druckfestigkeit abhängig. Die Erhöhung der Stauchung bei zentrischer Beanspruchung ε_{c2} auf 2,2 ‰ führt dazu, dass der Bewehrungsstahl BSt 500 die Streckgrenze erreicht (vgl. Gl. (2.22)).

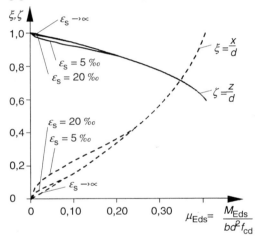

ABB 7.12: Bezogener Hebelarm der inneren Kräfte ζ und bezogene Druckzonenhöhe ξ bei unterschiedlichen Grenzdehnungen des Betonstahls ε_s für einen Querschnitt mit rechteckiger Druckzone

$$\sigma_{sd} = E_s \cdot \varepsilon_s = 200\,000 \cdot |(-0{,}022)| = \left|-440\,\dfrac{N}{mm^2}\right| > 434{,}7\,\dfrac{N}{mm^2} = f_{yd} \quad (7.25)$$

Gegenüber EC 2 [DIN V ENV 1992 – 92] ist weiterhin neu, dass das spröde Versagen der Druckzone insbesondere profilierter Querschnitte durch eine Zusatzbeschränkung zu verhindern ist. Hierzu ist im Bereich 5 die Stauchung in der Mittelfaser der Platte auf ε_{c2} (vgl. **TAB. 2.6**) zu begrenzen. Der Bauteilwiderstand des Gesamtquerschnitts braucht allerdings nicht kleiner angesetzt werden als der eines eingeschriebenen Rechtecks (**ABB 7.11**).

---

[21] Dies wird auf S. 131 über Gl. (7.56) deutlich werden.

7.5 Biegebemessung von Querschnitten mit rechteckiger Druckzone für einachsige Biegung

7.5.1 Grundlegende Zusammenhänge für die Erstellung von Bemessungshilfen

Die innerhalb eines Stahlbetonquerschnitts zugelassenen Stauchungen und Dehnungen wurden in **ABB 7.5** dargestellt. Die Koppelung von Verzerrungen und Spannungen erfolgt über die Werkstoffgesetze für Beton (**ABB 2.6**) und Betonstahl (**ABB 2.9**). Sofern ein beliebiges Dehnungsverhältnis gewählt wird, sind somit die Spannungen bekannt und die bei diesem Verzerrungszustand aufnehmbaren inneren Schnittgrößen (= Bauteilwiderstand) können durch Integration der Spannungen bestimmt werden. Die allgemeine Situation ist für einen Rechteckquerschnitt mit realen Abmessungen und zusätzlich für einen normierten Querschnitt der Breite und der statischen Höhe 1 in **ABB 7.13** dargestellt.

Reales Tragelement

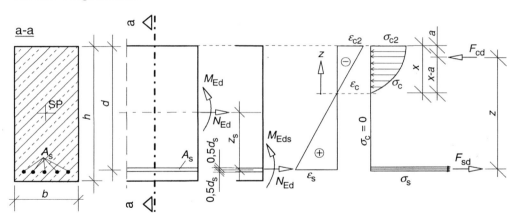

Normiertes Tragelement

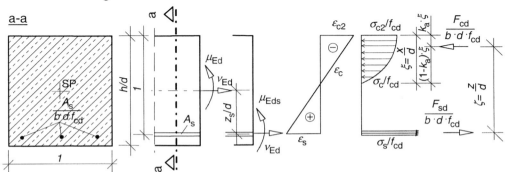

ABB 7.13: Rechteckquerschnitt unter einachsiger Biegung

Die grundlegenden Beziehungen hierzu werden im Folgenden entwickelt, wobei jeweils links die Gleichungen für einen realen Querschnitt stehen, an dem die einzelnen Schritte anschaulich nachvollzogen werden können. Rechts daneben stehen die äquivalenten Gleichungen für einen normierten Querschnitt beliebiger Betonfestigkeitsklasse. Diese Gleichungen sind allgemeingültig (für einen Querschnitt mit rechteckiger Druckzone).

Die innere Betondruckkraft F_{cd} wird bestimmt, indem die Betondruckspannungen σ_{cd} über die Höhe der Druckzone integriert werden. Der Beiwert α_c kennzeichnet geometrisch einen Völligkeitsbeiwert ($\alpha_c < 1$). Er beschreibt, wie groß die Spannungsfläche (= Druckkraft) bei dem gewählten Verzerrungsverhältnis im Vergleich zu einer rechteckigen Spannungsfläche mit der Maximalordinate f_{cd} ist (**ABB 7.14**).

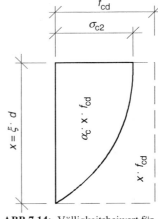

ABB 7.14: Völligkeitsbeiwert für Beton α_c

$$F_{cd} = \int_0^x \sigma_{cd} \cdot b \cdot dz \qquad (7.26)$$

$$F_{cd} = b \cdot x \cdot \alpha_c \cdot f_{cd} \qquad (7.27)$$

Wenn in Gl. (7.27) die bezogene Höhe der Druckzone nach Gl. (7.24) eingeführt wird, erhält man:

$$F_{cd} = b \cdot \xi \cdot d \cdot \alpha_c \cdot f_{cd} \qquad (7.28) \qquad \frac{F_{cd}}{b \cdot d \cdot f_{cd}} = \xi \cdot \alpha_c \qquad (7.29)$$

Der Bauteilwiderstand ergibt sich aus der Identitätsbedingung für das Biegemoment um einen beliebigen Punkt (z. B. um den Schwerpunkt der Bewehrung):

$$M_{Rds} \equiv F_{cd} \cdot z \qquad (7.30)$$

$$M_{Eds} \stackrel{!}{=} M_{Rds}$$

$$M_{Eds} = F_{cd} \cdot z \qquad (7.31) \qquad \frac{M_{Eds}}{b \cdot d^2 \cdot f_{cd}} = \frac{F_{cd}}{b \cdot d \cdot f_{cd}} \cdot \frac{z}{d} \qquad (7.32)$$

Die linke Seite von Gl. (7.32) stellt das bezogene Moment in Höhe der Schwerachse der gesuchten Bewehrung dar, wie es mit Gl. (7.22) definiert wurde.

$$\mu_{Eds} = \frac{F_{cd}}{b \cdot d \cdot f_{cd}} \cdot \frac{z}{d} \qquad (7.33)$$

Aus **ABB 7.13** lassen sich für den bezogenen inneren Hebelarm die nachfolgenden Beziehungen finden:

$$a = k_a \cdot x \qquad (7.34) \qquad \text{mit Gl. (7.24)}$$
$$a = k_a \cdot \xi \cdot d \qquad (7.35)$$
$$z = d - a \qquad (7.36) \qquad \text{mit Gl. (7.34)}$$
$$z = (1 - k_a \cdot \xi) \cdot d = \zeta \cdot d \qquad (7.37)$$

7 Nachweis für Biegung und Längskraft (Biegebemessung)

Mit Gl. (7.34) ergibt sich hieraus unter Verwendung von Gl. (7.28) bzw. in allgemeiner Form aus Gl. (7.32) analog zu Gl. (7.29):

$$M_{Eds} = b \cdot \xi \cdot d \cdot \alpha_c \cdot f_{cd} \cdot (1 - k_a \cdot \xi) \cdot d \qquad \mu_{Eds} = \frac{b \cdot \xi \cdot d \cdot \alpha_c \cdot f_{cd}}{b \cdot d \cdot f_{cd}} \cdot \frac{(1 - k_a \cdot \xi) \cdot d}{d}$$

$$M_{Eds} = \xi \cdot (1 - k_a \cdot \xi) \cdot b \cdot d^2 \cdot \alpha_c \cdot f_{cd} \quad (7.38) \qquad \mu_{Eds} = \xi \cdot \alpha_c \cdot \zeta \quad (7.39)$$

Aus den Gln. ist deutlich ersichtlich, dass das (bezogene) Moment bestimmt werden kann, denn ξ, ζ, und α_c sind bei einem vorgegebenen Verzerrungsverhältnis bekannt. Weiterhin ergibt sich aus der Identitätsbedingung für die Längskräfte (**ABB 7.13**):

$$N_{Rd} \equiv F_{sd} - F_{cd} \quad (7.40)$$

$$N_{Ed} \stackrel{!}{=} N_{Rd}$$

$$F_{sd} = F_{cd} + N_{Ed} \quad (7.41) \qquad \frac{F_{sd}}{b \cdot d \cdot f_{cd}} = \frac{F_{cd}}{b \cdot d \cdot f_{cd}} + \frac{N_{Ed}}{b \cdot d \cdot f_{cd}} \quad (7.42)$$

Der zweite Summand in Gl. (7.42) wird als bezogene Längskraft ν_{Ed} definiert

$$\nu_{Ed} = \frac{N_{Ed}}{b \cdot d \cdot f_{cd}} \quad (7.43)$$

$$\frac{F_{sd}}{b \cdot d \cdot f_{cd}} = \frac{F_{cd}}{b \cdot d \cdot f_{cd}} + \nu_{Ed}$$

Mit Gl. (7.41) erhält man unter Verwendung von Gl. (7.31):

$$F_{sd} = \frac{M_{Eds}}{z} + N_{Ed} \quad (7.44) \qquad \frac{F_{sd}}{b \cdot d \cdot f_{cd}} = \xi \cdot \alpha_c + \nu_{Ed} \quad (7.45)$$

Gl. (7.45) kann unter Verwendung von Gl. (7.39) auch geschrieben werden:

$$\frac{F_{sd}}{b \cdot d \cdot f_{cd}} = \frac{\mu_{Eds}}{\zeta} + \nu_{Ed}$$

$$F_{sd} = \sigma_{sd} \cdot A_s \quad (7.46)$$

$$A_s = \frac{1}{\sigma_{sd}} \cdot \left(\frac{M_{Eds}}{z} + N_{Ed} \right) \quad (7.47) \qquad \frac{A_s}{b \cdot d \cdot f_{cd}} = \frac{1}{\sigma_{sd}} \left(\frac{\mu_{Eds}}{\zeta} + \nu_{Ed} \right) \quad (7.48)$$

Aus den Gln. (7.47) und (7.48) ist ersichtlich, dass die Bewehrung bestimmt werden kann, denn σ_{sd} und z hängen nur vom gewählten Verzerrungsverhältnis ab. Da die Gln. (7.39) und (7.48) vollkommen unabhängig von den Bauteilabmessungen und der Betonfestigkeitsklasse sind, wurde damit ein Weg beschrieben, der allgemeingültig ist. Wenn diese Gln. für alle zulässigen Verzerrungsverhältnisse ausgewertet werden, ergeben sich jeweils das aufnehmbare Biegemoment und die zugehörige erforderliche Bewehrung. Auf diese Weise können die in den folgenden Abschnitten dargestellten grafischen oder numerischen Bemessungshilfsmittel entwickelt werden. Für die numerischen Bemessungshilfsmittel wird jeweils ein dimensionsechtes und ein dimensionsgebundenes Verfahren vorgestellt. Dimensionsgebundene Verfahren haben den Nachteil, dass innerhalb der Gleichungen festgelegte Dimensionen verwendet werden müssen, sodass sie für

Computeranwendungen schlecht geeignet sind. Sie haben jedoch den Vorteil, dass die Tabellenwerte so gestaffelt sind, dass auf Interpolationen verzichtet werden kann. Sie sind damit für Handrechnungen besser geeignet. Außerdem sind sie eine gute Grundlage für Vorbemessungen ($\rightarrow$ Kap. 7.8).

Beispiel 7.1: Biegebemessung eines Rechteckquerschnitts (für ein positives Moment) mit einem dimensionslosen Verfahren

gegeben:
- Verhältnis der Randverzerrungen $\varepsilon_{c2}/\varepsilon_{s1}$ = -2,0/25‰
- Werkstoffgesetz für Beton: Parabel-Rechteck-Diagramm
- Werkstoffgesetz für Betonstahl: bilinear ohne Ausnutzung des Verfestigungsbereiches
- Rechteckquerschnitt $b/h/d$ = 25/75/66,6 cm
- Baustoffe C30/37 (Ortbeton); BSt 500
- N_{Ed} = 0

gesucht:
- Höhe der Betondruckzone
- Hebelarm der inneren Kräfte
- bezogenes Moment M_{Eds}
- erforderliche Biegezugbewehrung

Lösung:

$\gamma_s = 1,15$

$f_{yd} = \dfrac{500}{1,15} = 435 \text{ N/mm}^2$

$\gamma_c = 1,50$

$f_{cd} = \dfrac{0,85 \cdot 30}{1,50} = 17 \text{ N/mm}^2$

$\alpha_c = \dfrac{2}{3}$ 22

$x = \dfrac{2}{2+25} \cdot 66,6 = 4,93 \text{ cm}$

$\xi = \dfrac{4,93}{66,6} = \underline{0,074}$ 22

$k_a = \dfrac{3}{8}$ 22

$z = \left(1 - \dfrac{3}{8} \cdot 0,074\right) \cdot 66,6 = 64,8 \text{ cm}$

(2.28): für Grundkombination
Für ε_{s1} = 25‰ hat die Stahlspannung die Streckgrenze erreicht.

(2.27): $f_{yd} = \dfrac{f_{yk}}{\gamma_s}$

(2.15): Grundkombination und Ortbeton

(2.14): $f_{cd} = \dfrac{\alpha \cdot f_{ck}}{\gamma_c}$

Für ε_{c2} = -2,0‰ ist die Parabel gerade voll entwickelt. Hierfür ist der Völligkeitsbeiwert bekannt.

$x = \dfrac{|\varepsilon_{c2}|}{|\varepsilon_{c2}| + \varepsilon_s} \cdot d$ (Strahlensatz)

(7.24): $\xi = \dfrac{x}{d}$

Für ε_{c2} = -2,0‰ ist die Parabel gerade voll entwickelt. Hierfür ist der Schwerpunkt bekannt, in dem die Kraft F_{cd} angreift.

(7.37): $z = (1 - k_a \cdot \xi) \cdot d$

---

22 Die Richtigkeit des Ergebnisses kann mit dem allgemeinen Bemessungsdiagramm (**ABB 7.15**) überprüft werden.

$$\zeta = \frac{64,8}{66,6} = \underline{\underline{0,972}} \; {}^{22} \qquad\qquad (7.34): \; \zeta = \frac{z}{d}$$

$$\mu_{\text{Eds}} = 0,074 \cdot \frac{2}{3} \cdot 0,972 = \underline{\underline{0,048}} \; {}^{22} \qquad (7.39): \; \mu_{\text{Eds}} = \xi \cdot \alpha_c \cdot \zeta$$

$$F_{\text{cd}} = 0,25 \cdot 0,0493 \cdot \frac{2}{3} \cdot 17 = 0,140 \text{ MN} \qquad (7.27): \; F_{\text{cd}} = b \cdot x \cdot \alpha_c \cdot f_{\text{cd}}$$

$$M_{\text{Eds}} = 0,074 \cdot \left(1 - \frac{3}{8} \cdot 0,074\right) \cdot 0,25 \cdot 0,666^2 \cdot \frac{2}{3} \cdot 17 \qquad (7.38):$$
$$= \underline{\underline{0,0904 \text{ MNm}}} \qquad\qquad M_{\text{Eds}} = \xi \cdot (1 - k_a \cdot \xi) \cdot b \cdot d^2 \cdot \alpha_c \cdot f_{\text{cd}}$$

$$A_s = \frac{1}{435} \cdot \left(\frac{0,0904}{0,648} + 0\right) = 3,21 \cdot 10^{-4} \text{ m}^2 = \underline{\underline{3,21 \text{ cm}^2}} \qquad (7.47): \; A_s = \frac{1}{\sigma_{\text{sd}}} \cdot \left(\frac{M_{\text{Eds}}}{z} + N_{\text{Ed}}\right)$$

7.5.2 Bemessung mit einem dimensionslosen Verfahren [23]

Auf Basis der zuvor gezeigten Ableitung wird die in **TAB 7.2** wiedergegebene Bemessungstabelle berechnet. Als Werkstoffgesetz für den Beton wird das Parabel-Rechteck-Diagramm nach **ABB 2.6** verwendet. Die Formänderungskennwerte ε_{c2} und ε_{c2u} sind nur für normalfeste Betonfestigkeitsklassen bis C50/60 identisch. Hinsichtlich des Werkstoffgesetzes für den Stahl bestehen zwei Möglichkeiten: Der Verfestigungsbereich kann ausgenutzt werden (**TAB 7.1**, **TAB 7.2**) oder wie in **ABB 2.9** angedeutet vernachlässigt werden. Die ω–Werte unterscheiden sich bei großen Stahldehnungen (25 ‰) um das Verhältnis $f_{tk,cal}/f_{yk} = 525/500 = 1,05$.

Die Vorgehensweise der Bemessung unterscheidet sich für DIN 1045-1 und EC 2 nicht. Lediglich die Bemessungshilfsmittel sind zu unterscheiden, da die Stahldehnung ε_u in beiden Vorschriften unterschiedlich ist und der Verfestigungsbereich ausgenutzt werden kann. In der Bemessungstabelle (**TAB 7.1 oder TAB 7.2**) ist nun zunächst das nach Gl. (7.22) ermittelte bezogene Moment zu suchen. Da im Regelfall ein Wert ermittelt wird, der zwischen zwei vertafelten Zeilen liegt, ist die ungünstigere (= untere Zeile) zu wählen, falls nicht interpoliert wird. Aus dieser Zeile werden die gesuchten Größen ω [24], ζ und ξ abgelesen.

TAB 7.1: $\quad \omega = \dfrac{A_s \cdot \sigma_{sd} - N_{Ed}}{b \cdot d \cdot f_{cd}} \qquad (7.49) \qquad A_s = \dfrac{\omega \cdot b \cdot d \cdot f_{cd} + N_{Ed}}{\sigma_{sd}} \qquad (7.50)$

TAB 7.2: $\quad \omega = \dfrac{A_s \cdot f_{yd}}{b \cdot d \cdot f_{cd}} - \dfrac{N_{Ed}}{\sigma_{sd}} \qquad (7.51) \qquad A_s = \dfrac{\omega \cdot b \cdot d \cdot f_{cd}}{f_{yd}} + \dfrac{N_{Ed}}{\sigma_{sd}} \qquad (7.52)$

Weitere Möglichkeit: $\quad \omega = \dfrac{A_s \cdot f_{yd} - N_{Sd}}{b \cdot d \cdot f_{cd}} \qquad (7.53) \qquad A_s = \dfrac{\omega \cdot b \cdot d \cdot f_{cd} + N_{Sd}}{f_{yd}} \qquad (7.54)$

Mit dem Ergebnis nach Gl. (7.50) (bzw. (7.52) und (7.54)) werden aus **TAB 4.1** der Durchmesser und die Stabanzahl gewählt, sodass Gl. (7.55) erfüllt ist.

---

[23] Eine andere übliche Bezeichnungsweise ist „dimensionsechtes Verfahren".

[24] Insbesondere beim ω–Wert ist zu beachten, wie die Gl. formuliert wurde ($\rightarrow$ Gln (7.49), (7.51) und (7.53)).

	C12/15 bis C50/60					C100/115				
μ_{Eds}	ω	ζ	ξ	σ_{sd} MPa	$-\varepsilon_{c2}/\varepsilon_{s1}$ ‰	ω	ζ	ξ	σ_{sd} MPa	$-\varepsilon_{c2}/\varepsilon_{s1}$ ‰
0,01	0,0101	0,990	0,030	457	0,77/25,00	0,0101	0,988	0,035	457	0,90/25,00
0,02	0,0203	0,985	0,044	457	1,15/25,00	0,0204	0,983	0,050	457	1,31/25,00
0,03	0,0306	0,980	0,055	457	1,46/2500	0,0307	0,978	0,062	457	1,66/25,00
0,04	0,0410	0,976	0,066	457	1,76/25,00	0,0411	0,974	0,073	456	1,97/25,00
0,05	0,0515	0,971	0,076	457	2,06/25,00	0,0516	0,970	0,085	455	2,20/23,73
0,06	0,0621	0,967	0,086	457	2,37/25,00	0,0623	0,963	0,103	451	2,20/19,27
0,07	0,0728	0,962	0,097	457	2,68/25,00	0,0732	0,957	0,120	448	2,20/16,08
0,08	0,0836	0,957	0,107	457	3,01/25,00	0,0842	0,950	0,139	446	2,20/13,68
0,09	0,0946	0,951	0,118	457	3,35/25,00	0,0954	0,944	0,157	444	2,20/11,82
0,10	0,1058	0,946	0,131	455	3,50/23,29	0,1067	0,937	0,176	443	2,20/10,33
0,11	0,1170	0,940	0,145	452	3,50/20,71	0,1183	0,930	0,195	441	2,20/9,11
0,12	0,1285	0,934	0,159	450	3,50/18,55	0,1300	0,923	0,214	440	2,20/8,09
0,13	0,1401	0,928	0,173	448	3,50/16,73	0,1419	0,916	0,233	440	2,20/7,22
0,14	0,1519	0,922	0,188	447	3,50/15,16	0,1540	0,909	0,253	439	2,20/6,48
0,15	0,1638	0,916	0,202	446	3,50/13,80	0,1664	0,902	0,274	438	2,20/5,84
0,16	0,1759	0,910	0,217	445	3,50/12,61	0,1689	0,894	0,294	438	2,20/5,27
0,17	0,1882	0,903	0,233	444	3,50/11,56	0,1917	0,887	0,315	437	2,20/4,78
0,18	0,2007	0,897	0,248	443	3,50/10,62	0,2048	0,879	0,337	437	2,20/4,33
0,19	0,2134	0,890	0,264	442	3,50/9,78	0,2181	0,871	0,359	437	2,20/3,93
0,20	0,2263	0,884	0,280	441	3,50/9,02	0,2317	0,863	0,381	436	2,20/3,57
0,21	0,2395	0,877	0,296	441	3,50/8,33	0,2457	0,855	0,404	436	2,20/3,24
0,22	0,2529	0,870	0,312	440	3,50/7,71	0,2599	0,846	0,428	436	2,20/2,95
0,23	0,2665	0,863	0,329	440	3,50/7,13	0,2745	0,838	0,452	435	2,20/2,67
0,24	0,2804	0,856	0,346	439	3,50/6,61	0,2895	0,829	0,476	435	2,20/2,42
0,25	0,2946	0,849	0,364	439	3,50/6,12	0,3050	0,820	0,502	435	2,20/2,19
0,26	0,3091	0,841	0,382	438	3,50/5,67	0,3208	0,810	0,528	394	2,20/1,97
0,27	0,3239	0,834	0,400	438	3,50/5,25	0,3372	0,801	0,555	353	2,20/1,77
0,28	0,3391	0,826	0,419	437	3,50/4,86	0,3541	0,791	0,583	315	2,20/1,58
0,29	0,3546	0,818	0,438	437	3,50/4,49	0,3716	0,780	0,611	280	2,20/1,40
0,30	0,3706	0,810	0,458	437	3,50/4,15	0,3898	0,770	0,641	246	2,20/1,23
0,31	0,3869	0,801	0,478	436	3,50/3,82	0,4087	0,759	0,672	214	2,20/1,07
0,32	0,4038	0,793	0,499	436	3,50/3,52	0,4285	0,747	0,705	184	2,20/0,92
0,33	0,4211	0,784	0,520	436	3,50/3,23	0,4493	0,735	0,739	155	2,20/0,78
0,34	0,4391	0,774	0,542	436	3,50/2,95	0,4712	0,722	0,775	128	2,20/0,64
0,35	0,4576	0,765	0,565	435	3,50/2,69	0,4945	0,708	0,814	101	2,20/0,50
0,36	0,4768	0,755	0,589	435	3,50/2,44					
0,37	0,4968	0,745	0,614	435	3,50/2,20					
0,38	0,5177	0,734	0,640	394	3,50/1,97					
0,39	0,5396	0,723	0,667	350	3,50/1,75					
0,40	0,5627	0,711	0,695	307	3,50/1,54					

TAB 7.1: Bemessungstabelle mit dimensionslosen Beiwerten für Betonstahl BSt 500 und Betonfestigkeitsklassen ≤C50/60 sowie C100/115 für **DIN 1045-1 mit Ausnutzen des Verfestigungsbereichs**

μ_{Eds}	ω bzw. ω_1	ω_2	ξ	ζ	δ	$\varepsilon_{c2}/\varepsilon_{s1}$ in ‰	σ_{s1} in N/mm²	k_{dc}	k_{s1}	k_{s2}
0,02	0,019		0,044	0,98	0,700	1,15 / 25,00	457	22,36	2,22	
0,04	0,039		0,066	0,98	0,700	1,76 / 25,00	457	15,81	2,24	
0,06	0,059		0,086	0,97	0,700	2,37 / 25,00	457	12,91	2,27	
0,08	0,080		0,107	0,96	0,706	3,01 / 25,00	457	11,18	2,29	
0,10	0,101		0,131	0,95	0,718	3,50 / 23,30	455	10,00	2,32	
0,12	0,124		0,159	0,93	0,731	3,50 / 18,55	450	9,13	2,38	
0,14	0,148	0	0,188	0,92	0,750	3,50 / 15,16	447	8,45	2,43	0
0,16	0,172		0,217	0,91	0,770	3,50 / 12,61	445	7,91	2,47	
0,18	0,197		0,248	0,90	0,793	3,50 / 10,62	443	7,45	2,52	
0,20	0,223		0,280	0,88	0,817	3,50 / 9,02	441	7,07	2,56	
0,22	0,250		0,313	0,87	0,845	3,50 / 7,70	440	6,74	2,61	
0,24	0,278		0,347	0,86	0,877	3,50 / 6,60	439	6,45	2,66	
0,26	0,307		0,382	0,84	0,914	3,50 / 5,67	438	6,20	2,71	
0,28	0,337		0,419	0,83	0,958	3,50 / 4,85	437	5,98	2,77	
0,296	0,363	0	0,45	0,81	1	3,50 / 4,278	437	5,81	2,82	0
0,30	0,367	0,004						5,77	2,81	0,03
0,32	0,387	0,025						5,59	2,78	0,18
0,34	0,408	0,045						5,42	2,76	0,31
0,36	0,428	0,066						5,27	2,74	0,42
0,38	0,449	0,086						5,13	2,72	0,52
0,40	0,469	0,107						5,00	2,70	0,62
0,42	0,490	0,128						4,88	2,68	0,70
0,44	0,510	0,148						4,77	2,67	0,78
0,46	0,531	0,169						4,66	2,65	0,84
0,48	0,551	0,190	0,45	0,81	1	3,50 / 4,278	437	4,56	2,64	0,91
0,50	0,572	0,210						4,47	2,63	0,97
0,52	0,592	0,231						4,39	2,62	1,02
0,54	0,613	0,251						4,30	2,61	1,07
0,56	0,633	0,272						4,23	2,60	1,12
0,58	0,654	0,293						4,15	2,59	1,16
0,60	0,674	0,313						4,08	2,59	1,20
0,62	0,695	0,334						4,02	2,58	1,24
0,64	0,716	0,355						3,95	2,57	1,27
0,66	0,736	0,375						3,89	2,57	1,31
0,68	0,757	0,396						3,83	2,56	1,34
0,70	0,777	0,416	0,45	0,81	1	3,50 / 4,278	437	3,78	2,55	1,37

Left side groups: "Ohne Druckbewehrung" (rows μ_{Eds} = 0,02 to 0,296); "Mit Druckbewehrung" (rows 0,30 to 0,70).

TAB 7.2: Dimensionsgebundene und dimensionslose Bemessungstabellen für Betonstahl BSt 500 und Betonfestigkeitsklassen ≤C50/60 für **DIN 1045-1 mit Ausnutzen des Verfestigungsbereichs** [Krings – 01]

$A_{s,\text{vorh}} \geq A_{s,\text{erf}}$ (7.55)

In **TAB 7.2** ist im rechten Teil die Bemessungstabelle für das dimensionsgebundene Verfahren (→ Kap. 7.5.3) wiedergegeben. Über die für beide Verfahren geltenden Dehnungsverhältnisse in der Tabellenmitte ist deutlich die gegenseitige Zuordnung zu erkennen. Der untere Teil von **TAB 7.2** (mit Druckbewehrung) wird in Kap. 7.5.5 erläutert.

Beispiel 7.2: Biegebemessung eines Rechteckquerschnitts mit einem dimensionslosen Verfahren (Biegung und Längszugkraft)

gegeben:
- Außenbauteil
- Rechteckquerschnitt $b/h = 25/75$ cm
- Schnittgrößen $M_{Ed} = 565$ kNm; $N_{Ed} = 200$ kN
- Baustoffe C30/37 (Ortbeton); BSt 500

gesucht:
- erforderliche Biegezugbewehrung
- Verhältnis der Randverzerrungen
- Höhe der Betondruckzone
- Hebelarm der inneren Kräfte

Lösung:

Umweltklasse für Bewehrungskorrosion: XC4	TAB 2.1: für Außenbauteil
Umweltklasse für Betonangriff: XF1	TAB 2.3: gewählte Festigkeitsklasse des Betons darf nicht unter der Mindestfestigkeitsklasse liegen
XC4: C25/30	
XF1: C25/30 < C30/37	
$c_{\min} = 25$ mm	TAB 3.1: Umweltklasse XC4
$\Delta c = 15$ mm	Vorhaltemaß für Umweltklasse XC4
$c_{\text{nom}} = 25 + 15 = 40$ mm	(3.1): $c_{\text{nom}} = c_{\min} + \Delta c$
	Es wird angenommen, dass eine 2-lagige Bewehrung erforderlich ist.
est $d = 75 - 7,5 = 67,5$ cm	(7.8): est $d = h - (4$ bis $10)$
$z_s = 67,5 - \dfrac{75}{2} = 30$ cm	(7.7): $z_s = d - \dfrac{h}{2}$
$M_{Eds} = 565 - 200 \cdot 0,30 = 505$ kNm	(7.5): $M_{Eds} = |M_{Ed}| - N_{Ed} \cdot z_s$
$\gamma_c = 1,50$	(2.15): Grundkombination und Ortbeton
$f_{cd} = \dfrac{0,85 \cdot 30}{1,50} = 17$ N/mm^2	(2.14): $f_{cd} = \dfrac{\alpha \cdot f_{ck}}{\gamma_c}$
$\mu_{Eds} = \dfrac{0,505}{0,25 \cdot 0,675^2 \cdot 17} = 0,26$	(7.22): $\mu_{Eds} = \dfrac{M_{Eds}}{b \cdot d^2 \cdot f_{cd}}$
$\varepsilon_{c2} / \varepsilon_s = -3,50 / 5,67 \text{‰}$	TAB 7.1:
$\omega = 0,3091$; $\zeta = 0,841$; $\xi = 0,382$; $\sigma_s = 438$ N/mm^2	TAB 7.1:
$x = 0,382 \cdot 67,5 = \underline{\underline{25,8 \text{ cm}}}$	(7.24): $\xi = \dfrac{x}{d}$

7 Nachweis für Biegung und Längskraft (Biegebemessung) 129

$z = 0,841 \cdot 67,5 = 56,8 \text{ cm}$

$A_s = \dfrac{0,3091 \cdot 0,25 \cdot 0,675 \cdot 17 + 0,200}{438} \cdot 10^4 = 24,8 \text{ cm}^2$

gew: 2 ⌀28 + 3 ⌀25 mit
  1. Lage 2 ⌀28 + 1 ⌀25; 2. Lage 2 ⌀25

(7.23): $\zeta = \dfrac{z}{d}$

(7.50): $A_s = \dfrac{\omega \cdot b \cdot d \cdot f_{cd} + N_{Ed}}{\sigma_{sd}}$

TAB 4.1
TAB 4.1

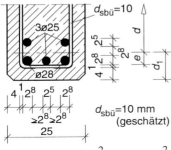

$A_{s,vorh} = 27,0 \text{ cm}^2 > 24,8 \text{ cm}^2 = A_{s,erf}$

max $d_s = \varnothing 28 \Rightarrow n = 3$

$e = \dfrac{2 \cdot 6,16 \cdot \frac{2,8}{2} + 4,91 \cdot \frac{2,5}{2} + 2 \cdot 4,91 \cdot \left(2 \cdot 2,8 + \frac{2,5}{2}\right)}{2 \cdot 6,16 + 3 \cdot 4,91}$

$= 3,4 \text{ cm}$

$d = 75 - 4,0 - 1,0 - 3,4$
$= 66,6 \text{ cm} < 67,5 \text{ cm} = \text{est } d$

$A_{s,erf} = 24,8 \cdot \dfrac{67,5}{66,6} = 25,1 \text{ cm}^2$

$A_{s,vorh} = 27,0 \text{ cm}^2 > 25,1 \text{ cm}^2 = A_{s,erf}$

(7.55): $A_{s,vorh} \geq A_{s,erf}$

TAB 4.1: Größte Anzahl von Stäben in einer Lage für max d_s

(7.10): $e = \dfrac{\sum_i A_{si} \cdot e_i}{\sum_i A_{si}}$

(7.9): $d = h - c_V - d_{sbü} - e$

(7.13): $A_{s,erf} = A_s \cdot \dfrac{d_{alt}}{d_{neu}}$

(7.55): $A_{s,vorh} \geq A_{s,erf}$

(Fortsetzung mit Beispiel 7.17)

Beispiel 7.3: Biegebemessung eines Rechteckquerschnitts mit einem dimensionslosen Verfahren (Biegung und Längsdruckkraft)

gegeben: – Außenbauteil
  – Rechteckquerschnitt $b/h = 25/75$ cm
  – Schnittgrößen $M_{Ed} = 400$ kNm; $N_{Ed} = -200$ kN
  – Baustoffe C30/37 (Ortbeton); BSt 500

gesucht: – erforderliche Biegezugbewehrung
  – Verhältnis der Randverzerrungen
  – Höhe der Betondruckzone
  – Hebelarm der inneren Kräfte

Lösung:

est $d = 68,5$ cm

Betondeckung und statische Höhe werden wie in Beispiel 7.2 bestimmt.

$z_s = 68,5 - \dfrac{75}{2} = 31,0 \text{ cm}$ | (7.7): $z_s = d - \dfrac{h}{2}$

Die Längskraft ist vorzeichenbehaftet einzusetzen:
$M_{Eds} = 400 + 200 \cdot 0,31 = 462 \text{ kNm}$ | (7.5): $M_{Eds} = |M_{Ed}| - N_{Ed} \cdot z_s$

$\mu_{Eds} = \dfrac{0,462}{0,25 \cdot 0,685^2 \cdot 17} = 0,232$ | (7.22): $\mu_{Eds} = \dfrac{M_{Eds}}{b \cdot d^2 \cdot f_{cd}}$

$\varepsilon_{c2}/\varepsilon_s = -3,50/6,61\,\text{‰};\ \zeta = 0,856;\ \xi = 0,346;$ | TAB 7.1:
$\omega = 0,2804;\ \sigma_{sd} = 439 \text{ N/mm}^2$

$x = 0,346 \cdot 68,5 = \underline{\underline{23,7 \text{ cm}}}$ | (7.24): $\xi = \dfrac{x}{d}$

$z = 0,856 \cdot 68,5 = \underline{\underline{58,6 \text{ cm}}}$ | (7.23): $\zeta = \dfrac{z}{d}$

$A_s = \dfrac{0,2804 \cdot 0,25 \cdot 0,685 \cdot 17 - 0,200}{439} \cdot 10^4 = \underline{\underline{14,0 \text{ cm}^2}}$ | (7.50): $A_s = \dfrac{\omega \cdot b \cdot d \cdot f_{cd} + N_{Ed}}{\sigma_{sd}}$

gew: 3 ⌀25 | TAB 4.1
$A_{s,vorh} = 14,7 \text{ cm}^2 > 14,0 \text{ cm}^2 = A_{s,erf}$ | (7.55): $A_{s,vorh} \geq A_{s,erf}$
$d_s = ⌀25 \Rightarrow n = 3$ | TAB 4.1: Größte Anzahl von Stäben in einer Lage für max d_s

$e = \dfrac{2,5}{2} = 1,3 \text{ cm}$ | (7.11): $e = \dfrac{\max d_s}{2}$

$d = 75 - 4,0 - 1,0 - 1,3 = 68,7 \text{ cm} \approx 68,5 \text{ cm} = \text{est } d$ | (7.9): $d = h - c_V - d_{sbü} - e$

(Fortsetzung mit Beispiel 7.15)

Beispiel 7.4: Biegebemessung eines Rechteckquerschnitts mit einem dimensionslosen Verfahren (negatives Moment)

gegeben: – Außenbauteil
– Rechteckquerschnitt $b/h = 25/75$ cm
– Schnittgrößen $M_{Ed} = -565$ kNm; $N_{Ed} = 200$ kN
– Baustoffe C30/37 (Ortbeton); BSt 500

gesucht: erforderliche Biegezugbewehrung

Lösung:

Die Aufgabe ist bis auf die negativen Vorzeichen der Biegemomente identisch mit Beispiel 7.2. Das negative Vorzeichen zeigt an, dass die Zugzone oben liegt. Demzufolge ist die Biegezugbewehrung oben einzulegen. Der Lösungsweg ist derselbe wie bei Beispiel 7.2. Um eine Rüttelgasse vorzusehen, wird eine andere Bewehrungsanordnung gewählt.

gew: 4 ⌀28 mit 1. Lage 2 ⌀28; 2. Lage 2 ⌀28 | TAB 4.1
$A_{s,vorh} = 24,6 \text{ cm}^2 \approx 25,1 \text{ cm}^2 = A_{s,erf}$ | (7.55): $A_{s,vorh} \geq A_{s,erf}$

Eine geringfügige Unterschreitung des erforderlichen Bewehrungsquerschittes bis zu 3 % ist tolerierbar, da alle Rechenergebnisse mit Rundungsfehlern behaftet sind und 3 % als Rechenungenauigkeit angesehen werden.

7 Nachweis für Biegung und Längskraft (Biegebemessung)

Beispiel 7.5: Biegebemessung eines Wasserbehälters
(Fortsetzung von Beispiel 6.1)

gegeben: – Außenbauteil (Wand auf Behälterseite mit Abdichtung)
– Baustoffe C30/37 (Ortbeton); BSt 500S(B)

gesucht: – erforderliche Biegezugbewehrung

Lösung:

Umweltklasse für Bewehrungskorrosion: XC4	TAB 2.1: für Außenbauteil
Umweltklasse für Betonangriff: XF1	
XC4: C25/30	TAB 2.3: gewählte Festigkeitsklasse des Betons darf nicht unter der Mindestfestigkeitsklasse liegen
CF1: C25/30 < C30/37	
$c_{min} = 25$ mm	TAB 3.1: Umweltklasse XC4 Vorhaltemaß für Umweltklasse XC4
$\Delta c = 15$ mm	
$c_{nom} = 25 + 15 = 40$ mm	(3.1): $c_{nom} = c_{min} + \Delta c$
est $d = 20 - 4,5 = 15,5$ cm	(7.8): est $d = h - (4$ bis $10)$
$z_s = 15,5 - \dfrac{20}{2} = 5,5$ cm	(7.7): $z_s = d - \dfrac{h}{2}$
$M_{Eds} = 35,1 + 12,5 \cdot 0,055 = 35,8$ kNm	(7.5): $M_{Eds} = |M_{Ed}| - N_{Ed} \cdot z_s$
$\mu_{Eds} = \dfrac{0,0358}{1,0 \cdot 0,155^2 \cdot 17} = 0,0877$	(7.22): $\mu_{Eds} = \dfrac{M_{Eds}}{b \cdot d^2 \cdot f_{cd}}$
$\omega = 0,088$; $\sigma_{sd} \approx 457$ N/mm^2	TAB 7.2: interpoliert
$A_s = \left(\dfrac{0,088 \cdot 1,0 \cdot 0,155 \cdot 17}{435} - \dfrac{0,0125}{457}\right) \cdot 10^4 = \underline{\underline{5,06 \text{ cm}^2}}$	(7.52): $A_s = \dfrac{\omega \cdot b \cdot d \cdot f_{cd}}{f_{yd}} + \dfrac{N_{Ed}}{\sigma_{sd}}$
gew: 10 $\varnothing$10 (d. h.- $\varnothing$10-10)	TAB 4.1
$A_{s,vorh} = 7,85$ cm$^2 > 5,06$ cm$^2 = A_{s,erf}$ [25]	(7.55): $A_{s,vorh} \geq A_{s,erf}$
	(Fortsetzung mit Beispiel 7.16)

Eine neue Bedeutung für den mechanischen Bewehrungsgrad lässt sich durch folgende Überlegung gewinnen. Da Gl. (7.48) ganz allgemein für Querschnitte mit rechteckiger Druckzone gilt, kann die rechte Seite dieser Gleichung derjenigen von Gl. (7.54) gleichgesetzt werden.

$$\frac{1}{\sigma_{sd}}\left(\frac{\mu_{Eds}}{\zeta} + \nu_{Ed}\right) \cdot b \cdot d \cdot f_{cd} = \frac{\omega \cdot b \cdot d \cdot f_{cd} + N_{Ed}}{f_{yd}}$$

Unter der Voraussetzung, dass die Spannung im Betonstahl die Streckgrenze erreicht, erhält man unter Verwendung von Gl. (7.43)

$$\omega = \frac{\mu_{Eds}}{\zeta} \qquad (7.56)$$

Der mechanische Bewehrungsgrad ist somit gleich dem bezogenen Moment dividiert durch den bezogenen Hebelarm der inneren Kräfte. Mit Gl. (7.39) lässt sich leicht zeigen, dass der mechanische Bewehrungsgrad nur von den Randverzerrungen abhängt.

---

[25] Die sehr reichliche Wahl der Bewehrung hat die Ursache in einem späteren Nachweis.

$$\omega = \alpha_c \cdot \xi$$

Die Ermittlung des erforderlichen Querschnitts der Biegezugbewehrung ist bei Neubauten wichtig. Bei bestehenden Tragwerken ergibt sich des Öfteren eine andere Fragestellung. Im Zuge einer geänderten Nutzung und/oder einer Überprüfung der rechnerischen Standsicherheit soll geklärt werden, welche Schnittgrößen bei der vorhandenen Bewehrung und den tatsächlichen Baustoffgüten (oftmals ist die tatsächliche Betonfestigkeitsklasse höher als die seinerzeit beim Bau vorgesehene) aufnehmbar sind. Aufgrund des so ermittelten Bauteilwiderstands kann dann über evtl. erforderliche Verstärkungsmaßnahmen entschieden werden. Zur Lösung dieses Falles können die vorhandenen Gleichungen umgestellt und dann durch eine Iteration gelöst werden. Hierzu ermittelt man zunächst mit Gl. (7.51) den mechanischen Bewehrungsgrad und kann dann aus **TAB 7.1** das bezogene (aufnehmbare) Biegemoment μ_{Sds} ablesen. Um das Biegemoment ermitteln zu können, werden Gl. (7.22) und (7.5) umgestellt.

$M_{Eds} = \mu_{Eds} \cdot b \cdot d^2 \cdot f_{cd}$ bzw. $M_{Sds} = \mu_{Sds} \cdot b \cdot d^2 \cdot f_{cd}$ (7.57)

$M_{Rd} = M_{Eds} + N_{Ed} \cdot z_s$ bzw. $M_{Rd} = M_{Sds} + N_{Sd} \cdot z_s$ (7.58)

Beispiel 7.6: Ermittlung des aufnehmbaren Biegemoments bei vorgegebener Bewehrung

gegeben:
- Außenbauteil
- Rechteckquerschnitt $b/h = 25/75$ cm
- Biegezugbewehrung $A_s = 14{,}7$ cm² (3 Ø25)
- Längskraft $N_{Ed} = -200$ kN
- Baustoffe C30/37 (Ortbeton); BSt 500S(B)

gesucht: das aufnehmbare Moment M_{Rd}

Lösung:

Einlagige Bewehrung:

$e = \dfrac{2{,}5}{2} = 1{,}3$ cm | (7.11): $e = \dfrac{\max d_s}{2}$

$d = 75 - 4{,}0 - 1{,}0 - 1{,}3 = 68{,}7$ cm | (7.9): $d = h - c_V - d_{sbü} - e$

$z_s = 68{,}7 - \dfrac{75}{2} = 31{,}2$ cm | (7.7): $z_s = d - \dfrac{h}{2}$

$\omega = \dfrac{14{,}7 \cdot 10^{-4} \cdot 439 + 0{,}200}{0{,}25 \cdot 0{,}687 \cdot 17} = 0{,}2895$ | (7.49): $\omega = \dfrac{A_s \cdot \sigma_{sd} - N_{Ed}}{b \cdot d \cdot f_{cd}}$ [26]

$\mu_{Eds} = 0{,}2464$ [27] | TAB 7.1: interpoliert

$M_{Eds} = 0{,}2464 \cdot 0{,}25 \cdot 0{,}687^2 \cdot 17 = 0{,}494$ MNm | (7.57): $M_{Eds} = \mu_{Eds} \cdot b \cdot d^2 \cdot f_{cd}$

$M_{Rd} = 494 - 200 \cdot 0{,}312 = \underline{\underline{432\ \text{kNm}}}$ | (7.58): $M_{Rd} = M_{Eds} + N_{Ed} \cdot z_s$

---

[26] Die Stahlspannung ist zunächst zu schätzen.

[27] Der auf der „sicheren Seite" liegende Wert ohne Interpolation ist in diesem Fall der kleinere μ-Wert, da dieser zum kleineren Biegemoment führt.

7 Nachweis für Biegung und Längskraft (Biegebemessung)

k_d								k_s	ζ	ξ	$-\varepsilon_{c2}/\varepsilon_{s1}$
C 12	C 16	C 20	C 25	C 30	C 35	C 40	C 45	C 50			‰
16,3	14,1	12,6	11,3	10,3	9,54	8,92	8,41	7,98	2,32	0,99	0,02	0,50/20,00
8,68	7,52	6,72	6,01	5,49	5,08	4,76	4,48	4,25	2,34	0,98	0,05	1,00/20,00
6,20	5,37	4,80	4,30	3,92	3,63	3,40	3,20	3,04	2,36	0,97	0,07	1,50/20,00
5,01	4,34	3,88	3,47	3,17	2,93	2,75	2,59	2,46	2,38	0,97	0,09	2,00/20,00
4,34	3,76	3,36	3,01	2,75	2,54	2,38	2,24	2,13	2,40	0,96	0,11	2,50/20,00
3,91	3,39	3,03	2,71	2,47	2,29	2,14	2,02	1,92	2,43	0,95	0,13	3,00/20,00
3,61	3,12	2,79	2,50	2,28	2,11	1,98	1,86	1,77	2,45	0,94	0,15	3,50/20,00
3,46	3,00	2,68	2,40	2,19	2,03	1,89	1,79	1,69	2,47	0,93	0,16	3,50/18,00
3,31	2,86	2,56	2,29	2,09	1,94	1,81	1,71	1,62	2,49	0,93	0,18	3,50/16,00
3,15	2,73	2,44	2,18	1,99	1,84	1,72	1,63	1,54	2,51	0,92	0,20	3,50/14,00
2,98	2,58	2,31	2,06	1,88	1,74	1,63	1,54	1,46	2,54	0,91	0,23	3,50/12,00
2,80	2,43	2,17	1,94	1,77	1,64	1,53	1,45	1,37	2,58	0,89	0,26	3,50/10,00
2,71	2,35	2,10	1,88	1,71	1,59	1,48	1,40	1,33	2,60	0,88	0,28	3,50/ 9,00
2,61	2,26	2,02	1,81	1,65	1,53	1,43	1,35	1,28	2,63	0,87	0,30	3,50/ 8,00
2,52	2,18	1,95	1,74	1,59	1,47	1,38	1,30	1,23	2,67	0,86	0,33	3,50/ 7,00
2,46	2,13	1,91	1,71	1,56	1,44	1,35	1,27	1,21	2,69	0,85	0,35	3,50/ 6,50
2,41	2,09	1,87	1,67	1,53	1,41	1,32	1,25	1,18	2,72	0,85	0,37	3,50/ 6,00
2,36	2,04	1,83	1,64	1,49	1,38	1,29	1,22	1,16	2,74	0,84	0,39	3,50/ 5,50
2,31	2,00	1,79	1,60	1,46	1,35	1,26	1,19	1,13	2,78	0,83	0,41	3,50/ 5,00
2,25	1,95	1,75	1,56	1,42	1,32	1,23	1,16	1,10	2,81	0,82	0,44	3,50/ 4,50
2,23	1,93	1,73	1,54	1,41	1,31	1,22	1,15	1,09	2,83	0,81	0,45	3,50/ 4,28
2,20	1,90	1,70	1,52	1,39	1,29	1,20	1,13	1,08	2,85	0,81	0,47	3,50/ 4,00
2,14	1,85	1,66	1,48	1,35	1,25	1,17	1,11	1,05	2,90	0,79	0,50	3,50/ 3,50
2,09	1,81	1,62	1,44	1,32	1,22	1,14	1,08	1,02	2,96	0,78	0,54	3,50/ 3,00
2,03	1,76	1,57	1,40	1,28	1,19	1,11	1,05	0,99	3,04	0,76	0,58	3,50/ 2,50

TAB 7.3: Bemessungstabelle mit dimensionsbehafteten Beiwerten für Betonstahl BSt 500 für **EC 2**

7.5.3 Bemessung mit einem dimensionsgebundenen Verfahren

Ein anderes Hilfsmittel zur numerischen Bestimmung der Biegezugbewehrung sind die in **TAB 7.2** (rechter Teil) und **TAB 7.3** dargestellte k_d-Tafeln. Die entsprechende Gleichung zur Berechnung des Tafeleingangswertes k_d (bzw. k_{dc}) ist an die dahinter angegebenen Dimensionen gebunden. Dies gilt auch für den Beiwert k_s zur Bestimmung des Stahlquerschnitts.

$$\text{DIN 1045-1} \qquad k_{dc} = \frac{d}{\sqrt{\frac{|M_{Eds}|}{b}}} \cdot \sqrt{f_{cd}} \qquad \left(\frac{\text{cm}}{\sqrt{\frac{\text{kNm}}{\text{m}}}} \cdot \sqrt{\text{N/mm}^2}\right) \qquad (7.59)$$
(**TAB 7.2**):

EC 2 (**TAB 7.3**):

$$A_s = \frac{|M_{Eds}|}{d} k_{s1} + 10 \frac{N_{Ed}}{\sigma_{sd}} \quad (\text{cm}^2 = \frac{\text{kNm}}{\text{cm}} \cdot 1 + 1 \cdot \frac{\text{kN}}{\frac{N}{\text{mm}^2}}) \quad (7.60)$$

$$k_d = \frac{d}{\sqrt{\frac{|M_{Sds}|}{b}}} \quad (\frac{\text{cm}}{\sqrt{\frac{\text{kNm}}{\text{m}}}}) \quad (7.61)$$

$$A_s = \frac{|M_{Sds}|}{d} k_s + 10 \frac{N_{Sd}}{f_{yd}} \quad (\text{cm}^2 = \frac{\text{kNm}}{\text{cm}} \cdot 1 + 1 \cdot \frac{\text{kN}}{\frac{N}{\text{mm}^2}}) \quad (7.62)$$

Beispiel 7.7: Biegebemessung eines Rechteckquerschnitts nach EC 2 mit einem dimensionsgebundenen Verfahren [28]

gegeben: − Außenbauteil
− Rechteckquerschnitt b/h = 25/75 cm
− Schnittgrößen M_{Sd} = 565 kNm; N_{Sd} = 200 kN
− Baustoffe C30/37 (Ortbeton); BSt 500

gesucht: − erforderliche Biegezugbewehrung
− Verhältnis der Randverzerrungen
− Höhe der Betondruckzone
− Hebelarm der inneren Kräfte

Lösung:

c_{min} = 25 mm
Δh = 10 mm
c_{nom} = 25 + 10 = 35 mm

TAB 3.2: Umweltklasse 2b

(3.4): $c_{nom} = c_{min} + \Delta h$
Es wird angenommen, dass eine 2-lagige Bewehrung erforderlich ist.

est d = 75 − 7,5 = 67,5 cm

(7.8): est $d = h - (4$ bis $10)$

$z_s = 67,5 - \frac{75}{2} = 30$ cm

(7.7): $z_s = d - \frac{h}{2}$

$M_{Sds} = 565 - 200 \cdot 0,30 = 505$ kNm

(7.5): $M_{Sds} = |M_{Sd}| - N_{Sd} \cdot z_s$

γ_s = 1,15

(2.28): für Grundkombination

$f_{yd} = \frac{500}{1,15} = 435$ N/mm²

(2.27): $f_{yd} = \frac{f_{yk}}{\gamma_s}$

$k_d = \frac{67,5}{\sqrt{\frac{505}{0,25}}} = 1,50$

(7.61): $k_d = \frac{d}{\sqrt{\frac{|M_{Sds}|}{b}}} \quad (\frac{\text{cm}}{\sqrt{\frac{\text{kNm}}{\text{m}}}})$

k_d = 1,49 :
k_s = 2,74; ζ = 0,84; ξ = 0,39; $\varepsilon_{c2}/\varepsilon_s$ = −3,5/5,50

TAB 7.3: Der nächstkleinere vertafelte Wert von k_d ist zu verwenden; C30

$x = 0,39 \cdot 67,5 = 26,3$ cm

(7.24): $\xi = \frac{x}{d}$

---

[28] Die Aufgabenstellung ist identisch mit Beispiel 7.2, wobei jedoch nach DIN 1045-1 bemessen werden sollte.

$z = 0,84 \cdot 67,5 = \underline{\underline{56,7 \text{ cm}}}$

$A_s = \dfrac{505}{67,5} \cdot 2,74 + 10 \dfrac{200}{435} = \underline{\underline{25,1 \text{ cm}^2}}$

gew: 2 ⌀28 + 3 ⌀25 mit
   1. Lage 2 ⌀28 + 1 ⌀25; 2. Lage 2 ⌀25

$A_{s,\text{vorh}} = 27{,}0 \text{ cm}^2 > 24{,}8 \text{ cm}^2 = A_{s,\text{erf}}$

$\max d_s = ⌀28 \Rightarrow n = 3$

$e = \dfrac{2 \cdot 6{,}16 \cdot \frac{2{,}8}{2} + 4{,}91 \cdot \frac{2{,}5}{2} + 2 \cdot 4{,}91 \cdot \left(2 \cdot 2{,}8 + \frac{2{,}5}{2}\right)}{2 \cdot 6{,}16 + 3 \cdot 4{,}91}$

$= 3{,}4 \text{ cm}$

$d = 75 - 3{,}5 - 1{,}0 - 3{,}4$
$= 67{,}1 \text{ cm} \approx 67{,}5 \text{ cm} = \text{est } d$

(7.23): $\zeta = \dfrac{z}{d}$

(7.62): $A_s = \dfrac{|M_{Sds}|}{d} k_s + 10 \dfrac{N_{Sd}}{f_{yd}}$

$(\text{cm}^2 = \dfrac{\text{kNm}}{\text{cm}} \cdot 1 + 1 \cdot \dfrac{\text{kN}}{\frac{\text{N}}{\text{mm}^2}})$

TAB 4.1

(7.55): $A_{s,\text{vorh}} \geq A_{s,\text{erf}}$

TAB 4.1: Größte Anzahl von Stäben in einer Lage für max d_s

(7.10): $e = \dfrac{\sum_i A_{si} \cdot e_i}{\sum_i A_{si}}$

Bewehrungsanordnung siehe Skizze in Beispiel 7.2

(7.9): $d = h - c_V - d_{\text{sbü}} - e$

Im Folgenden soll gezeigt werden, dass der Wert k_d nur von den Randverzerrungen abhängt. Hierzu wird Gl. (7.38) in Gl. (7.61) eingesetzt.

$$k_d = \dfrac{d}{\sqrt{\dfrac{\xi \cdot (1 - k_a \cdot \xi) \cdot b \cdot d^2 \cdot \alpha_c \cdot f_{cd}}{b}}} = \dfrac{1}{\sqrt{\xi \cdot (1 - k_a \cdot \xi) \cdot \alpha_c \cdot f_{cd}}} \qquad (7.63)$$

Ein Vergleich der Gln. (7.47) und (7.62) zeigt, wenn man beachtet, dass 10 ein Maßstabsfaktor (dimensionsgebundene Gleichungen) ist:

$$A_s = \dfrac{1}{\sigma_{sd}} \cdot \left(\dfrac{M_{Eds}}{z} + N_{Ed}\right) = \dfrac{|M_{Eds}|}{d} k_s + 10 \dfrac{N_{Ed}}{f_{yd}}$$

$$k_s = \dfrac{d}{\sigma_{sd} \cdot z} = \dfrac{1}{\sigma_{sd} \cdot \zeta} \qquad (7.64)$$

Aus Gl. (7.64) ist abzulesen, dass k_s nur von den Randverzerrungen abhängt, während aus Gl. (7.63) abzulesen ist, dass k_d zusätzlich von der Betonfestigkeitsklasse abhängt. Dies ist auch aus **TAB 7.3** zu entnehmen.

7.5.4 Bemessung mit einem grafischen Verfahren

Als Beispiel für ein grafisches Bemessungsverfahren ist in **ABB 7.15** das allgemeine Bemessungsdiagramm dargestellt. Als Eingangswert in das Diagramm dient (im Regelfall der Bemessung) das bezogene Moment μ_{Eds} nach Gl. (7.22). Aus dem Diagramm kann dann der bezogene Hebelarm der inneren Kräfte ζ abgelesen werden. Unter Verwendung von Gl. (7.37) lässt sich ein z

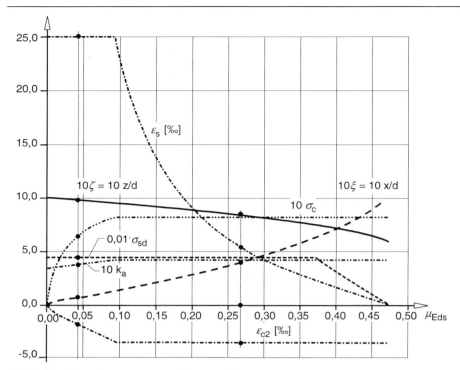

ABB 7.15: Allgemeines Bemessungsdiagramm für Betonstahl BSt 500 für **DIN 1045-1** und ≤C50/60 (mit Eintragung der Ergebnisse von Beispiel 7.1 und Beispiel 7.8)

bestimmen. Die gesuchte Bewehrung wird dann nach Gl. (7.47) berechnet. Das allgemeine Bemessungsdiagramm liefert neben dem Beiwert ζ auch den Beiwert k_a für den Angriffspunkt der inneren Druckkraft F_{cd}.

Beispiel 7.8: Biegebemessung eines Rechteckquerschnitts mit einem grafischen Verfahren [29]

gegeben: −Außenbauteil
 −Rechteckquerschnitt $b/h = 25/75$ cm
 −Schnittgrößen $M_{Ed} = 565$ kNm; $N_{Ed} = 200$ kN
 −Baustoffe C30/37 (Ortbeton); BSt 500

gesucht: −erforderliche Biegezugbewehrung
 −Verhältnis der Randverzerrungen
 −Höhe der Betondruckzone
 −Hebelarm der inneren Kräfte

---

[29] Die Aufgabenstellung ist identisch mit Beispiel 7.2.

7 Nachweis für Biegung und Längskraft (Biegebemessung)

Lösung:

est $d = 66{,}6$ cm	Ermitteln der Betondeckung und der statischen Höhe wie in Beispiel 7.2
$z_s = 66{,}6 - \dfrac{75}{2} = 29{,}1$ cm	(7.7): $z_s = d - \dfrac{h}{2}$
$M_{Eds} = 565 - 200 \cdot 0{,}291 = 507$ kNm	(7.5): $M_{Eds} = |M_{Ed}| - N_{Ed} \cdot z_s$
$\gamma_c = 1{,}50$	(2.15): Grundkombination und Ortbeton
$f_{cd} = \dfrac{0{,}85 \cdot 30}{1{,}50} = 17$ N/mm²	(2.14): $f_{cd} = \dfrac{\alpha \cdot f_{ck}}{\gamma_c}$
$\mu_{Eds} = \dfrac{0{,}507}{0{,}25 \cdot 0{,}666^2 \cdot 17} = 0{,}268$	(7.22): $\mu_{Eds} = \dfrac{M_{Eds}}{b \cdot d^2 \cdot f_{cd}}$
$\varepsilon_{c2}/\varepsilon_s = \underline{-3{,}5/5{,}6}$; $\xi = 0{,}38$; $\zeta = 0{,}84$	**ABB 7.15**
$x = 0{,}38 \cdot 66{,}6 = \underline{25{,}3\text{ cm}}$	(7.24): $\xi = \dfrac{x}{d}$
$z = 0{,}84 \cdot 66{,}6 = \underline{55{,}9\text{ cm}}$	(7.37): $z = \zeta \cdot d$
$\gamma_s = 1{,}15$	(2.28): für Grundkombination
$\varepsilon_s = 5{,}6 > 2{,}17 \;\Rightarrow\; \sigma_{sd} = f_{yd} = \dfrac{500}{1{,}15} = 435$ N/mm²	(2.27): $f_{yd} = \dfrac{f_{yk}}{\gamma_s}$
$A_s = \dfrac{1}{435} \cdot \left(\dfrac{507}{0{,}559} + 200\right) \cdot 10 = \underline{25{,}4\text{ cm}^2}$	(7.47): $A_s = \dfrac{1}{\sigma_{sd}} \cdot \left(\dfrac{M_{Eds}}{z} + N_{Ed}\right)$
gew: 2 ⌀28 + 3 ⌀25 mit 1. Lage 2 ⌀28 + 1 ⌀25; 2. Lage 2 ⌀25	**TAB 4.1**
$A_{s,vorh} = 27{,}0\text{ cm}^2 > 25{,}4\text{ cm}^2 = A_{s,erf}$	(7.55): $A_{s,vorh} \geq A_{s,erf}$

7.5.5 Bemessung mit Druckbewehrung

Mit zunehmender Höhe der Druckzone und abnehmender Stahldehnung nimmt der Stahlverbrauch schneller zu als das aufnehmbare Moment. Dies hat folgende Gründe:

- Das Spannungs-Dehnungs-Diagramm des Betons ist nichtlinear (Parabel-Rechteck-Diagramm **ABB 2.6**).
- Der Hebelarm der inneren Kräfte verringert sich, wie man an dem Wert ζ in **TAB 7.1** erkennen kann (**ABB 7.16**).
- Bei Stahldehnungen $\varepsilon_{s1} < 25\,‰$ wird die Stahlfestigkeit nicht mehr ausgenutzt und insbesondere bei $\varepsilon_{s1} < 2{,}17\,‰$ wird die Streckgrenze im Betonstahl nicht mehr erreicht.

Aus dem letztgenannten Grund wenden wir die Dehnungsverhältnisse des Bereichs 4 nicht an und bezeichnen das bei einem Dehnungsverhältnis $\varepsilon_{c2}/\varepsilon_{yd} = -3{,}50/2{,}17\,‰$ aufnehmbare Moment mit Tragmoment. Die zugehörige maximal zulässige bezogene Höhe der Druckzone ξ_{lim} lässt sich einfach bestimmen zu:

$$\xi_{lim} = \frac{\varepsilon_{c2u}}{\varepsilon_{c2u} - \varepsilon_{sy}} \tag{7.65}$$

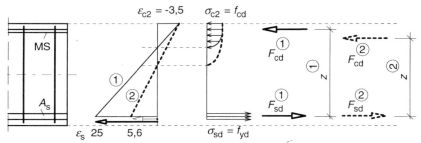

ABB 7.16: Abhängigkeit des Hebelarms der inneren Kräfte z vom Verhältnis der Randdehnungen

Da für alle Betonfestigkeitsklassen ≤C50/60 die maximale Randstauchung ε_{c2u} identisch ist, ergibt sich für diese $\xi_{lim} = 0{,}617$.

Die Höhe der Druckzone wird weiterhin begrenzt, um ein Versagen des Stahlbetonquerschnitts ohne Vorankündigung zu vermeiden (Sicherstellen der Duktilität). In **ABB 2.4** wurde gezeigt, dass Beton mit zunehmender Festigkeit spröder wird. Daher ist die maximale bezogene Höhe der Druckzone ξ_{lim} abhängig von der Betonfestigkeit. Da die Rotationsfähigkeit des Betons je nach Art der Schnittgrößenermittlung in unterschiedlicher Weise benötigt wird, fließt auch diese in ξ_{lim} ein (**TAB 7.4** und **TAB 7.5**).

$$\xi \leq \xi_{lim} \tag{7.66}$$

Wenn ξ_{lim} bekannt ist, kann auch das zugehörige bezogene Moment $\lim \mu_{Eds}$ (bzw. $\lim \mu_{Sds}$) bestimmt werden. Die folgenden Angaben gelten für die Ermittlung von Schnittgrößen nach der Elastizitätstheorie:

DIN 1045	≤C50/60	$\lim \mu_{Eds} = 0{,}296$	(→ **TAB 7.2**)	(7.67)
EC 2	≤C35/45	$\lim \mu_{Sds} = 0{,}252$	sofern Verfestigungsbereich nicht	
	≥C40/50	$\lim \mu_{Sds} = 0{,}206$	ausgenutzt wird	

Sofern nun die vorhandenen Beanspruchungen (Biegemomente) zu einer Überschreitung des Grenzwertes ξ_{lim} führen würden, stehen folgende Möglichkeiten zur Verfügung:
– Änderung der Bauteilabmessungen
– Erhöhung der Betonfestigkeitsklasse.

	ξ_{lim}	0,45	0,35
Betonfestigkeitsklasse	DIN 1045-1, 8.2	≤C50/60	≥C55/67
	EC 2, 2.5.3.4	≤C35/45	≥C40/50

TAB 7.4: Grenzwerte der bezogenen Höhe der Druckzone ξ_{lim} bei linear-elastischer Schnittgrößenermittlung

TAB 7.5: Grenzwerte der bezogenen Höhe der Druckzone ξ_{lim} nach DIN 1045-1 und EC 2 bei Schnittgrößenermittlung mit Verfahren der Plastizitätstheorie

		DIN 1045-1		EC 2
Betonfestigkeitsklasse		≤C50/60	≥C55/67	≤C50/60
ξ_{lim}	Platten, 2achsig	0,25	0,15	0,25
	andere Bauteile	0,45	0,35	

7 Nachweis für Biegung und Längskraft (Biegebemessung)

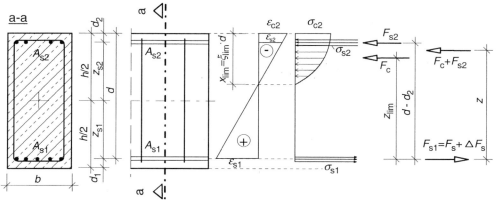

ABB 7.17: Dehnungen, Spannungen und innere Kräfte bei Anordnung einer Druckbewehrung

– Einlegen einer „Druckbewehrung", d. h. Anordnen von Stahleinlagen in der Druckzone. Hierzu wird das Verzerrungsverhältnis mit dem Grenzwert ξ_{lim} gewählt. Der Bauteilwiderstand reicht dann jedoch noch nicht aus. Die Differenz ΔM_{Sds} zu den vorhandenen Beanspruchungen wird durch eine Bewehrung in der Druckzone (= Druckbewehrung) und eine zusätzliche Bewehrung in der Zugzone abgedeckt (**ABB 7.17**).

Eine Druckbewehrung ist nur dann sinnvoll und wirtschaftlich, wenn bei vielen Trägern gleicher Abmessungen, aber unterschiedlicher Beanspruchung bei *einem* (besonders hoch belasteten) Bauteil ξ_{lim} überschritten wird. Für dieses Tragelement müsste dann bei geänderten Abmessungen die Schalung umgebaut werden oder örtlich ein anderer Beton eingebaut werden. Daher wird besser in diesem einen Bauteil eine Druckbewehrung angeordnet. Sofern schon im Regelfall ξ_{lim} überschritten wird, ist eine Veränderung der Bauteilabmessungen oder der Betonfestigkeitsklasse wirtschaftlicher.

Durch die Druckbewehrung vergrößert sich die aufnehmbare innere Druckkraft, da der Betonstahl aufgrund seines gegenüber Beton größeren Elastizitätsmoduls bei derselben Dehnung erheblich größere Spannungen aufnehmen kann. Außerdem vergrößert sich der Hebelarm der inneren Kräfte durch die Druckbewehrung (**ABB 7.17**). Eine Druckbewehrung ist so anzuordnen, dass Rüttelgassen zum Einbringen des Betons verbleiben. Außerdem muss die Druckbewehrung gegen Ausknicken durch geschlossene Bügel gesichert werden.

Die Bemessung erfolgt durch Erweiterung der bereits bekannten Gln. (7.5), (7.47).

$$\lim M_{Ed} = \lim M_{Eds} + N_{Ed} \cdot z_{s1} \tag{7.68}$$

$$\Delta M_{Eds} = M_{Eds} - \lim M_{Eds} \tag{7.69}$$

$$A_{s1} = \frac{1}{\sigma_{s1}} \left(\frac{\lim M_{Eds}}{z} + \frac{\Delta M_{Eds}}{d - d_2} + N_{Ed} \right) \tag{7.70}$$

Das Grenztragmoment $\lim M_{Eds}$ kann z. B. mit den in **TAB 7.1** und **TAB 7.3** angegebenen Hilfsmitteln durch Umstellen der Gln. (7.22) bzw. (7.61) ermittelt werden.

Dimensionsechtes Verfahren: $\quad \lim M_{Eds} = \lim \mu_{Eds} \cdot b \cdot d^2 \cdot f_{cd} \tag{7.71}$

Dimensionsgebundenes Verfahren: $\lim M_{Eds} = b \cdot \left(\dfrac{d}{\lim k_d}\right)^2$ kNm=m$\left(\dfrac{cm}{1}\right)^2$ (7.72)

Das Grenztragmoment kann mit Hilfe von Gl. (7.39) bestimmt werden. Es beträgt für Betonfestigkeitsklassen ≤C50/60 $\lim \mu_{Eds} = 0{,}371$ (DIN 1045-1). Die Größe der Druckbewehrung ist

$$A_{s2} = \dfrac{1}{\sigma_{s2}} \cdot \dfrac{\Delta M_{Eds}}{d - d_2} \qquad (7.73)$$

$$d_2 = c_{nom} + d_{sbü} + \dfrac{d_{s2}}{2} \qquad (7.74)$$

Die Lage der Druckbewehrung und damit d_2 ist zunächst zu schätzen. Weiterhin wird bei der Bemessung der Druckbewehrung zunächst angenommen, dass die Stauchung in Höhe der Bewehrung ausreicht, um die Streckgrenze des Betonstahls zu erreichen. Diese Annahme ist am Ende der Bemessung zu überprüfen.

$$\varepsilon_{s2} = \left(|\varepsilon_{c2}| + \varepsilon_{s1}\right)\dfrac{d - d_2}{d} - \varepsilon_{s1} \stackrel{?}{>} \varepsilon_{yd} \qquad (7.75)$$

Beispiel 7.9: Biegebemessung mit Druckbewehrung (nach DIN 1045-1)

gegeben: – Außenbauteil
– Rechteckquerschnitt b/h = 25/75 cm
– Schnittgrößen M_{Ed} = 600 kNm; N_{Ed} = –200 kN
– Baustoffe C30/37 (Ortbeton); BSt 500

gesucht: erforderliche Bewehrung

Lösung:

est $d = 67{,}0$ cm | Ermitteln der Betondeckung und der statischen Höhe wie in Beispiel 7.2

$z_s = 67{,}0 - \dfrac{75}{2} = 29{,}5$ cm | (7.7): $z_s = d - \dfrac{h}{2}$

$M_{Eds} = 600 + 200 \cdot 0{,}295 = 659$ kNm | (7.5): $M_{Eds} = |M_{Ed}| - N_{Ed} \cdot z_s$

$\mu_{Eds} = \dfrac{0{,}659}{0{,}25 \cdot 0{,}67^2 \cdot 17} = 0{,}345$ | (7.22): $\mu_{Eds} = \dfrac{M_{Eds}}{b \cdot d^2 \cdot f_{cd}}$

$\xi = 0{,}565$ | TAB 7.1:

$\xi_{lim} = 0{,}45$ | TAB 7.4 für C30/37

$\xi = 0{,}565 > 0{,}45 = \xi_{lim} \Rightarrow$ Druckbewehrung erforderlich | (7.66): $\xi \le \xi_{lim}$

$\lim \mu_{Eds} = 0{,}296$ | (7.67) für C30/37

| (7.71):

$\lim M_{Eds} = 0{,}296 \cdot 0{,}25 \cdot 0{,}67^2 \cdot 17 \cdot 10^3 = 565$ kNm | $\lim M_{Eds} = \lim \mu_{Eds} \cdot b \cdot d^2 \cdot f_{cd}$

$\Delta M_{Eds} = 659 - 565 = 94$ kNm | (7.69): $\Delta M_{Eds} = M_{Eds} - \lim M_{Eds}$

$d_2 = 40 + 10 + \dfrac{16}{2} = 58$ mm | (7.74): $d_2 = c_{nom} + d_{sbü} + \dfrac{d_{s2}}{2}$

7 Nachweis für Biegung und Längskraft (Biegebemessung)

$\zeta = 0{,}813$; $\varepsilon_{s1} = 4{,}29\%_0$ | **TAB 7.1:** für $\xi_{\lim} = 0{,}45$

$z = 0{,}813 \cdot 0{,}67 = 0{,}545$ m | (7.23): $\zeta = \dfrac{z}{d}$

(7.70):

$$A_{s1} = \frac{1}{435}\left(\frac{565}{0{,}545} + \frac{94}{0{,}67 - 0{,}058} - 200\right) \cdot 10 = 22{,}8 \text{ cm}^2$$

$$A_{s1} = \frac{1}{f_{yd}}\left(\frac{\lim M_{Eds}}{z} + \frac{\Delta M_{Eds}}{d - d_2} + N_{Ed}\right)$$

gew: 5 ⌀25 mit 1. Lage 3 ⌀25; 2. Lage 2 ⌀25 | **TAB 4.1**

$A_{s,vorh} = 24{,}5 \text{ cm}^2 > 22{,}8 \text{ cm}^2 = A_{s,erf}$ | (7.55): $A_{s,vorh} \geq A_{s,erf}$

$\max d_s = \varnothing 25 \Rightarrow n = 3$ | **TAB 4.1:** Größte Anzahl von Stäben in einer Lage für $\max d_s$

$$e = \frac{3 \cdot 4{,}91 \cdot \frac{2{,}5}{2} + 2 \cdot 4{,}91 \cdot \left(2 \cdot 2{,}5 + \frac{2{,}5}{2}\right)}{5 \cdot 4{,}91}$$

(7.10): $e = \dfrac{\sum_i A_{si} \cdot e_i}{\sum_i A_{si}}$

$= 3{,}3$ cm

$d = 75 - 4{,}0 - 1{,}0 - 3{,}3$ | (7.9): $d = h - c_V - d_{sbü} - e$

$= 66{,}7$ cm $\approx 67{,}0$ cm $=$ est d

$$A_{s2} = \frac{1}{435} \cdot \frac{94}{0{,}667 - 0{,}058} \cdot 10 = 3{,}5 \text{ cm}^2$$

(7.73): $A_{s2} = \dfrac{1}{\sigma_{s2}} \cdot \dfrac{\Delta M_{Eds}}{d - d_2}$

gew: 2 ⌀16 mit vorh $A_{s,vorh} = 4{,}0$ cm² | **TAB 4.1:**

$A_{s,vorh} = 4{,}0 \text{ cm}^2 > 3{,}5 \text{ cm}^2 = A_{s,erf}$ | (7.55): $A_{s,vorh} \geq A_{s,erf}$

(7.75):

$\varepsilon_{s2} = \left(|-3{,}50| + 4{,}29\right)\dfrac{667 - 56}{667} - 4{,}29 = 2{,}85 > 2{,}17 = \varepsilon_{yd}$ | $\varepsilon_{s2} = \left(|\varepsilon_{c2}| + \varepsilon_{s1}\right)\dfrac{d - d_2}{d} - \varepsilon_{s1} \stackrel{?}{>} \varepsilon_{yd}$

Die Streckgrenze wird erreicht.

Das vorangehende gezeigte Verfahren ist anschaulich und zeigt deutlich den Anteil der Druckbewehrung an der gesamten Bewehrung. Für praktische Fälle kann der durch die Gln. (7.68) bis (7.73) zusätzliche Rechengang auch direkt in Bemessungshilfsmittel integriert werden. Dies ist in **TAB 7.2** (unterer Teil) geschehen. Die Zug- und die Druckbewehrung lassen sich mit folgenden Gln. bestimmen.

dimensionslos **TAB 7.2** (linker Teil): | *dimensionsgebunden* **TAB 7.2** (rechter Teil):

$$A_{s1} = \frac{\omega_1 \cdot \rho_1 \cdot b \cdot d \cdot f_{cd}}{f_{yd}} + \frac{N_{Ed}}{\sigma_{s1}} \quad (7.76)$$

$$A_{s1} = \frac{|M_{Eds}|}{d} \cdot k_{s1} \cdot \rho_1 + 10 \frac{N_{Ed}}{\sigma_{s1}} \quad (7.77)$$

$$A_{s2} = \frac{\omega_2 \cdot \rho_2 \cdot b \cdot d \cdot f_{cd}}{f_{yd}} \quad (7.78)$$

$$A_{s2} = \frac{|M_{Eds}|}{d} \cdot k_{s2} \cdot \rho_2 \quad (7.79)$$

Hierbei sind die Hilfsfaktoren ρ_i **TAB 7.6** zu entnehmen. Die Dezimale des Faktors ρ_1 kennzeichnet die Erhöhung der Biegezugbewehrung infolge der Druckbewehrung. In **TAB 7.2** wird auch für die Druckbewehrung der Verfestigungsbereich ausgenutzt. Daher ist die Stahlspannung in jedem Fall abhängig vom bezogenen Randabstand. Dies berücksichtigt der Faktor ρ_2.

dimensionslos	dimensions-gebunden	bezogener Randabstand der Druckbewehrung d_2/d							
ω_1-Wert in TAB 7.2	k_{s1}-Wert in TAB 7.2	0,03	0,05	0,07	0,09	0,11	0,13	0,15	0,17
ρ_1 ≤0,363	≤2,82	1,000	1,000	1,000	1,000	1,000	1,000	1,000	1,000
0,469	2,70	1,000	1,005	1,010	1,015	1,020	1,026	1,032	1,038
0,572	2,63	1,000	1,008	1,016	1,024	1,033	1,042	1,052	1,062
0,674	2,59	1,000	1,010	1,020	1,030	1,042	1,053	1,065	1,078
0,777	2,55	1,000	1,011	1,023	1,035	1,048	1,061	1,075	1,090
ρ_2		1,000	1,021	1,043	1,066	1,090	1,115	1,141	1,169

TAB 7.6: Hilfsfaktoren für Gln. (7.76) bis (7.79)

7.6 Biegebemessung von Plattenbalken

7.6.1 Begriff

Im Stahlbetonbau werden i. Allg. Unterzüge und Deckenplatten zusammen betoniert. Sie sind monolithisch miteinander verbunden, es entsteht ein T-förmiger Querschnitt (T-BEAM). Bei einer Belastung erfahren Platte und Balken am Anschnitt die gleiche Verformung. Bei positivem Biegemoment und oben liegender Platte liegt diese in der Druckzone. Da Platte und Balken monolithisch verbunden sind, beteiligt sich auch die Platte am Lastabtrag. Hierin besteht für den Stahlbetonbau die ideale Trägerform mit einem großen Betonquerschnitt in der Druckzone und einem kleinen (ohnehin auf Biegung nicht mitwirkenden) in der Zugzone. Die Zugzone reicht jedoch zur Unterbringung der Biegezugbewehrung aus. Einen derartigen Balken nennt man Plattenbalken [30] (**ABB 7.18**). Im Grenzzustand des Versagens reicht die Betondruckzone daher aus (Druckbewehrung ist nicht erforderlich), und der Betonstahl versagt; der Balken befindet sich im Bereich 2, d. h. $0 \le \varepsilon_{c2} < -3{,}50\,‰$ und $\varepsilon_s = \varepsilon_{s1} = 25\,‰$ (EC 2: 10 bzw. 20 ‰).

Weiterhin verrringert sich die Druckzonenhöhe gegenüber einem Querschnitt geringerer Breite. Hierdurch wächst der Hebelarm der inneren Kräfte, sodass die erforderliche Biegezugbewehrung geringer als bei einem Querschnitt kleinerer Breite ausfällt.

In **ABB 7.18** ist der Dehnungsverlauf über einen Plattenbalkenquerschnitt aufgetragen. Es ist ersichtlich, dass die

- Nulllinie in der Platte: $x \le h_f$ \hfill (7.80)

    oder

- Nulllinie im Steg: $x > h_f$ \hfill (7.81)

---

[30] Der Begriff Plattenbalken wird in diesem Buch ausschließlich aufgrund der äußeren Kontur benutzt. Im Hinblick auf die Biegebemessung liegt ein Plattenbalken nur vor, wenn die Nulllinie im Steg liegt. Um beide Sachverhalte zu unterscheiden, wird dieser Fall mit einem „rechnerischen Plattenbalken" bezeichnet. Ein rechnerischer Plattenbalken ist nicht ausschließlich an die Querschnittsform (und die Nulllinie) gebunden, auch ein Kastenquerschnitt oder I-förmiger Querschnitt können rechnerisch Plattenbalken sein.

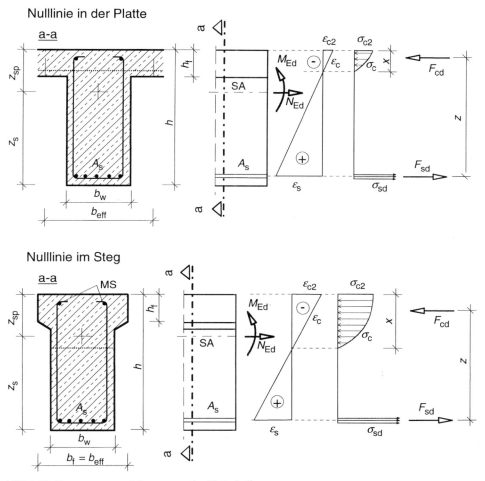

ABB 7.18: Verzerrungen und Spannungen im Plattenbalken

verlaufen kann. Es ist auch zu erkennen, dass im erstgenannten Fall kein Unterschied zum Rechteckquerschnitt vorliegt. Den Zusammenhang zwischen Verzerrungen und Spannungen liefert **ABB 7.5**. Im Unterschied zum Rechteckquerschnitt wirken die Betondruckspannungen (rechnerisch) jedoch nicht auf die Plattenbreite b, sondern auf die mitwirkende Plattenbreite b_{eff}.

7.6.2 Mitwirkende Plattenbreite

Aufgrund der schubfesten Verbindung zwischen Gurt und Steg wirken die Gurtplatten im stegnahen Bereich in vollem Umfang, mit zunehmender Entfernung vom Steg jedoch immer weniger mit. Rechnerisch kann dieses Tragverhalten mit der Elastizitätstheorie einer Scheibe erfasst werden. Da die Scheibentheorie für die alltägliche Praxis zu aufwendig ist, erfolgt die Berechnung mit einem Näherungsverfahren, das mit der „mitwirkenden (Platten-)Breite" arbeitet.

Betrachtet man die Druckspannungen aus der Tragwirkung des Plattenbalkens, so haben sie ihr Maximum im Steg und werden mit zunehmender Entfernung vom Steg kleiner (**ABB 7.19**). Bei

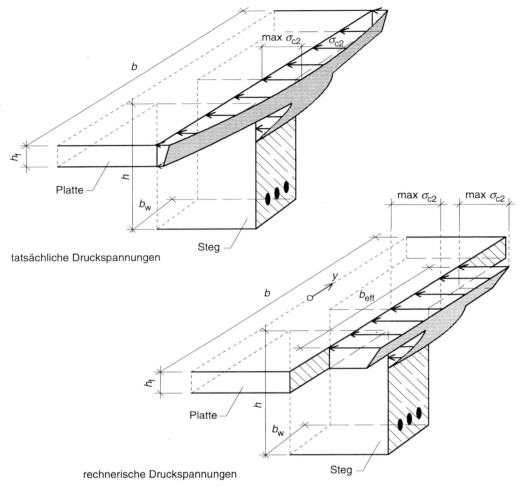

ABB 7.19: Verteilung der tatsächlichen und der rechnerischen Betondruckspannungen im Plattenbalken

sehr breiten Platten kann die Druckspannung in den vom Steg weit entfernten Plattenbereichen auch Null sein; hier beteiligt sich die Platte dann nicht mehr am Tragverhalten.

Die mitwirkende Plattenbreite b_{eff} ist diejenige Breite, die sich unter der Annahme einer rechteckigen Spannungsverteilung mit derselben maximalen Randspannung max σ_{c2} wie bei der tatsächlichen Spannungsverteilung ergibt, wenn in beiden Fällen die innere Betondruckkraft F_{cd} gleich sein soll. Die Dehnungsverteilung und damit auch die Nulllinienlage bleiben bei der Näherung unverändert. Für die Lage der Nulllinie im Steg (wie in **ABB 7.19**) lautet die Bestimmungsgleichung bei Symmetrie zu y = 0 (Koordinate z → **ABB 7.13**):

$$\int\limits_{y=0}^{\frac{b_w}{2}} \int\limits_{z=0}^{x} \sigma_c(y,z)\,dz\,dy + \int\limits_{y=\frac{b_w}{2}}^{\infty} \int\limits_{z=x-h_f}^{x} \sigma_c(y,z)\,dz\,dy \stackrel{!}{=} \frac{b_w}{2}\int\limits_{0}^{x} \sigma_c(0,z)\,dz + \frac{b_{eff}-b_w}{2}\int\limits_{x-h_f}^{x} \sigma_c(0,z)\,dz$$

Bei vorgegebener Geometrie h_f/d und Nulllinienlage ξ kann hieraus b_{eff} bestimmt werden. Dieser Sachverhalt ist in **ABB 7.20** nochmals für eine Platte mit mehreren Stegen, einem mehrstegigen

7 Nachweis für Biegung und Längskraft (Biegebemessung)

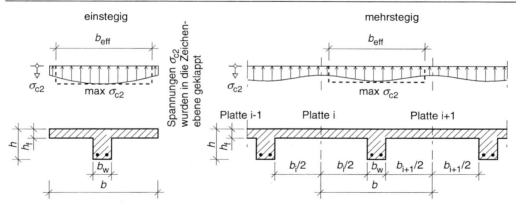

ABB 7.20: Die mitwirkende Plattenbreite

Plattenbalken, dargestellt. Die hierbei zugrunde zu legende Breite b zählt jeweils von Feldmitte in Platte i bis Feldmitte in Platte $i+1$.

Die mitwirkende Plattenbreite ist abhängig von

- den Dicken von Platte und Steg h_f/h
- der Balkenstützweite l_{eff}
- den Lagerungsbedingungen (gelenkig oder eingespannt), da hiervon der Abstand der Momentennullpunkte innerhalb der Stützweite abhängt
- der Belastungsart (Gleichlast oder Einzellast).

Die rechnerische Ermittlung der mitwirkenden Plattenbreite wurde in Kap. 5.2.3 gezeigt.

Beispiel 7.10: Ermittlung der mitwirkenden Plattenbreite nach DIN 1045-1

gegeben: Deckenplatte mit Unterzug gemäß Skizze (s. S. 146)
gesucht: die mitwirkenden Plattenbreiten

Lösung:

Feld 1:

$a_1 = \dfrac{0,30}{3} = 0,10 \text{ m}$ \hfill (5.2): $a_i = \dfrac{t}{3}$

$a_2 = \dfrac{0,30}{2} = 0,15 \text{ m}$ \hfill (5.6): $a_i = \dfrac{t}{2}$

$l_{eff} = 6,26 + 0,10 + 0,15 = 6,51 \text{ m}$ \hfill (5.1): $l_{eff} = l_n + a_1 + a_2$

$l_0 = 0,85 \cdot 6,51 = 5,53 \text{ m}$ \hfill (5.10): $l_0 = 0,85 \cdot l_{eff,1}$

$b_{eff,1} = 0,2 \cdot \dfrac{6,01}{2} + 0,1 \cdot 5,53$ \hfill (5.8):

$= 1,154 \text{ m} > \begin{cases} 1,106 \text{ m} = 0,2 \cdot 5,53 \\ 3,00 \text{ m} = \dfrac{6,01}{2} \end{cases}$ \hfill $b_{eff,i} = 0,2\, b_i + 0,1\, l_0 \leq \max \begin{cases} 0,2\, l_0 \\ b_i \end{cases}$

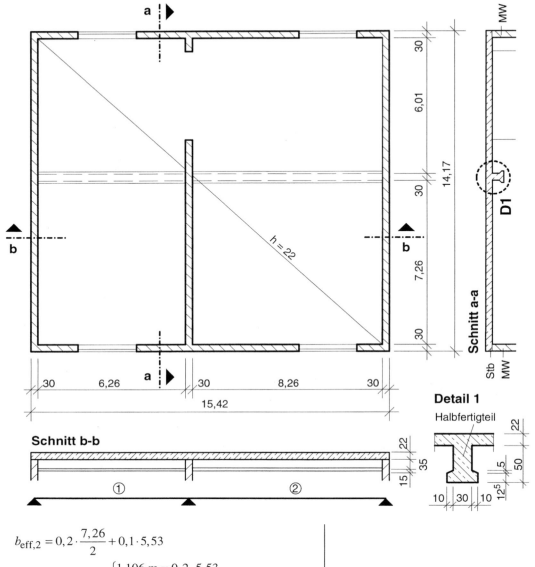

$$b_{\text{eff},2} = 0{,}2 \cdot \frac{7{,}26}{2} + 0{,}1 \cdot 5{,}53$$

$$= 1{,}279\,\text{m} > \begin{cases} 1{,}106\,\text{m} = 0{,}2 \cdot 5{,}53 \\ 3{,}63\,\text{m} = \dfrac{7{,}26}{2} \end{cases}$$

$$b_{\text{eff}} = 2 \cdot 1{,}106 + 0{,}30 = \underline{\underline{2{,}51\,\text{m}}}$$ \hfill (5.7): $b_{\text{eff}} = \sum_i b_{\text{eff},i} + b_w$

Feld 2:

$$a_1 = \frac{0{,}30}{2} = 0{,}15\,\text{m}$$ \hfill (5.6): $a_i = \dfrac{t}{2}$

$$a_2 = \frac{0{,}30}{3} = 0{,}10\,\text{m}$$ \hfill (5.2): $a_i = \dfrac{t}{3}$

$$l_{\text{eff}} = 8{,}26 + 0{,}10 + 0{,}15 = 8{,}51\,\text{m}$$ \hfill (5.1): $l_{\text{eff}} = l_n + a_1 + a_2$

7 Nachweis für Biegung und Längskraft (Biegebemessung)

$l_0 = 0,85 \cdot 8,51 = 7,23 \text{ m}$ | (5.10): $l_0 = 0,85 \cdot l_{eff,1}$

$b_{eff,1} = 0,2 \cdot \dfrac{6,01}{2} + 0,1 \cdot 7,23$ | (5.8):

$= \underline{1,324 \text{ m}} < \begin{cases} 1,446 \text{ m} = 0,2 \cdot 7,23 \\ 3,00 \text{ m} = \dfrac{6,01}{2} \end{cases}$ | $b_{eff,i} = 0,2\, b_i + 0,1\, l_0 \leq \max \begin{cases} 0,2\, l_0 \\ b_i \end{cases}$

$b_{eff,2} = 0,2 \cdot \dfrac{7,26}{2} + 0,1 \cdot 7,23$

$= 1,449 \text{ m} > \begin{cases} 1,446 \text{ m} = 0,2 \cdot 7,23 \\ 3,63 \text{ m} = \dfrac{7,26}{2} \end{cases}$

$b_{eff} = 1,324 + 1,446 + 0,30 = \underline{\underline{3,07 \text{ m}}}$ | (5.7): $b_{eff} = \sum_i b_{eff,i} + b_w$

Stütze:

$l_0 = 0,15 \cdot (6,51 + 8,51) = 2,25 \text{ m}$ | (5.12): $l_0 = 0,15 \cdot (l_{eff,1} + l_{eff,2})$

$b_{eff,1} = b_{eff,2} = 0,2 \cdot 0,10 + 0,1 \cdot 2,25$ | (5.8):

$= 0,245 \text{ m} > \begin{cases} 0,445 \text{ m} = 0,2 \cdot 2,25 \\ 0,1 \text{ m} \end{cases}$ | $b_{eff,i} = 0,2\, b_i + 0,1\, l_0 \leq \max \begin{cases} 0,2\, l_0 \\ b_i \end{cases}$

$b_{eff} = 2 \cdot 0,10 + 0,30 = \underline{\underline{0,50 \text{ m}}}$ | (5.7): $b_{eff} = \sum_i b_{eff,i} + b_w$

Auf eine weitere Abminderung nach Gl. (5.14), wie sie eigentlich an einem Auflager vorzunehmen wäre, wird in diesem Fall verzichtet, da die tatsächliche, sehr geringe Breite deutlich maßgebend wurde.

| (Fortsetzung mit Beispiel 7.12)

Beispiel 7.11: Ermittlung der mitwirkenden Plattenbreite nach EC 2

gegeben: Deckenplatte mit Unterzug gemäß Skizze auf S. 146
gesucht: die mitwirkende Plattenbreite in Feld 1

Lösung:

$a_1 = \dfrac{0,30}{3} = 0,10 \text{ m}$ | (5.2): $a_i = \dfrac{t}{3}$

$a_2 = \dfrac{0,30}{2} = 0,15 \text{ m}$ | (5.6): $a_i = \dfrac{t}{2}$

$l_{eff} = 6,26 + 0,10 + 0,15 = 6,51 \text{ m}$ | (5.1): $l_{eff} = l_n + a_1 + a_2$

$l_0 = 0,85 \cdot 6,51 = 5,53 \text{ m}$ | (5.10): $l_0 = 0,85 \cdot l_{eff,1}$

$b_{eff,1} = 0,1 \cdot 5,53 = 0,553 \text{ m} < 3,00 \text{ m} = \dfrac{6,01}{2}$ | (5.9): $b_{eff,i} = 0,1\, l_0 \leq b_i$

$b_{eff,2} = 0,1 \cdot 5,53 = 0,553 \text{ m} < 3,63 \text{ m} = \dfrac{7,26}{2}$ | (5.9): $b_{eff,i} = 0,1\, l_0 \leq b_i$

$b_{eff} = 2 \cdot 0,553 + 0,30 = \underline{\underline{1,41 \text{ m}}}$ | (5.7): $b_{eff} = \sum_i b_{eff,i} + b_w$

7.6.3 Bemessung bei rechteckiger Druckzone

Bei der Biegebemessung von Rechteckquerschnitten ist nur eine rechteckige Betondruckzone erforderlich. Die Querschnittsform im Zugbereich ist für die Biegebemessung beliebig, da die Zugfestigkeit des Betons rechnerisch null ist. Sofern die Nulllinie in der Platte liegt, unterscheidet sich die Biegebemessung des Plattenbalkens daher nicht von derjenigen des Rechteckquerschnitts. Es ist nur anstatt der Breite b die mitwirkende Plattenbreite b_{eff} und für z_s Gl. (7.6) zu verwenden.

$$z_s = d - z_{SP} \tag{7.6}$$

Vor der Bemessung ist die Lage der Nulllinie noch unbekannt. Deshalb wird zunächst angenommen, die Nulllinie verlaufe in der Platte, und diese Annahme wird nach der Bemessung überprüft. Wird die Annahme bestätigt, ist die Bemessung in Ordnung. Da selbst bei voll ausgenutzter Druckzone ($\varepsilon_{c2} = -3{,}50\,\%$) bei einer Stahldehnung $\varepsilon_s = 25\,\%$ die Druckzone nur ca. 10 % der Gesamthöhe des Trägers beträgt, ist dieser Fall die Regel. War ausnahmsweise die Annahme falsch, ist die Bemessung für eine Nulllinie im Steg zu wiederholen.

Beispiel 7.12: Biegebemessung eines Plattenbalkens (Nulllinie in der Platte)

gegeben:
– Hochbaudecke im Inneren eines Wohngebäudes gemäß Skizze von Beispiel 7.10 (s. S. 146)
– Baustoffgüten C20/25; BSt 500

gesucht:
– Lastannahmen
– Schnittgrößen des Unterzuges mit einem linearen Verfahren
– Biegebemessung im Feld 1 mit dimensionsgebundenem, im Feld 2 mit dimensionsechtem Verfahren

Lösung:

Lastannahmen:

Kunststoffbelag 1,0 cm	$0{,}15 \cdot 1{,}0 =$	$0{,}15$ kN/m²	[DIN 1055-1 – 02], 5.9
Anhydritestrich 5,0 cm	$0{,}22 \cdot 5 =$	$1{,}10$ kN/m²	[DIN 1055-1 – 02], 5.9
Konstruktionsbeton	$25 \cdot 0{,}22 =$	$5{,}50$ kN/m²	[DIN 1055-1 – 02], 5.1
Gipsdeckenputz 1,5 cm		$0{,}18$ kN/m²	[DIN 1055-1 – 02], 5.6
		$6{,}93$ kN/m²	
Eigenlast der Decke	$g_k =$	$7{,}00$ kN/m²	
Verkehrslast der Decke	$q_k =$	$1{,}50$ kN/m²	[DIN 1055-3 – 02], 6.1

Zur Ermittlung der Lasteinflussfläche für den Unterzug → [Avak – 02], S. 160

Eigenlast für den Unterzug:

Decke $\quad 7{,}00 \cdot \left[0{,}30 + 0{,}6 \cdot (6{,}01 + 7{,}26)\right] = 57{,}8$ kN/m

Unterzug $\quad 25 \cdot (0{,}50 \cdot 0{,}30 + 2 \cdot 0{,}10 \cdot 0{,}15) = \quad 4{,}5$ kN/m

$\qquad\qquad\qquad\qquad\qquad\qquad\qquad g_k = 62{,}3$ kN/m

Einwirkung aus Verkehr für den Unterzug:

$$q_k = 1{,}5 \cdot \left[0{,}30 + 0{,}6 \cdot (6{,}01 + 7{,}26)\right] = 12{,}4 \text{ kN/m}$$

7 Nachweis für Biegung und Längskraft (Biegebemessung)

Geometrische Werte:
Feld 1: $l_{\text{eff},1} = 6{,}51$ m; $b_{\text{eff},1} = 2{,}51$ m
Feld 2: $l_{\text{eff},2} = 8{,}51$ m ; $b_{\text{eff},2} = 3{,}07$ m
Stütze: $b_{\text{eff,St}} = 0{,}50$ m

vgl. Beispiel 7.10

Beanspruchungen:
$l_{\text{eff},1} : l_{\text{eff},2} = 6{,}51 : 8{,}51 = 1 : 1{,}31 \sim 1 : 1{,}30$

Die Schnittgrößen werden mit [Schneider – 02] S. 4.19 (Abschnitt 4 - Baustatik Kap. 1.4.3 ermittelt.

Beanspruchung		LF G	LF Q	Superposition zu Extremalschnittgrößen
max M_1	kNm	140	52	$1{,}35 \cdot 140 + 1{,}50 \cdot 52 = 267$
max M_2	kNm	351	82	$1{,}35 \cdot 351 + 1{,}50 \cdot 82 = 597$
max M_B	kNm	−459	−91	$1{,}35 \cdot (-459) + 1{,}50 \cdot (-91) = -756$
max V_A	kN	132	36	$1{,}35 \cdot 132 + 1{,}50 \cdot 36 = 232$
min $V_{B\text{li}}$	kN	−273	−54	$1{,}35 \cdot (-273) + 1{,}50 \cdot (-54) = -450$
max V_{Br}	kN	318	63	$1{,}35 \cdot 318 + 1{,}50 \cdot 63 = 524$
min V_C	kN	−209	−45	$1{,}35 \cdot (-209) + 1{,}50 \cdot (-45) = -350$

(6.5):
$\sum \gamma_{G,i} \cdot G_{k,i}$
$+ \gamma_P \cdot P_k \oplus \gamma_{Qj} \cdot Q_{kj}$
$\oplus \sum \gamma_{Q,i} \cdot \psi_{0,i} \cdot Q_{k,i}$

Nachweis für Biegung
Feld 1:
$M_{\text{Eds}} = |267| - 0 = 267$ kNm

est $d = 72 - 4{,}5 = 67{,}5$ cm

$\gamma_c = 1{,}50$

$f_{cd} = \dfrac{0{,}85 \cdot 20}{1{,}50} = 11{,}3$ N/mm^2

$k_{dc} = \dfrac{67{,}5}{\sqrt{\dfrac{|267|}{2{,}51}}} \cdot \sqrt{11{,}3} = 22{,}0$

$k_{s1} \approx 2{,}22$; $\zeta = 0{,}98$; $\xi \approx 0{,}044$; $\sigma_s = 457$ N/mm^2

$x = 0{,}044 \cdot 67{,}5 = 3$ cm < 22 cm $= h_f$

→ rechnerischer Rechteckquerschnitt

$A_{s1} = \dfrac{|267|}{67{,}5} \cdot 2{,}22 \cdot 1{,}0 + 10 \dfrac{0}{457} = 8{,}8$ cm^2

gew: 5 $\varnothing$16 mit
$A_{s,\text{vorh}} = 10{,}1$ cm^2 $> 8{,}8$ cm^2 $= A_{s,\text{erf}}$
max $d_s = \varnothing 16 \Rightarrow n = 11$ (für $b = 50$ cm)

(7.5): $M_{\text{Eds}} = |M_{\text{Ed}}| - N_{\text{Ed}} \cdot z_s$
(7.8): est $d = h - (4$ bis $10)$
(2.15): Grundkombination und Ortbeton
(2.14): $f_{cd} = \dfrac{\alpha \cdot f_{ck}}{\gamma_c}$

(7.59): $k_{dc} = \dfrac{d}{\sqrt{\dfrac{|M_{\text{Eds}}|}{b}}} \cdot \sqrt{f_{cd}}$

TAB 7.2:

(7.24): $\xi = \dfrac{x}{d}$

(7.77):
$A_{s1} = \dfrac{|M_{\text{Eds}}|}{d} \cdot k_{s1} \cdot \rho_1 + 10 \dfrac{N_{\text{Ed}}}{\sigma_{s1}}$

TAB 4.1
(7.55): $A_{s,\text{vorh}} \geq A_{s,\text{erf}}$

TAB 4.1: Größte Anzahl von Stäben in einer Lage für max d_s

$d = 72 - 2,5 - 1,0 - 0,8$
$ = 67,7 \text{ cm} \approx 67,5 \text{ cm} = \text{est } d$

$z = 0,98 \cdot 0,675 = 0,662 \text{ m}$

$f_{\text{ctm}} = 2,2 \text{ N/mm}^2$

$W \approx 0,039 \text{ m}^3$

$A_{s,\min} = \dfrac{2,2 \cdot 0,039}{0,662 \cdot 500} \cdot 10^4 = 2,59 \text{ cm}^2 < 10,1 \text{ cm}^2$

Feld 2:

$M_{\text{Eds}} = |597| - 0 = 597 \text{ kNm}$

$\mu_{\text{Eds}} = \dfrac{0,597}{3,07 \cdot 0,675^2 \cdot 11,3} = 0,038$

$\omega_1 \approx 0,039$; $\xi \approx 0,066$; $\zeta = 0,98$; $\sigma_s = 457 \text{ N/mm}^2$

$x = 0,066 \cdot 67,5 = 4,5 \text{ cm} < 22 \text{ cm} = h_f$

$A_{s1} = \left(\dfrac{0,039 \cdot 1,0 \cdot 3,07 \cdot 0,675 \cdot 11,3}{435} + 0 \right) \cdot 10^4$

$\phantom{A_{s1}} = 21,0 \text{ cm}^2$

gew: 5 ⌀16 + 4 ⌀20 mit

$A_{s,\text{vorh}} = 22,7 \text{ cm}^2 > 21,0 \text{ cm}^2 = A_{s,\text{erf}} > A_{s,\min}$

$\max d_s = \varnothing 20 \Rightarrow n = 10$ (für $b = 50$ cm)

Stütze:

$\Delta M_B = (1 - 0,95) \cdot (-756) = -38 \text{ kNm}$

$M_{\text{cal}} = -756 + 38 = -718 \text{ kNm}$

$V_{\text{Bli,cal}} = -450 + \dfrac{38}{6,51} = -444 \text{ kN}$

$V_{\text{Br,cal}} = 524 - \dfrac{38}{8,51} = 520 \text{ kN}$

$\Delta M = (444 + 520) \cdot \dfrac{0,30}{8} = 36 \text{ kNm}$

$M_{\text{Ed}} = |-718| - |36| = 682 \text{ kNm}$

$M_{\text{Eds}} = |682| - 0 = 682 \text{ kNm}$

$\mu_{\text{Eds}} = \dfrac{0,682}{0,50 \cdot 0,675^2 \cdot 11,3} = 0,26$

$\omega_1 = 0,2946$; $\xi = 0,364$

Verwendet wird hochduktiler Betonstabstahl

(7.9): $d = h - c_V - d_{\text{sbü}} - e$

(7.23): $\zeta = \dfrac{z}{d}$

TAB 2.5: C20/25

z. B. [Schneider – 02], S. 4.30

(7.89): $A_{s,\min} = \dfrac{f_{\text{ctm}} \cdot W}{z \cdot f_{\text{yk}}}$

(7.5): $M_{\text{Eds}} = |M_{\text{Ed}}| - N_{\text{Ed}} \cdot z_s$

(7.22): $\mu_{\text{Eds}} = \dfrac{M_{\text{Eds}}}{b \cdot d^2 \cdot f_{\text{cd}}}$

TAB 7.2:

(7.24): $\xi = \dfrac{x}{d}$

(7.76):

$A_{s1} = \dfrac{\omega_1 \cdot \rho_1 \cdot b \cdot d \cdot f_{\text{cd}}}{f_{\text{yd}}} + \dfrac{N_{\text{Ed}}}{\sigma_{s1}}$

TAB 4.1

(7.55): $A_{s,\text{vorh}} \geq A_{s,\text{erf}}$

TAB 4.1: Größte Anzahl von Stäben in einer Lage für max d_s

Das Stützmoment soll um 5 % umgelagert werden.

(5.17): $1 - \delta = \dfrac{\Delta M}{M_{\text{el}}}$

(7.17): $M_{\text{cal}} = M_{\text{el}} - \Delta M$

Korrektur der nach Elastizitätstheorie berechneten Querkräfte um den Anteil aus der Stützmomentenänderung

(7.15): $\Delta M = F_{\text{Ed,sup}} \cdot \dfrac{b_{\text{sup}}}{8}$

(7.14): $M_{\text{Ed}} = |M_{\text{el}}| - |\Delta M|$

(7.5): $M_{\text{Eds}} = |M_{\text{Ed}}| - N_{\text{Ed}} \cdot z_s$

(7.22): $\mu_{\text{Eds}} = \dfrac{M_{\text{Eds}}}{b \cdot d^2 \cdot f_{\text{cd}}}$

TAB 7.1: abgelesen bei $\mu_{\text{Eds}} = 0,25$

$$\delta_{\lim} = \max \begin{cases} 0{,}64 + 0{,}8 \cdot 0{,}364 = \underline{0{,}93} < 0{,}95 \\ 0{,}70 \end{cases}$$

$x = 0{,}364 \cdot 67{,}5 = 24{,}6 \text{ cm} > 15 \text{ cm} = h_f$

→ Nulllinie im Steg, rechnerischer Plattenbalken

TAB 5.3: $\delta_{\lim} = \max \begin{cases} 0{,}64 + 0{,}8\, \xi \\ 0{,}70 \end{cases}$

(7.24): $\xi = \dfrac{x}{d}$

Fortsetzung mit Beispiel 7.15

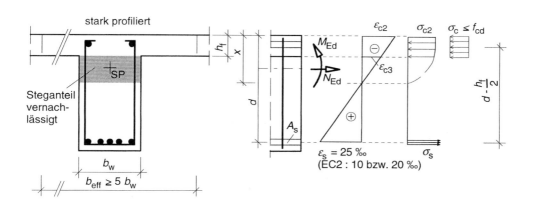

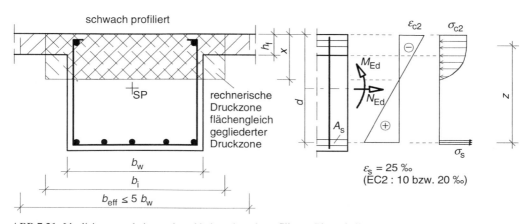

ABB 7.21: Idealisierungen beim stark und beim schwach profilierten Plattenbalken

7.6.4 Bemessung bei gegliederter Druckzone

Eine gegliederte Druckzone liegt vor, wenn die Nulllinie im Steg liegt. Dann befinden sich die gesamte Platte und ein Teil des Steges im Druckbereich (**ABB 7.18**). Es liegt auch rechnerisch ein Plattenbalken vor. Für die Bemessung ist zunächst zu unterscheiden, ob die Plattenbreite sehr viel größer als die Stegbreite ist. Wenn die Plattenbreite sehr viel größer ist, liegt ein stark profilierter Plattenbalken [31], andernfalls ein schwach profilierter (**ABB 7.21**) vor.

- stark profilierter Plattenbalken: $\quad \dfrac{b_{\text{eff}}}{b_w} \geq 5{,}0 \quad$ (7.82)

- schwach profilierter Plattenbalken: $\quad \dfrac{b_{\text{eff}}}{b_w} < 5{,}0 \quad$ (7.83)

Stark profilierter Plattenbalken:

Der stark profilierte Plattenbalken mit Nulllinie im Steg tritt im üblichen Hochbau relativ selten auf, da dieser Fall nur bei sehr dünnen Platten wahrscheinlich ist. Bei einem stark profilierten Plattenbalken ist der Plattenanteil der weitaus überwiegende, da

- die Plattenfläche sehr viel größer als die gestauchte Teilfläche des Steges ist
- die Randstauchungen in der Platte und damit die Spannungen größer als diejenigen im Steg sind
- der Hebelarm des inneren Betondruckkraftanteils der Platte größer als derjenige des Steges ist.

„Auf der sicheren Seite" liegend, kann daher der Steganteil vernachlässigt werden. Dann liegt ein Querschnitt vor, bei dem nur noch die gesamte Platte Druckspannungen unterworfen ist (**ABB 7.21**).

Näherungsweise kann davon ausgegangen werden, dass die resultierende Biegedruckkraft in Plattenmitte auftritt (dies ist immer dann genau, wenn $\varepsilon_{c3} \geq 2{,}00\,‰$ ist). Weiterhin ist bei stark profilierten Plattenbalken die Stahlspannung ausgenutzt, d. h. $\sigma_{sd} = f_{yd}$. Die erforderliche Biegezugbewehrung erhält man aus Gl. (7.47):

$$A_s = \dfrac{1}{\sigma_{sd}} \cdot \left(\dfrac{M_{Eds}}{z} + N_{Ed} \right) = \dfrac{1}{\sigma_{sd}} \cdot \left(\dfrac{M_{Eds}}{d - \dfrac{h_f}{2}} + N_{Ed} \right) \quad (7.84)$$

Die Druckzone wird im Regelfall ausreichend groß sein. Sofern hieran Zweifel bestehen, kann der Nachweis über einen Spannungsnachweis erfolgen.

$$\sigma_c = \dfrac{M_{Eds}}{A_{cf} \cdot z} = \dfrac{M_{Eds}}{b_{\text{eff}} \cdot h_f \cdot \left(d - \dfrac{h_f}{2}\right)} \leq f_{cd} \quad (7.85)$$

---

[31] Andere gebräuchliche Bezeichnungen: schlanker Plattenbalken (= stark profilierter Plattenbalken) bzw. gedrungener Plattenbalken (= schwach profilierter Plattenbalken).

Beispiel 7.13: Biegebemessung eines stark profilierten Plattenbalkens (Nulllinie im Steg)

gegeben:
- Platte mit Unterzug lt. Skizze [32]
- Beanspruchungen
  M_{Ed} = 700 kNm;
  N_{Ed} = 100 kN
- Baustoffe C30/37 (Ortbeton); BSt 500

gesucht: erforderliche Bewehrung

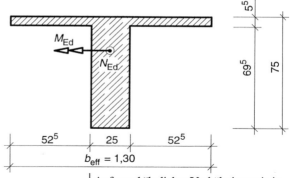

Lösung:

est d = 66,6 cm

$$z_{SP} = \frac{(1,30-0,25)\cdot 0,055^2 + 0,25 \cdot 0,75^2}{2\left[(1,30-0,25)\cdot 0,055 + 0,25 \cdot 0,75\right]} = 0,293 \text{ m}$$

z_s = 0,666 − 0,293 = 0,373 m

M_{Eds} = 700 − 100 · 0,373 = 663 kNm

γ_c = 1,50

$f_{cd} = \dfrac{0,85 \cdot 30}{1,50} = 17 \text{ N/mm}^2$

$\mu_{Eds} = \dfrac{0,663}{1,30 \cdot 0,666^2 \cdot 17} = 0,068$

ξ = 0,10
x = 0,10 · 66,6 = 6,7 cm

x = 6,7 cm > 5,5 cm > h_f ⇒ Nulllinie im Steg

$\dfrac{b_{eff}}{b_w} = \dfrac{1,30}{0,25} = 5,2 > 5,0$ ⇒ stark profilierter Plattenbalken

$A_s = \dfrac{1}{435} \cdot \left(\dfrac{663}{0,666 - \dfrac{0,055}{2}} + 100\right) \cdot 10 = \underline{\underline{26,2 \text{ cm}^2}}$

gew: 2 ⌀28 + 3 ⌀25 mit 1. Lage 2 ⌀28 + ⌀25; 2. Lage 2 ⌀25

$A_{s,vorh}$ = 27,0 cm² > 26,2 cm² = $A_{s,erf}$

max d_s = ⌀28 ⇒ n = 3

Aufgrund ähnlicher Verhältnisse wie in Beispiel 7.2 wird der dort ermittelte Wert übernommen.

$z_{SP} = \dfrac{(b_{eff}-b_w)\cdot h_f^2 + b_w \cdot h^2}{2\left[(b_{eff}-b_w)\cdot h_f + b_w \cdot h\right]}$

(z. B. [Schneider – 02], S. 4.30)

(7.6): $z_s = d - z_{SP}$

(7.5): $M_{Eds} = |M_{Ed}| - N_{Ed} \cdot z_s$

(2.15): Grundkombination und Ortbeton

(2.14): $f_{cd} = \dfrac{\alpha \cdot f_{ck}}{\gamma_c}$

(7.22): $\mu_{Eds} = \dfrac{M_{Eds}}{b \cdot d^2 \cdot f_{cd}}$

ABB 7.15

(7.24): $\xi = \dfrac{x}{d}$

(7.81): $x > h_f$

(7.82): $\dfrac{b_{eff}}{b_w} \geq 5,0$

(7.84): $A_s = \dfrac{1}{\sigma_{sd}} \cdot \left(\dfrac{M_{Eds}}{d - \dfrac{h_f}{2}} + N_{Ed}\right)$

TAB 4.1

(7.55): $A_{s,vorh} \geq A_{s,erf}$

TAB 4.1: Größte Anzahl von Stäben in einer Lage für max d_s

---

[32] Es handelt sich um ein Halbfertigteil mit später herzustellendem Aufbeton auf der Platte. Die Beanspruchungen sollen aus dem Betonierzustand des Aufbetons herrühren.

$$e = \frac{12{,}3 \cdot \frac{2{,}8}{2} + 4{,}91 \cdot \frac{2{,}5}{2} + 9{,}82 \cdot \left(2 \cdot 2{,}8 + \frac{2{,}5}{2}\right)}{12{,}3 + 3 \cdot 4{,}91} = 3{,}4 \text{ cm} \quad \Big| \quad (7.10): e = \frac{\sum\limits_{i} A_{\text{si}} \cdot e_{\text{i}}}{\sum\limits_{i} A_{\text{si}}}$$

$$d = 75 - 4{,}0 - 1{,}0 - 3{,}4 = 66{,}6 \text{ cm} = \text{est } d \quad \Big| \quad (7.9): d = h - c_{\text{V}} - d_{\text{sbü}} - e$$

$$\sigma_{\text{c}} = \frac{663 \cdot 10^{-3}}{1{,}30 \cdot 0{,}055 \cdot \left(0{,}667 - \frac{0{,}055}{2}\right)} \quad \Big| \quad (7.85): \sigma_{\text{c}} = \frac{M_{\text{Sds}}}{b_{\text{eff}} \cdot h_{\text{f}} \cdot \left(d - \frac{h_{\text{f}}}{2}\right)} \leq f_{\text{cd}}$$

$$= 14{,}5 \text{ N/mm}^2 \leq 17 \text{ N/mm}^2$$

Eine genauere Biegebemessung an einem derartigen Plattenbalken läßt sich durchführen, indem die Bemessungstabelle für Rechteckquerschnitte (**TAB 7.1** bis **TAB 7.3**) verwendet wird. Zunächst wird ein Rechteckquerschnitt der Breite des Plattenbalkens bemessen, und die Stauchung ε_{c3} in Höhe des Steganschnitts wird bestimmt. Die hierbei angenommene Fläche der Druckzone unterhalb des Steganschnitts ist jedoch nicht vorhanden. Daher wird das aufnehmbare Moment eines Querschnitts derselben Breite, aber mit der Bauteilhöhe des Steges abgezogen, wobei die Stauchung am oberen Rand diejenige des Steganschnitts ist (**ABB 7.22**). Wird dieser Gedankengang in allgemeiner Form durchgeführt, erhält man Bemessungstabellen für stark profilierte Plattenbalken, wobei diese wieder in dimensionsechter oder dimensionsbehafteter Form aufgestellt werden können (**TAB 7.7**).

Gegenüber der Bemessungstabelle für Rechteckquerschnitte ist nur ein zusätzlicher Tabelleneingangswert, die bezogene Plattendicke h_{f}/d, erforderlich. Da die Bemessungstabelle für Plattenbalken unabhängig von der Betonfestigkeitsklasse vertafelt ist, wurde die Rechenfestigkeit in die Gleichung für k'_{d} aufgenommen:

$$k'_{\text{d}} = k_{\text{d}} \cdot \sqrt{f_{\text{ck}}} \qquad (1 = 1 \cdot \sqrt{\text{N}/\text{mm}^2}) \qquad (7.86)$$

Sofern durch eine vorgeschaltete Bemessung mit der Bemessungstabelle für Rechteckquerschnitte bereits festgestellt wurde, dass die Nulllinie im Steg liegt, wird in jedem Fall in der Tabelle für Plattenbalken der k'_{d}-Wert angetroffen. Wenn keine vorgeschaltete Bemessung durchgeführt wurde und kein passender k'_{d}-Wert in **TAB 7.3** angetroffen wird, heißt dies, dass die Nulllinie in der Platte liegt. Die Bemessungstabelle wird angewendet, indem zunächst der für die vorhandene bezogene Plattendicke h_{f}/d geltende Tabellenblock herausgesucht wird. Aus diesem Block werden analog zum Vorgehen bei Rechteckquerschnitten die Werte k_{s}, ξ, ζ herausgesucht. Die Stauchung ε_{c3} ist diejenige an der Plattenunterkante.

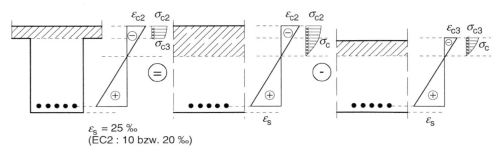

ABB 7.22: Biegebemessung unter Vernachlässigung des Steganteils mit der Bemessungstabelle für Rechteckquerschnitte

7 Nachweis für Biegung und Längskraft (Biegebemessung)

$\frac{h_f}{d}$	k'_d	k_s	ζ	ξ	$-\varepsilon_{c2}$ ‰	$-\varepsilon_{c3}$ ‰	$\frac{h_f}{d}$	k'_d	k_s	ζ	ξ	$-\varepsilon_{c2}$ ‰	$-\varepsilon_{c3}$ ‰
0,01	70,5	2,31	1,00	0,02	0,50	0,30	0,06	21,7	2,36	0,98	0,07	1,50	0,21
	50,6	2,31	1,00	0,05	1,00	0,79		18,8	2,36	0,97	0,09	2,00	0,68
	44,2	2,31	1,00	0,07	1,50	1,28		17,8	2,37	0,97	0,11	2,50	1,15
	42,2	2,31	1,00	0,09	2,00	1,78		17,4	2,37	0,97	0,13	3,00	1,62
	42,1	2,31	1,00	0,11	2,50	2,28		17,4	2,37	0,97	0,15	3,50	2,09
	42,1	2,31	1,00	0,13	3,00	2,77	0,07	18,0	2,37	0,97	0,09	2,00	0,46
	42,1	2,31	1,00	0,15	3,50	3,27		16,7	2,38	0,97	0,11	2,50	0,93
0,02	57,4	2,32	0,99	0,02	0,50	0,09		16,3	2,38	0,97	0,13	3,00	1,39
	37,6	2,32	0,99	0,05	1,00	0,58		16,2	2,38	0,97	0,15	3,50	1,86
	32,0	2,32	0,99	0,07	1,50	1,07	0,08	17,5	2,38	0,97	0,09	2,00	0,24
	30,1	2,32	0,99	0,09	2,00	1,56		16,0	2,39	0,96	0,11	2,50	0,70
	29,9	2,32	0,99	0,11	2,50	2,05		15,4	2,39	0,96	0,13	3,00	1,16
	29,9	2,32	0,99	0,13	3,00	2,54		15,2	2,40	0,96	0,15	3,50	1,62
	29,9	2,32	0,99	0,15	3,50	3,03	0,09	17,4	2,38	0,97	0,09	2,00	0,02
0,03	32,6	2,33	0,99	0,05	1,00	0,37		15,5	2,40	0,96	0,11	2,50	0,47
	26,9	2,33	0,99	0,07	1,50	0,86		14,7	2,40	0,96	0,13	3,00	0,93
	24,9	2,33	0,99	0,09	2,00	1,34		14,4	2,41	0,96	0,15	3,50	1,38
	24,5	2,34	0,99	0,11	2,50	1,83	0,10	15,2	2,40	0,96	0,11	2,50	0,25
	24,4	2,34	0,99	0,13	3,00	2,31		14,2	2,41	0,95	0,13	3,00	0,70
	24,4	2,34	0,99	0,15	3,50	2,80		13,8	2,42	0,95	0,15	3,50	1,15
0,04	30,5	2,34	0,98	0,05	1,00	0,16	0,11	15,1	2,40	0,96	0,11	2,50	0,03
	24,2	2,34	0,98	0,07	1,50	0,64		13,8	2,42	0,95	0,13	3,00	0,47
	21,9	2,35	0,98	0,09	2,00	1,12		13,3	2,43	0,95	0,15	3,50	0,92
	21,3	2,35	0,98	0,11	2,50	1,60	0,12	13,6	2,43	0,95	0,13	3,00	0,24
	21,2	2,35	0,98	0,13	3,00	2,08		12,9	2,44	0,94	0,15	3,50	0,68
	21,2	2,35	0,98	0,15	3,50	2,56	0,13	13,0	2,44	0,94	0,14	3,25	0,23
0,05	22,6	2,35	0,98	0,07	1,50	0,42		12,7	2,45	0,94	0,15	3,50	0,45
	20,1	2,36	0,98	0,09	2,00	0,90	0,14	12,5	2,45	0,94	0,15	3,50	0,21
	19,2	2,36	0,98	0,11	2,50	1,38							
	19,0	2,36	0,98	0,13	3,00	1,85							
	19,0	2,36	0,98	0,15	3,50	2,33							

TAB 7.7: Bemessungstabelle für stark profilierte Plattenbalken für Betonstahl BSt 500 für **EC 2**

Beispiel 7.14: Biegebemessung eines stark profilierten Plattenbalkens nach EC 2 (Nullinie im Steg)

gegeben: – Platte mit Unterzug lt. Skizze in Beispiel 7.13 ($\rightarrow$ S. 153)
– Schnittgrößen $M_{Sd} = 700$ kNm; $N_{Sd} = 100$ kN
– Baustoffe C30/37 (Ortbeton); BSt 500

gesucht: erforderliche Bewehrung

Lösung:

est $d = 67,5$ cm

$$z_{SP} = \frac{(1,30-0,25)\cdot 0,055^2 + 0,25\cdot 0,75^2}{2\left[(1,30-0,25)\cdot 0,055 + 0,25\cdot 0,75\right]} = 0,293 \text{ m}$$

$z_s = 0,675 - 0,293 = 0,382$ m

$M_{Sds} = 700 - 100\cdot 0,382 = 662$ kNm

$k_d = \dfrac{67,5}{\sqrt{\dfrac{662}{1,30}}} = 2,99$

$k_d = 2,75: \xi = 0,11$

$x = 0,11\cdot 67,5 = 7,4$ cm

$x = 7,4$ cm $> 5,5$ cm $> h_f \Rightarrow$ Nulllinie im Steg

$\dfrac{b_{eff}}{b_w} = \dfrac{1,30}{0,25} = 5,2 > 5,0 \Rightarrow$ stark profilierter Plattenbalken

$\dfrac{h_f}{d} = \dfrac{5,5}{67,5} = 0,081 \approx 0,08$

$k'_d = 2,99\cdot \sqrt{30} = 16,4$

$k'_d = 16,0: \quad k_s = 2,39$

$A_s = \dfrac{662}{67,5}\cdot 2,39 + 10\dfrac{100}{435} = 25,7$ cm²

gew: 5 ⌀25 mit $A_{s,vorh} = 24,5$ cm²
    1. Lage 3 ⌀25 ; 2. Lage 2 ⌀25

$A_{s,vorh} = 24,5$ cm² $\approx 24,7$ cm² $= A_{s,erf}$

$e = \dfrac{3\cdot 4,91\cdot \dfrac{2,5}{2} + 2\cdot 4,91\cdot \left(2\cdot 2,5 + \dfrac{2,5}{2}\right)}{5\cdot 4,91}$

$= 3,3$ cm

$d = 75 - 3,5 - 1,0 - 3,3$

$= 67,2$ cm $\approx 67,5$ cm $=$ est d

Aufgrund ähnlicher Verhältnisse wie in Beispiel 7.7 wird die seinerzeitige Schätzung hier übernommen.

$$z_{SP} = \frac{(b_{eff}-b_w)\cdot h_f^2 + b_w\cdot h^2}{2\left[(b_{eff}-b_w)\cdot h_f + b_w\cdot h\right]}$$

(z. B. [Schneider – 02], S. 4.30)

(7.6): $z_s = d - z_{SP}$

(7.5): $M_{Sds} = |M_{Sd}| - N_{Sd}\cdot z_s$

(7.61): $k_d = \dfrac{d}{\sqrt{\dfrac{|M_{Sds}|}{b}}}$ $\left(\dfrac{\text{cm}}{\sqrt{\dfrac{\text{kNm}}{\text{m}}}}\right)$

TAB 7.3: Der nächstkleinere vertafelte Wert von k_d ist zu verwenden; C30

(7.24): $\xi = \dfrac{x}{d}$

(7.81): $x > h_f$

(7.82): $\dfrac{b_{eff}}{b_w} \geq 5,0$

(7.86): $k'_d = k_d\cdot \sqrt{f_{ck}}$ [33]

TAB 7.7:

(7.62): $A_s = \dfrac{|M_{Sds}|}{d} k_s + 10\dfrac{N_{Sd}}{f_{yd}}$

$\left(\text{cm}^2 = \dfrac{\text{kNm}}{\text{cm}}\cdot 1 + 1\cdot \dfrac{\text{kN}}{\dfrac{\text{N}}{\text{mm}^2}}\right)$

TAB 4.1

(7.55): $A_{s,vorh} \geq A_{s,erf}$

(7.10): $e = \dfrac{\sum_i A_{si}\cdot e_i}{\sum_i A_{si}}$

(7.9): $d = h - c_V - d_{sbü} - e$

(Fortsetzung mit Beispiel 7.18)

---

[33] Der Faktor $\alpha = 0,85$ ist im EC 2 nicht in f_{cd} enthalten, sondern implizit in den Bemessungstabellen

Schwach profilierter Plattenbalken:

Der schwach profilierte Plattenbalken mit Nulllinie im Steg tritt im Fertigteilbau auf, z. B. bei I-Trägern.

Die zum Gleichgewicht erforderliche innere Betondruckkraft F_{cd} setzt sich aus einem Platten- und einem Steganteil zusammen (**ABB 7.21**). Bei einem schwach profilierten Plattenbalken ist die mitwirkende Plattenbreite nicht wesentlich größer als die Stegbreite. Der Anteil des Steges an den Druckkräften kann daher nicht vernachlässigt werden. Da eine exakte Berechnung mit gegliederter Druckzone sehr umständlich ist, wird eine Näherungsberechnung durchgeführt [Grasser – 79]. Hierbei wandelt man die T-förmige Druckzone der Breite b_{eff} in eine rechteckige Fläche mit der ideellen Breite b_i um. Bedingung ist hierbei, dass die Druckkräfte in der Betondruckzone in beiden Fällen gleich groß sind (**ABB 7.21**). Die Ersatzbeite wird mit **TAB 7.8** und Gl. (7.87) ermittelt:

$$b_i = \lambda_b \cdot b_{eff} \qquad (7.87)$$

Der Hebelarm der inneren Kräfte bei einem Querschnitt mit der Ersatzbreite b_i ist geringfügig kleiner als beim wirklich vorhandenen Querschnitt; deshalb liegt die Bemessung auf der sicheren Seite. Die Bemessung erfolgt in Form einer Iteration; häufig ist jedoch der 1. Iterationsschritt ausreichend genau.

Vorgehen zur Bemessung:

1. Verhältnisse b_{eff}/b_w und h_f/d bestimmen
2. ξ schätzen (sofern bereits eine Biegebemessung für einen Rechteckquerschnitt durchgeführt wurde, jenen ξ-Wert als Schätzung benutzen, evtl. est ξ etwas erhöhen)
3. aus **TAB 7.8** λ_b entnehmen
4. Ersatzbreite b_i mit Gl (7.87) berechnen
5. ξ-Wert für einen Rechteckquerschnitt mit **TAB 7.1** oder **TAB 7.3** bestimmen

h_f/d										b_{eff}/b_w						
0,50	0,45	0,40	0,35	0,30	0,25	0,20	0,15	0,10	0,05	1,5	2,0	2,5	3,0	3,5	4,0	5,0
ξ										λ_b						
0,50	0,45	0,40	0,35	0,30	0,25	0,20	0,15	0,10	0,05	1,00	1,00	1,00	1,00	1,00	1,00	1,00
	0,50	0,44	0,39	0,33	0,28	0,22	0,17	0,11	0,06	0,99	0,99	0,99	0,99	0,99	0,99	0,98
		0,50	0,44	0,38	0,31	0,25	0,19	0,13	0,06	0,97	0,96	0,95	0,95	0,95	0,94	0,94
			0,50	0,43	0,36	0,29	0,21	0,14	0,07	0,95	0,92	0,90	0,89	0,89	0,88	0,87
				0,50	0,42	0,33	0,25	0,17	0,08	0,91	0,87	0,84	0,82	0,81	0,80	0,79
					0,50	0,40	0,30	0,20	0,10	0,87	0,81	0,77	0,75	0,73	0,71	0,70
						0,50	0,38	0,25	0,13	0,83	0,75	0,70	0,66	0,64	0,62	0,60
							0,50	0,33	0,17	0,79	0,69	0,62	0,58	0,55	0,53	0,50
								0,50	0,25	0,75	0,62	0,55	0,50	0,46	0,44	0,40
									0,50	0,71	0,56	0,47	0,42	0,37	0,34	0,30

TAB 7.8: Tafel zur Bestimmung der Ersatzbreite b_i (nach [Grasser – 79] Tafel 1.17)

6. Schätzung und Berechnung von ξ vergleichen. Sofern der Unterschied in den ξ-Werten kleiner als der Unterschied zweier Zeilen in der Bemessungstabelle ist, liegt eine ausreichend genaue Schätzung vor. Bei schlechter Übereinstimmung neue Iteration mit verbessertem ξ.
$$\text{est}\,\xi \approx \xi \tag{7.88}$$
7. Biegebemessung für einen Rechteckquerschnitt der Breite b_i

Beispiel 7.15: Biegebemessung eines gedrungenen Plattenbalkens (Nulllinie im Steg) (Fortsetzung von Beispiel 7.12)

gegeben: Aufgabenstellung und Ergebnisse von Beispiel 7.12
gesucht: Fortsetzung der Biegebemessung über der Stütze

Lösung:

$\dfrac{b_{\text{eff}}}{b_w} = \dfrac{0,50}{0,30} = 1,67 < 5,0$ schwach profilierter Plattenbalken $\qquad$ (7.83): $\dfrac{b_{\text{eff}}}{b_w} < 5,0$

$h_f \approx \dfrac{12,5 + 17,5}{2} = 15\,\text{cm}$ $\qquad$ Die Platte ist gevoutet ($\rightarrow$ S. 146).

$\dfrac{h_f}{d} = \dfrac{15}{67,5} = 0,222$

$\xi \approx 0,364$ $\qquad$ Ergebnis aus Bemessung von Beispiel 7.12 wird hier als Schätzwert verwendet.

$\lambda_b \approx 0,90$ $\qquad$ TAB 7.8 interpolierter Wert

$b_i = 0,90 \cdot 0,50 = 0,45\,\text{m}$ $\qquad$ (7.87): $b_i = \lambda_b \cdot b_{\text{eff}}$

$\mu_{\text{Eds}} = \dfrac{0,682}{0,45 \cdot 0,675^2 \cdot 11,3} = 0,294$ $\qquad$ (7.22): $\mu_{\text{Eds}} = \dfrac{M_{\text{Eds}}}{b \cdot d^2 \cdot f_{\text{cd}}}$

$\omega_1 = 0,3610$; $\xi = 0,446$; $\sigma_{\text{sd}} = 437\,\text{N/mm}^2$ $\qquad$ TAB 7.1: interpolierter Wert

$\lambda_b \approx 0,85$ $\qquad$ TAB 7.8 interpolierter Wert

Erneute Iteration unnötig, da Abweichung zur Schätzung gering

$A_s = \dfrac{0,3610 \cdot 0,85 \cdot 0,50 \cdot 0,675 \cdot 11,3 - 0}{437} \cdot 10^4 = \underline{\underline{26,8\,\text{cm}^2}}$ $\qquad$ (7.50): $A_s = \dfrac{\omega \cdot b \cdot d \cdot f_{\text{cd}} + N_{\text{Ed}}}{\sigma_{\text{sd}}}$

gew: 3 $\varnothing$25 + 4 $\varnothing$20 $\qquad$ TAB 4.1

$A_{s,\text{vorh}} = 27,3\,\text{cm}^2 > 26,8\,\text{cm}^2 = A_{s,\text{erf}}$ $\qquad$ (7.55): $A_{s,\text{vorh}} \geq A_{s,\text{erf}}$

Die Platte bietet ausreichend Platz, um die Stäbe einzulegen. Der Nachweis für die größte Anzahl in einer Lage kann entfallen.
(Fortsetzung mit Beispiel 8.5)

7.7 Grenzwerte der Biegezugbewehrung

7.7.1 Mindestbewehrung nach DIN 1045

Die Biegebemessung erfolgt unter idealisierenden Annahmen. Die hierbei entstehenden Fehler sollen durch die Mindestbewehrung abgedeckt werden. Die Mindestbewehrung hat im Einzelnen folgende Aufgaben ([Graubner/Kempf – 00]):

– Versagensvorankündigung durch Rissbildung; die erforderliche Mindestbewehrung kann unter der Annahme ermittelt werden, dass mindestens das Biegemoment beim Auftreten des ersten Risses aufgenommen werden muss. Durch Gleichsetzen von Gl. (1.25) und (1.26) und Auflösen nach A_s erhält man:

$$A_{s,min} = \frac{M_{cr}}{z \cdot f_{yk}} = \frac{f_{ctm} \cdot W}{z \cdot f_{yk}} \quad (7.89)$$

Es bedeuten hierin:
- f_{ctm} mittlere Betonzugfestigkeit nach **TAB 2.5**
- W Widerstandsmoment des ungerissenen Querschnitts
- z Hebelarm der inneren Kräfte (für Rechteckquerschnitte $z \approx 0,9d$)

– Aufnahme nicht quantifizierbarer Zwangeinwirkungen aus Temperatur, Schwinden usw.
– Aufnahme unberücksichtigter Zwangbeanspruchungen
– Vermeiden von hohen und breiten Sammelrissen in den Stegen
– Sicherstellen eines robusten Tragverhaltens.

Bei monolithischen Konstruktionen ist auch bei Einfeldträgern mit gelenkig angenommener Stützung eine konstruktive Einspannung zu berücksichtigen. Diese ist für ein Moment zu bemessen, das betragsmäßig mindestens 25 % des größten Feldmoments ist.

Beispiel 7.16: Mindestbewehrung (Fortsetzung von Beispiel 7.5)

gegeben: –Rechteckquerschnitt b/h = 100/20 cm
             –Baustoffe C30/37 (Ortbeton); BSt 500

gesucht: Mindestbewehrung

Lösung:

$f_{ctm} = 2,9 \text{ N/mm}^2$

$W = \dfrac{1,00 \cdot 0,20^2}{6} = 0,00667 \text{ m}^3$

$z \approx 0,9 \cdot 0,155 = 0,14 \text{ m}$

$A_{s,min} = \dfrac{2,9 \cdot 0,00667}{0,14 \cdot 500} \cdot 10^4 = 2,8 \text{ cm}^2 < \underline{\underline{4,04 \text{ cm}^2}}$

Die Mindestbewehrung wird nicht maßgebend, die statisch erforderliche Bewehrung ist größer.

TAB 2.5: C30/37

$W = \dfrac{b \cdot h^2}{6}$

$z \approx 0,9d$ oder der aus der Biegebemessung bekannte Wert

(7.89): $A_{s,min} = \dfrac{f_{ctm} \cdot W}{z \cdot f_{yk}}$

(Fortsetzung mit Beispiel 8.1)

Beispiel 7.17: Mindestbewehrung (Fortsetzung von Beispiel 7.2)

gegeben: – Rechteckquerschnitt b/h = 25/75 cm
– Baustoffe C30/37 (Ortbeton); BSt 500

gesucht: Mindestbewehrung

Lösung:

$f_{ctm} = 2,9$ N/mm²   TAB 2.5: C30/37

$W = \dfrac{0,25 \cdot 0,75^2}{6} = 0,0234$ m³ $W = \dfrac{b \cdot h^2}{6}$

$z \approx 0,568$ m $z \approx 0,9 d$ oder der aus der Biegebemessung bekannte Wert

$A_{s,min} = \dfrac{2,9 \cdot 0,0234}{0,568 \cdot 500} \cdot 10^4 = 2,4$ cm²   (7.89): $A_{s,min} = \dfrac{f_{ctm} \cdot W}{z \cdot f_{yk}}$

Die Mindestbewehrung wird nicht maßgebend, die statisch erforderliche Bewehrung ist größer.

7.7.2 Mindestbewehrung nach EC 2

Die Mindestbewehrung wird mit den folgenden Gleichungen ermittelt. Sie basieren auf den Vorgaben in [DIN V ENV 1992 – 92], 5.4.2.1.1:

$$A_{s,min} = \max \begin{cases} \dfrac{0,6 \cdot b_t \cdot d}{f_{yk}} \\ 0,0015 \cdot b_t \cdot d \end{cases} \quad (b_t; d \text{ in cm}; f_{yk} \text{ in N/mm}^2) \tag{7.90}$$

b_t mittlere Breite der Zugzone

Beispiel 7.18: Mindestbewehrung nach EC 2 (Fortsetzung von Beispiel 7.14)

gegeben: – Rechteckquerschnitt $b_{eff}/b/h$ = 130/25/75 cm
– Baustoffe C30/37; BSt 500

gesucht: Mindestbewehrung

Lösung:

$A_{s,min} = \max \begin{cases} \dfrac{0,6 \cdot 25 \cdot 67,5}{500} = 2,0 \text{ cm}^2 \\ 0,0015 \cdot 25 \cdot 67,5 = 2,5 \text{ cm}^2 < 24,5 \text{ cm}^2 \end{cases}$ (7.90): $A_{s,min} = \max \begin{cases} \dfrac{0,6 \cdot b_t \cdot d}{f_{yk}} \\ 0,0015 \cdot b_t \cdot d \end{cases}$

Die Mindestbewehrung wird nicht maßgebend, die statisch erforderliche Bewehrung ist größer.

7.7.3 Höchstwert der Biegezugbewehrung

Der Höchstwert der Biegezugbewehrung ist ebenfalls begrenzt. Der Höchstwert der Bewehrung ist nur außerhalb von Stößen einzuhalten.

$$A_{s,vorh} \leq 0,04 \cdot A_c \tag{7.91}$$

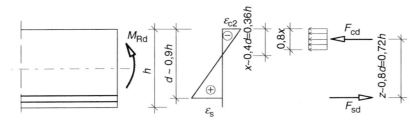

ABB 7.23: Näherungen für die Vorbemessung von Rechteckquerschnitten

7.8 Vorbemessung

7.8.1 Rechteckquerschnitte

Ausgehend von der grundlegenden Beziehung Gl. (7.30) kann analog zur Herleitung in Kap. 7.5.1 mit dem Spannungsblock nach **ABB 2.6** gearbeitet werden. Die Näherungen für die statische Höhe und die Höhe der Druckzone sind in **ABB 7.23** eingetragen. Das maximale charakteristische Moment $M_{k,zul}$ wird aus der Tragfähigkeit der Druckzone bestimmt.

$$M_{Rd} = F_{cd} \cdot z \approx b \cdot 0{,}8\, x \cdot f_{cd} \cdot z \approx \gamma_E \cdot M_{k,zul} \tag{7.92}$$

$$b \cdot 0{,}8 \cdot 0{,}36\, h \cdot \frac{0{,}85 \cdot f_{ck}}{1{,}5} \cdot 0{,}72 h \approx 1{,}4 \cdot M_{k,zul}$$

$$M_{k,zul} = 0{,}084 f_{ck} \cdot b \cdot h^2$$

$$M_{k,zul} \approx 0{,}1 f_{ck} \cdot b \cdot h^2 \quad \text{(dimensionsecht)} \tag{7.93}$$

Die erforderliche Bewehrung kann direkt aus Gl. (7.62) mit einem mittleren k_s-Wert (**TAB 7.3**) abgeschätzt werden.

$$A_s = \frac{\gamma_E \cdot M_k}{d} \cdot k_s + \frac{\gamma_E \cdot N_k}{f_{yd}} \approx \frac{1{,}4 \cdot M_k}{0{,}9 h} \cdot 2{,}6 + \frac{1{,}4 \cdot N_k}{\frac{500}{1{,}15}}$$

$$A_s \approx 4\frac{M_k}{h} + \frac{N_k}{30} \quad \text{(dimensionsgebunden)} \quad \left[\text{cm}^2\right] = \frac{[\text{kNm}]}{[\text{cm}]} + \frac{[\text{kN}]}{[1]} \tag{7.94}$$

Beispiel 7.19: Vorbemessung eines Rechteckquerschnitts

gegeben: –Rechteckquerschnitt $b/h = 25/75$ cm
 –Schnittgrößen $M_{Sd} = 400$ kNm; $N_{Sd} = 140$ kN
 –Baustoffe C30/37; BSt 500

gesucht: Abschätzung der Biegezugbewehrung

Lösung:

$$A_s \approx 4\frac{400}{75} + \frac{140}{30} = \underline{\underline{26\ \text{cm}^2}} \qquad \Big| (7.94)\colon A_s \approx 4\frac{M_k}{h} + \frac{N_k}{30}$$

$M_{k,zul} \approx 0{,}1 \cdot 30 \cdot 0{,}25 \cdot 0{,}75^2$
$= 0{,}422 \text{ MNm} > 0{,}400 \text{ MNm}$

Zum Vergleich: Das Ergebnis in Beispiel 7.2 beträgt $A_s = 24{,}8 \text{ cm}^2$
(7.93): $M_{k,zul} \approx 0{,}1 f_{ck} \cdot b \cdot h^2$

7.8.2 Plattenbalken

Die Druckzone ist ausreichend groß. Eine Vorbemessung ist nur für die erforderliche Bewehrung sinnvoll. Die Vorbemessungsgleichung erhält man aus Gl. (7.62):

$$A_s \approx \frac{1}{f_{yd}} \frac{\gamma_E \cdot M_k}{d - \frac{h_f}{2}} + \frac{\gamma_E \cdot N_k}{f_{yd}} \approx \frac{1}{435} \cdot \frac{1{,}4 \cdot M_k}{0{,}9h} \cdot 10^2 + \frac{1{,}4 \cdot N_k}{43{,}5}$$

$$A_s \approx 3{,}5 \frac{M_k}{h} + \frac{N_k}{30} \quad \text{(dimensionsecht)} \quad \left[\text{cm}^2\right] = \frac{[\text{kNm}]}{[\text{cm}]} + \frac{[\text{kN}]}{[1]} \qquad (7.95)$$

7.9 Bemessung bei beliebiger Form der Druckzone

Bei einer beliebigen Form der Druckzone können übliche Bemessungshilfsmittel nicht mehr bereitgestellt werden. Der innere Dehnungszustand ist nämlich nicht mehr allgemein bestimmbar, da die Lage *und die Richtung* der Nulllinie unbekannt sind. Weiterhin werden auch nicht mehr alle Bewehrungsstränge dieselbe Dehnung aufweisen (**ABB 7.24**).

Die Lösung kann nur iterativ gefunden werden. Sinnvoll ist eine (iterative) numerische Bemessung, z. B. mit dem Spannungsblock.

Beispiel 7.20: Biegebemessung eines Querschnitts mit beliebiger Form der Druckzone

gegeben: −regelmäßiges Fünfeck $b = 30$ cm

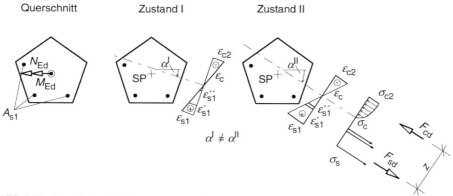

ABB 7.24: Querschnitt mit Verzerrungszuständen bei einer beliebigen Form der Druckzone

7 Nachweis für Biegung und Längskraft (Biegebemessung)

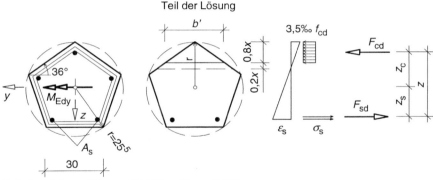

Teil der Lösung

−Schnittgrößen $M_{Edy} = 70$ kNm; $N_{Ed} = 0$ kN
−Baustoffe C30/37; BSt 500

gesucht: Ermittlung der Biegezugbewehrung, als praktikables Werkstoffgesetz soll der Spannungsblock verwendet werden.

Lösung:

Da der Querschnitt eine Symmetrieachse senkrecht zum Biegemoment M_{Edy} aufweist, muss die Richtung der Nulllinie waagerecht sein. Andernfalls ergäbe sich aus der Druckzone ein Moment M_{Edz}. Weiterhin soll zunächst bezüglich der Nulllinienlage angenommen werden, dass die Druckzone dreieckförmig ist. Diese Annahme ist zum Abschluss zu überprüfen. Die Bewehrungsermittlung kann hier analytisch erfolgen.

$d_1 = 50$ mm	Schätzwert nach Kap. 7.2
$z_s + d_1 = \dfrac{300}{2} \cdot \tan 54 = 206{,}5$ mm	$z_s + d_1 = \dfrac{b}{2} \cdot \tan 54$
$z_s = 206{,}5 - d_1 = 206{,}5 - 50 = 156{,}5$ mm	
$M_{Eds} = 70 - 0 \cdot 0{,}1565 = 70$ kNm	(7.5): $M_{Eds} = |M_{Ed}| - N_{Ed} \cdot z_s$
$\alpha = 0{,}85 \cdot 0{,}90 = 0{,}765$	DIN 1045-1, 9.1.6(3)
$f_{cd} = \dfrac{0{,}765 \cdot 30}{1{,}50} = 15{,}3$ N/mm²	(2.14): $f_{cd} = \dfrac{\alpha \cdot f_{ck}}{\gamma_c}$
$f_{ck} = 30$ N/mm² < 50 N/mm² : $\chi = 0{,}95$	C30/37
$\sigma_{cd} = 0{,}95 \cdot 15{,}3 = 14{,}5$ N/mm²	(2.13): $\sigma_c = \chi \cdot f_{cd}$
$b' = \dfrac{0{,}8x}{\tan 36} \cdot 2 = 2{,}202\, x$	Dreieckige Druckzone wird zunächst angenommen
$F_{cd} = \dfrac{1}{2} \cdot 0{,}8\, x \cdot b' \cdot f_{cd} = \dfrac{1}{2} \cdot 0{,}8\, x \cdot 2{,}202\, x \cdot 15{,}3 = 13{,}5\, x^2$	(7.26): $F_{cd} = \int_0^x \sigma_{cd} \cdot b \cdot dz$
$z_c = 255 - 0{,}5\overline{3} \cdot x$	$z_c = r - \dfrac{2}{3} \cdot 0{,}8\, x$
$z = 156{,}5 + 255 - 0{,}533 \cdot x = 411{,}5 - 0{,}533 \cdot x$	$z = z_s + z_c$
$70 \cdot 10^6 = 13{,}5\, x^2 \cdot (411{,}5 - 0{,}533 \cdot x)$	(7.31): $M_{Eds} = F_{cd} \cdot z$
$7{,}19\, x^3 - 5545\, x^2 + 70 \cdot 10^6 = 0$	

Die Nullstellenbestimmung des Polynoms liefert als zutreffende
Lösung: $x = 122{,}5 \approx 123$ mm

$x = 123 \text{ mm} < 176 \text{ mm} = 300 \cdot \sin 36$

$\Rightarrow$ die Druckzone ist dreieckförmig

$z = 411{,}5 - 0{,}533 \cdot 123 = 346 \text{ mm}$

$A_s = \dfrac{1}{435} \cdot \left(\dfrac{70}{0{,}346} + 0 \right) \cdot 10 = \underline{\underline{4{,}65 \text{ cm}^2}}$

gew: ⌀20 in jeder Ecke

$A_{s,\text{vorh}} = 6{,}2 \text{ cm}^2 > 4{,}65 \text{ cm}^2 = A_{s,\text{erf}}$

d_1 wäre in Abhängigkeit von der erforderlichen Betondeckung noch zu überprüfen.

Überprüfung der Annahme zur Druckzone in der Skizze auf S. 163

$z = z_s + z_c$

(7.47): $A_s = \dfrac{1}{\sigma_{sd}} \cdot \left(\dfrac{M_{Sds}}{z} + N_{Sd} \right)$

TAB 4.1

(7.55): $A_{s,\text{vorh}} \geq A_{s,\text{erf}}$

7.10 Bemessung vollständig gerissener Querschnitte

7.10.1 Grundlagen

Mit den vorangehend erläuterten Verfahren können Querschnitte für Schnittgrößen bemessen werden, die zu Dehnungen der Bereiche 2, 3 (oder 4) führen. Wenn jedoch neben (kleinen) Momenten große Längszugkräfte wirken, tritt auch am oberen Rand eine Dehnung auf (**ABB 7.5**). Dies ist der Bereich 1. Diese Situation liegt bei Zuggliedern vor, sofern

$$e_0 = \dfrac{|M_{Ed}|}{N_{Ed}} \tag{7.96}$$

$$e_0 \leq z_{s1} \tag{7.97}$$

Der Beton beteiligt sich im Bereich 1 nicht mehr an der Übertragung der Schnittgrößen; er dient nur noch dem Korrosionsschutz der Bewehrung. Die Schnittgrößen werden vollständig durch den eingelegten Betonstahl aufgenommen. Insofern ist generell überlegenswert, ob für ein so beanspruchtes Bauteil vorgespannter Beton oder ein anderer Werkstoff wie Stahl oder Holz nicht sinnvoller sind. Da sich der Beton nicht mehr an der Lastabtragung beteiligt, ist die Querschnittsform des Bauteils beliebig. Das folgende Bemessungsverfahren gilt daher für alle Querschnittsformen.

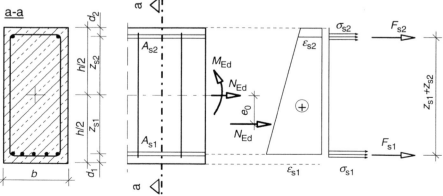

ABB 7.25: Spannungen und Dehnungen bei überwiegenden Längszugkräften

7.10.2 Bemessung

Der Schwerpunktabstand der Bewehrung z_{s1} bezieht sich hierbei auf den stärker gedehnten Bewehrungsstrang, der Schwerpunktabstand z_{s2} bezieht sich auf den weniger stark gedehnten Strang. Für einen Rechteckquerschnitt lassen sich beide ermitteln mit

$$z_{s1} = \frac{h}{2} - d_1 \tag{7.98}$$

$$z_{s2} = \frac{h}{2} - d_2 \tag{7.99}$$

Durch das Momentengleichgewicht um die obere und untere Bewehrungslage erhält man (vgl. **ABB 7.25**) unter der Annahme, dass die Streckgrenze in beiden Bewehrungssträngen erreicht wird:

$$A_{s2} = \frac{N_{Ed}}{f_{yd}} \cdot \frac{z_{s1} - e}{z_{s1} + z_{s2}} \tag{7.100}$$

$$A_{s1} = \frac{N_{Ed}}{f_{yd}} \cdot \frac{z_{s2} + e}{z_{s1} + z_{s2}} \tag{7.101}$$

Beispiel 7.21: Bemessung eines vollständig gerissenen Querschnitts

gegeben:
– Rechteckquerschnitt b/h = 25/75 cm
– Beanspruchungen M_{Ed} = 30 kNm; N_{Ed} = 278 kN
– Baustoff BSt 500

gesucht: erforderliche Biegezugbewehrung

Lösung:

	zu überprüfender Schätzwert
$d_1 = d_2 = 50$ mm	
$z_{s1} = \frac{0{,}75}{2} - 0{,}05 = 0{,}325$ m	(7.98): $z_{s1} = \frac{h}{2} - d_1$
$z_{s2} = \frac{0{,}75}{2} - 0{,}05 = 0{,}325$ m	(7.99): $z_{s2} = \frac{h}{2} - d_2$
$e_0 = \frac{\lvert 27{,}8 \rvert}{278} = 0{,}10$ m	(7.96): $e_0 = \frac{\lvert M_{Ed} \rvert}{N_{Ed}}$
$e_0 = 0{,}10$ m $< 0{,}325$ m	(7.97): $e_0 \leq z_{s1}$
$A_{s2} = \frac{278 \cdot 10^3}{435} \cdot \frac{0{,}325 - 0{,}10}{0{,}325 + 0{,}325} = 221$ mm^2 = 2,21 cm^2	(7.100): $A_{s2} = \frac{N_{Ed}}{f_{yd}} \cdot \frac{z_{s1} - e}{z_{s1} + z_{s2}}$
gew: 2 $\varnothing$14 mit $A_{s,vorh} = 3{,}08$ cm^2	TAB 4.1
$A_{s,vorh} = 3{,}08$ cm$^2 > 2{,}21$ cm$^2 = A_{s,erf}$	(7.55): $A_{s,vorh} \geq A_{s,erf}$
$A_{s1} = \frac{278 \cdot 10^3}{435} \cdot \frac{0{,}325 + 0{,}10}{0{,}325 + 0{,}325} = 418$ mm^2 = 4,18 cm^2	(7.101): $A_{s1} = \frac{N_{Ed}}{f_{yd}} \cdot \frac{z_{s2} + e}{z_{s1} + z_{s2}}$
gew: 3 $\varnothing$14 mit $A_{s,vorh} = 4{,}62$ cm^2	TAB 4.1
$A_{s,vorh} = 4{,}62$ cm$^2 > 4{,}18$ cm$^2 = A_{s,erf}$	(7.55): $A_{s,vorh} \geq A_{s,erf}$

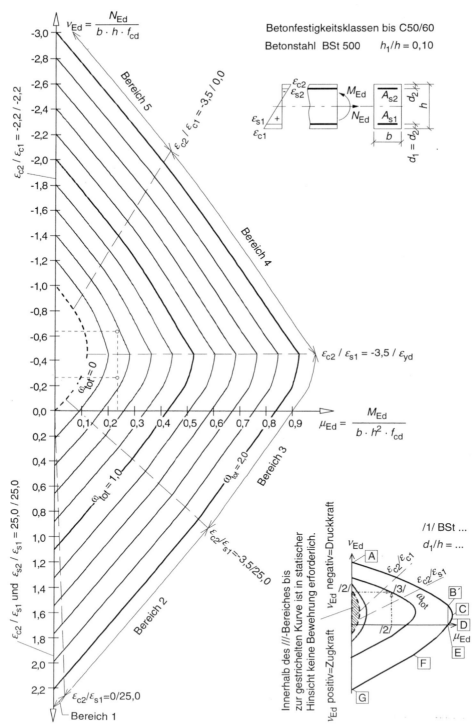

ABB 7.26: Aufbau eines Interaktionsdiagramms für einachsige Biegung und Vorgehensweise bei der Bemessung (DIN 1045-1 mit Ausnutzen des Verfestigungsbereiches)

7.11 Bemessung mit Interaktionsdiagrammen

7.11.1 Grundlagen

Die bisher vorgestellten Verfahren decken nicht den Bereich 5 der erlaubten Verzerrungen ab (**ABB 7.5**; **ABB 7.10**). Dies wird mit den nachfolgend erläuterten „Interaktionsdiagrammen" möglich sein. Diese werden i. d. R. für eine symmetrische Bewehrung (an zwei oder vier Querschnittsrändern) aufgestellt. Sie erlauben eine Bemessung in *allen* Bereichen (1 bis 5), allerdings führt die planmäßige Anordnung von Druckbewehrung in biegebeanspruchten Bauteilen zu größerem Stahlverbrauch. Insbesondere bei vertikalen Bauteilen ist eine symmetrische Bewehrung jedoch sinnvoll, da bei einer einseitigen Bewehrung die Seite abhängig von der Blickrichtung des Betrachters ist und somit die Gefahr besteht, dass auf der Baustelle die Bewehrung am falschen Rand angeordnet wird. Ein Interaktionsdiagramm (**ABB 7.26**) gilt jeweils für

- alle Betonfestigkeitsklassen
- eine Betonstahlgüte (z. B.: BSt 500)
- einen konstanten bezogenen Randabstand der Längsbewehrung (z. B. $d_1/h = 0{,}10$).

Die Interaktionsdiagramme wurden für symmetrische Bewehrung (**ABB 7.27**) aufgestellt. Da die Diagramme unabhängig von der Betonfestigkeitsklasse (bis C50/60) sind, wurden die Beanspruchungen normiert, und es ist nicht der geometrische Bewehrungsgrad ρ, sondern der mechanische Bewehrungsgrad ω vertafelt. In den Diagrammen ist auf der Abzisse das bezogene Biegemoment und auf der Ordinate die bezogene Längskraft aufgetragen. Diese unterscheiden sich von den Gln. (7.33) und (7.43) dadurch, dass als Querschnittsabmessung die Bauteilhöhe h und nicht die statische Höhe d verwendet wird.

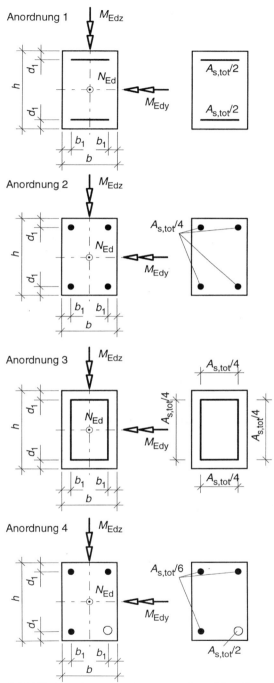

ABB 7.27: Bewehrungsanordnungen von Interaktionsdiagrammen

$$v_{Ed} = \frac{N_{Ed}}{b \cdot h \cdot f_{cd}} \tag{7.102}$$

$$\mu_{Ed} = \frac{|M_{Ed}|}{b \cdot h^2 \cdot f_{cd}} \tag{7.103}$$

$$\omega_{tot} = \frac{A_{s,tot}}{b \cdot h} \cdot \frac{f_{yd}}{f_{cd}} \tag{7.104}$$

$$A_{s,tot} = \omega_{tot} \frac{b \cdot h}{f_{yd} / f_{cd}} \tag{7.105}$$

Die Punkte A bis G im Interaktionsdiagramm stellen wichtige Sonderfälle bzw. Punkte zum weiteren Verständnis dar (**ABB 7.26**). Punkt A kennzeichnet den Bauteilwiderstand für zentrischen Druck (bei maximaler Bewehrung), Punkt G denjenigen für zentrischen Zug. Punkt E kennzeichnet den Bauteilwiderstand für reine Biegung. Bemerkenswert ist die Zunahme der aufnehmbaren Momente zwischen den Punkten E und C trotz (bzw. wegen) des Hinzukommens einer Längsdruckkraft. Die Druckkraft überdrückt einen Teil des Querschnitts und aktiviert ihn für die Aufnahme von Biegemomenten. Daher wachsen die aufnehmbaren Biegemomente bei Längskräften zwischen den Punkten E und B an. In diesem Bereich wirken somit Längskräfte günstig [34]. Dieser Effekt wird bei vorgespannten Tragwerken (Spannbeton) bewusst genutzt.

Der Knick im Punkt D wird dadurch begründet, dass die Bewehrung A_{s2} die Streckgrenze erreicht. Im Punkt F erreicht die Bewehrungs A_{s1} die Zugfestigkeit. Dieser Punkt tritt nur bei Diagrammen auf, die ein Werkstoffgesetz für den Stahl verwenden, welches den Verfestigungsbereich ausnutzt (Gl. (2.22) und **ABB 2.9**).

7.11.2   Anwendung bei einachsiger Biegung

Die Interaktionsdiagramme werden folgendermaßen benutzt (**ABB 7.26**):

- gegeben:
  - Beanspruchungen M_{Ed}, N_{Ed}
  - Betonfestigkeitsklasse und Betonstahlgüte (im Rahmen eines Bauvorhabens)
- gewählt: Abmessungen b, h
- geschätzt: Randabstand der Bewehrung
- gesucht:
  - Längsbewehrung $A_{s1} = A_{s2}$
  - Verhältnis der Randverzerrungen $\varepsilon_{c2}/\varepsilon_{c1}$ bzw. $\varepsilon_{c2}/\varepsilon_{s1}$
- Durchführung:

  /1/ Wahl des richtigen Diagramms nach den Parametern „BSt..." und „$d_1/h = ...$"

  $$d_1 = d_2 = c_{nom} + d_{sbü} + e \tag{7.106}$$

  /2/ Bestimmung der bezogenen Schnittgrößen v_{Ed} und μ_{Ed} nach Gln (7.102) und (7.103) und Eintragen der Werte in das Nomogramm

---

[34] In diesem Fall ist bei der Bestimmung der Bemessungsschnittgrößen der Teilsicherheitsbeiwert für günstige Einwirkung zu wählen. Sofern nicht vor der Bemessung zweifelsfrei erkennbar ist, ob die Längskraft günstig oder ungünstig wirkt, sind beide Fälle zu bemessen.

/3/ Im Schnittpunkt der durch die bezogenen Schnittgrößen gehenden Geraden Ablesen der Tafelwerte für den mechanischen Bewehrungsgrad ω_{tot} und die Randverzerrungen $\varepsilon_{c2}/\varepsilon_{c1}$ bzw. $\varepsilon_{c2}/\varepsilon_{s1}$. Sofern der Schnittpunkt in einem Bereich liegt, für den kein mechanischer Bewehrungsgrad ω_{01} ablesbar ist (schraffierter Bereich in **ABB 7.26**), ist keine Bewehrung zur Aufnahme der Schnittgrößen erforderlich (nur Mindestbewehrung).

/4/ Ermittlung der Bewehrung nach Gl (7.105) und Verteilung derselben entsprechend der Anordnung im Diagramm.

Beispiel 7.22: Bemessung einer Stütze unter einachsiger Biegung ohne Knickgefahr (DIN 1045-1)

gegeben: – Stütze im Freien
– Rechteckquerschnitt $b/h = 25/75$ cm
– Beanspruchungen $M_{Gk} = 250$ kNm; $N_{Gk} = -800$ kN
$M_{Q1k} = 150$ kNm; $N_{Q2k} = -600$ kN
– Baustoffe C30/37 (Ortbeton); BSt 500
– $A_{s1} = A_{s2}$

gesucht: Ermittlung der Längsbewehrung

Lösung:

$c_{nom} = 40$ mm | vgl. Beispiel 7.2
$d_1 = d_2 = 40 + 8 + 30 = 78$ mm | (7.106): $d_1 = d_2 = c_{nom} + d_{sbü} + e$
$\dfrac{d_1}{h} = \dfrac{0,078}{0,75} = 0,104 \approx 0,10$ | Wahl des richtigen Diagramms aufgrund der vorliegenden Parameter; aufgrund der Vorgaben hier: **ABB 7.26**

Vor der Bemessung steht nicht zweifelsfrei fest, ob die Längskraft hier günstig oder ungünstig wirkt. Daher werden 2 Lastfälle unterschieden.

Lastfall 1: | Längskräfte wirken ungünstig.
$\gamma_G = 1,35$; $\gamma_Q = 1,50$ | **TAB 6.5:**
$N_{Ed} = 1,35 \cdot (-800) + 1,50 \cdot (-600) = -1980$ kN | (6.5): $\Sigma \gamma_{G,i} \cdot G_{k,i}$
$M_{Ed} = 1,35 \cdot 250 + 1,50 \cdot 150 = 563$ kNm | $\oplus \gamma_{Qj} \cdot Q_{kj} \oplus \Sigma \gamma_{Q,i} \cdot \psi_{Q,i} \cdot Q_{k,i}$
$\nu_{Ed} = \dfrac{-1,98}{0,25 \cdot 0,75 \cdot 17} = -0,621$ | (7.102): $\nu_{Ed} = \dfrac{N_{Ed}}{b \cdot h \cdot f_{cd}}$
$\mu_{Ed} = \dfrac{|0,563|}{0,25 \cdot 0,75^2 \cdot 17} = 0,236$ | (7.103): $\mu_{Ed} = \dfrac{|M_{Ed}|}{b \cdot h^2 \cdot f_{cd}}$
$\omega_{tot} = 0,35$; $\varepsilon_{c2}/\varepsilon_{s1} = \underline{-3,5/1,0}$ | Ablesung aus Interaktionsdiagramm (**ABB 7.26**)

Lastfall 2: | Längskräfte wirken günstig.
$\gamma_G = 1,35$ bzw. $\gamma_G = 1,00$; $\gamma_Q = 1,50$ | **TAB 6.5:**
$N_{Ed} = 1,0 \cdot (-800) = -800$ kN | (6.5): $\Sigma \gamma_{G,i} \cdot G_{k,i}$
$M_{Ed} = 1,35 \cdot 250 + 1,50 \cdot 150 = 563$ kNm | $\oplus \gamma_{Qj} \cdot Q_{kj} \oplus \Sigma \gamma_{Q,i} \cdot \psi_{Q,i} \cdot Q_{k,i}$

$$\nu_{Ed} = \frac{-0,800}{0,25 \cdot 0,75 \cdot 17} = -0,251$$

$$\mu_{Ed} = \frac{|0,563|}{0,25 \cdot 0,75^2 \cdot 17} = 0,236$$

$\omega_{tot} = 0,32 < 0,35$;   Lastfall 1 maßgebend

$$A_{s,tot} = 0,35 \cdot \frac{25 \cdot 75}{435/17} = 25,6 \text{ cm}^2$$

$$A_{s1} = A_{s2} = \frac{A_{stot}}{2} = \frac{25,6}{2} = 12,8 \text{ cm}^2$$

gew: $2 \varnothing 25 + 2 \varnothing 20$ mit $A_{s,vorh} = 16,1 \text{ cm}^2$

1. Lage 2 $\varnothing$25 ; 2. Lage 2 $\varnothing$20

$A_{s,vorh} = 4,62 \text{ cm}^2 > 4,18 \text{ cm}^2 = A_{s,erf}$

$$e = \frac{2 \cdot 4,91 \cdot \frac{2,5}{2} + 2 \cdot 3,14 \cdot \left(2 \cdot 2,5 + \frac{2,0}{2}\right)}{2 \cdot 4,91 + 2 \cdot 3,14} = 3,1 \text{ cm} \approx 3,0 \text{ cm}$$

(7.102): $\nu_{Ed} = \dfrac{N_{Ed}}{b \cdot h \cdot f_{cd}}$

(7.103): $\mu_{Ed} = \dfrac{|M_{Ed}|}{b \cdot h^2 \cdot f_{cd}}$

Ablesung aus Interaktionsdiagramm (**ABB 7.26**)

(7.105): $A_{s,tot} = \omega_{tot} \dfrac{b \cdot h}{f_{yd} / f_{cd}}$

Verteilung entsprechend der Vorgabe

TAB 4.1

TAB 4.1

(7.55): $A_{s,vorh} \geq A_{s,erf}$

(7.10): $e = \dfrac{\sum\limits_{i} A_{si} \cdot e_i}{\sum\limits_{i} A_{si}}$

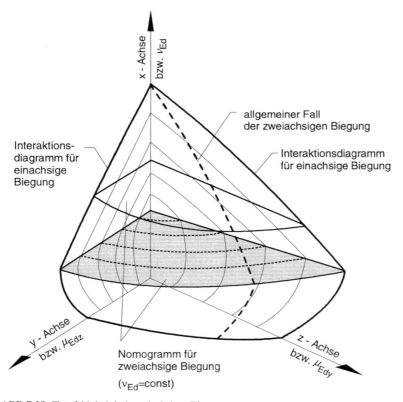

ABB 7.28: Tragfähigkeit bei zweiachsiger Bierung

7.11.3 Anwendung bei zweiachsiger Biegung

Die Tragfähigkeit eines bekannten Stahlbetonquerschnitts kann als Hüllfläche eines räumlichen Körpers dargestellt werden. Zur allgemeinen vollständigen Beschreibung der Tragfähigkeit reicht bei einem doppeltsymmetrischen Querschnitt das Viertel des Körpers (**ABB 7.28**). Sofern der Querschnitt zusätzliche Symmetrieachsen durch die Eckpunkte aufweist (insgesamt 4 Symmetrieachsen), reicht ein Achtel des vollständigen Körpers zur Beschreibung. Wenn nun für den Querschnitt der Bewehrungsgrad variiert wird, erhält man diverse Hüllflächen. Diese Hüllflächen sind die Isokurven des mechanischen Bewehrungsgrades (ω-Linien). Sie liegen ineinander wie die Zwiebelschalen einer Zwiebel. Diese anschauliche Darstellungsweise (**ABB 7.28**) ist jedoch für eine quantitative Auswertung ungeeignet. Deshalb verwendet man Vertikal- bzw. Horizontalschnitte.

Wenn in diese Zwiebel Vertikalschnitte gelegt werden (wie beim Zerlegen einer Apfelsine), hat jeder Schnitt das Aussehen des Interaktionsdiagramms in **ABB 7.26** und gilt für ein ganz bestimmtes Momentenverhältnis M_{Edy}/M_{Edz}. Die Schnittflächen der x-y- bzw. x-z-Ebene stellen gerade die Interaktionsdiagramme für den Sonderfall der einachsigen Biegung dar. Legt man in den Körper dagegen Horizontalschnitte, kommt man zu Bemessungsnomogrammen, wie sie für zweiachsige Biegung verwendet werden (**ABB 7.29**). Hierbei gilt jeder Oktand für einen Horizontalschnitt in einer bestimmten Höhe der x-Achse (ν_{Ed} = const.).

Die grundsätzlichen Schwierigkeiten, die beim Aufstellen der Nomogramme vorliegen, entsprechen denen der schiefen Biegung ($\rightarrow$ Kap. 7.9). Hier soll nur die Anwendung gezeigt werden. Die Bemessungsnomogramme gelten für

- alle Betonfestigkeitsklassen (in DIN 1045-1 bis C50/60)
- das auf der Tabelle dargestellte Bewehrungsbild (z. B. **ABB 7.29**: gleichmäßige Verteilung auf die vier Ränder)
- eine Betonstahlgüte (z. B.: BSt 500)
- einen konstanten bezogenen Randabstand der Längsbewehrung gültig für beide Richtungen (z: B. **ABB 7.29**: $d_1/h = b_1/b = 0{,}20$).

Die gewählte Bewehrungsanordnung beeinflusst den gesamten erforderlichen Bewehrungsquerschnitt. Als Kriterium kann über die bezogenen Schnittgrößen nach Gl. (7.107) und (7.108) die sinnvolle Bewehrung bestimmt werden:

$$\mu_{Edy} = \frac{|M_{Edy}|}{b \cdot h^2 \cdot f_{cd}} \tag{7.107}$$

$$\mu_{Edz} = \frac{|M_{Edz}|}{b^2 \cdot h \cdot f_{cd}} \tag{7.108}$$

- Bei überwiegender Beanspruchung um eine Achse Verteilung der Bewehrung auf zwei gegenüberliegende Seiten (Anordnung 1 in **ABB 7.27**).

  Überwiegend einachsige Beanspruchung: $\mu_{Edy} \gg \mu_{Edz}$ oder $\mu_{Edy} \ll \mu_{Edz}$

  Gleichmäßige Beanspruchung um beide Achsen: $\mu_{Edy} \approx \mu_{Edz}$

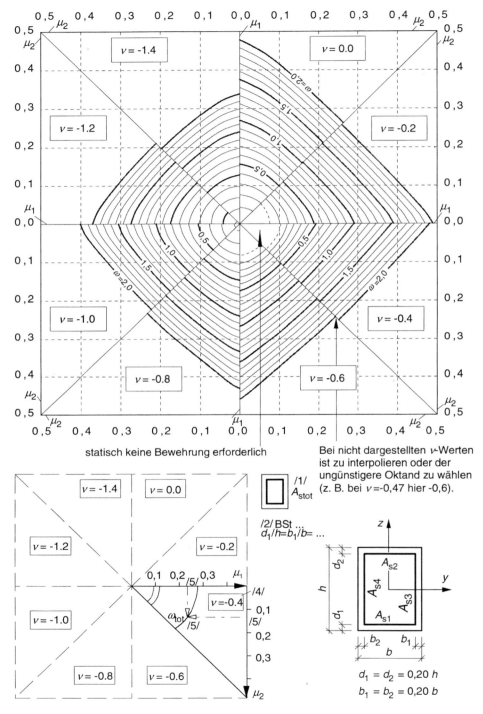

ABB 7.29: Aufbau eines Interaktionsdiagramms für zweiachsige Biegung und Vorgehensweise bei der Bemessung (Zahlenwerte hier nach EC 2)

- Bei gleichmäßiger (schwacher) Beanspruchung um beide Achsen und einem überdrückten Querschnitt Konzentration der Bewehrung in den Eckpunkten (Anordnung 2 in **ABB 7.27**).
- Bei gleichmäßiger (starker) Beanspruchung um beide Achsen Verteilung der Bewehrung auf die vier Querschnittsränder (Anordnung 3 in **ABB 7.27**).
- Wenn erwartet wird, dass die Nulllinie im Querschnitt liegt (Bereich 4), Anordnung des Großteils der Bewehrung in der am stärksten gedehnten Ecke (Anordnung 4 in **ABB 7.27**).

Für die Bemessung wird wie folgt vorgegangen:

/1/ Bestimmung der bezogenen Schnittgrößen v_{Ed} nach Gl. (7.102) und μ_{Ed} nach Gln. (7.107) und (7.108)

/2/ Wahl der zweckmäßigsten Bewehrungsanordnung aufgrund der Schnittgrößen und Abmessungen

/3/ Wahl des richtigen Diagramms nach den Parametern „BSt..." und „$d_1/h = ...$"

/4/ Wahl des Oktanden und Eintragen der Werte in das Nomogramm:

$$\text{wenn } \mu_{Edy} > \mu_{Edz}: \quad \mu_1 = \mu_{Edy} \; ; \; \mu_2 = \mu_{Edz} \qquad (7.109)$$

$$\text{wenn } \mu_{Edy} < \mu_{Edz}: \quad \mu_1 = \mu_{Edz} \; ; \; \mu_2 = \mu_{Edy} \qquad (7.110)$$

/5/ Im Schnittpunkt der durch die bezogenen Schnittgrößen gehenden Geraden Ablesen der Tafelwerte für den mechanischen Bewehrungsgrad ω_{tot}

/6/ Ermittlung der Bewehrung nach Gl. (7.105)

/7/ Verteilung der Bewehrung entsprechend der Bewehrungswahl.

Beispiel 7.23: Bemessung eines Bauteils unter zweiachsiger Biegung (DIN 1045)

gegeben:
 – Bauteil im Inneren
 – Rechteckquerschnitt $b/h = 25/40$ cm
 – Schnittgrößen $M_{Edy} = 200$ kNm; $M_{Edz} = 100$ kNm; $N_{Ed} = -900$ kN
 – Baustoffe C40/50; BSt 500

gesucht: Ermittlung der Längsbewehrung

Lösung:

$c_{nom} = 35$ mm | Ermittlung analog zu Beispiel 3.1

$d_1 = d_2 = 35 + 10 + \dfrac{28}{2} = 59$ mm | (7.106): $d_1 = d_2 = c_{nom} + d_{sbü} + e$

$\dfrac{d_1}{h} = \dfrac{0,059}{0,40} = 0,148$ und $\dfrac{b_1}{b} = \dfrac{0,059}{0,25} = 0,236$

d_1/h und b_1/b weichen voneinander ab. Die in jedem Fall sichere Bemessung müsste ein Nomogramm wählen, das den größeren Wert abdeckt, hier also einen Randabstand $d_1/h = b_1/b = 0,25$. Dieser Fall ist jedoch so ungünstig, dass er zu einer unwirtschaftlichen Bewehrungsmenge führt. Daher wird hier ein mittlerer Wert ($d_1/h = b_1/b = 0,2$) gewählt und für das Moment M_{Edz} eine Korrektur durchgeführt, indem das Moment näherungsweise entsprechend dem zu geringen Abstand der Bewehrung erhöht wird.

$$\text{cal } M_{Edz} = 100 \cdot \frac{0,236}{0,20} = 118 \text{ kNm}$$

$$f_{cd} = \frac{0,85 \cdot 40}{1,50} = 22,7 \text{ N/mm}^2$$

$$\nu_{Ed} = \frac{-0,900}{0,25 \cdot 0,40 \cdot 22,7} = -0,40$$

$$\mu_{Edy} = \frac{|0,200|}{0,25 \cdot 0,40^2 \cdot 22,7} = 0,22$$

$$\mu_{Edz} = \frac{|0,118|}{0,25^2 \cdot 0,40 \cdot 22,7} = 0,21$$

$$\mu_{Edy} = 0,22 > 0,21 = \mu_{Edz}$$

$$\mu_1 = 0,22$$

$$\mu_2 = 0,21$$

$$\text{cal } M_{Edz} = M_{Edz} \cdot \frac{b_1/b}{(b_1/b)_{\text{Nomogramm}}}$$

(2.14): $f_{cd} = \dfrac{\alpha \cdot f_{ck}}{\gamma_c}$

(7.102): $\nu_{Ed} = \dfrac{N_{Ed}}{b \cdot h \cdot f_{cd}}$

(7.107): $\mu_{Edy} = \dfrac{|M_{Edy}|}{b \cdot h^2 \cdot f_{cd}}$

(7.108): $\mu_{Edz} = \dfrac{|M_{Edz}|}{b^2 \cdot h \cdot f_{cd}}$

(7.109): $\mu_{Edy} > \mu_{Edz}$

(7.109): $\mu_1 = \mu_{Edy}$

(7.109): $\mu_2 = \mu_{Sdz}$

Es liegt eine gleichmäßige Beanspruchung um beide Achsen vor. Daher wird Anordnung 3 in **ABB 7.27** gewählt.

Hier wurde [Schmitz/Goris – 01], Tafel 7.1d verwendet.

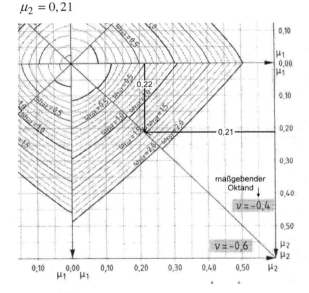

$$\omega_{tot} = 1,5$$

$$A_{s,tot} = 1,5 \cdot \frac{25 \cdot 40}{435/22,7} = 78,3 \text{ cm}^2$$

$$A_{s1} = A_{s2} = A_{s3} = A_{s4}$$

$$= \frac{A_{s,tot}}{4} = \frac{78,3}{4} = 19,6 \text{ cm}^2$$

gew: $4 \cdot (1 \varnothing 32 + 2 \varnothing 28)$ mit $A_{s,\text{vorh}} = 20,3 \text{ cm}^2$

Jeweils als Stabbündel in den Ecken

$$A_{s,\text{vorh}} = 20,3 \text{ cm}^2 > 19,6 \text{ cm}^2 = A_{s,\text{erf}}$$

Ablesung aus Nomogramm **ABB 7.29**

(7.105): $A_{s,tot} = \omega_{tot} \dfrac{b \cdot h}{f_{yd}/f_{cd}}$

Verteilung entsprechend der Vorgabe

TAB 4.1

TAB 4.1

(7.55): $A_{s,\text{vorh}} \geq A_{s,\text{erf}}$

8 Bemessung für Querkräfte

8.1 Allgemeine Grundlagen

Biegebeanspruchte Bauteile werden i. Allg. nicht nur durch Biegemomente und evtl. kleine Längskräfte beansprucht; sofern das Biegemoment nicht konstant ist, wirken zusätzlich Querkräfte. Eine Biegebemessung allein reicht daher nicht aus. Zusätzlich muss nachgewiesen werden, dass auch die Querkräfte aufgenommen werden können. Aus der Statik ist zwar der Zusammenhang zwischen Biegemomenten und Querkräften bekannt

$$V(x) = \frac{\mathrm{d}M(x)}{\mathrm{d}x} \tag{8.1}$$

und damit auch klar, dass beide Einwirkungen voneinander nicht unabhängig sind. Für die praktische Bemessung im Stahlbetonbau reicht es jedoch aus, die Nachweise für beide Einwirkungen getrennt zu führen (für die Biegebemessung → Kap. 7).

Die Einteilung in die Beanspruchungen (Schnittgrößen) Biegemomente, Querkräfte und Längskräfte bzw. in die daraus resultierenden Längs- und Schubspannungen nach Gl. (7.2) bis (7.4) ist eine willkürliche Annahme, um ein Tragwerk berechenbar zu machen. Diese Annahme führt jedoch nur bei homogenen isotropen Materialien zu zutreffenden Ergebnissen. Im Stahlbeton gelten diese Beziehungen näherungsweise daher nur im ungerissenen Zustand I (→ Kap. 5.3.3). Für biegebeanspruchte Bauteile mit Nullfaser im Querschnitt wird ein anderes Bemessungsmodell benötigt (→ Kap. 7.1).

Die Querkraftbemessung soll zwei Aufgaben erfüllen:

- Es muss durch die Bemessung sichergestellt werden, dass die Haupt*zug*spannungen σ_1, die nicht vom Beton aufgenommen werden können, durch eine zusätzliche Bewehrung, die Querkraftbewehrung, aufgenommen werden können. Diese Bewehrung besteht aus Bügeln und, sofern gewünscht, zusätzlich aus Schrägaufbiegungen (**ABB 8.1**).
- Die Haupt*druck*spannungen σ_2 werden vom Beton übertragen und dürfen die Betondruckfestigkeit nicht überschreiten. Sie sind daher durch einen Vergleich mit zulässigen Spannungen oder nach Integration mit Bauteilwiderständen in ihrer Größe zu begrenzen.

Bei der Bemessung wird unterschieden werden zwischen Bauteilen

- ohne Querkraftbewehrung   (dies sind z. B. Platten) (→ Kap. 8.3)   und
- Bauteilen mit Querkraftbewehrung   (dies sind z. B. Balken) (→ Kap. 8.4).

Im Rahmen der Querkraftbemessung ist der Nachweis zu erbringen, dass die aufzunehmende Querkraft V_{Ed} (= Beanspruchung) nicht größer als der Bemessungswert der aufnehmbaren Querkraft V_{Rd} (= Bauteilwiderstand) ist.

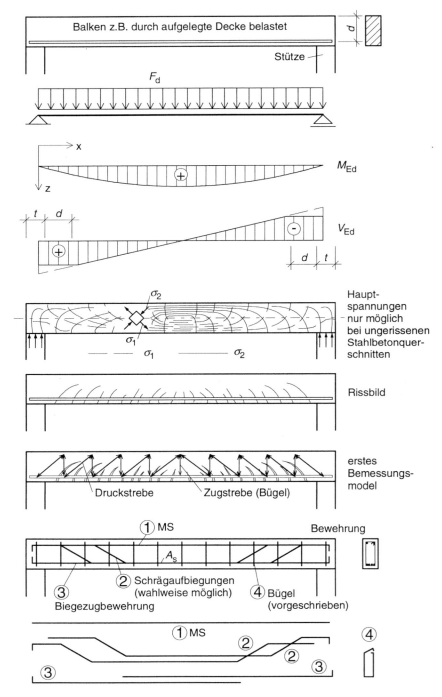

ABB 8.1: Vollständige Bewehrung eines Stahlbetonbalkens für Biegemomente und Querkräfte

8 Bemessung für Querkräfte

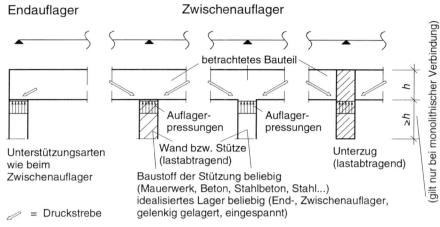

ABB 8.2: Maßgebende Querkraft bei unmittelbarer Lagerung

$$\text{DIN 1045-1:} \quad V_{Ed} \leq \begin{cases} V_{Rd,ct} \\ V_{Rd,sy} \\ V_{Rd,max} \end{cases} \quad (8.2)$$

$$\text{EC 2:} \quad V_{Sd} \leq V_{Rdi} \quad i = 1,2,3 \quad (8.3)$$

- $V_{Rd,ct}$ (V_{Rd1}) ist der Bemessungswert der aufnehmbaren Querkraft (Bauteilwiderstand)) von Bauteilen ohne Querkraftbewehrung ($\rightarrow$ Kap. 8.3).
- $V_{Rd,max}$ (V_{Rd2}) ist der Bemessungswert der aufnehmbaren Querkraft (Bauteilwiderstand), der von den Betondruckstreben erreicht wird ($\rightarrow$ Kap. 8.4.1).
- $V_{Rd,sy}$ (V_{Rd3}) ist der Bemessungswert der aufnehmbaren Querkraft (Bauteilwiderstand der Querkraftbewehrung, die zu ermitteln ist ($\rightarrow$ Kap. 8.4.1).

8.2 Bemessungswert der einwirkenden Querkraft

8.2.1 Bauteile mit konstanter Bauteilhöhe

Für die Querkraftbemessung ist zunächst festzulegen, an welcher Stelle bzw. an welchen Stellen in Bauteillängsrichtung der Nachweis zu führen ist. Ähnlich der Biegebemessung, bei der über der Stütze nicht für das Extremalmoment ($\rightarrow$ Kap. 7.3) bemessen wird, darf die Querkraftbemessung auch für einen geringeren Wert als die Extremalquerkraft durchgeführt werden. Daher ist zunächst der Bemessungswert der Querkraft zu bestimmen. Dieser ist von der Geometrie des Tragelements und der Lagerungsart abhängig.

Unmittelbare Lagerung: [35]

Ein Tragelement gilt als unmittelbar gelagert, wenn es auf dem (lastab-)tragenden Bauteil aufliegt, so dass die Auflagerkraft über Druckspannungen in das zu berechnende Bauteil eingetragen wird. Das lastabtragende Bauteil kann eine Stütze, eine Wand oder ein hoher Unterzug sein (**ABB 8.2**). Die Lasteinleitung der Druckstrebenkräfte über Druckspannungen wirkt sich auf die

---

[35] Hierfür ist auch der Ausdruck „direkte Lagerung" gebräuchlich.

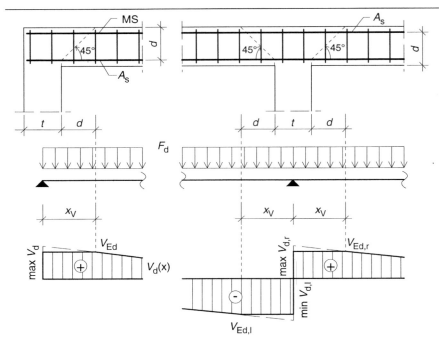

ABB 8.3: Bemessungswert der einwirkenden Querkraft bei unmittelbarer Lagerung

Querkraftbeanspruchung günstig aus, da sich die Druckstreben fächerförmig ausbilden. Im Bereich aller Druckstreben, die das Auflager erreichen, ist (streng genommen) keine Bügelbewehrung erforderlich.

Daher darf als Bemessungswert der Querkraft (nach DIN 1045-1 nur für den Bemessungswert der aufnehmbaren Querkraft $V_{Rd,ct}$) derjenige im Abstand d vom Auflagerrand zugrunde gelegt werden (**ABB 8.3**), sofern das Bauteil im Wesentlichen durch (Gleich-)Streckenlasten beansprucht wird ([DIN 1045-1 – 01], 10.3.2(1))

$$V_{Ed} = |\text{extr}\, V_d| - F_d \cdot x_V \qquad (8.4)$$

– bei Endauflagern aus Mauerwerk, Beton, Stahl ohne Einspannung (dreiecksförmige Spannungsverteilung der Auflagerpressungen)

$$x_V = \frac{t}{3} + d \qquad (8.5)$$

– bei Zwischenauflagern und Endauflagern mit Einspannung und Endauflagern aus Stahlbetonbalken ohne rechnerische Einspannung

$$x_V = \frac{t}{2} + d \qquad (8.6)$$

Bei unmittelbaren Lagerungen wirkt eine auflagernahe Einzellast zusätzlich günstig. Eine auflagernahe Einzellast liegt vor, sofern die Last in einem Abstand $x/d \leq 2,5$

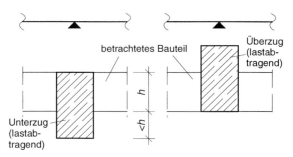

ABB 8.4: Beispiele mittelbarer Lagerungen

von der Auflagervorderkante entfernt angreift, wobei x der Abstand zwischen dieser Kante und der Einzellast ist. Im Fall einer *direkten* Auflagerung kann sich bei auflagernahen Einzellasten ein Sprengwerk ausbilden. Die Last wird über eine Druckstrebe direkt in das Auflager abgetragen (**ABB 8.10**), so dass keine zusätzliche Querkraftbewehrung für die Einzellast erforderlich wird. Die Druckstrebenbeanspruchung ist jedoch voll vorhanden.

DIN 1045: Der Nachweis für auflagernahe Einzellasten erfolgt, indem der Querkraftanteil auf der Einwirkungsseite (nur!) für die Ermittlung der Querkraftbewehrung mit einem Beiwert β abgemindert wird ([DIN 1045-1 – 01], 10.3.2(2)).

$$\beta = \frac{x}{2,5\,d} \tag{8.7}$$

EC 2: Der Nachweis für auflagernahe Einzellasten erfolgt, indem auf der Bauteilwiderstandsseite V_{Rd3} erhöht wird. Die Nachweisform ist in [DIN V ENV 1992 – 92], 4.3.2.2 für das Standardverfahren ($\rightarrow$ Kap. 8.4.5) geregelt. Hiernach darf der Grundwert der Schubspannung mit dem Beiwert β erhöht werden.

$$\beta = \frac{2,5\,d}{x} \tag{8.8}$$

Jenseits von Auflager und Einzellast ist die Bemessung für Querkräfte mit dem Faktor $\beta = 1,0$ zu führen. Sofern die sich hieraus ergebende Querkraftbewehrung größer als die zwischen Auflager und Einzellast ermittelte ist, muss die (dann größere) Schubbewehrung auch in diesem Bereich angeordnet werden [NAD zu ENV 1992 – 95].

Mittelbare Lagerung: [36]

Ein Bauteil gilt als mittelbar gelagert, wenn es seitlich in das lastabtragende Bauteil einbindet, so dass die günstig wirkenden Druckspannungen nicht vorhanden sind (**ABB 8.4**). Als maßgebende Querkraft ist deshalb diejenige am Auflagerrand zu verwenden (**ABB 8.5**):

– bei Endauflagern aus Mauerwerk, Beton, Stahl ohne Einspannung (dreiecksförmige Spannungsverteilung der Auflagerpressungen)

$$x_V = \frac{t}{3} \tag{8.9}$$

– bei Zwischenauflagern und Endauflagern mit Einspannung und Endauflagern aus Stahlbetonbalken ohne rechnerische Einspannung

$$x_V = \frac{t}{2} \tag{8.10}$$

Bei mittelbarer Lagerung ist eine zusätzliche Einhängebewehrung erforderlich ($\rightarrow$ Kap. 8.9).

---

[36] Hierfür ist auch der Ausdruck „indirekte Lagerung" gebräuchlich.

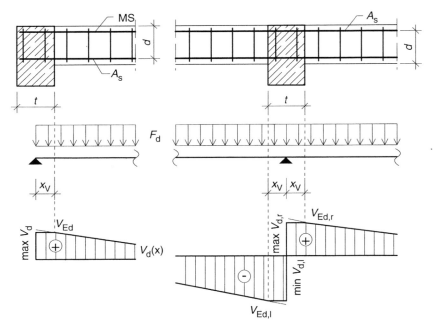

ABB 8.5: Bemessungswert der Querkraft bei mittelbarer Lagerung

8.2.2 Bauteile mit variabler Bauteilhöhe

Sofern Bauteile nicht eine konstante Bauteilhöhe besitzen, ist die Ober- und/oder die Unterseite geneigt. Wenn die veränderliche Bauteilhöhe nicht über die gesamte Balkenlängsachse verläuft, spricht man von Voute (**ABB 8.6**).

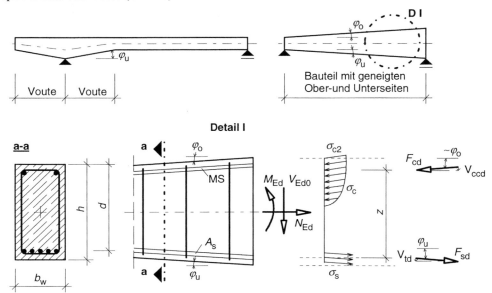

ABB 8.6: Bauteile mit veränderlicher Bauteilhöhe

8 Bemessung für Querkräfte

Aus den Randfasern des Querschnitts können keine Spannungen heraustreten. Die Betondruckspannungen müssen daher parallel zum gedrückten Rand verlaufen. Die Stahlspannungen haben die Richtung des Bewehrungsstabes. Wenn nun der Rand der Betondruckzone oder die Bewehrung nicht parallel zur Stabachse verläuft, entstehen Zusatzanteile zur rechnerischen Querkraft V_{Ed0} aus der geneigten inneren Druck- oder Zugkraft (**ABB 8.6**). Je nach Geometrie und Belastungsrichtung erhöht oder vermindert sich dadurch die aus der Schnittgrößenermittlung bekannte Querkraft.

$$V_{ccd} = \frac{M_{Eds}}{z} \cdot \tan \varphi_o \qquad (8.11)$$

$$V_{td} = \left(\frac{M_{Eds}}{z} + N_{Ed}\right) \cdot \tan \varphi_u \qquad (8.12)$$

V_{ccd} Querkraftkomponente der Betondruckkraft F_{cd} (**ABB 8.6**)
V_{td} Querkraftkomponente der Stahlzugkraft F_{sd} (**ABB 8.6**)
z Hebelarm der inneren Kräfte für Querkraftbemessung im Allgemeinen:
$$z \approx 0{,}9\, d \qquad (8.13)$$

Die Gln. (8.11) und (8.12) sind vorzeichenbehaftet. Bei ungünstiger Wirkung (also betragsmäßiger Erhöhung der Querkraft) *müssen* diese Auswirkungen von Querschnittsänderungen berücksichtigt werden, bei günstiger Wirkung *dürfen* sie berücksichtigt werden. Dies führt für die Bemessung zum Bemessungswert der Querkraft V_{Ed}.

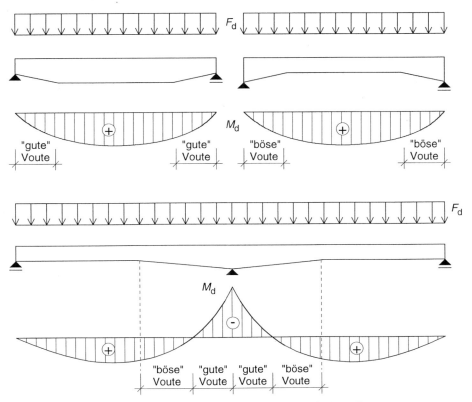

ABB 8.7: Abhängigkeit von Schnittgrößenverlauf und Bauteilhöhe für die Beurteilung von Vouten

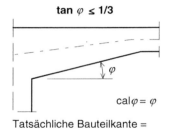
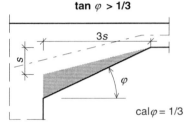

ABB 8.8: Berücksichtigung einer Voute bei der Biegebemessung und bei der Neigungsermittlung für die Betondruckspannungen

$$V_{Ed} = V_{Ed0} - (V_{ccd} + V_{td}) \tag{8.14}$$

$$V_{Ed} \approx V_{Ed0} - \left[\frac{|M_{Eds}|}{d}(\tan \varphi_o + \tan \varphi_u) + N_{Ed} \cdot \tan \varphi_u \right] \tag{8.15}$$

Der Winkel φ ist positiv, wenn $|M_{Eds}|$ und d mit fortschreitendem x (= fortschreitender Bauteillängsachse) gleichzeitig zunehmen oder abnehmen (**ABB 8.7**). Bei einem Vorzeichenwechsel im Momentenverlauf ändert sich damit auch das Vorzeichen des Winkels. Aus den unterschiedlichen möglichen Kombinationen der Vorzeichen in Gl. (8.15) ergibt sich, dass die bewehrungserzeugende Querkraft V_{Ed} betragsmäßig kleiner oder größer als die Querkraft aus der Schnittgrößenermittlung sein kann. Man bezeichnet daher eine Voute auch als (**ABB 8.7**)

- „gute" Voute bei $|V_{Ed}| < |V_{Ed0}|$ (8.16)
- „böse" Voute bei $|V_{Ed}| > |V_{Ed0}|$. (8.17)

Ferner ist aus Gl. (8.15) ersichtlich, dass im Gegensatz zu Bauteilen konstanter Dicke nicht sofort die größte Querkraft des Querkraftverlaufs die maßgebende und zu untersuchende Stelle ergibt, da auch Biegemoment, statische Höhe und Neigungswinkel den Bemessungswert der einwirkenden Querkraft beeinflussen. In der Regel sind daher mehrere Stellen innerhalb eines Querkraftbereichs gleichen Vorzeichens zu untersuchen, um die ungünstigste zu ermitteln.

Die Zunahme der Bauteilhöhe sollte rechnerisch nur bis $\tan \varphi = 1/3$ angesetzt werden, weil die Druckspannungstrajektorien dieses Verhältnis nicht wesentlich überschreiten können. Sofern die Voute stärker geneigt ist, soll der in **ABB 8.8** geschummert dargestellte Bereich sowohl bei der Biegebemessung als auch bei der Neigung von φ unberücksichtigt bleiben.

8.3 Bauteile ohne Querkraftbewehrung

8.3.1 Tragverhalten

Bauteile ohne Querkraftbewehrung tragen im Zustand I über einen Druckbogen und ein Zugband (Bogen-Zugband-Modell). Da sich Stahlbetonbauteile im Grenzzustand der Tragfähigkeit im

Zustand II befinden, kommen als weitere Traganteile die Rissverzahnung und die Dübelwirkung der Längsbewehrung hinzu (**ABB 8.9**).

Bogentragwirkung

Die Lasten werden über einen Druckbogen zu den Auflagern übertragen. Die Horizontalkomponente des Bogens steht im Gleichgewicht mit den Stahlzugkräften im Zugband (**ABB 8.9**). Die Vertikalkomponente ist der Querkraftanteil, der infolge Bogentragwirkung übertragen wird. Alternativ kann die Bogentragwirkung auch als Schubspannung innerhalb der Biegedruckzone interpretiert werden; dies ergibt die Kraft V_{cd} als Integral der dort übertragbaren Schubspannungen.

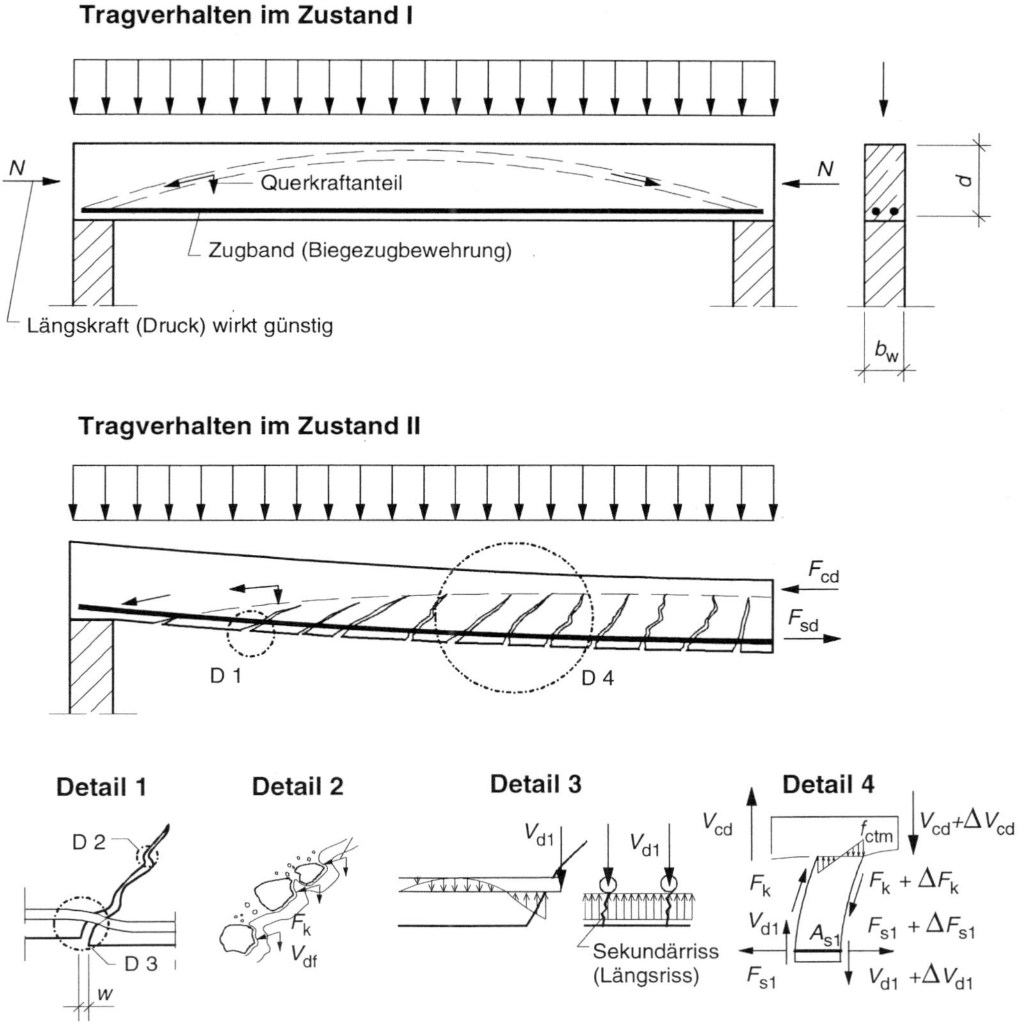

ABB 8.9: Tragverhalten von Bauteilen ohne Querkraftbewehrung

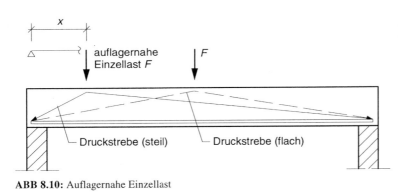

ABB 8.10: Auflagernahe Einzellast

Sofern wesentliche Lastanteile in der Nähe eines Auflagers wirken, können infolge einer steiler stehenden Druckstrebe größere Querkräfte übertragen werden. Dieser Effekt wird in den späteren Nachweisen berücksichtigt, indem die übertragbaren Spannungen mit einem Beiwert β erhöht werden ($\rightarrow$ Kap. 8.2.1).

Eine (mäßige) Längsdruckkraft erhöht die Querkrafttragfähigkeit, da hierdurch die Druckzone anwächst (bessere Bogentragwirkung) und die Rissbreiten in der Zugzone (Erhöhung der Rissverzahnung) geringer werden.

Rissverzahnung

Risse in Stahlbetonbauteilen verlaufen infolge herausragender Zuschläge [37] gezackt. Damit ist die Übertragung von Querkraftanteilen V_{df} (Vertikalanteil von F_k in **ABB 8.9**) über die Rissufer hinweg möglich. Diese Tragwirkung nimmt mit steigender Betonfestigkeitsklasse zu (bessere Einbettung des Zuschlags in der Zementmatrix) und mit wachsender Rissweite w und zunehmender statischer Höhe d ab. Die Bauteilhöhe und damit die statische Höhe beeinflusst aufgrund des Gradienten des Normalspannungsverlaufs und damit der tatsächlichen Biegezugfestigkeit (Übergang von Zustand I in Zustand II) die Querkrafttragfähigkeit. Bei niedrigen Bauteilen liegt im Zugbereich eine völligere Spannungsverteilung (gegenüber der dreiecksförmigen) vor.

Dübelwirkung

Die Längsbewehrung kann insbesondere bei großen Stabdurchmessern und großer Betondeckung Querkraftanteile V_{d1} über die Rissufer übertragen (**ABB 8.9**). Die Längsbewehrung ist hierbei quasi beidseitig voll in die Betonzähne eingespannt. Die Dübelwirkung fällt ab, wenn die durch die Einspannwirkung entstehenden Längsrisse in der Betondeckung aufgetreten sind und anwachsen.

Die einzelnen Traganteile Bogentragwirkung, Rissverzahnung und Dübelwirkung sind in den Nachweisverfahren teils direkt, teils implizit enthalten.

8.3.2 Nachweisverfahren nach DIN 1045

Die Bemessung erfolgt für die beiden Bauteilwiderstände $V_{Rd,ct}$ und $V_{Rd,max}$, indem die maßgebende Querkraft diesen Bauteilwiderständen gegenübergestellt wird.

---

[37] Bei Hochleistungsbetonen verlaufen die Risse durch die Zuschlagkörner. Hieraus ist ersichtlich, dass der Traganteil der Rissverzahnung nicht linear mit anwachsender Betonfestigkeitsklasse steigen kann.

8 Bemessung für Querkräfte

$$V_{Ed} \leq \begin{cases} V_{Rd,ct} \\ V_{Rd,max} \end{cases} \quad (8.18)$$

Der Wert $V_{Rd,max}$ ist für nicht vorgespannte Bauteile i. d. R. eingehalten und muss bei diesen nicht nachgewiesen werden.

Der Bemessungswert der aufnehmbaren Querkraft ohne Querkraftbewehrung wird unterschiedlich ermittelt, je nach dem Zustand (gerissen oder ungerissen) des Stahlbetonbauteils. In Platten darf auf eine Querkraftbewehrung verzichtet werden, sofern die aufzunehmende Querkraft V_{Ed} die aufnehmbare Querkraft $V_{Rd,ct}$ unterschreitet. Sofern die aufnehmbare Querkraft überschritten wird, ist auch bei Platten eine Querkraftbewehrung erforderlich. Für gerissene Bauteile gilt:

$$V_{Rd,ct} = \left[\eta_1 \, 0{,}10 \, \kappa \left(100 \rho_l \cdot f_{ck}\right)^{\frac{1}{3}} - 0{,}12 \, \sigma_{cd} \right] \cdot b_w \cdot d \quad (8.19)$$

Darin bedeuten:

η_1 Beiwert für Betonart (erfasst den Einfluss der Zugfestigkeit auf die Querkrafttragfähigkeit)

Normalbeton: $\eta_1 = 1{,}0$ (8.20)

Leichtbeton: $\eta_1 = 0{,}40 + 0{,}60 \dfrac{\rho}{2200} < 1{,}0$ (8.21)

κ Beiwert zur Berücksichtigung der Bauteilhöhe (erfasst den Maßstabseffekt, d. h. die höhere Tragfähigkeit dünnerer Bauteile unter sonst gleichen Bedingungen)

$$\kappa = 1 + \sqrt{\dfrac{200}{d}} \begin{cases} \geq 1{,}0 \\ \leq 2{,}0 \end{cases} \quad d \text{ in mm} \quad (8.22)$$

ρ_l geometrischer Bewehrungsgrad der Längsbewehrung (erfasst die Dübelwirkung der Bewehrung und die Zunahme der Druckzonenhöhe bei steigender Biegezugbewehrung)

$$\rho_l = \dfrac{A_{sl}}{b_w \cdot d} \leq 0{,}02 \quad (8.23)$$

Zur Längsbewehrung A_{sl} zählt hierbei jene Biegezugbewehrung, die im betrachteten Schnitt vorhanden ist und mindestens um das Maß d über diesen weitergeführt wird. Die Verankerungslänge darf erst jenseits vom Maß d beginnen. Der maximal anrechenbare geometrische Bewehrungsgrad wird auf 2 % begrenzt.

σ_{cd} Berücksichtigung des Einflusses der Längsspannungen (erfasst den Zuwachs von V_{cd} bei größerer Biegedruckzone)

$$\sigma_{cd} = \dfrac{N_{Ed}}{A_c} \quad (8.24)$$

Aus dem Ansatz nach Gl. (8.19) ist ersichtlich, dass die Rissreibungskraft direkt proportional der Betonfestigkeitsklasse ist, wobei der unterproportionale Anstieg durch den Exponenten 1/3 erfasst wird. Die eckige Klammer in Gl. (8.19) kann auch als eine fiktive rechnerische Schubspannung gedeutet werden.

Ein ungerissener Querschnitt liegt vor, wenn die Betonzugspannung im Querschnitt im Grenzzustand der Tragfähigkeit stets $<f_{ctk;0,05}/\gamma_c$ (mit γ_c für unbewehrte Betonbauteile nach [DIN 1045-1 – 01], 5.3.3(8)) ist. In diesem Fall kann die Querkrafttragfähigkeit direkt aus den Gln. (7.3) und (7.4) bestimmt werden, wenn für die Hauptzugspannung $\sigma_I = f_{ctk;0,05}/\gamma_c$ gesetzt wird. Die Querkrafttragfähigkeit ergibt sich dann für nicht vorgespannte Bauteile:

$$V_{Rd,ct} = \frac{I \cdot b_w}{S} \cdot \sqrt{\left(\frac{f_{ctk;0,05}}{\gamma_c}\right)^2 - \sigma_{cd} \cdot \frac{f_{ctk;0,05}}{\gamma_c}} \qquad (8.25)$$

$f_{ctk;0,05}$ unterer Quantilwert der Zugfestigkeit nach **TAB 2.5**, bei höheren Betonfestigkeitsklassen jedoch immer $<2,7$ N/mm²

γ_c vorübergehende Bemessungssituation: $\gamma_c = 1,80$
außergewöhnliche Bemessungssituation: $\gamma_c = 1,55$

Beispiel 8.1: Querkraftbemessung einer Stahlbetonplatte nach DIN 1045-1
(Fortsetzung von Beispiel 7.16)

gegeben: Tragwerk und Schnittgrößen siehe Beipiel 6.1

gesucht: Querkraftbemessung an der Einspannstelle

$x_V = 0$ m

$V_{Ed} = |42,3| - (1,35 \cdot 25,0) \cdot 0 = 42,34$ kN

$\kappa = 1 + \sqrt{\frac{200}{155}} = 2,14 > \underline{2,0}$

$\rho_l = \frac{7,85}{100 \cdot 15,5} = 0,0051 < 0,02$

$\sigma_{cd} = \frac{-12,5 \cdot 10^{-3}}{1,0 \cdot 0,20} = -0,0625$ N/mm²

$V_{Rd,ct} = \left[1,0 \cdot 0,10 \cdot 2,0 \cdot (0,51 \cdot 30)^{\frac{1}{3}} + 0,12 \cdot 0,0625\right]$

$\cdot 1,0 \cdot 0,155$

$= 0,0781$ MN $= 78,1$ kN

$V_{Ed} = 42,3$ kN $< 78,1$ kN $= V_{Rd,ct}$

Erwartungsgemäß ist keine Querkraftbewehrung erforderlich.

Es liegt eine indirekte Lagerung vor

(8.4): $V_{Ed} = |\text{extr } V_d| - F_d \cdot x_V$

(8.22): $\kappa = 1 + \sqrt{\frac{200}{d}} \begin{cases} \geq 1,0 \\ \leq 2,0 \end{cases}$

(8.23): $\rho_l = \frac{A_{sl}}{b_w \cdot d} \leq 0,02$

(8.24): $\sigma_{cd} = \frac{N_{Ed}}{A_c}$

(8.19):
$V_{Rd,ct} =$
$\left[\eta_1 0,1\kappa(100\rho_l \cdot f_{ck})^{\frac{1}{3}} - 0,12\sigma_{cd}\right]$
$\cdot b_w \cdot d$

(8.18): $V_{Ed} \leq \begin{cases} V_{Rd,ct} \\ V_{Rd,max} \end{cases}$

Der Wert für $V_{Rd,max}$ muss nur bei großen Längskräften nachgewiesen werden.

(Fortsetzung mit Beispiel 11.1)

8 Bemessung für Querkräfte

Beispiel 8.2: Biege- und Querkraftbemessung einer Stahlbetonplatte nach DIN 1045-1

gegeben: Tragwerk lt. Skizze

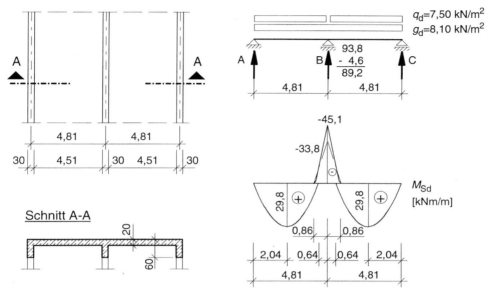

Baustoffe
Beton C 30/37
Betonstahl BSt 500 M

Umweltbedingung
Trockene Umgebung
(Umgebungsklasse XC 1)

gesucht: – Das Tragwerk soll stellvertretend an einem 1 m breiten Streifen berechnet werden [38]
– Biegebemessung über der Stütze für ein um 25 % umgelagertes Stützmoment
– Querkraftbemessung über der Stütze

Lösung:

Biegebemessung:

$\Delta M = 0{,}25 \cdot (-45{,}1) = -11{,}3$ kNm

$M_{cal} = -45{,}1 - (-11{,}3) = -33{,}8$ kNm $\qquad$ (5.16): $M_{cal} = M_{el} - \Delta M$

Es liegt Fall 2 in **ABB 7.4** vor

$\Delta M = \left|\dfrac{89{,}1}{2}\right| \cdot \dfrac{0{,}30}{2} = 6{,}7$ kNm $\qquad$ (7.16): $\Delta M = \min \begin{cases} |V_{Ed,li}| \cdot \dfrac{b_{sup}}{2} \\ |V_{Ed,re}| \cdot \dfrac{b_{sup}}{2} \end{cases}$

$M_{Ed} = |-33{,}8| - |6{,}7| = 27{,}1$ kNm $\qquad$ (7.14): $M_{Ed} = |M_{el}| - |\Delta M|$

$\min M_{Ed} = -(8{,}1 + 7{,}5) \cdot \dfrac{4{,}51^2}{12} = -26{,}4$ kNm $\qquad$ (5.20): $\min M_{Ed} \approx -F_d \cdot \dfrac{l_n^2}{12}$

---

[38] Dies wird die später übliche Vorgehensweise bei Platten sein.

$M_{Ed} = |-27,1| > |-26,4|$ kNm

$M_{Eds} = 27,1 - 0 \cdot 0,065 = 27,1$ kNm | (7.5): $M_{Eds} = |M_{Ed}| - N_{Ed} \cdot z_s$

$\gamma_s = 1,15$ | (2.28): für Grundkombination

$f_{yd} = \dfrac{500}{1,15} = 435$ N/mm^2 | (2.27): $f_{yd} = \dfrac{f_{yk}}{\gamma_s}$

$\gamma_c = 1,50$ | (2.15): Grundkombination und Ortbeton

$f_{cd} = \dfrac{0,85 \cdot 30}{1,50} = 17$ N/mm^2 | (2.14): $f_{cd} = \dfrac{\alpha \cdot f_{ck}}{\gamma_c}$

$\mu_{Eds} = \dfrac{0,0271}{1,0 \cdot 0,175^2 \cdot 17} = 0,052$ | (7.22): $\mu_{Eds} = \dfrac{M_{Eds}}{b \cdot d^2 \cdot f_{cd}}$

$\omega = 0,0536$; $\xi = 0,078$; $\sigma_{sd} = 457$ N/mm^2 | TAB 7.1:

$A_s = \dfrac{0,0536 \cdot 1,0 \cdot 0,175 \cdot 17}{457} \cdot 10^4 = 3,5$ cm^2 | (7.50): $A_s = \dfrac{\omega \cdot b \cdot d \cdot f_{cd} + N_{Ed}}{\sigma_{sd}}$

gew: Ø8-12^5 | TAB 4.1

$A_{s,vorh} = 0,503 \cdot \dfrac{100}{12,5} = 4,0$ cm^2 > $3,5$ cm^2 = $A_{s,erf}$ | (7.55): $A_{s,vorh} \geq A_{s,erf}$

$f_{ctm} = 2,9$ N/mm^2 | TAB 2.5: C30/37

$W = \dfrac{1,0 \cdot 0,20^2}{6} = 0,0067$ m^3 | $W = \dfrac{b \cdot h^2}{6}$

$z \approx 0,9 \cdot 0,175 = 0,158$ m | $z \approx 0,9 d$

$A_{s,min} = \dfrac{2,9 \cdot 0,0067}{0,158 \cdot 500} \cdot 10^4 = 2,5$ cm^2 < $4,0$ cm^2 | (7.89) $A_{s,min} = \dfrac{f_{ctm} \cdot W}{z \cdot f_{yk}}$

Die Mindestbewehrung wird nicht maßgebend, die statisch erforderliche Bewehrung ist größer.

Rotationsnachweis für hochduktilen Stahl

$\delta_{lim} = \max \begin{cases} 0,64 + 0,8 \cdot 0,08 = \underline{0,704} \\ 0,70 \end{cases}$ | (TAB 5.3): $\delta_{lim} = \max \begin{cases} 0,64 + 0,8\,\xi \\ 0,70 \end{cases}$

$\delta = 0,75 > 0,704 = \delta_{lim}$ | (5.19): $\delta \geq \delta_{lim}$

Querkraftbemessung: | Es liegt eine direkte Lagerung vor.

$x_V = \dfrac{0,30}{2} + 0,175 = 0,325$ m | (8.6): $x_V = \dfrac{t}{2} + d$

$V_{Ed} = \left|\dfrac{89,2}{2}\right| - (8,1 + 7,5) \cdot 0,325 = 39,5$ kN | (8.4): $V_{Ed} = |\text{extr } V_d| - F_d \cdot x_V$

$\kappa = 1 + \sqrt{\dfrac{200}{175}} = 2,07 > \underline{2,0}$ | (8.22): $\kappa = 1 + \sqrt{\dfrac{200}{d}} \begin{cases} \geq 1,0 \\ \leq 2,0 \end{cases}$

$\rho_l = \dfrac{4,0}{100 \cdot 17,5} = 0,0023 < 0,02$ | (8.23): $\rho_l = \dfrac{A_{sl}}{b_w \cdot d} \leq 0,02$

$\sigma_{cd} = \dfrac{0}{100 \cdot 20} = 0$ | (8.24): $\sigma_{cd} = \dfrac{N_{Sd}}{A_c}$

$$V_{\text{Rd,ct}} = \left[1,0 \cdot 0,10 \cdot 2,0 (100 \cdot 0,0023 \cdot 30)^{\frac{1}{3}} + 0,12 \cdot 0\right]$$
$$\cdot 1,0 \cdot 0,175$$
$$= 0,0666 \text{ MN} = 66,6 \text{ kN}$$

$V_{\text{Ed}} = 39,4 \text{ kN} < 66,6 \text{ kN} = V_{\text{Rd,ct}}$

Erwartungsgemäß ist keine Querkraftbewehrung erforderlich.

(8.19):
$$V_{\text{Rd,ct}} = \left[\eta_1 \, 0,1 \kappa (100 \rho_1 \cdot f_{\text{ck}})^{\frac{1}{3}} - 0,12 \, \sigma_{\text{cd}}\right] \cdot b_{\text{w}} \cdot d$$

(8.18): $V_{\text{Ed}} \leq \begin{cases} V_{\text{Rd,ct}} \\ V_{\text{Rd,max}} \end{cases}$

Der Wert für $V_{\text{Rd,max}}$ muss nur bei großen Längskräften nachgewiesen werden.
(Fortsetzung mit Beispiel 8.8)

8.3.3 Nachweisverfahren nach EC 2

Die Bemessung erfolgt für die beiden Bauteilwiderstände V_{Rd1} und V_{Rd2}, indem die maßgebende Querkraft diesen Bauteilwiderständen gegenübergestellt wird.

$$V_{\text{Sd}} \leq \begin{cases} V_{\text{Rd1}} \\ V_{\text{Rd2}} \end{cases} \qquad (8.26)$$

Die ohne Bewehrung übertragbare Querkraft wird durch folgende Gl. begrenzt:

$$V_{\text{Rd1}} = \left[\tau_{\text{Rd}} \cdot k \cdot (1,2 + 40 \rho_1) + 0,15 \, \sigma_{\text{cp}}\right] \cdot b_{\text{w}} \cdot d \qquad [39] \qquad (8.27)$$

Darin bedeuten:

k Beiwert zur Berücksichtigung der Längsbewehrung

– Biegezugbewehrung nicht gestaffelt:
$$k = 1,6 - d \geq 1,0 \qquad d \text{ in m} \qquad (8.28)$$
– Biegezugbewehrung gestaffelt, < 50 % bis über die Auflager geführt:
$$k = 1,0 \qquad (8.29)$$

τ_{Rd} zulässiger Grundwert der Schubspannung (TAB 8.1)

ρ_1 geometrischer Bewehrungsgrad der Längsbewehrung

$$\rho_1 = \frac{A_{\text{sl}}}{b_{\text{w}} \cdot d} \leq 0,02 \qquad (8.23)$$

σ_{cp} Berücksichtigung des Einflusses der Längsspannungen (Druckspannungen positiv, Zugspannungen negativ einsetzen)

$$\sigma_{\text{cp}} = \frac{|N_{\text{Sd}}|}{A_{\text{c}}} \qquad (8.30)$$

---

[39] Der Wert τ_{Rd} ist gemäß NAD: $\tau_{\text{Rd}} = \dfrac{0,12 \cdot 1,11}{\gamma_{\text{c}}} f_{\text{ck}}^{\frac{1}{3}}$. Damit wird deutlich, dass die Gl. (8.27) bis auf die empirisch gefundenen Beiwerte mit Gl. (8.19) übereinstimmt.

Betonsfestigkeitsklasse	C 12	C 16	C 20	C 25	C 30	C 35	C 40	C 45	C 50
τ_{Rd} in N/mm² — EC 2	0,18	0,22	0,26	0,30	0,34	0,37	0,41	0,44	0,48
τ_{Rd} in N/mm² — NAD	0,20	0,22	0,24	0,26	0,28	0,30	0,31	0,32	0,33

TAB 8.1: Zulässige Grundwerte der Schubspannung τ_{Rd} mit $\gamma_c = 1,5$ für die einzelnen Betonfestigkeiten ([DIN V ENV 1992 – 92] Tabelle 4.8 und [NAD zu ENV 1992 – 95])

Beispiel 8.3: Biege- und Querkraftbemessung einer Stahlbetonplatte nach EC 2

gegeben: Tragwerk lt. Skizze in Beispiel 8.2 ($\to$ S. 187)

gesucht:
– Das Tragwerk soll stellvertretend an einem 1 m breiten Streifen berechnet werden.
– Biegebemessung über der Stütze für ein um 25% umgelagertes Stützmoment
– C30/37 BSt 500 S(B)
– Querkraftbemessung über der Stütze

Lösung:

Biegebemessung:

$\Delta M = 0,25 \cdot (-45,1) = -11,3$ kNm (5.16): $M_{cal} = M_{el} - \Delta M$

$M_{cal} = -45,1 - (-11,3) = -33,8$ kNm

Es liegt Fall 2 in **ABB 7.4** vor.

$\Delta M = \left|\dfrac{89,2}{2}\right| \cdot \dfrac{0,30}{2} = 6,7$ kNm (7.16): $\Delta M = \min \begin{cases} |V_{Sd,li}| \cdot \dfrac{b_{sup}}{2} \\ |V_{Sd,re}| \cdot \dfrac{b_{sup}}{2} \end{cases}$

$M_{Sd} = |-33,8| - |6,7| = 27,1$ kNm (7.14): $M_{Sd} = |M_{el}| - |\Delta M|$

$\min M_{Sd} = -(8,1 + 7,5) \cdot \dfrac{4,51^2}{12} = -26,4$ kNm (5.20): $\min M_{Sd} \approx -F_d \cdot \dfrac{l_n^2}{12}$

$M_{Sd} = |-27,1| > |-26,4|$ kNm

$M_{Sds} = 27,1 - 0 \cdot 0,175 = 27,1$ kNm (7.5): $M_{Sds} = |M_{Sd}| - N_{Sd} \cdot z_s$

$\gamma_s = 1,15$ (2.28): für Grundkombination

$f_{yd} = \dfrac{500}{1,15} = 435$ N/mm² (2.27): $f_{yd} = \dfrac{f_{yk}}{\gamma_s}$

$\gamma_c = 1,50$ (2.15): Grundkombination und Ortbeton

$k_d = \dfrac{17,5}{\sqrt{\dfrac{|27,1|}{1,0}}} = 3,36$ (7.55): $k_d = \dfrac{d}{\sqrt{\dfrac{|M_{Sds}|}{b}}}$ [40]

$k_s = 2,38$; $\xi = 0,09$ TAB 7.3:

---

[40] Hier wird ein dimensionsgebundenes Verfahren verwendet. Es wäre auch eine Bemessung mit einem dimensionsechten Verfahren möglich.

$A_s = \dfrac{27,1}{17,5} 2,38 + 0 = 3,68 \text{ cm}^2$ (7.56): $A_s = \dfrac{|M_{Sds}|}{d} k_s + 10 \dfrac{N_{Sd}}{f_{yd}}$

gew: $\varnothing 8\text{-}12^5$

TAB 4.1

$A_{s,\text{vorh}} = 0,503 \cdot \dfrac{100}{12,5} = 4,0 \text{ cm}^2 > 3,68 \text{ cm}^2 = A_{s,\text{erf}}$ (7.51): $A_{s,\text{vorh}} \geq A_{s,\text{erf}}$

$A_{s,\min} = \max \begin{cases} \dfrac{0,6 \cdot 100 \cdot 17,5}{500} = 2,1 \text{ cm}^2 \\ 0,0015 \cdot 100 \cdot 17,5 = 2,6 \text{ cm}^2 < 3,68 \text{ cm}^2 \end{cases}$ (7.79): $A_{s,\min} = \max \begin{cases} \dfrac{0,6 \cdot b_t \cdot d}{f_{yk}} \\ 0,0015 \cdot b_t \cdot d \end{cases}$

Die Mindestbewehrung wird nicht maßgebend, die statisch erforderliche Bewehrung ist größer.

Rotationsnachweis für hochduktilen Stahl

$\delta_{\lim} = \max \begin{cases} 0,44 + 1,25 \cdot 0,09 = 0,55 \\ 0,70 \end{cases}$ (TAB 5.3): $\delta_{\lim} = \max \begin{cases} 0,44 + 1,25 \, \xi \\ 0,70 \end{cases}$

$\delta = 0,75 > 0,70 = \delta_{\lim}$ (5.19): $\delta \geq \delta_{\lim}$

Querkraftbemessung: Es liegt eine direkte Lagerung vor.

$x_V = \dfrac{0,30}{2} + 0,175 = 0,325 \text{ m}$ (8.6): $x_V = \dfrac{t}{2} + d$

$V_{Sd} = \left|\dfrac{89,1}{2}\right| - (8,1 + 7,5) \cdot 0,325 = 39,5 \text{ kN}$ (8.4): $V_{Sd} = |\text{extr} V_d| - F_d \cdot x_V$

$k = 1,6 - 0,175 = 1,425 > 1,0$ (8.28): $k = 1,6 - d \geq 1,0$

$\rho_l = \dfrac{4,0}{100 \cdot 17,5} = 0,0023 < 0,02$ (8.23): $\rho_l = \dfrac{A_{sl}}{b_w \cdot d} \leq 0,02$

$\sigma_{cp} = \dfrac{0}{100 \cdot 20} = 0$ (8.30): $\sigma_{cp} = \dfrac{|N_{Sd}|}{A_c}$

$\tau_{Rd} = 0,28 \text{ N/mm}^2$ TAB 8.1:

(8.27):

$V_{Rd,ct} = \left[0,28 \cdot 1,425 \cdot (1,2 + 40 \cdot 0,0023) + 0,12 \cdot 0\right]$ $V_{Rd1} =$

$\cdot 1,0 \cdot 0,175$ $\left[\tau_{Rd} \cdot k \cdot (1,2 + 40 \, \rho_l) + 0,15 \, \sigma_{cp}\right]$

$= 0,0902 \text{ MN} = 90,2 \text{ kN}$ $\cdot b_w \cdot d$

$V_{Sd} = 39,4 \text{ kN} < 90,2 \text{ kN} = V_{Rd2}$ (8.26): $V_{Sd} \leq \begin{cases} V_{Rd1} \\ V_{Rd2} \end{cases}$

Der Wert für V_{Rd2} muss nur bei großen Längskräften nachgewiesen werden.

8.4 Bauteile mit Querkraftbewehrung

8.4.1 Fachwerkmodell

Wenn dasselbe Prinzip wie beim Biegetragverhalten auch für die Querkraftübertragung angewandt wird, nämlich anstelle der durch die Rissbildung nicht mehr aufnehmbaren Zugspannungen eine Bewehrung anzuordnen, kann die Tragfähigkeit des Stahlbetonbauteils erheblich gesteigert werden. Diese Bewehrung besteht aus schräg (Winkel α) oder vertikal stehenden Bewehrungselementen (i. d. R. Bügel). Das Tragverhalten wird für die praktische Bemessung mit einem Fachwerkmodell idealisiert (**ABB 8.11**). Der Obergurt des Fachwerks wird durch den Beton gebildet, der Untergurt durch die Biegezugbewehrung. Die durch Druckspannungen beanspruchten Diagonalen des Fachwerks werden durch den Beton gebildet. Die Zugdiagonalen müssen durch eine anzuordnende Querkraftbewehrung hergestellt werden. Je nach Richtung der Bewehrungsstäbe bildet sich ein

- Strebenfachwerk bei schräg (45° oder steiler) aufgebogenen Stäben oder schrägstehenden Bügeln
- Pfostenfachwerk bei vertikalen Bügeln.

Dieses Fachwerkmodell wurde in der Sonderform mit 45° geneigter Druckstreben von MÖRSCH (1902) als Bemessungsverfahren verbreitet. Es wird auch als klassisches Fachwerkmodell bezeichnet. Tatsächlich liegen die Druckstrebenneigungen flacher. Dies berücksichtigen die weiterentwickelten Fachwerkmodelle des EC 2 und der DIN 1045-1.

Fachwerkmodell nach DIN 1045 und EC 2

Das Fachwerkmodell besteht neben Ober- und Untergurt aus Druckstreben (Neigungswinkel θ) und Zugstreben (Neigungswinkel α), deren Neigungswinkel innerhalb festgelegter Grenzen gewählt werden können (**ABB 8.11**). Die Druckstrebe kennzeichnet die Betonbeanspruchung, die Zugstrebe die zu ermittelnde Querkraftbeanspruchung:

Druckstrebe: $V_{Rd,max} = F_{cdw} \cdot \sin\theta = \alpha_c \cdot f_{cd} \cdot b_w \cdot c' \cdot \sin\theta$

$$V_{Rd,max} = \alpha_c \cdot f_{cd} \cdot b_w \cdot c \cdot \sin^2\theta = \alpha_c \cdot f_{cd} \cdot b_w \cdot z \cdot (\cot\theta + \cot\alpha) \cdot \sin^2\theta \quad (8.31)$$

α_c Abminderungsbeiwert für die Druckstrebenfestigkeit infolge der schiefwinklig kreuzenden Risse (wird in EC 2 mit ν bezeichnet)

$$\alpha_c = 0{,}75\,\eta_1 \quad (8.32)$$

Für spätere Zwecke ist es sinnvoll, Gl. (8.31) umzuformen:

$$V_{Rd,max} = \alpha_c \cdot f_{cd} \cdot b_w \cdot z \cdot (\cot\theta + \cot\alpha) \cdot \frac{\sin^2\theta}{\sin^2\theta + \cos^2\theta}$$

$$V_{Rd,max} = \alpha_c \cdot f_{cd} \cdot b_w \cdot z \cdot \frac{(\cot\theta + \cot\alpha)}{1 + \cot^2\theta} \quad (8.33)$$

Zugstrebe: Für die Querkraftbewehrung werden folgende geometrische Beziehungen definiert:

$$A_{sw} = n \cdot A_{s,ds} \quad (8.34)$$

je Fachwerkfeld: $a_{sw} = \dfrac{A_{sw}}{c} \quad (8.35)$

allgemein: $a_{sw} = \dfrac{A_{sw}}{s_w} \quad (8.36)$

A_{sw} Gesamte Querkraftbewehrung innerhalb eines Fachwerkfeldes oder allgemein in einem Querkraftbereich gleichen Vorzeichens

n Schnittigkeit des Bewehrungselementes (Anzahl der Schenkel im Querschnitt)

8 Bemessung für Querkräfte

$A_{s,ds}$ Querschnitt eines Stabes
s_w Abstand der Stäbe der Querkraftbewehrung in Bauteillängsrichtung

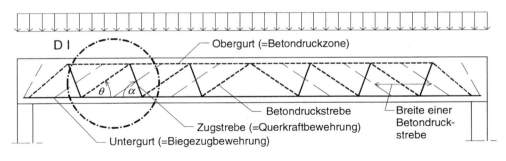

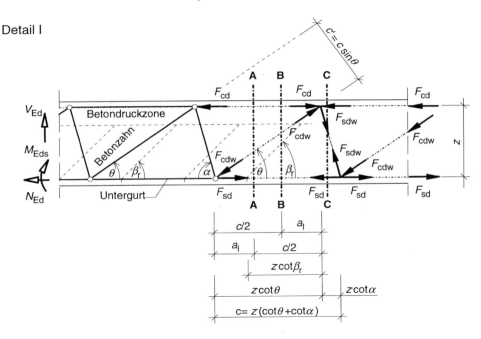

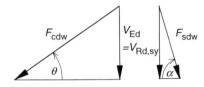

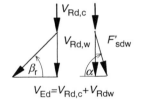

ABB 8.11: Kräfte im Fachwerkmodell

$$V_{Rd,sy} = F_{sdw} \cdot \sin\alpha = A_{sw} \cdot f_{yd} \cdot \sin\alpha$$
$$V_{Rd,sy} = a_{sw} \cdot c \cdot f_{yd} \cdot \sin\alpha = a_{sw} \cdot z \cdot f_{yd} \cdot \sin\alpha(\cot\theta + \cot\alpha) \tag{8.37}$$

Aus Gl. (8.37) ist sofort ersichtlich, dass der Winkel der Druckstrebenneigung einen erheblichen Einfluss auf die erforderliche Querkraftbewehrung hat. Die Bewehrung sinkt mit flacheren Druckstrebenneigungen. Um die Druckstreben nicht unrealistisch flach werden zu lassen, sind folgende Grenzen festgelegt:

Biegezugbewehrung...	Anwendungsrichtlinie [NAD zu ENV 1992 – 95]	[DIN V ENV 1992 – 92]	
...gestaffelt	$\frac{4}{7} \leq \cot\theta \leq \frac{7}{4}$	$0,5 \leq \cot\theta \leq 2,0$	(8.38)
...konstant bis über die Auflager	$\frac{4}{7} \leq \cot\theta \leq \frac{7}{4}$	$0,4 \leq \cot\theta \leq 2,5$	(8.39)

Erweiterungen des Fachwerkmodells für DIN 1045-1

Es handelt sich um ein gegenüber dem EC 2 weiterentwickeltes Fachwerkmodell, in dem der Winkel der Druckstreben nicht mehr frei wählbar ist, sondern an die Neigung β_r der Schubrisse (**ABB 8.11**) gekoppelt ist. Weiterhin wird explizit der Querkrafttraganteil des Betons $V_{Rd,c}$ berücksichtigt. Daher wird dieses Fachwerkmodell (auch zur deutlichen Unterscheidung gegenüber demjenigen nach EC 2) auch als „mechanisches Fachwerkmodell" bezeichnet. Die Querkrafttragfähigkeit der Druckstrebe wird wie EC 2 nach Gl. (8.31) bestimmt. Für die Zugstrebe gelten nachfolgende Überlegungen:

Zugstrebe: $V_{Rd,sy} = V_{Rd,c} + V_{Rd,w} = V_{Rd,c} + F'_{sdw} \cdot \sin\alpha$
$$V_{Rd,sy} = V_{Rd,c} + a_{sw} \cdot z \cdot f_{yd} \cdot \sin\alpha(\cot\beta_r + \cot\alpha) \tag{8.40}$$

$$V_{Rd,c} = \beta_{ct} \cdot 0{,}10 \cdot \eta_1 \cdot f_{ck}^{1/3}\left(1 + 1{,}2\frac{\sigma_{cd}}{f_{cd}}\right) \cdot b_w \cdot z$$
$$= 0{,}24 \cdot \eta_1 \cdot f_{ck}^{1/3}\left(1 + 1{,}2\frac{\sigma_{cd}}{f_{cd}}\right) \cdot b_w \cdot z \tag{8.41}$$

Während für die Bestimmung der Querkraftbewehrung der Betontraganteil $V_{Rd,c}$ zu null gesetzt wird und sich damit wieder Gl. (8.37) ergibt, wird er bei der Druckstrebenneigung erfasst. Wenn der Ausdruck $a_{sw} \cdot z \cdot f_{yd}$ mit Gl. (8.37) substituiert wird, erhält man:

$$V_{Rd,sy} = V_{Rd,c} + \frac{V_{Rd,sy}}{\sin\alpha(\cot\theta + \cot\alpha)} \cdot \sin\alpha(\cot\beta_r + \cot\alpha) = V_{Ed}$$
$$V_{Ed}\left(1 - \frac{\cot\beta_r + \cot\alpha}{\cot\theta + \cot\alpha}\right) = V_{Rd,c}$$
$$\cot\theta = \frac{\cot\beta_r + \cot\alpha}{1 - \dfrac{V_{Rd,c}}{V_{Ed}}} - \cot\alpha \tag{8.42}$$

8 Bemessung für Querkräfte

Die Druckstrebenneigung ist somit bestimmbar, wenn der Winkel der Schubrisse und der Winkel der Querkraftbewehrung bekannt sind. In DIN 1045-1 wird von einer Neigung der Schubrisse von 40° bei reiner Biegung ($\sigma_{cd} = 0$) und bei Biegung mit Längskraft von

$$\cot \beta_r = 1{,}2 - 1{,}4 \frac{\sigma_{cd}}{f_{cd}} \tag{8.43}$$

ausgegangen. Bei Längsdruckkräften ergeben sich somit steilere Winkel als 40°, bei Längszugkräften flachere. Mit Gl. (8.43) und mit Gl. (8.42) ergibt sich für lotrechte Querkraftbewehrung die in [DIN 1045-1 – 01], 10.3.4(3) niedergelegte Gleichung mit einer zusätzlichen unteren ($\theta = 18{,}4°$) und oberen ($\theta = 60°$) Schranke für den Winkel der Druckstrebenneigung. Hierdurch soll die Verträglichkeit der Dehnungen der Querkraftbewehrung, der Stauchungen der Druckstreben und der Dehnung der Längsbewehrung in den Untergurten gewährleistet werden.

$$0{,}58 \leq \cot \theta \leq \frac{1{,}2 - 1{,}4 \dfrac{\sigma_{cd}}{f_{cd}}}{1 - \dfrac{V_{Rd,c}}{V_{Ed}}} \begin{cases} \leq 2{,}0 & \text{für Leichtbeton} \\ \leq 3{,}0 & \text{für Normalbeton} \end{cases} \tag{8.44}$$

Die Extremwerte der Druckstrebenkräfte innerhalb des Fachwerkmodells sind hinsichtlich der Bemessung insofern interessant, wenn die folgenden Fragestellungen zu beantworten sind:

– Welche Querkraft kann bei vorgegebenem Querschnitt maximal übertragen werden?
– Wie groß ist die kleinstzulässige Querkraftbewehrung?

Diesen Fragen soll im folgenden Beispiel nachgegangen werden.

Beispiel 8.4: Extremwerte für die Strebenkräfte des Fachwerkmodells

gesucht: Extremwerte der Strebenkräfte des Fachwerkmodells (nach EC 2) für $\alpha = 45°$ und $\alpha = 90°$, insbesondere

a) größter Querkrafttragwiderstand und zugehöriger Querkraftbewehrung
b) kleinste Querkraftbewehrung und zugehöriger Querkrafttragwiderstand

Lösung:

Um allgemein gültige Aussagen zu erhalten, wird die Gl. (8.33) normiert und der Schubfluss t_{Rd} eingeführt.

$$t_{Rd} = \frac{V_{Rd,max}}{\alpha_c \cdot f_{cd} \cdot b_w \cdot z} \leq \frac{(\cot \theta + \cot \alpha)}{1 + \cot^2 \theta}$$

$$t_{Rd} = \frac{V_{Rd,max}}{\alpha_c \cdot f_{cd} \cdot b_w \cdot z} \leq \sin^2 \theta (\cot \theta + \cot \alpha) \tag{8.45}$$

Für die spätere Extremwertbetrachtung wird die Gl. differenziert:

$$\frac{d\,t_{Rd}}{d\theta} = \cos^2 \theta - \sin^2 \theta + 2 \sin \theta \cos \theta \cot \alpha \stackrel{!}{=} 0 \tag{8.46}$$

Wenn zusätzlich die zugehörige Querkraftbewehrung gesucht ist, können Gl. (8.33) und Gl. (8.37) gleichgesetzt werden.

$$V_{Rd,max} = \alpha_c \cdot f_{cd} \cdot b_w \cdot z \cdot \frac{(\cot\theta + \cot\alpha)}{1+\cot^2\theta} \leq a_{sw} \cdot z \cdot f_{yd} \cdot \sin\alpha (\cot\theta + \cot\alpha) = V_{Rd,sy}$$

$$\frac{a_{sw} \cdot f_{yd}}{b_w \cdot \alpha_c \cdot f_{cd}} \geq \frac{1}{(1+\cot^2\theta) \cdot \sin\alpha}$$

Dieser Ausdruck ist der mechanische Bewehrungsgrad der Querkraftbewehrung ω_w:

$$\omega_w = \frac{a_{sw} \cdot f_{yd}}{b_w \cdot \alpha_c \cdot f_{cd}} \geq \frac{\sin^2\theta}{\sin\alpha} \tag{8.47}$$

Für die spätere Extremwertbetrachtung wird die Gl. differenziert:

$$\frac{d\omega_w}{d\theta} = \frac{2\cos\theta\sin\theta}{\sin\alpha} \tag{8.48}$$

Lösung a:

$\alpha = 90°$: $\cos^2\theta - \sin^2\theta + 2\sin\theta\cos\theta\cot 90 = 0$ | (8.46): $\cos^2\theta - \sin^2\theta + 2\sin\theta\cos\theta\cot\alpha = 0$

$\cos^2\theta - \sin^2\theta = 0$

$\theta = 45°$

$t_{Rd} = \sin^2 45(\cot 45 + \cot 90) = \underline{\underline{0,5}}$ | (8.45): $t_{Rd} = \sin^2\theta(\cot\theta + \cot\alpha)$

$\omega_w = \frac{\sin^2 45}{\sin 90} = \underline{\underline{0,5}}$ | (8.47): $\omega_w = \frac{\sin^2\theta}{\sin\alpha}$

$\alpha = 45°$: $\cos^2\theta - \sin^2\theta + 2\sin\theta\cos\theta\cot 45 = 0$ | (8.46): $\cos^2\theta - \sin^2\theta + 2\sin\theta\cos\theta\cot\alpha = 0$

$\cos^2\theta - \sin^2\theta + 2\sin\theta\cos\theta = 0$

$\theta = 67,5°$

$t_{Rd} = \sin^2 67,5(\cot 67,5 + \cot 45) = \underline{\underline{1,21}}$ | (8.45): $t_{Rd} = \sin^2\theta(\cot\theta + \cot\alpha)$

$\omega_w = \frac{\sin^2 67,5}{\sin 45} = \underline{\underline{1,21}}$ | (8.47): $\omega_w = \frac{\sin^2\theta}{\sin\alpha}$

Allgemeine Schlussfolgerungen (vgl. auch **ABB 8.12**):

- Die Querkrafttragfähigkeit ist abhängig von der Neigung der Querkraftbewehrung. Die größte Querkrafttragfähigkeit ergibt sich bei $\alpha = 45°$ geneigter Bewehrung.
- Bei Wahl des optimalen Druckstrebenneigungswinkels θ_{opt} besteht Proportionalität zwischen Querkraft und Querkraftbewehrung.

Lösung b:

$\alpha = 90°$: $\frac{d\omega_w}{d\theta} = \frac{2\cos\theta\sin\theta}{\sin 90}$ | (8.48): $\frac{d\omega_w}{d\theta} = \frac{2\cos\theta\sin\theta}{\sin\alpha}$

$\theta = 0°$ und $\theta = 90°$ sind unzulässige Lösungen für ein Fachwerk. Die geringste Bewehrung ergibt sich somit für den kleinstmöglichen Winkel der Druckstrebe.

$\theta = 29{,}7°$ $\Big|$ (8.38): $\dfrac{4}{7} \le \cot\theta \le \dfrac{7}{4}$

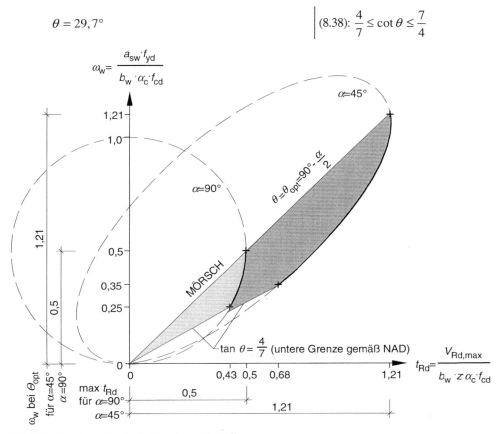

ABB 8.12: Normierte Querkraft-/Bewehrungsdarstellung

$t_{Rd} = \sin^2 29{,}7 \,(\cot 29{,}7 + \cot 90) = \underline{\underline{0{,}43}}$ $\Big|$ (8.45): $t_{Rd} = \sin^2\theta\,(\cot\theta + \cot\alpha)$

$\omega_w = \dfrac{\sin^2 29{,}7}{\sin 90} = \underline{\underline{0{,}25}}$ $\Big|$ (8.47): $\omega_w = \dfrac{\sin^2\theta}{\sin\alpha}$

$\alpha = 45°$: $t_{Rd} = \sin^2 29{,}7\,(\cot 29{,}7 + \cot 45) = \underline{\underline{0{,}68}}$ $\Big|$ (8.45): $t_{Rd} = \sin^2\theta\,(\cot\theta + \cot\alpha)$

$\omega_w = \dfrac{\sin^2 29{,}7}{\sin 45} = \underline{\underline{0{,}35}}$ $\Big|$ (8.47): $\omega_w = \dfrac{\sin^2\theta}{\sin\alpha}$

Allgemeine Schlussfolgerungen (vgl. auch **ABB 8.12**):

- Die minimale Querkraftbewehrung ergibt sich bei Wahl des kleinstmöglichen Druckstrebenwinkels.
- Bei geneigter Querkraftbewehrung $\alpha < 90°$ steigt die Querkrafttragfähigkeit stark an. Geneigte Bügel können daher bei sehr hoher Beanspruchung sinnvoll sein.

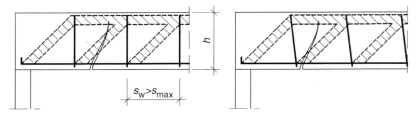

ABB 8.13: Versagen des Fachwerks infolge von Rissen bis in den Obergurt bei zu großem Abstand der Querkraftbewehrung

8.4.2 Höchstabstände der Querkraftbewehrung

Vom Standpunkt der Tragsicherheit lässt sich folgende konstruktive Regel für die Querkraftbewehrung formulieren: Bei zu großem Abstand der Bügel (oder Schrägaufbiegungen) kann sich ein Querkraftriss über die gesamte Trägerhöhe ausbreiten, ohne dass er von einem Stab der Querkraftbewehrung gekreuzt wird (**ABB 8.13**). Dies würde zur sofortigen Zerstörung des Bauteils durch vorzeitigen Schubbruch führen. Daher muss jeder unter 45° geneigte Schnitt durch mindestens einen, besser zwei Stäbe der Querkraftbewehrung gekreuzt werden. Die Bügel und die aufgebogenen Stäbe sollen außerdem mit den schrägen Druckdiagonalen ein Widerlager bilden. Da bei zu großem Abstand in Querrichtung das Widerlager zu weich wird, ist der Bügelabstand nicht nur in Längsrichtung, sondern auch in Querrichtung begrenzt.

Bezogene Höhe der Querkraftbeanspruchung	Höchstmaße s_{max} in mm					
	Längsabstand			Querabstand		
	bauteilbezogen	absolut		bauteilbezogen	absolut	
		≤C50/60 ≤LC50/55	>C50/60 >LC50/55		≤C50/60 ≤LC50/55	>C50/60 >LC50/55
$V_{Ed}/V_{Rd,max} \leq 0{,}30$	$0{,}7\,h$	≤300			≤800	≤600
$0{,}30 < V_{Ed}/V_{Rd,max} \leq 0{,}60$	$0{,}5\,h$	≤300	≤200	h	≤600	≤400
$V_{Ed}/V_{Rd,max} > 0{,}60$	$0{,}25\,h$	≤200			≤600	≤400

TAB 8.2: Obere Grenzwerte der zulässigen Abstände in Längs- und Querrichtung für Bügelschenkel und Querkraftzulagen ([DIN 1045-1 – 01], 13.2.3(6))

Bezogene Höhe der Querkraftbeanspruchung	Höchstmaße s_{max}	
	Längsabstand	Querabstand
$V_{Sd}/V_{Rd2} \leq 0{,}20$	$0{,}8\,d \leq 300$ mm	$1{,}0\,d \leq 800$ mm
$0{,}20 < V_{Sd}/V_{Rd2} \leq 0{,}67$	$0{,}6\,d \leq 300$ mm	$0{,}6\,d \leq 300$ mm
$V_{Sd}/V_{Rd2} > 0{,}67$	$0{,}3\,d \leq 200$ mm	$0{,}3\,d \leq 200$ mm

TAB 8.3: Obere Grenzwerte der zulässigen Abstände für Bügel und Bügelschenkel s_{max} (nach [DIN V ENV 1992 – 92], 5.4.2.2)

8 Bemessung für Querkräfte

	C12	C16	C20	C25	C30	C35	C40	C45	C50	C55	C60	C60	C80	C90	C100
DIN 1045	0,51	0,61	0,70	0,83	0,93	1,02	1,12	1,21	1,31	1,34	1,41	1,47	1,54	1,60	1,66
EC 2		0,70			1,10			1,30							

TAB 8.4: Mindestquerkraftbewehrungsgrad (in ‰) für BSt 500 (nach [DIN 1045-1 – 01], 13.2.3 und [DIN V ENV 1992 – 92], 5.4.2.2)

DIN 1045-1 (**TAB 8.2**) und EC 2 (**TAB 8.3**) fordern daher, dass maximale Bügelabstände und Abstände der Schrägaufbiegungen nicht überschritten werden.

$$s_\mathrm{w} \leq s_\mathrm{max} \tag{8.49}$$

Der Höchstabstand von Schrägstäben sollte folgenden Wert nicht überschreiten:

DIN 1045-1: $\quad s_\mathrm{max} = 0,5 \cdot h \cdot (1 + \cot\alpha)$ \hfill (8.50)

EC 2: $\quad s_\mathrm{max} = 0,6 \cdot d \cdot (1 + \cot\alpha)$

8.4.3 Mindestquerkraftbewehrung

Bei Auftreten eines Querkraftrisses müssen die nicht mehr aufnehmbaren Spannungen umgelagert werden, um einen Kollaps des Tragwerks zu verhindern. In Flächentragwerken (Platten) ist durch die große Abmessung senkrecht zur Längsachse die Umlagerungsfähigkeit gegeben, da die Querkraftrisse nicht die gesamte Platte durchsetzen. In Platten darf daher auf eine Mindestbewehrung verzichtet werden, sofern das Bauteil ohne Querkraftbewehrung ausgeführt werden darf (→ S. 182). In Balken ist diese Umlagerungsmöglichkeit nicht vorhanden und daher immer eine Mindestquerkraftbewehrung erforderlich. Sie wird über den Bewehrungsgrad der Querkraftbewehrung festgelegt.

$$\rho_\mathrm{w} = \frac{a_\mathrm{sw}}{b_\mathrm{w} \cdot \sin\alpha} \geq \rho_\mathrm{w,min} \tag{8.51}$$

Der Mindestquerkraftbewehrungsgrad $\rho_\mathrm{w,min}$ ist wie folgt definiert:

$$\rho = \eta_1 \cdot 0,16 \cdot \frac{f_\mathrm{ctm}}{f_\mathrm{yk}} \quad \text{bzw. nach \textbf{TAB 8.4}} \tag{8.52}$$

$\eta_1 \quad$ Beiwert für Betonart (nur für DIN 1045-1) nach Gl. (8.20) oder Gl. (8.21)

$$\rho_\mathrm{w,min} = \begin{cases} 1,0\,\rho & \text{im Allgemeinen} \\ 1,6\,\rho & \text{bei gegliederten Querschnitten mit vorgespannten Gurten} \end{cases} \tag{8.53}$$

In Balken dürfen Schrägstäbe und Querkraftzulagen als Querkraftbewehrung nur gleichzeitig mit Bügeln verwendet werden, damit die horizontalen Umlenkkräfte zwischen verteilter Spannung in der Druckzone und konzentrierter Biegezugkraft aufgenommen werden können (**ABB 8.14**). Bei einer Kombination der Querkraftbewehrung aus Bügeln und Schrägaufbiegungen sollen bei Balken mindestens 50 % der erforderlichen Querkraftbewehrung aus Bügeln bestehen.

$$\min a_\mathrm{s,bü} = 0,5 \cdot a_\mathrm{sw} \tag{8.54}$$

ABB 8.14: Sekundärtragwirkung des horizontalen Bügelschenkels in der Zugzone zur Aufnahme der Spaltwirkung aus den Druckstreben des Fachwerks

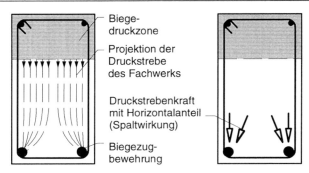

8.4.4 Bemessung von Stegen nach DIN 1045

Entsprechend Gl. (8.2) muss der Nachweis für die Druck- und die Zugstrebe erfolgen:

$$V_{Ed} \leq \begin{cases} V_{Rd,sy} \\ V_{Rd,max} \end{cases} \tag{8.55}$$

Die Druckstrebe wurde bereits mit Gl. (8.33) beschrieben, die Zugstrebe mit Gl. (8.37). Für die praktische Querkraftbemessung ist es jedoch besser, die letztgenannte Gl. nach a_{sw} aufzulösen. Dann erhält man durch Gleichsetzen mit Gl. (8.55):

$$a_{sw} = \frac{V_{Ed}}{z \cdot f_{yd} \cdot \sin\alpha (\cot\theta + \cot\alpha)} \tag{8.56}$$

Der vorhandene Bewehrungsquerschnitt der Querkraftbewehrung kann nach folgender (geometrischer) Gl. bestimmt werden:

$$a_{sw,vorh} = n \cdot A_{s,ds} \frac{l_B}{s_w} \tag{8.57}$$

l_B Bezugslänge, auf die die Schubbewehrung verteilt wird (z. B. 1,0 m)

Beispiel 8.5: Querkraftbemessung eines Balkens (Fortsetzung von Beispiel 7.15)

gegeben: Plattenbalken als Durchlaufträger gemäß Skizze des Beispiels 7.12
gesucht: Querkraftbemessung mit Bügeln im Feld 1 unter alleiniger Verwendung von Bügeln

Lösung:

Feld 1 Auflager A:
extr V_d = max V_A = 232 kN

$x_V = \frac{0,30}{3} + 0,677 = 0,777$ m

direkte Lagerung
vgl. Bsp. 7.12; das umgelagerte Stützmoment in B beeinflusst hier nicht max V_A

(8.5): $x_V = \frac{t}{3} + d$ [41]

---

[41] Strenggenommen ist die tatsächliche statische Höhe zu verwenden. Aufgrund der geringen Abweichungen darf auch die bei der Biegebemessung geschätzte statische Höhe benutzt werden.

$V_{Ed} = 232 - (1{,}35 \cdot 62{,}3 + 1{,}50 \cdot 12{,}4) \cdot 0{,}777 = 152 \text{ kN}$

$\sigma_{cd} = \dfrac{0}{A_c} = 0$

$\eta_1 = 1{,}0$

$z \approx 0{,}9 \cdot 0{,}677 = 0{,}609 \text{ m}$

$V_{Rd,c} = 0{,}24 \cdot 1{,}0 \cdot 20^{1/3} \left(1 + 1{,}2 \dfrac{0}{11{,}3}\right) \cdot 0{,}30 \cdot 0{,}609$

$= 0{,}119 \text{ MN}$

$\cot\theta = \dfrac{1{,}2 - 0}{1 - \dfrac{0{,}119}{0{,}152}} = 5{,}52 > \underline{3{,}0}$

gew: $\theta = 20°$ $(\cot\theta = 2{,}75)$

$\alpha_c = 0{,}75 \cdot 1{,}0 = 0{,}75$

$V_{Rd,max} = 0{,}75 \cdot 11{,}3 \cdot 0{,}30 \cdot 0{,}609 \cdot \dfrac{(\cot 20 + \cot 90)}{1 + \cot^2 20}$

$= 0{,}498 \text{ MN}$

$V_{Ed} = 232 \text{ kN} < 498 \text{ kN} = V_{Rd,max}$

$a_{sw} = \dfrac{152}{0{,}609 \cdot 435 \cdot \sin 90 (\cot 20 + \cot 90)} \cdot 10$

$= 2{,}1 \text{ cm}^2/\text{m}$

gew: Bü $\varnothing$10-30   2schnittig

$a_{sw,vorh} = 2 \cdot 0{,}79 \cdot \dfrac{100}{30} = 5{,}27 \text{ cm}^2/\text{m}$

$a_{s,vorh} = 5{,}27 \text{ cm}^2/\text{m} > 2{,}1 \text{ cm}^2/\text{m} = a_{s,erf}$

$0{,}30 < \dfrac{V_{Ed}}{V_{Rd,max}} = \dfrac{232}{498} = 0{,}466 < 0{,}60$

$s_{max} = 0{,}5 \cdot 750 = 375 \text{ mm} > \underline{300 \text{ mm}}$

$s_w = 30 \text{ cm} = s_{max}$

$\rho = 0{,}0007$

$\rho_{w,min} = 1{,}0 \cdot 0{,}0007 = 0{,}0007$

$\rho_w = \dfrac{5{,}27 \cdot 10^{-2}}{30 \cdot \sin 90} = 0{,}0018 > 0{,}0007 = \rho_{w,min}$

$a_{s,bü} = 1{,}0 \cdot a_{sw} > \min a_{s,bü}$

(8.4): $V_{Ed} = |\text{extr } V_d| - F_d \cdot x_V$

(8.24): $\sigma_{cd} = \dfrac{N_{Ed}}{A_c}$

(8.20): $\eta_1 = 1{,}0$

(8.13): $z \approx 0{,}9 \, d$

(8.41):
$V_{Rd,c} = 0{,}24 \cdot \eta_1 \cdot f_{ck}^{1/3}$
$\cdot \left(1 + 1{,}2 \dfrac{\sigma_{cd}}{f_{cd}}\right) \cdot b_w \cdot z$

(8.44):

$0{,}58 \leq \cot\theta \leq \dfrac{1{,}2 - 1{,}4 \dfrac{\sigma_{cd}}{f_{cd}}}{1 - \dfrac{V_{Rd,c}}{V_{Ed}}} \leq 3{,}0$

(8.32): $\alpha_c = 0{,}75 \, \eta_1$

(8.33):
$V_{Rd,max}$
$= \alpha_c \cdot f_{cd} \cdot b_w \cdot z \cdot \dfrac{(\cot\theta + \cot\alpha)}{1 + \cot^2\theta}$

(8.55): $V_{Ed} \leq \begin{cases} V_{Rd,sy} \\ V_{Rd,max} \end{cases}$

(8.56):

$a_{sw} = \dfrac{V_{Ed}}{z \cdot f_{yd} \cdot \sin\alpha (\cot\theta + \cot\alpha)}$

(8.57): $a_{sw,vorh} = n \cdot A_{s,ds} \dfrac{l_B}{s_w}$

(7.55): $A_{s,vorh} \geq A_{s,erf}$

$0{,}3 < \dfrac{V_{Ed}}{V_{Rd,max}} \leq 0{,}60$

TAB 8.2: $s_{max} = 0{,}5 \cdot h \leq 300 \text{ mm}$

(8.49): $s_w \leq s_{max}$

TAB 8.4: C20

(8.53): $\rho_{w,min} = 1{,}0 \, \rho$

(8.51): $\rho_w = \dfrac{a_{sw}}{b_w \cdot \sin\alpha} \geq \rho_{w,min}$

(8.54): $\min a_{s,bü} = 0{,}5 \cdot a_{sw}$

Feld 1 Auflager B:
extr $V_d = V_{Bli,cal} = -444$ kN

$x_V = \dfrac{0,30}{2} + 0,675 = 0,825$ m

$V_{Ed} = 444 - (1,35 \cdot 62,3 + 1,50 \cdot 12,4) \cdot 0,825 = 359$ kN

$z \approx 0,9 \cdot 0,675 = 0,607$ m   [42]

$V_{Rd,c} = 0,24 \cdot 1,0 \cdot 20^{1/3} \left(1 + 1,2 \dfrac{0}{11,3}\right) \cdot 0,30 \cdot 0,607$

$= 0,119$ MN

$0,58 < \cot\theta = \dfrac{1,2 - 0}{1 - \dfrac{0,119}{0,359}} = 1,80 < 3,0$

gew: $\theta = 29°$ ($\cot\theta = 1,80$)

$V_{Rd,max} = 0,75 \cdot 11,3 \cdot 0,30 \cdot 0,607 \cdot \dfrac{(\cot 29 + \cot 90)}{1 + \cot^2 29}$

$= 0,654$ MN

$V_{Ed} = 444$ kN < 654 kN $= V_{Rd,max}$

$a_{sw} = \dfrac{359}{0,607 \cdot 435 \cdot \sin 90 \,(\cot 29 + \cot 90)} \cdot 10$

$= 7,5$ cm^2/m

gew: Bü $\varnothing$10-17⁵   2-schnittig

$a_{sw,vorh} = 2 \cdot 0,79 \cdot \dfrac{100}{17,5} = 9,0$ cm^2/m

$a_{s,vorh} = 9,0$ cm^2/m $> 7,5$ cm^2/m $= a_{s,erf}$

$\dfrac{V_{Ed}}{V_{Rd,max}} = \dfrac{444}{654} = 0,68 > 0,60$

$s_{max} = 0,25 \cdot 750 = 188$ mm < 200 mm

$s_w = 17,5$ cm < 20 cm $= s_{max}$

$\rho_w = \dfrac{9,0 \cdot 10^{-2}}{30 \cdot \sin 90} = 0,0030 > 0,0007 = \rho_{w,min}$

---

direkte Lagerung
vgl. Bsp. 7.12

(8.6): $x_V = \dfrac{t}{2} + d$

(8.4): $V_{Ed} = |\text{extr } V_d| - F_d \cdot x_V$

(8.13): $z \approx 0,9\, d$

(8.41):
$V_{Rd,c} = 0,24 \cdot \eta_1 \cdot f_{ck}^{1/3}$
$\cdot \left(1 + 1,2 \dfrac{\sigma_{cd}}{f_{cd}}\right) \cdot b_w \cdot z$

(8.44):

$0,58 \leq \cot\theta \leq \dfrac{1,2 - 1,4 \dfrac{\sigma_{cd}}{f_{cd}}}{1 - \dfrac{V_{Rd,c}}{V_{Ed}}} \leq 3,0$

(8.33):
$V_{Rd,max}$
$= \alpha_c \cdot f_{cd} \cdot b_w \cdot z \cdot \dfrac{(\cot\theta + \cot\alpha)}{1 + \cot^2\theta}$

(8.55): $V_{Ed} \leq \begin{cases} V_{Rd,sy} \\ V_{Rd,max} \end{cases}$

(8.56):
$a_{sw} = \dfrac{V_{Ed}}{z \cdot f_{yd} \cdot \sin\alpha\,(\cot\theta + \cot\alpha)}$

(8.57): $a_{sw,vorh} = n \cdot A_{s,ds} \dfrac{l_B}{s_w}$

(7.55): $A_{s,vorh} \geq A_{s,erf}$

$\dfrac{V_{Ed}}{V_{Rd,max}} > 0,60$

TAB 8.2: $s_{max} = 0,25 \cdot h \leq 200$ mm

(8.49): $s_w \leq s_{max}$

(8.51): $\rho_w = \dfrac{a_{sw}}{b_w \cdot \sin\alpha} \geq \rho_{w,min}$ [43]

(Fortsetzung mit Beispiel 8.7)

---

[42] Die statische Höhe verändert sich gegenüber dem linken Balkenteil nur um 2 mm. Daher könnte alternativ auf eine neue Berechnung von $V_{Rd,c}$ verzichtet werden.

[43] Die Mindestbewehrung wurde bereits für Auflager A mit geringerer Bügelbewehrung nachgewiesen, der Nachweis könnte daher entfallen.

8.4.5 Bemessung von Stegen nach EC 2

In Balken und in Platten, bei denen der Bauteilwiderstand V_{Rd1} überschritten wird, ist eine Querkraftbewehrung anzuordnen. Die Bemessung erfolgt für die beiden Bauteilwiderstände V_{Rd2} und V_{Rd3}, indem die maßgebende Querkraft diesen Bauteilwiderständen gegenübergestellt wird (→ Gl. (8.3)).

$$V_{Sd} \leq \begin{cases} V_{Rd2} \\ V_{Rd3} \end{cases} \tag{8.58}$$

Für die Querkraftbemessung sind *zwei Verfahren* möglich:
- *Methode mit konstanter Neigung der Druckstreben* $\theta = 45°$ (*Standardmethode*)
- *Methode mit wählbarer Druckstrebenneigung* θ. Diese Methode ist stets bei einer Überlagerung von Querkraft und Torsion (→ Kap. 9) anzuwenden.

Standardmethode:

Die Druckstrebenneigungen liegen fest. Es wird (scheinbar) von einem Fachwerkmodell mit unter 45° geneigten Druckstreben ausgegangen. Der Einfluss der flacheren Druckstreben auf die Querkraftbewehrung wird durch einen Abzugswert berücksichtigt. Der Bauteilwiderstand der Druckstrebe lässt sich direkt aus Gl. (8.31) entnehmen, wenn für $\theta = 45°$ eingesetzt wird und anstatt α_c der Buchstabe ν geschrieben wird.

$$V_{Rd2} = \frac{1}{2} \cdot \nu \cdot f_{cd} \cdot b_w \cdot z \cdot (1 + \cot \alpha) \tag{8.59}$$

$z = z^{II}$ effektiver Hebelarm der inneren Kräfte im Zustand II

$$z^{II} \approx d - \frac{h_f}{2} \quad \text{bei stark profilierten Plattenbalken} \tag{8.60}$$

$$z^{II} \approx 0{,}9 \cdot d \quad \text{bei anderen Querschnitten} \tag{8.61}$$

Der Wert ν ist ein Abminderungsfaktor, der den verminderten Bauteilwiderstand der Druckstrebe infolge unregelmäßig verlaufender Risse und die Druckstrebe schiefwinklig kreuzender Risse berücksichtigt.

$$\nu = 0{,}7 - \frac{f_{ck}}{200} \geq 0{,}5 \qquad f_{ck} \text{ in N/mm}^2 \tag{8.62}$$

Sofern das Bauteil neben Biegemoment und Querkraft durch Längsdruckkräfte beansprucht ist, wird ein Teil der aufnehmbaren Druckstrebenkraft für die Übertragung der Längsdruckkräfte benötigt. Die aufnehmbare Querkraft V_{Rd2} ist daher abzumindern.

$$|\sigma_{cp}| > 0{,}4 f_{cd}: \quad \text{red } V_{Rd2} = 1{,}67 \, V_{Rd2} \cdot \left(1 - \frac{\sigma_{cp,eff}}{f_{cd}}\right) \leq V_{Rd2} \tag{8.63}$$

σ_{cp} ist die mittlere Betonspannung, $\sigma_{cp,eff}$ die mittlere effektive Betondruckspannung infolge der Längskraft N_{Sd} (Druckkraft ist positiv).

$$\sigma_{cp} = \frac{N_{Sd}}{A_c} \tag{8.64}$$

$$\sigma_{cp,eff} = \frac{N_{Sd} - A_{sc}\frac{f_{yk}}{\gamma_s}}{A_c} \tag{8.65}$$

A_{sc} Querschnitt der Bewehrungsstäbe in der Druckzone

f_{yk} charakteristischer Wert der Streckgrenze des Betonstahls, wobei hier unabhängig von der Stahlgüte $f_{yk} / \gamma_s \leq 400$ N/mm² sein soll, da die vorhandenen Stauchungen (eines zentrisch gedrückten Obergurtes) keine größeren Spannungen erlauben (HOOKEsches Gesetz)

Der Bauteilwiderstand der Zugstrebe ergibt sich analog zum mechanischen Betonmodell additiv aus Betontraganteil V_{cd} und Bewehrungstraganteil V_{wd}.

$$V_{Rd3} = V_{Rd,c} + V_{Rdw} \tag{8.66}$$

$$V_{Rdc} \approx V_{Rd1} \quad \text{nach Gl. (8.27)} \tag{8.67}$$

Die erforderliche Querkraftbewehrung ergibt sich direkt aus Gl. (8.37), wenn $\theta = 45°$ eingesetzt wird.

$$V_{Rdw} = a_{sw} \cdot f_{yd} \cdot z \cdot \sin\alpha\,(1 + \cot\alpha) \tag{8.68}$$

Für die praktische Querkraftbemessung ist es wiederum besser, diese Gl. nach a_{sw} aufzulösen. Unter Verwendung der Gln. (8.58), (8.66) und (8.67) erhält man:

$$a_{sw} = \frac{V_{Sd} - V_{Rd1}}{z \cdot f_{yd} \cdot \sin\alpha\,(1 + \cot\alpha)} \tag{8.69}$$

Methode mit wählbarer Druckstrebenneigung:

Die Druckstrebenneigung darf innerhalb der in Gln. (8.38) und (8.39) genannten Grenzen frei gewählt werden. Die Wahl eines flachen Neigungswinkels für die Druckstreben ist i. Allg. anzustreben, da hierdurch die Querkraftbewehrung minimiert wird. Nur bei sehr hoher Querkraftbeanspruchung, sofern die Druckstrebe ausgenutzt ist, wird ein Winkel nahe 45° gewählt werden. Winkel $\theta > 45°$ haben neben einem kleineren Versatzmaß ($\rightarrow$ Kap. 10.1) i. d. R. keine Vorteile. Sie werden daher i. Allg. auch nicht verwandt.

Der Bauteilwiderstand infolge Festigkeit der Betondruckstreben läßt sich direkt durch Umformen der Gl. (8.31) entnehmen, wenn anstatt α_c ν geschrieben wird.:

$$V_{Rd2} = \nu \cdot f_{cd} \cdot b_w \cdot z \cdot \sin^2\theta\,(\cot\theta + \cot\alpha) \tag{8.70}$$

Der Bauteilwiderstand der Querkraftbewehrung ergibt sich aus Gl. (8.37):

$$V_{Rd3} = a_{sw} \cdot f_{yd} \cdot z \cdot \sin\alpha\,(\cot\theta + \cot\alpha) \tag{8.71}$$

Wenn diese Gl. zweckmäßig nach a_{sw} aufgelöst und Gl. (8.58) verwendet wird, ergibt sich:

$$a_{sw} = \frac{V_{Sd}}{z \cdot f_{yd} \cdot \sin\alpha\,(\cot\theta + \cot\alpha)} \tag{8.56}$$

8 Bemessung für Querkräfte

Es ist offensichtlich, dass die Bemessungsgleichungen der Standardmethode und der Methode mit wählbarer Druckstrebenneigung nicht konsistent sind. Daher stellt sich die Frage, welche Methode die günstigeren Bemessungsergebnisse ergibt. Die Antwort ergibt sich durch Vergleich von Gl. (8.69) und (8.56). Für den Fall senkrechter Querkraftbewehrung ist die Standardmethode ungünstiger bei:

$$\tan\theta \le \frac{V_{Sd} - V_{Rd1}}{V_{Sd}} \tag{8.72}$$

Beispiel 8.6: Querkraftbemessung eines Balkens nach EC 2

gegeben:
- Durchlaufträger gemäß Skizze des Beispiels 5.3
- C35/45 BSt 500S
- Die Biegebemessung ergab im Feld 1: 5 ∅25 ($A_{s,vorh}$ = 24,5 cm²); im Feld 2: 3 ∅25 ($A_{s,vorh}$ = 14,7 cm²); über der Stütze: 6 ∅25 ($A_{s,vorh}$ = 29,5 cm²). Die Feldbewehrungen werden nicht gestaffelt.
- Statische Höhe $d = 0,675$ m

gesucht: Querkraftbemessung mit Bügeln; im Feld 1 nach der Standardmethode, im Feld 2 nach der Methode mit wählbarer Druckstrebenneigung [44]

Lösung:

Feld 1 Auflager A:

extr $V_d = 1,35 \cdot 154 + 1,50 \cdot 132 = 406$ kN	direkte Lagerung vgl. Bsp. 5.3
$x_V = \frac{0,24}{3} + 0,675 = 0,755$ m	(8.5): $x_V = \frac{t}{3} + d$
$V_{Sd} = 406 - (1,35 \cdot 40 + 1,50 \cdot 50) \cdot 0,755 = 309$ kN	(8.6): $V_{Sd} = \|\text{extr } V_d\| - F_d \cdot x_V$
$v = 0,7 - \frac{35}{200} = 0,525 > 0,5$	(8.62): $v = 0,7 - \frac{f_{ck}}{200} \ge 0,5$
$\gamma_c = 1,50$	(2.15): $\gamma_c = 1,50$
$\gamma_s = 1,15$	(2.28): $\gamma_s = 1,15$
$f_{cd} = \frac{35}{1,50} = 23,3$ N/mm²	(2.14): $f_{cd} = \frac{\alpha \cdot f_{ck}}{\gamma_c}$
$z^{II} \approx 0,9 \cdot 0,675 = 0,608$ m	(8.61): $z^{II} \approx 0,9 \cdot d$
$V_{Rd2} = \frac{1}{2} \cdot 0,525 \cdot 23,3 \cdot 0,30 \cdot 0,608 \cdot 10^3 \cdot (1 + \cot 90)$ $= 1120$ kN	(8.59): $V_{Rd2} = \frac{1}{2} \cdot v \cdot f_{cd} \cdot b_w \cdot z \cdot (1 + \cot\alpha)$
$V_{Sd} = 309$ kN < 1120 kN $= V_{Rd2}$	(8.58): $V_{Sd} \le \begin{cases} V_{Rd2} \\ V_{Rd3} \end{cases}$
$\tau_{Rd} = 0,30$ N/mm²	TAB 8.1: C 35

---

[44] Im Allgemeinen wird man sich im Rahmen einer Bemessungsaufgabe für Standardmethode *oder* Methode mit wählbarer Druckstrebenneigung entscheiden. Im Rahmen dieses Beispiels sollen jedoch beide Verfahren gezeigt werden.

$k = 1{,}6 - 0{,}675 = 0{,}925 < \underline{1{,}0}$

$\rho_1 = \dfrac{24{,}5}{30 \cdot 67{,}5} = \underline{0{,}012} < 0{,}02$

$V_{Rd1} = \left[0{,}30 \cdot 1{,}0 \cdot (1{,}2 + 40 \cdot 0{,}012) + 0{,}15 \cdot 0\right]$
$\qquad \cdot 0{,}30 \cdot 0{,}675 \cdot 10^3$
$\qquad = 102 \text{ kN}$

$a_{sw} = \dfrac{(309 - 102) \cdot 10}{0{,}608 \cdot 435 \cdot \sin 90 \cdot (1 + \cot 90)} = 7{,}8 \text{ cm}^2/\text{m}$

gew: Bü ⌀10-20   2-schnittig

$a_{sw,vorh} = 2 \cdot 0{,}79 \cdot \dfrac{100}{20} = 7{,}9 \text{ cm}^2/\text{m}$

$a_{s,vorh} = 7{,}9 \text{ cm}^2/\text{m} > 7{,}8 \text{ cm}^2/\text{m} = a_{s,erf}$
$0{,}2 \cdot 1120 = 224 \text{ kN} < 309 \text{ kN} < 750 \text{ kN} = 0{,}67 \cdot 1120$
$\max s_w = 0{,}6 \cdot 675 = 405 \text{ mm} > \underline{300 \text{ mm}}$
$s_w = 20 \text{ cm} < 30 \text{ cm} = s_{max}$
$\rho = 0{,}0011$
$\rho_{w,min} = 1{,}0 \cdot 0{,}0011 = 0{,}0011$
$\rho_w = \dfrac{7{,}9 \cdot 10^{-2}}{30 \cdot \sin 90} = 0{,}0026 > 0{,}0011 = \rho_{w,min}$
$a_{s,st} = 1{,}0 \cdot a_{sw} > \min a_{s,st}$

Feld 1 Auflager B:
extr $V_d = 581$ kN

$x_V = \dfrac{0{,}25}{2} = 0{,}125 \text{ m}$

$V_{Sd} = |-581| - (1{,}35 \cdot 40 + 1{,}50 \cdot 50) \cdot 0{,}125 = 565 \text{ kN}$

$V_{Sd} = 565 \text{ kN} < 1120 \text{ kN} = V_{Rd2}$

$\rho_1 = \dfrac{29{,}5}{30 \cdot 67{,}5} = \underline{0{,}015} < 0{,}02$

$V_{Rd1} = \left[0{,}30 \cdot 1{,}0 \cdot (1{,}2 + 40 \cdot 0{,}015) + 0{,}15 \cdot 0\right]$
$\qquad \cdot 0{,}30 \cdot 0{,}675 \cdot 10^3$
$\qquad = 109 \text{ kN}$

$a_{sw} = \dfrac{(565 - 109) \cdot 10}{0{,}608 \cdot 435 \cdot \sin 90 \cdot (1 + \cot 90)} = 17{,}2 \text{ cm}^2/\text{m}$

gew: Bü ⌀10-9   2-schnittig

(8.28): $k = 1{,}6 - d \geq 1{,}0$

(8.23): $\rho_1 = \dfrac{A_{sl}}{b_w \cdot d} \leq 0{,}02$

(8.27):
$V_{Rd1} = \left[\tau_{Rd} \cdot k \cdot (1{,}2 + 40 \rho_1) + 0{,}15 \sigma_{cp}\right]$
$\cdot b_w \cdot d$

(8.69):
$a_{sw} = \dfrac{V_{Sd} - V_{Rd1}}{z \cdot f_{yd} \cdot \sin \alpha (1 + \cot \alpha)}$

(8.57): $a_{sw,vorh} = n \cdot A_{s,ds} \dfrac{l_B}{s_w}$

(7.55): $A_{s,vorh} \geq A_{s,erf}$

$0{,}2 \cdot V_{Rd2} < V_{Sd} \leq 0{,}67 \cdot V_{Rd2}$

TAB 8.3: $0{,}6 \cdot d \leq 300$

(8.49): $s_w \leq s_{max}$

TAB 8.4

(8.53): $\rho_{w,min} = 1{,}0 \, \rho$

(8.51): $\rho_w = \dfrac{a_{sw}}{b_w \cdot \sin \alpha} \geq \rho_{w,min}$

(8.54): $\min a_{s,st} = 0{,}5 \cdot a_{sw}$

indirekte Lagerung
vgl. Bsp. 5.3

(8.10): $x_V = \dfrac{t}{2}$

(8.6): $V_{Sd} = |\text{extr } V_d| - F_d \cdot x_V$

(8.58): $V_{Sd} \leq \begin{cases} V_{Rd2} \\ V_{Rd3} \end{cases}$

(8.23): $\rho_1 = \dfrac{A_{sl}}{b_w \cdot d} \leq 0{,}02$

(8.27):
$V_{Rd1} = \left[\tau_{Rd} \cdot k \cdot (1{,}2 + 40 \rho_1) + 0{,}15 \sigma_{cp}\right]$
$\cdot b_w \cdot d$

(8.69):
$a_{sw} = \dfrac{V_{Sd} - V_{Rd1}}{z \cdot f_{yd} \cdot \sin \alpha (1 + \cot \alpha)}$

$a_{sw,vorh} = 2 \cdot 0{,}79 \cdot \dfrac{100}{9} = 17{,}6 \text{ cm}^2/\text{m}$ $\qquad$ (8.57): $a_{sw,vorh} = n \cdot A_{s,ds} \dfrac{l_B}{s_w}$

$a_{s,vorh} = 17{,}6 \text{ cm}^2/\text{m} > 17{,}2 \text{ cm}^2/\text{m} = a_{s,erf}$ $\qquad$ (7.55): $A_{s,vorh} \geq A_{s,erf}$

$0{,}2 \cdot 1120 = 224 \text{ kN} < 565 \text{ kN} < 750 \text{ kN} = 0{,}67 \cdot 1120$ [45] $\qquad$ $0{,}2 \cdot V_{Rd2} < V_{Sd} \leq 0{,}67 \cdot V_{Rd2}$

$\max s_w = 0{,}6 \cdot 675 = 405 \text{ mm} > \underline{300 \text{ mm}}$ $\qquad$ **TAB 8.3:** $0{,}6 \cdot d \leq 300$

$s_w = 9 \text{ cm} < 30 \text{ cm} = s_{\max}$ $\qquad$ (8.49): $s_w \leq s_{\max}$

$\rho = 0{,}0011$ $\qquad$ **TAB 8.4**

$\rho_{w,\min} = 1{,}0 \cdot 0{,}0011 = 0{,}0011$ $\qquad$ (8.53): $\rho_{w,\min} = 1{,}0 \, \rho$

$\rho_w = \dfrac{17{,}2 \cdot 10^{-2}}{30 \cdot \sin 90} = 0{,}0057 > 0{,}0011 = \rho_{w,\min}$ $\qquad$ (8.51): $\rho_w = \dfrac{a_{sw}}{b_w \cdot \sin \alpha} \geq \rho_{w,\min}$

$a_{s,st} = 1{,}0 \cdot a_{sw} > \min a_{s,st}$ $\qquad$ (8.54): $\min a_{s,st} = 0{,}5 \cdot a_{sw}$

Feld 2 Auflager B: $\qquad$ indirekte Lagerung

$\text{extr } V_d = 487 \text{ kN}$ $\qquad$ vgl. Bsp. 5.3

$x_V = \dfrac{0{,}25}{2} = 0{,}125 \text{ m}$ $\qquad$ (8.10): $x_V = \dfrac{t}{2}$

$V_{Sd} = |487| - (1{,}35 \cdot 40 + 1{,}50 \cdot 50) \cdot 0{,}125 = 471 \text{ kN}$ $\qquad$ (8.6): $V_{Sd} = |\text{extr } V_d| - F_d \cdot x_V$

gew: $\theta = 30°$ $\quad \dfrac{4}{7} < \cot 30 = 1{,}73 = \dfrac{7}{4}$ $\qquad$ (8.39): $\dfrac{4}{7} \leq \cot \theta \leq \dfrac{7}{4}$

$V_{Rd2} = 0{,}525 \cdot 23{,}3 \cdot 0{,}30 \cdot 0{,}608$
$\qquad \cdot \sin^2 30 \, (\cot 30 + \cot 90) \cdot 10^3$ $\qquad$ (8.70): $\begin{array}{l} V_{Rd2} = \nu \cdot f_{cd} \cdot b_w \cdot z \\ \qquad \cdot \sin^2 \theta \, (\cot \theta + \cot \alpha) \end{array}$

$= 966 \text{ kN}$

$V_{Sd} = 471 \text{ kN} < 966 \text{ kN} = V_{Rd2}$ $\qquad$ (8.58): $V_{Sd} \leq \begin{cases} V_{Rd2} \\ V_{Rd3} \end{cases}$

$\qquad$ (8.56):

$a_{sw} = \dfrac{471 \cdot 10}{0{,}608 \cdot 435 \cdot \sin 90 \cdot (\cot 30 + \cot 90)} = 10{,}3 \text{ cm}^2/\text{m}$ $\qquad$ $a_{sw} = \dfrac{V_{Sd}}{z \cdot f_{yd} \cdot \sin \alpha \, (\cot \theta + \cot \alpha)}$

gew: Bü ⌀10-15 $\quad$ 2-schnittig

$a_{sw,vorh} = 2 \cdot 0{,}79 \cdot \dfrac{100}{15} = 10{,}5 \text{ cm}^2/\text{m}$ $\qquad$ (8.57): $a_{sw,vorh} = n \cdot A_{s,ds} \dfrac{l_B}{s_w}$

$a_{s,vorh} = 10{,}5 \text{ cm}^2/\text{m} > 10{,}3 \text{ cm}^2/\text{m} = a_{s,erf}$ $\qquad$ (7.55): $A_{s,vorh} \geq A_{s,erf}$

$0{,}2 \cdot 966 = 193 \text{ kN} < 471 \text{ kN} < 647 \text{ kN} = 0{,}67 \cdot 966$ [45] $\qquad$ $0{,}2 \cdot V_{Rd2} < V_{Sd} \leq 0{,}67 \cdot V_{Rd2}$

$\max s_w = 0{,}6 \cdot 675 = 405 \text{ mm} > \underline{300 \text{ mm}}$ $\qquad$ **TAB 8.3:** $0{,}6 \cdot d \leq 300$

$s_w = 15 \text{ cm} < 30 \text{ cm} = s_{\max}$ $\qquad$ (8.49): $s_w \leq s_{\max}$

Feld 2 Auflager C: $\qquad$ indirekte Lagerung

$\text{extr } V_d = 278 \text{ kN}$ $\qquad$ vgl. Bsp. 5.3

---

[45] Die weiteren Nachweise könnten entfallen, da sie schon für den Bereich Stütze A mit geringerer Bewehrung erbracht wurden.

$$x_V = \frac{0,25}{2} = 0,125 \text{ m}$$

$$V_{Sd} = |278| - (1,35 \cdot 40 + 1,50 \cdot 50) \cdot 0,125 = 262 \text{ kN} \quad \text{46}$$

$$V_{Sd} = 262 \text{ kN} < 966 \text{ kN} = V_{Rd2}$$

$$a_{sw} = \frac{262 \cdot 10}{0,608 \cdot 435 \cdot \sin 90 \cdot (\cot 30 + \cot 90)} = 5,7 \text{ cm}^2/\text{m}$$

gew: Bü ⌀10-25 2-schnittig

$$a_{sw,vorh} = 2 \cdot 0,79 \cdot \frac{100}{25} = 6,3 \text{ cm}^2/\text{m}$$

$$a_{s,vorh} = 6,3 \text{ cm}^2/\text{m} > 5,7 \text{ cm}^2/\text{m} = a_{s,erf}$$
$$0,2 \cdot 966 = 193 \text{ kN} < 262 \text{ kN} < 647 \text{ kN} = 0,67 \cdot 966 \quad \text{47}$$
$$\max s_w = 0,6 \cdot 675 = 405 \text{ mm} > \underline{300 \text{ mm}}$$
$$s_w = 25 \text{ cm} < 30 \text{ cm} = s_{max}$$

(8.10): $x_V = \frac{t}{2}$

(8.6): $V_{Sd} = |\text{extr} V_d| - F_d \cdot x_V$

(8.58): $V_{Sd} \leq \begin{cases} V_{Rd2} \\ V_{Rd3} \end{cases}$

(8.56):

$$a_{sw} = \frac{V_{Sd}}{z \cdot f_{yd} \cdot \sin\alpha (\cot\theta + \cot\alpha)}$$

(8.57): $a_{sw,vorh} = n \cdot A_{s,ds} \frac{l_B}{s_w}$

(7.55): $A_{s,vorh} \geq A_{s,erf}$

$0,2 \cdot V_{Rd2} < V_{Sd} \leq 0,67 \cdot V_{Rd2}$

TAB 8.3: $0,6 \cdot d \leq 300$

(8.49): $s_w \leq s_{max}$

(Fortsetzung mit Beispiel 8.11)

8.5 Sicherung der Gurte von Plattenbalken

8.5.1 Fachwerkmodell im Gurt

Bei der Biegebemessung wurde die Mitwirkung der Platte von Plattenbalken berücksichtigt. Dies bedeutet, dass bei veränderlichen Biegemomenten Anteile der Biegedruckkraft F_{cd} (**ABB 7.19**) in die Platte ausgelagert werden. Da auch diese Teile der Biegedruckkraft mit Teilen der Biegezugkraft in der Zugzone im Gleichgewicht stehen müssen, wird klar, dass der Anschnitt des Gurtes zum Steg durch Schubspannungen beansprucht wird. Auch für gezogene Plattenteile mit einer teilweise ausgelagerten Biegezugbewehrung führt eine analoge Betrachtung zu Schubspannungen im Gurtanschnitt. Bei Plattenbalken muss somit hinsichtlich der Querkraftbemessung für den Gurtanschnitt ein zusätzlicher Nachweis erbracht werden.

Als Modell für die Erfassung dieser Beanspruchungen kann wieder das Fachwerkmodell dienen, das nun horizontal in der Plattenmittelfläche liegt (**ABB 8.15**). Auch das Zusammenwirken zwischen Steg- und Plattenfachwerk wird in **ABB 8.15** deutlich. Der Nachweis wird im Anschnitt zwischen Platte und Steg geführt. Er erfolgt analog zur Bemessung im Steg durch Vergleich der einwirkenden Querkraft mit der Druckstrebentragfähigkeit und der Tragfähigkeit der Querkraftbewehrung. Zunächst soll die einwirkende Kraft bestimmt werden:

---

[46] Abschätzung: Hier wäre die Standardmethode ungünstiger, da nach Gl. (8.72)
$\tan\theta = \tan 30 = 0,571 < 0,611 = \frac{262 - 102}{262}$ ist.

[47] Die weiteren Nachweise könnten entfallen, da sie schon für den Bereich Stütze A mit geringerer Bewehrung erbracht wurden.

ABB 8.15:
Fachwerkanalogie in der Platte eines Plattenbalkens

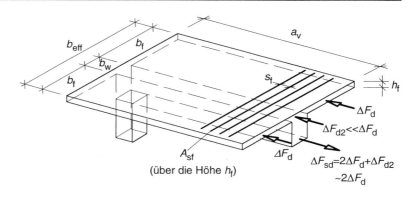

Druckgurte

Der Anteil der Biegedruckkraft im Gurt ΔF_d kann aus der folgenden Beziehung ermittelt werden (**ABB 8.16**). Beachtet man ferner, dass in Plattenbalken eine Druckbewehrung nicht sinnvoll ist, und nimmt an, dass die Betonspannungen näherungsweise konstant sind, vereinfacht sich die Beziehung.

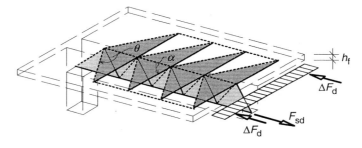

$$\Delta F_{d,tot} = \frac{|\Delta M_{Ed}|}{z} \tag{8.73}$$

$$\Delta F_d \approx \frac{A_{cf}}{A_{cc}} \cdot \Delta F_{d,tot} \tag{8.74}$$

$\Delta F_{d,tot}$ Veränderung der Biegedruckkraft (bei Zuggurten der Biegezugkraft) zwischen zwei Punkten in Längsrichtung, deren Abstand a_v beträgt

ΔM_{Ed} Momentendifferenz zwischen zwei Punkten im Abstand a_v

A_{cf} Fläche eines Gurtteils (Fläche zwischen Anschnitt und Ende der mitwirkenden Breite) (2. Index: <u>F</u>LANGE)

A_{cc} Gesamte Fläche der Biegedruckzone (2. Index: <u>C</u>OMPRESSION ZONE)

Zuggurte

Beanspruchungen im Zuggurt treten nur auf, sofern ein Teil der Biegezugbewehrung A_{s1f} aus dem Stegbereich ausgelagert wird (**ABB 8.16**). Der Anteil der Biegezugkraft im Gurt ΔF_d ergibt sich aus dem Anteil der ausgelagerten Biegezugbewehrung.

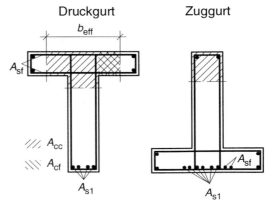

ABB 8.16: Bestimmung der anteiligen Gurtkräfte für Druck- bzw. Zuggurt

$$\Delta F_{\text{d}} \approx \frac{A_{\text{sf}}}{A_{\text{s}1}} \cdot \Delta F_{\text{d,tot}} \tag{8.75}$$

A_{sf} Fläche der in den Gurt ausgelagerten Biegezugbewehrung
$A_{\text{s}1}$ Gesamte Biegezugbewehrung

Die Nachweise sowohl in DIN 1045-1 als auch im EC 2 beruhen auf dem Fachwerkmodell nach **ABB 8.15**, werden jedoch mit Unterschieden im Detail geführt. Sie werden daher getrennt erläutert.

8.5.2 Bemessung von Gurten nach DIN 1045

Der Nachweis wird nach Gl. (8.55) geführt. Die einwirkende Längsschubkraft V_{Ed} wird ermittelt aus

$$V_{\text{Ed}} = \Delta F_{\text{d}} \tag{8.76}$$

Der Abstand a_v darf höchstens der halbe Abstand zwischen Momentennullpunkt und Momentenhöchstwert sein ([DIN 1045-1 – 01], 10.3.5). Bei nennenswerten Einzellasten sollten die jeweiligen Abschnittslängen nicht über Querkraftsprünge hinausgehen.

Der Nachweis der Querkrafttragfähigkeit darf wie in Kap. 8.4.4 geführt werden. Dabei ist anstatt $b_w = h_f$ und $z = a_v$ zu setzen. Der Winkel der Druckstrebenneigung darf mit den vorgenannten Änderungen nach Gl. (8.44) bestimmt werden. Vereinfachend dürfen jedoch folgende Winkel der Druckstrebe im Gurtfachwerk benutzt werden:

Druckgurt: $\cot \theta = 1{,}2$ $\theta \approx 40°$ (8.77)
Zuggurt: $\cot \theta = 1{,}0$ $\theta \approx 45°$ (8.78)

Die Tragfähigkeit der Druckstrebe ergibt sich nach Gl. (8.33), die der Zugstrebe nach Gl. (8.56).

Druckstrebe: $V_{\text{Rd,max}} = \alpha_{\text{c}} \cdot f_{\text{cd}} \cdot h_{\text{f}} \cdot a_{\text{v}} \cdot \dfrac{(\cot \theta + \cot \alpha)}{1 + \cot^2 \theta}$ (8.79)

Zugstrebe: $a_{\text{sf}} = \dfrac{V_{\text{Ed}}}{a_{\text{v}} \cdot f_{\text{yd}} \cdot \sin \alpha (\cot \theta + \cot \alpha)}$ (8.80)

Die Bewehrung a_{sf} wird üblich senkrecht zum Steg verlegt ($\alpha = 90°$). Bei kombinierter Beanspruchung durch Längsschubkräfte am Gurtanschnitt und durch Querbiegung der Platte ist nur der größere Stahlquerschnitt aus beiden Beanspruchungen anzuordnen (keine Superposition der Schub- und der Biegezugbewehrung). Dabei sind Druck- und Zugzone (infolge der Querbiegung in der Platte) getrennt unter Ansatz von jeweils der Hälfte der erforderlichen Querkraftbewehrung nach Gl. (8.80) zu betrachten.

Beispiel 8.7:   Querkraftbemessung in der Platte eines Plattenbalkens
                    (Fortsetzung von Beispiel 8.5)

gegeben: – Plattenbalken als Durchlaufträger gemäß Skizze des Beispiels 7.10
           – Ergebnisse des Beispiel 8.5

- Die Lage der Momentennullpunkte wird näherungsweise abgeschätzt für Feldmomente $l_0 = 0{,}85\, l_{eff}$, für Stützmomente $l_0 = 0{,}15\, (l_{eff,1} + l_{eff,2})$.
- Biegebemessung (lt. Beispiel 7.12) im Feld 1: 11 Ø16 ($A_{s,vorh} = 22{,}1$ cm²)
- Statische Höhe $d = 0{,}675$ m

gesucht: Nachweis der Gurte im Feld 2 [48]

Lösung:

Feld 2 (positives Moment):

$l_0 = 0{,}85 \cdot 8{,}51 = 7{,}23$ m

$l_0 = 0{,}85 \cdot l_{eff}$
Abstand zwischen Momentenmaximum und Momentennullpunkt

hier: $x_{Mmax} = \dfrac{350}{1{,}35 \cdot 62{,}3 + 1{,}50 \cdot 12{,}4} = 3{,}41$ m

$x_{Mmax} = \dfrac{F_{sup}}{q} = \dfrac{V_C}{g_d + q_d}$

$a_v \approx \dfrac{3{,}41}{2} = 1{,}70$ m

$a_v \approx \dfrac{x_{Mmax}}{2}$

$\Delta M_{Ed} = 350 \cdot 1{,}70 - (1{,}35 \cdot 62{,}3 + 1{,}50 \cdot 12{,}4) \cdot \dfrac{1{,}70^2}{2}$

hier:

$= 447$ kNm

$M_{Ed} = V_C \cdot a_v - (g_d + q_d) \dfrac{a_v^2}{2}$

$\zeta = 0{,}98\,;\ \xi = 0{,}066$

vgl. Bsp. 7.12

$z = 0{,}98 \cdot 0{,}675 = 0{,}662$ m

(7.23): $\zeta = \dfrac{z}{d}$

$x = 0{,}066 \cdot 67{,}5 = 4{,}5$ cm

(7.24): $\xi = \dfrac{x}{d}$

Aufgrund des I-Querschnitts treten gleichzeitig Druck- und Zuggurt auf.

Druckgurt (oben):

$\Delta F_{d,tot} = \dfrac{|447|}{0{,}662} = 675$ kN

(8.73): $\Delta F_{d,tot} = \dfrac{|\Delta M_{Ed}|}{z}$

$b_{eff,2} = 1{,}446$ m $> b_{eff,1}$

vgl. Bsp. 7.10

$b_{eff} = 3{,}07$ m

$A_{cf} = 1{,}446 \cdot 0{,}045 = 0{,}0651$ m²

hier: $A_{cf} = b_{eff,i} \cdot x$

$A_{cc} = 3{,}07 \cdot 0{,}045 = 0{,}138$ m²

hier: $A_{cc} = b_{eff} \cdot x$

$\Delta F_d = \dfrac{0{,}0651}{0{,}138} \cdot 675 = 318$ kN

(8.74): $\Delta F_d \approx \dfrac{A_{cf}}{A_{cc}} \cdot \Delta F_{d,tot}$

$V_{Ed} = 318$ kN

(8.76): $V_{Ed} = \Delta F_d$

$\cot \theta = 1{,}2$

(8.77): $\cot \theta = 1{,}2$

(8.79):

---

[48] Der Nachweis müßte bei einer vollständigen Bemessung ebenfalls im Feld 1 und über der Innenstütze geführt werden.

$$V_{Rd,max} = 0,75 \cdot 11,3 \cdot 0,22 \cdot 1,70 \cdot \frac{(1,2 + \cot 90)}{1 + 1,2^2}$$

$$= 1,56 \text{ MN}$$

$$V_{Ed} = 318 \text{ kN} < 1560 \text{ kN} = V_{Rd,max}$$

$$a_{sf} = \frac{318 \cdot 10}{1,70 \cdot 435 \cdot \sin 90 (1,2 + \cot 90)} = 3,6 \text{ cm}^2/\text{m}$$

	$V_{Rd,max} =$
	$\alpha_c \cdot f_{cd} \cdot h_f \cdot a_v \cdot \frac{(\cot \theta + \cot \alpha)}{1 + \cot^2 \theta}$
(8.55):	$V_{Ed} \leq \begin{cases} V_{Rd,sy} \\ V_{Rd,max} \end{cases}$
(8.80):	
	$a_{sf} = \frac{V_{Ed}}{a_v \cdot f_{yd} \cdot \sin \alpha (\cot \theta + \cot \alpha)}$

Es ist zu überprüfen, ob die über den Unterzug durchlaufende Deckenbewehrung größer als die zuvor berechnete ist, ansonsten ist sie entsprechend zu vergrößern. Hier soll eine Bewehrung ⌀6-15 jeweils oben und unten vorliegen.(sinnvoll mit Betonstahlmatten R377A [Avak – 02]).

$$a_{sw,vorh} = 2 \cdot 0,283 \cdot \frac{100}{15} = 3,77 \text{ cm}^2/\text{m}$$

$$a_{s,vorh} = 3,77 \text{ cm}^2/\text{m} > 3,6 \text{ cm}^2/\text{m} = a_{s,erf}$$

$$\frac{318}{1560} = 0,204 < 0,30$$

$$s_{max} = 0,7 \cdot 750 = 525 \text{ mm} > \underline{300 \text{ mm}}$$

$$s_w = 15 \text{ cm} < 30 \text{ cm} = s_{max}$$

$$\rho = 0,0007$$

$$\rho_{w,min} = 1,0 \cdot 0,0007 = 0,0007$$

$$\rho_w = \frac{3,77 \cdot 10^{-2}}{22 \cdot \sin 90} = 0,0017 > 0,0007 = \rho_{w,min}$$

(8.57):	$a_{sw,vorh} = n \cdot A_{s,ds} \frac{l_B}{s_w}$
(7.55):	$A_{s,vorh} \geq A_{s,erf}$
	$V_{Ed} / V_{Rd,max} \leq 0,30$
TAB 8.2:	$s_{max} = 0,7 \cdot h \leq 300 \text{ mm}$
(8.49):	$s_w \leq s_{max}$
TAB 8.4:	C20
(8.53):	$\rho_{w,min} = 1,0 \, \rho$
(8.51):	$\rho_w = \frac{a_{sw}}{b_w \cdot \sin \alpha} \geq \rho_{w,min}$

Zuggurt (unten):

$$\Delta F_d \approx \frac{2 \cdot 2,0}{22,7} \cdot 675 = 119 \text{ kN}$$

$$V_{Ed} = 119 \text{ kN}$$

$$\cot \theta = 1,0$$

$$V_{Rd,max} = 0,75 \cdot 11,3 \cdot 0,15 \cdot 1,70 \cdot \frac{(1,0 + \cot 90)}{1 + 1,0^2}$$

$$= 1,08 \text{ MN}$$

$$V_{Ed} = 119 \text{ kN} < 1080 \text{ kN} = V_{Rd,max}$$

$$a_{sf} = \frac{119 \cdot 10}{1,70 \cdot 435 \cdot \sin 90 (1,0 + \cot 90)} = 1,61 \text{ cm}^2/\text{m}$$

gew: Bü ⌀6-25 2-schnittig

$$a_{sw,vorh} = 2 \cdot 0,283 \cdot \frac{100}{25} = 2,26 \text{ cm}^2/\text{m}$$

	Von der Biegezugbewehrung 5 ⌀16 +4 ⌀20 (S. 150) liegen 5 Stäbe im Steg und 2·2 Stäbe ⌀16 in den Flanschen
(8.75):	$\Delta F_d \approx \frac{A_{sf}}{A_{s1}} \cdot \Delta F_{d,tot}$
(8.76):	$V_{Ed} = \Delta F_d$
(8.78):	$\cot \theta = 1,0$
(8.79):	
	$V_{Rd,max} =$
	$\alpha_c \cdot f_{cd} \cdot h_f \cdot a_v \cdot \frac{(\cot \theta + \cot \alpha)}{1 + \cot^2 \theta}$
(8.55):	$V_{Ed} \leq \begin{cases} V_{Rd,sy} \\ V_{Rd,max} \end{cases}$
(8.80):	
	$a_{sf} = \frac{V_{Ed}}{a_v \cdot f_{yd} \cdot \sin \alpha (\cot \theta + \cot \alpha)}$
(8.57):	$a_{sw,vorh} = n \cdot A_{s,ds} \frac{l_B}{s_w}$

8 Bemessung für Querkräfte

$a_{s,\text{vorh}} = 2,26\,\text{cm}^2/\text{m} > 1,61\,\text{cm}^2/\text{m} = a_{s,\text{erf}}$ | (7.55): $A_{s,\text{vorh}} \geq A_{s,\text{erf}}$

$\dfrac{119}{1080} = 0,11 < 0,30$ | $V_{\text{Ed}}/V_{\text{Rd,max}} \leq 0,30$

$s_{\max} = 0,7 \cdot 750 = 525\,\text{mm} > \underline{300\,\text{mm}}$ | **TAB 8.2:** $s_{\max} = 0,7 \cdot h \leq 300\,\text{mm}$

$s_w = 25\,\text{cm} < 30\,\text{cm} = s_{\max}$ | (8.49): $s_w \leq s_{\max}$

$\rho = 0,0007$ | **TAB 8.4:** C20

$\rho_{w,\min} = 1,0 \cdot 0,0007 = 0,0007$ | (8.53): $\rho_{w,\min} = 1,0\,\rho$

$\rho_w = \dfrac{2,26 \cdot 10^{-2}}{22 \cdot \sin 90} = 0,0010 > 0,0007 = \rho_{w,\min}$ | (8.51): $\rho_w = \dfrac{a_{sw}}{b_w \cdot \sin\alpha} \geq \rho_{w,\min}$

(Fortsetzung mit Beispiel 8.10)

8.5.3 Bemessung von Gurten nach EC 2

Der Nachweis wird im Anschnitt zwischen Platte und Steg geführt. Er erfolgt analog zur Bemessung im Steg (→ Kap. 8.4.5) durch Vergleich der einwirkenden Querkraft mit der Druckstrebentragfähigkeit $v_{\text{Rd}2}$ [49] und der Tragfähigkeit der Schubbewehrung $v_{\text{Rd}3}$.

$$v_{\text{Sd}} \leq \begin{cases} v_{\text{Rd}2} \\ v_{\text{Rd}3} \end{cases} \tag{8.81}$$

$$v_{\text{Sd}} = \dfrac{\Delta F_d}{a_v} \tag{8.82}$$

Als Abstand a_v darf derjenige zwischen Momentennullpunkt und Stelle des Maximalmoments gewählt werden. Mit $v_{\text{red}} = 0,4$ anstelle von v für Balkenstege erhält man aus Gl. (8.59) den Bauteilwiderstand der Druckstrebe

$$v_{\text{Rd}2} = \dfrac{1}{2} \cdot v \cdot f_{cd} \cdot h_f = 0,2 \cdot f_{cd} \cdot h_f \tag{8.83}$$

Für den Nachweis der Plattenschubbewehrung erhält man

$$v_{\text{Rd}3} = v_{wd} + v_{cd} = \dfrac{A_{sf}}{s_f} \cdot f_{yd} + v_{cd} = a_{sf} \cdot f_{yd} + v_{cd} \quad \text{bzw.}$$

$$a_{sf} = \dfrac{v_{\text{Sd}} - v_{cd}}{f_{yd}} \tag{8.84}$$

Für die praktische Bemessung muss zwischen Gurten in Druck- und Zugzone (aus dem Biegemoment der Längsrichtung) unterschieden werden.

Druckzone: $v_{cd} = 2,5 \cdot \tau_{\text{Rd}} \cdot h_f$ (8.85)

Zugzone: $v_{cd} = 0$ (8.86)

---

[49] Der hier klein gewählte Buchstabe v kennzeichnet, dass die Dimension – wie bei Flächentragwerken üblich – auf die Längeneinheit m bezogen ist (v in kN/m; m in kNm/m).

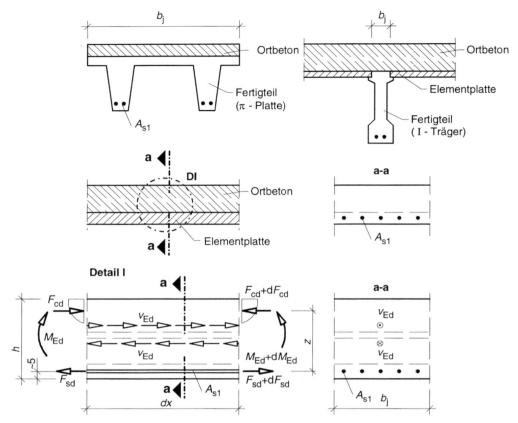

ABB 8.17: Kontaktfugen (JOINT) bei Ortbetonergänzungen und Kraftanteile

Bei Platten, die in Querrichtung beansprucht werden, braucht nur die größere Bewehrung aus Querbiegung oder Schub im Gurt angeordnet zu werden.

Nach [DIN V ENV 1992 – 92], 5.4.2.1.2 darf die Bewehrung bis zu einem Abstand 0,5 b_w ausgelagert werden. Der Anteil der auslagerbaren Biegezugbewehrung ist begrenzt auf:

$$\Sigma A_{sf} \leq \frac{A_{s1}}{2} \tag{8.87}$$

8.6 Schubkräfte in Arbeitsfugen

8.6.1 Anwendungsbereiche

Bauteile können aus arbeitstechnischen Gründen geteilt werden. Dies ist insbesondere bei Verwendung von Fertigteilen oder Halbfertigteilen (z. B. Elementplatten) erforderlich (**ABB 8.17**), die durch Ortbeton verbunden oder ergänzt werden. Als Folge entsteht eine Kontaktfuge, über die Schubspannungen bzw. als Integral Schubkräfte zu übertragen sind. Für derartige Arbeitsfugen sind hinsichtlich der Querkraftbemessung zusätzliche Nachweise zu den in Kap. 8.3 bis Kap. 8.5 erläuterten erforderlich.

Der Nachweis erfolgt über:

$$v_{Ed} \leq v_{Rdj} \tag{8.88}$$

8.6.2 Einwirkende Schubkraft

In der Arbeitsfuge wirkt die Schubkraft v_{Ed}:

$$v_{Ed} = \tau_{Ed} \cdot b_j \tag{8.89}$$

Sie kann durch Gleichgewicht am Element (**ABB 8.17**, Detail I) ermittelt werden, wobei zunächst angenommen wird, dass die freigeschnittenen Schubkräfte v_{Ed} in der Zugzone liegen.

$$\sum H = 0: \quad F_{cd} + v_{Ed} \cdot dx - (F_{cd} + d F_{cd}) = 0$$
$$v_{Ed} \cdot dx = d F_{cd} \tag{8.90}$$

Die Identitätsbedingung zwischen inneren und äußeren Schnittgrößen liefert für den rechten und den linken Rand:

$$M_{Ed} = F_{cd} \cdot z$$
$$\underline{M_{Ed} + d M_{Ed} = (F_{cd} + d F_{cd}) \cdot z}$$
$$d M_{Ed} = d F_{cd} \cdot z$$

Wenn hier Gl. (8.90) eingesetzt wird und weiterhin beachtet wird, dass die 1. Ableitung des Momentes die Querkraft ergibt:

$$\frac{d M_{Ed}}{dx} = V_{Ed} = v_{Ed} \cdot z$$
$$v_{Ed} = \frac{V_{Ed}}{z} \tag{8.91}$$

Wenn der Rundschnitt im Bereich der Druckzone geführt wird, kann bei linearer Betondruckspannungsverteilung die anteilige Schubkraft aus dem Strahlensatz bestimmt werden:

$$\frac{v_{Edj}}{F_{cdj}} = \frac{v_{Ed}}{F_{cd}}$$
$$v_{Edj} = \frac{F_{cdj}}{F_{cd}} \cdot v_{Ed} = \frac{F_{cdj}}{F_{cd}} \cdot \frac{V_{Ed}}{z} \tag{8.92}$$

F_{cdj} anteilige Biegedruckkraft in der Kontaktfuge

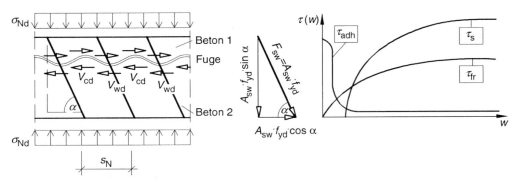

ABB 8.18: Kontaktfugen (JOINT) bei Ortbetonergänzungen und Kraftanteile

8.6.3 Bauteilwiderstand in der Kontaktfuge nach EC 2

Der Bauteilwiderstand besteht aus einem Betontraganteil und einem Bewehrungsanteil. Der Betontraganteil setzt sich aus einem Kornverzahnungsanteil (Index adh) und einem Reibanteil infolge einer Normalkraft in der Rissfläche (Index fr) zusammen. Nach der Modellvorstellung (sowohl für EC 2 als auch für DIN 1045-1) besteht der Schubwiderstand bei Anordnung einer die Fuge kreuzenden Bewehrung zusätzlich aus dem Bewehrungsanteil (Index s)

$$\tau(w) = \tau_{adh}(w) + \tau_{fr}(w) + \tau_s(w)$$

w Verschiebung der Rissufer

Zum Schubwiderstand tragen die einzelnen Anteile τ_{Index} wie in **ABB 8.17** qualitativ dargestellt bei. Grundlage für die Bemessung nach EC 2 ist das Fachwerkmodell aus Druck- und Zugstreben, die die Kontaktfuge durchdringen. Die Druckstreben kreuzen im Winkel $\theta = 45°$ (Standardverfahren). Der Bauteilwiderstand der Zugstrebe setzt sich aus dem Betonanteil v_{cd} und einem Anteil für die Fuge kreuzende Bewehrung (Verbundbewehrung) v_{wd} zusammen (**ABB 8.18**). Sofern keine Verbundbewehrung angesetzt wird, ist letzterer mit 0 in die Gl. (8.94) einzusetzen.

$$v_{Rdj} = \begin{cases} v_{Rd2} \\ v_{Rd3} = v_{cd} + v_{wd} \end{cases} \quad (8.93)$$

$$v_{Rdj} = \begin{cases} \beta \cdot \nu \cdot f_{cd} \cdot b_j \\ [\underbrace{k_T \cdot \tau_{Rd} + \mu \cdot \sigma_{Nd}}_{v_{cd}/b_j} + \underbrace{\frac{A_{sw}}{s_w} \cdot f_{yd} \cdot (\mu \cdot \sin\alpha + \cos\alpha)}_{v_{wd}/b_j}] \cdot b_j \quad oder \end{cases}$$

$$v_{Rdj} = [k_T \cdot \tau_{Rd} + \mu \cdot \sigma_{Nd} + a_{sw} \cdot f_{yd} \cdot (\mu \cdot \sin\alpha + \cos\alpha)] \cdot b_j \leq \beta \cdot \nu \cdot f_{cd} \cdot b_j \quad (8.94)$$

τ_{Rd} Grundwert der Bemessungsschubspannung ($\rightarrow$ [NAD zu ENV 1992-1-1 - 93])
μ Reibbeiwert nach **TAB 8.5**
k_T, β Rauigkeitsbeiwerte nach **TAB 8.5**
σ_{Nd} Spannung infolge einer äußeren Kraft senkrecht zur Fugenfläche (Druckspannung positiv) $\sigma_{Nd} \leq 0,6 f_{cd}$

Die Rauigkeit der Fuge entscheidet maßgeblich über den Bauteilwiderstand. Je nach Rauigkeit sind die empirisch ermittelten Werten der **TAB 8.5** zu verwenden.

8.6.4 Bauteilwiderstand in der Kontaktfuge nach DIN 1045

Die DIN 1045-1 unterscheidet unbewehrte und bewehrte Fugen. Bei unbewehrten Fugen erhält man durch Abwandlung von Gl. (8.19):

$$v_{Rdj} = v_{Rd,ctj} = \left(\eta_1 \cdot 0{,}42 \cdot \beta_{ct} \cdot 0{,}10 \cdot f_{ck}^{\frac{1}{3}} - \mu \cdot \sigma_{Nd}\right) \cdot b_j \tag{8.95}$$

μ Reibbeiwert nach **TAB 8.6**
β_{ct} Rauigkeitsbeiwert nach **TAB 8.6**
σ_{Nd} Spannung infolge einer äußeren Kraft senkrecht zur Fugenfläche (Druckspannung negativ) $|\sigma_{Nd}| \leq 0{,}6\, f_{cd}$

Oberflächenbeschaffenheit		k_T [a]	μ	β
monolithisch:		2,5	1,0	0,50
verzahnt:		2,0	0,9	0,50
rau:	muss ein noch festzustellendes Rauigkeitskriterium erfüllen; z. B. nach Verdichten mit Rechen aufgeraut	1,8	0,7	0,30
glatt:	nach dem Verdichten ohne weitere Behandlung oder abgezogen oder im Extruderverfahren hergestellt	1,0	0,5	0,10
sehr glatt:	gegen eine Stahl- oder Holzschalung betoniert	0	0,5	0,05

[a] Wenn die Fuge auf Zug beansprucht (gerissen) ist, gilt $k_T = 0$.
TAB 8.5: Beiwerte nach [DIN V ENV 1992-1-3 – 94], 5.4.3.2)

Oberflächenbeschaffenheit ($\rightarrow$ TAB 8.5)	β_{ct}	μ
verzahnt:	2,4	1,0
rauh:	2,0 [a]	0,7
glatt:	1,4 [a]	0,6
sehr glatt:	0	0,5

[a] Wenn die Fuge auf Zug beansprucht (gerissen) ist, gilt bei glatten oder rauen Fugen $\beta_{ct} = 0$.

TAB 8.6: Beiwerte nach [DIN 1045-1 – 01], 10.3.6

Bei Anordnung einer Verbundbewehrung wird das Fachwerkmodell zugrunde gelegt. Im Unterschied zu EC 2 (Gl. (8.94)) wird der Anteil aus der Kornverzahnung (Index adh in **ABB 8.17**) zu null gesetzt, da dieser Anteil seinen Höchstwert bei sehr kleinen Verschiebungen aufweist und bei größeren schnell abfällt. Zum Erreichen der im Verbundbewehrungsanteil (Index s) angesetzten Fließgrenze sind jedoch größere Verschiebungen erforderlich.

Es wird die um den Reibanteil ergänzte Gl. (8.37) verwendet. Für die Neigung der Druckstreben im Fachwerk wird Gl. (8.44) modifiziert:

$$v_{Rd,sy} = a_{sw} \cdot f_{yd} \cdot \sin\alpha\left(\cot\theta + \cot\alpha\right) - \mu \cdot \sigma_{Nd} \cdot b_j \tag{8.96}$$

$$1{,}0 \leq \cot\theta \leq \frac{1{,}2\mu - 1{,}4\dfrac{\sigma_{cd}}{f_{cd}}}{1 - \dfrac{v_{Rd,ct}}{v_{Ed}}} \begin{cases} \leq 3{,}0 & \text{für Normalbeton} \\ \leq 2{,}0 & \text{für Leichtbeton} \end{cases} \quad (8.97)$$

Beispiel 8.8: Querkraftbemessung einer Elementplatte (Fortsetzung von Beispiel 8.2)

gegeben: —Tragwerk lt. Skizze auf S. 187
—Platte besteht in den unteren 5 cm aus einem Halbfertigteil C40/50

gesucht: Nachweis der Arbeitsfuge zwischen Fertigteil und Ortbeton

Lösung:

Innenstütze:	Maximal beanspruchter Bereich
$x = 0{,}078 \cdot 17{,}5 = 1{,}4$ cm < 5 cm	(7.24): $\xi = \dfrac{x}{d}$
Nulllinie liegt noch im Halbfertigteil	Negatives Biegemoment!
$z \approx 0{,}9 \cdot 0{,}175 = 0{,}158$ m	(8.13): $z \approx 0{,}9\, d$
$v_{Edj} = 1{,}0 \cdot \dfrac{39{,}5}{0{,}158} = 251$ kN/m	(8.92): $v_{Edj} = \dfrac{F_{cdj}}{F_{cd}} \cdot \dfrac{V_{Ed}}{z}$
$\beta_{ct} = 2{,}0\,;\ \mu = 0{,}7$	TAB 8.6: Elementplatten werden in der Oberfläche rau ausgeführt.
	(8.95):
$v_{Rdj} = \left(1{,}0 \cdot 0{,}42 \cdot 2{,}0 \cdot 0{,}10 \cdot 30^{\tfrac{1}{3}} - 0{,}7 \cdot 0\right) \cdot 1{,}0 \cdot 10^3$ [50]	$v_{Rdj} = \left(\eta_1 \cdot 0{,}42 \cdot \beta_{ct} \cdot 0{,}10 \cdot f_{ck}^{\tfrac{1}{3}} \atop -\mu \cdot \sigma_{Nd}\right) \cdot b_j$
$= 261$ kN/m	
$v_{Ed} = 251$ kN/m < 261 kN/m $= v_{Rdj}$	(8.88): $v_{Ed} \leq v_{Rdj}$

Eine Verbundbewehrung ist in statischer Hinsicht nicht erforderlich.

8.7 Querkraftdeckung

8.7.1 Allgemeines

Querkraftverläufe haben ihr für die Bemessung maßgebendes Maximum in der Nähe der Auflager. Wenn die Querkraftbewehrung für diese extreme Querkraft bemessen und in gleichbleibender Größe in das gesamte Bauteil eingelegt wird, so ist in den weniger beanspruchten Bereichen zu viel Bewehrung vorhanden. Mit der Zielvorgabe einer möglichst einfachen Ausführbarkeit ist dies die heutzutage übliche Methode.

Sofern die Bemessung für Querkräfte nicht nur an der Stelle der maßgebenden Querkraft (eines Querkraftbereichs gleichen Vorzeichens) durchgeführt wird, sondern zusätzlich in weiteren gewählten Schnitten entlang der Bauteillängsrichtung, erhält man einen Verlauf für die erforderli-

---

[50] Maßgebend ist die geringere Betonfestigkeitsklasse, also die des Ortbetons.

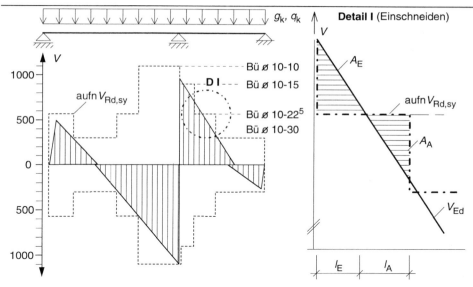

ABB 8.19: Querkraftdeckung und Einschneiden in die Querkraftlinie

che Bewehrung. Sie kann somit in Bauteillängsrichtung gestaffelt werden, wodurch sich eine Minimierung des Stahlbedarfs ergibt. Diesen Vorgang nennt man „Querkraftdeckung".

8.7.2 Querkraftbewehrung aus senkrecht stehender Bewehrung

Die Bemessung erfolgt in zwei Schritten:
1. Zunächst wird an der Stelle der maßgebenden Querkraft die maximal erforderliche Querkraftbewehrung bestimmt (→ Kap. 8.4.4 bzw. 8.4.5).
2. Dann wird eine (beliebige) kleinere Querkraftbewehrung gewählt (die Bügel werden z. B. in größerem Abstand angeordnet). Die durch diese Querkraftbewehrung aufnehmbare Querkraft wird mit Gl. (8.37) ermittelt. Diese Bewehrung wird an allen Stellen $V_{Ed} \leq V_{Rd,sy}$ angeordnet (**ABB 8.19**).

Statisch unbestimmte Tragwerke haben die Möglichkeit, Schnittgrößen umzulagern. Dies gilt auch für Fachwerke. Die Druckstrebenneigungen passen sich so an, dass vorhandene Querkraftbewehrung genutzt wird. Daher darf in kleinen Bereichen die erforderliche Bewehrung unterschritten werden, wenn dafür an anderer Stelle zu viel Bewehrung vorhanden ist. Dieser Vorgang wird mit „Einschneiden" bezeichnet (**ABB 8.19**); er führt zu einer besonders wirtschaftlichen Bewehrung. Das Einschneiden ist möglich, sofern zwei Bedingungen erfüllt werden:

— Ein Querkraftgleichgewicht muss möglich sein, d. h., die zum Kraftausgleich zur Verfügung stehende Auftragsfläche A_A muss innerhalb der zulässigen Einschnittslänge mindestens so groß sein wie die Einschnittsfläche A_E.
$$A_A \geq A_E \tag{8.98}$$

— Die Einschnittslänge l_E und die Auftragslänge l_A sind begrenzt, damit sich ein Fachwerk nach der Fachwerkanalogie ausbilden kann.
$$\left.\begin{array}{c} l_E \\ l_A \end{array}\right\} \leq 0,5 \cdot d \tag{8.99}$$

Beispiel 8.9: Querkraftdeckung unter Benutzung des Einschneidens (DIN 1045-1)

gegeben: – Tragwerk im Hochbau lt. Skizze
– C20/25 BSt 500 S(B)

gesucht: – erforderliche Biegezugbewehrung
– Querkraftbemessung mit Bügeln und Querkraftdeckung

Teil der Lösung:

Lösung:

Biegebemessung:

$\lvert\Delta M\rvert = \lvert 343\rvert \cdot \dfrac{0{,}4}{2} = 69\ \text{kNm}$	(7.16): $\Delta M = \min\begin{cases}\lvert V_{Ed,li}\rvert \cdot \dfrac{b_{sup}}{2}\\[4pt] \lvert V_{Ed,re}\rvert \cdot \dfrac{b_{sup}}{2}\end{cases}$
$\lvert M_{Ed}\rvert = \lvert 378\rvert - \lvert 69\rvert = 309\ \text{kNm}\ \{\approx 312\ \text{kNm}\}$	(7.14): $M_{Ed} = \lvert M_{el}\rvert - \lvert\Delta M\rvert$
$M_{Eds} = \lvert 309\rvert - 0 = 309\ \text{kNm}$	(7.5): $M_{Eds} = \lvert M_{Ed}\rvert - N_{Ed}\cdot z_s$
est $d = 60 - 3{,}5 - 1{,}0 - \dfrac{2{,}5}{2} = 54{,}2\ \text{cm} \approx 54\ \text{cm}$	(7.8): est $d = h - (4\ \text{bis}\ 10)$
$f_{cd} = \dfrac{0{,}85\cdot 20}{1{,}5} = 11{,}3\ \text{N/mm}^2$	(2.14): $f_{cd} = \dfrac{\alpha\cdot f_{ck}}{\gamma_c}$
$\mu_{Eds} = \dfrac{0{,}309}{0{,}30\cdot 0{,}54^2 \cdot 11{,}3} = 0{,}312$	(7.22): $\mu_{Eds} = \dfrac{M_{Eds}}{b\cdot d^2\cdot f_{cd}}$
$\omega_1 = 0{,}369$; $\omega_2 = 0{,}007$; $\zeta = 0{,}81$; $\sigma_{sd} = 437\ \text{N/mm}^2$	TAB 7.2: C20
$\dfrac{d_2}{d} = \dfrac{5}{54} = 0{,}093 \approx 0{,}09$ und $\omega_1 = 0{,}369 < 0{,}469$:	TAB 7.6:
$\rho_1 = 1{,}015\quad \rho_2 = 1{,}066$	(7.76):
$A_{s1} = \dfrac{0{,}369\cdot 1{,}015\cdot 0{,}30\cdot 0{,}54\cdot 11{,}3 + 0}{435}\cdot 10^4 = 15{,}8\ \text{cm}^2$	$A_{s1} = \dfrac{\omega_1\cdot\rho_1\cdot b\cdot d\cdot f_{cd}}{f_{yd}} + \dfrac{N_{Ed}}{\sigma_{s1}}$
gew: $2\varnothing 25 + 2\varnothing 20$ mit $A_{s,vorh} = 16{,}1\ \text{cm}^2$	TAB 4.1
$A_{s1,vorh} = 16{,}1\ \text{cm}^2 > 15{,}8\ \text{cm}^2 = A_{s1,erf}$	(7.55): $A_{s,vorh} \geq A_{s,erf}$
$d = 60 - 3{,}5 - 1{,}0 - \dfrac{(2{,}5+2{,}0)/2}{2} = 54{,}4\ \text{cm} \approx 54\ \text{cm}$	(7.9): $d = h - c_V - d_{sb\ddot u} - e$
Die Mindestbewehrung wird bei der hier erforderlichen Druckbewehrung in jedem Fall überschritten. Ein Nachweis erübrigt sich daher.	(7.89): $A_{s,min} = \dfrac{f_{ctm}\cdot W}{z\cdot f_{yk}}$
$A_{s2} = \dfrac{0{,}007\cdot 1{,}066\cdot 0{,}30\cdot 0{,}54\cdot 11{,}3 + 0}{435}\cdot 10^4 = 0{,}30\ \text{cm}^2$	(7.78): $A_{s2} = \dfrac{\omega_2\cdot\rho_2\cdot b\cdot d\cdot f_{cd}}{f_{yd}}$
gew: $2\varnothing 10 + 2\varnothing 20$ mit $A_{s,vorh} = 1{,}57\ \text{cm}^2$	TAB 4.1
$A_{s2,vorh} = 1{,}57\ \text{cm}^2 > 0{,}30\ \text{cm}^2 = A_{s2,erf}$	(7.55): $A_{s,vorh} \geq A_{s,erf}$

Querkraftbemessung:

$\tan\varphi_u = \dfrac{0{,}2}{1{,}0} = 0{,}2$	
$x_V = \dfrac{0{,}40}{2} + 0{,}544 = 0{,}744\ \text{m} \approx 0{,}75\ \text{m}$	(8.6): $x_V = \dfrac{t}{2} + d$

Diese Stelle entspricht Stelle 2. Eine alleinige Untersuchung der Stelle mit der maßgebenden Querkraft reicht aufgrund der Voute nicht aus. Zusätzlich wird der Beginn der Voute untersucht.

Stelle		2	3 links	3 rechts	
x	m	0,75	1,2	1,2	
h/d	mm	490 / 435	400 / 345	400 / 345	$d \approx h - 55$ in mm
z	mm	390	310	310	(8.13): $z \approx 0,9\,d$
$V_{Ed} = V_{Ed0}$	kN	226	156	156	
M_{Eds}	kNm	164	78	78	(7.5): $M_{Eds} = |M_{Ed}| - N_{Ed} \cdot z_s$
$\dfrac{|M_{Eds}|}{d}$	kN	377	226		(8.15): mit $N_{Ed} = 0$ und $\varphi_o = 0$
V_{Ed}	kN	151	111		$V_{Ed} \approx V_{Ed0} - \left(\dfrac{|M_{Eds}|}{d}\tan\varphi_u\right)$
				156	$V_{Ed} = V_{Ed0}$
$V_{Rd,c}$	kN	76,1	60,5	60,5	(8.41): $V_{Rd,c} = 0,24 \cdot \eta_1 \cdot f_{ck}^{1/3}$ $\cdot\left(1 + 1,2\dfrac{\sigma_{cd}}{f_{cd}}\right) \cdot b_w \cdot z$
$\cot\theta$		2,42	2,63	1,96	(8.44): $0,58 \leq \cot\theta \leq \dfrac{1,2 - 1,4\dfrac{\sigma_{cd}}{f_{cd}}}{1 - \dfrac{V_{Rd,c}}{V_{Ed}}} \leq 3,0$
θ	°	22,5	20,8	<u>27,0</u>	
$V_{Rd,max}$	kN	402	320	320	(8.33): $V_{Rd,max} = \alpha_c \cdot f_{cd} \cdot b_w \cdot z \cdot \dfrac{(\cot\theta + \cot\alpha)}{1 + \cot^2\theta}$
	gew: Bü Ø8 - 20 2-schnittig				
$V_{Rd,sy}$	kN	166	132	132	(8.37): $V_{Rd,sy} = a_{sw} \cdot z \cdot f_{yd} \cdot \sin\alpha(\cot\theta + \cot\alpha)$
$V_{Ed} \leq V_{Rd,sy}$ $V_{Ed} \leq V_{Rd,max}$	kN	151 < 166 151 < 402	111 < 132 111 < 320	156 > 132 156 < 320	(8.55): $V_{Ed} \leq \begin{cases} V_{Rd,sy} \\ V_{Rd,max} \end{cases}$

Im Bereich von Stelle 3 rechts soll eingeschnitten werden.
$l_E = 0,154$ m $< 0,173$ m $= 0,5 \cdot 0,345 = 0,5 \cdot d$

(8.99): $\left.\begin{array}{c} l_E \\ l_A \end{array}\right\} \leq 0,5 \cdot d$

Dies ist anschaulich aus der Querkraftdeckungslinie erkennbar.

(8.98): $A_A \geq A_E$ ($\rightarrow$ S. 220)

Mindestbewehrung:

maßgebend ist Stelle 3 rechts (s. o.)

$0,3 < \dfrac{156}{320} = 0,49 < 0,6$

TAB 8.2: $0,30 < \dfrac{V_{Ed}}{V_{Rd,max}} < 0,60$

max $s_w = 0,5 \cdot 400 = \underline{200\text{ mm}} < 300$ mm

TAB 8.2: $0,5 \cdot h \leq 300$ mm

$s_w = 200$ mm $= s_{max}$

(8.49): $s_w \leq s_{max}$

$a_{sw,vorh} = 2 \cdot 0,50 \cdot \dfrac{100}{20} = 5,0$ cm²/m

(8.57): $a_{sw,vorh} = n \cdot A_{s,ds} \cdot \dfrac{l_B}{s_w}$

$\rho = 0,0007$

TAB 8.4

$\rho_w = \dfrac{5,0 \cdot 10^{-2}}{30 \cdot \sin 90°} = 0,0017 > 0,0007$

(8.51): $\rho_w = \dfrac{a_{sw}}{b_w \cdot \sin\alpha} \geq \rho_{w,min}$

(Fortsetzung mit Beispiel 10.1)

8   Bemessung für Querkräfte

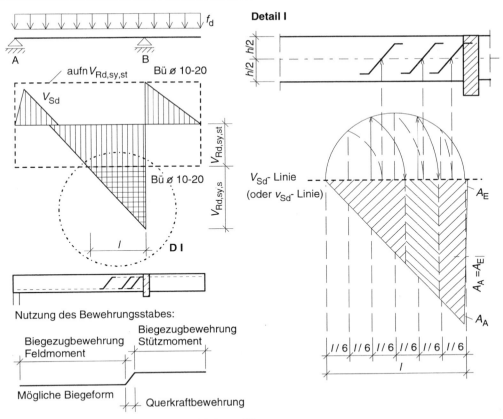

ABB 8.20: Querkraftdeckung mit Bügeln und Schrägaufbiegungen

8.7.3 Querkraftbewehrung aus senkrecht und schräg stehender Bewehrung

Die senkrechte Bewehrung besteht i. d. R. aus Bügeln. Die schräg stehende Bewehrung kann aus Bügeln oder Schrägaufbiegungen bestehen. Unter Schrägaufbiegungen versteht man Bewehrungsstäbe, die man ungefähr in Richtung der Hauptzugspannungen aufbiegt, nachdem sie als Biegezugbewehrung nicht mehr benötigt werden. Schrägaufbiegungen sind nur sinnvoll, wenn gleichzeitig eine Zugkraftdeckung durchgeführt wird (→ Kap. 10). Aufgrund des hohen Arbeitsaufwands sowohl bei der Tragwerksplanung als auch beim Biegen und Verlegen der Bewehrung (viele Positionsnummern) sind Schrägaufbiegungen bei üblichen Ortbetonbauteilen nicht wirtschaftlich. Nur bei der automatisierten Fertigung von gleichartigen Bauteilen in hoher Stückzahl ist der Einsatz von Schrägaufbiegungen heute sinnvoll.

Die schräg stehende Bewehrung wird i. Allg. in einem Winkel von 45° zur Balkenlängsachse angeordnet, bei hohen Bauteilen unter 60°. Die Querkraftdeckung kann auch durch Bügel mit Schrägaufbiegungen sichergestellt (**ABB 8.20**) werden. Der auf die Längeneinheit bezogene Stahlquerschnitt a_{sw} setzt sich somit aus einem Anteil $a_{sw,st}$ der Bügel (STIRRUP) und einem Anteil $a_{sw,s}$ der Schrägstäbe (SLANT) zusammen. Hierbei wird ein Sockelbetrag der Querkraft durch Bügel abgedeckt (bestimmt nach Gl. (8.37)). Den Sockelbetrag für die Bügel wählt man z. B. aus den zulässigen Höchstabständen für dieselben. Die diesen Sockelbetrag übersteigenden

Bereiche werden danach mit Schrägaufbiegungen abgedeckt. Die entsprechenden Bemessungsformeln ergeben sich, indem die Querkraft über die Länge l integriert wird. Die erforderliche Schrägbewehrung lässt sich hieraus mit Gl. (8.36) und (8.56) gewinnen.

$$V_{Ed,s} = \frac{1}{l} \int_{(l)} \left(V_{Ed} - V_{Rd,sy,st} \right) dx$$

$$A_{sw,s} = \frac{\int_{(l)} \frac{V_{Ed} - V_{Rd,sy,st}}{z} dx}{f_{yd} \cdot \sin\alpha \left(\cot\theta + \cot\alpha \right)} \qquad (8.100)$$

Die Schrägaufbiegungen sind dem Verlauf der nicht abgedeckten Querkräfte entsprechend zu verteilen. Ein aufgebogener Stab liegt dann richtig, wenn er im Schwerpunkt der von ihm zu übertragenden Querkraft liegt. Die ungefähre Beachtung dieser Angabe reicht in vielen Fällen zur Lagebestimmung aus. Eine genaue, maßstäbliche zeichnerische Konstruktionsmethode unter Berücksichtigung der genauen Schwerpunktlage zeigt **ABB 8.20**.

Beispiel 8.10: Querkraftdeckung mit Bügeln und Schrägaufbiegungen
   (Fortsetzung von Beispiel 8.7)

gegeben: Plattenbalken als Durchlaufträger gemäß Skizze des Beispiels 7.12

gesucht: Querkraftbemessung im Feld 2 mit Bügeln und Schrägaufbiegungen

Lösung:

Feld 2 Auflager B:

extr $V_d = V_{Bre,cal} = 524$ kN	direkte Lagerung
$x_V = \dfrac{0,30}{2} + 0,675 = 0,825$ m	vgl. Bsp. 7.12 (8.6): $x_V = \dfrac{t}{2} + d$
$V_{Ed} = 524 - (1,35 \cdot 62,3 + 1,50 \cdot 12,4) \cdot 0,825 = 439$ kN	(8.4): $V_{Ed} = \|extr\, V_d\| - F_d \cdot x_V$
$z \approx 0,9 \cdot 0,675 = 0,607$ m	(8.13): $z \approx 0,9\, d$
$V_{Rd,c} = 0,24 \cdot 1,0 \cdot 20^{1/3} \left(1 + 1,2 \dfrac{0}{11,3} \right) \cdot 0,30 \cdot 0,607$ $= 0,119$ MN	(8.41): $V_{Rd,c} = 0,24 \cdot \eta_1 \cdot f_{ck}^{1/3}$ $\cdot \left(1 + 1,2 \dfrac{\sigma_{cd}}{f_{cd}} \right) \cdot b_w \cdot z$
	(8.44):
$\cot\theta = \dfrac{1,2 - 0}{1 - \dfrac{0,119}{0,439}} = 1,65 < 3,0$	$0,58 \leq \cot\theta = \dfrac{1,2 - 1,4 \dfrac{\sigma_{cd}}{f_{cd}}}{1 - \dfrac{V_{Rd,c}}{V_{Ed}}} \leq 3,0$
gew: $\theta = 35°$ ($\cot\theta = 1,43$) [51]	

---

[51] Alternative: Es wäre auch möglich gewesen, $\theta = 31,2°$ ($\cot\theta = 1,65$) zu wählen. Aufgrund der etwas geringeren Querkrafttragfähigkeit $V_{Rd,max}$ führt dies jedoch zu einem Bügelabstand $s_{w,max} = 0,169$ m. Die Grundbewehrung reicht dann aus, um die gesamte Querkraft abzudecken.

8 Bemessung für Querkräfte

$V_{Rd,max} = 0,75 \cdot 11,3 \cdot 0,30 \cdot 0,607 \cdot \dfrac{(\cot 35° + \cot 90°)}{1 + \cot^2 35°}$

$= 0,725 \text{ MN}$

$V_{Ed} = 524 \text{ kN} < 725 \text{ kN} = V_{Rd,max}$

Grundbewehrung: Bü $\varnothing$10-20   2-schnittig

$\dfrac{V_{Ed}}{V_{Rd,max}} = \dfrac{524}{725} = 0,72 > 0,60$

$s_{max} = 0,25 \cdot 750 = 188 \text{ mm} < 200 \text{ mm}$

$s_w = 20 \text{ cm} \approx 18,8 \text{ cm} = s_{max}$ [52]

$a_{sw,vorh} = 2 \cdot 0,79 \cdot \dfrac{100}{20} = 7,9 \text{ cm}^2/\text{m}$

$V_{Rd,sy,st} = 7,9 \cdot 0,607 \cdot 435 \cdot \sin 90° (\cot 35° + \cot 90°) \cdot 10^{-1}$

$= 298 \text{ kN}$

$A_{sw,s} = \dfrac{(435 - 298) \cdot 0,825 + 0,5 \cdot (435 - 298) \cdot 1,337}{0,607 \cdot 435 \cdot \sin 60° \cdot (\cot 35° + \cot 60°)} \cdot 10$

$= 4,5 \text{ cm}^2$

(8.33):
$V_{Rd,max} = \alpha_c \cdot f_{cd} \cdot b_w \cdot z \cdot \dfrac{(\cot \theta + \cot \alpha)}{1 + \cot^2 \theta}$

(8.55): $V_{Ed} \leq \begin{cases} V_{Rd,sy} \\ V_{Rd,max} \end{cases}$

wie in Feld 1 rechter Teil

$\dfrac{V_{Ed}}{V_{Rd,max}} > 0,60$

TAB 8.2: $s_{max} = 0,25 \cdot h \leq 200 \text{ mm}$

(8.49): $s_w \leq s_{max}$

(8.57): $a_{sw,vorh} = n \cdot A_{s,ds} \dfrac{l_B}{s_w}$

(8.37): $V_{Rd,sy} = a_{sw} \cdot z \cdot f_{yd} \cdot$
$\cdot \sin \alpha (\cot \theta + \cot \alpha)$

(8.100): Aufbiegung mit 60°

$A_{sw,s} = \dfrac{\int\limits_{(l)} \dfrac{V_{Ed} - V_{Rd,sy,st}}{z} dx}{f_{yd} \cdot \sin \alpha (\cot \theta + \cot \alpha)}$

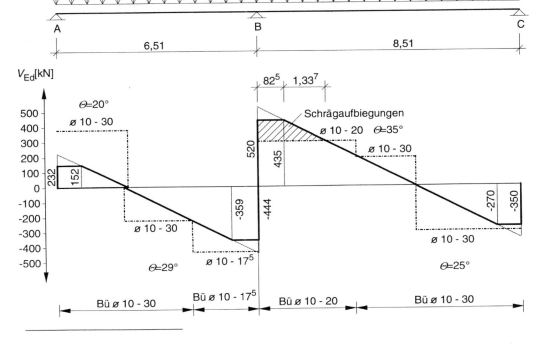

---

[52] Die geringfügige Unterschreitung wird hier toleriert, da zusätzlich Schrägaufbiegungen vorhanden sein werden.

gew.: 2 ⌀20

$A_{s,vorh} = 6{,}16 \text{ cm}^2 > 4{,}5 \text{ cm}^2 = A_{s,erf}$ | (7.55): $A_{s,vorh} \geq A_{s,erf}$

$s_{max} = 0{,}5 \cdot 0{,}75 \cdot (1 + \cot 60°) = 0{,}592 \text{ m}$ | (8.50): $s_{max} = 0{,}5 \cdot h \cdot (1 + \cot \alpha)$

Skizze auf S. 225: Abstand der Schrägaufbiegungen $\approx \dfrac{0{,}825}{2} + \dfrac{1{,}337}{3} = 0{,}858 \text{ m} > 0{,}592 \text{ m} \Rightarrow$ aus konstruktiven Gründen ist eine dritte Schrägaufbiegung erforderlich.

Die Einhaltung dieser Bedingung ist anschaulich aus der Querkraftdeckungslinie ersichtlich, da $V_{Rd,sy,st} > 0{,}5 \cdot V_{Ed}$ ist. | (8.54): $\min a_{s,st} = 0{,}5 \cdot a_{sw}$

Feld 2 Auflager C:

extr $V_d = \max V_C = -350$ kN | vgl. Bsp. 7.12; umgelagertes Stützmoment in B beeinflusst hier nicht max V_C

$x_V = \dfrac{0{,}30}{3} + 0{,}675 = 0{,}775 \text{ m}$ | (8.5): $x_V = \dfrac{t}{3} + d$

$V_{Ed} = 350 - (1{,}35 \cdot 62{,}3 + 1{,}50 \cdot 12{,}4) \cdot 0{,}775 = 270 \text{ kN}$ | (8.4): $V_{Ed} = |\text{extr } V_d| - F_d \cdot x_V$

$\cot \theta = \dfrac{1{,}2 - 0}{1 - \dfrac{0{,}119}{0{,}270}} = 2{,}14 < 3{,}0$ | $0{,}58 \leq \cot \theta = \dfrac{1{,}2 - 1{,}4 \dfrac{\sigma_{cd}}{f_{cd}}}{1 - \dfrac{V_{Rd,c}}{V_{Ed}}} \leq 3{,}0$

gew: $\theta = 25°$ ($\cot \theta = 2{,}14$) | (8.33):

$V_{Rd,max} = 0{,}75 \cdot 11{,}3 \cdot 0{,}30 \cdot 0{,}607 \cdot \dfrac{(\cot 25° + \cot 90°)}{1 + \cot^2 25°}$ [53] | $V_{Rd,max} = \alpha_c \cdot f_{cd} \cdot b_w \cdot z \cdot \dfrac{(\cot \theta + \cot \alpha)}{1 + \cot^2 \theta}$

$= 0{,}591 \text{ MN}$

$V_{Ed} = 350 \text{ kN} < 591 \text{ kN} = V_{Rd,max}$ | (8.55): $V_{Ed} \leq \begin{cases} V_{Rd,sy} \\ V_{Rd,max} \end{cases}$

Grundbewehrung: Bü ⌀10-30 2-schnittig | wie in Feld 1 linker Teil

$0{,}3 < \dfrac{V_{Ed}}{V_{Rd,max}} = \dfrac{270}{591} = 0{,}592 < 0{,}60$ | $0{,}3 < \dfrac{V_{Ed}}{V_{Rd,max}} \leq 0{,}60$

$s_{max} = 0{,}5 \cdot 750 = 375 \text{ mm} > \underline{300 \text{ mm}}$ | TAB 8.2: $s_{max} = 0{,}5 \cdot h \leq 300 \text{ mm}$

$s_w = 30 \text{ cm} = s_{max}$ | (8.49): $s_w \leq s_{max}$

$a_{sw,vorh} = 2 \cdot 0{,}79 \cdot \dfrac{100}{30} = 5{,}27 \text{ cm}^2/\text{m}$ | (8.57): $a_{sw,vorh} = n \cdot A_{s,ds} \dfrac{l_B}{s_w}$

| (8.37):

$V_{Rd,sy,st} = 5{,}27 \cdot 0{,}607 \cdot 435 \cdot \sin 90 (\cot 25 + \cot 90) \cdot 10^{-1}$ | $V_{Rd,sy} =$

$= 298 \text{ kN}$ | $a_{sw} \cdot z \cdot f_{yd} \cdot \sin \alpha (\cot \theta + \cot \alpha)$

$V_{Ed} = 270 \text{ kN} < 298 \text{ kN} = V_{Rd,sy}$ | (8.55): $V_{Ed} \leq \begin{cases} V_{Rd,sy} \\ V_{Rd,max} \end{cases}$

| (Fortsetzung mit Beispiel 13.2)

---

[53] Aufgrund des Nachweises in Auflager B wäre ohne Rechnung deutlich, dass $V_{Rd,max}$ nicht überschritten wird.

8 Bemessung für Querkräfte

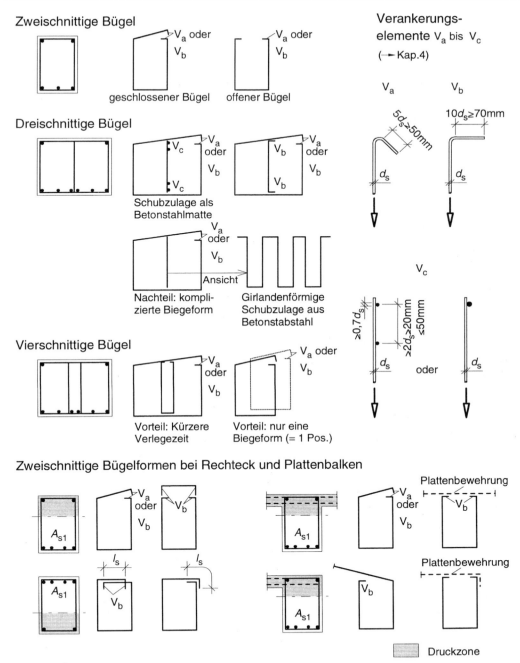

ABB 8.21: Übliche Bügelformen und Verankerungselemente

8.8 Bewehrungsformen

Bügel können in verschiedenen Biegeformen und mit unterschiedlichen Verankerungselementen ausgeführt werden. Einige zweckmäßige Bügelformen für übliche Querschnitte sind in **ABB 8.21** dargestellt. In den meisten Fällen reichen zweischnittige Bügel aus. Bei breiten Balken (Überschreitung des zulässigen Abstands in Querrichtung) oder bei sehr hoher Querkraftbeanspruchung werden drei- und vierschnittige Bügel angeordnet.

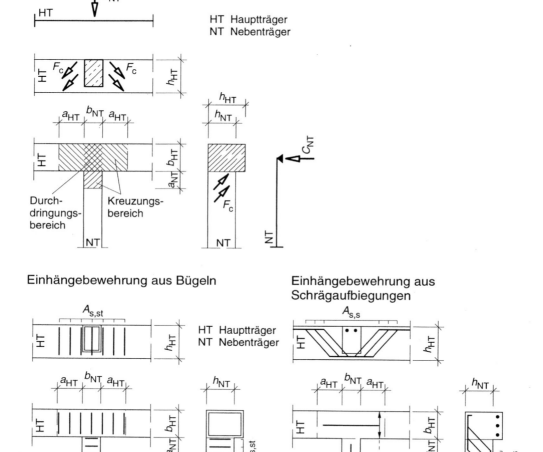

ABB 8.22: Einhängebewehrung aus Bügeln oder aus Schrägaufbiegungen

8.9 Auf- und Einhängebewehrung

8.9.1 Einhängebewehrung

Bei Trägerrosten wird die Auflagerkraft der Nebenträger in den Hauptträger eingeleitet, stellt für diesen somit eine Last dar. Dies erfolgt meistens über eine mittelbare Stützung. In diesem Fall muss die Auflagerkraft des Nebenträgers, durch eine Einhängebewehrung gesichert werden (**ABB 8.22**). Die Einhängebewehrung kann aus Bügeln oder Schrägaufbiegungen bestehen. Sie ist im Haupt- und Nebenträger anzuordnen. Während die Einhängebewehrung des Nebenträgers im Kreuzungsbereich (des Nebenträgers) angeordnet wird, liegt diejenige des Hauptträgers im Durchdringungsbereich *und* im Kreuzungsbereich (des Hauptträgers). Die maximale Größe der Bereiche und der Einhängebewehrung lässt sich mit folgenden Gleichungen bestimmen:

– Bügel: $\quad A_{s,st} = \dfrac{C_{NT}}{f_{yd}}$ (8.101)

– Schrägaufbiegungen: $A_{s,s} = \dfrac{C_{NT}}{\sqrt{2} \cdot f_{yd}}$ (8.102)

$$a_{HT} = \min \begin{cases} \dfrac{h_{HT}}{3} \\ \dfrac{h_{HT} - b_{NT}}{2} \end{cases} \quad (8.103) \qquad a_{NT} = \min \begin{cases} \dfrac{h_{NT}}{3} \\ \dfrac{h_{NT} - b_{HT}}{2} \end{cases} \quad (8.104)$$

Eine im Kreuzungsbereich vorhandene Querkraftbewehrung darf auf die Einhängebewehrung angerechnet werden, wenn der Nebenträger vollständig in den Hauptträger einbindet ($h_{HT} \geq h_{NT}$).

8.9.2 Aufhängebewehrung

Sofern an einem Bauteil Lasten unten angreifen (z. B. bei einem Überzug oder bei einer unter einer Decke befindlichen Kranbahn), sind diese mittels einer Aufhängebewehrung hochzuhängen. Die Aufhängebewehrung ist für die volle hochzuhängende Last zu bemessen.

$$a_{s,st} = \dfrac{F_d}{f_{yd}} \qquad (8.105)$$

Beispiel 8.11: Einhängebewehrung eines Nebenträgers (Fortsetzung von Beispiel 8.6) [54]

gegeben: Schnittgrößen von Beispiel 5.3 und Schubbewehrung von Beispiel 8.6

gesucht: Einhängebewehrung für Auflager B

---

[54] Das Beispiel gilt gleichermaßen für DIN 1045-1 und EC 2

Lösung:

Auflager B links:
$C_{V2} = 581\,\text{kN}$

$A_{s,st} = \dfrac{581}{435} \cdot 10 = 13,4\,\text{cm}^2$ → Beispiel 5.3

(8.101): $A_{s,st} = \dfrac{C_{NT}}{f_{yd}}$

gew.: 9 Bü $\varnothing 10$ 2-schnittig

$A_{sw} = 2 \cdot 9 \cdot 0,79 = 14,2\,\text{cm}^2$ (8.34): $A_{sw} = n \cdot A_{s,ds}$

$A_{s,vorh} = 14,2\,\text{cm}^2 > 13,4\,\text{cm}^2 = A_{s,erf}$ (7.55): $A_{s,vorh} \geq A_{s,erf}$

$a_{NT} = \min \begin{cases} \dfrac{0,75}{3} = 0,25\,\text{m} \\ \dfrac{0,75-0,25}{2} = 0,25\,\text{m} \end{cases}$ (8.104): $a_{NT} = \min \begin{cases} \dfrac{h_{NT}}{3} \\ \dfrac{h_{NT}-b_{HT}}{2} \end{cases}$

$\Rightarrow$ 2 Bügel der normalen Querkraftbewehrung können angerechnet werden.

Als Querkraftbewehrung wurde gewählt Bü $\varnothing 10$-20 ($\rightarrow$ Beispiel 8.6)

gew.: 7 zusätzliche Bü $\varnothing 10$ 2-schnittig

Auflager B rechts:
$C_{V2} = 487\,\text{kN}$

$A_{s,st} = \dfrac{487}{435} \cdot 10 = 11,2\,\text{cm}^2$ → Beispiel 5.3

(8.101): $A_{s,st} = \dfrac{C_{NT}}{f_{yd}}$

gew.: 7 Bü $\varnothing 10$ 2-schnittig

$A_{sw} = 2 \cdot 7 \cdot 0,79 = 11,1\,\text{cm}^2$ (8.34): $A_{sw} = n \cdot A_{s,ds}$

$A_{s,vorh} = 11,1\,\text{cm}^2 \approx 11,2\,\text{cm}^2 = A_s$ (7.55): $A_{s,vorh} \geq A_{s,erf}$

gew.: 5 zusätzliche Bü $\varnothing 10$ 2-schnittig

Hauptträger:
$A_{s,st} = 13,4 + 11,2 = 24,6\,\text{cm}^2$

$a_{HT} = \min \begin{cases} \dfrac{0,90}{3} = 0,30\,\text{m} \\ \dfrac{0,90-0,30}{2} = 0,30\,\text{m} \end{cases}$ (8.103): $a_{HT} = \min \begin{cases} \dfrac{h_{HT}}{3} \\ \dfrac{h_{HT}-b_{NT}}{2} \end{cases}$

gew.: 11 Bü $\varnothing 12$ 2-schnittig

(Fortsetzung mit Beispiel 11.2)

9 Bemessung für Torsionsmomente

9.1 Allgemeine Grundlagen

Ein Bauteilquerschnitt erleidet unter Torsionsmomenten Schubverformungen und evtl. auch Längsverformungen. Wenn nur Schubverformungen entstehen, handelt es sich um St. VENANTsche Torsion, bei Schub- und Längsverformungen um Wölbkrafttorsion. Letztere ist insbesondere bei dünnwandigen Querschnitten wichtig. Im Unterschied zu I-Profilen des Stahlbaus sind Stahlbetonquerschnitte des üblichen Hochbaus (Rechteckquerschnitt und Plattenbalken) weniger durch Wölbkrafttorsion beansprucht. Infolge der Rissbildung in Stahlbetonquerschnitten wird die Wölbkrafttorsion zudem so stark abgebaut, dass sie (im Hochbau) i. d. R. vernachlässigt werden kann. Im Folgenden werden daher nur die Auswirkungen der St. VENANTschen Torsion betrachtet, wenn „Torsion" behandelt wird.

Bei Stahlbetontragwerken muss nur dann die Aufnahme von Torsionsmomenten nachgewiesen werden, wenn ohne Wirkung der Torsionsmomente kein Gleichgewicht möglich ist (Gleichgewichtstorsion). Wenn Torsionsmomente lediglich aus Verträglichkeitsbedingungen (Verträglichkeitstorsion) entstehen, werden sie im Hochbau konstruktiv ohne Nachweis durch eine geeignete Bewehrungsführung abgedeckt (**ABB 9.1**). Dies ist möglich, da die Torsionssteifigkeit infolge der Rissbildung in Stahlbetonbauteilen noch wesentlich stärker als die Biegesteifigkeit abnimmt.

Sofern eine Bemessung für die Torsionsmomente erforderlich ist, wird diese im Stahlbetonbau getrennt von der Biegebemessung geführt. Bei gleichzeitigem Auftreten von Querkräften und Torsionsmomenten wird eine kombinierte Bemessung für diese beiden Beanspruchungen durchgeführt.

Eine unbeabsichtigte Einspannung von Decken im Hochbau in die Unterzüge wird i. Allg. rechnerisch nicht berücksichtigt. Die Unterzüge werden als starre Linienkipplager angesetzt. Durch diese Annahme treten in den Unterzügen (rechnerisch) keine Torsionsmomente auf. Diese Vereinfachung ist berechtigt, da die Torsionssteifigkeit durch Rissbildung (Zustand II) sehr viel stärker abnimmt als die Biegesteifigkeit. Konstruktiv sind in diesem Fall die Regelungen von [DIN 1045-1 – 01], 11.2 und 13.2.4 einzuhalten.

Die Bemessung für Torsionsmomente muss wie die Bemessung für Querkräfte folgende Aufgaben erfüllen:

— Es muss durch die Bemessung sichergestellt werden, dass die Hauptzugspannungen σ_1 durch eine zusätzliche Bewehrung aufgenommen werden können. Diese Bewehrung besteht aus Bügeln und Längsstäben (**ABB 9.6**).

— Die Hauptdruckspannungen σ_2 werden vom Beton übertragen und dürfen die Betondruckfestigkeit nicht überschreiten. Sie sind daher durch einen Vergleich mit zulässigen Spannungen oder nach Integration mit Bauteilwiderständen in ihrer Größe zu begrenzen.

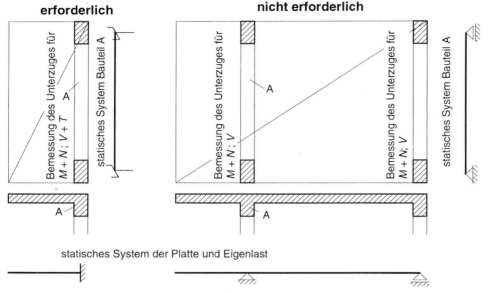

ABB 9.1: Erfordernis der Aufnahme von Torsionsmomenten im Stahlbetonbau

Entsprechend dem allgemeinen Bemessungsformat werden die einwirkenden Torsionsmomente T_{Ed} den aufnehmbaren Torsionsmomenten $T_{Rd,max}$ und $T_{Rd,sy}$ (im EC 2: T_{Rdi}) (= Bauteilwiderständen) gegenübergestellt.

DIN 1045-1: $\quad T_{Ed} \leq \begin{cases} T_{Rd,sy} \\ T_{Rd,max} \end{cases}$ \hfill (9.1)

EC 2: $\quad T_{Sd} \leq T_{Rdi}$ \hfill (9.2)

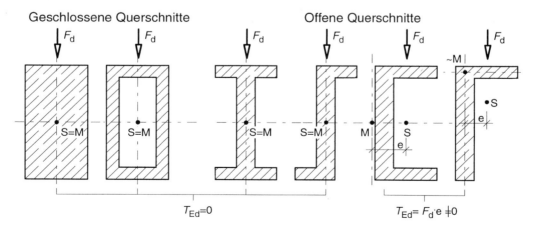

S Schwerpunkt   M Schubmittelpunkt

ABB 9.2: Lage des Schubmittelpunktes bei unterschiedlichen Querschnittsformen

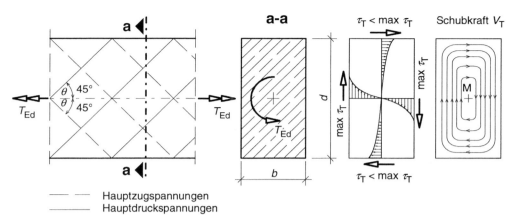

ABB 9.3: Hauptspannungen und St. Venant'sche Schubspannungen infolge Torsion

- $T_{Rd,max}$ (T_{Rd1}) ist der Bemessungswert des aufnehmbaren Torsionsmoments, das von den Betondruckstreben erreicht wird
- $T_{Rd,sy}$ (T_{Rd2}) ist der Bemessungswert des durch die Bewehrung aufnehmbaren Torsionsmoments, die zu ermitteln ist.

9.2 Querschnittswerte für Torsion

9.2.1 Schubmittelpunkt

Das Torsionsmoment T ergibt sich aus dem Kräftepaar der resultierenden äußeren Last und der Querkraft. Ein Querschnitt bleibt somit nur dann torsionsfrei, wenn die Wirkungslinie der äußeren Last durch den Schubmittelpunkt geht. Bei vielen der im Stahlbetonbau gebräuchlichen Querschnitte fallen der Schubmittelpunkt und der Schwerpunkt zusammen (**ABB 9.2**).

Wenn ein Stab aus homogenem isotropem Material durch ein Torsionsmoment beansprucht wird, entstehen die Hauptspannungen nur aus den Schubspannungen infolge Torsion τ_T. Die Hauptspannungen verlaufen in einem Winkel von ±45° zur Stabachse und sind betragsmäßig gleich groß. Der Maximalwert der Schubspannungen tritt an den Querschnittsrändern der schmaleren Hauptachse auf (**ABB 9.3**). Der Schubmittelpunkt M ist spannungsfrei.

9.2.2 Geschlossene Querschnitte

Geschlossene Profile sind für die Übertragung von Torsionsmomenten besser geeignet als offene, da die Schubkraft einen größeren Hebelarm z hat (**ABB 9.4**). Bei einem gleich großen Torsionsmoment treten deshalb bei einem offenen Querschnitt wesentlich höhere Beanspruchungen aus Torsion auf.

Bei einem Vollquerschnitt wirkt der Schubfluss in einem Stahlbetonbauteil wie in einem gedachten Hohlquerschnitt (→ Kap. 9.3.2). Aus der 1. BREDTschen Formel ermittelt man die über den Umfang des gedachten Hohlkastens konstante Schubkraft $V_{Ed,i}$.

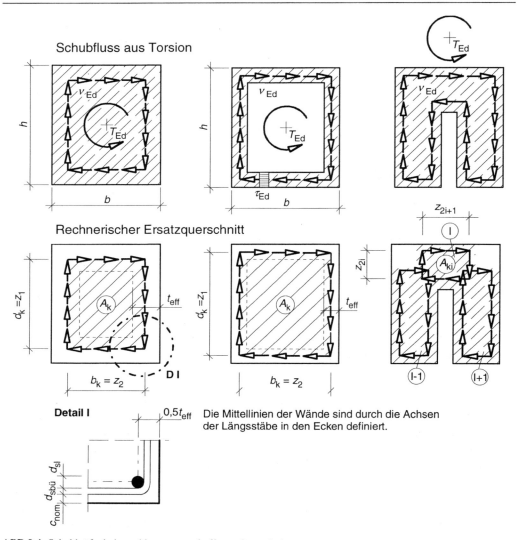

ABB 9.4: Schubkräfte bei geschlossenen und offenen Querschnitten

$$v_{Ed} = \frac{T_{Ed}}{2 A_k} \tag{9.3}$$

$$v_{Ed} = \tau_{Ed} \cdot t_{eff} \tag{9.4}$$

$$V_{Ed,T} = v_{Ed} \cdot z_i \tag{9.5}$$

T_{Ed} Bemessungswert des Torsionsmoments
τ_{Ed} Bemessungswert der Schubspannung aus Torsion
v_{Ed} Bemessungswert des Schubflusses aus Torsion
$V_{Ed,T}$ Schubkraft aus Torsion in der Wandseite i
A_k Ersatzfläche, die von der Mittellinie eines dünnwandigen Hohlquerschnitts umschlossen wird (Kernquerschnitt) (**ABB 9.4**)

Die Bemessung erfolgt für das größte Moment. Das Torsionsmoment wird dabei auf den Gesamtquerschnitt angesetzt. Aufgrund des Bemessungsmodells (→ Kap 9.3.2) erfolgt die Bemessung für einen (gedachten) Hohlquerschnitt. Hierbei müssen folgende geometrische Parameter bekannt sein:

- Wanddicke t_{eff} des (gedachten) Hohlkastens. Die Wanddicke ist der doppelte Abstand zwischen den Achsen der Längsstäbe in den Ecken und der Bauteiloberfläche, bei Hohlquerschnitten jedoch nicht mehr als die tatsächliche Wanddicke:

DIN 1045-1: $\quad t_{\text{eff}} = 2 \left(c_V + d_{\text{sw}} + \dfrac{d_{\text{sl}}}{2} \right)$ \hfill (9.6)

EC 2: $\quad 2 c_{\text{nom}} \leq t_{\text{eff}} \leq \dfrac{A}{u}$ \hfill (9.7)

A \quad Gesamtfläche des Querschnitts einschließlich hohler Innenbereiche

u \quad äußerer Umfang

Für Rechteckquerschnitte gilt:

$A = b \cdot h$ \hfill (9.8)

$u = 2(b + h)$ \hfill (9.9)

- die Kernquerschnittsfläche A_k; für Rechteckquerschnitte gilt:

$A_k = b_k \cdot h_k$ \hfill (9.10)

$b_k = b - t_{\text{eff}}$ \hfill (9.11)

$d_k = h - t_{\text{eff}}$ \hfill (9.12)

$u_k = 2(b_k + d_k)$ \hfill (9.13)

9.2.3 Offene Querschnitte

Zur Bemessung wird der Querschnitt in mehrere Teilquerschnitte zerlegt, die (bei üblichen Querschnitten) ihrerseits Rechtecke sind. Es wird angenommen, dass sich in jedem Teilrechteck eine eigene Schubkraft ausbildet (**ABB 9.4**). Dabei verteilt sich das Gesamttorsionsmoment T_{Ed} auf die einzelnen Rechtecke im Verhältnis ihrer Steifigkeiten des ungerissenen Querschnitts und daher wegen des identischen Schubmoduls (wegen identischer Betonfestigkeitsklasse) im Verhältnis ihrer Torsionsflächenmomente $I_{T,i}$. Für jeden Teilquerschnitt wird das anteilige Torsionsmoment bestimmt.

$I_{T,i} = \alpha \cdot b_i^3 \cdot h_i \qquad \alpha$ Beiwert nach **TAB 9.1** \hfill (9.14)

$T_{\text{Ed},i} = T_{\text{Ed}} \cdot \dfrac{I_{T,i}}{\sum\limits_i I_{T,i}}$ \hfill (9.15)

h_i/b_i	1,00	1,25	1,50	2,00	3,00	4,00	6,00	10,0	∞
α	0,140	0,171	0,196	0,229	0,263	0,281	0,299	0,313	0,333

TAB 9.1: Beiwerte für das Torsionsflächenmoment 2. Grades

9.3 Bemessungsmodell bei alleiniger Wirkung von Torsionsmomenten

9.3.1 Isotropes Material

Die Differentialgleichung für den auf Torsion beanspruchten Stab liefert die auf die Längeneinheit bezogene Verdrillung des Stabes ϑ und die Schubspannung aus Torsion τ_T. Das Torsionsflächenmoment 2. Grades I_T und das Torsionsflächenmoment 1. Grades W_T können üblichen Tafelwerken (z. B. [Schneider – 02]) entnommen werden.

$$\vartheta = \frac{T_{Ed}}{G_{cm} \cdot I_T} \tag{9.16}$$

$$\tau_T = \frac{T_{Ed}}{W_T} \tag{9.17}$$

Stahlbetontragwerke tragen jedoch (rechnerisch) erst im gerissenen Zustand. Das Bauteil ist dann nicht mehr isotrop. Vorgenannte Berechnungsansätze werden daher nicht weiter verfolgt.

9.3.2 Räumliches Fachwerkmodell

Es wurde bereits ausgeführt, dass im Stahlbetonbau auch Vollquerschnitte wie Hohlquerschnitte behandelt werden. Dies ist darin begründet, dass auch nach Rissbildung im äußeren Bereich des Stahlbetonbauteils der innere Bereich keine wesentlichen Anteile zur Torsionstragfähigkeit liefert. Eine Vernachlässigung dieses Kerns innerhalb des Bemessungsmodells verändert die Bemessungsergebnisse gegenüber dem „wahren" Tragverhalten kaum.

Im Zustand II läßt sich das Tragverhalten analog zur Querkraftbemessung durch ein Fachwerkmodell beschreiben. Bei Torsionsbeanspruchung handelt es sich jedoch um ein räumliches Fachwerk. Die Betondruckstreben laufen hierbei um den Querschnitt herum. Für die Zugstreben bietet sich (theoretisch) eine hierzu senkrecht verlaufende Wendelbewehrung (ABB 9.5) an. Sie ist jedoch aus folgenden Gründen wenig praktikabel:

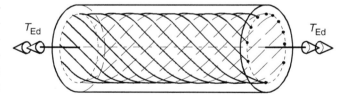

ABB 9.5: Den Hauptzugspannungen angepasste wendelförmige Bewehrung

- Die Wendelbewehrung ist bei Rechteckquerschnitten sehr schwer herstellbar.
- Der Drehsinn der Wendel muss mit dem Drehsinn des Moments übereinstimmen. Auf der Baustelle besteht jedoch die Gefahr eines verkehrten Einbaus, wodurch die Bewehrung wirkungslos wäre.

Daher zerlegt man die Kraft in Richtung der Hauptzugspannungen nochmals und verwendet ein orthogonales Netz aus Bügeln und Längsstäben (ABB 9.6). Zur Bemessung von Torsionsmomenten steht also ein ähnliches Fachwerkmodell zur Verfügung wie bei der Bemessung von Querkräften. Das Vorzeichen der Torsionsmomente ist damit ohne Auswirkung.

$$T_{Ed} = \max |T_d| \quad (9.18)$$

Die Fachwerkmodelle für Querkraft und Torsionsmomente unterscheiden sich jedoch in folgenden Punkten:

- Das Fachwerk für Torsion ist ein räumliches, das Fachwerk für Querkräfte ein ebenes Fachwerk. Bei Torsionsbeanspruchung werden somit auch die horizontalen Bügelschenkel benötigt, und die Bügel müssen daher geschlossen sein.

- Beim Fachwerk für Querkraft sind die Zugkräfte parallel zur Querkraft auf beiden Seiten des Bauteils gleichgerichtet (beide Schenkel des 2-schnittigen Bügels ansetzbar), beim Fachwerk für Torsion sind die Zugkräfte auf beiden Seiten entgegengerichtet (nur ein Schenkel des 2-schnittigen Bügels ansetzbar , → **ABB 9.4**).

- Bei geschlossenenen Vollquerschnitten trägt im Wesentlichen die äußere Schale (**ABB 9.3**). Die Bemessung erfolgt daher wie für Hohlquerschnitte.

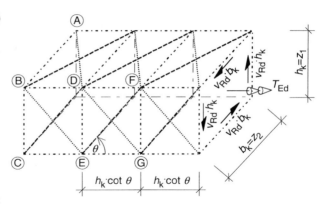

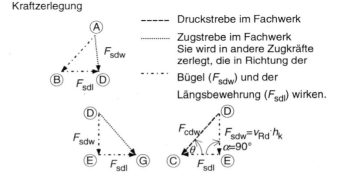

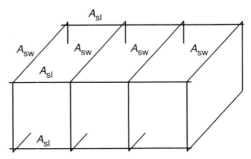

ABB 9.6: Räumliches Fachwerkmodell für Torsion und die Aufteilung der Zugkräfte auf die Bewehrung

- Die Neigung der Druckstreben bei Querkraftbeanspruchung hängt von der Größe derselben ab. Die Neigung der Druckstreben bei Torsion ist nahezu belastungsunabhängig $\theta = 45°$.

Aus **ABB 9.6** kann direkt der Widerstand gegen Torsionsmomente abgelesen werden:

$$\begin{aligned} T_{Rd} &= (v_{Rd} \cdot h_k) \cdot b_k + (v_{Rd} \cdot b_k) \cdot h_k = v_{Rd} \cdot 2 \cdot b_k \cdot h_k \\ &= v_{Rd} \cdot 2 \cdot A_k \end{aligned} \quad (9.19)$$

Diese Gl. entspricht der BREDTschen Formel oder der für die Beanspruchungen mit Gl. (9.3) aufgeschriebenen Form. Die Bemessungsgleichungen werden aus dem Fachwerkmodell in analoger Weise zu denen der Querkraftbemessung bestimmt ($\to$ Kap 8.4.1 und **ABB 8.11**).

Druckstrebe:
$$F_{sdw} = F_{cdw} \cdot \sin\theta$$
$$v_{Rd} \cdot h_k = \alpha_{c,red} \cdot f_{cd} \cdot t_{eff} \cdot c' \cdot \sin\theta$$
$$= \alpha_{c,red} \cdot f_{cd} \cdot t_{eff} \cdot h_k \cdot (\cot\theta + \cot\alpha) \cdot \sin^2\theta$$
$$v_{Rd} = \alpha_{c,red} \cdot f_{cd} \cdot t_{eff} \cdot (\cot\theta + \cot 90) \cdot \sin^2\theta$$
$$v_{Rd} = \alpha_{c,red} \cdot f_{cd} \cdot t_{eff} \cdot \sin\theta \cos\theta \tag{9.20}$$

Der Abminderungsbeiwert (Wirksamkeitsbeiwert) $\alpha_{c,red}$ wurde gegenüber Gl. (8.31) modifiziert, da die Bügel in dem (gedachten) Hohlkasten nicht in der Mitte der Wandung liegen, sondern näher an der Außenseite (vgl. **ABB 9.6**). Hierdurch greift die Resultierende der Druckstrebe nicht im Wandschwerpunkt an und die Spannungsverteilung über die Wanddicke ist nicht konstant. Die Tragfähigkeit wird gegenüber einer in Gl. (9.20) angesetzten konstanten Spannungsverteilung reduziert. Es gilt für α_c bzw. ν folgender Zusammenhang:

DIN 1045-1: $\quad \alpha_{c,red} = \begin{cases} 0{,}7 \cdot \alpha_c & \text{allgemein} \\ \alpha_c & \text{Hohlkasten mit beidseitiger Bew.} \end{cases}$ (9.21)

EC 2: $\quad \nu_{red} = 0{,}7 \cdot \nu \geq 0{,}35$ (9.22)

Wenn Gl. (9.20) in (9.19) eingesetzt wird, erhält man eine Aussage über das durch die Tragfähigkeit der Druckstrebe aufnehmbare Torsionsmoment $T_{Rd,max}$:

$$T_{Rd,max} = \alpha_{c,red} \cdot f_{cd} \cdot 2 \cdot A_k \cdot t_{eff} \cdot \sin\theta \cos\theta \tag{9.23}$$

Pfostenzugkraft:
$$F_{sdw} = v_{Rd} \cdot h_k = a_{sw} \cdot c \cdot f_{yd} = a_{sw} \cdot h_k \cdot \cot\theta \cdot f_{yd}$$
$$v_{Rd} = a_{sw} \cdot f_{yd} \cdot \cot\theta \qquad \text{mit Gl. (9.19)}$$
$$T_{Rd,sy} = a_{sw} \cdot f_{yd} \cdot 2 \cdot A_k \cdot \cot\theta \tag{9.24}$$

Gurtzugkraft:
$$F_{sl} = \frac{F_{sdw}}{\tan\theta} = A'_{sl} \cdot f_{yd}$$
$$\frac{v_{Rd} \cdot h_k}{\tan\theta} = A'_{sl} \cdot f_{yd}$$
$$v_{Rd} = \frac{A'_{sl}}{h_k} \cdot f_{yd} \cdot \tan\theta$$

A'_{sl} / h_k ist hierbei die auf die Höhe der Seitenwandung bezogene Gurtlängsbewehrung. Sofern die Gesamtbewehrung mit dem Gesamtumfang des Kernquerschnittes u_k verglichen wird, ergibt sich:

$$a_{sl} = \frac{A'_{sl}}{h_k} = \frac{A_{sl}}{u_k} \qquad \text{und damit} \tag{9.25}$$

$$v_{Rd} = a_{sl} \cdot f_{yd} \cdot \tan\theta \qquad \text{mit Gl. (9.19)}$$

$$T_{Rd,sy} = a_{sl} \cdot f_{yd} \cdot 2 \cdot A_k \cdot \tan\theta \tag{9.26}$$

9.3.3 Bemessung nach DIN 1045

Der Nachweis erfolgt nach Gl. (9.1), wobei die Tragfähigkeit der Druckstrebe durch Gl. (9.23) gegeben ist. Die Gln. (9.24) und (9.26) für die Pfosten und die Gurtzugkraft werden zweckmäßigerweise nach der gesuchten Bewehrung aufgelöst. Man erhält dann mit Gl. (9.1):

Torsionsbügelbewehrung: $\quad a_{sw} = \dfrac{T_{Ed}}{2 \cdot A_k \cdot f_{yd}} \cdot \tan\theta \quad$ (9.27)

Torsionslängsbewehrung: $\quad a_{sl} = \dfrac{T_{Ed}}{2 \cdot A_k \cdot f_{yd}} \cdot \cot\theta \quad$ (9.28)

Der Winkel der Druckstreben beträgt $\theta = 45°$. Die Zugkräfte der Torsionslängsbewehrung überlagern sich jeweils mit den Biegedruck- bzw. Biegezugkräften im Querschnitt (bei gleichzeitiger Wirkung eines Biege- und eines Torsionsmomentes). Die Torsionslängsbewehrung muss zur Biegezugbewehrung addiert werden. Im Druckgurt darf sie entsprechend den vorhandenen Druckkräften abgemindert werden. Hierbei ist zu beachten, dass die Biegedruckkraft an der Stelle des (betragsmäßig) minimalen Biegemoments zu ermitteln ist.

9.3.4 Bemessung nach EC 2

Der Nachweis erfolgt nach Gl. (9.2), wobei die Tragfähigkeit der Druckstrebe durch Gl. (9.23) mit $\theta = 45°$ gegeben ist, wenn anstatt $\alpha_{c,red}$ der Beiwert v_{red} nach Gl. (9.22) eingesetzt wird.

$$T_{Rd1} = v_{red} \cdot f_{cd} \cdot 2 \cdot A_k \cdot t_{eff} \cdot \sin\theta \cos\theta$$
$$T_{Rd1} = \dfrac{2 \cdot v_{red} \cdot f_{cd} \cdot A_k \cdot t_{eff}}{\cot\theta + \tan\theta} \quad (9.29)$$

Die erforderliche Bügel- und Längsbewehrung wird mit den Gln. (9.27) und (9.28) bestimmt.

9.3.5 Bewehrungsführung

Bei größeren Bauteilabmessungen (b_k bzw. $h_k > 35$ cm) werden die Längsstäbe nicht nur in den Ecken konzentriert, sondern gleichmäßig über den Querschnitt verteilt (**ABB 9.7**).

$$s_l \leq 0,35\,\text{m} \quad (9.30)$$

Die Bügel sind bei Torsion geschlossen auszubilden (lediglich bei 4-schnittigen Bügeln darf der innere Bügel offen sein). Die Bügelschenkel sind kraftschlüssig zu schließen. Die Bügelabstände dürfen zusätzlich zu den Bestimmungen bei Querkraft folgenden Wert nicht überschreiten ([DIN 1045-1 – 01], 13.2.4 bzw. [DIN V ENV 1992 – 92], 5.4.2.3):

$$s_w \leq \dfrac{u_k}{8} \quad (9.31)$$

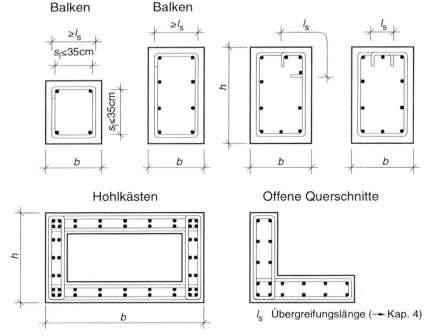

ABB 9.7: Ausbildung der Torsionsbewehrung

Die für Balken vorgeschriebene Mindestschubbewehrung (**TAB 8.4**) ist sowohl für die Torsionslängs- als auch für die -bügelbewehrung einzuhalten.

$$\rho_w = \frac{a_{sw}}{t_{eff}} \geq \rho_{w,min} \qquad (9.32)$$

$$\rho_l = \frac{a_{sl}}{t_{eff}} \geq \rho_{w,min} \qquad (9.33)$$

9.4 Bemessungsmodell bei kombinierter Wirkung von Querkräften und Torsionsmomenten

9.4.1 Geringe Beanspruchung ohne Nachweis

Sofern ein näherungsweise rechteckiger Vollquerschnitt vorliegt und nur geringe Einwirkungen aus Querkräften und Torsionsmomenten vorliegen, ist keine Querkraft- und Torsionsbewehrung erforderlich. Es ist nur die Mindestbügelbewehrung gemäß **TAB 8.4** in den Bauteilquerschnitt einzulegen. Geringe Einwirkungen liegen vor, sofern die folgenden beiden Bedingungen eingehalten werden können:

$$T_{Ed} \leq \frac{b_w}{4,5} \cdot V_{Ed} \qquad b_w \text{ in m} \qquad (9.34)$$

DIN 1045-1: $V_{Ed} \cdot \left(1 + \dfrac{4{,}5 \cdot T_{Ed}}{b_w \cdot V_{Ed}}\right) \leq V_{Rd,ct}$ (9.35)

EC 2: $V_{Sd} \cdot \left(1 + \dfrac{4{,}5 \cdot T_{Sd}}{b_w \cdot V_{Sd}}\right) \leq V_{Rd1}$ (9.36)

9.4.2 Bemessung

Die Bemessung bei einer kombinierten Beanspruchung erfolgt durch Überlagerung des Fachwerkmodells nach **ABB 8.11** und **ABB 9.6**.

- Bemessung der Druck- und Zugstreben für alleinige Querkraftbeanspruchung
- Bemessung der Druck- und Zugstreben für alleinige Torsionsbeanspruchung, wobei hinsichtlich des Winkels der Druckstrebenneigung für den Torsionsnachweis die Regelungen in Kap. 9.4.3 und Kap. 9.4.4 zu beachten sind.
- Zusätzliche Interaktion für Querkraft- und Torsionsbeanspruchung. Für den Nachweis der Druckstrebe muss je nach Querschnitt eine der folgenden Interaktionsgleichungen erfüllt werden.

DIN 1045-1: Kompaktquerschnitte und offene Querschnitte $\left(\dfrac{T_{Ed}}{T_{Rd,max}}\right)^2 + \left(\dfrac{V_{Ed}}{V_{Rd,max}}\right)^2 \leq 1$ (9.37)

Hohlkastenquerschnitte $\dfrac{T_{Ed}}{T_{Rd,max}} + \dfrac{V_{Ed}}{V_{Rd,max}} \leq 1$ (9.38)

EC 2: Kompaktquerschnitte und offene Querschnitte $\left(\dfrac{T_{Sd}}{T_{Rd1}}\right)^2 + \left(\dfrac{V_{Sd}}{V_{Rd2}}\right)^2 \leq 1$ (9.39)

Hohlkastenquerschnitte $\dfrac{T_{Sd}}{T_{Rd1}} + \dfrac{V_{Sd}}{V_{Rd2}} \leq 1$ (9.40)

Für Vollquerschnitte und offene Querschnitte darf die günstigere geometrische Interpolation verwendet werden, da die Torsionsmomente nur die äußere Schale beanspruchen, während für die Querkräfte die gesamte Bauteilbreite zur Verfügung steht. Sofern der Bauteilwiderstand im äußeren Bereich infolge der Torsionsbeanspruchung ausgenutzt wird, kann das Bauteilinnere die Querkraft abtragen. Für Hohlkastenquerschnitte ist diese günstige Lastverteilung nicht möglich, da sich beide Beanspruchungen auf die dünnen Wandungsquerschnitte konzentrieren und eine Umlagerung nicht möglich ist. Hier ist daher die ungünstigere lineare Interaktionsgleichung zu verwenden.

- Die erforderliche Bewehrung wird aus der Addition der für getrennte Beanspruchung ermittelten Bewehrungsanteile erhalten.

$A_{sl} = A_{sl,M} + A_{sl,T}$ (9.41)

$a_{sw} = a_{sw,V} + a_{sw,T}$ (9.42)

$A_{sl,M}$ Biegezugbewehrung nach Kap. 7
$A_{sl,T}$ bzw. $a_{sw,T}$ Längs- bzw. Bügelbewehrung nach Kap. 9.3.3 bzw. Kap. 9.3.4
$a_{sw,V}$ Bügelbewehrung nach Kap. 8

9.4.3 Druckstrebenwinkel bei Bemessung nach DIN 1045

Es wird ein einheitlicher Winkel der Druckstreben für den Querkraft- und für den Torsionsmomentennachweis ermittelt. Hierzu wird die Schubkraft in einer Wand des Nachweisquerschnitts mit der Ersatzwanddicke t_{eff} bestimmt (vgl. Gln (9.3) und (9.5)).

$$V_{Ed,T+V} = V_{Ed,T} + V_{Ed,V} = \frac{T_{Ed} \cdot z}{2 A_k} + V_{Ed} \frac{t_{eff}}{b_w} \tag{9.43}$$

Mit dieser Schubkraft wird der Winkel θ nach Gl. (8.44) bestimmt und sowohl für den Querkraft- als auch den Torsionsmomentennachweis verwendet. Der hierzu erforderlich Querkrafttraganteil des Betons wird nach Gl. (8.41) ermittelt, wobei anstatt der Bauteilbreite b_w die Ersatzwanddicke t_{eff} zu verwenden ist.

Beispiel 9.1: Bemessung für Querkräfte und Torsionsmomente nach DIN 1045

gegeben: – Kragarm mit Abmessungen und Einwirkungen lt. Skizze
– Bauteil befindet sich im Inneren eines Gebäudes.
– Baustoffe C35/45; BSt 500

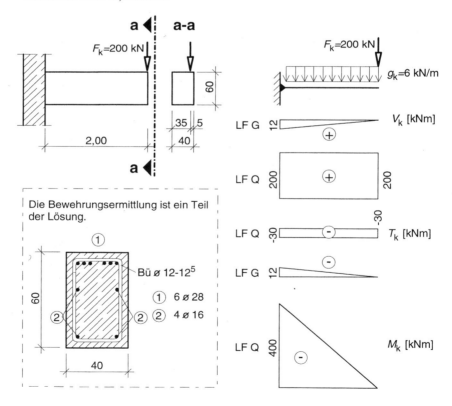

gesucht: Bemessung des Bauteils auf Biegung, Querkraft und Torsion

Lösung:

Biegebemessung:

$\min M_{Ed} = 1{,}35 \cdot (-12) + 1{,}50 \cdot (-400) = -616$ kNm | (6.6): $\sum \gamma_{G,i} \cdot G_{k,i} + \gamma_P \cdot P_k$
$\oplus \gamma_{Qj} \cdot Q_{kj} \oplus \sum \gamma_{Q,i} \cdot \psi_{Q,i} \cdot Q_{k,i}$

$M_{Eds} = |-616| - 0 = 616$ kNm | (7.5): $M_{Eds} = |M_{Ed}| - N_{Ed} \cdot z_s$

Umweltklasse für Bewehrungskorrosion: XC1 | TAB 2.1: für Innenbauteil
XC1: C16/20 < C30/37 | TAB 2.3: gewählte Festigkeitsklasse des Betons darf nicht unter der Mindestfestigkeitsklasse liegen.
| TAB 3.1: Umweltklasse XC1

$c_{\min,\text{Umwelt}} = 10$ mm | Es wird erwartet, dass Längsstäbe maßgebend werden.

Schätzwert: $c_{\min,\text{Verbund}} = 28$ mm | (3.3): $c_{\min,\text{Verbund}} \geq d_s$

$c_{\min} = \max \begin{cases} 10 \\ \underline{28} \end{cases}$ | (3.2): $c_{\min} = \max \begin{cases} c_{\min,\text{Umwelt}} \\ c_{\min,\text{Verbund}} \\ c_{\min,\text{Brandschutz}} \end{cases}$

$\Delta c = 10$ mm | Vorhaltemaß für Umweltklasse XC1
$c_{\text{nom}} = (28 - 12) + 10 = 26$ mm | (3.1): $c_{\text{nom}} = c_{\min} + \Delta c$
$c_V = 30$ mm |

est $d = 60 - 3{,}0 - 1{,}2 - \dfrac{2{,}8}{2} = 54{,}4$ cm ≈ 54,5 cm | (6.6): $d = h - c_V - d_{sw} - e$

$f_{cd} = \dfrac{0{,}85 \cdot 35}{1{,}50} = 19{,}8$ N/mm² | (2.14): $f_{cd} = \dfrac{\alpha \cdot f_{ck}}{\gamma_c}$

$\mu_{Eds} = \dfrac{0{,}616}{0{,}40 \cdot 0{,}545^2 \cdot 19{,}8} = 0{,}262 \approx 0{,}27$ | (7.22): $\mu_{Eds} = \dfrac{M_{Eds}}{b \cdot d^2 \cdot f_{cd}}$

$\omega = 0{,}3239$; $\zeta = 0{,}834$; $\xi = 0{,}400$; $\sigma_s = 438$ N/mm² | TAB 7.1:

$A_s = \dfrac{0{,}3239 \cdot 0{,}40 \cdot 0{,}545 \cdot 19{,}8}{438} \cdot 10^4 = \underline{\underline{31{,}9 \text{ cm}^2}}$ | (7.50): $A_s = \dfrac{\omega \cdot b \cdot d \cdot f_{cd} + N_{Ed}}{\sigma_{sd}}$

Es wird noch keine Bewehrung gewählt, da die Torsionslängsbewehrung zu addieren ist. Ohne Nachweis ist sofort erkennbar, dass die nach Kap. 7.7.1 erforderliche Mindestbewehrung deutlich überschritten wird.

Querkraftbemessung:

$T_d = 1{,}50 \cdot (-30) = -45$ kNm | (6.6): $\sum \gamma_{G,i} \cdot G_{k,i} + \gamma_P \cdot P_k$
$V_d = 1{,}35 \cdot (12) + 1{,}50 \cdot (200) = 316$ kN | $\oplus \gamma_{Qj} \cdot Q_{kj} \oplus \sum \gamma_{Q,i} \cdot \psi_{Q,i} \cdot Q_{k,i}$

$x_V = \dfrac{0}{2} + 0{,}545 = 0{,}545$ m | (8.6): $x_V = \dfrac{t}{2} + d$

$V_{Ed} = 316 - 1{,}35 \cdot 6 \cdot 0{,}545 = 312$ kN | (8.4): $V_{Ed} = |\text{extr } V_d| - F_d \cdot x_V$

$T_{Ed} = \max |-45| = 45$ kNm | (9.18): $T_{Ed} = \max |T_d|$

$T_{Ed} = 45$ kNm $> 27,7$ kNm $= \dfrac{0,4}{4,5} \cdot 312$ | (9.34): $T_{Ed} \leq \dfrac{b_w}{4,5} \cdot V_{Ed}$

Der Nachweis der Torsionsmomente ist zu führen.

$z \approx 0,9 \cdot 0,545 = 0,49$ m | (8.13): $z \approx 0,9\, d$

$t_{eff} = 2\left(30 + 12 + \dfrac{28}{2}\right) = 112$ mm | (9.6): $t_{eff} = 2\left(c_V + d_{sw} + \dfrac{d_{sl}}{2}\right)$

$b_k = 0,40 - 0,112 = 0,288$ m | (9.11): $b_k = b - t_{eff}$

$d_k = 0,60 - 0,112 = 0,488$ m | (9.12): $d_k = h - t_{eff}$

$A_k = 0,288 \cdot 0,488 = 0,141$ m² | (9.10): $A_k = b_k \cdot h_k$

$V_{Ed,T+V} = \dfrac{45 \cdot 0,49}{2 \cdot 0,141} + 312 \cdot \dfrac{0,112}{0,40} = 166$ kN | (9.43): $V_{Ed,T+V} = \dfrac{T_{Ed} \cdot z}{2 A_k} + V_{Ed} \dfrac{t_{eff}}{b_w}$

$\sigma_{cd} = \dfrac{0}{A_c} = 0$ | (8.24): $\sigma_{cd} = \dfrac{N_{Ed}}{A_c}$

$\eta_1 = 1,0$ | (8.20): $\eta_1 = 1,0$

$V_{Rd,c} = 0,24 \cdot 1,0 \cdot 35^{1/3}\left(1 + 1,2\,\dfrac{0}{11,3}\right) \cdot 0,112 \cdot 0,49$

$\quad = 0,0431$ MN

(8.41): $V_{Rd,c} = 0,24 \cdot \eta_1 \cdot f_{ck}^{1/3} \cdot \left(1 + 1,2\,\dfrac{\sigma_{cd}}{f_{cd}}\right) \cdot b_w \cdot z$

(8.44): bei Querkraft plus Torsion ist V_{Ed} durch $V_{Ed,T+V}$ zu ersetzen.

$\cot\theta = \dfrac{1,2 - 0}{1 - \dfrac{0,0431}{0,166}} = 1,62 < 3,0$ | $0,58 \leq \cot\theta \leq \dfrac{1,2 - 1,4\,\dfrac{\sigma_{cd}}{f_{cd}}}{1 - \dfrac{V_{Rd,c}}{V_{Ed}}} \leq 3,0$

gew: $\theta = 31,7°$ $(\cot\theta = 1,62)$

$\alpha_c = 0,75 \cdot 1,0 = 0,75$ | (8.32): $\alpha_c = 0,75\, \eta_1$

(9.21): allgemeiner Fall

$\alpha_{c,red} = 0,7 \cdot 0,75 = 0,525$ | $\alpha_{c,red} = 0,7 \cdot \alpha_c$

(8.33):

$V_{Rd,max} = 0,525 \cdot 19,8 \cdot 0,40 \cdot 0,49 \cdot \dfrac{(\cot 31,7° + \cot 90°)}{1 + \cot^2 31,7°}$

$\quad = 0,911$ MN

$V_{Rd,max} = \alpha_c \cdot f_{cd} \cdot b_w \cdot z \cdot \dfrac{(\cot\theta + \cot\alpha)}{1 + \cot^2\theta}$

$V_{Ed} = 316$ kN < 911 kN $= V_{Rd,max}$ | (8.55): $V_{Ed} \leq \begin{cases} V_{Rd,sy} \\ V_{Rd,max} \end{cases}$

$a_{sw} = \dfrac{312}{0,49 \cdot 435 \cdot \sin 90° \cdot (\cot 31,7° + \cot 90°)} \cdot 10$

$\quad = 9,0$ cm²/m

(8.56): $a_{sw} = \dfrac{V_{Ed}}{z \cdot f_{yd} \cdot \sin\alpha\,(\cot\theta + \cot\alpha)}$

$\rho = 0,00102$

TAB 8.4: C35

$\rho_{w,min} = 1,0 \cdot 0,00102 = 0,00102$ | (8.53): $\rho_{w,min} = 1,0\, \rho$

$\rho_w = \dfrac{9,0 \cdot 10^{-2}}{40 \cdot \sin 90} = 0,0023 > 0,00102 = \rho_{w,min}$ | (8.51): $\rho_w = \dfrac{a_{sw}}{b_w \cdot \sin\alpha} \geq \rho_{w,min}$

Torsionsbemessung:

$T_{Rd,max} = 0{,}525 \cdot 19{,}8 \cdot 2 \cdot 0{,}141 \cdot 0{,}112 \cdot \sin 31{,}7° \cos 31{,}7°$
$= 0{,}147 \text{ MN} = 147 \text{ kN}$

$T_{Ed} = 45 \text{ kNm} < 147 \text{ kNm} = T_{Rd,max}$

$a_{sw} = \dfrac{45 \cdot 10}{2 \cdot 0{,}141 \cdot 435} \cdot \tan 31{,}7° = 2{,}27 \text{ cm}^2/\text{m}$

$a_{sl} = \dfrac{45 \cdot 10}{2 \cdot 0{,}141 \cdot 435} \cdot \cot 31{,}7° = 5{,}94 \text{ cm}^2/\text{m}$

Querkraft- und Torsionsbemessung:

$\left(\dfrac{45}{147}\right)^2 + \left(\dfrac{316}{911}\right)^2 = 0{,}21 < 1{,}0$

Bewehrungsanordnung Bügel:

$a_{sw} = \dfrac{9{,}0}{2} + 2{,}27 = 6{,}77 \text{ cm}^2/\text{m}$

gew : Bü $\varnothing$12-12^5 2-schnittig

$a_{sw,vorh} = 1 \cdot 1{,}13 \cdot \dfrac{100}{12{,}5} = 9{,}04 \text{ cm}^2/\text{m}$

$a_{s,vorh} = 9{,}04 \text{ cm}^2/\text{m} > 6{,}77 \text{ cm}^2/\text{m} = a_{s,erf}$

$0{,}30 < \dfrac{V_{Ed}}{V_{Rd,max}} = \dfrac{316}{911} = 0{,}35 < 0{,}60$

$s_{max} = 0{,}5 \cdot 600 = 300 \text{ mm}$

$s_w = 30 \text{ cm} = s_{max}$

$u_k = 2 \cdot (0{,}288 + 0{,}488) = 1{,}55 \text{ m}$

$s_w = 0{,}15 \text{ m} < 0{,}194 \text{ m} = \dfrac{1{,}55}{8}$

Bewehrungsanordnung Längsbewehrung:

unten: $A_{sl} = 5{,}94 \cdot 0{,}288 = 1{,}71 \text{ cm}^2$

gew : $2 \cdot \tfrac{1}{2} \varnothing 16$ mit $A_{s,vorh} = 2{,}0 \text{ cm}^2$

Anordnung je 1 Stab in den Ecken
$A_{sl,vorh} = 2{,}0 \text{ cm}^2 > 1{,}71 \text{ cm}^2 = A_{sl}$

seitlich: $A_{sl} = 5{,}94 \cdot 0{,}488 = 2{,}90 \text{ cm}^2$

gew : $1 + 2 \cdot \tfrac{1}{2} \varnothing 16$ mit $A_{s,vorh} = 4{,}0 \text{ cm}^2$

(9.23):
$T_{Rd,max} = \alpha_{c,red} \cdot f_{cd} \cdot 2 \cdot A_k \cdot t_{eff} \cdot \sin\theta \cos\theta$

(9.1): $T_{Ed} \leq \begin{cases} T_{Rd,sy} \\ T_{Rd,max} \end{cases}$

(9.27): $a_{sw} = \dfrac{T_{Ed}}{2 \cdot A_k \cdot f_{yd}} \cdot \tan\theta$

(9.28): $a_{sl} = \dfrac{T_{Ed}}{2 \cdot A_k \cdot f_{yd}} \cdot \cot\theta$

(9.37):
$\left(\dfrac{T_{Ed}}{T_{Rd,max}}\right)^2 + \left(\dfrac{V_{Ed}}{V_{Rd,max}}\right)^2 \leq 1$

(9.42): $a_{sw} = a_{sw,V} + a_{sw,T}$

Die infolge Querkräfte erforderliche Querkraftbewehrung wurde pro Seite umgerechnet.

(8.57): $a_{sw,vorh} = n \cdot A_{s,ds} \dfrac{l_B}{s_w}$

(7.55): $A_{s,vorh} \geq A_{s,erf}$

$0{,}3 < \dfrac{V_{Ed}}{V_{Rd,max}} \leq 0{,}60$

TAB 8.2: $s_{max} = 0{,}5 \cdot h \leq 300 \text{ mm}$

(8.49): $s_w \leq s_{max}$

(9.13): $u_k = 2(b_k + d_k)$

(9.31): $s_w \leq \dfrac{u_k}{8}$

$A_{sl} = a_{sl} \cdot b_k$

TAB 4.1: Der Eckstab wird jeweils zur Hälfte einer der beiden Seiten zugeordnet.

Abstand der Längsstäbe → S. 242

(7.55): $A_{s,vorh} \geq A_{s,erf}$

$A_{sl} = a_{sl} \cdot d_k$

TAB 4.1: Der Eckstab wird jeweils zur Hälfte einer der beiden Seiten zugeordnet. Der obere (halbe) Eckstab wird in die Biegezugbewehrung integriert.

$A_{sl,vorh} = 4,0 \text{ cm}^2 > 2,90 \text{ cm}^2 = A_{sl}$ | (7.55): $A_{s,vorh} \geq A_{s,erf}$

$s_l = \frac{1}{2} \cdot \left(60 - 2 \cdot 3,0 - 2 \cdot 1,2 - \frac{1,6 + 2,8}{2}\right)$

$= 24,7 \text{ cm}$

$s_l = 0,247 \text{ m} < 0,35 \text{ m}$ | (9.30): $s_l \leq 0,35 \text{ m}$

oben: $A_{sl,M} = 31,9 \text{ cm}^2$ | Biegemoment:

$A_{sl,T} = 5,94 \cdot 0,288 = 1,71 \text{ cm}^2$ | Torsionslängsbewehrung Oberseite

$A_{sl,T} = 2 \cdot \frac{2,90}{4} = 1,45 \text{ cm}^2$ | Anteilige seitliche Torsionslängsbewehrung für die Eckstäbe

$A_{sl} = 31,9 + 1,71 + 1,45 = 35,1 \text{ cm}^2$ | (9.41): $A_{sl} = A_{sl,M} + A_{sl,T}$

gew: $6 \varnothing 28$ mit $A_{s,vorh} = 37,0 \text{ cm}^2$ | TAB 4.1: Auf eine Rüttelgasse oben muss nicht geachtet werden, da das Fertigteil wie eine Stütze mit 4-seitiger Schalung betoniert wird.

$A_{sl,vorh} = 37,0 \text{ cm}^2 > 35,1 \text{ cm}^2 = A_{sl}$ | (7.55): $A_{s,vorh} \geq A_{s,erf}$

9.4.4 Druckstrebenwinkel bei Bemessung nach EC 2

Beim Nachweis der Torsionsbeanspruchung muss die Methode mit wählbarer Druckstrebenneigung gewählt werden. Die Neigung der Druckstrebe kann dabei innerhalb der mit Gl. (8.36) angegebenen Grenzen gewählt werden. Sie wird jedoch hierbei i. d. R. mit $\theta = 45°$ gewählt werden, da bei dieser Neigung die erforderliche Torsionsbewehrung ihr Minimum aufweist.

Beispiel 9.2: Bemessung für Querkräfte und Torsionsmomente nach EC 2

gegeben: – Kragarm mit Abmessungen und Einwirkungen lt. Skizze auf S. 242
– Bauteil befindet sich im Inneren eines Gebäudes.
– Baustoffe C35/45; BSt 500

gesucht: Bemessung des Bauteils auf Querkraft und Torsion

Lösung:

Biegebemessung:

$A_s = 30,7 \text{ cm}^2$ | Die Bemessung wird wie in Beispiel 9.1 bestimmt ($\rightarrow$ [Avak – 93])

Querkraftbemessung:

min $T_d = 1,50 \cdot (-30) = -45 \text{ kNm}$ | (6.11):

max $V_d = 1,35 \cdot (12) + 1,50 \cdot (200) = 316 \text{ kN}$ | $S_d = \text{extr} \left[\sum_j \gamma_{G,j} G_{k,j} + 1,5 \cdot Q_{k,1}\right]$

$x_V = \frac{0}{2} + 0,54 = 0,54 \text{ m}$ | (8.6): $x_V = \frac{t}{2} + d$

9 Bemessung für Torsionsmomente

$V_{Ed} = 316 - 1{,}35 \cdot 6 \cdot 0{,}54 = 312$ kN $\quad$ (8.4): $V_{Sd} = |\text{extr } V_d| - F_d \cdot x_V$

$T_{Sd} = \max |-45| = 45$ kNm $\quad$ (9.18): $T_{Sd} = \max |T_d|$

$T_{Sd} = 45 \text{ kNm} > 27{,}7 \text{ kNm} = \dfrac{0{,}4}{4{,}5} \cdot 312$ $\quad$ (9.34): $T_{Sd} \leq \dfrac{b_w}{4{,}5} \cdot V_{Sd}$

Der Nachweis der Torsionsmomente ist zu führen.

$v = 0{,}7 - \dfrac{35}{200} = \underline{0{,}525} > 0{,}5$ $\quad$ (8.62): $v = 0{,}7 - \dfrac{f_{ck}}{200} \geq 0{,}5$

$v_{red} = 0{,}7 \cdot 0{,}525 = 0{,}368 > 0{,}35$ $\quad$ (9.22): $v_{red} = 0{,}7 \cdot v \geq 0{,}35$ [55]

$f_{cd} = \dfrac{35}{1{,}50} = 23{,}3 \text{ N/mm}^2$ $\quad$ (2.14): $f_{cd} = \dfrac{\alpha \cdot f_{ck}}{\gamma_c}$

$z \approx 0{,}9 \cdot 0{,}54 = 0{,}486$ m $\quad$ (8.13): $z \approx 0{,}9\,d$

gew: $\theta = 45° \quad \dfrac{4}{7} < \cot 45° = 1{,}0 = \dfrac{7}{4}$ $\quad$ (8.39): $\dfrac{4}{7} \leq \cot \theta \leq \dfrac{7}{4}$

$V_{Rd2} = 0{,}368 \cdot 23{,}3 \cdot 0{,}40 \cdot 0{,}486$
$\quad \cdot \sin^2 45° \,(\cot 45° + \cot 90°) \cdot 10^3$ $\quad$ (8.70): $V_{Rd2} = v \cdot f_{cd} \cdot b_w \cdot z$
$= 833$ kN $\quad \quad \cdot \sin^2 \theta \,(\cot \theta + \cot \alpha)$

$V_{Sd} = 312 \text{ kN} < 833 \text{ kN} = V_{Rd2}$ $\quad$ (8.58): $V_{Sd} \leq \begin{cases} V_{Rd2} \\ V_{Rd3} \end{cases}$

(8.56):

$a_{sw} = \dfrac{312 \cdot 10^3}{0{,}486 \cdot 435 \cdot \sin 90° \,(\cot 45° + \cot 90°)}$ $\quad a_{sw} = \dfrac{V_{Sd}}{z \cdot f_{yd} \cdot \sin \alpha \,(\cot \theta + \cot \alpha)}$

$= 1480 \text{ mm}^2\text{/m} = 14{,}8 \text{ cm}^2\text{/m}$

gew: Bü Ø12-12^5 2-schnittig

$a_{sw,vorh} = 2 \cdot 1{,}13 \cdot \dfrac{100}{12^5} = 18{,}1 \text{ cm}^2\text{/m}$ $\quad$ (8.57): $a_{sw,vorh} = n \cdot A_{s,ds} \cdot \dfrac{l_B}{s_w}$

$a_{sw,vorh} = 18{,}1 \text{ cm}^2\text{/m} > 14{,}8 \text{ cm}^2\text{/m} = a_{sw}$ $\quad$ (7.55): $A_{s,vorh} \geq A_{s,erf}$

$0{,}2 \cdot 1190 = 238 \text{ kN} < 312 \text{ kN} < 797 \text{ kN} = 0{,}67 \cdot 1190$ $\quad 0{,}2 \cdot V_{Rd2} < V_{Sd} \leq 0{,}67 \cdot V_{Rd2}$

$s_{max} = 0{,}6 \cdot 54 = 324 \text{ mm} > \underline{300 \text{ mm}}$ $\quad$ TAB 8.3: $0{,}6 \cdot d \leq 300$

$s_w = 12^5 \text{ cm} < 30 \text{ cm} = s_{max}$ $\quad$ (8.49): $s_w \leq s_{max}$

$\rho_{w,min} = 0{,}0011$ $\quad$ TAB 8.4: C 35/45; BSt 500

$\rho_w = \dfrac{18{,}1 \cdot 10^{-2}}{40 \cdot \sin 90} = 0{,}0045 > 0{,}0011$ $\quad$ (8.51): $\rho_w = \dfrac{a_{sw}}{b_w \cdot \sin \alpha} \geq \rho_{w,min}$

Torsionsbemessung:

$A = 0{,}40 \cdot 0{,}60 = 0{,}24 \text{ m}^2$ $\quad$ (9.8): $A = b \cdot h$

$u = 2\,(0{,}40 + 0{,}60) = 2{,}00 \text{ m}$ $\quad$ (9.9): $u = 2\,(b + h)$

---

[55] Der reduzierte Wirksamkeitsfaktor v_{red} wird bei Querkraft plus Torsion auch auf den Querkraftanteil angewendet, sofern sich die Bügelbewehrung nur an den Außenseiten befindet. Beim Ansatz des vollen Wirksamkeitsfaktors v müsste der Querschnitt durch mehr als einen zweischnittigen Bügel durchsetzt sein, um die Konzentration der Druckstreben an den Außenseiten zu vermeiden.

$2 \cdot 0,035 = 0,07 \text{ m} < 0,10 \text{ m} = t_k < 0,12 \text{ m} = \dfrac{0,24}{2,00}$ (9.7): $2 c_{nom} \leq t_{eff} \leq \dfrac{A}{u}$

$b_k = 0,40 - 0,10 = 0,30 \text{ m}$ (9.11): $b_k = b - t_{eff}$

$d_k = 0,60 - 0,10 = 0,50 \text{ m}$ (9.12): $d_k = h - t_{eff}$

$A_k = 0,30 \cdot 0,50 = 0,15 \text{ m}^2$ (9.10): $A_k = b_k \cdot h_k$

$T_{Rd1} = \dfrac{2 \cdot 0,368 \cdot 23,3 \cdot 0,15 \cdot 0,10}{\tan 45° + \cot 45°} \cdot 10^3 = 129 \text{ kNm}$ (9.29): $T_{Rd1} = \dfrac{2 \cdot v_{red} \cdot f_{cd} \cdot A_k \cdot t_{eff}}{\cot \theta + \tan \theta}$

$T_{Sd} = 45 \text{ kNm} < 129 \text{ kNm} < T_{Rd1}$ (9.2): $T_{Sd} \leq T_{Rdi}$

$a_{sw} = \dfrac{45 \cdot 10}{2 \cdot 0,15 \cdot 435} \cdot \tan 45° = 3,5 \text{ cm}^2/\text{m}$ (9.27): $a_{sw} = \dfrac{T_{Ed}}{2 \cdot A_k \cdot f_{yd}} \cdot \tan \theta$

$\rho_w = \dfrac{3,5 \cdot 10^{-2}}{10} = 0,0035 > 0,0011$ (9.32): $\rho_w = \dfrac{a_{sw}}{t_{eff}} \geq \rho_{w,min}$

$a_{sl} = \dfrac{45 \cdot 10}{2 \cdot 0,15 \cdot 435} \cdot \cot 45° = 3,5 \text{ cm}^2/\text{m}$ (9.28): $a_{sl} = \dfrac{T_{Sd}}{2 \cdot A_k \cdot f_{yd}} \cdot \cot \theta$

$\rho_l = \dfrac{3,5 \cdot 10^{-2}}{10} = 0,0035 > 0,0011$ (9.33): $\rho_l = \dfrac{a_{sl}}{t_{eff}} \geq \rho_{w,min}$

Querkraft- und Torsionsbemessung:

$\left(\dfrac{45}{129}\right)^2 + \left(\dfrac{312}{833}\right)^2 = 0,26 < 1,0$ (9.39): $\left(\dfrac{T_{Sd}}{T_{Rd1}}\right)^2 + \left(\dfrac{V_{Sd}}{V_{Rd2}}\right)^2 \leq 1$

Bewehrungsanordnung Bügel:
Die Bewehrungen werden vollkommen analog zu Beispiel 9.1 ermittelt.

10 Zugkraftdeckung

10.1 Grundlagen

Das Stahlbetonbauteil wurde für Biegemomente und Längskräfte an der Stelle der maximalen Beanspruchung bemessen. Hierfür wurde die Bewehrung bestimmt. Diese Maximalbeanspruchung tritt an nur einer Stelle auf (beim Einfeldträger unter Gleichlast in Feldmitte). An anderen Stellen ist daher eine geringere Biegezugbewehrung erforderlich. Die Bestimmung dieser geringeren Bewehrung bzw. die Staffelung der Biegezugbewehrung in Balkenlängsrichtung ist die Zugkraftdeckung.

Um diesen Nachweis ordnungsgemäß führen zu können, ist zunächst die Klärung der Frage wichtig, ob durch die im Stahlbetonbau durchgeführte Trennung der Nachweise für Biegung ($\rightarrow$ Kap. 7) und für Querkraft ($\rightarrow$ Kap. 8) Widersprüche entstehen.

Hierzu wird ein Einfeldträger mit einer Einzellast in Feldmitte betrachtet (**ABB 10.1**). Es soll die Biegezugkraft in der unteren Bewehrung in einem beliebigen Fachwerkfeld ermittelt werden. Das Biegemoment ergibt sich für das gewählte System mit Einzellast

$$M_{Ed}(x) = V_{Ed} \cdot x \tag{10.1}$$

Mit Gl. (7.44) erhält man die Biegezugkraft für den hier vorliegenden Sonderfall der reinen Biegung:

$$F_{sd}(x) = \frac{M_{Ed}(x)}{z} = \frac{V_{Ed} \cdot x}{z}$$

Damit ergibt sich im Untergurt in der Mitte des i-ten Fachwerkfeldes unter Beachtung von **ABB 8.11**:

$$F_{sd}^{Biegung}(x) = \frac{M_{Ed}(x)}{z} = \frac{V_{Ed} \cdot \left(i - \frac{1}{2}\right) \cdot c}{z}$$

$$F_{sd}^{Biegung}(x) = \frac{V_{Ed} \cdot \left(i - \frac{1}{2}\right) \cdot z \cdot (\cot\theta + \cot\alpha)}{z} = V_{Ed} \cdot \left(i - \frac{1}{2}\right) \cdot (\cot\theta + \cot\alpha) \tag{10.2}$$

Bei Betrachtung des Fachwerkmodells erhält man als Kraft im Untergurt für das gesamte Fachwerkfeld durch Gleichgewicht um den oberen Knoten im i-ten Fachwerkfeld:

$$F_{sd}^{Fachwerk}(x) = \frac{V_{Ed} \cdot \left[(i-1) \cdot c + \cot\theta \cdot z\right]}{z} = V_{Ed} \cdot \left[i \cdot \cot\theta + (i-1) \cdot \cot\alpha\right] \tag{10.3}$$

Durch Vergleich von Gl. (10.2) und (10.3) ist ersichtlich, dass die beiden Modelle einen Widerspruch liefern, der zu einer Differenzkraft ΔF_{sd} führt.

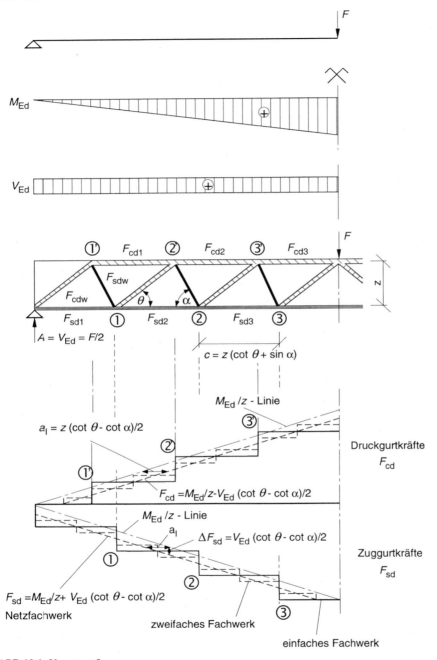

ABB 10.1: Versatzmaß

$$\Delta F_{sd} = F_{sd}^{\text{Biegung}}(x) - F_{sd}^{\text{Fachwerk}}(x)$$
$$= V_{Ed} \cdot \left[i \cdot \cot\theta + (i-1) \cdot \cot\alpha\right] - V_{Ed} \cdot \left(i - \frac{1}{2}\right) \cdot (\cot\theta + \cot\alpha)$$

$$\Delta F_{sd} = \frac{V_{Ed}}{2} \cdot (\cot\theta - \cot\alpha) \tag{10.4}$$

Es handelt sich also bei den beiden Funktionen für F_{si} um zwei parallele Geraden, die um das Maß ΔF_{sd} verschoben sind. Der Anstieg beider Geraden beträgt $\frac{V_{Ed}}{z}$. Der horizontale Abstand der beiden Geraden ist aus der Beziehung $\tan\alpha = \frac{V_{Ed}}{z} = \frac{\Delta F_{sd}}{s}$ ermittelbar. Hieraus erhält man:

$$s = \frac{\Delta F_{sd}}{V_{Ed}} \cdot z^{II} = \frac{\frac{V_{Ed}}{2} \cdot (\cot\theta - \cot\alpha)}{V_{Ed}} \cdot z = \frac{1}{2}(\cot\theta - \cot\alpha) \cdot z$$

$$a_l = s = \frac{1}{2}(\cot\theta - \cot\alpha) \cdot z \tag{10.5}$$

Aus **ABB 10.1** ist auch ersichtlich, dass das Versatzmaß erhalten bleibt, wenn die Länge des Fachwerkfeldes halbiert wird und weiter gegen null strebt (Netzfachwerk). Das Versatzmaß vergrößert die Biegezugkraft und verringert die Biegedruckkraft (Herleitung in analoger Weise). Diese Vergrößerung der Biegezugkraft ist bei der Zugkraftdeckung zu beachten.

10.2 Durchführung der Zugkraftdeckung

Der Nachweis der Zugkraftdeckung ist kein obligatorischer Nachweis. Sofern die Bewehrung ungestaffelt von Auflager zu Auflager geführt wird, muss er nicht geführt werden. Eine Staffelung der Bewehrung bedeutet

- erhöhten Aufwand bei der Tragwerksplanung (bei der Rechnung und bei Erstellung des Bewehrungsplans infolge vieler unterschiedlicher Bewehrungsstränge = unterschiedliche Positionsnummern)
- längere Verlegezeiten auf der Baustelle infolge der größeren Positionsanzahl
- geringeren Stahlverbrauch.

Aufgrund des hohen Lohnniveaus in Mitteleuropa ist lohn- und nicht materialsparendes Bauen wirtschaftlich, eine Zugkraftdeckung ist daher nur in Ausnahmefällen sinnvoll, z. B.:

- Fertigteilbau mit sehr großer Stückzahl des Bauteils (z. B. in Kombination mit einer Querkraftdeckung)
- Balken mit großer Stützweite (wobei diese häufig als vorgespannte Konstruktionen ausgebildet werden).

Die Zugkraftlinie wird aus Gl. (7.44) bestimmt. Der Hebelarm der inneren Kräfte z darf näherungsweise aus der Querkraftbemessung übernommen werden.

$$F_{sd} = \frac{M_{Eds}}{z} + N_{Ed} \tag{7.44}$$

Das Versatzmaß nach Gl. (10.5) wird immer zu den Momentennullpunkten hin an die Zugkraftlinie angefügt. Die Fläche der zu deckenden Zugkraftlinie ist somit immer größer als diejenige der unverschobenen Zugkraftlinie. Sofern die Bewehrung bei Plattenbalken im Gurt außerhalb des Steges liegt, so ist a_l um den Abstand x des Stabes vom Steg zu erhöhen.

Zeichnet man um die zu deckende Zugkraftlinie die von der Bewehrung aufnehmbaren Zugkräfte, so entsteht die Zugkraftdeckungslinie. Sie darf an keiner Stelle in die zu deckende

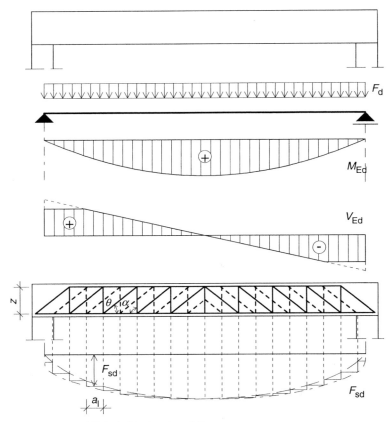

ABB 10.2: Zugkraftlinie des Fachwerkmodells

Zugkraftlinie einschneiden. Ein Bewehrungsstab darf also erst dann (rechnerisch) enden, wenn die Zugkraftdeckungslinie mindestens um das Maß der aufnehmbaren Stahlzugkraft dieses Stabes ΔF_{sd} über der zu deckenden Zugkraftlinie liegt.

$$\Delta F_{sd} = A_{s,ds} \cdot f_{yd} \tag{10.6}$$

$$F_{sd,aufn} = A_{s,vorh} \cdot f_{yd} \,^{56} \tag{10.7}$$

Der Sprung in der Zugkraftdeckungslinie kennzeichnet das rechnerische Ende E des Bewehrungsstranges. Das tatsächliche Ende erhält man, indem die Stablänge um die Verankerungslänge $l_{b,net}$ ($\rightarrow$ Kap. 4.3) verlängert wird.

Die zu deckende Zugkraftlinie braucht nur bis zum theoretischen Bauteilende geführt zu werden. Die Biegezugbewehrung wird mit der dort noch vorhandenen wirksamen Zugkraft F_{sd} verankert (**ABB 10.3**).

---

[56] Sofern bei der Biegebemessung der Verfestigungsbereich ausgenutzt wurde (z. B. durch Verwendung von **TAB 7.1** und **TAB 7.2**), ist an der Stelle des Maximalmoments strenggenommen σ_{sd} zu verwenden. Andernfalls kann die Zugkraftdeckungslinie an der Stelle des Maximalmoments geringfügig in die Zugkraftlinie einschneiden.

10 Zugkraftdeckung

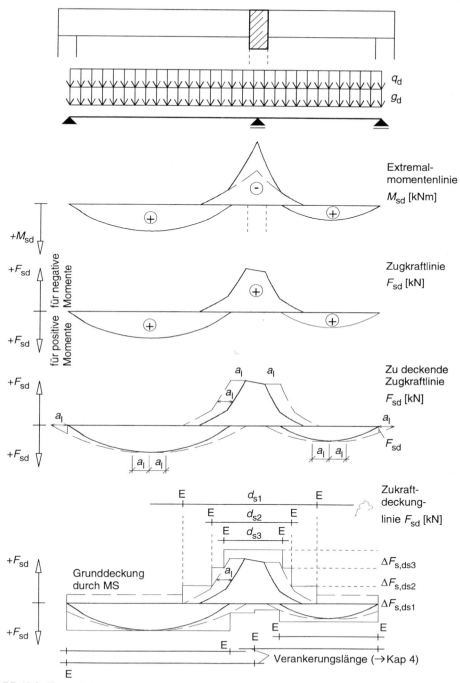

ABB 10.3: Konstruktion der Zugkraftdeckungslinie aus der Zugkraftlinie

$$F_{sd} = \frac{V_{Ed} \cdot a_l}{z} + N_{Ed} \geq \frac{V_{Ed}}{2} \tag{4.18}$$

$$F_{sd} \approx \frac{V_{Ed} \cdot a_l}{d} + N_{Ed} \geq \frac{V_{Ed}}{2} \qquad (10.8)$$

Ein Mindestprozentsatz der Bewehrung ist bis über die Auflager zu führen (→ Kap. 4.3.4).

Beispiel 10.1: Zugkraftdeckung an einem gevouteten Träger (nach DIN 1045-1)
(Fortsetzung von Beispiel 8.9)

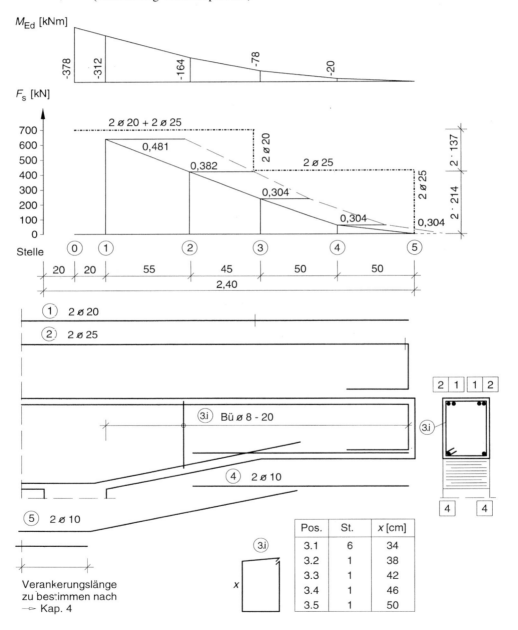

10 Zugkraftdeckung

gegeben: −Balken im Hochbau lt. Beispiel 8.9
−Brandschutzanforderungen bestehen nicht.

gesucht: Zugkraftdeckungslinie

Lösung:

Stelle		1	2	3	4	
x	m	0,20	0,75	1,2	1,7	
$\|M_{Eds}\|$	kNm	312	164	78	20	→ Beispiel 8.9
h	m	0,60	0,49	0,40	0,40	
d	m	0,545	0,435	0,345	0,345	$d \approx h - 0,055$ m
z	m	0,49	0,39	0,31	0,31	(8.13): $z \approx 0,9\,d$
F_{sd}	kN	637	421	252	65	(7.44): $F_{sd} = \dfrac{M_{Eds}}{z} + N_{Ed}$
a_l	m	0,481	0,382	0,304	0,304	(10.5): $a_l = s = \dfrac{1}{2}(\cot\theta - \cot\alpha) \cdot z$

am Auflager: 2 ⌀20 + 2 ⌀25 mit $A_{s,vorh} = 16{,}1$ cm²   → Beispiel 8.9

$F_{sd,aufn} = 16{,}1 \cdot 435 \cdot 10^{-1} = 700$ kN   (10.7): $F_{sd,aufn} = A_{s,vorh} \cdot f_{yd}$

⌀20: $\Delta F_{sd} = 3{,}14 \cdot 435 \cdot 10^{-1} = 137$ kN   (10.6): $\Delta F_{sd} = A_{s,ds} \cdot f_{yd}$

⌀25: $\Delta F_{sd} = 4{,}91 \cdot 435 \cdot 10^{-1} = 214$ kN

11 Begrenzung der Spannungen

11.1 Erfordernis

Im Grenzzustand der Tragfähigkeit verhält sich Stahlbeton nichtlinear. Diesem Umstand wurde sowohl bei der Bemessung als auch bei der Ermittlung der Schnittgrößen (→ Kap. 5.4) Rechnung getragen. Unter Gebrauchsbedingungen verhält sich Stahlbeton jedoch weitgehend elastisch. Daher ist zusätzlich zur Biegebemessung (→ Kap. 7) nachzuweisen, dass das Bauteil im Grenzzustand der Gebrauchstauglichkeit keine unzulässigen Schädigungen erleidet (z. B. Risse parallel zu Bewehrungsstäben). Bei zu hohen Spannungen im Beton bzw. im Stahl besteht zudem die Gefahr, dass die Dauerhaftigkeit nachteilig beeinflusst wird. Daher müssen geeignete Maßnahmen getroffen werden, um zu große Spannungen zu verhindern. Dies ist auf zwei Arten möglich:

– durch zusätzliche Spannungsnachweise (→ Kap. 11.2)
– durch die Einhaltung bestimmter in DIN 1045-1 und EC 2 gegebener Empfehlungen bei der Nachweisführung. Dann kann ein gesonderter Nachweis zur Begrenzung der Spannungen entfallen (→ Kap. 11.3).

Der Regelfall ist bei nicht vorgespannten Bauteilen des Hochbaus die zweitgenannte Methode, da bei dieser nicht gesondert Schnittgrößen für den Gebrauchszustand ermittelt werden müssen und sich somit der Arbeitsaufwand des Tragwerkplaners vermindert.

11.2 Nachweis der Spannungsbegrenzung

11.2.1 Voraussetzungen

Der Nachweis soll zeigen, dass die Spannungen unter den Einwirkungen des Gebrauchszustands keine unzulässig hohen Werte annehmen. Als Werkstoffverhalten sowohl für den Beton als auch den Betonstahl wird daher ein *linear-elastisches Materialverhalten für die Schnittgrößenermittlung und die Bemessung* (d. h. diesen Nachweis) angesetzt.

Beton: $\sigma_c = E_{cm} \cdot \varepsilon_c$ oder (2.7)

$\sigma_c = E_{c,eff} \cdot \varepsilon_c$ (11.1)

$E_{c,eff}$ Wirksamer Elastizitätsmodul des Betons unter Beachtung der Auswirkungen aus Kriechen mit der Endkriechzahl φ nach [DIN 1045-1 – 01], 9.1.4 oder [DIN V ENV 1992 – 92], Tabelle 3.3

$$E_{c,eff} = \frac{E_{cm}}{1+\varphi}$$ (11.2)

Betonstahl: $\sigma_s = E_s \cdot \varepsilon_s$ (11.3)

11 Begrenzung der Spannungen

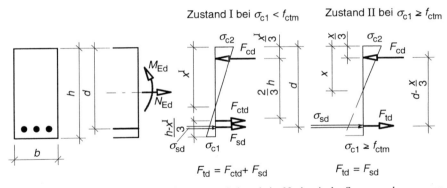

ABB 11.1: Spannungsverläufe in Stahlbetonquerschnitten beim Nachweis der Spannungsbegrenzung

Der Querschnitt kann sich im Zustand I oder II befinden, je nachdem, ob der Mittelwert der Betonzugfestigkeit f_{ctm} unter- oder überschritten wird (**ABB 11.1**).

11.2.2 Spannungsbegrenzungen im Beton

Der Nachweis ist ein normaler Spannungsnachweis in der Form

$$\sigma_c \leq \sigma_{c,\lim} \tag{11.4}$$

Die vorhandene Betonspannung kann für Rechteckquerschnitte aus **ABB 11.1** direkt ermittelt werden:

$$M_{Eds} = \frac{1}{2}\sigma_{c2} \cdot b \cdot x \cdot \left(d - \frac{x}{3}\right) \tag{11.5}$$

$$\sigma_{c2} = \frac{2 M_{Eds}}{b \cdot x \cdot \left(d - \frac{x}{3}\right)} \tag{11.6}$$

In dieser Gl. ist die Druckzonenhöhe x noch unbekannt. Sie wird nachfolgend für reine Biegung abgeleitet (**ABB 11.1**).

$$F_{sd} = A_s \cdot \sigma_{sd} = \frac{1}{2} x \cdot b \cdot \sigma_{c2} = F_{cd}$$

$$A_s \cdot \varepsilon_s \cdot E_s = \frac{1}{2} x \cdot b \cdot \varepsilon_c \cdot E_{cm} = \frac{1}{2} x \cdot b \cdot \frac{\varepsilon_s \cdot x}{(d-x)} \cdot E_{cm} = \frac{1}{2} b \cdot d \frac{\varepsilon_s \cdot x^2}{(d-x) \cdot d} \cdot E_{cm}$$

$$2 \cdot \frac{A_s}{b \cdot d} \cdot \frac{E_s}{E_{cm}} = \frac{x^2}{(d-x) \cdot d}$$

Mit Gl. (1.3) und (1.5) erhält man:

$$2 \cdot \rho \cdot \alpha_e = \frac{x^2}{(d-x) \cdot d}$$

$$x^2 - 2 \cdot \rho \cdot \alpha_e (d-x) \cdot d = x^2 + 2 \cdot \rho \cdot \alpha_e \cdot d \cdot x - 2 \cdot \rho \cdot \alpha_e \cdot d^2 = 0$$

$$x = -\rho \cdot \alpha_e \cdot d + \sqrt{(\rho \cdot \alpha_e \cdot d)^2 + 2 \cdot \rho \cdot \alpha_e \cdot d^2}$$

$$x = \rho \cdot \alpha_e \cdot d \left[-1 + \sqrt{1 + \frac{2}{\rho \cdot \alpha_e}} \right] \tag{11.7}$$

Alternativ kann Gl. (11.7) auch in bezogener Form geschrieben werden:

$$\frac{x}{d} = \sqrt{\alpha_e \cdot \rho \left(2 + \alpha_e \cdot \rho \right)} - \alpha_e \cdot \rho \tag{11.8}$$

Die Spannungen im Beton sind zu begrenzen für die

- quasi-ständige Lastkombination
- seltene Lastkombination.

Quasi-ständige Lastkombination:

Wenn unter dauerhaft wirkenden Lasten die Spannungen den Wert $|\sigma_c| > 0{,}4 f_{cm}$ überschreiten, bilden sich im Beton Mikrorisse. Diese führen zu einem starken Anstieg der Kriechverformungen. Wenn die mittlere Betondruckfestigkeit f_{cm} auf den charakteristischen Wert umgerechnet wird, erhält man die zulässige Spannung.

$$\sigma_{c,\lim} = 0{,}45 f_{ck} \tag{11.9}$$

Für biegebeanspruchte Stahlbetonbauteile sollte dieser Nachweis bei Verwendung von EC 2 geführt werden, falls die vorhandene Biegeschlankheit mehr als 85 % der nach [DIN V ENV 1992 – 92], 4.4.3.2 (→ Kap. 13.3.3) ermittelten (zulässigen) Werte überschreitet.

Seltene Lastkombination:

Wenn unter kurzzeitig wirkenden Lasten die Spannungen den Wert $|\sigma_c| > 0{,}55 f_{cm}$ überschreiten, können sich im Beton Längsrisse infolge Überschreitens der Querzugfestigkeit bilden. Diese Risse führen zu einer Beeinträchtigung der Dauerhaftigkeit insbesondere bei Chlorideinwirkung. Daher ist in der Umweltklasse XD, XF oder XS (→ Kap. 2.1) die zulässige Spannung zusätzlich auf folgenden Wert zu begrenzen, wenn keine besonderen Maßnahmen (Erhöhung der Betondeckung in der Druckzone oder Umschnüren der Druckzone durch Bügelbewehrung entsprechend den Regeln für Druckglieder) getroffen werden:

$$\sigma_{c,\lim} = 0{,}60 f_{ck} \tag{11.10}$$

11.2.3 Spannungsbegrenzungen im Betonstahl

Der Betonstahl soll ausschließlich elastische Formänderungen erfahren. Der Nachweis ist ein normaler Spannungsnachweis in der Form

$$\sigma_s \leq \sigma_{s,\lim} \tag{11.11}$$

Die vorhandene Spannung kann für Rechteckquerschnitte aus **ABB 11.1** direkt ermittelt werden:

11 Begrenzung der Spannungen

$$M_{\text{Eds}} + N_{\text{Ed}}\left(d - \frac{x}{3}\right) = \sigma_s \cdot A_s \cdot \left(d - \frac{x}{3}\right) \tag{11.12}$$

$$\sigma_s = \frac{M_{\text{Eds}}}{A_s\left(d - \frac{x}{3}\right)} + \frac{N_{\text{Ed}}}{A_s} \tag{11.13}$$

Näherungsweise kann für beliebige Querschnitte unter überwiegender Biegung gesetzt werden:

$$\sigma_s = \frac{M_{\text{Eds}}}{A_s \cdot z} \approx \frac{M_{\text{Eds}}}{A_s \cdot 0{,}8 \cdot d} \tag{11.14}$$

Es ist zu verhindern, dass der Betonstahl im Gebrauchszustand in den Fließbereich gerät. Diese Anforderung wird unter der Voraussetzung erfüllt, dass die Betonstahlspannungen für die *seltene Lastkombination* einen der folgenden Grenzwerte einhalten:

bei *ausschließlicher* Zwangbeanspruchung $\quad \sigma_{s,\text{lim}} \leq 1{,}0\, f_{\text{yk}} \tag{11.15}$

ansonsten $\quad \sigma_{s,\text{lim}} \leq 0{,}8\, f_{\text{yk}} \tag{11.16}$

Da die seltene Einwirkungskombination auch für den Grenzzustand der Tragfähigkeit zu verwenden ist, kann die Stahlspannung abgeschätzt werden, wenn diejenige der Grundkombination durch einen mittleren Sicherheitsbeiwert $\gamma_E = 1{,}4$ dividiert wird. Im Bereich der Stützmomente ist eine evtl. vorgenommene Momentenumlagerung (Gl. (5.16)) zu beachten.

Feld: $\quad \sigma_s \approx \dfrac{f_{\text{yd}}}{\gamma_E} \cdot \dfrac{A_{s,\text{erf}}}{A_{s,\text{vorh}}} \approx \dfrac{f_{\text{yd}}}{1{,}4} \tag{11.17}$

Stütze: $\quad \sigma_s \approx \dfrac{1}{\delta} \cdot \dfrac{f_{\text{yd}}}{\gamma_E} \cdot \dfrac{A_{s,\text{erf}}}{A_{s,\text{vorh}}} \approx \dfrac{f_{\text{yd}}}{1{,}4 \cdot \delta} \tag{11.18}$

Aus Gl. (11.17) ist ersichtlich, dass Feldmomente i. d. R. nicht maßgebend werden. Aus Gl. (11.18) ist ersichtlich, dass Gl. (11.16) erst bei einer größeren Momentenumlagerung als ca. 15 % maßgebend wird.

Beispiel 11.1: Nachweis der Spannungsbegrenzung nach DIN 1045-1

gegeben: −Tragwerk lt. Beispiel 6.1
−Kriechzahl $\varphi = 2{,}0$ (Ermittlung nach [DIN 1045-1 − 01], 9.1.4)

gesucht: Nachweis der Spannungsbegrenzung

Lösung:

Der Spannungsnachweis im Beton ist für die quasi-ständige Lastkombination zu führen. Hinsichtlich des Kombinationsbeiwerts muss bei dem Behälter davon ausgegangen werden, dass dieser auch längere Zeit gefüllt ist, sodass hier mit $\psi_2 = 1{,}0$ gerechnet wird.

Nachweis der Betonspannungen:

$M_{\text{q-s}} = -25 \cdot \dfrac{2{,}5^2}{6} = -26{,}0 \text{ kNm/m}$

$N_{\text{q-s}} = -25 \cdot 1{,}0 \cdot 0{,}20 \cdot 2{,}5 = -12{,}5 \text{ kN/m}$

$\left| \; M_k = -F_k \cdot \dfrac{l_{\text{eff}}^2}{6} \right.$

(z. B. [Schneider − 02], S. 4.12)

$M_{Ed} = 0 + 1,0 \cdot (-26,0) = -26,0 \text{ kNm/m}$ | (6.18): $\Sigma G_{k,i} + P_k \oplus \Sigma \psi_{2,i} \cdot Q_{k,i}$

$N_{Ed} = -12,5 + 0 = -12,5 \text{ kN/m}$

$f_{ct,eff} = f_{ctm} = 2,9 \text{ N/mm}^2$ | TAB 2.5: C 30/37

$M_{cr} = 2,9 \cdot \dfrac{1,0 \cdot 0,20^2}{6} \cdot 10^3$ | (1.22): $M = \sigma_c \cdot W$

$= 19,3 \text{ kNm/m} < 26,0 \text{ kNm/m}$

$E_s = 200\,000 \text{ N/mm}^2$

$E_{cm} = 31\,900 \text{ N/mm}^2$ | **ABB 2.9**

| TAB 2.5: C30/37

$E_{c,eff} = \dfrac{31900}{1+2} = 10630 \text{ N/mm}^2$ | (11.2): $E_{c,eff} = \dfrac{E_{cm}}{1+\varphi}$

$\alpha_e = \dfrac{200\,000}{10630} = 18,8$ | (1.3): $\alpha_e = \dfrac{E_s}{E_c}$

$\rho = 0,0051$ | vgl. Beispiel 8.1

$x = 0,0051 \cdot 18,8 \cdot 155 \left[-1 + \sqrt{1 + \dfrac{2}{0,0051 \cdot 18,8}} \right]$ | (11.7):

$= 54,6 \text{ mm}$ | $x = \rho \cdot \alpha_e \cdot d \left[-1 + \sqrt{1 + \dfrac{2}{\rho \cdot \alpha_e}} \right]$

$\sigma_{c2} = \dfrac{2 \cdot 26,0 \cdot 10^{-3}}{1,0 \cdot 0,0546 \cdot \left(0,155 - \dfrac{0,0546}{3}\right)} = 6,96 \text{ N/mm}^2$ | (11.6): $\sigma_{c2} = \dfrac{2 M_{Eds}}{b \cdot x \cdot \left(d - \dfrac{x}{3}\right)}$

$\sigma_{c,lim} = 0,45 \cdot 30 = 13,5 \text{ N/mm}^2$ | (11.9): $\sigma_{c,lim} = 0,45 f_{ck}$

$\sigma_c = 6,96 \text{ N/mm}^2 < 13,5 \text{ N/mm}^2 = \sigma_{c,lim}$ | (11.4): $\sigma_c \leq \sigma_{c,lim}$

Nachweis der Stahlspannungen:
Die Gln. (11.17) und (11.18) können hier nicht verwendet werden, da der Teilsicherheitsbeiwert für die Verkehrslast nicht $\gamma_Q = 1,5$ war. Der Nachweis ist für die seltene Lastkombination zu führen. In diesem Fall ist dies identisch mit der quasi-ständigen Lastkombination.

$A_{s,vorh} = 0,785 \dfrac{100}{10} = 7,85 \text{ cm}^2$ | vgl. Beispiel 7.5

$\sigma_s \approx \dfrac{26,0 \cdot 10^6}{785 \cdot \left(155 - \dfrac{54,6}{3}\right)} + \dfrac{-12,5 \cdot 10^3}{785} = 226 \text{ N/mm}^2$ | (11.13): $\sigma_s = \dfrac{M_{Eds}}{A_s \left(d - \dfrac{x}{3}\right)} + \dfrac{N_{Ed}}{A_s}$

$\sigma_{s,lim} = 0,8 \cdot 500 = 400 \text{ N/mm}^2$ | (11.16): $\sigma_{s,lim} \leq 0,8 f_{yk}$

$\sigma_s = 226 \text{ N/mm}^2 < 400 \text{ N/mm}^2 = \sigma_{s,lim}$ | (11.11): $\sigma_s \leq \sigma_{s,lim}$

Beispiel 11.2: Nachweis der Spannungsbegrenzung nach EC 2

gegeben: − Tragwerk lt. Skizze des Beispiels 5.3
− Es handelt sich um einen Balken innerhalb eines Wohngebäudes

gesucht: Nachweis der Spannungsbegrenzung über der Stütze B

11 Begrenzung der Spannungen

Lösung:

Da es sich um einen üblichen (nicht vorgespannten) Hochbau handelt, kann der Nachweis durch Einhalten der Bedingungen in **TAB 11.1** geführt werden. Von dieser Möglichkeit soll hier nicht Gebrauch gemacht werden.

Nachweis der Betonspannungen:

Das Bauteil liegt im Inneren des Gebäudes, ist somit Expositionsklasse XC1 (**TAB 2.1**) zuzuordnen. Der Spannungsnachweis im Beton ist daher nicht für seltene Lastkombination (Gl. (11.10)), sondern nur für die quasi-ständige Lastkombination (Gl. (11.9)) zu führen.

$\psi_2 = 0,3$ [NAD zu ENV 1992 - 95], Tab. R1, Wohngebäude

Beanspruchungen		LF G	LF Q
max M_B	[kNm]	−301	−241
min $V_{B\,li}$	[kN]	−232	−185
max V_{Br}	[kN]	196	157

→ Beispiel 5.3; es sind die nicht umgelagerten Beanspruchungen (Elastizitätstheorie) zu verwenden.

$M_{Sd} = -301 + 0,3 \cdot (-241) = -373 \text{ kNm}$

$V_{Sd,li} = -232 + 0,3 \cdot (-185) = -288 \text{ kN}$

$V_{Sd,re} = 196 + 0,3 \cdot 157 = 243 \text{ kN}$

$\Delta M = \min \begin{cases} |-288| \cdot \dfrac{0,25}{2} = 36 \text{ kNm} \\ |243| \cdot \dfrac{0,25}{2} = 30 \text{ kNm} \end{cases}$

(6.18): $\sum G_{k,i} + P_k \oplus \sum \psi_{2,i} \cdot Q_{k,i}$

(7.16): $\Delta M = \min \begin{cases} |V_{Sd,li}| \cdot \dfrac{b_{sup}}{2} \\ |V_{Sd,re}| \cdot \dfrac{b_{sup}}{2} \end{cases}$

$M_{Sd} = |-373| - |30| = -343 \text{ kNm}$

$f_{ct,eff} = f_{ctm} = 3,2 \text{ N/mm}^2$

$M_{cr} = 3,2 \cdot \dfrac{0,3 \cdot 0,75^2}{6} \cdot 10^3 = 90 \text{ kNm} < 343 \text{ kNm}$

$E_s = 200000 \text{ N/mm}^2$

$E_{cm} = 33500 \text{ N/mm}^2$

$2 \dfrac{A_c}{u} = 2 \dfrac{0,30 \cdot 0,75}{2 \cdot (0,30 + 0,75)} = 0,21 \text{ m}$

Belastungsalter: 28 Tage: $\varphi \approx 2,4$

$E_{c,eff} = \dfrac{33500}{1 + 2,4} = 9850 \text{ N/mm}^2$

$\alpha_e = \dfrac{200000}{9850} = 20,3$

$A_{s,vorh} = 29,5 \text{ cm}^2$

$\rho = \dfrac{29,5}{30 \cdot 75} = 0,0131$

(7.14): $M_{Sd} = |M_{el}| - |\Delta M|$

TAB 2.5: C 35/45

(1.22): $M = \sigma_c \cdot W$

ABB 2.9

TAB 2.5: C30/37

[DIN V ENV 1992 – 92], Tab. 3.3

(11.2): $E_{c,eff} = \dfrac{E_{cm}}{1 + \varphi}$

(1.3): $\alpha_e = \dfrac{E_s}{E_c}$

vgl. Beispiel 8.6

(1.5): $\rho = \dfrac{A_s}{A_c}$

$$x = 0{,}0131 \cdot 20{,}3 \cdot 675 \left[-1 + \sqrt{1 + \frac{2}{0{,}0131 \cdot 20{,}3}} \right]$$

$= 344$ mm

(11.7):
$$x = \rho \cdot \alpha_e \cdot d \left[-1 + \sqrt{1 + \frac{2}{\rho \cdot \alpha_e}} \right]$$

$$\sigma_{c2} = \frac{2 \cdot 343 \cdot 10^{-3}}{0{,}30 \cdot 0{,}344 \cdot \left(0{,}675 - \frac{0{,}344}{3}\right)} = 11{,}9 \text{ N/mm}^2$$

(11.6): $\sigma_{c2} = \dfrac{2 M_{Sds}}{b \cdot x \cdot \left(d - \frac{x}{3}\right)}$

$\sigma_{c,\lim} = 0{,}45 \cdot 35 = 15{,}8$ N/mm^2

(11.9): $\sigma_{c,\lim} = 0{,}45 f_{ck}$

$\sigma_c = 11{,}9$ N/mm^2 $< 15{,}8$ N/mm^2 $= \sigma_{c,\lim}$

(11.4): $\sigma_c \leq \sigma_{c,\lim}$

Nachweis der Stahlspannungen:
Der Nachweis ist für die seltene Lastkombination zu führen.

$M_{Sd} = -301 - 241 = -542$ kNm
$V_{Sd,li} = -232 - 185 = -417$ kN
$V_{Sd,re} = 196 + 157 = 353$ kN

(6.15):
$\sum G_{k,i} + P_k \oplus Q_{kj} \oplus \sum \psi_{0,i} \cdot Q_{k,i}$

$$\Delta M = \min \begin{cases} |-417| \cdot \dfrac{0{,}25}{2} = 52 \text{ kNm} \\ |353| \cdot \dfrac{0{,}25}{2} = 44 \text{ kNm} \end{cases}$$

(7.16): $\Delta M = \min \begin{cases} |V_{Sd,li}| \cdot \dfrac{b_{\sup}}{2} \\ |V_{Sd,re}| \cdot \dfrac{b_{\sup}}{2} \end{cases}$

$M_{Sd} = |-542| - |44| = -498$ kNm

(7.14): $M_{Sd} = |M_{el}| - |\Delta M|$

$$\sigma_s \approx \frac{498 \cdot 10^6}{2950 \cdot \left(675 - \frac{344}{3}\right)} + \frac{0}{2950} = 332 \text{ N/mm}^2$$

(11.13): $\sigma_s = \dfrac{M_{Sds}}{A_s \left(d - \frac{x}{3}\right)} + \dfrac{N_{Sd}}{A_s}$

$\sigma_{s,\lim} = 0{,}8 \cdot 500 = 400$ N/mm^2

(11.16): $\sigma_{s,\lim} \leq 0{,}8 f_{yk}$

$\sigma_s = 332$ N/mm^2 < 400 N/mm^2 $= \sigma_{s,\lim}$

(11.11): $\sigma_s \leq \sigma_{s,\lim}$

11.3 Entfall des Nachweises

Der Nachweis zur Begrenzung der Spannungen ist erfüllt, wenn für einen üblichen nicht vorgespannten Hochbau die nachfolgenden Bedingungen in **TAB 11.1** eingehalten werden.

	DIN 1045	Abschnitt	EC 2	Abschnitt
Umlagerung der Schnittgrößen im Grenzzustand der Tragfähigkeit	≤ 15 %	11.1.1	≤ 30 %	4.3
Mindestbewehrung zur Beschränkung der Rissbreite		11.2.2		4.4.2.2
Bauliche Durchbildung für einzelne Bauteile		13		5

TAB 11.1: Bedingungen für Entfall des Nachweises der Spannungsbegrenzung

12 Beschränkung der Rissbreite

12.1 Allgemeines

In Kap. 1.3 wurde gezeigt, dass im Stahlbeton in diskreten Abständen Risse auftreten und dazwischen ungerissene Bereiche vorliegen. *Risse sind für die Entfaltung der Tragwirkung des Stahlbetons notwendig* und daher kein Mangel im Sinne von [VOB – 00] Teil B §13. Die Beschränkung der Rissbreite ist jedoch ein wichtiges Kriterium für die Dauerhaftigkeit eines Stahlbetontragwerkes. Sie bedeutet also nicht die Verhinderung von Rissen, sondern die Begrenzung der vorhandenen Rissbreiten auf unschädliche Werte.

Ohne Berücksichtigung der aggressiven Umweltbedingungen, allein aus der Bauart heraus, ist die Beschränkung der Rissbreite heute wichtiger als früher, da Betonstähle mit höheren zulässigen Spannungen (BSt 500 gegenüber BSt 420) verwendet werden, damit die Dehnungen zunehmen und auch die Umlagerungsfähigkeit des Betons hinsichtlich elastisch ermittelter Schnittgrößen zunehmend ausgenutzt wird.

Unter der Rissbreite w versteht man die Breite eines Risses an der Bauteiloberfläche (**ABB 12.1**). Mit zunehmender Entfernung von der Oberfläche nimmt die Rissbreite stark ab; sie hängt ihrerseits neben der Beanspruchung auch von der Betondeckung ab (**ABB 12.1**). Die zulässige Größe der Rissbreite hängt ab von

- den Umweltbedingungen ($\rightarrow$ Kap. 2.1)
- der Funktion des Bauteils (z. B. WU-Beton [57])
- der Korrosionsempfindlichkeit der Bewehrung (für rostfreien Bewehrungstahl gelten andere zulässige Rissbreiten als für Betonstahl gemäß [DIN 488-1 – 84]).

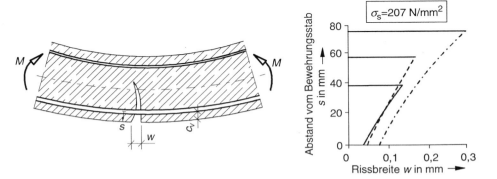

ABB 12.1: Abnahme der Rissbreite von der Außenfläche zur Bewehrung hin in Abhängigkeit von Stahlspannung σ_s und Betondeckung c (in Anlehnung an [DBV – 96/2] bzw. [Beeby – 78])

---

[57] WU-Beton = wasserundurchlässiger Beton (Näheres $\rightarrow$ z. B. [Cziesielski/Schrepfer – 00]).

Rissart	Rissrichtung	Merkmale
Oberflächige Netzrisse	beliebig	Können an der Oberfläche von Platten oder Scheiben auftreten. Die Risstiefe ist gering. Meistens liegt keine bevorzugte Richtung vor.
Längsrisse	parallel zur oberen Bewehrung	Können an nichtgeschalten Oberflächen über der oben liegenden Bewehrung auftreten; Ursache meistens Setzen des Frischbetons (bei zu hohem w/z-Wert); unter der Bewehrung entsteht ein zunächst wassergefüllter Porenraum.
Verbundrisse	parallel zur Bewehrung	Treten bei zu großen Verbundspannungen zwischen Beton und Betonstahl auf; Risstiefe bis zum Bewehrungsstab.
Biegerisse	annähernd senkrecht zur Biegezugbewehrung	Treten bei biegebeanspruchten Bauteilen in der Zugzone auf; Risstiefe bis in den Bereich der neutralen Faser; größte Risstiefe im Bereich der Maximalmomente.
Trennrisse	senkrecht zur Längsbewehrung	Treten bei Zug mit kleiner Ausmitte oder zentrischem Zug auf; gehen durch den gesamten Querschnitt und sind daher besonders ungünstig.
Schubrisse	zur Stabachse geneigt (ca. 45°)	Treten bei querkraftbeanspruchten Bauteilen auf (die i. Allg. auch biegebeansprucht sind); breite Druckzone und schmale Stege begünstigen Schubrisse.

TAB 12.1: Rissarten und deren Kennzeichen

Als grobe Angabe für die Rissbreite, bis zu der die Bewehrung vor Korrosion geschützt ist, kann für

$$\text{Innenbauteile} \quad w_{zul} \leq 0,40 \text{ mm} \tag{12.1}$$

$$\text{Außenbauteile} \quad w_{zul} \leq 0,30 \text{ mm} \tag{12.2}$$

$$\text{WU-Beton} \quad w_{zul} \leq 0,15 \text{ mm} \tag{12.3}$$

genannt werden. Bei Innenbauteilen kann aufgrund der fehlenden Feuchtigkeit keine Korrosion auftreten. Die Rissbreite ist hier aus ästhetischen Gesichtspunkten zu begrenzen. Insgesamt gesehen sind Dicke und Qualität der Betondeckung von weit größerer Bedeutung für die Dauerhaftigkeit als die Rissbreite.

12.2 Grundlagen der Rissentwicklung

12.2.1 Rissarten und Rissursachen

In **TAB 12.1** sind unterschiedliche Rissarten aufgeführt. Während Risse längs der Bewehrung und oberflächige Netzrisse durch die Bauausführung beeinflusst werden, sind Biegerisse, Trennrisse, Schubrisse und Verbundrisse maßgeblich durch die Konstruktion beeinflusst. Der Nachweis der Beschränkung der Rissbreite wirkt sich auf Biege- und Trennrisse aus. Schubrisse werden durch die Querkraftbemessung begrenzt; Verbundrisse werden durch Wahl ausreichender Verankerungslängen ($\rightarrow$ Kap. 4.3.2) und eine ausreichende Betondeckung verhindert (damit ein mehrdimensionaler Spannungszustand wie in **ABB 4.1** möglich ist). Längsrisse verlaufen längs des Bewehrungsstabes und können zur Korrosion längs des gesamten Stabes führen. Sie wirken sich auf die Dauerhaftigkeit daher nachteiliger als Querrisse aus.

Rissursache	Rissbildung		
	Merkmale	Zeitpunkt	Beeinflussung
Setzen des Frischbetons	Längsrisse über der oberen Bewehrung; Rissbreite bis einige mm; Risstiefe i. Allg. gering, bis zu einigen cm	Innerhalb der ersten Stunden nach dem Betonieren; solange der Beton plastisch verformbar ist.	Betonzusammensetzung (w/z-Wert, Sieblinie), Verarbeitung des Betons, Nachverdichtung
Schrumpfen	Oberflächenrisse, vor allem bei flächigen Bauteilen ohne ausgeprägte Richtung; Rissbreiten bis über 1 mm; Risstiefe gering	Wie bei „Setzen des Frischbetons"	Vorkehrungen gegen raschen Feuchtigkeitsverlust
Abfließen der Hydratationswärme	Oberflächenrisse, Trennrisse, Biegerisse; Risstiefe u. U. über 1 mm	Innerhalb der ersten Tage nach dem Betonieren	Betonzusammensetzung, Zementart, -festigkeitsklasse; Nachbehandlung, Bewehrungsmenge und -anordnung, Betonierabschnitte (Fugen), evtl. Kühlung des Frischbetons
Schwinden	Wie „Schrumpfen"	Einige Wochen bis Monate nach dem Betonieren	Betonzusammensetzung, Begrenzung der Betonzugfestigkeit, Fugen, Vakuumbehandlung
Äußere Temperatureinwirkungen	Biege- und Trennrisse, Rissbreite u. U. über 1 mm, u. U. auch Oberflächenrisse	Jederzeit während der gesamten Nutzungsdauer des Bauwerks, wenn Temperaturänderungen auftreten	Bewehrung, Maßnahmen zur Begrenzung der Betonzugfestigkeit, Fugen
Setzungen	Biege- und Trennrisse, Rissbreite u. U. über 1 mm	Jederzeit bei Änderung der Auflagerbedingungen	Statisches System
Eigenspannungszustände	Je nach Ursache unterschiedlich	Jederzeit bei Auftreten der rissverursachenden Dehnungen	Zweckmäßige Wahl und Anordnung der Bewehrung
Äußere Lasten	Biege-, Trenn- oder Schubrisse	Jederzeit während der Nutzungsdauer	Wie „Eigenspannungen"
Frost	Vorwiegend Längsrisse und/oder Absprengungen im Bereich wassergefüllter Hohlräume	Jederzeit bei Frost	Vermeidung wassergefüllter Hohlräume
Korrosion der Bewehrung	Risse entlang der Bewehrung und an Bauteilecken, Absprengungen	Nach mehreren Jahren	Dicke und Qualität der Betondeckung

TAB 12.2: Übersicht über Rissursachen, Merkmale, Zeitpunkte und Beeinflussung der Rissbildung ([DBV – 96/2])

Einen Überblick über die Entstehung und Ursachen von Rissen gibt **TAB 12.2**. Hierbei sind jedoch nur die Hauptursachen für das Entstehen von Rissen aufgeführt, i. d. R. haben Risse jedoch mehrere Ursachen. Neben den in **TAB 12.2** angegebenen Ursachen können auch weitere Gründe für eine Rissentwicklung vorliegen:

- falsche *Modellbildung* (unzweckmäßige Wahl des statischen Systems)
- unvollständige oder falsche *Lastannahmen*
- falsche *Lage der Bewehrung*
- schlechte *Bewehrungsführung* (zu große Stabdurchmesser und/oder Stababstände)
- zu kurze *Verankerungslängen*
- zu große *Verformungen* von Schalung und Gerüsten
- Unterschreitung des Mindestmaßes der *Betondeckung*
- unzureichende *Betontechnologie* (insbesondere im Hinblick auf die Hydratationswärme)
- unzureichende oder fehlende *Nachbehandlung*
- *chemische Reaktionen* (Alkalireaktion und Sulfattreiben).

12.2.2 Bauteile mit erhöhter Wahrscheinlichkeit einer Rissbildung

Bestimmte Bauteile können aufgrund ihrer Lage im Bauwerk, aufgrund des gewählten Bauablaufs oder der gewählten Abmessungen rissanfällig sein. Sofern mehrere Rissursachen (**TAB 12.2**) gleichzeitig zutreffen, ist die Wahrscheinlichkeit besonders groß, dass Risse auftreten.

Einige Beispiele für erhöhte Rissanfälligkeit sind:

- **Arbeitsfugen**
  Man unterscheidet Bewegungsfugen und Arbeitsfugen. Im Unterschied zu Bewegungsfugen sind Arbeitsfugen nur aufgrund des Herstellungsablaufs erforderlich. An Arbeitsfugen können Risse nur schwer vermieden werden, da zwischen dem älteren und dem jüngeren Beton nur eine geringe Zugfestigkeit vorhanden ist. Da Betonierabschnitt II an den bereits erhärteten Betonierabschnitt I anbetoniert wird, fließt die Hydratationswärme im Randbereich aus dem Betonierabschnitt II ab. Nach Abschluss der Erhärtung sinkt die Hydratationstemperatur auf die Umgebungstemperatur ab. An der Arbeitsfuge wird die Verkürzung des Betons durch den Anschluss an das ältere Bauteil behindert, es entstehen hieraus Zwangbeanspruchungen, und es kommt zur Rissbildung (**ABB 12.2**). Das Abfließen der Hydratationswärme führt bei dicken Bauteilen zu Rissen, besonders wenn es mit rascher Abkühlung infolge kalter Umgebungsluft überlagert wird. Eine wirksame Gegenmaßnahme ist die Wahl eines langsam erhärtenden Zements mit geringer Wärmetönung.

  Sofern Abschnitt II wesentlich später als Betonierabschnitt I hergestellt wird, können Zusatzbeanspruchungen aus Schwinden entstehen.

- **Massige Bauteile**
  Je dicker Bauteile sind, umso größer werden die Beanspruchungen aus Eigenspannungen und Zwang.

- **Bauteile unterschiedlicher Abmessungen**
  Ein dünneres Bauteil schwindet schneller und ändert seine Temperatur schneller als ein dickeres Bauteil. Durch die Verformungsbehinderung zwischen beiden Bauteilen entstehen Zwangbeanspruchungen, die zu Trennrissen im dünneren Bauteil führen können.

- **Einspringende Ecken**
  An einspringenden Ecken und Querschnittssprüngen (z. B. Aussparungen) weicht der Spannungsverlauf von der klassischen Biegetheorie ab. Dies ist Ursache für Risse, die durch eine sachgemäß konstruierte Bewehrung in ihrer Rissbreite begrenzt werden können.

- **Konzentrierte Kräfte**
  Im Einleitungsbereich konzentrierter großer Kräfte entsteht ein räumlicher Spannungszustand, der zu Rissen führen kann. Die Rissbreite wird durch eine zweckmäßig angeordnete Bewehrung begrenzt.

12.3 Grundlagen der Rissbreitenberechnung

12.3.1 Eintragungslänge und Rissabstand

Das Tragverhalten von Stahlbetonbauteilen wurde in Kap. 1.3 beschrieben. Aufbauend hierauf können auch die erforderlichen Gleichungen zur Berechnung der Rissbreite formuliert werden. Vereinfachend wird davon ausgegangen, dass die Bauteile nicht vorgespannt werden[58]. Es wird hierbei zwischen der Erstriss- und der abgeschlossenen Rissbildung unterschieden.

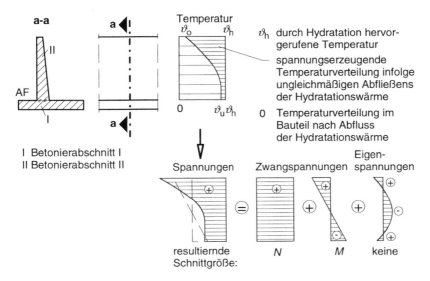

ABB 12.2: Spannungen infolge Abfließens der Hydratationswärme (nach [Springenschmid – 84])

---

[58] Das Berechnungsverfahren lässt sich auf Spannbeton erweitern (vgl. [König/Tue – 96]).

Erstrissbildung:

Die Erstrissbildung ist dadurch gekennzeichnet, dass sich die Einleitungslängen l_{ts} voll ausbilden können und zwischen diesen ebene Dehnungszustände mit $\varepsilon_s = \varepsilon_c$ verbleiben (**ABB 1.7**). Die mittlere Rissbreite erhält man daher direkt aus dem Integral der Dehnungsunterschiede von Beton und Betonstahl über den Störungsbereich

$$w_m = \int_{-l_t}^{l_t} (\varepsilon_s - \varepsilon_c)\,dx = 2\,l_t \cdot (\varepsilon_{sm} - \varepsilon_{cm}) \tag{12.4}$$

Bei Vernachlässigung der gegenüber der mittleren Stahldehnung ε_{sm} deutlich kleineren Betondehnung ε_{cm} erhält man:

$$w_m \approx 2\,l_t \cdot \varepsilon_{sm}$$

Am Ende der Eintragungslänge liegt eine ungerissene ungestörte Situation vor. Daher gelten dort Gln. (1.11) und (1.13). Längs der Eintragungslänge l_t wird zwischen der Oberfläche des Betonstahls und dem Beton über Verbundspannungen τ_{sm} eine Kraft F_c in den Beton eingeleitet.

$$F_c = \tau_{sm} \cdot u_s \cdot l_t = \tau_{sm} \cdot \pi \cdot d_s \cdot l_t \tag{12.5}$$

u_s Stahlumfang

Weiterhin gilt:

$$\Delta F_s = \Delta \sigma_s \cdot A_s = \Delta \sigma_s \cdot \pi \cdot \frac{d_s^2}{4}$$

$$F_c = \Delta F_s$$

$$\tau_{sm} \cdot \pi \cdot d_s \cdot l_t = \Delta \sigma_s \cdot \pi \cdot \frac{d_s^2}{4}$$

$$l_t = \frac{\Delta \sigma_s}{\tau_{sm}} \cdot \frac{d_s}{4} \qquad \text{analoge Gl. zu (4.10)} \tag{12.6}$$

Wenn für den Spannungssprung $\Delta \sigma_s$ Gl. (1.17) verwendet wird:

$$l_t = \frac{f_{ct}}{\rho \cdot \tau_{sm}} \cdot \frac{d_s}{4} \tag{12.7}$$

Abgeschlossene Rissbildung:

Im Zustand der abgeschlossenen Rissbildung liegt an keiner Stelle mehr ein ebener Dehnungszustand vor (**ABB 1.7**). Die mittlere Rissbreite erhält man wiederum direkt aus dem Integral der Dehnungsunterschiede von Beton und Betonstahl über den Störungsbereich

$$w_m = \int_{-s_{cr}/2}^{s_{cr}/2} (\varepsilon_s - \varepsilon_c)\,dx = s_{cr} \cdot (\varepsilon_{sm} - \varepsilon_{cm}) \tag{12.8}$$

$$w_m \approx s_{cr} \cdot \varepsilon_{sm}$$

Der Rissabstand s_{cr} kann durch eine Extremwertbetrachtung eingegrenzt werden. Bei abgeschlossener Rissbildung entstehen keine weiteren Risse. Der Rissabstand kann daher höchstens gleich der doppelten Eintragungslänge sein, andernfalls würde die Zugfestigkeit des Betons erreicht und ein Riss entstünde. Der kleinste Rissabstand ergibt sich aus der Überlegung, dass bei Erstrissbildung erst am Ende der Eintragungslänge l_t ein weiterer Riss entstehen kann. In diesem Fall ist der Rissabstand gleich der Eintragungslänge.

$$s_{cr,max} = 2\,l_t \tag{12.9}$$

$$s_{cr,min} = l_t \tag{12.10}$$

$$s_{rm} = 1,5\,l_t \tag{12.11}$$

Die größte mittlere Rissbreite tritt beim Rissabstand $s_{cr,max}$ ein und führt durch Einsetzen von Gl. (12.9) in Gl. (12.8) erneut auf Gl. (12.4). Bei der Berechnung der Rissbreite muss somit nicht zwischen Erstriss- und abgeschlossener Rissbildung unterschieden werden.

12.3.2 Zugversteifung

Die für die Gln. (12.4) bzw. (12.8) benötigte mittlere Stahldehnung wurde schon mit Gl. (1.18) formuliert. Der Abzugsterm kennzeichnet hierbei die Mitwirkung des Betons zwischen den Rissen (Zugversteifung). Die Gl. wird noch umgeformt in

$$\varepsilon_{sm} = \varepsilon_{s,max} - \beta_t \cdot \frac{\Delta\sigma_s}{E_s} = \frac{\sigma_s}{E_s} - \beta_t \cdot \frac{\Delta\sigma_s}{E_s} = \left(1 - \beta_t \cdot \frac{\Delta\sigma_s}{\sigma_s}\right) \cdot \frac{\sigma_s}{E_s} \tag{12.12}$$

Die Betondehnung weist denselben Kurvenverlauf, somit auch denselben Völligkeitsbeiwert β_t auf.

$$\varepsilon_{cm} = \beta_t \frac{\sigma_c}{E_c} \tag{12.13}$$

12.3.3 Grundgleichung der Rissbreite

In Gl. (12.4) werden die mittleren Rissbreiten beschrieben. Für die Nachweise zu Rissbreitenbeschränkung ist von einer charakteristischen Rissbreite w_k (Rechenwert der Rissbreite) auszugehen. Beide werden über den Streubeiwert β gekoppelt.

$$\begin{aligned}w_k &= \beta \cdot w_m \\ w_k &= \beta \cdot s_{rm} \cdot (\varepsilon_{sm} - \varepsilon_{cm})\end{aligned} \tag{12.14}$$

Dies ist die Grundgleichung der Rissbreite. Mit Gl. (12.12) ergibt sich, wenn die Betondehnung vernachlässigt wird:

$$w_k = \beta \cdot s_{rm} \cdot \left(1 - \beta_t \cdot \frac{\Delta\sigma_s}{\sigma_s}\right) \cdot \frac{\sigma_s}{E_s} \tag{12.15}$$

Ausgehend von dieser Gl. werden mit weiteren Randbedingungen in DIN 1045-1 (→ Kap. 12.4) und im EC2 (→ Kap. 12.5) die Rissbreiten berechnet.

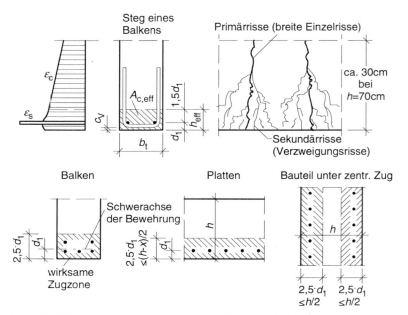

ABB 12.3: Wirkungsbereich der Bewehrung für Nachweise der Rissbreiten

12.3.4 Wirksame Zugzone

Die Rissbreiten werden für die abgeschlossene Rissbildung nachgewiesen. Hierzu ist die Kenntnis der Kräfte erforderlich, die im Bereich der Eintragungslängen zwischen Betonstahl und Beton übertragen werden. Es ist die „wirksame Zugzone" [59] zu bestimmen. Bei der Erstrissbildung entstehen zunächst Einzelrisse (Primärrisse), wenn das Bauteil die Zugfestigkeit des Betons erreicht.

$$\sigma_{c,cr} = \frac{N_{cr}}{A} + \frac{M_{cr}}{W} = f_{ct} \qquad (12.16)$$

Da längs der Eintragungslänge die Zugspannungen auch im Beton im Bereich der Bewehrung konzentriert (und nicht über den Querschnitt verteilt) sind, reicht eine geringere Biegezugkraft, um den nächsten Riss (Sekundärriss) zu erzeugen. Die Sekundärrisse münden in die Primärrisse (ABB 12.3). Aufgrund der Völligkeit der Betonzugspannungen um die Biegezugbewehrung ist es (insbesondere bei großen Bauteilabmessungen) gerechtfertigt, anstatt der Betonzugzone A_{ct} die wirksame Zugzone $A_{c,eff}$ zu verwenden, in der die Bewehrung wirksam ist.

$$A_{c,eff} = b_t \cdot h_{eff} \qquad (12.17)$$

Diese Fläche ist eine Ersatzfläche für einen zentrisch gezogenen Stab [60]. Als untere Grenze der effektiven Höhe wurde von Schießl in [Bertram/Bunke – 89] der Wert $2{,}5 \cdot (h-d)$ vorgeschlagen.

---

[59] Andere Bezeichnung: effektive Zugzone.

[60] Bei der Ableitung der Grundgleichung der Rissbreiten (Gl. (12.14)) wurde ebenfalls vom zentrisch gezogenen Stab ausgegangen (vgl. ABB 1.7).

Für geringe Bauteilhöhen (z. B. bei Platten) wird zusätzlich eine Schranke hinsichtlich der Druckzonenhöhe eingeführt. Somit ergibt sich:

Biegebeanspruchung: $\quad h_{\text{eff}} = 2{,}5\,(h-d) = 2{,}5\,d_1 \leq \dfrac{h - x^{\text{I}}}{2}$ \hfill (12.18)

Zugbeanspruchung: $\quad h_{\text{eff}} = 2{,}5\,(h-d) = 2{,}5\,d_1 \leq \dfrac{h}{2}$ \hfill (12.19)

12.3.5 Schnittgrößen aus Zwang und Lasten

Für den Nachweis der Rissbreitenbeschränkung ist wesentlich, ob die Beanspruchungen aus Lasten oder aus Zwang herrühren. Wenn die Ursache Zwängungen sind, werden die Beanspruchungen durch die Rissbildung vermindert. Hierfür wird im allgemeinen Fall eine Mindestbewehrung ausreichend sein. Wenn dagegen die Ursache Lasten sind, ist die Größe der Lasten für die Schnittgrößen und damit die Rissbreiten wesentlich. Für (nicht vorgespannte) Stahlbetonbauteile ist dem Nachweis die quasi-ständige Lastkombination zugrunde zu legen, sofern der Bauherr nicht ein höheres Lastniveau fordert. Es darf dabei von einem gerissenen Bauteil (Zustand II) ausgegangen werden, sofern die Betonzugspannungen unter der seltenen Lastkombination den unteren Quantilwert der Zugfestigkeit $f_{\text{ctk};0{,}05}$ überschreiten.

12.3.6 Mindestbewehrung

Auf eine Mindestbewehrung darf in folgenden Fällen verzichtet werden:
- bei Innenbauteilen, da wegen des fehlenden Feuchtigkeitsangebots eine wesentliche Voraussetzung für Korrosion der Bewehrung nicht gegeben ist;
- bei Bauteilen, in denen Zwangeinwirkungen nicht auftreten können (z. B. durch zwängungsfreie Lagerung);
- sofern Bauteile nicht korrosionsgefährdet sind und breite Risse unbedenklich sind (z. B., weil die Bauteile verkleidet werden);
- wenn nachgewiesen wird, dass die Zwangeinwirkungen vom Bauteil aufgenommen werden können, ohne dass dessen Zugfestigkeit des Betons erreicht wird. In diesem Fall ist jedoch die „statisch erforderliche Bewehrung" zu ermitteln, indem das Bauteil für die Zwangbeanspruchungen bemessen wird. Hierbei ist jedoch zu beachten, dass die Betonzugfestigkeit und damit die Zwangbeanspruchung eine sehr stark streuende Größe ist. Außerdem kann die zutreffende Ermittlung der Zwangeinwirkungen sich sehr schwierig gestalten, so dass der Weg des Nachweises nicht üblich ist. Eventuell sollte versucht werden, die Zwangbeanspruchung durch betontechnologische Maßnahmen zu reduzieren.

Sofern auf die Mindestbewehrung nicht verzichtet werden kann, muss sie so groß sein, dass die Rissschnittgrößen N_{cr} und M_{cr} im Zustand II aufgenommen werden können. Die Rissschnittgrößen sind diejenigen Beanspruchungen, bei denen die Betonrandspannung im Bauteil gleich der wirksamen Betonzugfestigkeit $f_{ct,eff}$ ist. Als wirksame Betonzugfestigkeit $f_{ct,eff}$ darf in Abhängigkeit von der Festigkeitsklasse des Betons der Mittelwert der charakteristischen Zugfestigkeit f_{ctm} (**TAB 2.5**) eingesetzt werden, sofern der Zwang bei einem Betonalter $t \geq 28$ d auftritt. Wenn der Zwang in jungem Betonalter ($3 \leq t \leq 5$ d) auftritt (z. B. Zwang aus abfließender Hydratationswärme), darf die wirksame Betonfestigkeit in Abhängigkeit von der erwarteten Druckfestigkeit abgemindert werden (z. B. $0{,}5\,f_{ctm}$ nach 28 d).

Die tatsächliche Betonfestigkeit kann gegenüber der geplanten Festigkeitsklasse größer ausfallen. Dies ist zu berücksichtigen, wenn der Zeitpunkt der Rissbildung nicht mit Sicherheit innerhalb von 28 Tagen nach dem Betonieren liegt. Mit dieser „Überfestigkeit" der Druckfestigkeit ist zwangsläufig auch eine größere Zugfestigkeit verbunden. Um die hieraus möglichen Streuungen der Zugfestigkeit abzudecken, sollte min $f_{ct,eff} = 3{,}0$ N/mm^2 (für Normalbeton) als Mindestwert in Gl. (12.20) eingesetzt werden.

In oberflächennahen Bereichen von Stahlbetonbauteilen ist eine Mindestbewehrung $A_{s,min}$ zur Abdeckung nicht berücksichtigter Eigenspannungen aus Temperatur, Schwinden usw. einzulegen, um das Entstehen klaffender Risse zu verhindern.

$$A_{s,min} = k_c \cdot k \cdot \frac{f_{ct,eff}}{\sigma_s} \cdot A_{ct} \tag{12.20}$$

Der Beiwert k_c ist ein Beiwert zur Berücksichtigung des Einflusses der Spannungsverteilung innerhalb der Zugzone A_{ct} vor der Erstrissbildung sowie der Änderung des inneren Hebelarms beim Übergang in den Zustand II. Er darf für Rechteckquerschnitte, Stege von Plattenbalken und Hohlkästen nach (**TAB 12.3**) berechnet werden. σ_c ist hierbei die Betonspannung in Höhe der Schwerachse.

$$\sigma_c = \frac{N_{Ed}}{A_c} \tag{12.21}$$

Die Beiwerte k_c sind für die Sonderfälle zentrischer Zwang und reiner Biegezwang nach DIN 1045 und EC 2 gleich und können aus der Rissbedingung für Rechteckquerschnitte mit Gl. (12.20) einfach bestimmt werden:

$$\text{zentrischer Zwang:}\quad k \cdot f_{ct,eff} = \frac{N_{cr}}{A} = \frac{A_{s,min} \cdot \sigma_s}{b \cdot h} = \frac{k_c \cdot k \cdot \frac{f_{ct,eff}}{\sigma_s} \cdot A_{ct} \cdot \sigma_s}{b \cdot h}$$

DIN 1045-1	EC 2
$k_c = 0{,}4 \cdot \left(1 + \dfrac{\sigma_c}{k_1 \cdot f_{ct,eff}}\right) \geq 0$ $k_1 = \begin{cases} 1{,}5 \cdot \dfrac{h}{h'} & \text{für Längsdruckkraft} \\ \dfrac{2}{3} & \text{für Längszugkraft} \end{cases}$ $h' = \begin{cases} h & \text{für } h < 1\,\text{m} \\ 1\,\text{m} & \text{für } h \geq 1\,\text{m} \end{cases}$	zentrischer Zwang: $\quad k_c = 1{,}0$ Biegezwang: $\quad k_c = 0{,}4$ Biegung mit Längsdruckkraft: $k_c = 0{,}4 \cdot \left(1 + \dfrac{\sigma_c}{f_{ctk,0.95}}\right) \geq 0$

TAB 12.3: Beiwert k_c (nach [DIN 1045-1 – 01], 11.2.2 und [DIN V ENV 1992 – 92], 4.4.2.2)

Stahlspannung σ_s in N/mm²	Grenzdurchmesser d_s^* in mm in Abhängigkeit vom Rechenwert der Rissbreite w_k				
	DIN 1045-1			EC 2	
	Stahlbeton $w_k = 0,4$	Stahlbeton $w_k = 0,3$	Spannbeton $w_k = 0,2$	Stahlbeton $w_k = 0,3$	Spannbeton $w_k = 0,2$
160	56	42	28	32	25
200	36	28	18	25	16
240	25	19	13	20	12
280	18	14	9	16	8
320	14	11	7	12	6
360	11	8	6	10	5
400	9	7	5	8	4
450	7	5	4	6	-

TAB 12.4: Grenzdurchmesser d_s^* der Betonstahlbewehrung (nach [DIN 1045-1 – 01], Tabelle 20 und [DIN V ENV 1992 – 92, Tabelle 4.11)

$$k_c = \frac{b \cdot h}{A_{ct}} = \frac{b \cdot h}{b \cdot h} = 1 \qquad (\rightarrow \text{TAB 12.3})$$

reiner Biegezwang: $k \cdot f_{ct,eff} = \dfrac{M_{cr}}{W} = \dfrac{A_{s,min} \cdot \sigma_s \cdot z}{\dfrac{b \cdot h^2}{6}} = \dfrac{k_c \cdot k \cdot \dfrac{f_{ct,eff}}{\sigma_s} \cdot A_{ct} \cdot \sigma_s \cdot z}{\dfrac{b \cdot h^2}{6}}$

$$k_c = \frac{b \cdot h^2}{6} \cdot \frac{1}{A_{ct} \cdot z} \approx \frac{b \cdot h^2}{6} \cdot \frac{1}{\frac{b \cdot h}{2} \cdot 0,85 \, h} = \frac{1}{2,55} \approx 0,4 \qquad (\rightarrow \text{TAB 12.3})$$

Der Beiwert k in Gl. (12.20) berücksichtigt nichtlinear über den Querschnitt verteilte Eigenspannungen, die an anderer Stelle im Nachweis nicht erfasst werden:

- allgemein bei Zugspannungen aus Zwang im Bauteil $\qquad k = 0,8 \qquad$ (12.22)
- bei Rechteckquerschnitten mit $h \leq 30$ cm $\qquad k = 0,8 \qquad$ (12.23)
- bei Rechteckquerschnitten mit $h \geq 80$ cm $\qquad k = 0,5 \qquad$ (12.24)
  Hierbei ist h die kleinere Bauteilabmessung; Zwischenwerte sind zu interpolieren; bei profilierten Querschnitten sind die einzelnen Teile getrennt als Rechtecke zu betrachten.
- bei Zwang, der durch andere Bauteile hervorgerufen wird $\qquad k = 1,0 \qquad$ (12.25)

In Gl. (12.20) bezeichnet A_{ct} die Fläche der Zugzone im Zustand I unmittelbar vor der Rissbildung; σ_s die Spannung des Betonstahls im Zustand II in Abhängigkeit vom verwendeten Durchmesser. Die Betonstahlspannung σ_s darf in Abhängigkeit vom (zunächst geschätzten größten Stabdurchmesser =) Grenzdurchmesser d_s^* TAB 12.4 entnommen werden. Für die Herleitung dieses Grenzdurchmessers ($\rightarrow$ Kap. 12.3.3) wurde die Zugfestigkeit des Betons mit $f_{ct,0} = 3,0$ N/mm² angesetzt. Sofern im konkreten Einzelfall die wirksame Zugfestigkeit geringer ist, sind die Tabellenwerte zu günstig und müssen korrigiert werden (2. Term in Gl. (12.26)). Weiterhin darf eine Korrektur für dicke Bauteile vorgenommen werden (1. Term in Gl. (12.26)).

$$d_s = d_s^* \cdot k_c \cdot k \cdot \frac{h_t}{4(h-d)} \frac{f_{ct,eff}}{f_{ct,0}} \geq d_s^* \frac{f_{ct,eff}}{f_{ct,0}} \qquad (12.26)$$

h_t Höhe der Zugzone im Querschnitt unmittelbar vor Erstrissbildung

Beispiel 12.1: Beschränkung der Rissbreite bei Zwangschnittgrößen

gegeben: – Wand eines Wasserbeckens mit Innenabdichtung gemäß Skizze
– Baustoffgüten C30/37 ; BSt 500 S

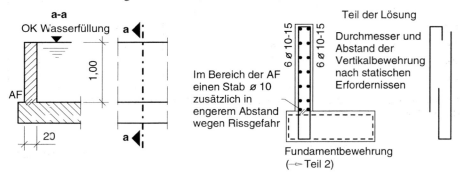

gesucht: Bewehrung in der Wand in horizontaler Richtung (senkrecht zur Zeichenebene)

Lösung:

Die Wand weist in horizontaler Richtung keine Lasten auf, sie wird nur aus Zwang infolge Abfließens der Hydratationswärme beansprucht. Es ist nämlich davon auszugehen, dass die Bodenplatte schon vor der Wand erstellt wurde und beim Betonieren der Wand bereits erhärtet ist. Es wird die Mindestbewehrung bestimmt, um die Zwangschnittgrößen aus abfließender Hydratationswärme aufnehmen zu können. Beim Entstehen des Zwangs aus abfließender Hydratationswärme ist die geplante Festigkeitsklasse noch nicht erreicht, daher wird $f_{ct,eff}$ für $0,5 f_{ctm}$ ermittelt.

$f_{ct,eff} = 0,5\, f_{ctm} = 0,5 \cdot 2,9 = 1,45\ \text{N/mm}^2$	TAB 2.5: C 30/37
Umgebungsklasse XC 4	TAB 2.1: Außenbauteil mit direkter Beregnung
$c_{min,Umwelt} = 25\ \text{mm}$	TAB 3.1: Umgebungsklasse XC 4
Die Verbundbedingung wird nicht maßgebend, da die horizontale Bewehrung in der 2. Lage liegt.	
$\Delta c = 15\ \text{mm}$	Vorhaltemaß für XC4
$c_{nom} = 25 + 15 = 40\ \text{mm}$	(3.1): $c_{nom} = c_{min} + \Delta c$
Horizontale Bewehrung:	
$d_1 = h - d = 40 + 8 + \frac{10}{2} = 53\ \text{mm}$	mit $d_s = 10$ mm und Vertikalbewehrung $d_s = 8$ mm
$h_{eff} = 2,5 \cdot 53 = 132,5\ \text{mm} > \underline{100\ \text{mm}} = \frac{200}{2}$	(12.19): $h_{eff} = 2,5\, d_1 \leq \frac{h}{2}$
$A_{c,eff} = 1,0 \cdot 0,1 = 0,10\ \text{m}^2$	(12.17): $A_{c,eff} = b_t \cdot h_{eff}$
$\sigma_c = f_{ct,eff}$	Bei Rissbildung

12 Beschränkung der Rissbreite

$k_1 = \dfrac{2}{3}$

$k_c = 0,4 \cdot \left(1 + \dfrac{3}{2}\right) = 1$

$k = 0,8$

Der verwendete ⌀10 ist auf den Grenzdurchmesser umzurechnen:

$d_s^* \leq 10 \cdot \dfrac{1}{1 \cdot 0,8} \cdot \dfrac{4 \cdot 45}{200} \cdot \dfrac{3,0}{1,45} = 23,3$ mm

$\leq 10 \dfrac{3,0}{1,45} = 20,7$ mm

$\sigma_s = 232$ N/mm²

$A_{s,min} = 1,0 \cdot 0,8 \cdot \dfrac{1,45}{232} \cdot 0,1 \cdot 10^4 = 5,0$ cm²

gew: ⌀10-15 beidseitig

$A_{s,vorh} = 0,785 \dfrac{100}{15} = 5,2$ cm² $> 5,0$ cm² $= A_{s,min}$

TAB 12.3: zentrischer Zwang

$k_1 = \begin{cases} 1,5 \cdot \dfrac{h}{h'} & \text{für Längsdruckkraft} \\ \dfrac{2}{3} & \text{für Längszugkraft} \end{cases}$

$k_c = 0,4 \cdot \left(1 + \dfrac{\sigma_c}{k_1 \cdot f_{ct,eff}}\right) \geq 0$

(12.23), da $h = 20$ cm < 30 cm

(12.26): $d_s = d_s^* \cdot k_c \cdot k \cdot \dfrac{h_t}{4(h-d)} \dfrac{f_{ct,eff}}{f_{ct,0}}$

$\geq d_s^* \dfrac{f_{ct,eff}}{f_{ct,0}}$

TAB 12.4: für $d_s^* = 20,7$ mm interpoliert; $w_k \leq 0,30$ mm

(12.20): $A_{s,min} = k_c \cdot k \cdot \dfrac{f_{ct,eff}}{\sigma_s} \cdot A_{ct}$

TAB 4.1

(7.51): $A_{s,vorh} \geq A_{s,erf}$

Aus Wasserdruck wird in Vertikalrichtung eine Biegezugbewehrung erforderlich. Aufgrund der Querdehnzahl des Betons sind damit in horizontaler Richtung 20 % erforderlich. Nachfolgend wird durch Überschlag gezeigt, dass diese Bewehrung nicht maßgebend wird.
Kragmoment aus hydrostatischem Wasserdruck:

$M_k = -10 \cdot \dfrac{1^2}{6} = -1,67$ kNm

$M_k \approx 0,2 \cdot 1,67 = 0,334$ kNm

$A_s \approx 4 \cdot \dfrac{0,334}{15,5} + 0 = 0,1$ cm² $\ll A_{s,min}$

$M_k = -F_k \cdot \dfrac{l_{eff}^2}{6}$

(z. B. [Schneider – 02], S. 4.12)

(7.94): $A_s \approx 4 \dfrac{M_k}{h} + \dfrac{N_k}{30}$

Einheiten: $\left[\text{cm}^2\right] = \dfrac{[\text{kNm}]}{[\text{cm}]} + \dfrac{[\text{kN}]}{[1]}$

Beispiel wird mit Bsp. 12.2 fortgesetzt

12.4 Nachweis nach DIN 1045-1

12.4.1 Berechnung der Rissbreite

Die Rissbreite kann aufbauend auf den Überlegungen in Kap. 12.3 „berechnet" (besser: abgeschätzt) werden. Hierzu sind für Gl. (12.4) bzw. (12.8) der Rissabstand und die mittleren Dehnungen für die quasi-ständige Lastkombination zu bestimmen.

Am Ende der Eintragungslänge l_t kann höchstens die Risskraft erreicht sein, damit erhält man durch Umstellen von Gl. (12.5):

$$l_t = \frac{F_{cr}}{\tau_{sm} \cdot \pi \cdot d_s} \qquad (12.27)$$

Eine obere Abschätzung des Rissabstandes wurde mit Gl. (12.9) gegeben. Wenn hierin die Bedingungen für die Erstrissbildung (Gl. (12.27)) und für die abgeschlossene Rissbildung (Gl. (12.7)) eingeführt werden, ergibt sich:

$$s_{cr,max} = 2\,l_t = 2 \cdot \frac{f_{ct,eff}}{\rho_{eff} \cdot \tau_{sm}} \cdot \frac{d_s}{4} \leq 2 \cdot \frac{F_{cr}}{\tau_{sm} \cdot \pi \cdot d_s}$$

$$s_{cr,max} = \frac{f_{ct,eff}}{\rho_{eff} \cdot \tau_{sm}} \cdot \frac{d_s}{2} \leq 2 \cdot \frac{\sigma_s \cdot A_s}{\tau_{sm} \cdot \frac{4 A_s}{d_s}} \qquad (12.28)$$

Als mittlere Verbundspannung wird in DIN 1045-1 unabhängig vom Zustand der Rissbildung ein konstanter Wert $\tau_{sm} = 1{,}8\,f_{ct,eff}$ angesetzt. Dies wird in Gl. (12.28) eingesetzt und damit die Bestimmungsgleichung für den Rissabstand gefunden.

$$s_{cr,max} = 2 \cdot \frac{f_{ct,eff}}{\rho_{eff} \cdot 1{,}8 \cdot f_{ct,eff}} \cdot \frac{d_s}{4} \leq \frac{\sigma_s}{0{,}9 \cdot f_{ct,eff} \cdot \frac{4}{d_s}}$$

$$s_{cr,max} = \frac{d_s}{3{,}6\,\rho_{eff}} \leq \frac{\sigma_s \cdot d_s}{3{,}6\,f_{ct,eff}} \qquad (12.29)$$

Gl. (12.29) entspricht [DIN 1045-1 – 01], 11.2.4. Nun müssen die Dehnungen betrachtet werden. Die mittlere Dehnungsdifferenz kann direkt aus Gl. (12.12) und Gl. (12.13) entnommen werden, wenn wiederum angenommen wird, dass maximal die Risskraft (bzw. Risszugspannung) erreicht werden kann.

$$\varepsilon_{sm} - \varepsilon_{cm} = \left(1 - \beta_t \cdot \frac{\Delta\sigma_s}{\sigma_s}\right) \cdot \frac{\sigma_s}{E_s} - \beta_t \frac{f_{ct,eff}}{E_c}$$

Zur Beschreibung der Spannungsänderung im Betonstahl wird Gl. (1.17) verwendet.

$$\varepsilon_{sm} - \varepsilon_{cm} = \left(1 - \beta_t \cdot \frac{f_{ct,eff}}{\rho_{eff} \cdot \sigma_s}\right) \cdot \frac{\sigma_s}{E_s} - \beta_t \frac{f_{ct,eff}}{E_c} = \left(\sigma_s - \beta_t \cdot \frac{f_{ct,eff}}{\rho_{eff}}\right) \cdot \frac{1}{E_s} - \beta_t \frac{f_{ct,eff}}{\frac{E_s}{\alpha_e}}$$

$$\varepsilon_{sm} - \varepsilon_{cm} = \frac{\sigma_s - \beta_t \dfrac{f_{ct,eff}}{\rho_{eff}} - \beta_t \cdot \alpha_e \cdot f_{ct,eff}}{E_s} = \frac{\sigma_s - \beta_t \cdot \dfrac{f_{ct,eff}}{\rho_{eff}}(1 + \alpha_e \cdot \rho_{eff})}{E_s} \qquad (12.30)$$

Wenn in Gl. (12.30) für den Zustand der Erstrissbildung die einschränkende Bedingung $F \leq F_{cr}$ gesetzt wird, erhält man mit Gl. (1.16):

$$\varepsilon_{sm} - \varepsilon_{cm} \geq \frac{\sigma_{s,cr} - \beta_t \cdot \sigma_{s,cr}}{E_s} = (1 - \beta_t)\frac{\sigma_{s,cr}}{E_s} \qquad (12.31)$$

12 Beschränkung der Rissbreite

Der Völligkeitsbeiwert in DIN 1045-1 ist $\beta_t = 0,4$. Damit ergibt sich durch Koppelung von Gl. (12.30) und (12.31) die in [DIN 1045-1 – 01], 11.2.4 angegebene Gl. (136):

$$\varepsilon_{sm} - \varepsilon_{cm} = \frac{\sigma_s - 0,4 \cdot \frac{f_{ct,eff}}{\rho_{eff}}\left(1 + \alpha_e \cdot \rho_{eff}\right)}{E_s} \geq 0,6 \frac{\sigma_s}{E_s} \quad (12.32)$$

Mit Gl. (12.29) und (12.32) ist die Rissbreite (Gl. (12.8) bzw. (12.14)) bestimmbar, wenn beachtet wird, dass $s_{cr,max} = \beta \cdot s_{crm}$ in [DIN 1045-1 – 01], 11.2.4 gesetzt wird.

$$w_k = s_{cr,max} \cdot (\varepsilon_{sm} - \varepsilon_{cm}) \quad (12.33)$$

Die zulässige Rissbreite richtet sich nach der Mindestanforderungsklasse in Abhängigkeit von den Umgebungsbedingungen ([DIN 1045-1 – 01], Tabelle 18 und 19). Im (nicht vorgespannten) Stahlbeton beträgt die zulässige Rissbreite

Klasse E: $w_{zul} = 0,3$ mm $\quad (12.34)$

Klasse F: $w_{zul} = 0,4$ mm $\quad (12.35)$

Beispiel 12.2: Beschränkung der Rissbreite durch Einhalten von Konstruktionsregeln (Fortsetzung von Beispiel 6.1 und Beispiel 11.1)

gegeben: – Behälterwand von Beispiel 6.1
– Biegebemessung (Grenzzustand der Tragfähigkeit) ergab $\varnothing 10$-10 (Beispiel 7.5)

gesucht: Bewehrung in der Wand in vertikaler Richtung (in Zeichenebene)

Lösung:

Der Nachweis ist für quasi-ständige Lastkombination zu führen. In diesem Fall (Behälterwand) ist dies der bis oben gefüllte Behälter:

$M_{q-s} = -10 \cdot \dfrac{2,5^2}{6} = -10,4$ kNm/m	$M_k = -F_k \cdot \dfrac{l_{eff}^2}{6}$
	(z. B. [Schneider – 02], S. 4.12)
Untersuchung, ob Bauteil ungerissen bleibt, mit dem (ungünstigen) 5%-Quantil	
$f_{ct,eff} = f_{ct\,k;0.05} = 2,0$ N/mm^2	**TAB 2.5**: C 30/37
$M_{cr} = 2,0 \cdot \dfrac{1,0 \cdot 0,20^2}{6} \cdot 10^3 = 13,3$ kNm/m > 10,4 kNm/m	(1.22): $M = \sigma_c \cdot W$
$\Rightarrow$ Bauteil bleibt ungerissen, Mindestbewehrung erforderlich	Im weiteren gilt: $f_{ct,eff} = f_{ctm}$
$d_1 = h - d = 40 + \dfrac{10}{2} = 45$ mm	mit $d_s = 10$ mm
$\sigma_c = \dfrac{\approx 0}{A_c} \approx 0$	(12.21): $\sigma_c = \dfrac{N_{Ed}}{A_c}$
	(**TAB 12.3**)
$k_c = 0,4 \cdot \left(1 + \dfrac{0}{1,5 \cdot 2,9}\right) = 0,4$	$k_c = 0,4 \cdot \left(1 + \dfrac{\sigma_c}{k_1 \cdot f_{ct,eff}}\right) \geq 0$
$k = 0,8$	(12.23), da $h = 20$ cm < 30 cm

Umrechnung des verwendeten $\varnothing 10$ auf den Grenzdurchmesser: (12.26):

$$d_s^* = \min \begin{cases} 10 \cdot \dfrac{1}{0,4 \cdot 0,8} \cdot \dfrac{4 \cdot 45}{200} \cdot \dfrac{3,0}{2,9} = 29,1 \text{ mm} \\ 10 \cdot \dfrac{3,0}{2,9} = \underline{10,3 \text{ mm}} \end{cases}$$

$$d_s = d_s^* \cdot k_c \cdot k \cdot \dfrac{h_t}{4(h-d)} \dfrac{f_{ct,eff}}{f_{ct,0}}$$

$$\geq d_s^* \dfrac{f_{ct,eff}}{f_{ct,0}}$$

$\sigma_s = 267 \text{ N/mm}^2$

TAB 12.4: für $d_s^* = 10,3$ mm interpoliert; $w_k \leq 0,20$ mm

$A_{ct} = 1,0 \cdot \dfrac{0,20}{2} = 0.10 \text{ m}^2$

$A_{ct} = b \cdot \dfrac{h}{2}$

$A_{s,min} = 0,4 \cdot 0,8 \cdot \dfrac{2,9}{267} \cdot 0,10 \cdot 10^4 = 3,5 \text{ cm}^2$

(12.20): $A_{s,min} = k_c \cdot k \cdot \dfrac{f_{ct,eff}}{\sigma_s} \cdot A_{ct}$

gew: $\varnothing$10-10 beidseitig

TAB 4.1

$A_{s,vorh} = 0,785 \cdot \dfrac{100}{10} = 7,85 \text{ cm}^2 > 3,5 \text{ cm}^2 = A_{s,min}$

(7.51): $A_{s,vorh} \geq A_{s,erf}$

Fortsetzung mit Beispiel 12.3

Beispiel 12.3: Berechnung der Rissbreite bei Lastschnittgrößen
(Fortsetzung von Beispiel 12.2)

gegeben: – Behälterwand von Beispiel 6.1
– Biegebemessung (Grenzzustand der Tragfähigkeit) ergab $\varnothing$10-10

gesucht: Nachweis der Rissbreite für WU-Beton [61]

Lösung:

Der Nachweis ist für quasi-ständige Lastkombination zu führen. In diesem Fall (Behälterwand) ist dies der bis oben gefüllte Behälter:

$M_{q-s} = -25 \cdot \dfrac{2,5^2}{6} = -26,0$ kNm/m

$M_k = -F_k \cdot \dfrac{l_{eff}^2}{6}$

$N_{q-s} = -25 \cdot 1,0 \cdot 0,20 \cdot 2,5 = -12,5$ kN

(z. B. [Schneider – 02], S. 4.12)

$M_{Ed} = 0 + 1,0 \cdot (-26,0) = -26,0$ kNm/m

(6.17): $\sum G_{k,i} + P_k \oplus \sum \psi_{2,i} \cdot Q_{k,i}$

$N_{Ed} = -12,5 + 0 = -12,5$ kN

$f_{ct,eff} = f_{ctm} = 2,9 \text{ N/mm}^2$

TAB 2.5: C 30/37

$M_{cr} = 2,9 \cdot \dfrac{1,0 \cdot 0,20^2}{6} \cdot 10^3$

(1.22): $M = \sigma_c \cdot W$

$= 19,3$ kNm/m $< 26,0$ kNm/m

$k = 0,8$

(12.23), da $h = 20$ cm < 30 cm

$E_s = 200\,000 \text{ N/mm}^2$

ABB 2.9

$E_{cm} = 32\,000 \text{ N/mm}^2$

TAB 2.5: C30/37

---

[61] Ein WU-Beton sollte eine Mindestbauteilhöhe von 30 cm aufweisen. Hier wird mit einem 20 cm dicken Bauteil gerechnet, um dem Leser den Vergleich zu Beispiel 12.1 zu ermöglichen und die Ergebnisse des Beispiels 6.1 verwenden zu können, das mit Beispiel 12.3 fortgesetzt wird.

12 Beschränkung der Rissbreite

$$E_{c,eff} = \frac{32\,000}{1+2} = 10700 \text{ N/mm}^2$$

$$\alpha_e = \frac{200\,000}{10\,700} = 18,7$$

$$h_{eff} = 2,5 \cdot 45 = 113 \text{ mm} > \underline{50 \text{ mm}} = \frac{200-100}{2}$$

$$\rho_{eff} = \frac{7,85}{100 \cdot 15,5} = 0,0051$$

$$x = 0,0051 \cdot 18,7 \cdot 155 \left[-1 + \sqrt{1 + \frac{2}{0,0051 \cdot 18,7}} \right]$$

$$= 54,4 \text{ mm}$$

$$\sigma_s \approx \frac{26,0 \cdot 10^6}{785 \cdot \left(155 - \frac{54,4}{3}\right)} = 242 \text{ N/mm}^2$$

$$A_{c,eff} = 1,0 \cdot 0,050 = 0,050 \text{ m}^2$$

$$\rho_{eff} = \frac{7,85}{0,050 \cdot 10^4} = 0,0157$$

$$s_{cr,max} = \frac{10}{3,6 \cdot 0,0157} = \underline{177 \text{ mm}} < 232 \text{ mm} = \frac{242 \cdot 10}{3,6 \cdot 2,9}$$

$$\varepsilon_{sm} - \varepsilon_{cm} = \frac{242 - 0,4 \cdot \frac{2,9}{0,0157}(1 + 18,7 \cdot 0,0157)}{200\,000}$$

$$= \underline{0,732 \cdot 10^{-3}}$$

$$> 0,726 \cdot 10^{-3} = 0,6 \cdot \frac{242}{200\,000}$$

$$w_k = 177 \cdot 0,732 \cdot 10^{-3} = 0,13 \text{ mm}$$

(12.5): $E_{c,eff} = \dfrac{E_{cm}}{1+\varphi}$

(1.3): $\alpha_e = \dfrac{E_s}{E_c}$

(12.18):

$$h_{eff} = 2,5(h-d) = 2,5\,d_1 \leq \frac{h-x^I}{2}$$

$$\rho = \frac{A_s}{A_c} = \frac{A_s}{b \cdot d}$$

(11.7):

$$x = \rho \cdot \alpha_e \cdot d \left[-1 + \sqrt{1 + \frac{2}{\rho \cdot \alpha_e}} \right]$$

(11.12): $\sigma_s = \dfrac{M_{Eds}}{A_s\left(d - \frac{x}{3}\right)} + \dfrac{N_{Ed}}{A_s}$

(12.17): $A_{c,eff} = b_t \cdot h_{eff}$

$\rho_{eff} = \dfrac{A_s}{A_{c,eff}}$

(12.29):

$$s_{cr,max} = \frac{d_s}{3,6\,\rho_{eff}} \leq \frac{\sigma_s \cdot d_s}{3,6\,f_{ct,eff}}$$

(12.32):

$$\varepsilon_{sm} - \varepsilon_{cm}$$

$$= \frac{\sigma_s - 0,4 \cdot \dfrac{f_{ct,eff}}{\rho_{eff}}(1 + \alpha_e \cdot \rho_{eff})}{E_s}$$

$$\geq 0,6 \frac{\sigma_s}{E_s}$$

(12.33): $w_k = s_{cr,max} \cdot (\varepsilon_{sm} - \varepsilon_{cm})$

Die zulässige Rissbreite für WU-Beton beträgt 0,10 mm bis 0,20 mm (je nach Anforderungen des Bauherrn und evtl. erforderlichen Zusatzmaßnahmen wie Rissverpressung), sodass die Bewehrung ausreicht.

12.4.2 Beschränkung der Rissbildung ohne direkte Berechnung

Die Berechnung der Rissbreite nach Gl. (12.33) ist für praktische Fälle sehr aufwendig. Daher wird diese Gleichung umgeformt und allgemein ausgewertet. Dies führt auf die Nachweise „Begrenzen des Stahldurchmessers" und „Begrenzen des zulässigen Stababstands".

Begrenzen des Stahldurchmessers

Wenn die Gln. (12.29) und (12.32) in Gl. (12.33) eingesetzt werden, wobei die Bedingung für die Erstrissbildung zunächst vernachlässigt wird, ergibt sich:

$$w_k = \frac{d_s}{3,6\,\rho_{\text{eff}}} \cdot \frac{\sigma_s - 0,4 \cdot \frac{f_{\text{ct,eff}}}{\rho_{\text{eff}}}(1 + \alpha_e \cdot \rho_{\text{eff}})}{E_s} \qquad (12.36)$$

$$\Rightarrow d_s = \frac{3,6\,\rho_{\text{eff}} \cdot E_s \cdot w_k}{\sigma_s - 0,4 \cdot \frac{f_{\text{ct,eff}}}{\rho_{\text{eff}}}(1 + \alpha_e \cdot \rho_{\text{eff}})} \qquad (12.37)$$

Für die Begrenzung der Erstrissbildung muss verhindert werden, dass die Stahlspannung die Fließgrenze erreicht. Hierfür kann Gl. (1.16) verwendet werden

$$d_s = \frac{3,6\,\frac{f_{\text{ct,eff}}}{\sigma_s}(1 + \alpha_e \cdot \rho_{\text{eff}}) \cdot E_s \cdot w_k}{\sigma_s - 0,4 \cdot \sigma_s (1 + \alpha_e \cdot \rho_{\text{eff}})^2} \approx \frac{3,6\,\frac{f_{\text{ct,eff}}}{\sigma_s} \cdot E_s \cdot w_k}{\sigma_s - 0,4 \cdot \sigma_s}$$

$$d_s = \frac{6,0\,f_{\text{ct,eff}} \cdot E_s \cdot w_k}{\sigma_s^2} \qquad (12.38)$$

Wenn diese Gl. für eine Zugfestigkeit $f_{\text{ct,eff}} = 3{,}0\ \text{N/mm}^2$ ausgewertet wird, erhält man **TAB 12.4**. Bei Betonfestigkeitsklassen mit geringeren Zugfestigkeitsklassen und größeren Randabständen der Bewehrung als $d_1 = 4\ \text{cm}$ liegen die Tabellenwerte auf der unsicheren Seite. Sie sind deshalb mit Gl. (12.26) zu korrigieren.

Begrenzen des zulässigen Stababstands

Die zulässigen Stababstände sind nur dann nachzuweisen, wenn sich der Grenzdurchmesser nicht einhalten lässt. Für die Herleitung der entsprechenden Gl. wird wiederum auf Gl. (12.36) zurückgegriffen und $\alpha_e \cdot \rho_{\text{eff}} \approx 0$ gesetzt. Der Bewehrungsgrad kann durch die zu einem Bewehrungsstab gehörige anteilige Betonfläche (wirksame Höhe h_{eff} und Stababstand s) ausgedrückt werden.

$$\rho_{\text{eff}} = \frac{A_s}{A_{c,\text{eff}}} = \frac{\pi \cdot d_s^2}{4 \cdot s \cdot h_{\text{eff}}} \qquad (12.39)$$

$$w_k = \frac{d_s}{3,6\,\frac{\pi \cdot d_s^2}{4 \cdot s \cdot h_{\text{eff}}}} \cdot \frac{\sigma_s - 0,4 \cdot \frac{4 \cdot s \cdot h_{\text{eff}} \cdot f_{\text{ct,eff}}}{\pi \cdot d_s^2}}{E_s} = \frac{4 \cdot s \cdot h_{\text{eff}}}{3,6\,\pi \cdot d_s} \cdot \frac{\sigma_s - 0,4 \cdot \frac{4 \cdot s \cdot h_{\text{eff}} \cdot f_{\text{ct,eff}}}{\pi \cdot d_s^2}}{E_s}$$

Wenn nun der bereits eingeführte Wert für die $h_{\text{eff}} = 2{,}5\,d_1$ (Gln. (12.17) und (12.18)) eingesetzt wird:

$$w_k = \frac{10 \cdot s \cdot d_1}{3,6\,\pi \cdot d_s} \cdot \frac{\sigma_s - 0,4 \cdot \frac{f_{\text{ct,eff}}}{d_s} \cdot \frac{10 \cdot s \cdot d_1}{\pi \cdot d_s}}{E_s} = \frac{\sigma_s}{3,6\,E_s}\left(\frac{10 \cdot s \cdot d_1}{\pi \cdot d_s}\right) - \frac{0,4\,f_{\text{ct,eff}}}{3,6\,E_s \cdot d_s}\left(\frac{10 \cdot s \cdot d_1}{\pi \cdot d_s}\right)^2$$

Diese Gl. ist quadratisch hinsichtlich des eingeklammerten Terms und kann gelöst werden: Wenn weiterhin d_s durch den Grenzdurchmesser nach Gl. (12.38) substituiert wird und die Gl. nach s aufgelöst wird, erhält man nach einigem Umformen:

$$s = \frac{3,6\,\pi \cdot f_{\text{ct,eff}} \cdot E_s^2}{d_1 \cdot \sigma_s^3} \cdot w_k^2 \qquad (12.40)$$

12 Beschränkung der Rissbreite

Stahlspannung σ_s in N/mm²	Grenzwert der Stababstände s in mm in Abhängigkeit vom Rechenwert der Rissbreite w_k				
	DIN 1045-1			EC 2	
	Stahlbeton $w_k = 0{,}4$	Stahlbeton $w_k = 0{,}3$	Spannbeton $w_k = 0{,}2$	Reine Biegung	Zentrischer Zug
160	300	300	200	300	200
200	300	250	150	250	150
240	250	200	100	200	125
280	200	150	50	150	75
320	150	100	-	100	-
360	100	50	-	50	-

TAB 12.5: Höchstwert des Stababstandes s von Betonstahlbewehrung (nach [DIN 1045-1 – 01], Tabelle 22 und [DIN V ENV 1992 – 92, Tabelle 4.12)

Dies ist die gesuchte Gl. für den Stababstand, die in **TAB 12.5** ausgewertet ist. Sie ist nur für Lasteinwirkung verwendbar.

12.5 Nachweis nach EC 2

12.5.1 Berechnung der Rissbreite

Die Rissbreite kann ebenfalls nach (der normenunabhängigen) Gl. (12.14) berechnet werden, wobei in EC 2 die Betondehnung $\varepsilon_{cm} \approx 0$ gesetzt wird. Im Folgenden wird erläutert, wie die einzelnen Faktoren hierzu ermittelt werden. Der Beiwert β kennzeichnet das Verhältnis vom Rechenwert der Rissbreite zum Mittelwert der Rissbreite (→ Kap. 12.3.3).

$\beta = 1{,}7$ (12.41) – für Rissbildung, die durch Lasten hervorgerufen wird

– für Rissbildung, die durch Zwang hervorgerufen wird bei Querschnitten mit $h > 0{,}80\,\text{m}$

$\beta = 1{,}3$ (12.42) – für Rissbildung, die durch Zwang hervorgerufen wird bei Querschnitten mit $0{,}30\,\text{m} \geq \min\begin{cases} b \\ h \end{cases}$

$\beta = 1{,}3 + \dfrac{h - 0{,}3}{0{,}5} \cdot 0{,}4$ (12.43) – für Rissbildung, die durch Zwang hervorgerufen wird bei Querschnitten $0{,}30\,\text{m} < h \leq 0{,}80\,\text{m}$

Die mittlere Dehnung ε_{sm} der Bewehrung, die unter der maßgebenden Lastkombination und unter Berücksichtigung der Mitwirkung des Betons zwischen den Rissen auf Zug beansprucht wird, wird nach folgender Gl. bestimmt:

$$\varepsilon_{sm} = \frac{\sigma_s}{E_s}\left[1 - \beta_1 \cdot \beta_2 \left(\frac{\sigma_{sr}}{\sigma_s}\right)^2\right] \qquad (12.44)$$

β_1 Beiwert zur Berücksichtigung des Einflusses eines Bewehrungsstabes auf die mittlere Dehnung

- Rippenstäbe $\quad\quad\quad\quad\quad\quad \beta_1 = 1,0$ \quad\quad (12.45)
- glatte Stäbe $\quad\quad\quad\quad\quad\quad \beta_1 = 0,5$ \quad\quad (12.46)

β_2 \quad Beiwert zur Berücksichtigung der Belastungsdauer auf die mittlere Dehnung
- einzelne kurzzeitige Belastung $\quad \beta_2 = 1,0$ \quad\quad (12.47)
- andauernde Last oder häufige Lastwechsel $\quad \beta_2 = 0,5$ \quad\quad (12.48)

Diejenige Spannung der Zugbewehrung, die auf der Grundlage eines gerissenen Querschnitts berechnet wird, wird mit σ_s bezeichnet. $\sigma_{s,cr}$ ist die Spannung der Zugbewehrung, die auf der Grundlage eines gerissenen Querschnitts für eine Lastkombination berechnet wird, die zur Erstrissbildung führt. Bei Bauteilen, die nur im Bauteil selbst hervorgerufenem Zwang unterworfen sind, gilt

$$\sigma_s = \sigma_{s,cr} \quad\quad\quad (12.49)$$

Der mittlere Rissabstand s_{crm} bei abgeschlossenem Rissbild bei Bauteilen, die überwiegend Biegung oder Zug ausgesetzt sind, kann wie folgt bestimmt werden:

$$s_{rm} = 50 + 0,25 \cdot \alpha \cdot k_1 \cdot k_2 \cdot \frac{d_s}{\rho_{eff}} \quad\quad \text{mm} \quad\quad\quad (12.50)$$

α \quad Beiwert zur Unterscheidung von Last- und Zwangbeanspruchung
- Lastbeanspruchung $\quad \alpha = 1,0$ \quad\quad (12.51)
- Zwangbeanspruchung $\quad \alpha = k$ nach Gln. (12.22) bis (12.25)

k_1 \quad Beiwert zur Berücksichtigung der Verbundeigenschaften der Betonstahls auf den Rissabstand
- Rippenstäbe $\quad\quad\quad\quad\quad\quad k_1 = 0,8$ \quad\quad (12.52)
- glatte Stäbe $\quad\quad\quad\quad\quad\quad k_1 = 1,6$ \quad\quad (12.53)

k_2 \quad Beiwert zur Berücksichtigung des Einflusses der Dehnungsverteilung auf den Rissabstand
- reine Biegung $\quad\quad\quad\quad\quad k_2 = 0,5$ \quad\quad (12.54)
- zentrischer Zug $\quad\quad\quad\quad\quad k_2 = 1,0$ \quad\quad (12.55)
- Biegung mit Längs-(zug-)kraft $\quad k_2 = \dfrac{\varepsilon_1 + \varepsilon_2}{2 \cdot \varepsilon_1}$ \quad\quad (12.56)

Dabei ist ε_1 die betragsmäßig größere und ε_2 die betragsmäßig kleinere Dehnung im Zustand II an den Rändern des betrachteten Querschnitts.

ρ_{eff} wirksamer Bewehrungsgrad $\quad \rho_{eff} = \dfrac{A_s}{A_{c,eff}}$ \quad\quad (12.57)

Es ist wie in DIN 1045-1 eine Mindestbewehrung nach Gl. (12.20) anzuordnen. Die Schätzung des Stabdurchmessers est d_s ist bei der Wahl der Bewehrung zu berücksichtigen, ggf. ist die Rechnung mit einer korrigierten Schätzung zu wiederholen.

$$\text{est } d_s \leq d_s \leq d_s^* \quad\quad\quad (12.58)$$

d_s^* \quad Grenzdurchmesser nach **TAB 12.4**

Bei dicken Bauteilen darf der Grenzdurchmesser d_s^* nach Gl. (12.58) mit f_1 vergrößert werden:

12 Beschränkung der Rissbreite

$$f_1 = \frac{h}{10(h-d)} \geq 1,0 \qquad (12.59)$$

$$\text{cal } d_s = f_1 \cdot d_s^* \qquad (12.60)$$

Beispiel 12.4: Nachweis durch Ermittlung der Rissbreite nach EC 2

gegeben: – Behälterwand von Beispiel 12.1
– Baustoffgüten C20 ; BSt 500 S

gesucht: – Bewehrung in der Wand in horizontaler Richtung senkrecht zur Zeichenebene
– Berchnung der Rissbreite

Lösung:

Beim Entstehen des Zwangs aus abfließender Hydratationswärme ist die geplante Festigkeitsklasse noch nicht erreicht, daher wird $f_{ct,eff}$ für eine Klasse geringer ermittelt.

$f_{ct,eff} = f_{ctm} = 1,9 \text{ N/mm}^2$	TAB 2.5: C 16/20;
$k_c = 1,0$	TAB 12.3: zentrischer Zwang
$k = 0,8$	(12.23), da $h = 20\,\text{cm} < 30\,\text{cm}$
$d_1 = h - d = 40 + 8 + \dfrac{10}{2} = 53 \text{ mm}$	mit $d_s = 10$ mm und Vertikalbewehrung $d_s = 8$ mm
$f_1 = \dfrac{200}{10 \cdot 53} = 0,38 < \underline{1,0}$	(12.59): $f_1 = \dfrac{h}{10(h-d)} \geq 1,0$
$\text{cal } d_s = 1,0 \cdot 10 = 10 \text{ mm}$	(12.60): $\text{cal } d_s = f_1 \cdot d_s^*$
$\sigma_s = 360 \text{ N/mm}^2$	TAB 12.4
$A_{c,eff} = 1,0 \cdot 0,1 = 0,10 \text{ m}^2$	(12.17): $A_{c,eff} = b_t \cdot h_{eff}$
$A_{s,min} = 1,0 \cdot 0,8 \cdot \dfrac{1,9}{360} \cdot 0,1 \cdot 10^4 = 4,22 \text{ cm}^2$	(12.20): $A_{s,min} = k_c \cdot k \cdot \dfrac{f_{ct,eff}}{\sigma_s} \cdot A_{ct}$
gew: Ø10-12,5 beidseitig	TAB 4.1
$A_{s,vorh} = 0,785 \cdot \dfrac{100}{12,5} = 6,28 \text{ cm}^2 > 4,22 \text{ cm}^2 = A_{s,min}$	(7.51): $A_{s,vorh} \geq A_{s,erf}$
Im folgenden werden die Vorwerte für Gl (12.14) bestimmt.	(12.14): $w_k = \beta \cdot s_{crm} \cdot (\varepsilon_{sm} - \varepsilon_{cm})$
$0,30 \text{ m} > 0,30 \text{ m} = \min \begin{cases} 0,20 \text{ m} = b \\ 1,0 \text{ m} = h \end{cases} \beta = 1,3$	(12.42): sofern $0,30 \text{ m} \geq \min \begin{cases} b \\ h \end{cases}$
$\beta_1 = 1,0$	(12.45): sofern Rippenstäbe
$\beta_2 = 0,5$	(12.48): sofern lang andauernde Belastung. Zwang aus Hydratation ist eine andauernde Last.
$\sigma_{s,vorh} = 360 \cdot \dfrac{4,22}{6,28} = 242 \text{ N/mm}^2$	$\sigma_{s,vorh} = \sigma_s \dfrac{A_s}{A_{s,vorh}}$
$\sigma_s = \sigma_{s,cr} = 242 \text{ N/mm}^2$	(12.49) bei Zwang

$$\varepsilon_{sm} = \frac{242}{200\,000}\left[1 - 1,0 \cdot 0,5 \cdot (1)^2\right] = 0,605 \cdot 10^{-3}$$

$\alpha = k = 0,8$
$k_1 = 0,8$
$k_2 = 1,0$

$$A_{c,eff} = \frac{0,2}{2} \cdot 1,0 = 0,10 \text{ m}^2$$

$$\rho_{eff} = \frac{6,28}{1000} = 0,00628$$

$$s_{rm} = 50 + 0,25 \cdot 0,8 \cdot 0,8 \cdot 1,0 \cdot \frac{10}{0,00628} = 305 \text{ mm}$$

$$w_k = 1,3 \cdot 305 \cdot 0,605 \cdot 10^{-3} = 0,24 \text{ mm}$$

$$w_{zul} = 0,30 \text{ mm} > 0,24 \text{ mm}$$

(12.44):
$$\varepsilon_{sm} = \frac{\sigma_s}{E_s}\left[1 - \beta_1 \cdot \beta_2 \left(\frac{\sigma_{sr}}{\sigma_s}\right)^2\right]$$

hier liegt Zwang vor; nach **TAB 12.3**
(12.52): sofern Rippenstäbe
(12.55): sofern zentrischer Zug
ABB 12.3: hier ist h/2 maßgebend

$$A_{c,eff} = b_t \cdot h_{eff}$$

(12.57): $\rho_{eff} = \dfrac{A_s}{A_{c,eff}}$

(12.50):
$$s_{rm} = 50 + 0,25 \cdot \alpha \cdot k_1 \cdot k_2 \cdot \frac{d_s}{\rho_{eff}}$$

(12.14): $w_k = \beta \cdot s_{rm} \cdot (\varepsilon_{sm} - \varepsilon_{cm})$

(12.2): $w_{zul} \leq 0,30$ mm

12.5.2 Beschränkung der Rissbildung ohne direkte Berechnung

Wie in DIN 1045-1 kann die Gl. (12.33) umgeformt und allgemein ausgewertet werden. Es bestehen dann ebenfalls die Nachweismöglichkeiten „Begrenzung des Stahldurchmessers" und „Einhalten des zulässigen Stababstandes".

Begrenzen des Stahldurchmessers

In Gl. (12.33) werden die Gln. (12.44) und (12.50) eingesetzt. Die entstandene Gl. nach dem Stabdurchmesser aufgelöst ergibt:

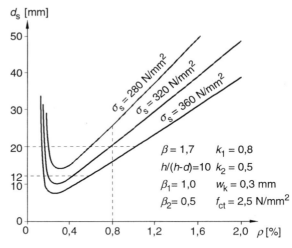

ABB 12.4: Darstellung von Gl. (12.64) für d_s = 12 mm

$$\Rightarrow d_s = \left\{\frac{w_k \cdot E_s}{\beta \cdot \sigma_s\left[1 - \beta_1\beta_2\left(\frac{\sigma_{sr}}{\sigma_s}\right)^2\right]} - 50\right\} \cdot \frac{\rho_{eff}}{0,25\ k_1 k_2} \tag{12.61}$$

Weiterhin wird beim Auftreten des Erstrisses gesetzt:

12 Beschränkung der Rissbreite

$$M_{\mathrm{cr}} = f_{\mathrm{ct}} \frac{bh^2}{6} = A_{\mathrm{s}} \cdot \sigma_{\mathrm{sr}} \cdot z \approx A_{\mathrm{s}} \cdot \sigma_{\mathrm{sr}} \cdot 0,8\,h$$

$$\Rightarrow \sigma_{\mathrm{sr}} = f_{\mathrm{ct}} \frac{b \cdot h}{4,8\,A_{\mathrm{s}}} \approx 0,2 f_{\mathrm{ct}} \frac{b \cdot h}{A_{\mathrm{s}}} = 0,2 \frac{f_{\mathrm{ct}}}{\rho} \tag{12.62}$$

Für Gl. (12.39) kann geschrieben werden:

$$\rho_{\mathrm{eff}} = \frac{A_{\mathrm{s}}}{A_{\mathrm{c,eff}}} = \frac{A_{\mathrm{s}}}{2,5\,b \cdot (h-d)} = 0,4 \frac{A_{\mathrm{s}}}{b \cdot h} \cdot \frac{b \cdot h}{b \cdot (h-d)} = 0,4\,\rho \cdot \frac{h}{h-d} \tag{12.63}$$

Die Gln (12.62) und (12.63) werden in Gl. (12.61) eingesetzt und es ergibt sich:

$$d_{\mathrm{s}}^{*} = \left\{ \frac{w_{\mathrm{k}} \cdot E_{\mathrm{s}}}{\beta \cdot \sigma_{\mathrm{s}} \left[1 - \beta_1 \beta_2 \left(\frac{0,2 f_{\mathrm{ct}}}{\rho \cdot \sigma_{\mathrm{s}}}\right)^2\right]} - 50 \right\} \cdot \frac{0,4\,\rho}{0,25\,k_1 k_2} \cdot \frac{h}{h-d} \tag{12.64}$$

Die Gl. wurde in **ABB 12.4** beispielhaft für $d_{\mathrm{s}} = 12$ mm ausgewertet. In EC 2 wurden die Werte für $\rho \approx 0,8\,\%$ verwendet (**TAB 12.4**).

Beispiel 12.5: Beschränkung der Rissbreite mit dem Grenzdurchmesser bei Lastschnittgrößen

gegeben: −Wand eines Wasserbeckens mit Innenabdichtung gemäß Skizze in Beispiel 12.1
−Baustoffgüten C30/37; BSt 500 S

gesucht: −Biegebemessung in der Zeichenebene
−Nachweis der Rissbreitenbeschränkung

Lösung:

Biegebemessung:

$M_{\mathrm{k}} = -10 \cdot \frac{1,0^2}{6} = -1,67$ kNm/m $\quad\bigg|\quad M_{\mathrm{k}} = -F_{\mathrm{k}} \cdot \frac{l_{\mathrm{eff}}^2}{6}$

$N_{\mathrm{k}} = -25 \cdot 1,0 \cdot 0,20 \cdot 1,0 = -5,0$ kN/m $\quad\bigg|\quad$ (z. B. [Schneider – 02], S. 4.12)

Der Teilsicherheitsbeiwert für die Verkehrslast ist zwar streng genommen nach [DIN 1055-100–01], 11.3 richtig. Hier liegt jedoch ein Sonderfall vor, da der Behälter nicht „überladen" werden kann, eine höhere Füllung als bis zum Rand ist unmöglich. Daher verbleibt im Teilsicherheitsbeiwert nur noch der Anteil für die Modellunsicherheiten 1,10 ([Günberg – 01]). Es wird im Weiteren mit $\gamma_Q = 1,10$ für das Biegemoment gerechnet. Die Eigenlast wirkt hinsichtlich der Längskraft günstig ($\gamma_Q = 1,0$).

$M_{\mathrm{Sd}} = 0 + 1,1 \cdot (-1,67) = -1,84$ kNm/m $\quad\bigg|\quad$ (6.17): $\Sigma G_{\mathrm{k,i}} + P_{\mathrm{k}} \oplus \Sigma \psi_{2,\mathrm{i}} \cdot Q_{\mathrm{k,i}}$

$N_{\mathrm{Sd}} = 1,0\,(-5,0) + 0 = -5,0$ kN

$d = 0,20 - 0,035 - \frac{0,01}{2} = 0,16$ m $\quad\bigg|\quad$ (7.8): est $d = h - (4$ bis $10)$

$z_{\mathrm{s}1} = 16 - \frac{20}{2} = 6$ cm $\quad\bigg|\quad$ (7.7): $z_{\mathrm{s}} = d - \frac{h}{2}$

$M_{\text{Sds}} = 1,84 | -(-5) \cdot 0,06 = 2,14 \text{ kNm}$

$k_d = \dfrac{15}{\sqrt{\dfrac{2,14}{1,0}}} = 10,9$

$k_s = 2,34$

$A_s = \dfrac{2,14}{16} \cdot 2,34 + 10 \dfrac{-5}{435} = \underline{\underline{0,20 \text{ cm}^2}}$

$A_{s,\min} = \max \begin{cases} \dfrac{0,6 \cdot 100 \cdot 15,5}{500} = 1,9 \text{ cm}^2 \\ 0,0015 \cdot 100 \cdot 16 = \underline{\underline{2,4 \text{ cm}^2}} > 0,20 \text{ cm}^2 \end{cases}$

gew: ∅8-20

$A_{s,\text{vorh}} = 2,51 \text{ cm}^2 > 2,4 \text{ cm}^2 = A_{s,\text{erf}}$

Rissbreitenbegrenzung:

$f_1 = \dfrac{0,20}{10(0,20-0,16)} = 0,5 < \underline{1,0}$

$\text{cal } d_s = 1,0 \cdot 10 = 10 \text{ mm}$

$\sigma_s \approx \dfrac{2,14 \cdot 10^4}{2,51 \cdot 0,8 \cdot 160} = 66,6 \text{ N/mm}^2$

$d_s^* = 32 \text{ mm}$

$d_s = 8 \text{ mm} < 32 \text{ mm} = d_s^*$

Nachweis ist erbracht.

(7.5): $M_{\text{Sds}} = |M_{\text{Sd}}| - N_{\text{Sd}} \cdot z_s$

(7.61): $k_d = \dfrac{d}{\sqrt{\dfrac{|M_{\text{Sds}}|}{b}}}$ $\left(\dfrac{\text{cm}}{\sqrt{\dfrac{\text{kNm}}{\text{m}}}}\right)$

TAB 7.3: Der nächstkleinere vertafelte Wert von k_d ist zu verwenden; C20

(7.62): $A_s = \dfrac{|M_{\text{Sds}}|}{d} k_s + 10 \dfrac{N_{\text{Sd}}}{f_{yd}}$

$\left(\text{cm}^2 = \dfrac{\text{kNm}}{\text{cm}} \cdot 1 + 1 \cdot \dfrac{\text{kN}}{\dfrac{\text{N}}{\text{mm}^2}}\right)$

(7.90): $A_{s,\min} = \max \begin{cases} \dfrac{0,6 \cdot b_t \cdot d}{f_{yk}} \\ 0,0015 \cdot b_t \cdot d \end{cases}$

TAB 4.1

(7.51): $A_{s,\text{vorh}} \geq A_{s,\text{erf}}$

In senkrechter Richtung kann sich Bauteil frei verformen ⇒ kein Zwang.

(12.59): $f_1 = \dfrac{h}{10(h-d)} \geq 1,0$

(12.60): $\text{cal } d_s = f_1 \cdot d_s^*$

(11.14): $\sigma_s = \dfrac{M_{\text{Sds}}}{A_s \cdot z} \approx \dfrac{M_{\text{Sds}}}{A_s \cdot 0,8 \cdot d}$

TAB 12.4: $\sigma_s \leq 160 \text{ N/mm}^2$

(12.58): $\text{est } d_s \leq d_s \leq d_s^*$

Begrenzen des zulässigen Stababstandes

Wenn die Gl. (12.39) für den Bewehrungsgrad in Gl. (12.64) eingesetzt und nach dem Stababstand aufgelöst wird, erhält man:

$$s_{\text{zul}} = \dfrac{\pi}{4} \cdot \left\{ \dfrac{w_k \cdot E_s}{\beta \cdot \sigma_s \left[1 - \beta_1 \beta_2 \left(\dfrac{0,2 f_{ct}}{\rho \cdot \sigma_s}\right)^2\right]} - 50 \right\}^2 \left(\dfrac{0,4 \rho}{0,25 k_1 k_2}\right)^2 \dfrac{h}{\rho \cdot (h-d)^2} \quad (12.65)$$

Dies Gl. wurde in EC 2 für $h-d = 40$ mm ausgewertet (**TAB 12.5**).

12.6 Weitere Verfahren zum Nachweis der Beschränkung der Rissbreite

12.6.1 Überblick

Es ist möglich, die Gln. zur Bestimmung der Rissbreite auch grafisch auszuwerten. Hierzu bestehen für EC 2 Hilfsmittel, die nachfolgend erläutert werden. Für DIN 1045-1 werden entsprechende Hilfsmittel zukünftig erscheinen.

12.6.2 Tafeln zur Rissbreitenbeschränkung nach Meyer

Auf der Grundlage der in [Schießl – 89] erläuteten Rissformeln wurden in [Meyer – 89] Diagramme veröffentlicht, die eine schnelle Bemessung gestatten. Es wurden Diagramme zur Beschränkung der Rissbreite bei Zwang (**ABB 12.5**) und bei Lastbeanspruchung aufgestellt. Das Tafelwerk enthält Diagramme für eine Bemessung nach [DIN 1045 – 88] und [DIN V ENV 1992 – 92].

Zwangbeanspruchung:

Aufgrund der Vorgaben für die anzustrebende Rissbreite, Betondeckung und Zwang bzw. Zwang aus Hydratationswärme ist das entsprechende Nomogramm zu wählen. Die erforderliche Bewehrung wird aus dem Diagramm abgelesen. Die Mindestbewehrung kann hiernach mit folgender Gleichung ermittelt werden:

$$A_{s1} = A_{s2} = \alpha_c \cdot \alpha_{CE} \cdot A_{s,Diag}$$
(12.66)

Beispiel 12.6:
Rissbreitenbeschränkung mit Tafelwerk nach [Meyer – 89] (= Beispiel 12.4 mit anderem Lösungsverfahren)

gegeben: – Wand eines Wasserbeckens aus WU-Beton gemäß Skizze von Beispiel 12.1

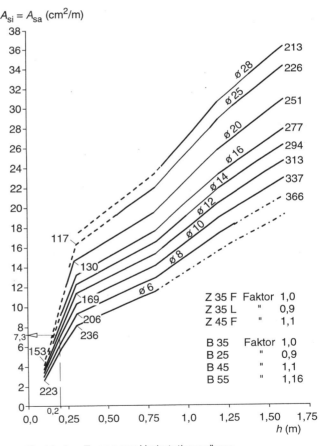

ABB 12.5: Diagramm zur Beschränkung der Rissbreite bei Zwang aus Hydratationswärme (nach [Meyer – 89] Diag. 1.3.1-14)

- Baustoffgüten C20 ; BSt 500 S
- Zement CE 32,5N

gesucht:
- Bewehrung in der Wand in horizontaler Richtung senkrecht zur Zeichenebene
- Lösung soll mit Tafeln nach [Meyer – 89] erfolgen

Lösung:

Das Bauteil ist durch Zwang aus abfließender Hydratationswärme beansprucht. Die Betondeckung der außenliegenden (Vertikal-)Bewehrung beträgt 35 mm. Somit beträgt der Abstand der gesuchten Horizontalbewehrung:

$d_1 = 35 + 10 + \dfrac{10}{2} = 50$ mm $\qquad\qquad d_1 = c_{nom} + d_{s,st} + \dfrac{d_{s1}}{2}$

$A_{s,Diag} = 7,3$ cm² $\qquad\qquad$ **ABB 12.5**: Wahl des Diagramms und Ablesung aufgrund der Vorgaben

CE 32,5N ≈ Z 35 L

$\alpha_{CE} = 0,9$ $\qquad\qquad$ **ABB 12.5:**

C 20 ≈ B 25

Durch betontechnologische Maßnahmen kann der Beton zielsicher hergestellt werden, sodass sich keine Überfestigkeiten entwickeln können.

$\alpha_c = 0,9$ $\qquad\qquad$ **ABB 12.5:**

$A_{s1} = A_{s2} = 0,9 \cdot 0,9 \cdot 7,3 = 5,91$ cm² $\qquad$ **ABB 12.5::**

$\qquad\qquad\qquad\qquad\qquad\qquad\qquad A_{s1} = A_{s2} = \alpha_c \cdot \alpha_{CE} \cdot A_{s,Diag}$

gew: Ø10-12⁵ beidseitig

$A_{s,vorh} = 2 \cdot 0,785 \cdot \dfrac{100}{12,5}$ $\qquad\qquad$ (7.51): $A_{s,vorh} \geq A_{s,erf}$

$= 12,6$ cm² $> 11,8$ cm² $= 2 \cdot 5,91 = A_s$

Lastbeanspruchung:

Die Diagramme wurden für eine Bemessung nach [DIN 1045 – 88] aufgestellt, sie gelten daher nur näherungsweise für eine Rissbreitenbeschränkung nach EC 2. Bei hohem Eigenlastanteil und großem Anteil der quasi-ständigen Lasten an den Gesamtlasten kann die Stahlspannung nach EC 2 größer werden als die in [Meyer – 89] vertafelten Werte. Aufgrund der Vorgaben für die anzustrebende **Riss**breite, Betondeckung und Betongüte ist das entsprechende Nomogramm zu wählen. Der zulässige Stabdurchmesser in Abhängigkeit von der Stahlspannung wird aus dem Diagramm abgelesen.

12.6.3 Grafische Rissbreitenermittlung für Zwang nach Windels

Auf der Basis von [DIN 1045 – 88] entwickelte Windels ein graphisches Verfahren, mit dem Rissbreiten direkt ermittelt werden können [Windels – 92/1]. Dieses Verfahren wurde später auf eine Bemessung nach EC 2 erweitert [Windels – 92/2]. Hierin werden je ein Nomogramm für zentrischen Zwang (**ABB 12.6**) und ein Nomogramm für Biegezwang angegeben. In den Diagrammen sind 7 Parameter aufgeführt. Sofern hiervon 6 Größen bekannt sind, kann die siebte bestimmt werden. Diese ist

12 Beschränkung der Rissbreite

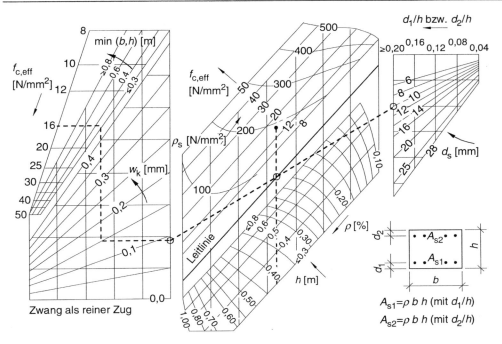

ABB 12.6: Rissbreite bei Zwang aus zentrischem Zug (nach [Windels - 92/2])

- bei Bemessungsaufgaben der Bewehrungsgrad ρ oder der Stabdurchmesser d_s
$$A_{s1} = A_{s2} = \rho \cdot A_c \tag{12.67}$$
- bei Nachrechnungen die Rissbreite w_k aufgrund einer vorgegebenen Bewehrung.

Die Anwendung des Nomogramms wird anhand eines Beispiels gezeigt.

Beispiel 12.7: Rissbreitenbeschränkung mit Diagrammen nach Windels
(= Beispiel 12.4 mit anderem Lösungsverfahren)

gegeben: — Wand eines Wasserbeckens aus WU-Beton gemäß Skizze von Beispiel 12.1
— Baustoffgüten C20 ; BSt 500 S

gesucht: — Bewehrung in der Wand in horizontaler Richtung senkrecht zur Zeichenebene
— Lösung soll mit Tafeln nach [Windels – 92/2]erfolgen

Lösung:

$f_{ck} = 16,0$ N/mm² | **TAB 2.5**: C16/20; eine Klasse geringer als Zielwert wegen Hydratationszwang

Mit f_{ck} wird waagerecht im Nomogramm (**ABB 12.6**) bis zur kleineren Bauteilabmessung (hier $b_{min} = 0,20$) gefahren; dann lotrecht nach unten bis zur gewünschten Rissbreite w_k (hier $w_k = 0,15$ mm); nun wieder waagerecht bis zur linken vertikalen Leitlinie.
Im rechten Teil des Nomogramms wird zunächst mit dem bezogenen Randabstand d_1/h (hier $d_1/h = 0,05/0,20 = 0,25$) senkrecht nach unten bis zum verwendeten Durchmesser gefahren; dann waage-

recht bis zum Punkt auf der rechten vertikalen Leitlinie. Die Punkte auf den beiden vertikalen Leitlinien werden anschließend durch eine Gerade verbunden. Der Schnittpunkt dieser Geraden mit der schrägen Leitlinie ist Ausgangspunkt für eine vertikale Gerade nach oben und unten. Oben wird in Abhängigkeit von f_{ck} die Stahlspannung abgelesen, unten in Abhängigkeit von der Bauteilhöhe (hier 0,20 m) der erforderliche Bewehrungsgrad ρ.

$\sigma_s \approx 195 \text{ N/mm}^2$	Ablesung oben in **ABB 12.6**
$\rho = 0,41 \%$	Ablesung unten in **ABB 12.6**
$A_{s1} = A_{s2} = 0,41 \cdot 10^{-2} \cdot 20 \cdot 100 = 8,2 \text{ cm}^2$	(12.67): $A_{s1} = A_{s2} = \rho \cdot A_c$
gew: $\varnothing$10-10 beidseitig	
$A_{s,vorh} = 2 \cdot 0,785 \cdot \dfrac{100}{10}$	(7.51): $A_{s,vorh} \geq A_{s,erf}$
$= 15,8 \text{ cm}^2 \approx 16,4 \text{ cm}^2 = 2 \cdot 8,2 = A_s$	

Die geringen Abweichungen in den Ergebnissen der Beispiele 12.6 und 12.7 liegen im Rahmen der Rechen- und Zeichengenauigkeit.

13 Begrenzung der Verformungen

13.1 Allgemeines

Verformungen können ihre Ursache in Biegemomenten (Regelfall), Querkraftbeanspruchung (Schubverformung), Verdrehungen, Langzeiteinwirkungen (Kriechen und Schwinden) oder dynamischen Einwirkungen haben. Im Rahmen dieses Abschnitts wird insbesondere die erstgenannte Ursache betrachtet. Es ist zu unterscheiden zwischen (**ABB 13.1**)

- dem *Durchhang*: vertikale Verformung bezogen auf die geradlinige Verbindung der Unterstützungspunkte
- der *Durchbiegung*: vertikale Verformung gemessen vom Ursprungszustand der (überhöhten) Systemlinie.

Diese Verformungen können sowohl auf die Systemlinie als auch das tatsächliche Bauteil bezogen sein. Im Fall der Tragwerksplanung wird von der Systemlinie ausgegangen.

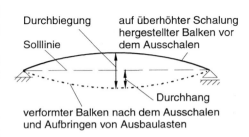

ABB 13.1: Unterscheidung zwischen Durchhang und Durchbiegung

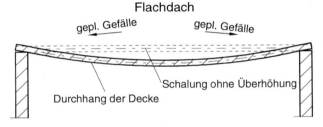

	Schaden
Leichte Trennwand	Die Decke verformt sich. Da die Wand eine sehr viel größere Steifigkeit als die Decke hat, kann sie sich nicht verformen. Je nach Konstruktion entstehen Risse in der Wand oder am Anschluss Wand/Decke.
Flachdach	Die Decke verformt sich so stark, dass das Gefälle nach außen nicht mehr vorhanden ist und sich das Regenwasser in Dachmitte sammelt. Bei Frosteinwirkung entstehen Schäden an der Dachabdichtung. Außerdem bewirkt die zusätzliche Wasserlast neue Verformungen.

ABB 13.2: Beispiele für Schäden, die infolge einer zu großen Durchbiegung entstanden sind

Die Durchbiegungen eines Bauteils müssen beschränkt werden, um seine Gebrauchstauglichkeit und Dauerhaftigkeit sicherzustellen. Infolge zu großer Durchbiegungen eines Bauteils kann das Bauteil in seiner Funktionsfähigkeit eingeschränkt sein (**ABB 13.2**). Sofern die Durchbiegung nicht beschränkt wird, könnte in extremen Fällen sogar die Standsicherheit gefährdet sein (z. B., weil ein gelenkig angenommenes Auflager infolge zu großer Verdrehung versagt). Besonders bei Platten ist der Nachweis zur Beschränkung der Durchbiegungen häufig maßgebend für die Bestimmung der Bauteilhöhe.

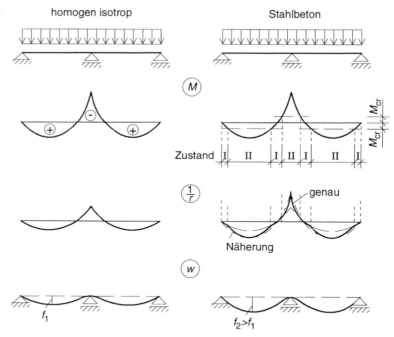

ABB 13.3: Durchbiegungen bei homogenem isotropem Material und Stahlbeton

Für den üblichen Hochbau ist eine ausreichende Gebrauchstauglichkeit vorhanden, wenn der Durchhang unter der quasi-ständigen Einwirkungskombination $l_{eff}/250$ nicht übersteigt. Wenn auf dem betrachteten Bauteil verformungsempfindliche andere Bauteile sind, sollte die Durchbiegung nach dem Einbau dieser Teile auf $l_{eff}/500$ begrenzt werden. Überhöhungen sollten $l_{eff}/250$ nicht überschreiten.

13.2 Verformungen von Stahlbetonbauteilen

Die Berechnung der Durchbiegungen ist im Vergleich zu einem homogenen isotropen Material (wie Stahl) wesentlich schwieriger, da neben geometrischen Parametern (Bauteilabmessungen, Lagerungsbedingungen) weitere Größen die Durchbiegung beeinflussen. Dies sind:

- die nichtlineare Spannungs-Dehnungs-Linie des Betons,
- die geringe Zugfestigkeit des Betons und daraus resultierend Bereiche innerhalb des Bauteils, die sich im Zustand II befinden, während andere noch im Zustand I verblieben sind (**ABB 13.3**). Da die Betonzugfestigkeit in der Baupraxis sehr stark streut (Einflüsse aus Zuschlagstoffen, w/z-Wert, Nachbehandlung usw.), lassen sich die Bereiche, die gerissen bzw. ungerissen sind, nicht genau abschätzen.
- zeitabhängige Verformungen des Betons aus Langzeitbelastungen, die bei Entlastung nur zum Teil zurückgehen. Diesen Effekt nennt man „Kriechen".

- zeitabhängige Verformungen des Betons aus Umwelteinflüssen (Temperatur und Feuchtigkeit). Dieser Effekt wird mit „Schwinden" bezeichnet.
- die bei der Tragwerksplanung noch nicht bekannte, sich tatsächlich einstellende Betondruckfestigkeit.

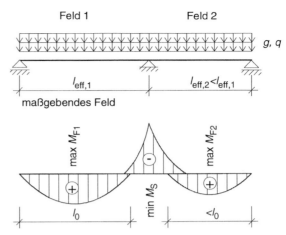

ABB 13.4: Ideelle Stützweite l_i

Die Durchbiegungen werden daher im Stahlbetonbau nur in seltenen Fällen berechnet (→ Kap. 13.4). Meistens wird die Bauteilhöhe so gewählt, dass unzulässig große Verformungen nicht zu erwarten sind. Diese Form des Nachweises bezeichnet man mit „Begrenzung der Biegeschlankheit" (→ Kap. 13.3). Besonders bei Platten ist der Nachweis der Begrenzung der Biegeschlankheit häufig maßgebend für die Bestimmung der Bauteilhöhe.

13.3 Begrenzung der Biegeschlankheit

13.3.1 Allgemeines

Sofern keine genaue Berechnung der Durchbiegung bei Platten und Balken erfolgt, darf die Beschränkung der Durchbiegung über einen vereinfachten Nachweis erfolgen. Bei diesem Nachweis wird die Biegeschlankheit des Bauteils begrenzt. Die Biegeschlankheit ist das Verhältnis l_i/d.

13.3.2 Regelung nach DIN 1045

Der vereinfachten Nachweis ist in [DIN 1045-1 – 01], 11.3.2 geregelt. Da die Durchbiegungen wesentlich von den Lagerungsbedingungen und der Art des Systems abhängen, wird nicht die tatsächliche Stützweite, sondern die ideelle Stützweite l_0 verwendet. Die ideelle Stützweite ist der Abstand der Momentennullpunkte (**ABB 13.4**). Das tatsächlich vorliegende statische System wird also auf einen beidseitig gelenkig gelagerten Einfeldträger zurückgeführt. Auch bei durchlaufenden Mehrfeldsystemen ist vorab erkennbar, welches Feld maßgebend wird, sodass nur dieses betrachtet werden muss (**ABB 13.4**). Die Biegeschlankheit ist begrenzt auf

$$\frac{l_0}{d} \leq 35 \tag{13.1}$$

Für Bauteile, die durch leichte Trennwände belastet sind, muss sichergestellt werden, dass in diesen Trennwänden keine Risse auftreten (**ABB 13.2**). Daher ist bei derartigen Bauteilen zusätzlich die folgende Gleichung zu erfüllen. Gegenüber der allgemein geltenden Gl. (13.1) wird diese maßgebend, sofern $l_0 > 4{,}30$ m ist.

$$\frac{l_0^2}{d} \leq 150 \tag{13.2}$$

Sofern diese beiden Gln. zur Ermittlung der Bauteilhöhe verwendet werden sollen, können sie nach d aufgelöst werden. Die Bauteilhöhe erhält man dann durch Addition der Betondeckung und des geschätzten Wertes e über Gl. (7.9).

alle Bauteile: $\qquad d_{min} \geq \dfrac{l_0}{35}$ (13.3)

durch leichte Trennwände belastete Bauteile $\qquad d_{min} \geq \dfrac{l_0^2}{150}$ (13.4)

Die ideelle Stützweite kann nach [Grasser / Thielen – 91] berechnet werden. Sie bestimmt sich aus folgender Gleichung:

$$l_0 = \alpha \cdot l_{eff} \tag{13.5}$$

Der Beiwert α wurde aus der Bedingung ermittelt, dass die auf die Stützweite bezogene Durchbiegung gleich ist einer auf die ideelle Stützweite bezogenen. Als statisches System wird hierbei ein Einfeldträger mit konstantem Flächenmoment angenommen, der durch eine Gleichstreckenlast beansprucht wird. Für häufig vorkommende Einfeldträger und Platten kann der Beiwert α aus **TAB 13.1** entnommen werden. Die Beiwerte dieser Tabelle gelten auch für Durchlaufträger, sofern die Stützweiten der einzelnen Felder nicht zu stark voneinander abweichen, d. h. sofern

$$0,8 \leq \frac{l_{eff,1}}{l_{eff,2}} \leq 1,25 \tag{13.6}$$

In [Grasser / Thielen – 91] ist auch ein Verfahren angegeben, mit dem der Beiwert α für Durchlaufträger und Auskragungen mit größeren Stützweitenunterschieden bestimmt werden kann. Der Beiwert α ist mit der folgenden Gleichung zu ermitteln, wenn Gl. (13.9) eingehalten wird.

$$\alpha = \frac{1 + 4,8 \left(m_1 + m_2 \right)}{1 + 4,0 \left(m_1 + m_2 \right)} \tag{13.7}$$

$$m_i = \frac{\min m_{Si}}{\left(g_d + q_d \right) \cdot l_{eff}^2} \tag{13.8}$$

$$m_1 \geq -\left(m_2 + \frac{5}{24} \right) \tag{13.9}$$

$\qquad$ min m_{Si} $\quad$ maßgebende Stützmomente des betrachteten Feldes ($i = 1; 2$)
$\qquad m_i$ $\qquad$ bezogene Momente an den Unterstützungen des betrachteten Feldes ($i = 1; 2$)
$\qquad g_d + q_d$ $\quad$ maßgebliche Gleichlast des untersuchten Feldes
$\qquad l_{eff}$ $\qquad$ Stützweite des untersuchten Feldes

Wenn Gl. (13.9) nicht eingehalten wird und die ideelle Stützweite l_i nicht aus dem Momentenverlauf bestimmt werden kann, ist die Durchbiegung durch direkte Berechnung ($\rightarrow$ Kap. 13.4) zu ermitteln.

13 Begrenzung der Verformungen

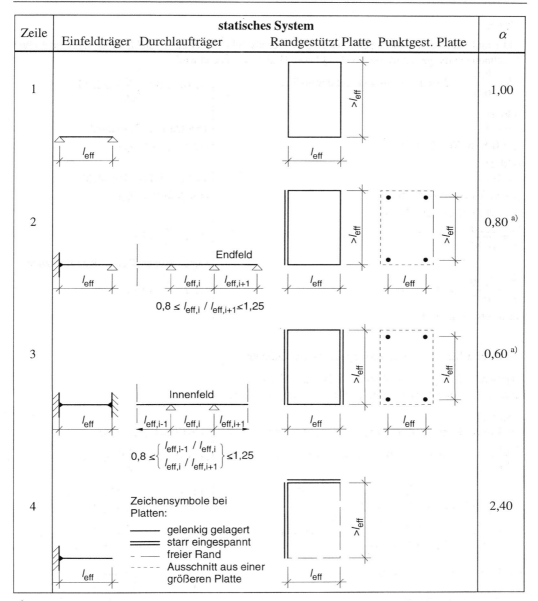

a) Bei punktgestützen Platten mit Festigkeitsklasse <C30/37 ist der Wert um 0,10 zu erhöhen.

TAB 13.1: Beiwerte α zur Bestimmung der ideellen Stützweite nach DIN 1045-1

Beispiel 13.1: Begrenzung der Biegeschlankheit nach DIN 1045-1

gegeben: – Durchlaufträger laut Skizze
– auf dem Durchlaufträger stehen leichte Trennwände

gesucht: Nachweis zur Begrenzung der Biegeschlankheit

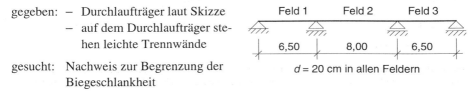

$d = 20$ cm in allen Feldern

Lösung:

Feld 1 und Feld 3 sind gleich. Feld 1 ist zwar kürzer als Feld 2, aber ein Endfeld; daher kann nicht ohne Berechnung vorhergesagt werden, ob Feld 1 oder Feld 2 maßgebend wird.

$0,8 < \dfrac{8,0}{6,5} = 1,23 < 1,25 \;\to\;$ **TAB 13.1** anwendbar	(13.6): $0,8 \leq \dfrac{l_{\text{eff},1}}{l_{\text{eff},2}} \leq 1,25$:
Feld 1:	
$\alpha = 0,8$	**TAB 13.1** Z. 2, da Endfeld
$l_0 = 0,8 \cdot 6,50 = 5,20 \text{ m}$	(13.5): $l_0 = \alpha \cdot l_{\text{eff}}$
Feld 2:	
$\alpha = 0,6$	**TAB 13.1** Z. 2, da Innenfeld
$l_0 = 0,6 \cdot 8,00 = 4,80 \text{ m}$	(13.5): $l_0 = \alpha \cdot l_{\text{eff}}$
$\to$ Feld 1 ist hier maßgebend	
$\dfrac{l_0}{d} = \dfrac{5,20}{0,20} = 26 < 35$	(13.1): $\dfrac{l_0}{d} \leq 35$
	wegen leichter Trennwände zusätzlich
$\dfrac{l_0^2}{d} = \dfrac{5,20^2}{0,20} = 135 < 150$	(13.2): $\dfrac{l_0^2}{d} \leq 150$
Nachweis ist erbracht.	

Beispiel 13.2: Begrenzung der Biegeschlankheit

gegeben: Beispiel laut Skizze von Beispiel 7.10
gesucht: Nachweis zur Begrenzung der Biegeschlankheit

Lösung:
Bei dem vorliegenden Zweifeldträger ist sofort ersichtlich, dass das Feld 2 maßgebend ist.

$\dfrac{6,51}{8,51} = 0,77 < 0,8 \;\to\;$ **TAB 13.1** nicht anwendbar	(13.6): $0,8 \leq \dfrac{l_{\text{eff},1}}{l_{\text{eff},2}} \leq 1,25$:
$m_1 = \dfrac{0}{(1,35 \cdot 62,3 + 1,5 \cdot 12,4) \cdot 8,51^2} = 0$ [62]	(13.8): $m_i = \dfrac{\min m_{\text{Si}}}{(g_d + q_d) \cdot l_{\text{eff}}^2}$
$m_2 = \dfrac{-718}{(1,35 \cdot 62,3 + 1,5 \cdot 12,4) \cdot 8,51^2} = -0,0965$ [62]	(13.8): $m_i = \dfrac{\min m_{\text{Si}}}{(g_d + q_d) \cdot l_{\text{eff}}^2}$
$m_1 = 0 > -0,112 = -\left(-0,0965 + \dfrac{5}{24}\right)$	(13.9): $m_1 \geq -\left(m_2 + \dfrac{5}{24}\right)$
$\alpha = \dfrac{1 + 4,8 \cdot (0 - 0,0965)}{1 + 4,0 \cdot (0 - 0,0965)} = 0,874$	(13.7): $\alpha = \dfrac{1 + 4,8\,(m_1 + m_2)}{1 + 4,0\,(m_1 + m_2)}$
$l_0 = 0,874 \cdot 8,51 = 7,44 \text{ m}$	(13.5): $l_0 = \alpha \cdot l_{\text{eff}}$
$\dfrac{l_0}{d} = \dfrac{7,44}{0,675} = 11,0 < 35$	(13.1): $\dfrac{l_0}{d} \leq 35$
Nachweis ist erbracht.	(Fortsetzung mit Beispiel 14.1)

---

[62] Es ist ausreichend genau, den Quotienten α nach Gl. (13.7) mit den Beanspruchungen (vgl. Beispiel 7.12) im Grenzzustand der Tragfähigkeit (für einen Nachweis im Grenzzustand der Gebrauchstauglichkeit) zu ermitteln.

13.3.3 Regelung nach EC 2

Ähnlich wie in DIN 1045-1 darf auch nach EC 2 ([DIN V ENV 1992 – 92], 4.4.3.2) der Nachweis der Durchbiegungen über die Begrenzung der Biegeschlankheit erfolgen. Bei der Ableitung der entsprechenden Gleichungen wurde davon ausgegangen, dass die Durchbiegung unter quasiständigen Einwirkungen folgende Werte nicht überschreitet:

allgemeiner Fall $\qquad f_{zul} = \dfrac{l_{eff}}{250}$ (13.10)

Bauteile, bei denen übermäßige Verformungen zu Folgeschäden führen können (z. B., leichte Trennwände stehen auf dem Bauteil) $\quad f_{zul} = \dfrac{l_{eff}}{500}$ (13.11)

Auf der Grundlage dieser Empfehlungen wurden durch umfangreiche Rechnungen zulässige Schlankheitsverhältnisse bestimmt. Die Beiwerte f_i regeln dabei unterschiedliche Einflussfaktoren.

$$\frac{l_{eff}}{d} \leq f_1 \cdot f_2 \cdot f_3 \cdot f_4 \qquad (13.12)$$

Die Beiwerte f_1 regeln den Einfluss des statischen Systems (Abstand der Momentennullpunkte) und sind in **TAB 13.2** angegeben [63]. Im Gegensatz zu DIN 1045-1 hängt die zulässige Biegeschlankheit zusätzlich vom Bewehrungsgrad ρ nach Gl. (1.5) ab:

- geringe Beanspruchung und Platten des üblichen Hochbaus $\quad \rho_1 < 0,5\,\%$ (13.13)
- hohe Beanspruchung $\quad \rho_1 > 1,5\,\%$ (13.14)
- mittlere Beanspruchung $\quad 0,5\,\% \leq \rho_1 \leq 1,5\,\%$ (13.15)

Bei mittlerer Beanspruchung darf zwischen den Tabellenwerten für geringe und hohe Beanspruchung interpoliert werden.

$$f_1 = f_{1,\rho 0.5} + (\rho_1 - 0,5) \cdot \left(f_{1,\rho 1.5} - f_{1,\rho 0.5}\right) \qquad (13.16)$$

Die Werte der **TAB 13.2** gelten für Stützweiten bis 7,0 m (punktförmig gestützte Platten bis 8,5 m). Bei größeren Stützweiten sind sie mit dem Faktor f_2 abzumindern.

punktförmig gestützte Platten: $\quad l_{eff} \leq 8,5\,m \qquad f_2 = 1,0$ (13.17)

$\qquad\qquad\qquad\qquad\qquad l_{eff} > 8,5\,m \qquad f_2 = \dfrac{8,5}{l_{eff}}$ (13.18)

andere Bauteile: $\qquad\qquad l_{eff} \leq 7,0\,m \qquad f_2 = 1,0$ (13.19)

$\qquad\qquad\qquad\qquad\qquad l_{eff} > 7,0\,m \qquad f_2 = \dfrac{7,0}{l_{eff}}$ (13.20)

Bei der Ableitung von **TAB 13.2** lag für den Betonstahl eine Streckgrenze $f_{yk} = 400\ \text{N/mm}^2$ (BSt 420) und eine Stahlspannung unter häufigen Einwirkungen $\sigma_s = 250\ \text{N/mm}^2$ zugrunde. Der

---

[63] Ein Vergleich mit **TAB 13.1** zeigt, dass diese Werte erheblich ungünstiger als die nach DIN 1045-1 sind. Die Werte der DIN 1045 halten die zulässigen Durchbiegungen nach Gln. (13.10) und (13.11) nicht ein, obwohl dies in [DIN 1045 - 1 – 01], 11.3.1 eigentlich gefordert wird.

Einfluss anderer Stahlspannungen aufgrund höherfester Stahlsorten oder eines Bewehrungsquerschnitts, der über dem erforderlichen liegt, wird durch den Beiwert f_3 berücksichtigt. Er kann nach [DIN V ENV 1992 – 92], 4.4.3.2 näherungsweise aus folgenden Gln. bestimmt werden:

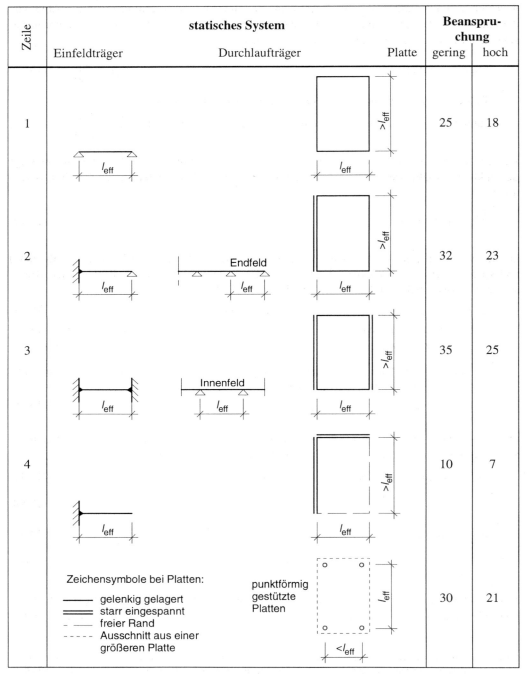

TAB 13.2: Beiwert f_1 für den Nachweis zur Begrenzung der Biegeschlankheit nach EC 2

13 Begrenzung der Verformungen

$$f_3 = \frac{250}{\sigma_{s,q-s}} \qquad \sigma_{s,q-s} \quad \text{Stahlspannung bei quasi-ständiger Einwirkungskombination}$$

$$f_3 \approx \frac{400}{f_{yk}} \cdot \frac{A_{s,vorh}}{A_s} \qquad (13.21)$$

Stark profilierte Plattenbalken (→ Kap. 7.6.4) weisen nicht die Biegesteifigkeit auf wie ein Rechteckquerschnitt gleicher Höhe. Bei Plattenbalken mit breiter Platte ist die zulässige Biegeschlankheit mit Hilfe des Beiwertes f_4 abzumindern.

Plattenbalken mit $\dfrac{b}{b_w} > 3{,}0$: $\qquad f_4 = 0{,}8 \qquad (13.22)$

andere Bauteile $\qquad f_4 = 1{,}0 \qquad (13.23)$

Beispiel 13.3: Begrenzung der Biegeschlankheit nach EC 2

gegeben: – Durchlaufträger gemäß Skizze des Beispiels 5.3
– Bewehrungsquerschnitt im Feld 1: $A_s = 25{,}2$ cm² gew: 5 ⌀25 ($A_{s,vorh} = 24{,}5$ cm²)

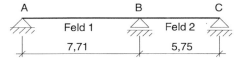

gesucht: Nachweis zur Begrenzung der Biegeschlankheit

Lösung:

Da beide Felder dieselbe Lagerungsart aufweisen, ist das Feld 1 (mit der größeren Stützweite) maßgebend.

$A_c = 25 \cdot 75 = 1875$ cm²	$A_c = b \cdot h$
$\rho_1 = \dfrac{25{,}2}{1875} = 0{,}013 = 1{,}3\,\%$	(1.5): $\rho_1 = \dfrac{A_{s1}}{A_c}$
$0{,}5\,\% < \rho_1 = 1{,}3\,\% < 1{,}5\,\%$ → mittlere Beanspruchung	(13.15): $0{,}5\,\% \leq \rho_1 \leq 1{,}5\,\%$
$f_{1,\rho 0.5} = 32 \quad f_{1,\rho 1.5} = 23$	TAB 13.2: Endfeld eines Durchlaufträgers
	(13.16)
$f_1 = 32 + (1{,}3 - 0{,}5) \cdot (23 - 32) = 24{,}8$	$f_1 = f_{1,\rho 0.5}$
	$\quad + (\rho_1 - 0{,}5) \cdot (f_{1,\rho 1.5} - f_{1,\rho 0.5})$
$l_{eff} = 7{,}71\,\text{m} > 7{,}0\,\text{m}: \rightarrow f_2 = \dfrac{7{,}0}{7{,}71} = 0{,}908$	(13.20): $f_2 = \dfrac{7{,}0}{l_{eff}}$
$f_3 \approx \dfrac{400}{500} \cdot \dfrac{24{,}5}{25{,}2} = 0{,}778$	(13.21): $f_3 \approx \dfrac{400}{f_{yk}} \cdot \dfrac{A_{s,vorh}}{A_s}$
$f_4 = 1{,}0$	(13.23): $f_4 = 1{,}0$
$\dfrac{l_{eff}}{d} = \dfrac{7{,}71}{0{,}675} = 11{,}4 < 17{,}5 = 24{,}8 \cdot 0{,}908 \cdot 0{,}778 \cdot 1{,}0$	(13.12): $\dfrac{l_{eff}}{d} \leq f_1 \cdot f_2 \cdot f_3 \cdot f_4$

Nachweis ist erbracht.

13.4 Direkte Berechnung der Verformungen

13.4.1 Grundlagen der Berechnung

Die Durchbiegung muss nur dann berechnet werden, wenn

- sich der Nachweis zur Begrenzung der Biegeschlankheit nicht führen lässt;
- die Durchbiegungen wirklichkeitsnäher ermittelt werden sollen (um z. B. die Schalung zu überhöhen).

Das gewählte Berechnungsverfahren muss das tatsächliche Bauwerksverhalten mit einer Genauigkeit wiedergeben, die dem Berechnungszweck entspricht. Eine rechnerisch ermittelte Durchbiegung kann immer nur ein Hinweis auf die zu erwartende Größenordnung sein; es ist keinesfalls zu erwarten, dass sich genau der Rechenwert einstellt

Aus der Differentialgleichung der Biegelinie kann durch zweimalige Integration die Durchbiegung ermittelt werden:

$$-w''(x) = \frac{1}{r} = \frac{M(x)}{E \cdot I(x)} \quad (13.24)$$

$$w(x) = \iint_{l_\text{Bauteil}} \frac{M(x)}{E \cdot I(x)} dx \quad (13.25)$$

Eine geschlossene Integration ist möglich bei linear-elastischen Baustoffen. Bei einem Stahlbetonbauteil ändert sich die Steifigkeit jedoch abschnittsweise infolge Rissbildung (**ABB 13.3**). Das Momenten-Krümmungs-Diagramm ist daher nichtlinear (**ABB 1.9**), wobei große Unterschiede in der Krümmung und damit auch in der Durchbiegung für Zustand I bzw. Zustand II bestehen.

Die Durchbiegung wird daher zweckmäßig mit dem Prinzip der virtuellen Arbeiten für die Stelle der maximalen Verformung bestimmt. Für die Krümmung wird eine Näherungslinie (vgl. **ABB 13.3**) verwendet. Ihre Eigenschaft ist es, die Extremwerte der Krümmung mit einer zum Momentenverlauf affinen Linie zu verbinden. Durch diese Annahme werden Handrechnungen mit noch vertretbarem Aufwand möglich. Sofern höchste Genauigkeiten angestrebt werden, muss numerisch über die gerissenen und ungerissenen Bereiche integriert werden. In diesem Fall ist möglichst ein DV-Programm zu nutzen.

$$f = \int_{l_\text{eff}} \frac{M(x) \cdot M^V(x)}{E \cdot I(x)} dx = \int_{l_\text{eff}} M(x) \frac{1}{r}(x) dx \quad (13.26)$$

Unterer Rechenwert der Durchbiegung:

Die geringste Durchbiegung erhält man, wenn die Berechnung für einen vollständig ungerissenen Querschnitt durchgeführt wird (Zustand I). Diese Durchbiegung wird mit unterem Rechenwert der Durchbiegung f_I bezeichnet.

13 Begrenzung der Verformungen

Oberer Rechenwert der Durchbiegung:

Die größte Durchbiegung erhält man, wenn die Berechnung für einen vollständig gerissenen Querschnitt durchgeführt wird (reiner Zustand II). Diese Durchbiegung bezeichnen wir mit oberem Rechenwert der Durchbiegung f_{II}.

Wahrscheinlicher Wert der Durchbiegung:

Nimmt man an, dass Teilbereiche des Querschnitts ungerissen, andere, höher beanspruchte gerissen sind, wobei die Momenten-Krümmungs-Beziehung bis zum 1. Riss nach Zustand I und dann teilweise gerissen verläuft, erhält man den wahrscheinlichen Wert der Durchbiegung f. Er liegt zwischen dem unteren und dem oberen Rechenwert und kann aus folgender Beziehung gewonnen werden:

$$\alpha = \zeta \cdot \alpha_{II} + (1-\zeta) \cdot \alpha_{I} \tag{13.27}$$

Die Werte α_I bzw. α_{II} kennzeichnen allgemeine Verformungsbeiwerte. Dies kann eine Dehnung, Krümmung, Durchbiegung (z. B. f_I oder f_{II}) oder Verdrehung sein. ζ kennzeichnet den Verteilungsbeiwert zwischen Zustand I und Zustand II. Bei ungerissenen Querschnitten (Moment aus häufigen Lasten kleiner als das Rissmoment) ist $\zeta = 0$. Es gilt somit $0 \leq \zeta < 1$.

Um eine wahrscheinliche Durchbiegung zu ermitteln, wird als Einwirkung die quasi-ständige Einwirkungskombination der Schnittgrößenermittlung zugrunde gelegt.

13.4.2 Durchführung der Berechnung

In Kap. 1.3.3 wurde bereits gezeigt, wie es möglich ist, die Biegesteifigkeiten $EI(x)$ im Zustand I und Zustand II zu bestimmen. Wenn es gelingt, den Verteilungsbeiwert ζ nach Gl. (13.27) zu bestimmen, kann eine mittlere Biegesteifigkeit (oder die Krümmung) bestimmt werden. Dann ist es möglich, mit Gl. (13.26) die Durchbiegung für ein beliebiges statisches System zu berechnen. Hierbei wird für eine Handrechnung angenommen, dass der Verlauf der Krümmung affin zu dem des Momentes ist. Für Handrechnungen ist es weiterhin nicht erforderlich, das Integral in Gl. (13.26) zu lösen, da in [Grasser – 79] für viele Fälle Koeffizienten k zur Beschreibung der Momentenverteilung angegeben werden (**TAB 13.3**). Gl. (13.26) ergibt dann:

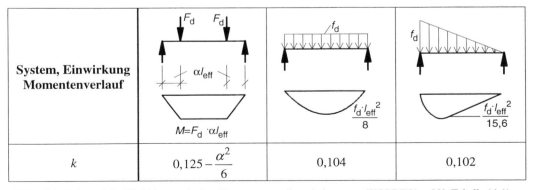

TAB 13.3: Beiwert k für Einfeldträger (weiter Momentenverteilungsbeiwerte → [KORDINA – 92], Tabelle 11.1)

$$f = k \cdot l_{\text{eff}}^2 \cdot \frac{1}{r_{\text{tot}}} \tag{13.28}$$

$$f \leq f_{\text{zul}} \tag{13.29}$$

Die Gesamtkrümmung infolge der Einwirkungen und plastischen Verformungen des Betons an der Stelle des Maximalmoments erhält man aus:

$$\frac{1}{r_{\text{tot}}} = \frac{1}{r_{\text{m}}} + \frac{1}{r_{\text{cs,m}}} \tag{13.30}$$

$1/r_{\text{m}}$ Krümmung infolge Lasten unter Berücksichtigung des Kriechens an der Stelle des Maximalmoments

$1/r_{\text{cs,m}}$ Krümmung infolge Schwindens

Krümmung infolge Lasten:

Die Krümmung infolge Lasten kann aus der Gl. (13.27) gewonnen werden.

$$\frac{1}{r_{\text{m}}} = \zeta \cdot \frac{1}{r_{\text{II}}} + (1-\zeta) \cdot \frac{1}{r_{\text{I}}} \tag{13.31}$$

$$\zeta = 1 - \beta_1 \cdot \beta_2 \left(\frac{\sigma_{s,\text{cr}}}{\sigma_s}\right)^2 \tag{13.32}$$

$\beta_1; \beta_2$ Beiwerte nach Gln. (12.45) bis (12.48)

$\sigma_{s,\text{cr}}$ Stahlspannung bei Auftreten des 1. Risses

Da das Rissmoment über Gl. (1.25) bestimmt werden und die Stahlspannung nach Gl. (1.32) für das quasi-ständige Moment $M_{\text{q-s}}$ berechnet werden kann, ist ζ bestimmbar. In Gl. (1.32) geht die Höhe der Druckzone x ein. Sie ist mit Gl. (11.7) zu bestimmen.

Das Kriechen des Betons unter Lasteinwirkung wird erfasst, indem der Elastizitätsmodul des Betons auf den wirksamen Elastizitätsmodul $E_{c,\text{eff}}$ vermindert ($\rightarrow$ Kap. 11.2.2) wird.

Krümmung infolge Schwinden:

Die Krümmung infolge Schwinden kann aus folgender Gl. abgeschätzt werden:

$$\frac{1}{r_{\text{cs}}} = \varepsilon_{\text{cs}} \cdot \alpha_{\text{e}} \cdot \frac{S}{I} \tag{13.33}$$

$$S_{\text{I}} = A_s \cdot z_s \tag{13.34}$$

$$S_{\text{II}} = A_s \cdot (d-x) \tag{13.35}$$

$$I_{\text{II}} = k_{\text{II}} \cdot I \tag{13.36}$$

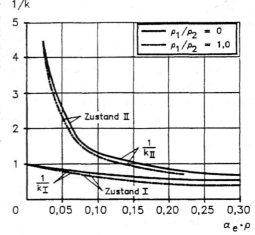

Achtung: In dieser Abbildung bedeutet

$\rho_2 = \dfrac{A_{s1}}{b \cdot d}$ Bewehrungsgrad der Zugbewehrung

$\rho_1 = \dfrac{A_{s2}}{b \cdot d}$ Bewehrungsgrad der Druckbewehrung

ABB 13.5: Steifigkeitsbeiwerte ([KORDINA – 92], Bild 11.3)

ε_{cs} freie Schwinddehnung nach [DIN 1045-1 – 01], 9.1.4
S statisches Moment
$1/k_{II}$ Steifigkeitsbeiwert für Zustand II (**ABB 13.5**)
I Flächenmoment 2. Grades für Zustand I bzw. II ($\to$ Kap. 1.3.3)

$$I^{II} = A_s \cdot z \cdot (d-x) \qquad (13.37)$$

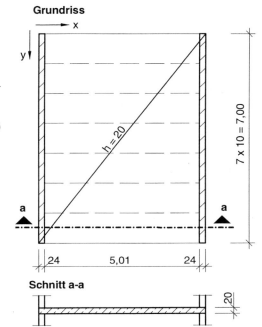

Beispiel 13.4: Ermittlung der Durchbiegung (nach DIN 1045-1)

gegeben: – Decke unter einem Verkaufsraum ($< 50\ m^2$) lt. Skizze. Die Decke wird aus Fertigteilen mit einer Breite $b/h/d = 1{,}00/0{,}20/0{,}17$ m hergestellt.
– Biegebemessung ergibt $A_s = 8{,}4\ cm^2$, gew: 10 Ø12 mit $A_{s,vorh} = 11{,}3\ cm^2$
– Baustoffgüten C30/37; BSt 500
– $\varepsilon_{cs\infty} = 0{,}52\ ‰$
– leichte Trennwände vorhanden

gesucht: Nachweis der Biegeschlankheit bzw. Berechnung der Durchbiegung

Lösung:

Begrenzung der Biegeschlankheit:

$a_1 = a_2 = \dfrac{0{,}24}{3} = 0{,}08$ m $\qquad$ (5.2): $a_i = \dfrac{t}{3}$

$l_{eff} = 5{,}01 + 0{,}08 + 0{,}08 = 5{,}17$ m $\qquad$ (5.1): $l_{eff} = l_n + a_1 + a_2$

$\alpha = 1{,}0$ $\qquad$ **TAB 13.1** Z. 1, da Einfeldträger

$l_0 = 1{,}0 \cdot 5{,}25 = 5{,}25$ m $\qquad$ (13.5): $l_0 = \alpha \cdot l_{eff}$

$\dfrac{l_0}{d} = \dfrac{5{,}17}{0{,}17} = 30{,}4 < 35$ $\qquad$ (13.1): $\dfrac{l_0}{d} \leq 35$

wegen leichter Trennwände zusätzlich

$\dfrac{l_0^2}{d} = \dfrac{5{,}17^2}{0{,}17} = 157 > 150$ $\qquad$ (13.2): $\dfrac{l_0^2}{d} \leq 150$

$\to$ Nachweis über Begrenzung der Biegeschlankheit nicht erbracht.

Einwirkungen und Schnittgrößen:
Eigenlast der Decke inkl. Ausbaulast $\quad g_k = 6{,}50$ kN/m
Verkehrslast der Decke $\quad q_k = 5{,}00$ kN/m
Kategorie D: $\psi_2 = 0{,}3$

$g_d = 1{,}0 \cdot 1{,}0 \cdot 6{,}5 = 6{,}5$ kN/m
$q_d = 1{,}0 \cdot 0{,}3 \cdot 5{,}0 = 1{,}50$ kN/m
$M_{Ed} = \dfrac{(6{,}5 + 1{,}5) \cdot 5{,}17^2}{8} = 26{,}7$ kNm

[DIN 1055-1 – 02], 5.1
[DIN 1055-3 – 02], 6.1
TAB 6.4: quasi-ständige Einwirkungskombination; Verkaufsraum bis 50 m^2
(6.4): $E_d = \gamma_F \cdot \psi_i \cdot F_k$

$M = \dfrac{q \cdot l_{eff}^2}{8}$

Durchbiegungen:
$A_c = 100 \cdot 20 = 2000$ cm^2
$W^I = \dfrac{1{,}0 \cdot 0{,}2^2}{6} = 0{,}00667$ m^3
$I^I = \dfrac{1{,}0 \cdot 0{,}20^3}{12} = 0{,}667 \cdot 10^{-3}$ m^4
$\rho_1 = \dfrac{11{,}3}{2000} = 0{,}0057 = 0{,}57$ %
$h_0 \approx 20$ cm

$\varphi \approx 2{,}4$

$E_{cm} = 31\,900$ N/mm^2
$E_{c,eff} = \dfrac{31\,900}{1 + 2{,}4} = 9380$ N/mm^2
$\alpha_e = \dfrac{200\,000}{9380} = 21{,}3$

$x = 0{,}0057 \cdot 21{,}3 \cdot 17 \left[-1 + \sqrt{1 + \dfrac{2}{0{,}0057 \cdot 21{,}3}} \right] = 6{,}6$ cm

$f_{ctm} = 2{,}9$ N/mm^2
$M_{cr} = 2{,}9 \cdot 0{,}00667 \cdot 10^3 = 19{,}3$ kNm
$\sigma_{s,cr} = \dfrac{19{,}3 \cdot 10^{-3}}{11{,}30 \cdot 10^{-4} \cdot \left(0{,}17 - \dfrac{0{,}066}{3}\right)} = 115$ N/mm^2

$\sigma_s = \dfrac{26{,}7 \cdot 10^{-3}}{11{,}3 \cdot 10^{-4} \cdot \left(0{,}17 - \dfrac{0{,}066}{3}\right)} = 160$ N/mm^2

$\beta_1 = 1{,}0$
$\beta_2 = 0{,}5$

$A_c = b \cdot h$
$W = \dfrac{b \cdot h^2}{6}$
$I = \dfrac{b \cdot h^3}{12}$
(1.5): $\rho_1 = \dfrac{A_{s1}}{A_c}$
$h_0 = \dfrac{2A}{u}$
[DIN 1045-1 – 01], Bild 19 für C30/37
und normal erhärtenden Zement
TAB 2.5: C 30/37

(11.2): $E_{c,eff} = \dfrac{E_{cm}}{1 + \varphi}$

(1.3): $\alpha_e = \dfrac{E_s}{E_c}$

(11.7):

$x = \rho \cdot \alpha_e \cdot d \left[-1 + \sqrt{1 + \dfrac{2}{\rho \cdot \alpha_e}} \right]$

TAB 2.5: C30
(1.25): $M_{cr} = f_{ct} \cdot W$
(1.33): $\sigma_s = \dfrac{M}{A_s \cdot \left(d - \dfrac{x}{3}\right)}$

(1.33): $\sigma_s = \dfrac{M}{A_s \cdot \left(d - \dfrac{x}{3}\right)}$

(12.45): Rippenstäbe
(12.48): Dauerlast

13 Begrenzung der Verformungen

$\zeta = 1 - 1{,}0 \cdot 0{,}5 \left(\dfrac{115}{160}\right)^2 = 0{,}74$ \hfill (13.32): $\zeta = 1 - \beta_1 \cdot \beta_2 \left(\dfrac{\sigma_{s,cr}}{\sigma_s}\right)^2$

$\varepsilon_s = \dfrac{160}{200\,000} = 0{,}80 \cdot 10^{-3}$ \hfill (2.21): $\sigma_s = E_s \cdot \varepsilon_s$

$\dfrac{1}{r_{\mathrm{I}}} = \dfrac{26{,}7 \cdot 10^6}{9380 \cdot 0{,}667 \cdot 10^9} = 4{,}27 \cdot 10^{-6}$ 1/mm \hfill (13.24): $\dfrac{1}{r} = \dfrac{M(x)}{E \cdot I(x)}$

$\dfrac{1}{r_{\mathrm{II}}} = \dfrac{0{,}800 \cdot 10^{-3}}{170 - 66} = 7{,}69 \cdot 10^{-6}$ 1/mm \hfill (1.30): $\dfrac{1}{r} = \dfrac{\varepsilon_s}{d - x}$

$\dfrac{1}{r_m} = 0{,}74 \cdot 7{,}69 \cdot 10^{-6} + (1 - 0{,}74) \cdot 4{,}27 \cdot 10^{-6}$ \hfill (13.31): $\dfrac{1}{r_m} = \zeta \cdot \dfrac{1}{r_{\mathrm{II}}} + (1 - \zeta) \cdot \dfrac{1}{r_{\mathrm{I}}}$

$\qquad = 6{,}80 \cdot 10^{-6}$ 1/mm

$S_{\mathrm{I}} = 1130 \cdot \left(170 - \dfrac{200}{2}\right) = 79{,}1 \cdot 10^3$ mm^3 \hfill (13.34): $S_{\mathrm{I}} = A_s \cdot z_s$

$S_{\mathrm{II}} = 1130 \cdot (170 - 66) = 118 \cdot 10^3$ mm^3 \hfill (13.35): $S_{\mathrm{II}} = A_s \cdot (d - x)$

$\rho_2 = \dfrac{11{,}3}{100 \cdot 17} = 0{,}0066 = 0{,}66\,\%$ \hfill $\rho_2 = \dfrac{A_{s1}}{b \cdot d}$ (für **ABB 13.5**)

$\alpha_e \cdot \rho = 21{,}3 \cdot 0{,}0066 = 0{,}14$ $1/k_{\mathrm{II}} = 1{,}1$ \hfill **ABB 13.5**:

$I = \dfrac{1{,}0 \cdot 0{,}17^3}{12} = 0{,}409 \cdot 10^{-3}$ m^4 \hfill $I = \dfrac{b \cdot d^3}{12}$

$I_{\mathrm{II}} = \dfrac{1}{1{,}1} \cdot 0{,}409 \cdot 10^{-3} = 0{,}372 \cdot 10^{-3}$ m^4 \hfill (13.36): $I_{\mathrm{II}} = k_{\mathrm{II}} \cdot I$

$\dfrac{1}{r_{cs,\mathrm{I}}} = 520 \cdot 10^{-6} \cdot 21{,}3 \cdot \dfrac{79{,}1 \cdot 10^3}{0{,}667 \cdot 10^9} = 1{,}31 \cdot 10^{-6}$ 1/mm \hfill (13.33): $\dfrac{1}{r_{cs}} = \varepsilon_{cs} \cdot \alpha_e \cdot \dfrac{S}{I}$

$\dfrac{1}{r_{cs,\mathrm{II}}} = 520 \cdot 10^{-6} \cdot 21{,}3 \cdot \dfrac{118 \cdot 10^3}{0{,}372 \cdot 10^9} = 3{,}51 \cdot 10^{-6}$ 1/mm \hfill (13.33): $\dfrac{1}{r_{cs}} = \varepsilon_{cs} \cdot \alpha_e \cdot \dfrac{S}{I}$

$\dfrac{1}{r_{cs,m}} = 0{,}74 \cdot 3{,}51 \cdot 10^{-6} + (1 - 0{,}74) \cdot 1{,}31 \cdot 10^{-6}$ \hfill (13.31): $\dfrac{1}{r_m} = \zeta \cdot \dfrac{1}{r_{\mathrm{II}}} + (1 - \zeta) \cdot \dfrac{1}{r_{\mathrm{I}}}$

$\qquad = 2{,}94 \cdot 10^{-6}$ 1/mm

$\dfrac{1}{r_{tot}} = 6{,}80 \cdot 10^{-6} + 2{,}94 \cdot 10^{-6} = 9{,}74 \cdot 10^{-6}$ 1/mm \hfill (13.30): $\dfrac{1}{r_{tot}} = \dfrac{1}{r_m} + \dfrac{1}{r_{cs,m}}$

$k = 0{,}104$ \hfill **TAB 13.3**: Einfeldträger mit Gleichlast

$f = 0{,}104 \cdot 5{,}17^2 \cdot 10^6 \cdot 9{,}74 \cdot 10^{-6} = 27{,}1$ mm \hfill (13.28): $f = k \cdot l_{\mathrm{eff}}^2 \cdot \dfrac{1}{r_{tot}}$

$f_{zul} = \dfrac{5170}{500} = 10{,}3$ mm \hfill (13.11): $f_{zul} = \dfrac{l_{\mathrm{eff}}}{500}$

Die Schalung wird um $l_{\mathrm{eff}}/250 = 20$ mm überhöht. \hfill maximal möglicher Wert

$f = 27{,}1 - 20 = 7{,}1$ mm $< 10{,}3$ mm $= f_{zul}$ \hfill (13.29): $f \leq f_{zul}$

14 Nachweis gegen Ermüdung

14.1 Grundlagen

14.1.1 Wöhlerlinie

Sofern Lasteinwirkungen in vielfacher Wiederholung[64] zwischen (teilweiser) Ent- und Wiederbelastung auftreten, wird das Baustoffgefüge geschädigt und die Festigkeit sinkt ab. Diese Eigenschaft wird mit (Material-)„Ermüdung" umschrieben. Die Zahl der Ent- und Wiederbelastungen ist die Lastspielzahl. Die erste grundlegende Beziehung zwischen Lastspielzahl und Festigkeit wurde von WÖHLER mit der heute nach ihm benannten „Wöhlerlinie" formuliert (**ABB 14.1**). Sie wird experimentell ermittelt, indem das Bauteil mit einer vorgegebenen konstanten (= einstufigen) Spannungsamplitude σ_a und Mittelspannung σ_m so vielen Lastspielen unterworfen wird, bis der Bruch eintritt. Die erreichte Lastspielzahl und die zweifache Spannungsamplitude werden grafisch aufgetragen (**ABB 14.1**). Kennzeichen der Kurve ist die von Wöhler unterstellte untere Asymptote, die bei $N^* \geq 10^6$ Lastspielen erreicht wird und die Dauerfestigkeit kennzeichnet. Spätere Untersuchungen haben ergeben, dass bei den Baustoffen Beton und Stahl keine untere Asymptote auftritt. Auch sehr kleine Spannungsamplituden schädigen das Baustoffgefüge.

Die Wöhlerlinie kann einfach oder doppelt logarithmisch aufgetragen werden. Für metallische Werkstoffe hat BASQUIN den Exponentialansatz nach Gl. (14.1) formuliert. In der doppelt logarithmischen Darstellung lässt sich die Funktion sehr gut als polygonale Linie annähern (Gl. (14.2) und **ABB 14.1**).

$$\Delta\sigma^m \cdot N = \text{const} \tag{14.1}$$

$$\log \Delta\sigma_{Rsk} = \log \Delta\sigma_{Rsk}\left(N^*\right) + \frac{1}{m}\log \frac{N^*}{N} \tag{14.2}$$

Dabei sind:

$\Delta\sigma_{Rsk}(N^*)$ Spannungsamplitude für N^* Lastzyklen nach **ABB 14.1** mit den Parametern nach **TAB 14.1**

m Steigung der Wöhlerlinie mit den Parametern N^*, k_1 bzw. k_2 nach **TAB 14.1**

Bauwerke, die oftmaligen Lastwechseln mit großer Verkehrslastordinate unterworfen werden, müssen gegen Ermüdung nachgewiesen werden. Sie werden als Bauwerke *unter nicht vorwiegend ruhenden Lasten* bezeichnet. Im Bereich des Hochbaus können dies z. B. Türme, Kranbahnen oder Industriegebäude mit Maschinen sein, die Schwingungen in die Baukonstruktion einleiten. Bei anderen nicht vorgespannten Bauwerken des Hochbaus darf der Nachweis entfallen ($\rightarrow$ Kap 14.2).

---

[64] Im Rahmen dieses Abschnitts werden ausschließlich vielfache Lastwechsel betrachtet, die zu relativ geringen Spannungsamplituden führen. Kurzzeitige Lastwechsel mit hoher Spannungsamplitude, wie z. B. bei Erdbeben sind nicht Gegenstand der Ausführungen.

14 Nachweis gegen Ermüdung

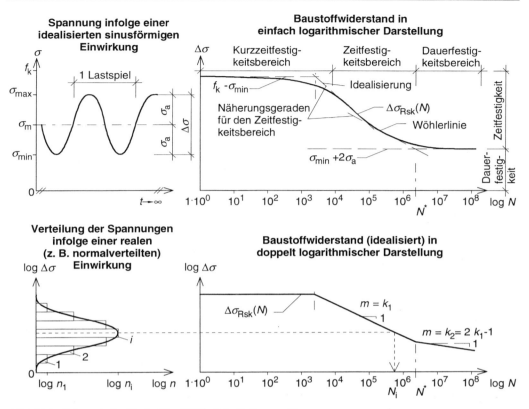

ABB 14.1: Schematischer Verlauf der Wöhlerlinie für Betonstahl

log Δσ Diagramm		Spannungsexponent m		
	N^*	k_1	$k_2 = 2k_1 - 1$	$\Delta\sigma_{Rsk}$ [N/mm²] bei N^* Zyklen
Gerade und gebogene Stäbe [a]	10^6	5	9 [d]	195
Geschweißte Stäbe einschließlich Heft- und Stumpfstoßverbindungen; Kopplungen [b][c]	10^7	3	5	58

[a] Für $d_{br} < 25\, d_s$ ist $\Delta\sigma_{Rsk}$ mit dem Reduktionsfaktor $\xi_1 = 0{,}35 + 0{,}026\, d_{br}/d_s$ zu multiplizieren.
Für Stäbe $d_s > 28$ mm ist $\Delta\sigma_{Rsk}$ mit dem Reduktionsfaktor $\xi_2 = 0{,}80$ zu multiplizieren.

[b] Sofern nicht andere Wöhlerlinien durch allgemeine bauaufsichtliche Zulassung oder Zustimmung im Einzelfall nachgewiesen werden können.

[c] Die Wöhlerlinie für geschweißte Stäbe und Kopplungen gilt bis zu einer Spannungs-Schwingbreite $\Delta\sigma_{Rsk} = 380$ N/mm² ($N^* = 0{,}36 \cdot 10^6$). Darüber gelten die Parameter der Linie für gerade und gebogene Stäbe.

[d] Wert gilt für nicht korrosionsfördernde Umgebung (Umweltklasse XC1 nach **TAB 2.1**), in allen anderen Fällen ist $k_2 = 5$ zu setzen.

TAB 14.1: Wöhlerlinie für Betonstahl (mit Parametern nach [DIN 1045-1 – 01], Tabelle 16)

Da die Standsicherheit von der Ermüdung beeinträchtigt wird, handelt es sich um einen Nachweis im Grenzzustand der Tragfähigkeit. Allerdings liegt die Ursache der Ermüdung in den Gebrauchslasten. Im Unterschied zu den anderen Nachweisen im Grenzzustand der Tragfähigkeit (z. B. Biegebemessung) sind daher nicht mit Teilsicherheitsbeiwerten erhöhte maximale Einwirkungen, sondern die tatsächlichen (rechnerisch die häufigen) Einwirkungen des Gebrauchszustandes anzusetzen.

Für das Bauwerk stellt die häufige Einwirkungskombination mit konstanter Spannungsamplitude eine grobe Idealisierung dar. In Wirklichkeit sind die Spannungsamplituden nicht konstant, sondern stetig verteilt[65]. Sofern unterschiedliche Lasteinwirkungen berücksichtigt werden, führt dies zum Betriebsfestigkeitsnachweis ($\rightarrow$ Kap. 14.1.3).

14.1.2 Baustoff Stahlbeton

Es müssen beide Werkstoffe getrennt hinsichtlich ihres Ermüdungsverhaltens betrachtet werden. Zusätzlich hat der Verbund zwischen Beton und Bewehrung einen Einfluss.

Beton:

Beton wird unter Druckspannungen $\sigma_c > 0{,}45\, f_{cd}$ im Gefüge geschädigt. Dies führt zu Mikrorissen und später zu Spannungsumlagerungen innerhalb des Gefüges. Fortschreitende Spannungsumlagerungen bewirken Formänderungen in der Druckzone. Der Ermüdungsbruch geht daher mit großen Rotationen in der Druckzone einher, würde sich somit ankündigen. Die Wöhlerlinie für Beton (**ABB 14.2**) zeigt zwar eine Annäherung an die horizontale Asymptote unter Schwellbeanspruchung; eine lastspielzahlunabhängige Dauerfestigkeit wurde jedoch auch bei sehr hohen Lastspielzahlen $N = 10^9$ nicht erreicht.

Bei Tragwerken der Praxis ist die maximale Spannung im Beton (infolge der anderen zu führenden Nachweise) allerdings so weit von der Bemessungsfestigkeit entfernt, dass der Nachweis für den Beton meistens nicht maßgebend wird.

Der Teilsicherheitsbeiwert für Beton im Rahmen des Ermüdungsnachweises beträgt:

$$\gamma_{c,\text{fat}} = 1{,}50 \tag{14.3}$$

Betonstahl:

Der Betonstahl ist maßgebend für die Ermüdungsfestigkeit eines Stahlbetonbauteils. Der Ermüdungsbruch von Stahl ist ein Sprödbruch ohne Vorankündigung. Er ist weitaus gefährlicher als der Ermüdungsbruch des Betons. An Stellen lokaler Spannungskonzentration im Betonstahl können zunächst Mikrorisse entstehen, die mit zunehmender Lastspielzahl wachsen und dann plötzlich in ein instabiles Risswachstum übergehen (Sprödbruch). Für Betonstahl (und Spannstahl) ist entsprechend [DIN 1045-1 – 01], Tabelle 16 von einer stetig sinkenden Dauerfestigkeit auszugehen ($m = k_2 > 0$ in **TAB 14.1**).

---

[65] Bei einer Brücke werden sie z. B. aus der Superposition von unterschiedlich schweren Fahrzeugen und weiteren Lastfällen resultieren, wie unterschiedliche Bauwerkstemperaturen über den Tag an dem unterstellten statisch unbestimmten System. Die tatsächlichen Einwirkungen führen zu einer stetigen Kurve der Spannungsamplituden.

14 Nachweis gegen Ermüdung

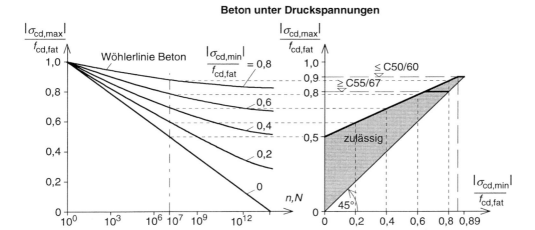

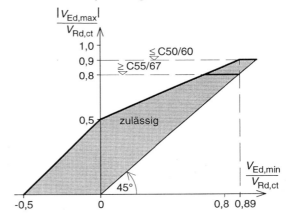

ABB 14.2: Wöhlerlinie des druckbeanspruchten Betons und Spannungsgrenzen beim vereinfachten Nachweis

Bei Stahlbetontragwerken kann die Biegezug- oder die Querkraftbewehrung versagen. Der Teilsicherheitsbeiwert für Betonstahl im Rahmen des Ermüdungsnachweises beträgt:

$$\gamma_{s,fat} = 1,15 \tag{14.4}$$

Verbund:

Der Verbund zwischen Bewehrungselement und umgebendem Beton wird mit zunehmender Lastspielzahl schlechter. Die Einleitungslängen an den Rissufern (**ABB 1.7**) werden daher bei der Erstrissbildung länger (bzw. bei abgeschlossener Rissbildung **ABB 1.8**) sinkt die Zugversteifung). Die Verformungen im Tragwerk nehmen zu. Die Größe des Verformungszuwachses führt jedoch (auch bei Druckgliedern) nicht zu einem Zustand, der versagenskritisch werden könnte.

Die Verbundermüdung tritt auch im Bereich der Verankerungslänge auf. Da die Verankerungslängen jedoch für den Grenzzustand der Tragfähigkeit mit sehr kleinen zulässigen Verbundspannungen bestimmt wurden, tritt kein vollständiger Verbundverlust bei häufigen Lastwechseln ein. Der Verbund muss daher beim Nachweis gegen Ermüdung nicht weiter betrachtet werden.

14.1.3 Betriebsfestigkeitsnachweis

Während die Schnittgrößen für andere Nachweise mit einer bestimmten Einwirkungsgröße ermittelt werden, liegt dem Betriebsfestigkeitsnachweis ein *Lastkollektiv* zugrunde. Dieses Lastkollektiv soll vereinfachend die tatsächlichen Einwirkungen abbilden. Es ist das „Ermüdungslastmodell" und kann für einige Bauwerke entsprechenden Normen entnommen werden, z. B. für Brücken dem [DIN FB 101 - 03] oder für Kranbahnen [DIN 4112 – 86].

Bei einem Lastkollektiv ist die Ermüdungsfestigkeit streng genommen von der zeitlichen Reihenfolge des Eintretens der einzelnen Lasten abhängig[66]. Um einen erträglichen Rechenaufwand zu erreichen, muss unterstellt werden, dass sich die einzelnen Lasten nicht gegenseitig beeinflussen. Außerdem beeinflusst eine steigende Lastordinate die Ermüdung nichtlinear. Auch dies bleibt gegenwärtig rechnerisch unberücksichtigt.

14.2 Entfall des Nachweises

Der Nachweis gegen Ermüdung braucht für viele Stahlbetontragwerke, insbesondere im Bereich des Hochbaus, nicht geführt zu werden (genaue Regelungen siehe [DIN 1045-1 – 01], 10.8):

- nicht vorgespannte Tragwerke des üblichen Hochbaus (Ausnahmen sind Gebäude mit dynamisch erregten Maschinen auf den Decken)
- Fußgängerbrücken
- überschüttete Boden- und Rahmentragwerke (mit einer Erdüberdeckung von mindestens 1,0 m bei Straßen- und 1,5 m bei Eisenbahnbrücken)
- Fundamente
- Widerlager, Pfeiler und Stützen, die mit dem Überbau von Brücken nicht biegesteif verbunden sind.

14.3 Vereinfachter Nachweis

14.3.1 Möglichkeiten der Nachweisführung

DIN 1045-1 bietet je nach Erfordernis mehrere Möglichkeiten, den Nachweis gegen Ermüdung zu führen. Der Aufwand steigt hierbei von Stufe 1 zur Stufe 3 stark an. Die Stufe 3 wird im Hochbau trotz ihres Aufwandes immer dann sinnvoll sein, wenn die Bauteilabmessungen bereits unveränderbar festliegen (z. B. beim Bauen im Bestand).

---

[66] Große Einwirkungen kleiner Anzahl *vor* kleinen Einwirkungen großer Anzahl lassen ein Bauteil stärker ermüden als große Einwirkungen kleiner Anzahl *nach* kleinen Einwirkungen großer Anzahl (man denke an den Steifigkeitsabfall infolge unterschiedlicher Rissbildungen).

- Stufe 1: Vereinfachter Nachweis durch *Begrenzung der Spannungen* bzw. Spannungsschwingbreiten.
- Stufe 2: Genauerer Nachweis als *vereinfachter Betriebsfestigkeitsnachweis* (→ Kap. 14.5)
- Stufe 3: Genauer Nachweis als *expliziter Betriebsfestigkeitsnachweis* (→ Kap. 14.4)

Der vereinfachte Nachweis ist ein Spannungsnachweis und basiert zum einen auf linearem Werkstoffverhalten, zum anderen auf der Voraussetzung, dass die Spannungsamplituden (**ABB 14.1**) konstant sind. Da dies in der Praxis nicht der Fall ist, muss mit der ungünstigsten (größten) Spannungsamplitude gerechnet werden. Dies kann zu Ergebnissen führen, die insgesamt für die Bemessung maßgebend werden und damit unwirtschaftlich sind. In diesem Fall empfiehlt sich ein genauerer Nachweis.

14.3.2 Nachweis für Beton

Der vereinfachte Nachweis ist mit der häufigen Lastkombination zu erbringen. Der Spannungsnachweis kann bei Kenntnis des Ermüdungsbeiwertes μ geführt werden.

$$\sigma_{c,freq} \leq \sigma_{c,lim} \tag{14.5}$$

$$\sigma_{c,lim} = \sigma_{stat} + \mu \cdot \sigma_{dyn} \leq \text{zul } \sigma_{stat} \tag{14.6}$$

$$\mu = \frac{f_k - \sigma_m}{\sigma_a} \tag{14.7}$$

In DIN 1045-1 wird Gl. (14.6) in normierter Form geschrieben. Für Beton unter Druckspannungen ist für jede Querschnittsfaser nachfolgende Gl. einzuhalten (**ABB 14.2**, rechtes oberes Diagramm):

$$\frac{|\sigma_{cd,max}|}{f_{cd,fat}} \leq 0,5 + 0,45 \cdot \frac{|\sigma_{cd,min}|}{f_{cd,fat}} \leq \begin{cases} 0,9 & \text{bis C50/60 oder LC50/55} \\ 0,8 & \text{ab C55/67 oder LC55/60} \end{cases} \tag{14.8}$$

$|\sigma_{cd,max}|$ maximale Betondruckspannung unter häufiger Einwirkungskombination

$|\sigma_{cd,min}|$ minimale Betondruckspannung (bei Zugspannungen: $|\sigma_{cd,min}| = 0$)

Für den Bemessungswert der Betondruckfestigkeit bei Ermüdungsbeanspruchung werden die Nacherhärtung des Betons über die 28-Tage-Festigkeit hinaus und der Zeitpunkt der Erstbelastung t_0 berücksichtigt.

$$f_{cd,fat} = \beta_{cc}(t_0) \cdot \left[1 - \frac{f_{ck}}{250}\right] \cdot f_{cd} \tag{14.9}$$

$$\beta_{cc}(t_0) = e^{0,2\left(1-\sqrt{\frac{28}{t_0}}\right)} \tag{14.10}$$

$\beta_{cc}(t_0)$ Erhärtungsfunktion des Betons

Gl. (14.8) gilt auch für die Druckstreben von querkraftbeanspruchten Bauteilen mit Querkraftbewehrung. In diesem Fall ist die Betondruckfestigkeit nach Gl. (14.9) mit α_c nach Gl. (8.32) abzumindern.

Bei Bauteilen unter Querkraftbeanspruchung, die rechnerisch keine Querkraftbewehrung benötigen, sind folgende Bedingungen einzuhalten (**ABB 14.2**, unteres Diagramm):

– für $\dfrac{V_{Ed,min}}{V_{Ed,max}} \geq 0$:

$$\left|\frac{V_{Ed,max}}{V_{Rd,ct}}\right| \leq 0{,}5 + 0{,}45 \cdot \left|\frac{V_{Ed,min}}{V_{Rd,ct}}\right| \leq \begin{cases} 0{,}9 & \text{bis C50/60 oder LC50/55} \\ 0{,}8 & \text{ab C55/67 oder LC55/60} \end{cases} \quad (14.11)$$

$V_{Ed,max}$ ($V_{Ed,min}$)   Bemessungswert der maximalen (minimalen) Querkraft unter der häufigen Einwirkungskombination jeweils im selben Querschnitt

$V_{Rd,ct}$ Bemessungswert der ohne Querkraftbewehrung aufnehmbaren Querkraft nach Gl. (8.19)

– für $\dfrac{V_{Ed,min}}{V_{Ed,max}} < 0$:

$$\left|\frac{V_{Ed,max}}{V_{Rd,ct}}\right| \leq 0{,}5 - \left|\frac{V_{Ed,min}}{V_{Rd,ct}}\right| \quad (14.12)$$

14.3.3 Nachweis für Betonstahl

Der vereinfachte Nachweis ist für die häufige Lastkombination bei einer Lastspielzahl $1 \cdot 10^7$ zu führen.

$$\Delta\sigma_{s,freq} \leq \Delta\sigma_{s,lim} \quad (14.13)$$

Nachfolgende Bedingungen gelten für jegliche Art von Bewehrung. Für ungeschweißte Bewehrungsstähle unter Zugbeanspruchung darf ein ausreichender Ermüdungswiderstand angenommen werden, wenn unter der häufigen Einwirkungskombination die Spannungsschwingbreite

$$\Delta\sigma_{s,lim} \leq 70 \text{ N/mm}^2 \quad (14.14)$$

nicht überschreitet. Für geschweißte Betonstähle muss zusätzlich der Querschnitt im Bereich der Schweißstellen unter der häufigen Einwirkungskombination vollständig überdrückt sein.

$$\sigma_c \leq 0 \text{ N/mm}^2 \quad (14.15)$$

14 Nachweis gegen Ermüdung

Beispiel 14.1: Vereinfachter Nachweis der Ermüdung

gegeben: – Beispiel laut Skizze von Beispiel 7.10
– Belastung mit Verkehrslasten 1 Jahr nach Erstellung

gesucht: Nachweis der Ermüdung im Feld 1 [67]

Lösung:

Der Nachweis ist für häufige Kombination zu führen.

(6.17):
$$\Sigma G_{k,i} + P_k \oplus \psi_{1j} \cdot Q_{kj} \oplus \Sigma \psi_{2,i} \cdot Q_{k,i}$$
hier : $\Sigma G_{k,i} \oplus \psi_{1j} \cdot Q_{kj}$

$\psi_1 = 0,5$

$M_{1,\max} = 140 + 0,5 \cdot 52 = 166$ kNm

$M_B = 0,5 \cdot \left(-0,119 \cdot 12,4 \cdot 6,51^2\right) = -31$ kNm

$M_{1,\min} \approx 140 + 0,45 \cdot (-31) = 126$ kNm

$E_s = 200\,000$ N/mm²

$E_{cm} = 28\,800$ N/mm²

$\alpha_e = 10$

TAB 6.4: Wohnungen
vgl. Beispiel 7.12
[Schneider – 02], S. 4.18
häufiger Verkehr in Feld 2
Maßgebende Stelle liegt bei $x/l_{\text{eff}} \approx 0,45$
ABB 2.9
TAB 2.5: C20/25

(1.3): $\alpha_e = \dfrac{E_s}{E_c}$

mit [DIN 1045-1 – 01], 10.8.2 (2)
vgl. Beispiel 7.12
Gl. (11.7) gilt für einen Rechteckquerschnitt. Da hier die Nulllinie in der oberen Platte liegt, wird ein Ersatzrechteck verwendet.

$A_{s,\text{vorh}} = 10,1$ cm²

$A_c \approx 251 \cdot 67,5 = 1,69 \cdot 10^4$ cm²

(1.5): $\rho = \dfrac{A_s}{A_{c,n}} \approx \dfrac{A_s}{A_c}$

$\rho = \dfrac{10,1}{16900} = 0,0006$

(11.7):

$x \approx 0,0006 \cdot 10 \cdot 675 \left[-1 + \sqrt{1 + \dfrac{2}{0,0006 \cdot 10}}\right]$

$= 70,0$ mm < 220 mm $= h_f$

$x = \rho \cdot \alpha_e \cdot d \left[-1 + \sqrt{1 + \dfrac{2}{\rho \cdot \alpha_e}}\right]$

$\left|\sigma_{cd,\max}\right| = \dfrac{2 \cdot 166 \cdot 10^{-3}}{2,51 \cdot 0,070 \cdot \left(0,675 - \dfrac{0,070}{3}\right)} = 2,9$ N/mm²

(11.6): $\sigma_{c2} = \dfrac{2 M_{\text{Eds}}}{b \cdot x \cdot \left(d - \dfrac{x}{3}\right)}$

$\left|\sigma_{cd,\min}\right| = \dfrac{2 \cdot 126 \cdot 10^{-3}}{2,51 \cdot 0,070 \cdot \left(0,675 - \dfrac{0,070}{3}\right)} = 2,2$ N/mm²

$\beta_{cc}(t_0) = e^{0,2\left(1-\sqrt{\tfrac{28}{365}}\right)} = 1,16$

(14.10): $\beta_{cc}(t_0) = e^{0,2\left(1-\sqrt{\tfrac{28}{t_0}}\right)}$

---

[67] Für ein Wohngebäude ist gemäß Kap. 14.2 kein Ermüdungsnachweis zu führen, er soll hier übungshalber demonstriert werden.

$$f_{cd,fat} = 1,16 \cdot \left[1 - \frac{20}{250}\right] \cdot 11,3 = 12,1 \text{ N/mm}^2$$

$$\frac{2,9}{12,1} = 0,24 < 0,5 + 0,45 \cdot \frac{2,2}{12,1} = 0,58 < 0,9$$

$$\frac{\sigma_{c,freq}}{f_{cd,fat}} = 0,24 < 0,58 = \frac{\sigma_{c,lim}}{f_{cd,fat}}$$

$$z = 0,675 - \frac{0,070}{3} = 0,652 \text{ m}$$

$$\Delta\sigma_s = \frac{(166-126)\cdot 10^{-3}}{10,1 \cdot 10^{-4} \cdot 0,652} = 60,8 \text{ N/mm}^2$$

$$\Delta\sigma_{s,lim} \leq 70 \text{ N/mm}^2$$

$$\Delta\sigma_s = 60,8 \text{ N/mm}^2 < 70 \text{ N/mm}^2$$

(14.9):
$$f_{cd,fat} = \beta_{cc}(t_0) \cdot \left[1 - \frac{f_{ck}}{250}\right] \cdot f_{cd}$$

(14.8):
$$\frac{|\sigma_{cd,max}|}{f_{cd,fat}} \leq 0,5 + 0,45 \cdot \frac{|\sigma_{cd,min}|}{f_{cd,fat}} \leq 0,9$$

(14.5): $\sigma_{c,freq} \leq \sigma_{c,lim}$

(1.32): $z \approx d - \dfrac{x}{3}$

(1.33): $\sigma_s = \dfrac{M}{A_s \cdot z}$

(14.14): $\Delta\sigma_{s,lim} \leq 70 \text{ N/mm}^2$

(14.13): $\Delta\sigma_{s,freq} \leq \Delta\sigma_{s,lim}$

Betriebsfestigkeitsnachweis mit Palmgren-Miner-Regel

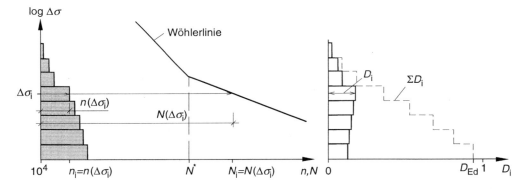

Vereinfachter Betriebsfestigkeitsnachweis

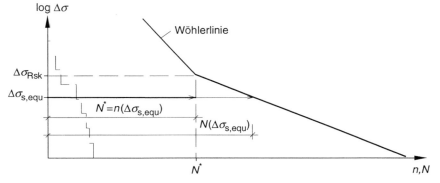

ABB 14.3: Betriebsfestigkeitsnachweis nach DIN 1045-1

14.4 Genauer Betriebsfestigkeitsnachweis

14.4.1 Lineare Schadensakkumulation

Hierbei werden die Lastzyklen mit unterschiedlichen Spannungsamplituden in einzelne Beanspruchungskollektive gesplittet. Die Spannungsamplituden werden mit realitätsnahen Lastmodellen ermittelt. Für jede Belastungsstufe, d. h. für jedes Beanspruchungskollektiv, wird das Ermüdungsverhalten aus den Wöhlerkurven berechnet und der zugehörige Schädigungsfaktor D_i für diese Belastungsstufe bestimmt (**ABB 14.3**).

$$D_i = \frac{n(\Delta\sigma_i)}{N(\Delta\sigma_i)} = \frac{n_i}{N_i} \tag{14.16}$$

i Lastkollektiv
n_i Anzahl der einwirkenden Lastzyklen innerhalb eines Kollektivs i
N_i Anzahl der ertragbaren Lastzyklen innerhalb eines Kollektivs i

Anschließend werden die einzelnen Schädigungsfaktoren akkumuliert. Das Ergebnis ist eine Schädigungssumme. PALMGREN und MINER haben die Hypothese aufgestellt, dass das Bauteil standsicher ist, solange die Grenzschädigung $D_{Ed} = 1$ nicht erreicht wird. Sie führen dabei eine *lineare* Akkumulation (Addition) durch. So erhält man die PALMGREN-MINER-Regel:

$$D_{Ed} = \sum_i D_i = \sum_i \frac{n_i}{N_i} \leq 1{,}0 \tag{14.17}$$

Da entsprechend dieser Regel *jede* (auch eine sehr kleine) Spannungsänderung zu einer Bauteilschädigung führt, widerspricht diese Gesetzmäßigkeit der von WÖHLER formulierten Dauerfestigkeit. Auch wenn die tatsächliche Schädigungssumme eine *nichtlineare* Akkumulation von Schädigungsfaktoren ist, liefert die PALMGREN-MINER-Regel zutreffendere Ergebnisse als sie sich bei einem Spannungsnachweis (→ Kap. 14.3) ergeben. Sie wird nachfolgend für Betonstahl gezeigt. Für Beton erübrigt sich im Allgemeinen ein genauer Nachweis, da er nicht bemessungsbestimmend ist.

14.4.2 Nachweis für Betonstahl

Die Anzahl der ertragbaren Lastzyklen kann mit Gl. (14.1) und den Vorgaben der DIN 1045-1 (**TAB 14.1**) direkt ermittelt werden:

$$N_j = \frac{N^*}{\left(\dfrac{\Delta\sigma(n_j)}{\Delta\sigma_{Rsk}(N^*)}\right)^m} \tag{14.18}$$

Im Rahmen des Nachweises nach DIN 1045-1 sind folgende Teilsicherheitsbeiwerte zu verwenden:

$\gamma_{F,fat}$ Teilsicherheitsbeiwert für die Einwirkungen beim Ermüdungsnachweis

$$\gamma_{F,fat} = 1{,}0 \tag{14.19}$$

$\gamma_{Ed,fat}$ Teilsicherheitsbeiwert für die Modellunsicherheiten beim Ermüdungsnachweis

$$\gamma_{Ed,fat} = 1{,}0 \quad \text{(oder nach [DIN 1055-100 – 01] gilt: } \gamma_{Ed,fat} \approx 1{,}1\text{)} \tag{14.20}$$

Zur Bestimmung des Exponenten m muss geprüft werden, ob die Spannungsschwankung in den Zeitfestigkeits- oder Dauerfestigkeitsast der Wöhlerlinie in **TAB 14.1** führt:

$$\gamma_{F,fat} \cdot \gamma_{Ed,fat} \cdot \Delta\sigma_s \stackrel{?}{\leq} \frac{\Delta\sigma_{Rsk}(N^*)}{\gamma_{s,fat}} \Rightarrow \begin{array}{l} ja: m = k_2 \\ nein: m = k_1 \end{array} \qquad (14.21)$$

Damit kann dann Gl. (14.16) ausgewertet werden.

Beispiel 14.2: Betriebsfestigkeitsnachweis (für Betonstahl)

Ein Kranbahnträger in einem Stahlwerk ist gegen Ermüdung zu bemessen. Laut Angabe des Bauherrn fährt der Kran alle 60 Sekunden mit „voller" Nutzlast über den Träger, dazwischen leer zurück. Das Stahlwerk wird für eine Nutzungsdauer von 20 Jahren ausgelegt.

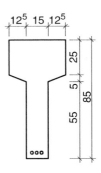

gegeben: – Abmessungen laut Skizze
– $M_{gk} = 37$ kNm (Betonfertigteil);
$M_{qk1} = 144$ kNm (Kran mit Nutzlast: hier: seltene = häufige Lastkombination)[68]
$M_{qk2} = 15$ kNm (Kran ohne Nutzlast)
– Baustoffe C40/50, BSt 500
– Bauteilalter bei Betriebsbeginn 1 Jahr.

gesucht: Nachweis der Ermüdung (nur für Biegung) für den Betonstahl

Lösung:

Biegebemessung:

$M_{max} = 1{,}35 \cdot 37 + 1{,}50 \cdot 144 = 266$ kNm

$M_{min} = 1{,}35 \cdot 37 + 1{,}50 \cdot 15 = 72{,}5$ kNm

$f_{cd} = \dfrac{0{,}85 \cdot 40}{1{,}50} = 22{,}7$ N/mm²

$\mu_{Eds} = \dfrac{0{,}266}{0{,}40 \cdot 0{,}78^2 \cdot 22{,}7} = 0{,}0482$

$\omega = 0{,}0496\,;\ \zeta \approx 0{,}971\,;\ \xi \approx 0{,}075\,;\ \sigma_{sd} = 457$ N/mm²

$x = 0{,}075 \cdot 78{,}0 = 5{,}9$ cm < 25 cm $= h_f$

$A_s = \dfrac{0{,}0496 \cdot 0{,}40 \cdot 0{,}78 \cdot 22{,}7}{457} \cdot 10^4 = \underline{\underline{7{,}7\ \text{cm}^2}}$

gew: 5 ⌀20

$A_{s,vorh} = 15{,}7\ \text{cm}^2 > 7{,}7\ \text{cm}^2 = A_{s,erf}$ [69]

(6.5): $\Sigma \gamma_{G,i} \cdot G_{k,i} + \gamma_P \cdot P_k$
$\oplus \gamma_{Qj} \cdot Q_{kj} \oplus \Sigma \gamma_{Q,i} \cdot \psi_{Q,i} \cdot Q_{k,i}$

(2.14): $f_{cd} = \dfrac{\alpha \cdot f_{ck}}{\gamma_c}$

(7.22): $\mu_{Eds} = \dfrac{M_{Eds}}{b \cdot d^2 \cdot f_{cd}}$

TAB 7.1:

(7.24): $\xi = \dfrac{x}{d}$

(7.50): $A_s = \dfrac{\omega \cdot b \cdot d \cdot f_{cd} + N_{Ed}}{\sigma_{sd}}$

TAB 4.1

(7.55): $A_{s,vorh} \geq A_{s,erf}$

---

[68] Die Schnittgrößen sind mit Lasten entsprechend [DIN 4112 – 86] zu bestimmen. Um den Aufwand für die Ermittlung der Schnittgrößen in Grenzen zu halten, wird dies im Rahmen des Beispiels vernachlässigt.

[69] Die Bewehrung wird sehr reichlich gewählt, da eine hohen Ermüdungsbeanspruchung vorliegt. Sie erfordert eine große Biegezugbewehrung, damit der Nachweis erfolgreich geführt werden kann..

14 Nachweis gegen Ermüdung

Nachweis gegen Ermüdung (Betonstahl):

$\alpha_e = 10$

$\rho = \dfrac{15,7}{30 \cdot 78} = 0,0067$ [DIN 1045-1 – 01], 10.8.2(2)

(1.5): $\rho = \dfrac{A_s}{A_c}$

(11.7):

$x = 0,0067 \cdot 10 \cdot 780 \left[-1 + \sqrt{1 + \dfrac{2}{0,0067 \cdot 10}}\right] = 238$ mm $x = \rho \cdot \alpha_e \cdot d \left[-1 + \sqrt{1 + \dfrac{2}{\rho \cdot \alpha_e}}\right]$

Hier: $\psi_{1j} = 1,0$

(6.17):

$M_{max} = 37 + 1,0 \cdot 144 = 181$ kNm

$\sum G_{k,i} + P_k \oplus \psi_{1j} \cdot Q_{kj}$
$\oplus \sum \psi_{2,i} \cdot Q_{k,i}$

$\Delta M_s = 181 - 37 = 144$ kNm $\Delta M_s = M_{max} - M_g$

$z = 780 - \dfrac{238}{3} = 701$ mm $\approx 0,70$ m   (1.32): $z = d - \dfrac{x}{3}$

$\Delta \sigma_s = \dfrac{144 \cdot 10^3}{15,7 \cdot 10^2 \cdot 0,70} = 131$ N/mm^2 (1.33): $\sigma_s = \dfrac{M}{A_s \cdot z}$

$\Delta \sigma_{s,lim} \leq 70$ N/mm^2 (14.14): $\Delta \sigma_{s,lim} \leq 70$ N/mm^2

$\Delta \sigma_s = 131$ N/mm$^2 > 70$ N/mm^2 (14.13): $\Delta \sigma_{s,freq} \leq \Delta \sigma_{s,lim}$

Nachweis mit „vereinfachtem Nachweis" nicht erbracht   Wieviel Lastwechsel soll Bauteil ertragen (jeweils voller und leerer Kran, $n_1 = n_2$)?

$n = 20$ a $\cdot 365$ d $\cdot 24$ h $\cdot 60$ LW/h $= 1,05 \cdot 10^7$ LW

Lastfall voller Kran:

$\sigma_{s,max} = \dfrac{M_{max}}{A_s \cdot z} = \dfrac{181}{15,7 \cdot 0,70} \cdot 10 = 165$ N/mm^2 (1.33): $\sigma_s = \dfrac{M}{A_s \cdot z}$

$\sigma_{s,min} = \dfrac{M_{min}}{A_s \cdot z} = \dfrac{37}{15,7 \cdot 0,70} \cdot 10 = 34$ N/mm^2

$\Delta \sigma_s = 165 - 34 = 131$ N/mm^2 $\Delta \sigma_s = \sigma_{s,max} - \sigma_{s,min}$

$\gamma_{F,fat} = 1,0$ und $\gamma_{Ed,fat} = 1,0$ (14.19) und (14.20)

$\gamma_{s,fat} = 1,15$ (14.4)

(14.21):

$\Delta \sigma_s(N) = 1,0 \cdot 1,0 \cdot 1,15 \cdot 131 = 150,7$ N/mm^2 $\gamma_{F,fat} \cdot \gamma_{Ed,fat} \cdot \Delta \sigma_s \overset{?}{\leq} \dfrac{\Delta \sigma_{Rsk}(N^*)}{\gamma_{s,fat}}$

$\Delta \sigma_{Rsk}(N^*) = 195$ N/mm^2 TAB 14.1

$\Delta \sigma_{Rsk}(N) = 150,7$ N/mm$^2 < 195$ N/mm^2

$m = k_2 = 9$ und $N^* = 10^6$ TAB 14.1

$N_1 = \dfrac{10^6}{\left(\dfrac{150,7}{195}\right)^9} = 1,02 \cdot 10^7$ (14.18): $N_j = \dfrac{N^*}{\left(\dfrac{\Delta \sigma(n_j)}{\Delta \sigma_{Rsk}(N^*)}\right)^m}$

Lastfall leerer Kran:
$M_{max} = 37 + 1,0 \cdot 15 = 52 \text{ kNm}$

$\sigma_{s,max} = \dfrac{M_{max}}{A_s \cdot z} = \dfrac{52 \cdot 10^3}{15,7 \cdot 10^2 \cdot 0,70} = 47 \text{ N/mm}^2$

$\Delta\sigma_s = 47 - 34 = 13 \text{ N/mm}^2$

$\Delta\sigma_s(N) = 1,0 \cdot 1,0 \cdot 1,15 \cdot 13 = 15 \text{ N/mm}^2$

$N_2 = \dfrac{10^6}{\left(\dfrac{15}{195}\right)^9} = 1,06 \cdot 10^{16}$

$D_{Ed} = \dfrac{1,05 \cdot 10^7}{1,02 \cdot 10^7} + \dfrac{1,05 \cdot 10^7}{1,06 \cdot 10^{16}} = 1,029 + \sim 0 \approx 1,0$ [70]

(6.17):
$\sum G_{k,i} + P_k \oplus \psi_{1j} \cdot Q_{kj}$
$\oplus \sum \psi_{2,i} \cdot Q_{k,i}$

(1.33): $\sigma_s = \dfrac{M}{A_s \cdot z}$

$\Delta\sigma_s = \sigma_{s,max} - \sigma_{s,min}$

(14.21):
$\gamma_{F,fat} \cdot \gamma_{Ed,fat} \cdot \Delta\sigma_s \overset{?}{\leq} \dfrac{\Delta\sigma_{Rsk}(N^*)}{\gamma_{s,fat}}$

(14.18): $N_j = \dfrac{N^*}{\left(\dfrac{\Delta\sigma(n_j)}{\Delta\sigma_{Rsk}(N^*)}\right)^m}$

(14.17): $D_{Ed} = \sum\limits_i \dfrac{n_i}{N_i} \leq 1,0$

(Fortsetzung mit Beispiel 14.3)

14.5 Vereinfachter Betriebsfestigkeitsnachweis

14.5.1 Nachweis für Betonstahl

Sofern die Ermüdungssicherheit mit dem vereinfachten Nachweis nicht nachgewiesen werden konnte, kann ein „genauerer Nachweis" in Form eines vereinfachten Betriebsfestigkeitsnachweises geführt werden. Hierbei wird das komplizierte Belastungskollektiv des genaueren Betriebsfestigkeitsnachweises in ein schädigungsgleiches Einstufen-Ersatzkollektiv überführt. Dieses bezeichnet man als schädigungsäquivalente Schwingbreite $\Delta\sigma_{s,equ}$.

Als schädigungsäquivalente Schwingbreite wird somit diejenige Spannungsschwankung definiert, die bei konstanten Spannungsschwankungen mit N^* Lastzyklen zu dergleichen Versagensart führt, wie eine wirklichkeitsnahe Belastung während der gesamten Nutzungsdauer (**ABB 14.3**). Aus dieser Bedingung kann mit Gl. (14.17) formuliert werden:

$$\dfrac{n(\Delta\sigma_{s,equ})}{N(\Delta\sigma_{s,equ})} \overset{!}{=} D_{Ed} = \sum\limits_i \dfrac{n_i}{N_i} \leq 1,0 \qquad (14.22)$$

Substituiert man $n(\Delta\sigma_{s,equ}) = N^*$ (vgl. **ABB 14.3**), erhält man

---

[70] Das Ergebnis hängt aufgrund des Exponenten m in Gl. (14.18) sehr ($\geq 3\,\%$) von Rundungsgenauigkeiten der Spannungen ab. Die geringfügige Überschreitung ist daher unerheblich.

$$\frac{N^*}{N\left(\Delta\sigma_{s,equ}\right)} \leq 1{,}0 \tag{14.23}$$

Der Ausdruck $N(\Delta\sigma_{s,equ})$ kann mit Gl. (14.18) substituiert werden.

$$N\left(\Delta\sigma_{s,equ}\right) = \frac{N^*}{\left(\dfrac{\Delta\sigma_{s,equ}}{\Delta\sigma_{Rsk}\left(N^*\right)}\right)^m} = \frac{N^* \cdot \Delta\sigma_{Rsk}^m\left(N^*\right)}{\Delta\sigma_{s,equ}^m}$$

Dies eingesetzt in Gl. (14.23) ergibt:

$$\frac{N^* \cdot \Delta\sigma_{s,equ}^m}{N^* \cdot \Delta\sigma_{Rsk}^m\left(N^*\right)} \leq 1{,}0 \tag{14.24}$$

Umgeformt und die m-te Wurzel gezogen ergibt sich:

$$\Delta\sigma_{s,equ} \leq \Delta\sigma_{Rsk}\left(N^*\right) \tag{14.25}$$

Ein Vergleich von Gl. (14.22) mit Gl. (14.25) zeigt deutlich, dass der Betriebsfestigkeitsnachweis formal in einen einfachen Spannungsnachweis überführt wurde. In Gl. (14.25) sind nun noch die Teilsicherheitsbeiwerte einzuführen. Für *Beton- und Spannstahl* gilt der Nachweis als erbracht, wenn die folgende Bedingung erfüllt ist:

$$\gamma_{F,fat} \cdot \gamma_{Ed,fat} \cdot \Delta\sigma_{s,equ} \leq \frac{\Delta\sigma_{Rsk}\left(N^*\right)}{\gamma_{s,fat}} \tag{14.26}$$

Die schädigungsäquivalente Schwingbreite $\Delta\sigma_{s,equ}$ kann aus der bekannten Spannungsschwankung $\Delta\sigma_s$ bestimmt werden, wenn die Betriebslastfaktoren λ_s durch Vorgabe einer allgemeinen Vorschrift bekannt sind.

$$\Delta\sigma_{s,equ} = \lambda_s \cdot \Delta\sigma_s \tag{14.27}$$

Für übliche Hochbauten gibt DIN 1045-1[71]

$$\lambda_s = 1 \tag{14.28}$$

vor, damit darf näherungsweise $\Delta\sigma_{s,equ} = \Delta\sigma_{s,max}$ angenommen werden, wobei $\Delta\sigma_{s,max}$ die maximale Spannungsamplitude unter der maßgebenden ermüdungswirksamen Einwirkungskombination ist.

14.5.2 Nachweis für Beton

Die in **ABB 14.2** angegebenen Wöhlerlinien für Beton lassen sich durch

$$\log N = 14 \cdot \frac{1 - E_{cd,max}}{\sqrt{1-R}} \tag{14.29}$$

---

[71] Siehe [DIN 1045-1 – 01], 10.8.3, Erklärung zu Gl. (119).

beschreiben. Diese Gl. kann für die schädigungsäquivalente Schwingbreite mit $N^* = 10^6$ (**TAB 14.1**) in Gl. (14.30) umgeformt werden. Für Beton unter *Druckbeanspruchung* gilt der Nachweis als erbracht, wenn die folgende Bedingung erfüllt ist:

$$E_{cd,max,equ} + 0{,}43 \cdot \sqrt{1-R_{equ}} \leq 1{,}0 \tag{14.30}$$

$$E_{cd,max,equ} = \frac{\sigma_{cd,max,equ}}{f_{cd,fat}} \approx \frac{\sigma_{cd,max}}{f_{cd,fat}} \tag{14.31}$$

$$R_{equ} = \frac{\sigma_{cd,min,equ}}{\sigma_{cd,max,equ}} \tag{14.32}$$

Dabei sind:

$\sigma_{cd,max,equ}$ obere Spannung der schädigungsäquivalenten Schwingbreite mit einer Anzahl von $N^* = 10^6$ Zyklen. Bei Ansatz von Gl. (14.28) gilt

$$\sigma_{cd,max,equ} = \sigma_{cd,max} \tag{14.33}$$

$\sigma_{cd,min,equ}$ untere Spannung der schädigungsäquivalenten Schwingbreite mit einer Anzahl von $N^* = 10^6$ Zyklen. Bei Ansatz von Gl. (14.28) gilt

$$\sigma_{cd,min,equ} = \sigma_{cd,min} \tag{14.34}$$

Beispiel 14.3: Vereinfachter Betriebsfestigkeitsnachweis (Fortsetzung von Beispiel 14.2)

gegeben: Abmessungen und Ergebnisse von Beispiel 14.2
gesucht: Nachweis gegen Ermüdung für den Beton (nur für Biegung)

Lösung:

Nachweis gegen Ermüdung (Beton):

$\sigma_{cd,max} = \dfrac{2 \cdot 0{,}181}{0{,}4 \cdot 0{,}211 \cdot 0{,}71} = 6{,}04 \text{ N/mm}^2$

$\sigma_{cd,min} = \dfrac{2 \cdot 0{,}037}{0{,}4 \cdot 0{,}211 \cdot 0{,}71} = 1{,}23 \text{ N/mm}^2$

$\beta_{cc}(t_0) = e^{0{,}2\left(1-\sqrt{\frac{28}{365}}\right)} = 1{,}156$

$f_{cd,fat} = 1{,}156 \cdot \left[1 - \dfrac{40}{250}\right] \cdot 22{,}7 = 22{,}0 \text{ N/mm}^2$

$\sigma_{cd,max,equ} = 6{,}04 \text{ N/mm}^2$

$\sigma_{cd,min,equ} = 1{,}23 \text{ N/mm}^2$

$R_{equ} = \dfrac{1{,}23}{6{,}04} = 0{,}203$

$E_{cd,max,equ} = \dfrac{6{,}04}{22{,}0} = 0{,}275$

$0{,}275 + 0{,}43 \cdot \sqrt{1-0{,}203} = \underline{0{,}66} < 1{,}0$

Betriebsfestigkeitsnachweis ist erfüllt!

(11.6): $\sigma_{c2} = \dfrac{2\,M_{Eds}}{b \cdot x \cdot \left(d - \dfrac{x}{3}\right)}$

(14.10): $\beta_{cc}(t_0) = e^{0{,}2\left(1-\sqrt{\frac{28}{t_0}}\right)}$

(14.9): $f_{cd,fat} = \beta_{cc}(t_0) \cdot \left[1 - \dfrac{f_{ck}}{250}\right] \cdot f_{cd}$

(14.33): $\sigma_{cd,max,equ} = \sigma_{cd,max}$

(14.34): $\sigma_{cd,min,equ} = \sigma_{cd,min}$

(14.32): $R_{equ} = \dfrac{\sigma_{cd,min,equ}}{\sigma_{cd,max,equ}}$

(14.31): $E_{cd,max,equ} = \dfrac{\sigma_{cd,max}}{f_{cd,fat}}$

(14.30): $E_{cd,max,equ} + 0{,}43 \cdot \sqrt{1-R_{equ}} \leq 1{,}0$

15 Druckglieder und Stabilität

15.1 Einteilung der Druckglieder

Druckglieder treten bei Bauwerken i. d. R. als Stützen oder Wände auf. Druckglieder sind Bauteile, die vorwiegend durch Längsdruckkräfte beansprucht sind. Zusätzlich können Biegemomente (und Querkräfte) hinzutreten. Bei Druckgliedern tritt oftmals auch am Rand 1 (**ABB 7.5**) eine Stauchung auf. Für die Bemessung des Stahlbetonbauteils liegt somit der Bereich 5 vor (**ABB 7.5**). Um abzuschätzen, ob ein biegebeanspruchtes Bauteil oder ein Druckglied vorliegt, kann die bezogene Exzentrizität herangezogen werden.

$$\frac{e_0}{d} < 3,5 \quad \rightarrow \text{Druckglied} \tag{15.1}$$

Zu den *verformungsunbeeinflussten* (gedrungenen) Druckgliedern (→ Kap. 15.3.1) zählen Stützen und Wände, bei denen aufgrund ihrer geringen Schlankheit die Tragfähigkeit durch die Verformungen unbeeinflusst ist. Bei *verformungsbeeinflussten* (schlanken) Druckgliedern sind die Bauteilverformungen dagegen bei der Bemessung zu berücksichtigen. Die maßgebenden Regelungen für Druckglieder sind in [DIN 1045-1 – 01], 8.6 und 13.5 bzw. in [DIN V ENV 1992 – 92], 5.4.1 aufgeführt. Man unterscheidet

- stabförmige Druckglieder (Stützen und Säulen)
- Wände.

Eine andere Art der Unterscheidung ist die Art der Bügelbewehrung:

- bügelbewehrte Druckglieder
- umschnürte Druckglieder (**ABB 15.1**).

Bei bügelbewehrten Druckgliedern dienen die Bügel nur dazu, um die Längsstäbe gegen Ausknicken zu halten. Bei umschnürten Druckgliedern sollen die Bügel (bzw. Wen-

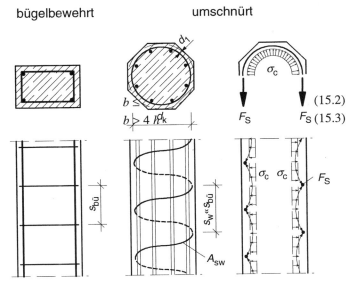

$$(15.2)$$
$$(15.3)$$

ABB 15.1: Unterscheidung von bügelbewehrten und umschnürten Druckgliedern

deln) die Querdehnung des Betons behindern und so einen dreiaxialen Spannungszustand ermöglichen. Hieraus ergibt sich eine Traglaststeigerung für Längskräfte[72].

15.2 Vorschriften zur konstruktiven Gestaltung

15.2.1 Stabförmige Druckglieder

Mindestabmessungen:

Die Mindestdicke stabförmiger Druckglieder soll ordnungsgemäßes Einbringen des Betons und eine einwandfreie Verdichtung ermöglichen. Die Mindestwerte der DIN 1045-1 und des EC 2 (**TAB 5.2**) liegen an der allerunterste Grenze. Im Hinblick auf eine gute Bauausführung (damit das Schüttrohr bei Fallhöhen über 2 m in den Bewehrungskorb eingeführt werden kann) sollten die Mindestabmessungen um 5 cm erhöht werden, sofern es sich um ein Außenbauteil handelt.

Längsbewehrung:

Für die Längsbewehrung ist eine Mindest- und eine Maximalbewehrung vorgeschrieben ([DIN 1045-1 – 01], 13.5.2 bzw. [DIN V ENV 1992 – 92], 5.4.1.2). Als Mindestbewehrung ist vorgeschrieben:

DIN 1045-1: $\quad A_{s,min} = A_{s1} + A_{s2} = 0{,}15 \dfrac{N_{Ed}}{f_{yd}}$ (15.4)

EC 2: $\quad A_{s,min} = A_{s1} + A_{s2} = \max \begin{cases} 0{,}15 \dfrac{N_{Sd}}{f_{yd}} \\ 0{,}003\, A_c \end{cases}$ (15.5)

Sie soll Momente aus ungewollter Einspannung aufnehmen, die in der statischen Berechnung nicht erfasst werden (**ABB 5.1**). Die Maximalbewehrung soll auch im Bereich von Stößen nicht größer sein als

DIN 1045-1: $\quad A_{s,vorh} = A_{s1} + A_{s2} \leq 0{,}09\, A_c$ (15.6)

EC 2: $\quad A_{s,vorh} = A_{s1} + A_{s2} \leq 0{,}08\, A_c$ (15.7)

Die Maximalbewehrung darf auch im Bereich von Stößen nicht überschritten werden. Durch die Bedingung, dass der maximale Bewehrungsquerschnitt auch im Bereich der Stöße eingehalten werden muss, ist die realisierbare Bewehrung (außerhalb der Stöße) begrenzt auf

- $\rho \leq 0{,}045 = 4{,}5\ \%$ bei einem 100%-Stoß
- $\rho \leq 0{,}060 = 6{,}0\ \%$ bei einem 50%-Stoß
- $\rho \leq 0{,}090 = 9{,}0\ \%$ bei einem direkten Stoß ($\rightarrow$ Kap. 4.5).

Druckglieder sollen i. Allg. symmetrisch bewehrt werden; dies hat verschiedene Gründe:

---

[72] Genaueres zum Tragverhalten siehe z. B. [Avak – 94].

- Häufig ist eine unsymmetrische Bewehrung nicht wirtschaftlicher als eine symmetrische, da die Momente einer Stütze am Kopf und Fuß wechselndes Vorzeichen besitzen und meistens die gleiche Größenordnung beibehalten.
- Die Möglichkeit eines um 180° gedrehten, verkehrten Einbaus (bei unsymmetrischer Bewehrung möglich) muss ausgeschlossen werden.

Bei Stützen mit kreisförmigem Querschnitt sind mindestens 6 Längsstäbe gleichmäßig um den Umfang zu verteilen; bei Stützen mit Rechteckquerschnitt reicht ein Längsstab in jeder Ecke. Der Mindestdurchmesser für die Längsbewehrung beträgt $d_{sl,min}$ = 12 mm. Als konstruktive Regel ist für die Längsstäbe ein Höchstabstand von 0,30 m einzuhalten. Dies führt bei sehr großen Stützenabmessungen dazu, dass Längsstäbe in den Ecken und zusätzlich im Bereich der freien Seite angeordnet werden.

Die Längsstäbe von Stützen werden i. d. R. direkt über der Geschossdecke mit einem 100%-Übergreifungsstoß ($\to$ Kap. 4.4) gestoßen. Der Stoß über der Geschossdecke ist vom Bauablauf her sinnvoll, da nach dem Betonieren der Decke eine neue Arbeitsplattform entstanden ist. Wenn die Längsstäbe über den Geschossdecken gestoßen werden, sind die endenden Stäbe so abzukröpfen, dass in der stärker knickgefährdeten Richtung keine Nutzhöhe verloren geht (**ABB 15.2**). Zur Aufnahme der Umlenkkräfte ordnet man an den Knickstellen Zusatzbügel an.

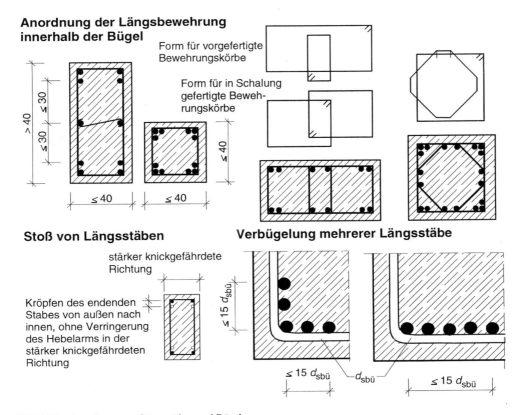

ABB 15.2: Anordnung von Längsstäben und Bügeln

Bügelbewehrung

Beton verformt sich unter Lasteinwirkung mit der Zeit. Hierdurch erfolgt eine Druckkraftumlagerung vom Beton auf den Stahl, wodurch die Knickgefahr der Stahleinlagen in Längsrichtung gesteigert wird. Ein Ausknicken der Längsbewehrung bedeutet die Zerstörung (= Versagen) des Druckgliedes. Daher ist der Knicksicherung der Längsbewehrung durch Bügel besondere Aufmerksamkeit zu schenken. Die Längsbewehrung soll hierzu in den Bügelecken konzentriert werden. Diese den Normen zugrunde liegende Aufgabe der Bügelbewehrung wurde jedoch in neueren Untersuchungen ([Seelmann – 97]) widerlegt. Die Bügelbewehrung hat keinen spürbaren Einfluss auf die Maximallast, wenn keine Umschnürungswirkung vorliegt. Es wird lediglich der Bruchvorgang verlangsamt und die Duktilität erhöht. Stützenbügel gehen im Bereich der Unterzüge und Fundamente durch (**ABB 4.20**). Der Höchstabstand von Bügeln $s_{bü}$ beträgt:

$$\max s_{bü} = \min \begin{cases} 12\, d_{sl} \\ \min(b, h) \\ 300\text{ mm} \end{cases} \tag{15.8}$$

$$\text{red} \max s_{bü} = 0{,}6 \max s_{bü} \tag{15.9}$$

An Lasteinleitungsstellen (unter Unterzügen und Decken) und an Stößen sind die Bügelabstände zur Aufnahme der Querzugkräfte zu verringern auf red max $s_{bü}$ (**ABB 4.20**)

— in Bereichen unmittelbar über und unter Balken oder Platten über eine Höhe gleich der größeren Abmessung des Stützenquerschnitts
— bei Übergreifungsstößen von Längsstabdurchmessern $d_{sl} > 14$ mm.

Es sind nur geschlossene Bügel zulässig. Die Schlösser sind zu versetzen. Mit Bügeln können in jeder Ecke bis zu 5 Längsstäbe gegen Knicken gesichert werden. Der Mindestbügeldurchmesser beträgt:

$$\min d_{sbü} = \begin{cases} 6\text{ mm bei } d_{sl} \leq 20\text{ mm} \\ 0{,}25\, d_{sl} \text{ bei } d_{sl} \geq 25\text{ mm} \\ 5\text{ mm bei Betonstahlmatten} \end{cases} \tag{15.10}$$

Der größte Achsabstand max s_E der äußersten Stäbe vom Eckstab soll 15 $d_{sbü}$ nicht überschreiten (**ABB 15.2**). Längsstäbe in größerem Abstand sowie mehr als 5 Eckstäbe sind durch weitere Bügel (Zwischenbügel) zu sichern.

$$\max s_E = 15\, d_{sbü} \tag{15.11}$$

Betonfestigkeitsklasse	Herstellung	Unbewehrte Wände		Stahlbetonwände	
		Decken über der betrachteten Wand			
		nicht durchlaufend	durchlaufend	nicht durchlaufend	durchlaufend
C12/15 bzw. LC12/13	Ortbeton	20	14	-	-
≥C16/20 bzw. ≥LC16/18	Ortbeton	14	12	12	10
	Fertigteil	12	10	10	8

TAB 15.1: Mindestwanddicken für tragende Wände in cm ([DIN 1045-1 – 01], 13.7)

DIN 1045-1	Verformungsunbeeinflusst und $|N_{Ed}| < 0,3\, f_{cd} \cdot A_c$	Verformungsbeeinflusst oder $|N_{Ed}| \geq 0,3\, f_{cd} \cdot A_c$
	$a_{s1,min} + a_{s2,min} = 0,0015\, a_c$	$a_{s1,min} + a_{s2,min} = 0,003\, a_c$
EC 2	$a_{s1,min} = a_{s2,min} = 0,002\, a_c$	

TAB 15.2: Als Mindestbewehrung für *jede* Wandseite in cm²/m ([DIN 1045-1 – 01], 13.7.1 bzw. [DIN V ENV 1992 – 92], 5.4.7)

15.2.2 Wände

Dieser Abschnitt behandelt Stahlbetonwände, bei denen die Bewehrung im Nachweis rechnerisch berücksichtigt wurde. Für Wände mit überwiegender Plattenbeanspruchung (z. B. aus Erddruck) gelten die Regeln für Platten (→ Teil 2).

Mindestabmessungen:

Die Mindestdicke ist nach **TAB 15.1** zu bestimmen.

Lotrechte Bewehrung:

Hinsichtlich einzuhaltender Abstände gilt **ABB 15.3**. Für die Längsbewehrung ist eine Mindestbewehrung (**TAB 15.2**) vorgeschrieben. Die Mindestbewehrung ist oftmals maßgebend, da die

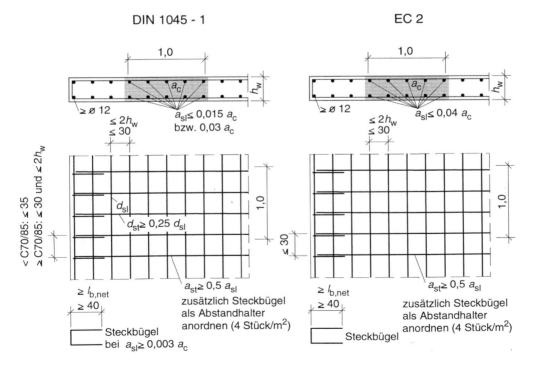

ABB 15.3: Bewehrungsregeln für Wände

Vertikalbeanspruchung auch vom Beton allein aufgenommen werden könnte. Als Maximalbewehrung für die gesamte lotrechte Bewehrung ist vorgeschrieben:

$$a_{s,\text{vorh}} = a_{s1} + a_{s2} \leq 0,04\, a_c \tag{15.12}$$

Horizontalbewehrung:

Sie ist die oberflächennähere Bewehrung, um die lotrechte Bewehrung gegen Knicken zu sichern. Es gelten die in **ABB 15.3** gezeigten Regelungen. Wenn die Querschnittsfläche der lastabtragenden lotrechten Bewehrung 0,02 a_c übersteigt, muss diese durch eine Bügelbewehrung umschlossen werden. Die Horizontalbewehrung beträgt zwischen 20 % (Querdehnzahl des Betons) und 50 % der Vertikalbewehrung.

15.3 Einfluss der Verformungen

15.3.1 Berücksichtigung von Tragwerksverformungen

Bauteile, die ausschließlich bzw. im Wesentlichen auf Biegung beansprucht werden (z. B. Balken), sind am unverformten System zu betrachten (Theorie I. Ordnung) [Schweda/Krings – 00]. Diese Betrachtungsweise ist jedoch dann nicht mehr zulässig, wenn die Verformungen einen wesentlichen Einfluss auf die Schnittgrößen haben. Dies ist

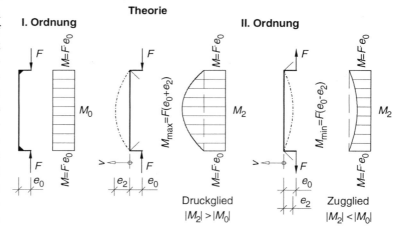

ABB 15.4: Ermittlung von Schnittgrößen am verformten oder unverformten System

der Fall, wenn die Schnittgrößen durch die Verformungen um mehr als 10 % erhöht werden. Die Verformungen sind dann bei der Schnittgrößenermittlung zu berücksichtigen (Theorie II. Ordnung) (**ABB 15.4**). Dies ist i. d. R. bei Druckgliedern der Fall. Bei Zuggliedern vermindert die Längskraft die Verformungen. Auf der sicheren Seite liegend, werden sie daher vernachlässigt. Gleiches gilt nicht nur für das Bauteil, sondern auch für das Gesamtbauwerk.

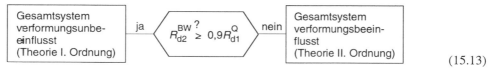

(15.13)

R_{d2}^{BW} Bauwerkswiderstand bei Ansatz der Verformungen

R_{d1}^{Q} Querschnittswiderstand des Bauteils ohne Ansatz der Verformungen

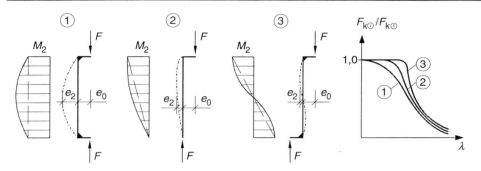

ABB 15.5: Einfluss der Stabendausmitte auf die kritische Last

Wenn die Verformungen des Gesamtbauwerks den Bauteilwiderstand um mehr als 10 % verringern, ist jede Stütze innerhalb des Bauwerks als horizontal verschieblich (= verformungsbeeinflusst) zu betrachten. Im anderen Fall dürfen die Stützen als horizontal unverschieblich (= verformungsunbeeinflusst) betrachtet werden.

15.3.2 Einflussgrößen auf die Verformung

Einfluss der Momentenverteilung

Stabausmitten können am oberen und am unteren Stabende gleich groß oder unterschiedlich sein (z. B.: Stabausmitte an einem Stabende null, oder Stabausmitten an den Enden weisen entgegengesetzte Richtungen auf). Die Stabausmitte hat einen wesentlichen Einfluss auf die kritische Last F_k, wobei eine gleichgerichtete Stabendausmitte den ungünstigsten Fall darstellt, d. h., die kleinste kritische Last ergibt (**ABB 15.5**). Für die Bemessung wird daher dieser Fall unterstellt.

Einfluss des Verbundbaustoffes Stahlbeton

Bei idealelastischen Werkstoffen liegt in allen Belastungsstufen eine konstante Biegesteifigkeit vor. Beim Stahlbeton vermindert sich dagegen die Biegesteifigkeit mit wachsender Belastung (**ABB 1.9**). Durch Rissbildung und Fließen der Bewehrung nimmt die Biegesteifigkeit ab. Beim Verbundbaustoff Stahlbeton treten daher gegenüber idealelastischem Material folgende Besonderheiten auf:

- nichtlineare Spannungs-Dehnungs-Linien für Beton und Betonstahl ($\rightarrow$ **ABB 2.6** und **ABB 2.9**)
- unterschiedliches Verhalten des Betons auf Zug und auf Druck
- sprunghafte Änderung der Steifigkeit beim Auftreten der ersten Risse ($\rightarrow$ **ABB 1.9**)
- Fließen der Bewehrung beim Überschreiten der Streckgrenze auf der Zug- bzw. Druckseite
- Spannungsumlagerungen durch Kriechen und Schwinden.

Eine wirklichkeitsnahe Bestimmung der Traglast von knickgefährdeten Stahlbetondruckgliedern erfordert daher einen sehr hohen Rechenaufwand. Umfangreiche experimentelle Untersuchungen und Vergleichsrechnungen wurden durchgeführt, um zu einfachen Bemessungsgleichungen zu gelangen.

Im Folgenden soll noch einmal die Momenten-Krümmungs-Beziehung betrachtet werden, deren charakteristische Punkte bereits in **ABB 1.9** ermittelt wurden. Für den Fall eines Druckgliedes ergeben sich kurz vor dem Versagen zwei Fließpunkte y_1 und y_2 für die beiden Bewehrungsstränge (**ABB 15.6**). Je nach Beanspruchungsverhältnis aus

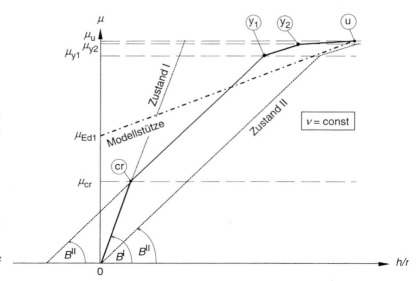

ABB 15.6: Linearisierte Momenten-Krümmungs-Beziehung

Längskraft und Biegemoment kann zuerst die Druck- oder die Zugbewehrung fließen. Die Größe des Biegemoments M_{cr} wird maßgeblich durch die Längskraft beeinflusst. Damit ist offensichtlich, dass die Form der Momenten-Krümmungs-Beziehung wesentlich von der Längskraft abhängt.

In **ABB 15.6** wurden bezogene Schnittgrößen μ und eine bezogene Krümmung h/r aufgetragen. Die Steigung der Momenten-Krümmungs-Beziehung ist dann eine bezogene Biegesteifigkeit B.

$$B = \frac{E\,I}{A_c\,h^2\,f_{cd}}$$

Es ist auch ersichtlich, dass man alternativ zu der bilinearen m-κ-Beziehung (Zustand I + anschließender Zustand II) auch ausschließlich mit dem Zustand II und einer Anfangskrümmung (Vorverformung) arbeiten könnte. Dieser Gedanke wird hier nicht weiter verfolgt.

Einfluss der Herstellung

Im Stahlbeton ist eine planmäßig genaue Herstellung nicht zu erreichen (Schiefstellung und Verformung der Schalung, Bewehrungskörbe nicht in exakter Lage). Deshalb muss bei allen Druckgliedern aus Stahlbeton zusätzlich zur planmäßigen Ausmitte e_0 eine „ungewollte" Schiefstellung und eine daraus resultierende Zusatzausmitte e_a berücksichtigt werden. Sie beträgt für Einzeldruckglieder:

DIN 1045-1:

$$e_a = \alpha_{a1} \cdot \frac{l_0}{2} \tag{15.14}$$

α_{a1} Schiefstellung gegen die Sollachse nach Gl. (5.21) mit $l_{col} = h_{tot}$. Zusatzbedingung nach [DIN 1045-1 – 01], 8.6.4, sofern Einzeldruckglied aussteifendes Bauteil für andere Druckglieder ist.

EC 2:

$$e_a = v_1 \cdot \frac{l_0}{2} \tag{15.15}$$

v_1 Schiefstellung gegen die Sollachse $\quad v_1 = \dfrac{1}{100\sqrt{h_{tot}}} \geq v_{min} \tag{15.16}$

$$v_{min} = \begin{cases} \dfrac{1}{400} & \text{nicht stabilitätsgefährdet} \\ \dfrac{1}{200} & \text{stabilitätsgefährdet} \end{cases}$$

Die Verformung infolge der Zusatzausmitte ist affin zur Verformung aus der planmäßigen Ausmitte. Neben Herstellungsungenauigkeiten deckt die Zusatzausmitte folgende Einflüsse ab:

- rechnerisch nicht erfasste Biegemomente an den Innenstützen von Rahmenkonstruktionen (**ABB 5.1**)
- Kriechen bei gedrungenen Stützen.

Einfluss des Kriechens

Unter Kriechen versteht man die Zunahme der Verformungen unter Dauerlasten. Wegen der damit verbundenen Schnittgrößen ist der Kriecheinfluss unter bestimmten Bedingungen zu berücksichtigen ([DIN 1045-1 – 01], 8.6.3(5)). Kriechverformungen sind unter den quasi-ständig einwirkenden Lasten und ausgehend von den ständig vorhandenen Stabauslenkungen einschließlich der Zusatzausmitte zu ermitteln.

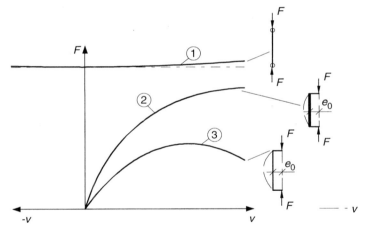

① Stabilitätsproblem mit Gleichgewichtsverzweigung ② Spannungsproblem ③ Stabilitätsproblem ohne Gleichgewichtsverzweigung

ABB 15.7: Last-Verformungs-Kurven

15.3.3 Ersatzlänge

Ein zentrisch belasteter Stab bleibt für kleine Lasten gerade. Erteilt man dem Stab unter dieser Last eine kleine Auslenkung, versucht er, in seine alte Gleichgewichtslage zurückzukehren. Er befindet sich also in einer stabilen Gleichgewichtslage. Steigert man die Last F, dann knickt er unter einer bestimmten „kritischen" Last F_k in eine neue Gleichgewichtslage aus, wobei eine

Verformung in alle Richtungen möglich ist. Die Last-Verformungs-Kurve verzweigt sich, deshalb spricht man von einem Verzweigungs- oder Stabilitätsproblem. Steigert man nach dem Ausknicken die Last weiter, dann wachsen die Verformungen sehr schnell an, und es kommt zum Versagen des Druckgliedes (**ABB 15.7**). Wenn der Stab ausmittig belastet wird, ist immer ein Biegemoment vorhanden. Damit ergeben sich auch vom Belastungsbeginn an Verformungen v. Die Belastung kann so lange gesteigert werden, bis die Randspannung auf der stärker gedrückten Seite an einer Stelle die Materialfestigkeit erreicht. Es liegt also ein Spannungsproblem vor. Besteht das Druckglied aus einem Material mit nichtlinearem Spannungs-Dehnungs-Verhalten, kann auch der Fall eintreten, dass das innere Moment mit zunehmenden Dehnungen immer langsamer zunimmt als das äußere Moment, da die Spannungen am Rand nicht mehr zunehmen (**ABB 2.6**, **ABB 2.9**). Der Bauteilwiderstand ist erschöpft, wenn die Linie 3 (**ABB 15.7**) ihr Maximum erreicht. In diesem Punkt liegt ein indifferentes Gleichgewicht vor. Bei geringfügiger weiterer Vergrößerung der Last nimmt das äußere Moment (Beanspruchung) schneller zu als das innere (Bauteilwiderstand), wodurch kein Gleichgewicht mehr möglich ist. Ein Gleichgewichtszustand ist nur noch dann möglich, wenn gleichzeitig die Last F reduziert wird. Die Linie 3 kennzeichnet somit das Stabilitätsproblem ohne Gleichgewichtsverzweigung.

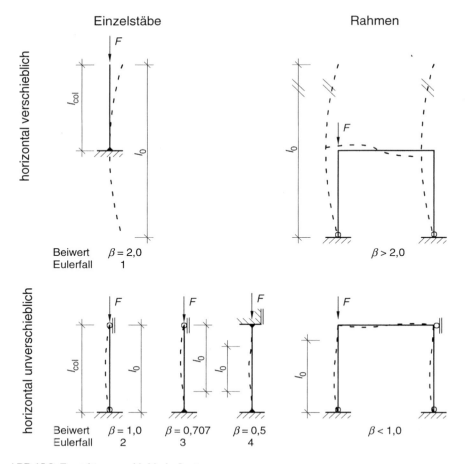

ABB 15.8: Ersatzlängen und kritische Lasten

15 Druckglieder und Stabilität

Das spätere Ziel wird die Reduktion aller vorkommenden statischen Systeme auf eine „Modellstütze" sein. Dies wird durch eine „Ersatzlänge" geschehen. Die Ersatzlänge wird als Vielfaches (β-faches) der Stablänge l_{col} (COLUMN) dargestellt. Allgemein gilt als Ersatzlänge l_0 der Abstand der Wendepunkte der Biegelinie im ausgeknickten Zustand (**ABB 15.8**). Vor jeder Bemessung ist zu entscheiden, ob das betrachtete System horizontal verschieblich oder unverschieblich ist ($\rightarrow$ Kap. 15.4.1). Die Ersatzlänge ist bei horizontal verschieblichen Systemen wesentlich größer als bei unverschieblichen. Während sie bei horizontal unverschieblichen Systemen maximal gleich der Stablänge sein kann, sind bei horizontal verschieblichen Systemen auch größere Ersatzlängen möglich. Wenn die Ersatzlänge bekannt ist, kann die Schlankheit λ bestimmt werden. Die Schlankheit hat einen entscheidenden Einfluß auf das Stabilitätsverhalten.

$$l_0 = \beta \cdot l_{\text{col}} \tag{15.17}$$

$$i = \sqrt{\frac{I}{A}} \tag{15.18}$$

i Trägheitsradius   bei Rechteckquerschnitt: $i = 0,289\,h$ (15.19)

$$\lambda = \frac{l_0}{i}$$
bei Rechteckquerschnitt: $\lambda = 3,464\,\dfrac{l_0}{h}$ (15.20)

15.4 Statisches System

15.4.1 Horizontal verschiebliche und unverschiebliche Tragwerke

Vor jeder Stabilitätsuntersuchung ist zu entscheiden, ob es sich um ein horizontal verschiebliches oder ein unverschiebliches System handelt. Zur Entscheidungshilfe, ob ein Bauteil (oder Bauwerk) horizontal verschieblich oder unverschieblich ist, gibt es folgende Kriterien:

Bauwerke mit aussteifenden Bauteilen

Aussteifende Bauteile sind Wandscheiben und Treppenhauskerne aus Mauerwerk oder (Stahl-) Beton (**ABB 5.1**). Sie sollen annähernd symmetrisch angeordnet sein und mindestens 90 % aller planmäßigen Horizontallasten aufnehmen können (vereinfachend weist man diesen Bauteilen 100 % zu). Ein aussteifendes Bauteil soll ausreichend steif sein und nur sehr kleine Horizontalverschiebungen zulassen. Ausgesteifte Bauwerke können als horizontal unverschieblich eingestuft werden, sofern das nachstehende Kriterium ([DIN 1045-1 – 01], 8.6.2 und [DIN V ENV 1992 – 92], A3.2) erfüllt ist. Dieses Kriterium entspricht genau Gl. (15.13) für Tragwerke entsprechend **ABB 5.1**.

– Lotrecht aussteifende Bauteile annähernd symmetrisch:

$$\text{DIN 1045-1: } \frac{1}{h_{\text{ges}}} \cdot \sqrt{\frac{E_{\text{cm}} \cdot I_{\text{c}}}{F_{\text{Ed}}}} \geq \begin{cases} \dfrac{1}{0,2+0,1m} & \text{für } m \leq 3 \\ \dfrac{1}{0,6} & \text{für } m \geq 4 \end{cases} \tag{15.21}$$

$$\text{EC 2: } \alpha = h_{\text{tot}} \cdot \sqrt{\frac{F_{\text{v}}}{E_{\text{cm}} \cdot I_{\text{c}}}} \leq \begin{cases} 0,2+0,1m & \text{für } m \leq 3 \\ 0,6 & \text{für } m \geq 4 \end{cases} \text{ Kehrwert von Gl. (15.21)} \tag{15.22}$$

Sofern sich die Gl. (15.21) (bzw. bei EC 2 Gl. (15.22)) nicht einhalten lässt, ist das Bauwerk horizontal verschieblich. Es bedeuten:

h_{ges} (h_{tot})   Gesamthöhe des Tragwerks von der Fundamentebene oder einer nicht verformbaren Bezugsebene (**ABB 5.8**)

m Anzahl der Geschosse

F_{Ed} (F_v)   Summe der Bemessungswerte der auftretenden Vertikallasten im Gebäude ($\gamma_F = 1$)

$E_{\text{cm}}I_c$ Summe der Nennbiegesteifigkeiten aller vertikal aussteifenden Bauteile, die in der betrachteten Richtung wirken.

$$E_{\text{cm}}I_c = \sum_{i=1}^{k} E_{\text{cm},i} I_{c,i} \qquad (15.23)$$

Das Flächenmoment $I_{c,i}$ kann unter Ansatz des vollen Betonquerschnitts jedes einzelnen lotrecht aussteifenden Bauteils i ermittelt werden, sofern die Betonzugspannung unter der maßgebenden Einwirkungskombination im Grenzzustand der Gebrauchstauglichkeit nicht den Wert f_{ctm} überschreitet. Ändert sich die Nennbiegesteifigkeit über die Gesamthöhe des Tragwerks um mehr als ±10 %, so darf der Nachweis mit einer mittleren Nennbiegesteifigkeit $(E_{\text{cm}}I_c)_m$ geführt werden. Die mittlere Nennbiegesteifigkeit wird aus der Bedingung ermittelt, dass sie die gleiche maximale Horizontalverschiebung ergibt wie der genaue Steifigkeitsverlauf.

k Anzahl der aussteifenden Bauteile

— Lotrecht aussteifende Bauteile nicht annähernd symmetrisch:
  Neben Gl. (15.21) (bzw. bei EC 2 Gl. (15.22)) ist zusätzlich Gl. (15.24) (bzw. bei EC 2 der Kehrwert) zu erfüllen.

$$\frac{1}{h_{\text{ges}}} \cdot \sqrt{\frac{E_{\text{cm}} \cdot I_\omega}{\sum_j \left(F_{\text{Ed},j} \cdot r_j^2\right)}} + \frac{1}{2{,}28} \cdot \sqrt{\frac{G_{\text{cm}} \cdot I_T}{\sum_j \left(F_{\text{Ed},j} \cdot r_j^2\right)}} \geq \begin{cases} \dfrac{1}{0{,}2+0{,}1m} & \text{für } m \leq 3 \\ \dfrac{1}{0{,}6} & \text{für } m \geq 4 \end{cases} \qquad (15.24)$$

$E_{\text{cm}}I_\omega$ Summe der Nennwölbsteifigkeiten aller gegen Verdrehung aussteifenden Bauteile

$G_{\text{cm}}I_T$ Summe der Torsionssteifigkeiten aller gegen Verdrehung aussteifenden Bauteile

Bauwerke ohne aussteifende Bauteile

Derartige Bauwerke gelten als unverschieblich, wenn die Schnittgrößen nach Theorie II. Ordnung höchstens 10 % größer als diejenigen nach Theorie I. Ordnung sind. Vereinfachend können alle unausgesteiften Bauteile als horizontal verschieblich angenommen werden. Im EC 2 ist zur Abschätzung der 10%-Regel folgendes Kriterium ([DIN V ENV 1992 – 92], A3.2) angegeben:

Alle Druckglieder, die mindestens 70 % der mittleren Längskraft $N_{\text{Sd,m}}$ aufweisen, sind zu untersuchen und dürfen die Grenzschlankheit λ_{lim} nicht überschreiten.

$$N_{\text{Sd,m}} = \gamma_F \cdot \frac{F_v}{n} \qquad n \quad \text{Anzahl der lotrechten Druckglieder} \qquad (15.25)$$

15 Druckglieder und Stabilität

zu untersuchende Stütze bei $N_{Sd} > 0,7 N_{Sd,m}$

$$\lambda \leq \lambda_{lim} \tag{15.26}$$

$$\lambda_{lim} = \max \begin{cases} \dfrac{15}{\sqrt{\nu_u}} \\ 25 \end{cases} \tag{15.27}$$

$$\nu_u = \dfrac{N_{Sd}}{f_{cd} \cdot A_c} \tag{15.28}$$

Der Teilsicherheitsbeiwert γ_F darf für vielgeschossige Bauwerke gegenüber den Angaben in **TAB 6.5** um 10 % verringert werden. Hierdurch wird berücksichtigt, dass nicht alle Geschosse gleichzeitig voll belastet sind. Sofern von der Verringerung kein Gebrauch gemacht wird, liegt man auf der sicheren Seite.

Beispiel 15.1: Untersuchung bezüglich der horizontalen Unverschieblichkeit eines statischen Systems (EC 2)

gegeben: – skizzierter Rahmen mit den angegebenen Lasten
– Halle ist in Längsrichtung und an den Giebelseiten ausgesteift
– Baustoffgüten C20/25 ; BSt 500

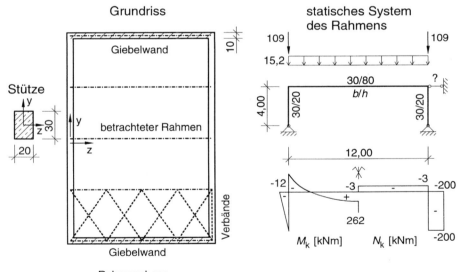

gesucht: Sind die mittleren Rahmen in der Zeichenebene horizontal verschieblich oder unverschieblich?

Lösung:

$$I_{col} = \dfrac{0,30 \cdot 0,20^3}{12} = 0,2 \cdot 10^{-3} \text{ m}^4 \qquad \left| \; I = \dfrac{b \cdot h^3}{12} \right.$$

$$I_b = \frac{0,30 \cdot 0,80^3}{12} = 12,8 \cdot 10^{-3} \text{ m}^4$$

$$k = \frac{12,3}{0,2} \cdot \frac{4,0}{12,0} = 21,33 \qquad\qquad k = \frac{I_b}{I_{col}} \cdot \frac{l_{col}}{l_{eff}}$$

Schnittgrößenermittlung:

Die Schnittgrößenermittlung erfolgt auch im Hinblick auf die weitere Bearbeitung in Beispiel 15.4. Bestimmung der Schnittgrößen erfolgt hier mit [Schneider – 02], S. 4.24 Nr. 1 (Zweigelenkrahmen mit Gleichstreckenlast auf Riegel).

$$C_{hk} = \frac{15,2 \cdot 12,0^2}{4 \cdot (2 \cdot 21,33 + 3)} = 3,0 \text{ kN} \qquad\qquad C_{hk} = \frac{f_k \cdot l_{eff}^2}{4 l_{col} \cdot (2k+3)}$$

$$C_{vk} = 109 + \frac{15,2 \cdot 12,0}{2} = 200 \text{ kN} \qquad\qquad C_{vk} = F_k + \frac{f_k \cdot l_{eff}}{2}$$

$$\max M_{col} = -3,0 \cdot 4 = -12,0 \text{ kNm} \qquad\qquad \max M_{col} = -C_{hk} \cdot l_{col}$$

graphische Darstellung siehe Aufgabenstellung

Horizontale Aussteifung:

$$F_v = 5 \cdot 2 \cdot 200 = 2000 \text{ kN}$$

$$I_c = 2 \cdot \frac{0,1 \cdot 12,0^3}{12} = 28,8 \text{ m}^4 \qquad\qquad I = \frac{b \cdot h^3}{12}$$

$$E_{cm} = 29\,000 \text{ N/mm}^2 \qquad\qquad \text{TAB 2.5: C 20/25}$$

$$\text{(15.22) mit } m = 1$$

$$\alpha = 4,0 \cdot \sqrt{\frac{2,0}{29\,000 \cdot 28,8}} = 0,00619 < 0,3 = 0,2 + 0,1 \cdot 1 \qquad \alpha = h_{tot} \cdot \sqrt{\frac{F_v}{E_{cm} \cdot I_c}}$$

$$\leq \begin{cases} 0,2 + 0,1 m & \text{für } m \leq 3 \\ 0,6 & \text{für } m \geq 4 \end{cases}$$

Der Rahmen ist horizontal unverschieblich.

15.4.2 Modellstützenverfahren

Für die Berechnung der Schnittgrößen unter Beachtung der Auswirkungen der Verformungen wird im Stahlbetonbau in vielen Fällen eine „Modellstütze" verwendet. Im Fall der DIN 1045-1 und des EC 2 handelt es sich hierbei um eine Kragstütze. Sie wird durch ein Biegemoment am Kopfpunkt M_{Ed0} und eine Längskraft N_{Ed} beansprucht. Zusätzlich weist sie eine ungewollte Schiefstellung und ein daraus resultierendes Moment M_{Eda} auf.

$$e_{tot} = e_1 + e_2 = e_0 + e_a + e_2 \qquad\qquad (15.29)$$

$$e_0 = \frac{|M_{Ed}|}{|N_{Ed}|} \qquad\qquad (7.96)$$

$$M_{Ed1} = N_{Ed} \cdot (e_0 + e_a) \qquad\qquad (15.30)$$

$$M_{Ed2} = M_{Ed1} + N_{Ed} \cdot e_2 = N_{Ed} \cdot e_{tot} \qquad\qquad (15.31)$$

15 Druckglieder und Stabilität

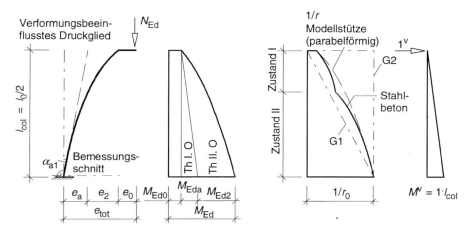

ABB 15.9: Die Modellstütze und das Prinzip der Verformungsberechnung

Die horizontale Verformung des Kopfpunktes e_2 kann mit dem Prinzip der virtuellen Kräfte bestimmt werden.

$$e_2 = f = \int_0^{l_{col}} \frac{M^u \cdot M^v}{EI} dx = \int_0^{l_0/2} \left(\frac{1}{r}\right) \cdot M^v \, dx \tag{15.32}$$

Aus **ABB 15.9** ist ersichtlich, dass die Krümmung abhängig von Zustand I und Zustand II nach einer unbekannten Funktion verläuft. Sie liegt jedoch immer zwischen den Grenzkurven G1 und G2. Für die Modellstütze wird ein parabelförmiger Krümmungsverlauf angesetzt.

$$e_2 = \frac{5}{12} \cdot \left(\frac{1}{r_0}\right) \cdot \frac{l_0}{2} \cdot \frac{l_0}{2} = \left(\frac{1}{r_0}\right) \cdot \frac{5 \, l_0^2}{48} \approx \left(\frac{1}{r_0}\right) \cdot \frac{l_0^2}{10} \tag{15.33}$$

Eine analoge Rechnung für die Grenzkurven G1 und G2 liefert:

$$\text{G1:} \quad e_2 = \frac{1}{3} \cdot \left(\frac{1}{r_0}\right) \cdot \frac{l_0}{2} \cdot \frac{l_0}{2} = \left(\frac{1}{r_0}\right) \cdot \frac{l_0^2}{12} \tag{15.34}$$

$$\text{G2:} \quad e_2 = \frac{1}{2} \cdot \left(\frac{1}{r_0}\right) \cdot \frac{l_0}{2} \cdot \frac{l_0}{2} = \left(\frac{1}{r_0}\right) \cdot \frac{l_0^2}{8} \tag{15.35}$$

Der Fehler infolge des willkürlich festgelegten Krümmungsverlaufes liegt somit bei ca. ±20 %. Wenn nun Gl. (15.33) in Gl. (15.31) eingesetzt und diese in normierter Form geschrieben wird., erhält man:

$$\mu_{Ed2} = \mu_{Ed1} + |\nu_{Ed}| \cdot \left(\frac{l_0}{h}\right)^2 \cdot \frac{h}{r} \tag{15.36}$$

Gl. (15.36) ist in **ABB 15.6** eingetragen. Es handelt sich um eine Gerade (wegen des parabelförmigen Krümmungsansatzes der Modellstütze). Die Steigung der Geraden kennzeichnet die Auswirkung der Stabverformung (bei einem verformungsunbeeinflussten System ist die Gerade horizontal!) und hängt vom Quadrat der Schlankheit (vgl. mit Gl. (15.20)) ab. Je nach Steigung und Größe von μ_{Ed1} kann die Gerade (Gl. (15.36)) die Momenten-Krümmungs-Beziehung schneiden, tangieren oder vorbeilaufen. Die Tangente kennzeichnet dabei ein (optimales) System, bei dem der vorhandene Querschnitt gerade ausreicht ($A_s = A_{s,erf}$). Im Falle des Schnittpunkts ist der Querschnitt überbemessen ($A_s > A_{s,erf}$). Wenn keine Berührung vorliegt, ist die Standsicherheit nicht gewährleistet ($A_s < A_{s,erf}$).

15.4.3 Einzeldruckglieder und Rahmentragwerke

Unverschiebliche Rahmen

Die genaueste Beurteilung des Stabilitätsverhaltens eines Stahlbetonrahmens erlaubt die nichtlineare Untersuchung des Verhaltens am Gesamtsystem. Dieser Nachweis ist jedoch sehr aufwendig. Für unverschiebliche Rahmen kann man daher näherungsweise die einzelnen Druckglieder isoliert betrachten, wobei die Wirkung der anschließenden Bauteile bei der Ermittlung der Ersatzlänge berücksichtigt wird. Das Druckglied innerhalb des Rahmens wird auf die Kragstütze zurückgeführt, die dieselbe Ersatzlänge hat wie der Rahmenstab. Das Verfahren darf gleichermaßen bei Berechnung nach DIN 1045-1 und EC 2 verwendet werden.

Die Länge des Ersatzstabes wird beim „Modellstützenverfahren" mit Hilfe von Nomogrammen [Kordina – 92] ermittelt. Aus diesen Nomogrammen (**ABB 15.10**) lässt sich aufgrund des Einspanngrades des betrachteten Stabes in die anschließenden Bauteile der Beiwert β ermitteln, mit dem die Ersatzlänge bestimmbar ist. Der Einspanngrad am oberen Stabende A und am unteren Stabende B wird folgendermaßen ermittelt:

$$\left.\begin{array}{c} k_A \\ k_B \end{array}\right\} = \frac{\sum_i \frac{E_{cm} \cdot I_{col}}{l_{col}}}{\sum_j \frac{E_{cm} \cdot \alpha \cdot I_b}{l_{eff}}} \qquad (15.37)$$

Die Summe im Zähler ist über alle am betrachteten Knoten angeschlossenen Stützen, im Nenner über alle angeschlossenen Riegel zu führen. Wenn Stützen und Riegel denselben Elastizitätsmodul besitzen, braucht der Elastizitätsmodul in Gl. (15.37) nicht beachtet zu werden. Da in (Stahlbeton-)Rahmen eine starre Einspannung wegen der Rissbildung kaum zu erreichen ist, sollten Verhältniszahlen $k < 0,4$ nicht verwendet werden. Der Beiwert α berücksichtigt die Einspannung am abliegenden Ende eines Balkens.

- Das abliegende Ende ist elastisch oder starr eingespannt: $\alpha = 1,0$ (15.38)
- Das abliegende Ende ist frei drehbar gelagert: $\alpha = 0,5$ (15.39)
- Kragsystem: $\alpha = 0$ (15.40)

Die Ersatzlänge wird vom gesamten statischen System beeinflusst, dem das Druckglied angehört. Die Nomogramme berücksichtigen jedoch nur das elastische Verhalten der Knoten A und B. Außerdem bleibt der Einfluss der direkt am Stab angreifenden Lasten unberücksichtigt. Aus diesen Gründen ist die so ermittelte Ersatzlänge eine Näherung.

Verschiebliche Rahmen

Verschiebliche Rahmen dürfen auf Einzelstäbe reduziert werden, sofern sie regelmäßig sind (Stützen übereinander, annähernd gleiche Steifigkeit in allen Geschossen) und sofern die mittlere Schlankheit λ_m folgende Bedingung erfüllt:

15 Druckglieder und Stabilität

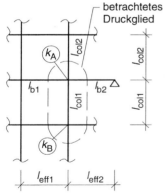
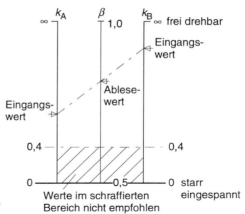

Berechnung von k_A im Kopfpunkt des Druckgliedes:

$$k_A = \frac{I_{col1}/l_{col1} + I_{col2}/l_{col2}}{I_{b1}/l_{eff1} + 0{,}5 I_{b2}/l_{eff2}}$$

Nomogramm für horizontal unverschiebliche Rahmen
(Die Anwendung im Nomogramm für horizontal verschiebliche Rahmen erfolgt analog)

ABB 15.10: Bezeichnungen für die Ermittlung der Einspannverhältnisse und Nomogramm für die Errechnung der Ersatzlänge nach [Grasser – 79]

$$\lambda_m = \max \begin{cases} 50 \\ \dfrac{20}{\sqrt{\nu_{Ed}}} \end{cases} \tag{15.41}$$

Sofern die Bedingung nicht erfüllt werden kann, ist der Gesamtrahmen zu betrachten.

15.4.4 Schlanke und gedrungene Druckglieder

Einzeldruckglieder gelten als schlank, sofern die Gl. (15.42) (bzw. bei EC 2 Gl. (15.26)) nicht erfüllt werden kann. Nur für schlanke Druckglieder ist ein Stabilitätsnachweis zu führen, bei gedrungenen Druckgliedern reicht die Regelbemessung ($\to$ Kap. 7).

DIN 1045-1:   **EC 2:**

$$\lambda \leq \lambda_{max} \tag{15.42}$$
$$\lambda \leq \lambda_{lim} \tag{15.26}$$

$$\lambda_{max} = \begin{cases} \dfrac{16}{\sqrt{|\nu_{Ed}|}} & \text{für } |\nu_{Ed}| < 0{,}41 \\ 25 & \text{für } |\nu_{Ed}| \geq 0{,}41 \end{cases} \tag{15.43}$$

$$\lambda_{max} = \max \begin{cases} \dfrac{15}{\sqrt{|\nu_u|}} \quad 73 \\ 25 \end{cases} \tag{15.27}$$

$$\nu_{Ed} = \frac{N_{Ed}}{A_c \cdot f_{cd}} \tag{15.44}$$
$$\nu_u = \frac{N_{Sd}}{A_c \cdot f_{cd}} \tag{15.28}$$

---

73 Die Gleichung ist unter Beachtung der unteschiedlichen Definition von f_{cd} identisch mit Gl. (15.43).

15.5 Durchführung des Stabilitätsnachweises am Einzelstab bei einachsiger Knickgefahr

15.5.1 Kriterien für den Entfall des Nachweises

Der Stabilitätsnachweis kann entfallen, sofern es sich um ein gedrungenes Bauteil handelt (→ Kap. 15.4.4) oder wenn bei *unverschieblichen* Tragwerken die kritische Schlankheit λ_{crit} nicht überschritten wird und keine Querlasten zwischen den Stützenenden angreifen.

$$\lambda_{crit} = 25 \cdot \left(2 - \frac{e_{01}}{e_{02}}\right) \tag{15.45}$$

e_{01}, e_{02} Ausmitte der Längskraft an den Stabenden bei Berechnung nach Theorie I. Ordnung, berechnet nach Gl. (7.96)

$$|e_{01}| \leq |e_{02}| \tag{15.46}$$

Für den Fall, dass der Stabilitätsnachweis entfallen kann, sind die Stabenden der Druckglieder sowie die anschließenden Bauteile für $M_{Rd,min}$ und N_{Ed} zu bemessen.

$$M_{Rd,min} = |N_{Ed}| \cdot \frac{h}{20} \tag{15.47}$$

$$N_{Rd} = |N_{Ed}| \tag{15.48}$$

Beispiel 15.2: Überprüfung der Stabilitätsgefährdung nach DIN 1045-1

gegeben:
– skizzierter Rahmen [74] mit den angegebenen charakteristischen Einwirkungen
– Senkrecht zur Zeichenebene befinden sich Wände zwischen den Stützen, sodass in dieser Richtung keine Stabilitätsgefährdung vorliegt.
– Baustoffgüten C20/25 ; BSt 500

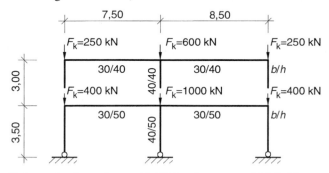

gesucht:
– Rahmen horizontal verschieblich oder unverschieblich?
– Überprüfung, ob der Stabilitätsnachweis für Innenstützen entfallen kann
– Bemessungsschnittgrößen für die Innenstütze

---

[74] Derartig unterschiedliche Bauteilabmessungen sind nicht rationell herzustellen; sie wurden im Rahmen des Beispiels wegen der Deutlichkeit in der Zahlenrechnung gewählt.

15 Druckglieder und Stabilität

Lösung:

Riegel 1. OG: $b/h = 30/40$ cm

$$I_b = \frac{0,3 \cdot 0,4^3}{12} = 1,60 \cdot 10^{-3} \text{ m}^4 \qquad \bigg| \quad I = \frac{b \cdot h^3}{12}$$

Riegel EG: $b/h = 30/50$ cm

$$I_b = \frac{0,3 \cdot 0,5^3}{12} = 3,13 \cdot 10^{-3} \text{ m}^4 \qquad \bigg| \quad I = \frac{b \cdot h^3}{12}$$

Stütze 1. OG: $b/h = 40/40$ cm

$$I_{col} = \frac{0,4 \cdot 0,4^3}{12} = 2,13 \cdot 10^{-3} \text{ m}^4 \qquad \bigg| \quad I = \frac{b \cdot h^3}{12}$$

Stütze EG: $b/h = 40/50$ cm

$$I_{col} = \frac{0,4 \cdot 0,5^3}{12} = 4,17 \cdot 10^{-3} \text{ m}^4 \qquad \bigg| \quad I = \frac{b \cdot h^3}{12}$$

Bauteil ist in der Zeichenebene nicht ausgesteift. Es ist horizontal verschieblich.

1. Obergeschoss:

Die Lastanteile aus G und Q sind nicht bekannt, daher

TAB 6.5: näherungsweise größter Teilsicherheitsbeiwert

$\gamma_F = \gamma_Q = 1,5$

$N_{Ed} = 1,5 \cdot 600 = 900$ kN

$\alpha = 1,0$ \hfill (15.38): $\alpha = 1,0$

$$k_A = \frac{\dfrac{2,13 \cdot 10^{-3}}{3,0}}{\dfrac{1,0 \cdot 1,60 \cdot 10^{-3}}{7,5} + \dfrac{1,0 \cdot 1,60 \cdot 10^{-3}}{8,5}} = 1,77 \qquad (15.37):\ \left.\begin{array}{l} k_A \\ k_B \end{array}\right\} = \dfrac{\sum_i \dfrac{E_{cm} \cdot I_{col}}{l_{col}}}{\sum_j \dfrac{E_{cm} \cdot \alpha \cdot I_b}{l_{eff}}}$$

$$k_B = \frac{\dfrac{2,13 \cdot 10^{-3}}{3,0} + \dfrac{4,17 \cdot 10^{-3}}{3,5}}{\dfrac{1,0 \cdot 3,13 \cdot 10^{-3}}{7,5} + \dfrac{1,0 \cdot 3,13 \cdot 10^{-3}}{8,5}} = 2,42 \qquad (15.37):\ \left.\begin{array}{l} k_A \\ k_B \end{array}\right\} = \dfrac{\sum_i \dfrac{E_{cm} \cdot I_{col}}{l_{col}}}{\sum_j \dfrac{E_{cm} \cdot \alpha \cdot I_b}{l_{eff}}}$$

Verschieblicher Rahmen $\beta = 1,60$ \hfill [Schneider – 02], 5.81

$l_0 = 1,60 \cdot 3,0 = 4,80$ m \hfill (15.17): $l_0 = \beta \cdot l_{col}$

$i = 0,289 \cdot 0,40 = 0,116$ m \hfill (15.19): $i = 0,289\, h$

$\lambda = \dfrac{4,80}{0,116} = 41,4$ \hfill (15.20): $\lambda = \dfrac{l_0}{i}$

$f_{cd} = \dfrac{0,85 \cdot 20}{1,5} = 11,3$ N/mm² \hfill (2.14): $f_{cd} = \dfrac{\alpha \cdot f_{ck}}{\gamma_c}$

$\nu_{Ed} = \dfrac{0,900}{0,40^2 \cdot 11,3} = 0,50$ \hfill (15.44): $\nu_{Ed} = \dfrac{N_{Ed}}{A_c \cdot f_{cd}}$

(15.43):

$\lambda_{max} = 25$ \hfill $\lambda_{max} = \begin{cases} \dfrac{16}{\sqrt{|\nu_{Ed}|}} & \text{für } |\nu_{Ed}| < 0,41 \\ 25 & \text{für } |\nu_{Ed}| \geq 0,41 \end{cases}$

$\lambda = 41,4 > 25 = \lambda_{max}$ \hfill (15.42): $\lambda \leq \lambda_{max}$

Der Stabilitätsnachweis ist zu führen.

Erdgeschoss:
Nur die Innenstütze ist im EG zu untersuchen.
$N_{Ed} = 1,5 \cdot (600 + 1000) = 2400$ kN
$\alpha = 1,0$ \hfill (15.38): $\alpha = 1,0$

$$k_A = \frac{\frac{2,13 \cdot 10^{-3}}{3,0} + \frac{4,17 \cdot 10^{-3}}{3,5}}{\frac{1,0 \cdot 3,13 \cdot 10^{-3}}{7,5} + \frac{1,0 \cdot 3,13 \cdot 10^{-3}}{8,5}} = 2,42$$

(15.37): $\left.\begin{array}{c}k_A \\ k_B\end{array}\right\} = \dfrac{\sum_i \dfrac{E_{cm} \cdot I_{col}}{l_{col}}}{\sum_j \dfrac{E_{cm} \cdot \alpha \cdot I_b}{l_{eff}}}$

Verschieblicher Rahmen $k_B = \infty$ \hfill gelenkige Lagerung
$\beta = 2,75$ \hfill [Schneider – 02], 5.81
$l_0 = 2,75 \cdot 3,5 = 9,63$ m \hfill (15.17): $l_0 = \beta \cdot l_{col}$
$i = 0,289 \cdot 0,50 = 0,144$ m \hfill (15.19): $i = 0,289 \, h$

$\lambda = \dfrac{9,63}{0,144} = 66,9$ \hfill (15.20): $\lambda = \dfrac{l_0}{i}$

$v_{Ed} = \dfrac{2,400}{0,40 \cdot 0,50 \cdot 11,3} = 1,06$ \hfill (15.44): $v_{Ed} = \dfrac{N_{Ed}}{A_c \cdot f_{cd}}$

(15.43):

$\lambda_{max} = 25$ \hfill $\lambda_{max} = \begin{cases} \dfrac{16}{\sqrt{|v_{Ed}|}} & \text{für } |v_{Ed}| < 0,41 \\ 25 & \text{für } |v_{Ed}| \geq 0,41 \end{cases}$

$\lambda = 66,9 > 25 = \lambda_{max}$ \hfill (15.42): $\lambda \leq \lambda_{max}$
Der Stabilitätsnachweis ist zu führen.

Beispiel 15.3: Überprüfung der Stabilitätsgefährdung nach EC 2

gegeben: – skizzierter Rahmen von Beispiel 15.2

gesucht: – Rahmen horizontal verschieblich oder unverschieblich?
– Überprüfung, ob der Stabilitätsnachweis für Innenstützen entfallen kann
– Bemessungsschnittgrößen für die Innenstütze

Lösung:

Bauteil ist in der Zeichenebene nicht ausgesteift. Daher wird zunächst untersucht, ob der Rahmen horizontal verschieblich ist oder nicht.

1. Obergeschoss:
$F_v = 2 \cdot 250 + 600 = 1100$ kN \hfill $F_v = \sum_i N_i$

$\gamma_F = \gamma_Q = 1,5$ \hfill TAB 6.5: ungünstige Abschätzung

$N_{Sd,m} = 1,5 \cdot \dfrac{1100}{3} = 550$ kN \hfill (15.25): $N_{Sd,m} = \gamma_F \cdot \dfrac{F_v}{n}$

$0,7 \, N_{Sd,m} = 0,7 \cdot 550 = 385$ kN $\begin{cases} < 900 \text{ kN} = 1,5 \cdot 600 \\ > 375 \text{ kN} = 1,5 \cdot 250 \end{cases}$ \hfill bei $N_{Sd} > 0,7 \, N_{Sd,m}$ ist Stütze zu untersuchen

Nur die Innenstütze ist im 1. OG zu untersuchen.
$N_{Sd} = 1,5 \cdot 600 = 900$ kN

$\alpha = 1,0$
$k_A = 1,77 \quad k_B = 2,42$
$\beta = 0,85$
$l_0 = 0,85 \cdot 3,0 = 2,55 \text{ m}$
$i = 0,289 \cdot 0,40 = 0,116 \text{ m}$
$\lambda = \dfrac{2,55}{0,116} = 22,0$
$f_{cd} = \dfrac{20}{1,5} = 13,3 \text{ N/mm}^2$
$\nu_u = \dfrac{0,900}{0,40^2 \cdot 13,3} = 0,423$
$\lambda_{lim} = \max \begin{cases} \dfrac{15}{\sqrt{0,423}} = 23,1 \\ 25 \end{cases}$
$\lambda = 22,0 < 25,0 = \lambda_{lim}$

Erdgeschoss:
$F_v = 1100 + 2 \cdot 400 + 1000 = 2900 \text{ kN}$

$N_{Sd,m} = 1,5 \cdot \dfrac{2900}{3} = 1450 \text{ kN}$

$0,7 N_{Sd,m} = 0,7 \cdot 1450$
$\phantom{0,7 N_{Sd,m}} = 1015 \text{ kN} \begin{cases} < 2400 \text{ kN} = 1,5 \cdot (600+1000) \\ > 975 \text{ kN} = 1,5 \cdot (250+400) \end{cases}$

Nur die Innenstütze ist im EG zu untersuchen.
$N_{Sd} = 1,5 \cdot (600 + 1000) = 2400 \text{ kN}$
$k_A = 2,42 \quad k_B = \infty$
$\beta = 0,92$
$l_0 = 0,92 \cdot 3,5 = 3,22 \text{ m}$
$i = 0,289 \cdot 0,50 = 0,144 \text{ m}$
$\lambda = \dfrac{3,22}{0,144} = 22,4$
$\nu_u = \dfrac{2,400}{0,40 \cdot 0,50 \cdot 13,3} = 0,902$
$\lambda_{lim} = \max \begin{cases} \dfrac{15}{\sqrt{0,902}} = 15,8 \\ 25 \end{cases}$
$\lambda = 22,4 < 25,0 = \lambda_{lim}$

(15.38): $\alpha = 1,0$
Ermittlung wie in Beispiel 15.2
ABB 15.10:
(15.17): $l_0 = \beta \cdot l_{col}$
(15.19): $i = 0,289 h$
(15.20): $\lambda = \dfrac{l_0}{i}$
(2.14): $f_{cd} = \dfrac{f_{ck}}{\gamma_c}$
(15.28): $\nu_u = \dfrac{N_{Sd}}{A_c \cdot f_{cd}}$
(15.27): $\lambda_{lim} = \max \begin{cases} \dfrac{15}{\sqrt{\nu_u}} \\ 25 \end{cases}$
(15.26): $\lambda \leq \lambda_{lim}$

$F_v = \sum\limits_i N_i$

(15.25): $N_{Sd,m} = \gamma_F \cdot \dfrac{F_v}{n}$

bei $N_{Sd} > 0,7 N_{Sd,m}$ ist Stütze zu untersuchen

Ermittlung wie in Beispiel 15.2
ABB 15.10:
(15.17): $l_0 = \beta \cdot l_{col}$
(15.19): $i = 0,289 h$
(15.20): $\lambda = \dfrac{l_0}{i}$

(15.28): $\nu_u = \dfrac{N_{Sd}}{A_c \cdot f_{cd}}$

(15.27): $\lambda_{lim} = \max \begin{cases} \dfrac{15}{\sqrt{\nu_u}} \\ 25 \end{cases}$
(15.26): $\lambda \leq \lambda_{lim}$

Die Bedingung der horizontalen Unverschieblichkeit wird von allen zu untersuchenden Stützen innerhalb des Rahmens erfüllt. Der Rahmen darf daher als horizontal unverschieblich betrachtet werden. Da die Gln. (15.26) und (15.27) gleichzeitig von beiden Innenstützen erfüllt werden, gelten sie als gedrungene Stützen. Der Stabilitätsnachweis kann für diese Stützen entfallen, eine Regelbemessung reicht aus.

15.5.2 Stabilitätsnachweis für den Einzelstab

Der Stabilitätsnachweis ist zu führen, sofern die Grenze für schlanke Druckglieder überschritten wird (Gl. (15.42) bzw. (15.26)). Hierbei kann das Modellstützenverfahren angewendet werden, sofern folgende Bedingungen eingehalten werden:

- Der Querschnitt des Druckgliedes ist rechteckig oder kreisförmig (oder regelmäßig polygonal mit ≥ 6 Kanten begrenzt)
- Für die planmäßige Lastausmitte nach Theorie I. Ordnung gilt:

$$e_0 \geq 0{,}1\,h \tag{15.49}$$

  Diese Grenze resultiert nicht aus sicherheitsrelevanten Überlegungen, sondern aus wirtschaftlichen. Bei Unterschreitung der Grenze liefert das Näherungsverfahren zu große Bewehrungsquerschnitte. Eine „genaue" Berechnung nach Theorie II. Ordnung ist wirtschaftlicher. Bei Einbeziehung der Arbeitszeit des Tragwerkplaners wird das Näherungsverfahren auch bei $e_0 < 0{,}1\,h$ oftmals angewendet.

- Die Verformungsfigur ist einfach (= in der Ebene) gekrümmt, wobei am Stützenfuß das Extremalmoment auftritt.
- Im EC 2 gilt zusätzlich eine einzuhaltende Maximalschlankheit.

$$\lambda \leq \lambda_{\text{max,Modellst}} = 140 \tag{15.50}$$

Das Modellstützenverfahren wurde in Kap. 15.4.2 hergeleitet. Für eine Bemessung nach DIN 1045-1 und nach EC 2 sind folgende Ergänzungen zu beachten. Ein Einfluss aus dem Kriechen des Betons (und der damit verbundenen Zunahme der Lastausmitte) braucht bei Druckgliedern des üblichen Hochbaus und gleichzeitig horizontal unverschieblichen Systemen nicht berücksichtigt zu werden.

Bei Druckgliedern, die längs der Stabachse eine veränderliche Lastausmitte aufweisen, darf bei einem konstanten Druckgliedquerschnitt eine Ersatzausmitte e_e eingeführt werden (**ABB 15.11**). Für die Zuordnung der Lastausmitten an den Stabenden e_{01} und e_{02} ist Gl. (15.46) zu beachten. Hiermit wird berücksichtigt, dass die Stabilitätsgefährdung im mittleren Drittel der Ersatzlänge vorliegt. Selbstverständlich ist mindestens für das Moment nach Theorie I. Ordnung zu bemessen

$$e_e = \max \begin{cases} 0{,}6\,e_{02} + 0{,}4\,e_{01} \\ 0{,}4\,e_{02} \end{cases} \tag{15.51}$$

$$e_{\text{tot}} = e_e + e_a + e_2 \geq e_0 \tag{15.52}$$

Die Stabauslenkung e_2 darf nach Gl. (15.33) abgeschätzt werden, wobei ein Beiwert K_1 für den allmählichen Übergang vom verformungsunbeeinflussten zum verformungsbeeinflussten Druckglied eingeführt wird.

$$e_2 = K_1 \cdot \left(\frac{1}{r_0}\right) \cdot \frac{l_0^2}{10} \tag{15.53}$$

DIN 1045-1: $\quad K_1 = \begin{cases} \dfrac{\lambda}{10} - 2{,}5 & \text{für} \quad 25 \leq \lambda \leq 35 \\ 1 & \lambda > 35 \end{cases} \tag{15.54}$

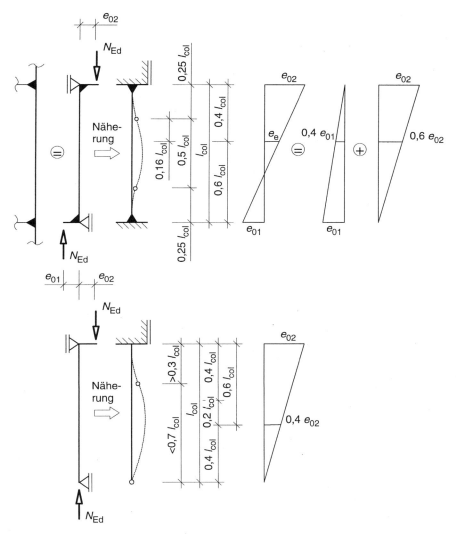

ABB 15.11: Erläuterung der Ersatzausmitte e_e

EC 2: $$K_1 = \begin{cases} \dfrac{\lambda}{20} - 0,75 \\ 1 \end{cases} \text{für} \quad \begin{array}{l} 15 \leq \lambda \leq 35 \\ \lambda > 35 \end{array}$$ (15.55)

Zur Berechnung der Krümmung $1/r_0$ wird angenommen, dass die Längsbewehrung auf beiden Seiten gleichzeitig die Fließgrenze erreicht. Dies ist die maximal mögliche Krümmung, die am „balance point" auftritt (**ABB 15.12**).

$$\frac{1}{r_0} = 2\,K_2 \cdot \frac{\varepsilon_{yd}}{0,9\,d}$$ (15.56)

$$K_2 \approx \frac{|N_{ud}| - |N_{Ed}|}{|N_{ud}| - |N_{bal}|} \leq 1,0$$ (15.57)

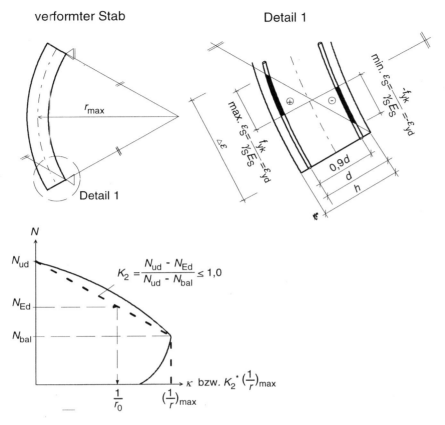

ABB 15.12: Krümmungen in einem Stab

Der Beiwert K_2 berücksichtigt die Abnahme der Krümmung $1/r_0$ vom Maximalwert der Krümmung $(1/r)_{max}$ bei steigenden Längsdruckkräften. Die Krümmung hat den Wert null, sofern der Bauteilwiderstand N_{Rd} erreicht wird {Punkt A in (**ABB 7.26**)}. Der Maximalwert der Krümmung $(1/r)_{max}$ tritt beim maximalen Biegemoment auf {Punkt B' in (**ABB 7.26**), balance point}. Durch Linearisierung der Kurve des Bauteilwiderstands entsteht Gl. (15.57) (**ABB 15.12**). Nachteilig bei der Auswertung von Gl. (15.57) ist, dass die Bewehrung bereits bekannt sein muss, um den Bauteilwiderstand bei zentrischer Beanspruchung N_{ud} bestimmen zu können. Sofern dieser Beiwert genau ermittelt werden soll, ist daher eine Iteration unumgänglich.

Die Längskraft am balance point kann für Rechteckquerschnitte mit annähernd symmetrischer Bewehrung näherungsweise unter Beachtung von Gl. (7.27) abgeschätzt werden:

$$N_{bal} = b \cdot x \cdot \alpha_c \cdot f_{cd} = b \cdot 0{,}5\, h \cdot 0{,}81 \cdot f_{cd} \approx -0{,}4\, f_{cd} \cdot A_c \qquad (15.58)$$

Für die Zusatzausmitte nach Gl. (15.14) bzw. (15.15) wird die ungewollte Schiefstellung benötigt.

$$\text{DIN 1045-1:} \quad \alpha_{a1} = \frac{1}{100\sqrt{l}} \leq \frac{1}{200} \qquad (15.59)$$

15 Druckglieder und Stabilität

Frei stehendes Einzeldruckglied: $\quad l = l_{col}$

Ist das Einzeldruckglied aussteifendes Bauteil in einem Tragwerk, ist zusätzlich zu untersuchen, ob sich bei Ansatz der Schiefstellung des gesamten Tragwerks eine größere Ausmitte e_a ergibt.

EC 2: $\quad\quad v_1 = \dfrac{1}{100\sqrt{l_{col}}} \geq v_{min} = \dfrac{1}{200}$ (15.60)

Beispiel 15.4: Bemessung einer Rahmenstütze nach dem Modellstützenverfahren (nach DIN 1045-1)

gegeben: – in Beispiel 15.1 skizzierter Rahmen (→ S. 333)
 – Rahmenstützen sind durch Längswände senkrecht zur Zeichenebene nicht stabilitätsgefährdet.

gesucht: Bemessung der Stützen

Lösung:

Riegel: $b/h = 30/80$ cm

$I_b = \dfrac{0{,}3 \cdot 0{,}8^3}{12} = 12{,}8 \cdot 10^{-3}$ m^4 $\quad\quad I = \dfrac{b \cdot h^3}{12}$

Stütze: $b/h = 30/20$ cm

$I_{col} = \dfrac{0{,}3 \cdot 0{,}2^3}{12} = 0{,}2 \cdot 10^{-3}$ m^4 $\quad\quad I = \dfrac{b \cdot h^3}{12}$

$\alpha = 1{,}0$ $\quad\quad$ (15.38): $\alpha = 1{,}0$

$k_A = \dfrac{\frac{0{,}20 \cdot 10^{-3}}{4{,}0}}{\frac{1{,}0 \cdot 12{,}8 \cdot 10^{-3}}{12{,}0}} = 0{,}047 < \underline{0{,}40}$ $\quad\quad$ (15.37): $\left.\begin{array}{l}k_A \\ k_B\end{array}\right\} = \dfrac{\sum\limits_i \frac{E_{cm} \cdot I_{col}}{l_{col}}}{\sum\limits_j \frac{E_{cm} \cdot \alpha \cdot I_b}{l_{eff}}}$

$k_B = \infty$ $\quad\quad$ gelenkige Lagerung am Fußpunkt

$\beta = 0{,}80$ $\quad\quad$ Anwendung von **ABB 15.10** in [Schneider – 02], S. 5.81

$l_0 = 0{,}80 \cdot 4{,}0 = 3{,}20$ m $\quad\quad$ (15.17): $l_0 = \beta \cdot l_{col}$

$i = 0{,}289 \cdot 0{,}20 = 0{,}058$ m $\quad\quad$ (15.19): $i = 0{,}289\, h$

$\lambda = \dfrac{3{,}20}{0{,}058} = 55$ $\quad\quad$ (15.20): $\lambda = \dfrac{l_0}{i}$

$N_{Ed} = 1{,}5 \cdot (-200) = -300$ kN $\quad\quad$ Da die Lastanteile aus Eigen- und Verkehrslast unbekannt sind, wird mit

$M_{Ed} = 1{,}5 \cdot (-12) = -18$ kNm $\quad\quad \gamma_F = 1{,}5$ gerechnet (sichere Seite).

$f_{cd} = \dfrac{0{,}85 \cdot 20}{1{,}5} = 11{,}3$ N/mm^2 $\quad\quad$ (2.14): $f_{cd} = \dfrac{\alpha \cdot f_{ck}}{\gamma_c}$

$v_{Ed} = \dfrac{-0{,}300}{0{,}30 \cdot 0{,}20 \cdot 11{,}3} = -0{,}441$ $\quad\quad$ (15.44): $v_{Ed} = \dfrac{N_{Ed}}{A_c \cdot f_{cd}}$

$|v_{Ed}| = |-0{,}441| = 0{,}441 > 0{,}41$ $\quad\quad$ (15.43): Fallunterscheidung

$\lambda_{\max} = 25$

$\lambda = 55 > 25,0 = \lambda_{\max}$

$e_{01} = \dfrac{|0|}{|-300|} = 0$

$e_{02} = \dfrac{|-18|}{|-300|} = 0,06 \text{ m}$

$e_{01} = 0 < 0,06 \text{ m} = e_{02}$

$\lambda_{\text{crit}} = 25 \cdot \left(2 - \dfrac{0}{-0,06}\right) = 50$ [75]

$\lambda = 55 > 50 = \lambda_{\text{crit}}$

Querschnitt rechteckig

$\alpha_{a1} = \dfrac{1}{100 \cdot \sqrt{4,0}} = \dfrac{1}{200}$

$e_a = \dfrac{1}{200} \cdot \dfrac{3,2}{2} = 0,008 \text{ m}$

$e_e = \max \begin{cases} 0,6 \cdot 0,06 + 0,4 \cdot 0 = \underline{0,036 \text{ m}} \\ 0,4 \cdot 0,06 = 0,024 \text{ m} \end{cases}$

$K_2 \approx 1,0$

$d = 15 \text{ cm}$

$\dfrac{1}{r} = 2 \cdot 1,0 \cdot \dfrac{500}{1,15 \cdot 200000 \cdot 0,9 \cdot 0,15} = 32,2 \cdot 10^{-3} \text{ m}^{-1}$

$\lambda = 55 : K_1 = 1$

$e_2 = 1 \cdot \dfrac{3,20^2}{10} \cdot 32,2 \cdot 10^{-3} = 0,033 \text{ m}$

$e_{\text{tot}} = 0,036 + 0,008 + 0,033 = 0,077 \text{ m} > 0,06 \text{ m}$

$M_{\text{Ed}2} = -300 \cdot 0,077 = -23,1 \text{ kNm}$

$\dfrac{d_1}{h} = \dfrac{0,05}{0,2} = 0,25$

$\nu_{\text{Ed}} = \dfrac{-0,300}{0,30 \cdot 0,20 \cdot 11,3} = -0,443$

$\lambda_{\max} = \begin{cases} \dfrac{16}{\sqrt{|\nu_{\text{Ed}}|}} & \text{für} \quad |\nu_{\text{Ed}}| < 0,41 \\ 25 & \text{für} \quad |\nu_{\text{Ed}}| \geq 0,41 \end{cases}$

(15.42): $\lambda \leq \lambda_{\max}$

(7.96): $e_0 = \dfrac{|M_{\text{Ed}}|}{|N_{\text{Ed}}|}$

(15.46): $|e_{01}| \leq |e_{02}|$

(15.45): $\lambda_{\text{crit}} = 25 \cdot \left(2 - \dfrac{e_{01}}{e_{02}}\right)$

Knicksicherheitsnachweis ist zu führen, Modellstützenverfahren ist zulässig.

(15.59): $\alpha_{a1} = \dfrac{1}{100\sqrt{l}} \leq \dfrac{1}{200}$

(15.14): $e_a = \alpha_{a1} \dfrac{l_0}{2}$

(15.51): $e_e = \max \begin{cases} 0,6\, e_{02} + 0,4\, e_{01} \\ 0,4\, e_{02} \end{cases}$

(15.57): $K_2 \approx \dfrac{|N_{\text{ud}}| - |N_{\text{Ed}}|}{|N_{\text{ud}}| - |N_{\text{bal}}|} \leq 1,0$

Schätzwert

(15.56): $\dfrac{1}{r_0} = 2\, K_2 \cdot \dfrac{\varepsilon_{\text{yd}}}{0,9\, d}$

(15.54):

$K_1 = \begin{cases} \dfrac{\lambda}{10} - 2,5 & \text{für} \quad 25 \leq \lambda \leq 35 \\ 1 & \lambda > 35 \end{cases}$

(15.53): $e_2 = K_1 \cdot \left(\dfrac{1}{r_0}\right) \cdot \dfrac{l_0^2}{10}$

(15.52): $e_{\text{tot}} = e_e + e_a + e_2 \geq e_0$

(15.31): $M_{\text{Ed}2} = N_{\text{Ed}} \cdot e_{\text{tot}}$

Wahl des richtigen Diagramms aufgrund der vorliegenden Parameter, z. B. [Schneider – 01] S. 5.134

(7.102): $\nu_{\text{Ed}} = \dfrac{N_{\text{Ed}}}{b \cdot h \cdot f_{\text{cd}}}$

---

[75] e_{01} und e_{02} sind vorzeichenbehaftet einzusetzen.

15 *Druckglieder und Stabilität*

$\mu_{Ed} = \dfrac{|0{,}0231|}{0{,}30 \cdot 0{,}20^2 \cdot 11{,}3} = 0{,}170$

$\omega_{tot} = 0{,}27$; $\varepsilon_{c2}/\varepsilon_{s1} = \underline{-3{,}5/2{,}0}$

$A_{stot} = 0{,}27 \cdot \dfrac{30 \cdot 20}{38{,}4} = 4{,}2 \text{ cm}^2$

$A_{s1} = A_{s2} = \dfrac{A_{stot}}{2} = \dfrac{4{,}2}{2} = 2{,}1 \text{ cm}^2$

gew: $2 \varnothing 14$ mit $A_{s,vorh} = 3{,}1 \text{ cm}^2$

$A_{s,vorh} = 6{,}2 \text{ cm}^2 > 4{,}2 \text{ cm}^2 = A_{s,erf}$

$d_1 = d_2 = 35 + 6 + \dfrac{14}{2} = 48 \text{ mm} \approx 50 \text{ mm}$

$A_{s,min} = \max \begin{cases} 0{,}15 \dfrac{0{,}300 \cdot 10^6}{435} = 103 \text{ mm}^2 \\ 0{,}003 \cdot 300 \cdot 200 = \underline{180 \text{ mm}^2} < 620 \text{ mm}^2 \end{cases}$

$A_{s,vorh} = 6{,}2 \text{ cm}^2 < 54 \text{ cm}^2 = 0{,}09 \cdot 30 \cdot 20 = 0{,}09 A_c$

$\min d_{sbü} = 6 \text{ mm bei } d_{sl} = 14 \text{ mm}$

$\max s_{bü} = \min \begin{cases} 12 \cdot 14 = \underline{168 \text{ mm}} \\ 200 \text{ mm} \\ 300 \text{ mm} \end{cases}$

gew: Bü $\varnothing 6$-16

(7.103): $\mu_{Ed} = \dfrac{|M_{Ed}|}{b \cdot h^2 \cdot f_{cd}}$

Ablesung aus Nomogramm (s. o.)

(7.105): $A_{stot} = \omega_{tot} \dfrac{b \cdot h}{f_{yd}/f_{cd}}$

Verteilung entsprechend der Vorgabe

TAB 4.1

(7.55): $A_{s,vorh} \geq A_{s,erf}$

$d_1 = d_2 = c_{nom} + d_{sbü} + e$

$A_{s,min} = A_{s1} + A_{s2}$

(15.4): $= \max \begin{cases} 0{,}15 \dfrac{N_{Sd}}{f_{yd}} \\ 0{,}003 A_c \end{cases}$

(15.6): $A_{s,vorh} = A_{s1} + A_{s2} \leq 0{,}09 A_c$

(15.10): $\min d_{sbü} = \begin{cases} 6 \text{ mm bei } d_{sl} \leq 20 \text{ mm} \\ 0{,}25 d_{sl} \text{ bei } d_{sl} \geq 25 \text{ mm} \\ 5 \text{ mm bei Betonstahlmatten} \end{cases}$

(15.8): $\max s_{bü} = \min \begin{cases} 12 d_{sl} \\ \min(b, h) \\ 300 \text{ mm} \end{cases}$

15.5.3 Bemessungshilfsmittel

Das Modellstützenverfahren kann auch in grafischer Form aufbereitet werden. Hierzu werden von [Kordina/Quast – 01], [Goris et al. – 02] Hilfsmittel für DIN 1045-1 angegeben. Für EC 2 werden in [Kordina – 92] μ-Nomogramme und e/h-Diagramme angegeben, mit denen der Nachweis durchgeführt werden kann (**ABB 15.13**). Die zusätzliche Ausmitte braucht hierbei nicht gesondert ermittelt zu werden, sie erfolgt im Zuge der Bemessung mit dem Nomogramm. Die μ-Nomogramme werden folgendermaßen benutzt:

/1/ Ermittlung des Gesamtmoments nach Theorie I. Ordnung unter Einschluss der ungewollten Ausmitte

$$M_{Ed1} = M_{Ed0} + M_a = N_{Ed} \cdot (e_0 + e_a) \qquad (15.61)$$

/2/ Wahl des richtigen Nomogramms nach den Parametern Querschnittform, Bewehrungsanordnung, „BSt..." und „$d_1/h = ...$" (hier mit h_1/h bezeichnet)

/3/ Bestimmung der bezogenen Schnittgrößen v_{Ed} und μ_{Ed} nach Gln. (7.102) und (7.103)

/4/ Eintragen der Geraden zwischen μ_{Ed} und l_0/h

/5/ Eintragen der Kurve mit der bezogenen Längskraft v_{Ed}

/6/ Ablesen des mechanischen Bewehrungsgrads ω_{tot} im Schnittpunkt der Geraden mit der bezogenen Längskraft v_{Ed}

/7/ Ermittlung der Bewehrung nach Gl. (7.105).

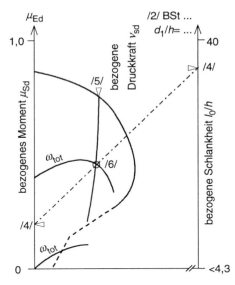

ABB 15.13: Vorgehensweise der Bemessung mit dem μ-Nomogramm

Beispiel 15.5: Bemessung einer Rahmenstütze mit dem μ-Nomogramm nach EC 2

gegeben: – in Beispiel 15.1 skizzierter Rahmen
– Rahmenstützen sind durch Längswände senkrecht zur Zeichenebene nicht stabilitätsgefährdet.

gesucht: Bemessung der Stützen mit dem μ-Nomogramm

Lösung:

Die Untersuchung, ob ein Knicksicherheitsnachweis zu führen ist, wird wie in Beispiel 15.4 durchgeführt.

$\lambda = 55 > 25,0 = \lambda_{max}$ \hfill (15.42): $\lambda \leq \lambda_{max}$

stabilitätsgefährdetes System

$v_1 = \dfrac{1}{100 \cdot \sqrt{4,0}} = \dfrac{1}{200} = v_{min}$ \hfill (15.60): $v_1 = \dfrac{1}{100\sqrt{l_{col}}} \geq v_{min} = \dfrac{1}{200}$

$e_e = \max \begin{cases} 0,6 \cdot 0,06 + 0,4 \cdot 0 = \underline{0,036\text{ m}} \\ 0,4 \cdot 0,06 = 0,024\text{ m} \end{cases}$ \hfill (15.51): $e_e = \max \begin{cases} 0,6 e_{02} + 0,4 e_{01} \\ 0,4 e_{02} \end{cases}$

$M_{Sd1} = -300 \cdot (0,036 + 0,008) = -13,2\text{ kNm}$ \hfill (15.30): $M_{Sd1} = N_{Sd} \cdot (e_0 + e_a)$

$\dfrac{d_1}{h} = \dfrac{0,05}{0,2} = 0,25 \approx 0,20$ \quad [76] \hfill Wahl des richtigen Diagramms aufgrund der vorliegenden Parameter

$\dfrac{l_0}{h} = \dfrac{3,20}{0,20} = 16,0$

$v_{Sd} = \dfrac{-0,300}{0,30 \cdot 0,20 \cdot 13,3} = -0,376$ \hfill (7.102): $v_{Sd} = \dfrac{N_{Sd}}{b \cdot h \cdot f_{cd}}$

$\mu_{Sd} = \dfrac{|0,013|}{0,30 \cdot 0,20^2 \cdot 13,3} = 0,08$ \hfill (7.103): $\mu_{Sd} = \dfrac{|M_{Sd}|}{b \cdot h^2 \cdot f_{cd}}$

---

[76] Besser wäre es, ein Nomogramm mit dem bezogenen Randabstand 0,25 zu verwenden. Dieser Randabstand ist jedoch gegenwärtig nicht als Nomogramm ausgewertet.

15 Druckglieder und Stabilität

$\omega_{tot} = 0,20$

$A_{s1} = A_{s2} = \dfrac{0,20}{2} \cdot \dfrac{30 \cdot 20}{435/13,3} = 1,9 \text{ cm}^2$

gew: 2 Ø14 mit $A_{s,vorh} = 3,1 \text{cm}^2$

$A_{s,vorh} = 3,1 \text{cm}^2 > 1,9 \text{cm}^2 = A_{s,erf}$

weiter wie in Beispiel 15.4

Ablesung z. B. aus [Kordina - 92]

(7.105): $A_{stot} = \omega_{tot} \dfrac{b \cdot h}{f_{yd} / f_{cd}}$

TAB 4.1

(7.55): $A_{s,vorh} \geq A_{s,erf}$

15.6 Durchführung des Stabilitätsnachweises am Einzelstab bei zweiachsiger Knickgefahr

15.6.1 Getrennte Nachweise in beiden Richtungen

Für Druckglieder, die nach beiden Richtungen ausweichen können, ist ein Nachweis für schiefe Biegung mit Längsdruckkraft zu führen. Vereinfachend ist jedoch ein Nachweis in Richtung der beiden Hauptachsen y und z zulässig, wenn das Verhältnis der bezogenen Lastausmitten *eine* der beiden folgenden Gln. erfüllt. Anschaulich gesehen muss die resultierende Längskraft in den schraffierten Bereichen von **ABB 15.14** liegen.

$$\left| \dfrac{e_z / h}{e_y / b} \right| \leq 0,2 \quad \text{oder} \tag{15.62}$$

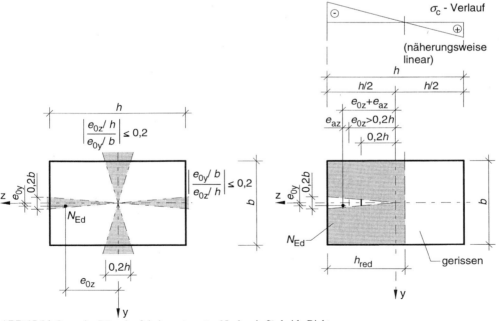

ABB 15.14: Lage der Längskraft beim getrennten Nachweis für beide Richtungen

$$\left|\frac{e_y/b}{e_z/h}\right| \leq 0,2 \tag{15.63}$$

e_y; e_z Lastausmitten in y- bzw. z-Richtung nach Theorie I. Ordnung ohne Berücksichtigung der ungewollten Ausmitte e_a.

Getrennte Nachweise nach den oben genannten Bedingungen sind im Falle $e_z > 0,2h$ (z-Richtung ist die Richtung mit der größeren Bauteilabmessung) nur dann zulässig, wenn der Nachweis in Richtung über die *schwächere* Achse mit einer reduzierten Höhe h_{red} geführt wird. Der Wert h_{red} darf unter der Annahme einer linearen Spannungsverteilung nach Zustand I nach folgender Gl. bestimmt werden (**ABB 15.14**):

$$\frac{N_{Ed}}{A_c} - \frac{N_{Ed} \cdot (e_{0z} + e_{az})}{I_{cy}} \cdot \left(h_{red} - \frac{h}{2}\right) = 0 \tag{15.64}$$

Hieraus erhält man für einen Rechteckquerschnitt:

$$h_{red} = \frac{h}{2} + \frac{h^2}{12 \cdot (e_{0z} + e_{az})} \tag{15.65}$$

Beispiel 15.6: Bemessung einer zweiseitig knickgefährdeten Stütze

gegeben: – in Beispiel 15.1 skizzierter Rahmen
– Rahmenstützen sind senkrecht zur Zeichenebene am Kopfpunkt durch die Pfetten horizontal unverschieblich gehalten

gesucht: Bemessung der Stützen

Lösung:

Knicken ist in beiden Richtungen möglich. Das y-z-Koordinatensystem ist in der Skizze zu Beispiel 15.1 angegeben (y-Richtung senkrecht zur Rahmenebene; z-Richtung in Rahmenebene). Gemäß der Definition von **ABB 15.14** sind somit die Koordinatenrichtungen zu vertauschen, sodass die y-Richtung in Richtung der kleineren Bauteilabmessung zeigt.

$e_{0y} = \frac{|-18|}{|-300|} = 0,06$ m $\qquad$ (7.96): $e_0 = \frac{|M_{Ed}|}{|N_{Ed}|}$

$e_{0z} = \frac{|0|}{|-300|} = 0$ m $\qquad$ (7.96): $e_0 = \frac{|M_{Ed}|}{|N_{Ed}|}$

$\left|\frac{e_y/b}{e_z/h}\right| = \left|\frac{0,06/0,20}{0/0,30}\right| = \infty > 0,2$ $\qquad$ (15.63): $\left|\frac{e_y/b}{e_z/h}\right| \leq 0,2$

$\left|\frac{e_z/h}{e_y/b}\right| = \left|\frac{0/0,30}{0,06/0,20}\right| = 0 < 0,2$ $\qquad$ (15.62): $\left|\frac{e_z/h}{e_y/b}\right| \leq 0,2$

Getrennter Nachweis in beiden Richtungen ist zulässig.

$e_z = 0 < 0,06$ m $= 0,2 \cdot 0,30$ $\qquad$ $e_z > 0,2h$?

Beim Nachweis in Richtung der schwächeren Achse muss *nicht* mit einer reduzierten Breite gerechnet werden.

y-Achse:
Das System ist horizontal unverschieblich
gelenkige Lagerung am Kopf- und am Fußpunkt

$k_A = k_B = \infty$

$\beta = 1,00$

$l_0 = 1,00 \cdot 4,0 = 4,00 \text{ m}$

$i = 0,289 \cdot 0,30 = 0,087 \text{ m}$

$\lambda = \dfrac{4,0}{0,087} = 46$

$e_{01} = \dfrac{|0|}{|-300|} = 0$

$e_{01} = 0 \text{ m} = e_{02}$

$\lambda_{\text{crit}} = 25 \cdot \left(2 - \dfrac{0}{0}\right) = 50$

$\lambda = 46 < 50 = \lambda_{\text{crit}}$

$M_{Rdz,\min} = 300 \cdot \dfrac{0,30}{20} = 4,5 \text{ kNm}$

z-Achse:
Der Nachweis ist identisch mit dem in Beispiel 15.4. Das Moment nach Theorie II. Ordnung wird daher diesem Beispiel direkt entnommen:

$M_{Ed2y} = -300 \cdot 0,077 = -23,1 \text{ kNm}$

Bemessung:

$\dfrac{d_1}{h} = \dfrac{0,05}{0,3} = 0,167$

$\nu_{Ed} = \dfrac{-0,300}{0,30 \cdot 0,20 \cdot 11,3} = -0,442 \approx -0,40$

$\mu_{Edy} = \dfrac{|0,0231|}{0,30 \cdot 0,20^2 \cdot 11,3} = 0,170$

$\mu_{Edz} = \dfrac{|0,0045|}{0,30^2 \cdot 0,20 \cdot 11,3} = 0,022$

$\mu_{Edy} = 0,170 > 0,022 = \mu_{Edz}$

$\mu_1 = \mu_{Edy} = 0,173$

$\mu_2 = \mu_{Edz} = 0,022$

$\omega_{\text{tot}} = 0,36$

---

z-Achse gemäß **ABB 15.14**

(15.37): $\left.\begin{array}{r} k_A \\ k_B \end{array}\right\} = \dfrac{\sum\limits_{i} \dfrac{E_{cm} \cdot I_{col}}{l_{col}}}{\sum\limits_{j} \dfrac{E_{cm} \cdot \alpha \cdot I_b}{l_{eff}}}$

Anwendung von **ABB 15.10** in [Schneider – 02], S. 5.81

(15.17): $l_0 = \beta \cdot l_{col}$

(15.19): $i = 0,289 \, h$

(15.20): $\lambda = \dfrac{l_0}{i}$

(7.96): $e_0 = \dfrac{|M_{Ed}|}{|N_{Ed}|}$

(15.46): $|e_{01}| \leq |e_{02}|$

(15.45): $\lambda_{\text{crit}} = 25 \cdot \left(2 - \dfrac{e_{01}}{e_{02}}\right)$

Knicksicherheitsnachweis ist (in dieser Richtung) nicht zu führen.

(15.47): $M_{Rd,\min} = |N_{Ed}| \cdot \dfrac{h}{20}$

y-Achse gemäß **ABB 15.14**

(15.31): $M_{Ed2} = N_{Ed} \cdot e_{tot}$

Von der Möglichkeit einer achsengetrennten Bemessung wird hier kein Gebrauch gemacht.
Wahl des richtigen Diagramms aufgrund der vorliegenden Parameter.

(7.102): $\nu_{Ed} = \dfrac{N_{Ed}}{b \cdot h \cdot f_{cd}}$

(7.107): $\mu_{Edy} = \dfrac{|M_{Edy}|}{b \cdot h^2 \cdot f_{cd}}$

(7.108): $\mu_{Edz} = \dfrac{|M_{Edz}|}{b^2 \cdot h \cdot f_{cd}}$

(7.109): $\mu_{Edy} > \mu_{Edz}$

[Schmitz/Goris – 01], Tafel 7.3e

$$A_{s,\text{tot}} = 0,36 \cdot \frac{30 \cdot 20}{435/11,3} = 5,6 \text{ cm}^2 \qquad (7.105): A_{s,\text{tot}} = \omega_{\text{tot}} \frac{b \cdot h}{f_{\text{yd}} / f_{\text{cd}}}$$

gew: 4 Ø14 in den Ecken mit $A_{s,\text{vorh}} = 6,2 \text{ cm}^2$ \qquad **TAB 4.1**

$A_{s,\text{vorh}} = 6,2 \text{ cm}^2 > 5,6 \text{ cm}^2 = A_{s,\text{erf}}$ \qquad (7.55): $A_{s,\text{vorh}} \geq A_{s,\text{erf}}$

(15.10):

$\min d_{\text{sbü}} = 6 \text{ mm bei } d_{\text{sl}} = 14 \text{ mm} \qquad \min d_{\text{sbü}} = \begin{cases} 6 \text{ mm bei } d_{\text{sl}} \leq 20 \text{ mm} \\ 0,25 d_{\text{sl}} \text{ bei } d_{\text{sl}} \geq 25 \text{ mm} \\ 5 \text{ mm bei Betonstahlmatten} \end{cases}$

$\max s_{\text{bü}} = \min \begin{cases} 12 \cdot 14 = 168 \text{ mm} \\ 200 \text{ mm} \\ 300 \text{ mm} \end{cases} \qquad (15.8): \max s_{\text{bü}} = \min \begin{cases} 12 d_{\text{sl}} \\ \min(b, h) \\ 300 \text{ mm} \end{cases}$

gew: Bü Ø6-16

15.6.2 Nachweis für schiefe Biegung

Sofern der Nachweis nicht getrennt für beide Richtungen geführt werden darf, muss ein Nachweis für schiefe Biegung mit Längsdruckkraft geführt werden. Hierbei werden die Zusatzausmitten für jede Achsrichtung analog zu Kap. 15.4.2 ermittelt und anschließend eine Bemessung nach Kap. 7.11.3 vorgenommen.

15.7 Kippen schlanker Balken

Bei schlanken, auf Biegung beanspruchten Bauteilen kann die Gefahr des Biegedrillknickens (seitliches Ausweichen der Druckzone verbunden mit einer Drehung des Bauteils um seine Stabachse) bestehen. Wenn die Kippsicherheit des Trägers nicht zweifelsfrei feststeht, muss sie nachgewiesen werden. Der Nachweis wird erbracht bei Erfüllung folgender Gln.:

DIN 1045-1: $\qquad b \geq \sqrt[4]{\left(\frac{l_{0t}}{50}\right)^3 \cdot h}$ \hfill (15.66)

EC 2: $\qquad l_{0t} \leq 50 b \qquad$ bzw. $l_{0t} \leq 35 b$ nach [NAD zu ENV 1992 - 95] \hfill (15.67)

$\qquad\qquad$ und $\qquad\qquad h \leq 2,5 b$ \hfill (15.68)

$\qquad b \quad$ Breite des Druckgurts

$\qquad l_{0t} \quad$ Länge des Druckgurts zwischen den seitlichen Abstützungen

Sofern keine genaueren Angaben vorliegen, ist die Auflagerkonstruktion so zu bemessen, dass sie mindestens folgendes Torsionsmoment T_{Ed} aufnehmen kann:

$$T_{\text{Ed}} = V_{\text{Ed}} \cdot \frac{l_{\text{eff}}}{300} \qquad (15.69)$$

Sofern die Näherungsgleichungen nicht erfüllt werden, ist ein genauer Nachweis zu führen (z. B. [Hahn/Steinle – 95]).

16 Literatur

16.1 Vorschriften, Richtlinien, Merkblätter

[DIN – 81]	Deutsches Institut für Normung: Grundlagen für die Sicherheitsanforderungen für bauliche Anlagen, Berlin/Köln, Beuth, 1981.
[DIN 488-1 – 84]	DIN 488: Betonstahl; Teil 1: Sorten, Eigenschaften, Kennzeichen; 1984-09.
[DIN 488-2 – 86]	DIN 488: Betonstahl; Teil 2: Betonstabstahl; Maße und Gewichte; 1986-06.
[DIN 488-4 – 86]	DIN 488: Betonstahl; Teil 4: Betonstahlmatten und Bewehrungsdraht; Aufbau, Maße und und Gewichte; 1986-06.
[DIN 1045 – 88]	DIN 1045 : Beton und Stahlbeton; Bemessung und Ausführung; 1988-07.
[DIN 1045-1 – 01]	DIN 1045: Tragwerke aus Beton, Stahlbeton und Spannbeton; Teil 1: Bemessung und Konstruktion; 2001-07.
[DIN 1045-2 – 01]	DIN 1045: Tragwerke aus Beton, Stahlbeton und Spannbeton; Teil 2: Beton; Leistungsbeschreibung, Eigenschaften, Herstellung und Übereinstimmung; 2001-07.
[DIN 1045-3 – 01]	DIN 1045: Tragwerke aus Beton, Stahlbeton und Spannbeton; Teil 3: Bauausführung; 2001-07.
[DIN 1048-5 – 91]	DIN 1048: Prüfverfahren für Beton Teil 5: Festbeton, gesondert hergestellte Probekörper; 1991-06.
[DIN 1055-1 – 02]	DIN 1055: Einwirkungen auf Tragwerke; Teil 1: Wichten und Flächenlasten von Baustoffen, Bauteilen und Lagerstoffen; 2002-06.
[DIN 1055-3 – 02]	DIN 1055: Einwirkungen auf Tragwerke; Teil 3: Eigen- und Nutzlasten für Hochbauten; 2002-10.
[DIN 1055-4 – 01]	DIN 1055: Einwirkungen auf Tragwerke; Teil 4: Windlasten; 2001 (Weißdruck noch nicht erschienen; Entwurf 2001-03).
[DIN 1055-5 – 01]	DIN 1055: Einwirkungen auf Tragwerke; Teil 5: Schnee- und Eislasten; 2001(Weißdruck noch nicht erschienen; Entwurf 2001-04).
[DIN 1055-100 – 01]	DIN 1055: Einwirkungen auf Tragwerke; Teil 100: Grundlagen der Tragwerksplanung, Sicherheitskonzept und Bemessungsregeln; 2001-03.
[DIN 1080-1 – 76]	DIN 1080: Begriffe, Formelzeichen und Einheiten im Bauingenieurwesen; Teil 1: Grundlagen; 1976-06.
[DIN 1080-2 – 80]	DIN 1080: Begriffe, Formelzeichen und Einheiten im Bauingenieurwesen; Teil 2: Statik; 1980-03.
[DIN 1080-3 – 80]	DIN 1080: Begriffe, Formelzeichen und Einheiten im Bauingenieurwesen; Teil 3: Beton- und Stahlbetonbau, Spannbetonbau, Mauerwerksbau; 1980-03.
[DIN 1164-1 – 00]	DIN 1164: Zement mit besonderen Eigenschaften; Teil 1: Zusammensetzung, Anforderungen, Übereinstimmungsnachweis; 2000-11.
[DIN 4102-4 – 94]	DIN 4102: Brandverhalten von Baustoffen und Bauteilen; Teil 4: Zusammenstellung und Anwendung klassifizierter Baustoffe, Bauteile und Sonderbauteile; 1994-03.

[DIN 4112 – 86]	DIN 4112: Kranbahnen aus Stahlbeton und Spannbeton; Berechnung und Ausführung; 1986-01.
[DIN 18201 – 97]	DIN 18201: Toleranzen im Bauwesen; Begriffe, Grundsätze, Anwendung, Prüfung; 1997-04.
[DIN 18202 – 97]	DIN 18202: Toleranzen im Hochbau; Bauwerke; 1997-04.
[DIN EN 197-1 – 01]	DIN EN 197: Zement; Teil 1: Zusammensetzung, Anforderungen, und Konformitätskriterien von Normalzement; 2001-02 (Deutsche Fassung EN 197-1: 2000).
[DIN EN 197-2 – 01]	DIN EN 197: Zement; Teil 2: Konformitätsbewertung; 2001-02 (Deutsche Fassung EN 197-2: 2000).
[DIN EN 206-1 – 00]	DIN EN 206: Beton; Teil 1: Festlegung, Eigenschaften, Herstellung und Konformität (Deutsche Fassung EN 206-1: 2000); 2001-07.
[DIN FB 101 – 03]	DIN Deutsches Institut für Normung e. V.: DIN Fachbericht 101 – Einwirkungen auf Brücken, 2. Auflage, Berlin, Beuth, 2003-03.
[DIN V ENV 1992 – 92]	DIN V ENV 1992 (= Eurocode 2) Teil 1-1: Planung von Stahlbeton- und Spannbetontragwerken; 1992-06.
[DIN V ENV 1992-1-3 – 94]	DIN V ENV 1992 (= Eurocode 2) Teil 1-3: Vorgefertigte Bauteile und Tragwerke; 1994-06.
[DIN V ENV 10080 – 95]	DIN V ENV 10080: Betonbewehrungsstahl – schweißgeeigneter gerippter Betonstahl B500; Technische Lieferbedingungen für Stäbe, Ringe und geschweißte Matten; 1995-04.
[DBV – 96/1]	Deutscher Beton- und Bautechnik-Verein e. V.: Merkblatt Rückbiegen von Betonstahl und Anforderung an Verwahrkästen; 1996-10.
[DBV – 96/2]	Deutscher Beton- und Bautechnik Verein e. V.: Merkblatt Begrenzung der Rissbildung im Stahlbeton- und Spannbetonbau; 1996-09.
[DBV – 97/1]	Deutscher Beton- und Bautechnik-Verein e. V.: Merkblatt Betondeckung und Bewehrung, 1997-01.
[DBV – 97/2]	Deutscher Beton- und Bautechnik-Verein e. V.: Merkblatt Abstandhalter, 1997-02.
[NAD zu ENV 1992 – 95]	Deutscher Ausschuss für Stahlbeton: Richtlinien für die Anwendung europäischer Normen im Betonbau; Berlin/Köln, Beuth, 1995-06 (Nationales Anwendungsdokument zu [DIN V ENV 1992 – 92]).
[NAD zu ENV 1992-1-1 – 93]	Deutscher Ausschuss für Stahlbeton: Richtlinien für die Anwendung europäischer Normen im Betonbau; Berlin/Köln, Beuth, 1993-06 (Nationales Anwendungsdokument zu [DIN V ENV 1992-1-3 – 94]).

16.2   Bücher, Aufsätze, sonstiges Schrifttum

[Avak – 02]	Avak, R.: Stahlbetonbau in Beispielen: DIN 1045 und europäische Normung; Teil 2: Bemessung von Flächentragwerken – Konstruktionspläne für Stahlbetonbauteile; 2. Auflage, Düsseldorf, Werner, 2002.
[Avak – 93]	Avak, R.: Euro-Stahlbetonbau in Beispielen: Bemessung nach DIN V ENV 1992; Teil 1: Baustoffe, Grundlagen, Bemessung von Stabtragwerken; Düsseldorf, Werner, 1993.

16 Literatur

[Avak – 94] Avak, R.:
Stahlbetonbau in Beispielen: DIN 1045 und europäische Normung;
Teil 1: Baustoffe, Grundlagen, Bemessung von Stabtragwerken; 2. Auflage,
Düsseldorf, Werner, 1994.

[Beeby – 78] Beeby, A. W.:
Cracking – What are Crack Width Limits for?. Concrete Vol. 12, No. 7/1978,
P.31-33.

[Bertram/Bunke – 89] Bertram, D.; Bunke, N.:
Erläuterungen zu DIN 1045 Beton- und Stahlbeton, Ausgabe 07.88; Berlin, Beuth,
1989 (in: Deutscher Ausschuss für Stahlbeton, Heft 400).

[Cziesielski/Schrepfer – 00] Cziesielski, E.; Schrepfer, Th.:
Bauwerke aus wasserundurchlässigem Beton. In: Avak/Goris (Hrsg):
Stahlbetonbau aktuell: Jahrbuch für die Baupraxis. Düsseldorf, Werner/Beuth,
3(2000) S. A.3-A.35.

[DAfStb Heft 525 – 03] Deutscher Ausschuss für Stahlbeton DAfStb; Fachbereich 07 des NA Bau im DIN
Deutsches Institut für Normung e. V.:
Erläuterungen zu DIN 1045-1, Beuth, 2003 (Deutscher Ausschuss für Stahlbeton,
Heft 525).

[Fischer – 98] Fischer, L.:
Sicherheitskonzept für neue Normen – ENV und DIN-neu, Berlin, Ernst & Sohn,
insgesamt 11 Beiträge in: Die Bautechnik, 1998–2000.

[Goris et al. – 02] Goris, A.; Richter, G., Schmitz, U.:
Stahlbeton und Spannbetonbau nach DIN 1045-1 in:
Schneider, K.-J. (Hrsg.): Bautabellen für Ingenieure, mit Berechnungshinweisen
und Beispielen; 15. Auflage; Düsseldorf, Werner, 2002 S. 5.27 - 5.178.

[Grasser – 79] Grasser, E.:
Bemessung von Beton- und Stahlbetonbauteilen nach DIN 1045 Ausgabe
Dezember 1978; 2., überarbeitete Auflage; Berlin, Beuth, 1979
(Deutscher Ausschuss für Stahlbeton, Heft 220).

[Grünberg – 01] Grünberg, J.:
Sicherheitskonzept und Einwirkungen nach DIN 1055(neu). In: Avak, R./Goris, A.
(Hrsg.): Stahlbetonbau aktuell – Jahrbuch für die Baupraxis 2001. Düsseldorf,
Werner, Beuth, (4)2001 S. A.3-A.52.

[Grasser/Thielen – 91] Grasser, E.; Thielen, G.:
Hilfsmittel zur Berechnung der Schnittgrößen und Formänderungen von
Stahlbetontragwerken nach DIN 1045 Ausgabe Juli 1988; 3., überarbeitete
Auflage; Berlin, Beuth, 1991 (Deutscher Ausschuss für Stahlbeton Heft 240).

[Graubner/Kempf – 00] Graubner, C.-A.; Kempf, S.:
Mindestbewehrung in Betontragwerken. Warum und wieviel? Beton- und
Stahlbetonbau 95(2000) S. 72-80.

[Grunau – 92] Grunau, E. B. u. a.:
Sanierung von Stahlbeton; Stuttgart, Expert, 1992 (Baupraxis + Dokumentation,
Bd. 6).

[Hahn/Steinle – 95] Hahn, V.; Steinle, A.:
Bauen mit Betonfertigteilen im Hochbau. In: Betonkalender 86(1995) Teil 2
S. 459-629; Berlin, Ernst & Sohn, 1995.

[Hilsdorf – 00] Hilsdorf, H. K.:
Beton; in: Betonkalender 89(2000) Teil 1 S. 1-138; Berlin, Ernst & Sohn, 2000.

[Karl/Solacolu – 92] Karl, J.-H.;Solacolu, C.:
Verbesserung der Betonrandzone – Wirkung und Einsatzgrenzen der saugenden
Schalungsbahn; Beton 43(1992) S. 222-225.

[Klopfer – 83] Klopfer, H.:
Die Carbonatisierung von Sichtbeton und ihre Bekämpfung; Bautenschutz und
Bausanierung; Filderstadt, E. Möller GmbH, 1983.

[König/Tue – 96] König, G.; Tue, N.: Grundlagen und Bemessungshilfen für die
Rissbreitenbeschränkung im Stahlbeton und Spannbeton. Berlin, Beuth, 1996
(Deutscher Ausschuss für Stahlbeton, Heft 466).

[Kordina – 92] Kordina, K. u. a.:
Bemessungshilfsmittel zu Eurocode 2 Teil 1 (DIN V ENV 1992 Teil 1-1, Ausgabe 06.92) – Planung von Stahlbeton- und Spannbetontragwerken; Berlin, Beuth, 1992 (Deutscher Ausschuss für Stahlbeton, Heft 425).

[Kordina/Quast – 01] Kordina, K.; Quast, U.:
Bemessung von schlanken Bauteilen für den durch Tragwerksverformungen beeinflussten Grenzzustand der Tragfähigkeit - Stabilitätsnachweis. In Betonkalender 90(2001), Ernst & Sohn, Berlin, 2001, S. 349-416.

[Krings – 01] Krings, W.:
Bemessungstafeln für Rechteckquerschnitte nach der neuen DIN 1045. In: Bautechnik 78(2001) S. 164-170.

[Meyer – 89] Meyer, G.:
Rissbreitenbeschränkung nach DIN 1045: Diagramme zur direkten Bemessung; Düsseldorf, Beton, 1989.

[Motz – 91] Motz, H. D.:
Ingenieur-Mechanik, Düsseldorf, VDI; 1991.

[Rußwurm/Martin – 93] Rußwurm, D.; Martin, H.:
Betonstähle für den Stahlbetonbau; Eigenschaften und Verwendung; Wiesbaden, Berlin, Bauverlag, 1993.

[Schnell – 92] Schnell, W. u. a.:
Technische Mechanik; Bd. 2. Elastostatik; 4. Auflage; Berlin, Heidelberg, New York, Springer, 1992.

[Schneider – 01] Schneider, K.-J. (Hrsg.):
Bautabellen für Ingenieure: mit Berechnungshinweisen und Beispielen; 14. Auflage; Düsseldorf, Werner, 2001.

[Schneider – 02] Schneider, K.-J. (Hrsg.):
Bautabellen für Ingenieure: mit Berechnungshinweisen und Beispielen; 15. Auflage; Düsseldorf, Werner, 2002.

[Schneider – 88] Schneider, K. -J.:
Baustatik; Statisch unbestimmte Systeme; 2. Auflage; Düsseldorf, Werner, 1988.

[Scholz – 95] Knoblauch, H. (Hrsg):
Baustoffkenntnis; 13. Aufl. Düsseldorf, Werner, 1995.

[Schießl – 89] Schießl, P.:
Grundlagen der Neuregelung zur Beschränkung der Rißbreite; Berlin, Beuth, 1989 (in: Deutscher Ausschuss für Stahlbeton, Heft 400).

[Schmitz/Goris – 01] Schmitz, U.; Goris, A.:
Bemessungstafeln nach DIN 1045-1; Normalbeton – Hochfester Beton – Leichtbeton. Düsseldorf, Werner, 2001.

[Schweda/Krings – 00] Schweda, E.; Krings, W.:
Baustatik: Festigkeitslehre; 3., neubearbeitete u. erw. Auflage; Düsseldorf, Werner, 2000.

[Seelmann – 97] Seelmann, F.:
Tragverhalten von gedrungenen Wänden aus hochfestem Normalbeton unter Berücksichtigung des Knickverhaltens der Längsbewehrung. Diss. TH Darmstadt, 1997.

[Springenschmid – 84] Springenschmid, R.:
Die Ermittlung der Spannungen infolge von Schwinden und Hydratationswärme im Beton; Beton- und Stahlbetonbau 79(1984) S. 263-269.

[Soretz – 79] Soretz, St.:
Korrosion von Betonbauteilen – ein neues Schlagwort? Zement und Beton 24(1979) S. 21-29.

[VOB – 00] Verdingungsordnung für Bauleistungen:
Teil A (VOB/A), Teil B (VOB/B); Textausgabe / Dt. Verdingungsausschuss für Bauleistungen DVA). Ausgabe 2000. Köln: Bundesanzeiger, 2000.

[Wierig – 84] Wierig, H. J.:
Herstellen, Fördern und Verarbeiten von Beton. In: Zement-Taschenbuch, 48. Ausgabe (1984), S. 197-333; Wiesbaden, Bauverlag, 1984.

[Windels – 92/1]   Windels, R.:
                    Grafische Ermittlung der Rissbreite für Zwang. Beton- und Stahlbetonbau 87(1992) S. 29-32.
[Windels – 92/2]   Windels, R.:
                    Grafische Ermittlung der Rissbreite für Zwang nach Eurocode 2. Beton- und Stahlbetonbau 87(1992) S. 189-192.

16.3 Prospektunterlagen von Bauproduktenanbietern

Prospektunterlagen können aktuell über das Internet eingesehen, heruntergeladen oder angefordert werden. Daher werden nachfolgend (Internet-) Adressen bedeutender Anbieter von Bewehrungselementen genannt.

[BETOMAX]   http://www.betomax.de/
             BETOMAX Kunststoff- und Metallwarenfabrik GmbH & Co. KG, Dyckhofstraße 1, 41480 Neuss
[DSI]   http://www.dywidag-systems.com/
             DYWIDAG-Systems International, Erdinger Landstr. 1, 81829 München.
[DU PONT]   http://www.dupont.com/
             Du Pont de Nemours Deutschland GmbH; Postfach 1365; 61352 Homburg v.d.H.
[ERICO]   http://www.erico.com
             Erico GmbH, 66851 Schwanenmühle.
[HALFEN]   http://www.halfen-deha.de/
             Halfen GmbH & Co. KG, Liebigstr. 14, 40764 Langenfeld / Rhld.
[H-BAU]   http://www.h-bau.de
             H-Bau Technik Horstmann GmbH, Am Güterbahnhof 20, 79771 Klettgau 1
[JORDAHL]   http://www.jordahl.de/
             Deutsche Kahneisen Gesellschaft mbH, Nobelstraße 51-55, 12057 Berlin
[PFEIFER]   http://www.pfeifer.de/
             Pfeifer Seil- und Hebetechnik GmbH & Co, Dr.-Karl-Lenz-Straße 66, 87700 Memmingen.
[SCHÖCK]   http://www.schoeck.de/
             Schöck Bauteile GmbH, Vimbucher Straße 2, 76534 Baden-Baden
[SUSPA]   http://www.suspa.de/
             SUSPA-DSI GmbH, Max-Planck-Ring 1, 40764 Langenfeld.

17 Bezeichnungen

17.1 Allgemeines

Alle betonspezifischen Bezeichnungen werden zumindest an der Stelle erklärt, an der sie innerhalb dieses Buches zum erstenmal benutzt werden. Darüber hinaus sind die Bezeichnungen in den folgenden Unterkapiteln nochmals stichpunktartig erklärt. Die innerhalb der Zahlenbeispiele aufgeführten allgemeinen Gln. sind unter der angegebenen Nummer in der theoretischen Abhandlung des Themas zu finden. Die Bezeichnungen orientieren sich an [DIN 1045-1 – 01] bzw. [DIN V ENV 1992 – 92]. Sofern eine Bezeichnung nur für eine der Normen gilt, ist dies in Klammern angegeben.

17.2 Allgemeine Bezeichnungen

aufn	aufnehmbar	Kap	Kapitel
bem	Bemessung	lim	Grenz- [limit]
ca.	cirka	max	maximal [maximal]
cal	Berechnung [calculation]	min	minimal [minimal]
crit	kritisch [critical]	nom	nominal [nominal]
dir	direkt	red	reduziert [reduced]
est	geschätzt [estimated]	sup	Index für Unterstützung (support) ...... oder oberer (Grenzwert) [superior]
extr	Größt- oder Kleinstwert [extremal value]		
evtl.	eventuell	tot	Gesamt- [total]
Gl(n).	Gleichung(en)	u. a.	unter anderem
ges	gesamt	u. U.	unter Umständen
ggf.	gegebenenfalls	usw.	und so weiter
Hrsg.	Herausgeber	vgl.	vergleiche
i. Allg.	im Allgemeinen	vorh	vorhanden
ind	indirekt	z. B.	zum Beispiel
inf	unterer (Grenzwert) [inferior]	zul	zulässig
i. d. R.	in der Regel	→	siehe

17.3 Fachspezifische Abkürzungen

17.3.1 Geometrische Größen

A	Fläche	A_0	Fläche eines Prüfkörpers
A^{I}	Fläche im Zustand I (im Zusammenhang mit E-Modul $E\,A^{I}$: Dehnsteifigkeit im Zustand I)	A_A	Auftragsfläche beim Einschneiden in den Querkraftverlauf
		A_c	Betonfläche
A^{II}	Fläche im Zustand II (analog Zustand I)		

17 Bezeichnungen

A_{cc}	Gesamte Fläche der Biegedruckzone [2. Index: compression zone]
$A_{c,eff}$	wirksame Zugzone
A_{cf}	Betonfläche des Flansches eines Plattenbalkens [2. Index: flange]
$A_{c,n}$	Nettofläche des Betonquerschnitts
A_{ct}	Betonfläche der Zugzone (Zustand I)
A_E	Einschnittsfläche beim Einschneiden in den Querkraftverlauf
A_i	ideelle Querschnittsfläche
A_k	Ersatzfläche für Torsionsbemessung (Kernquerschnitt)
A_s	Stahlfläche (evtl. weiterer Index zur Angabe der Lage im Querschnitt)
A_{sc}	Fläche der Bewehrungsstäbe in der Druckzone
$A_{s,ds}$	Stahlfläche eines Stabes
A_{sl}	Fläche der Längsbewehrung
A_{s1}	Fläche der (gesamten) Biegezugbewehrung
A_{sf}	Fläche der in den Gurt ausgelagerten Biegezugbewehrung
A_{sR}	Fläche der Bewehrung am Auflager
$A_{s,s}$	Fläche der Aufhängebewehrung aus Schrägstäben (slant)
$A_{s,st}$	Fläche der Aufhängebewehrung aus Bügeln (stirrup)
A_{st}	Fläche der Querbewehrung (transverse)
A_{sw}	Fläche der Querkraftbewehrung
a	Abstand zwischen Schweißstelle und Krümmungsbeginn eines Betonstahls .... oder Abstand der inneren Betondruckkraft F_{cd} vom (stärker) gedrückten Rand
a_c	Betonfläche (in cm²/m)
a_{HT}	Länge des Kreuzungsbereichs im Hauptträger
a_i	rechnerische Auflagertiefe (allgemein)
a_l	Versatzmaß
a_{NT}	Länge des Kreuzungsbereichs im Nebenträger
a_{sb}	Abstand von Stabbündeln
$a_{sbü}$	erforderliche Bügelfläche in cm²/m
a_{sf}	Fläche der Querkraftbewehrung im Gurt (cm²/m)
a_{sl}	Fläche der (Torsions-)längsbewehrung (cm²/m)
a_{sw}	Fläche der Querkraftbewehrung (in cm²/m); bei Querkraft plus Torsion kann ein zusätzlicher Index (V bzw. T) zur Unterscheidung angefügt werden.
$a_{sw,s}$	Fläche der Querkraftbewehrung aus Schrägstäben [slant]
a_V	Bezugsabstand zweier Punkte in Längsrichtung
a_1	rechnerische Auflagertiefe links
a_2	rechnerische Auflagertiefe rechts
B	bezogene Biegesteifigkeit
b	Bauteilbreite
b_{eff}	mitwirkende Plattenbreite
$b_{eff,i}$	anteilige mitwirkende Plattenbreite der Platte i
b_f	Flanschbreite eines Plattenbalkens (flange)
b_{HT}	Breite des Hauptträgers
b_i	Teilbreite einer Platte i .... oder ideelle Breite
b_j	Breite einer Arbeitsfuge [joint]
b_k	Bauteilbreite eines Ersatzquerschnitts
b_{NT}	Breite des Nebenträgers
b_{sup}	Unterstützungsbreite
b_t	(mittlere) Breite der Zugzone [tension]
b_w	Stegbreite [web]
$b_1; b_2$	Teilbreiten von Platten .... oder Randabstand der Bewehrung in Richtung b
C_d	ein festgelegter Grenzwert (z. B. zulässige Durchbiegung, zulässige Rissbreite)
c	Betondeckung (allgemein) .... oder Größe eines Fachwerkfeldes bei der Querkraftbemessung
c_k	Karbonatisierungstiefe
c_{min}	Mindestmaß der Betondeckung
c_{nom}	Nennmaß der Betondeckung
c_V	Verlegemaß
c_{vorh}	vorhandene Betondeckung
c'	Projektion der Länge eines Fachwerkfeldes in Richtung der Betondruckstrebe
d	statische Höhe [effective depth]
d_{br}	Biegerollendurchmesser
d_g	Größtkorn des Zuschlags (aggregate)
d_k	Dicke des Kernquerschnitts

d_s	Stabdurchmesser des Betonstahls (Nenndurchmesser)	I^I	Flächenmoment 2. Grades eines Betonquerschnitts im Zustand I
d_s^*	Grenzdurchmesser	I^{II}	Flächenmoment 2. Grades eines Betonquerschnitts im Zustand II
$d_{sbü}$	Stabdurchmesser eines Bügelschenkels	I_c	Flächenmoment 2. Grades des Betonquerschnitts
d_{sl}	Durchmesser der Längsbewehrung		
d_{sV}	Vergleichsdurchmesser eines Betonstahlbündels	$I_{col,o}$	Flächenmoment 2. Grades der oberen Randstütze
d_1	Randabstand der Bewehrung	$I_{col,u}$	Flächenmoment 2. Grades der unteren Randstütze
$\varnothing$	Durchmesser		
E_d	durch Einwirkungen verursachte Größe (z. B. Durchbiegungen, Rissbreite); → auch Kap. 17.3.3	I_b	Flächenmoment 2. Grades eines Balkens (beam)
		I_i	Ideelles Flächenmoment 2. Grades
e	allgemeiner Schwerpunktabstand	I_T	Torsionsflächenmoment 2. Grades
e_a	Zusatzausmitte	$I_{T,i}$	Torsionsflächenmoment 2. Grades des Teilquerschnitts i
e_{az}	Zusatzausmitte in Koordinatenachse z (bei schiefer Biegung)		
e_e	Ersatzausmitte	I_ω	Wölbflächenmoment 2. Grades
e_{tot}	Gesamtausmitte	i	Trägheitsradius
$e_y; e_z$	Ausmitte in Koordinatenachse y bzw. z	l_A	Auftragslänge beim Einschneiden in den Querkraftverlauf
e_0	Exzentrizität nach Theorie I. Ordnung (bei schiefer Biegung zus. Index y bzw. z für Koordinatenachse)	l_B	Bezugslänge, auf die die Bewehrung verteilt wird
$e_{01}; e_{02}$	Stabendausmitte	l_b	Grundmaß der Verankerungslänge
e_2	Ausmitte infolge Theorie II. Ordnung	$l_{b,min}$	Mindestverankerungslänge
F_R	Rippenfläche des Betonstahls	$l_{b,net}$	erforderliche Verankerungslänge
F_S	Schaftfläche des Betonstahls	l_{col}	Stützenlänge (column)
f	(maximale) Durchbiegung	l_E	Einschnittslänge beim Einschneiden in den Querkraftverlauf
f_R	bezogene Rippenfläche des Betonstahls		
$f_1; f_2$	Durchbiegung in verschiedenen Feldern	l_e	Kraglänge (EC 2)
f_I	unterer Rechenwert der Durchbiegung	l_{eff}	Stützweite [span] evtl. mit zusätzlicher Zahl im Index für das betreffende Feld
f_{II}	oberer Rechenwert der Durchbiegung		
h	Bauteilhöhe [overall depth] .... oder Gebäudehöhe über der Einspannebene für ein lotrechtes aussteifendes Bauteil	l_d	lichter Abstand der Rippen des Betonstahls
		l_n	lichte Weite
		l_{Rand}	Achsabstand von zwei Rahmen beim c_o-c_u-Verfahren
h'	Bezugshöhe		
h_{eff}	Höhe der wirksamen Zugzone	l_s	Übergreifungslänge
h_f	Flanschhöhe (-dicke) eines Plattenbalkens (flange)	$l_{s,min}$	Mindestübergreifungslänge
		l_t	Einleitungslänge (transfer)
h_k	Bauteilhöhe eines Ersatzquerschnitts	l_0	Abstand der Momentennullpunkte
h_R	Rippenhöhe des Betonstahls	l_{0t}	Länge des Druckgurts zwischen den seitlichen Abstützungen
h_{red}	reduzierte Bauteilhöhe		
h_t	Höhe der Zugzone im Querschnitt unmittelbar vor Erstrissbildung	S	statisches Moment
		s	Stababstand .... oder lokale Koordinate
h_{tot}	Höhe eines Bauteils		
h_W	Wanddicke	$s_{bü}$	Bügelabstand
I	Flächenmoment 2. Grades		

s_{cr}	Rissabstand	$z_s; z_{s1}$	Abstand zwischen der Schwerachse des Bauteils und der Schwerachse der Biegezugbewehrung
s_l	Abstand der Längsbewehrung		
s_{crm}	mittlerer Rissabstand bei Erstrissbildung		
s_{max}	maximal zulässiger (möglicher) Bewehrungsabstand	z_{s2}	Abstand zwischen der Schwerachse des Bauteils und der Schwerachse der Druckbewehrung
s_r	Rippenabstand beim Betonstahl		
s_{rm}	mittlerer Rissabstand	α	Neigung der Fachwerkzugstrebe (Querkraftbewehrung) .... oder Umlenkwinkel am Betonstahl
s_w	Abstand der Stäbe der Querkraftbewehrung in Bauteillängsrichtung .... oder Ganghöhe einer Wendel		
		α_{a1}	Schiefstellung gegen die Sollachse (DIN 1045)
s_0	Randabstand eines Bewehrungsstabes im Übergreifungsstoß	α^I	Winkel im Zustand I
		α^{II}	Winkel im Zustand II
t	(tatsächliche) Auflagertiefe	β_r	Neigung der Schubrisse
t_{eff}	effektive Wanddicke	Δc	Vorhaltemaß der Betondeckung (DIN 1045)
u	Relativverschiebung zwischen Beton und Betonstahl .... oder Versagenspunkt .... oder Umfang des Querschnitts		
		$\Delta\varepsilon_s$	Dehnungssprung im Betonstahl
		Δh	Vorhaltemaß der Betondeckung (EC 2)
		Δl	Grenzabmaß
u_k	Umfang des Kernquerschnitts	ε_c	Betondehnung (oder -stauchung) (evtl. weiterer Index zur Beschreibung der Lage)
W	Widerstandsmoment		
W_T	Torsionsflächenmoment 1. Grades	ε_{cm}	mittlere Betondehnung
w	Rissbreite .... oder Biegelinie	ε_{cs}	freie Schwinddehnung
		ε_{c2}	Stauchung an der Übergangsstelle Parabel und Rechteck im Parabel-Rechteck-Diagramm .... oder Betonstauchung am Rand 2
w''	zweite Ableitung der Biegelinie (Krümmung)		
w_k	charakteristische Rissbreite		
w_m	mittlere Rissbreite	ε_{c3}	Betonstauchung an der Unterkante des Flansches eines Plattenbalkens
x	Koordinatenrichtung (eines lokalen Systems) .... oder Höhe der Betondruckzone [neutral axis depth]		
		ε_{cu}	Bruchdehnung (-stauchung) von Beton
		ε_{c2u}	Bruchstauchung im Parabel-Rechteck-Diagramm
$\bar{x}$	Koordinatenachse	ε_s	Stahldehnung (-stauchung) (evtl. weiterer Index zur Beschreibung der Lage)
x_C	Abstand des Drehpunktes C vom stärker gedrückten Rand		
x_V	Stelle der maßgebenden Querkraft	ε_{sm}	mittlere Stahldehnung bei Berücksichtigung der Zugversteifung .... oder Bruchdehnung
x^I	Höhe der Betondruckzone im Zustand I		
y	Koordinatenrichtung .... oder Punkt des Bewehrungsfließens		
		ε_{smI}	mittlere Stahldehnung bei Auftreten des 1. Risses
z	Hebelarm der inneren Kräfte .... oder Koordinatenrichtung	ε_{smII}	mittlere Stahldehnung beim Übergang zwischen Erstrissbildung und abgeschlossener Rissbildung
z^{II}	effektiver Hebelarm der inneren Kräfte im Zustand II (EC 2)		
z_c	Abstand zwischen der Schwerachse des Bauteils und der resultierenden Kraft in der Druckzone	$\varepsilon_{sm,fyk}$	mittlere Stahldehnung bei Erreichen der Streckgrenze im Betonstahl
		ε_u	Bruchdehnung
z_{SP}	Schwerpunktabstand		

ε_{uk} charakteristische Dehnung unter Höchstlast (charakteristische Bruchdehnung)
ε_y Fließdehnung
κ (Ver-) Krümmung
$1/r$ (Ver-) Krümmung
$1/r_m$ mittlere Krümmung infolge Lasten unter Berücksichtigung des Kriechens an der Stelle des Maximalmoments
$1/r_{cs,m}$ (Ver-)Krümmung infolge Schwindens
λ Schlankheit
λ_{crit} kritische Schlankheit
λ_m mittlere Schlankheit
ρ geometrischer Bewehrungsgrad
ρ_{eff} effektiver Bewehrungsgrad
ρ_l geometrischer Bewehrungsgrad der Längsbewehrung
$\rho_{w,min}$ Mindestquerkraftbewehrungsgrad
ρ_l geometrischer Bewehrungsgrad der Längsbewehrung

ρ_2 geometrischer Bewehrungsgrad der Druckbewehrung
ν_1 Schiefstellung gegen die Sollachse (EC 2)
φ Winkel
φ_o, φ_u Neigung der Bauteilober- (-unter-) seite
θ Winkel der Betondruckstrebe im Fachwerk
θ_{opt} optimaler Winkel der Betondruckstrebe im Fachwerk (führt zum größten aufnehmbaren Schubfluss)
ϑ Verdrillung der Stablängsachse (infolge Torsion)
ξ_{lim} maximal zulässige bezogene Druckzonenhöhe
ξ bezogene Druckzonenhöhe
ΣA_{sl} Querschnitt aller gestoßenen Stäbe
ζ bezogener Hebelarm der inneren Kräfte

17.3.2 Baustoffkenngrößen

B Betonfestigkeitsklasse (mit nachfolgender Festigkeitsangabe) nach DIN 1045 (1988-07)
BSt Kennbuchstabe für Betonstahl mit anschließender Angabe der Streckgrenze
b Bindemittelgehalt
C Kennbuchstabe für Betonfestigkeitsklasse (mit nachfolgender Festigkeitsangabe) [concrete]
CEM Zementfestigkeitsklasse eines CEN-Zementes [cement]
D_{Sd} Schädigungssumme
E_c Elastizitätsmodul des Betons
$E_{c,eff}$ Wirksamer Elastizitätsmodul des Betons unter Beachtung der Auswirkungen aus Kriechen
E_{cm} Mittelwert des Elastizitätsmoduls für Normalbeton
E_s Elastizitätsmodul des Stahls (steel)
f_c allgemein für Druckfestigkeit des Betons (concrete)
f_{cd} Bemessungswert der Zylinderdruckfestigkeit des Betons (design)

$f_{cd,fat}$ Bemessungswert der Zylinderdruckfestigkeit des Betons beim Ermüdungsnachweis
f_{ck} charkteristische (Zylinder-) Druckfestigkeit des Betons
$f_{ck,cube}$ charakteristische Würfeldruckfestigkeit des Betons (cube)
f_{cm} Mittelwert der Zylinderdruckfestigkeit des Betons (concrete medium)
f_{cm2} Mittelwert der Zylinderdruckfestigkeit des Betons im Alter von 2 Tagen
f_{cm28} Mittelwert der Zylinderdruckfestigkeit des Betons im Alter von 28 Tagen
f_{ct} zentrische Zugfestigkeit des Betons (concrete tension)
$f_{ct,eff}$ wirksame Zugfestigkeit des Betons
$f_{ctk;0.95}$ ($f_{ctk;0.95}$) charakteristischer Wert des 95%- (bzw. 5%-) Quantils der Betonzugfestigkeit
f_t Zugfestigkeit (tension)
f_{tk} charakteristischer Wert der Zugfestigkeit des Betonstahls
$f_{tk,cal}$ rechnerischer Wert der Zugfestigkeit des Betonstahls bei Ausnutzen des Verfestigungsbereichs (BSt 500: 525 N/mm^2)

f_y Streckgrenze (to yield)
f_{yk} charakteristischer Wert der Streckgrenze des Betonstahls
G_{cm} Schubmodul
k_1, k_2 Steigung der Wöhlerlinie von Betonstahl nach DIN 1045-1
LC Kennbuchstabe für Betonfestigkeitsklasse von Leichtbeton(mit nachfolgender Festigkeitsangabe) [lightweight concrete]
m Steigung der Wöhlerlinie
r Festigkeitsverhältnis des erhärtenden Betons bei 2 und 28 Tagen
w Wassergehalt

w/z Wasserzementwert
z Zementgehalt
$\beta_{0,2}$ 0,2%-Dehngrenze des Stahls nach [DIN 1045 – 88]
β_S Streckgrenze des Stahls nach [DIN 1045 – 88]
$\beta_{WN(150)}$ Betonfestigkeit an einem Würfel mit 150 mm Kantenlänge nach [DIN 1045 - 88]
β_Z Zugfestigkeit des Stahls nach [DIN 1045 – 88]
δ_{10} Bruchdehnung nach [DIN 1045 – 88]
ρ Trockenrohdichte

17.3.3 Kraftbezogene Kenngrößen

$A_{k,i}$ Außergewöhnliche Einwirkung [accidential action]
C Auflagerkraft
C_{NT} Auflagerkraft des Nebenträgers
E_{cd} bezogene maximale Betonspannung unter der schadensäquivalenten Einwirkung
E_d allgemeiner Bemessungswert einer Last (DIN 1045); $\rightarrow$ auch Kap. 17.3.1
F Einzellast oder Kraft (allgemein)
F_c Kraft im Beton
F_{cd} Bemessungswert der Druckkraft im Beton
F_{cdw} Bemessungswert der Betondruckstrebenkraft im Fachwerk
F_{cr} Risslast (crack)
F_{ctd} Bemessungswert der Biegezugkraft des Betons im Zustand I
F_d Bemessungswert der Streckenlast
F_{Ed} Bemessungswert einer Kraft (DIN 1045)
$F_{ed,sup}$ Auflagerkraft für die Momentenausrundung (DIN 1045)
F_k kritische Einwirkung
F_s Kraft im Betonstahl
F_{Sd} Bemessungswert einer Kraft (EC 2)
F_{sd} Bemessungswert der Kraft im Betonstahl
F_{sdl} Bemessungswert der Längszugkraft im räumlichen Fachwerk bei Torsion
F_{sdw} Bemessungswert der Zugstrebenkraft im Fachwerk
$F_{s,cr}$ Kraft im Betonstahl bei Risslast

F_{td} Bemessungswert der Biegezugkraft im Zustand I
F_u Bruchlast
F_v vertikale Kraft
F_{yk} Kraft im Betonstahl bei Erreichen der Streckgrenze
f_b Verbundspannung
f_{bd} Bemessungswert der Verbundspannung
f_{cd} Bemessungswert der Zylinderdruckfestigkeit des Betons
$f_{bd,cal}$ abgeminderter Bemessungswert der Verbundspannung für Betonstähle $d_s > 32$ mm
$f_{bd,II}$ Bemessungswert der Verbundspannung im Verbundbereich II
$G_{k,i}$ ständige Einwirkung
g ständige Einwirkung (streckenbezogen = Streckenlast)
H Horizontalkraft
M Biegemoment (evtl. mit Index zur Beschreibung der Lage oder Koordinatenrichtung)
M_b Stützmoment des Riegels am Endauflager
$M_b^{(0)}$ Stützmoment des Endfeldes unter Annahme einer beidseitigen Volleinspannung und Volllast
M_{cr} Rissmoment (crack)
M_{Ed} Bemessungswert des Biegemoments (DIN 1045) (zusätzlicher Index 0 = Th. I. O.; 2 = Th. II. O.)

M_{Ed1}	Bemessungswert des Biegemoments (DIN 1045) inkl. Auswirkungen aus Zusatzausmitte nach Th. I. O.	S_d	allgemeiner Bemessungswert einer Last (EC 2)
M_{el}	Moment (nach der Elastizitätstheorie berechnet)	T	Torsionsmoment [torsional moment]
		T_d	Torsionsmoment mit Bemessungswerten
M_F	Moment im Feld	T_{Ed}	Bemessungswert des Torsionsmoments (DIN 1045)
M_k	charakteristischer Wert des Moments		
M_{Rd}	Bemessungswert des aufnehmbaren Moments	T_{Rd}	Bemessungswert des aufnehmbaren Torsionsmoments
M_{Sd}	Bemessungswert des Biegemoments (EC 2) (zusätzlicher Index 1 = Th. I. O.; 2 = Th. II. O.)	$T_{Rd,max}$	Bemessungswert des aufnehmbaren Torsionsmoments, der von den Betondruckstreben erreicht wird (DIN 1045)
		$T_{Rd,sy}$	Bemessungswert des infolge Bewehrung aufnehmbaren Torsionsmoments (DIN 1045)
M_{Sd1}	Bemessungswert des Biegemoments (EC 2) inkl. Auswirkungen aus Zusatzausmitte nach Th. I. O.		
		T_{Rd1}	Bemessungswert des aufnehmbaren Torsionsmoments, der von den Betondruckstreben erreicht wird (EC 2)
M_u	Biegemoment im Bruchzustand		
M_{yk}	Biegemoment bei Erreichen der Streckgrenze im Betonstahl	T_{Rd2}	Bemessungswert des aufnehmbaren Torsionsmoments der Torsionsbügelbewehrung (EC 2)
m_{Si}	maßgebendes Stützmoment		
$m_1; m_2$	bezogenes Biegemoment über einer Stütze	T_{Sd}	Bemessungswert des Torsionsmoments (EC 2)
N_{bal}	Bemessungswert der Längskraft im balance point		
		t_{Sd}	Bemessungswert des Schubflusses (EC 2)
N_{Ed}	Bemessungswert der Längskraft (DIN 1045)	t_{Rd}	Bemessungswiderstand des Schubflusses
		$U_h; U_v$	Horizontale (bzw. vertikale) Umlenkkraft
N_k	charakteristischer Wert der Längskraft	V	Querkraft
N_{Rd}	Bemessungswert der aufnehmbaren Längskraft	$V_a; V_b; V_c$	Verankerungselemente nach **ABB 8.21**
		V_{ccd}	Querkraftanteil der gegen die Systemachse geneigten Kraft der Druckzone
N_{Sd}	Bemessungswert der Längskraft (EC 2)		
N_{ud}	Bemessungswert der Längskraft bei zentrischer Beanspruchung	v_{cd}	Querkrafttraganteil des Betons im Flansch (Dimension kN/m)
P	Vorspannung		
p	Querdruck	V_d	allgemeiner Bemessungswert der Querkraft
p_u	Umlenkpressung		
$Q_{k,i}$	Veränderliche Einwirkung	V_{df}	Querkraftanteil aus Dübelwirkung der Bewehrung
q	Streckenlast (-einwirkung) aus Verkehr		
R_d	allgemeiner Bemessungswert des Bauteilwiderstands	V_{dl}	Querkraftanteil aus Rissverzahnung (-reibung) [friction]
		V_{Ed}	maßgebende Querkraft (DIN 1045)
R_{equ}	Bauteilwiderstand unter der schadensäquivalenten Spannung	V_{Ed0}	Bemessungswert der bezogenen Längskraft nach Statik (DIN 1045)
R_{d1}^Q	Querschnittswiderstand des Bauteils ohne Ansatz der Verformungen		
		$V_{Ed,T}$	Schubkraft aus Torsion in der Wandseite
R_{d2}^{BW}	Bauwerkswiderstand bei Ansatz der Verformungen	V_{Rd}	Bemessungswert der aufnehmbaren Querkraft
S	Schnittgröße (allgemein); Beanspruchung	$V_{Rd,c}$	Querkrafttraganteil des Betons im Fachwerkmodell

$V_{Rd,ct}$	Bemessungswert der aufnehmbaren Querkraft ohne Querkraftbewehrung (DIN 1045)	v_{wd}	Bauteilwiderstand der Querkraftbewehrung im Flansch (EC 2) (Dimension kN/m)
$V_{Rd,max}$	Bemessungswert der aufnehmbaren Querkraft, der von den Betondruckstreben erreicht wird (DIN 1045)	ΔF	Differenzkraft
		ΔF_d	Bemessungswert der Differenzkraft in der Druckzone eines Plattenflansches
$V_{Rd,sy}$	Bemessungswert der aufnehmbaren Querkraft infolge Querkraftbewehrung (DIN 1045) (evtl. zusätzlicher Index st für Bügelbewehrung)	ΔF_{d2}	Bemessungswert der Differenzkraft in der Druckzone eines Steges
		$\Delta F_{d,tot}$	Veränderung der Biegedruckkraft (bei Zuggurten der Biegezugkraft) zwischen zwei Punkten in Längsrichtung, deren Abstand a_v beträgt
V_{Rdw}	Bemessungswert des Bauteilwiderstands infolge Querkraftbewehrung (für Standardmethode mit $\theta = 45°$; EC 2)		
		ΔM	Ausrundungsanteil des Biegemoments
V_{Rd1}	Bemessungswert der aufnehmbaren Querkraft ohne Querkraftbewehrung (EC 2)	ΔM_{Ed}	Momentendifferenz zwischen zwei Punkten im Abstand av
V_{Rd2}	Bemessungswert der aufnehmbaren Querkraft, der von der Betondruckstrebe erreicht wird (EC 2)	$\Delta\sigma_s$	Spannungssprung im Betonstahl
		$\Delta\sigma_{s,equ}$	schädigungsäquivalente Schwingbreite
		$\Delta\sigma_{Rsk}$	Spannungsamplitude im Betonstahl für N^*-Lastzyklen
V_{Rd3}	Bemessungswert der aufnehmbaren Querkraft infolge der Querkraftbewehrung (EC 2)	μ_{Ed}	bezogenes Biegemoment (DIN 1045)
		μ_{Eds}	bezogenes Biegemoment in Höhe der Bewehrung (DIN 1045)
V_{Sd}	maßgebende Querkraft (EC 2)	μ_{Sd}	bezogenes Biegemoment (EC 2)
V_{Sd0}	Bemessungswert der bezogenen Längskraft nach Statik (EC 2)	μ_{Sds}	bezogenes Biegemoment in Höhe der Bewehrung (EC 2)
V_{td}	Querkraftanteil der gegen die Systemachse geneigten Kraft der Bewehrung	μ_u	bezogenes Versagensmoment
		$\mu_{y1}; \mu_{y2}$	bezogenes Moment bei Erreichen der Streckgrenze in Bewehrungsstrang 1 bzw. 2
V_{wd}	Bauteilwiderstand der Querkraftbewehrung (EC 2)		
v_{Ed}	maßgebende Querkraft im Flansch (DIN 1045)............oder Bemessungswert des Schubflusses aus Torsion (DIN 1045)	v_{Ed}	Bemessungswert der bezogenen Längskraft (DIN 1045).................oder Bemessungswert der Schubspannung aus Torsion (DIN 1045)
v_{Rd1}	Bemessungswert der aufnehmbaren Querkraft im Flansch ohne Querkraftbewehrung (EC 2) (Dimension kN/m)	v_{Sd}	Bemessungswert der bezogenen Längskraft (EC 2)
		v_u	bezogene Längskraft
v_{Rd2}	Bemessungswert der aufnehmbaren Querkraft im Flansch, der von der Betondruckstrebe erreicht wird (EC 2) (Dimension kN/m)	σ_a	halbe Amplitude einer Spannungsschwankung
		σ_m	Mittelwert einer Spannung
		σ_c	(Druck-)Spannung im Beton (evtl. zus. Index für Randbezeichnung)
v_{Rd3}	Bemessungswert der aufnehmbaren Querkraft im Flansch infolge der Querkraftbewehrung (EC 2) (Dimension kN/m)	σ_{cd}	Bemessungswert der Betonlängsspannung
		$\sigma_{c,freq}$	Bemessungswert der Betonspannung unter der häufigen Lastkombination
v_{Sd}	maßgebende Querkraft im Flansch (Dimension kN/m) (EC 2)	$\sigma_{c,lim}$	Grenzwert der Betonspannung beim Ermüdungsnachweis

σ_{cp} Längsspannung (z. B. aus Vorspannung)
$\sigma_{cp,eff}$ mittlere effektive Betondruckspannung infolge der Längskraft
σ_{ct} (Biege-) Zugspannung im Beton
σ_{dyn} dynamischer Spannungsanteil
σ_{Nd} Spannung infolge einer äußeren Kraft senkrecht zur Fugenfläche (Druckspannung positiv)
σ_s Stahlspannung (evtl. zusätzlicher Index für Lage der Bewehrung im Querschnitt)
$\sigma_{s,cr}$ Stahlspannung bei Auftreten des 1. Risses
$\sigma_{s,freq}$ Bemessungswert der Betonstahlspannung unter der häufigen Lastkombination
$\sigma_{s,lim}$ Grenzwert der Betonstahlspannung beim Ermüdungsnachweis
$\sigma_{s,q\text{-}s}$ Stahlspannung bei quasi-ständiger Einwirkungskombination
σ_{stat} statischer Spannungsanteil
σ_t Quer-(zug-)spannung
$\sigma_1; \sigma_2$ Hauptspannung

τ_{adh} infolge Adhäsion aufnehmbare Schubspannung in einer Kontaktfuge
τ_{Ed} Bemessungswert der Schubspannung aus Torsion
τ_{fr} infolge Reibung [friction] aufnehmbare Schubspannung in einer Kontaktfuge
τ_{Rd} zulässiger Grundwert der Schubspannung (EC 2)
τ_s infolge kreuzender Bewehrung aufnehmbare Schubspannung in einer Kontaktfuge
τ_{sm} mittlere Verbundspannung innerhalb der Eintragungslänge
τ_T Torsionsschubspannung
ψ_0 Kombinationsbeiwert für seltene Einwirkungen
ψ_1 Kombinationsbeiwert für häufige Einwirkungen
ψ_2 Kombinationsbeiwert für quasi-ständige Einwirkungen

17.3.4 Sonstige Größen

AF Arbeitsfuge
$c_o; c_u$ Steifigkeitsverhältnis
cr Punkt der Rissbildung
E rechnerisches Ende der Bewehrung
f_k Quantilenwert
f_1 Beiwert zur Berücksichtigung des statischen Systems (evtl. zusätzlicher Index $\rho 0.5$ bzw. $\rho 1.5$ für Bewehrungsgrad)
f_2 Beiwert zur Berücksichtigung der Stützweite
f_3 Beiwert zur Berücksichtigung der Betonstahlgüte
f_4 Beiwert zur Berücksichtigung der Querschnittsform
HT Hauptträger
i Zählvariable
$K_1; K_2$ Beiwerte des Modellstützenverfahrens
k Wirksamkeitsfaktor................oder Spannungsbeiwert eines elastischen Dehnungsansatzes für die Dehnung bei Erreichen der größten Spannung.............oder Beiwert zur Berücksichtigung der Längsbewehrung....................oder

Beiwert zur Berücksichtigung nichtlinear über den Querschnitt verteilter Eigenspannungen (DIN 1045) ....oder Zählvariable
$k_A; k_B$ Steifigkeitsbeiwert
k_a bezogener Randabstand der Kraft in der Druckzone
k_c Beiwert zur Berücksichtigung des Einflusses der Spannungsverteilung innerhalb der Zugzone A_{ct} (DIN 1045)
k_d Tafelwert bei der Biegebemessung mit dimensionsbehafteten Beiwerten (abhängig von Betonfestigkeitsklasse)
k'_d Tafelwert bei der Biegebemessung mit dimensionsbehafteten Beiwerten (nach EC 2 abhängig von Betonfestigkeitsklasse)
k_{dc} Tafelwert bei der Biegebemessung mit dimensionsbehafteten Beiwerten (nach DIN 1045 unabhängig von Betonfestigkeitsklasse)
k_p Quantilenfaktor
k_s dimensionsbehafteter Tafelwert zur Bestimmung von A_s

k_T	Rauigkeitsbeiwert	α_a	Beiwert zur Berücksichtigung der Wirksamkeit der Verankerungsarten
k_1	Beiwert zur Berücksichtigung der Verbundeigenschaften des Betonstahls auf den Rissabstand (EC 2) .... oder allgemein für Beiwert	α_{CE}	Beiwert für Zementart
		α_c	Völligkeitsbeiwert .... oder Abminderungsbeiwert für die Druckstrebenfestigkeit infolge schiefwinklig kreuzender Risse .... oder Beiwert für Festigkeitsklasse des Betons
k_2	Beiwert zur Berücksichtigung des Einflusses der Dehnungsverteilung auf den Rissabstand (EC 2)		
M	Kennzeichen für Betonstahlmatten ..... oder Schubmittelpunkt	$\alpha_{c,red}$	reduzierter Abminderungsbeiwert für die Druckstrebenfestigkeit bei Torsion
MS	Montagestab	α_e	Verhältnis der Elastizitätsmoduln von Betonstahl und Beton
m	Geschossanzahl		
N	Lastspielzahl	α_I	unterer Rechenwert einer Verformungsgröße
N*	Lastspielzahl beim Übergang vom Zeitfestigkeits- in den Dauerfestigkeitsbereich	α_{II}	oberer Rechenwert einer Verformungsgröße
N_i	Anzahl der ertragbaren Lastzyklen innerhalb eines Kollektivs	β	Beiwert .... oder rechnerische Steigung im σ-ε-Diagramm des Betonstahls
NT	Nebenträger		
n	bestimmte Anzahl .... oder (als Exponent) Formänderungskennwert (Potenz) im Materialgesetz .... oder Schnittigkeit des Bewehrungselementes	$\beta_{cc}(t_0)$	Erhärtungsfunktion des Betons
		β_{ct}	Rauigkeitsbeiwert für Betontragfähigkeit
		β_t	Völligkeitsbeiwert infolge Spannunsänderung aus Zugversteifung
n_i	Anzahl der einwirkenden Lastzyklen innerhalb eines Kollektivs	β_1	Beiwert zur Berücksichtigung des Einflusses eines Bewehrungsstabes auf die mittlere Dehnung (EC 2)
n_1	Anzahl der Bewehrungslagen		
n_2	Anzahl der Bewehrungsstäbe	β_2	Beiwert zur Berücksichtigung der Belastungsdauer auf die mittlere Dehnung (EC 2)
OK	Oberkante		
p_f	Versagenswahrscheinlichkeit		
r	Verhältniswert zur Festigkeitsentwicklung des Betons	γ	Sicherheitsbeiwert
		γ_c	Teilsicherheitsbeiwert für Beton
rel F	relative Luftfeuchte	γ'_c	Beiwert zum Teilsicherheitsbeiwert für Hochleistungsbeton
S	Kennzeichen für Stabstähle		
SA	Systemachse	$\gamma_{c,fat}$	Teilsicherheitsbeiwert für Beton im Rahmen des Ermüdungsnachweises
SP	Schwerpunkt		
t	Zeit	γ_E	Ersatzsicherheitsbeiwert
t_0	bestimmter Zeitpunkt .... oder wirksames Betonalter	$\gamma_{Ed,fat}$	Teilsicherheitsbeiwert für Modellunsicherheiten beim Ermüdungsnachweis
t_1	bestimmter Zeitpunkt	γ_F	Teilsicherheitsbeiwert für eine Einwirkung
u	Punkt des Versagens		
v	Geschwindigkeit	$\gamma_{F,fat}$	Teilsicherheitsbeiwert für Einwirkungen beim Ermüdungsnachweis
WU	wasserundurchlässig		
y	Punkt der Streckgrenze (bei beidseitger Bewehrung mit zus. Index)	γ_G	Teilsicherheitsbeiwert für eine ständige Einwirkung
α	Beiwert (evtl. mit weiteren Indizes) .... oder Labilitätszahl	$\gamma_{G,stat}$	Teilsicherheitsbeiwert für den Nachweis der Lagesicherheit
α_A	Ausnutzungsgrad der Bewehrung	γ_P	Teilsicherheitsbeiwert für Vorspannung

γ_Q	Teilsicherheitsbeiwert für eine veränderliche Einwirkung
γ_s	Teilsicherheitsbeiwert für Stahl
$\gamma_{s,fat}$	Teilsicherheitsbeiwert für Betonstahl im Rahmen des Ermüdungsnachweises
Δt	Zeitdifferenz
δ	Anteil gestoßener Stäbe .... *oder* Umlagerungsbeiwert
δ_{lim}	Grenzwert der bezogenen Momentenumlagerung
ϑ	Temperatur
κ	Beiwert zur Berücksichtigung der Bauteilhöhe
λ_b	Beiwert zur Bestimmung der Ersatzbreite der Druckzone in einem Plattenbalken
λ_s	Betriebslastfaktor zur Bestimmung der schädigungsäquivalenten Schwingbreite
η	Dehnungsverhältnis
η_1	Beiwert für Betonart (Normal- oder Leichtbeton)
μ	Reibbeiwert............... *oder* Ermüdungsbeiwert
ν	Wirksamkeitsfaktor (Abminderungsfaktor, der die verminderte Druckfestigkeit des Betons infolge unregelmäßig verlaufender Risse zwischen den Druckstreben berücksichtigt)
ν_{red}	reduzierter Wirksamkeitsfaktor ν bei Torsion
φ	Kriechzahl
$\rho_1; \rho_2$	Hilfsfaktor für Bemessungshilfsmittel
σ	Standardabweichung
ω	mechanischer Bewehrungsgrad
ω_w	mechanischer Bewehrungsgrad der Querkraftbewehrung
$1/k_{II}$	Steifigkeitsbeiwert für Zustand II

18 Stichwortverzeichnis

Fett gedruckte Seitenzahlen beziehen sich auf ein Kapitel oder Unterkapitel. Eingeklammerte Seitenzahlen verweisen auf Teil 2 [Avak – 02].

A

Abbiegung .... (66)
Abminderungsmoment .... (148)
Abstandhalter
    Anordnung 42, 43
    Arten 42
    Aufgabe **41**
    Bezeichnung 41
    Höhe 35
Abtriebskraft 95
Achsennetz .... (60)
Achsmaß .... (53)
AIRYsche Spannungsfunktion .... (353)
Änderungsregister .... (44)
Arbeitsfuge
    Bauteilwiderstand 216
    Oberflächenbeschaffenheit 217
    Rissanfälligkeit 266
    Schalen einer - .... (55)
    Schubkraft 214
Aufbiegung .... (66)
Auflagerkraft .... **(114)**
Auflagertiefe
    Endauflager 81
    Zwischenauflager 82
Ausbreitmaß 16
Ausführungsplanung .... (42)
ausgeklinktes Auflager .... **(326)**
Ausmitte
    planmäßige- 328
    Zusatz- 328, 344
Ausrundungsmoment .... (148)
Aussparung .... **(53)**
aussteifende Bauteile 331
Austrocknungsverhalten 18

B

balance point 344
Balken
    Kippen 352
BASQUIN 306
Baubeschreibung 102

Baugesuch .... (41)
Baugrund .... **(274)**
Baustellenbeton 13
Baustoff
    Beton **13**
    Betonstahl **26**
    Festbeton **20**
    Frischbeton **16**
    Tragverhalten verschiedener - 3
bautechnische Unterlagen **102**
Bauteil
    -abmessung
        Mindestabmessungen 86
        Staffelung .... (56)
    -festigkeit 105
    -höhe **113**
    -maß .... (53)
    -widerstand 105, 175
Bauzeichnung
    Abkürzungen .... (63)
    Achsennetz .... (51), (60)
    Bemaßung .... **(46)**, (53), **(62)**
    Betonstabstahl .... (63)
    Grundlagen .... **(43)**
    Layer .... (60)
    Legende .... (44), **(52)**, **(62)**
    Linienart .... (61)
    Linienbreite .... **(45)**, (51), (61)
    Liniengruppe .... (45)
    Maßeinheit .... (46)
    Maßlinie .... (46)
    Plannummer .... (44)
    Positionsplan .... (47)
    Schriftfeld .... **(44)**
    Schrifthöhe .... **(52)**, **(62)**
    Symbole .... (63)
    Übersichtsskizze .... (52)
B-Bereich .... (310)
Beanspruchung 105, (265)
Begrenzung der Biegeschlankheit **293**
Belastungsumordnungsverfahren .... (144)
Bemessung
    Begrenzung der
        Spannungen **256**
        Verformungen **291**

Bemessung (*Fortsetzung*)
    Bemessungsmoment **114**
    Beschränkung der Rissbreite **263**
    Biegebemessung **111, 121**
    Druckglieder **321**, (130)
    Durchstanznachweis .... (221)
    Ermüdungsnachweis **306**
    Fundament .... siehe Fundament
    Grenzzustand der 103
        Gebrauchstauglichkeit 110
        Tragfähigkeit 105
    Grundlagen der Bemessung **103**
    Interaktionsdiagramm **167**
    Konzept **103**
    Nachweis für Biegung und Längskraft **111**
    Querkraft **175**
    Stabilität **321**, (130)
    Stabwerkmodell .... siehe Stabwerkmodell
    Torsionsmoment **231**
    unbewehrter Beton .... (265)
    vollständig gerissener Querschnitt **164**
    Wand .... (**300**)
    wandartiger Träger .... (**345**)
    Zugkraftdeckung **249**
Bemessungshilfsmittel
    μ-Nomogramm 347
    Bemessungsnomogramm ....
    .... siehe Bemessungsnomogramm
    Biegebemessung
    .... 126, 127, 133, 136, 155, (40), (318)
    Druckglieder 347
    Interaktionsdiagramm 166
    Rissbreitenbeschränkung 286
Bemessungsnomogramm
    einachsige Biegung 166
    Modellstützenverfahren 347
    zweiachsige Biegung 170
Bemessungsschnittgröße 88
Bemessungssituation
    außergewöhnliche - 105
    gewöhnliche - 105, 106
    ständige - 106
    veränderliche - 106
    vorübergehende - 106
Bemessungswert der Querkraft
    Bauteile mit konstanter Höhe **177**
    Bauteile mit variabler Höhe **180**
BERNOULLI-Hypothese 11, 111, (265), (337)
Beton
    Bestandteile 15
    Chlorideinwirkung 33
    Festigkeitskennwerte 22
    Festigkeitsklasse 20
    hochfest .... siehe Hochleistungsbeton
    Karbonatisierung 30
    Korrosion 33
    Mindestfestigkeitsklasse 17

Beton (*Fortsetzung*)
    Mindestzementgehalt 17
    Nachbehandlung
        Maßnahmen 18
        Mindestdauer 20
    Qualität 16
    Spannungs-Dehnungs-Linie 23
    Werkstoffgesetz 23
    Zugfestigkeit 22
    Zusammensetzung 17
Betondeckung 34, **35**, 63
    Berechnung
        DIN 1045 .... **36**
        EC 2 .... **39**
    Dauerhaftigkeit 35
    Definition **35**
    Maße
        Mindestmaß 35, 36, 39
        Nennmaß 35
        Vorhaltemaß 35, 37, 39
Betondruckstrebe **177**, **233**
Betonstabstahl
    Bewehrungsplan .... (**63**)
    Darstellung .... (65)
    direkter Stoß 71
    Nenndurchmesser 45, (76)
    Nenngewicht .... (76)
    Nennquerschnitt .... (76)
    Positionierung .... (**63**)
    Querschnittsfläche 45
    variable Stahllängen .... (64)
Betonstahl **26**, 264
    Ankerkörper 64
    Biegeform 48
    Biegen von - 46
    Duktilität 26, 89, (81)
    Erzeugnisform 27
    Fließgrenze .... siehe Streckgrenze
    Grenzdurchmesser 273
    Matte .... siehe Betonstahlmatten
    Rippen 27
    Schweißverbindung 72
    Sorten 27, 28
    Stabanzahl je Lage 45
    Stabdurchmesser **44**, 45
    Stäbe 27
    Transportabmessungen .... (81)
    Übergreifungsstoß 66
    Unterstützungsbock .... (82)
    Werkstoffgesetz **29**
    Werkstoffkennwerte 26
Betonstahlmatten
    Abmessungen .... (2)
    achsengetrennte Schreibweise .... (3)
    Aufbau .... (2)
    Begriff .... (**1**)
    Beschreibung .... (2)
    Bewehrungsführung ...... siehe Bewehrungsführung

Betonstahlmatten (*Fortsetzung*)
   Bewehrungsplan .... **(77)**
   Bewehrungstechnik
      Lager- .... **(12)**
      Nichtlager- .... **(19)**
   Bezeichnung .... **(3)**
   Biegeform .... **(25)**
   Biegen von - .... **(23)**
   Bügelmatte .... **(11)**, **(16)**, **(21)**
   Darstellung .... **(2)**, **(78)**
   Einachs- .... **(20)**, **(21)**, **(243)**
   Fahrbahn- .... **(21)**
   Feldspar- .... **(5)**, **(79)**
   HS- .... **(21)**, **(303)**
   Lager- .... **(2)**, **(5)**, **(77)**
      K-Matte .... **(7)**
      Kurzbezeichnung .... **(7)**
      Lieferprogramm .... **(7)**
      N-Matte .... **(9)**
      Q-Matte .... **(7)**
      R-Matte .... **(7)**
   Lieferprogramm
      Bügelmatte .... **(11)**
      Lagermatte .... **(5)**
      Listenmatte .... **(15)**
   Listen- .... **(15)**, **(77)**
      Nenngewicht .... **(15)**
      Nennquerschnitt .... **(15)**
      Vorzugsreihe .... **(16)**
   Mattenbiegemaschine .... **(23)**
   Mattenblock .... **(33)**
   Mattenliste .... **(79)**
   Nichtlager- .... **(2)**, **(14)**
   Positionierung .... **(77)**
   Querschnitt 45
   Randeinsparung .... **(3)**
   Schneideskizze .... **(8)**, **(9)**, **(79)**
   Sonderdyn- .... **(22)**
   Stababstand .... **(3)**
   Stabüberstand .... **(3)**
   Stahlverbrauch .... **(16)**
   Stoß .... **(15)**, **(28)**
      Ein-Ebenen- .... **(28)**, **(29)**
      Längsrichtung .... **(29)**
      Querrichtung .... **(30)**
      Zwei-Ebenen- .... **(28)**, **(29)**
   Umkehr- .... **(19)**
   Unterstützungskorb .... **(22)**
   Verankerungslänge .... **(27)**, **(28)**
   Verbund .... **(1)**
   Verlegezeit .... **(1)**
   Verschweißbarkeit von Stäben .... **(15)**
   Vorgehensweise bei Auswahl von .... **(32)**
   Zeichnungs- .... **(18)**
Betontechnik
   geschichtlicher Überblick 2
   Sieblinie 35

Betonzusatzmittel 13, 15
Betonzusatzstoff 15
Betonzuschlag 13, 15
Betriebsfestigkeit .... *siehe* Ermüdungsnachweis
Bewegungsfuge 266
Bewehren mit Betonstabstahl **44**
   Verankerungen **53**
Bewehrungsanschluss 51
Bewehrungsführung **44**
   Abstandsregel 45
   Ankerkörper 64
   Betonstahlmatte .... **(1)**
   direkter Stoß **71**
   Grundmaß der Verankerungslänge 53
   Hinweise zur Bewehrungswahl **77**
   Lagermatte .... **(12)**
   mechanische Verbindung von Betonstahl 75
   Nichtlagermatte .... **(19)**
   Querbewehrung 58, 69, 70
   Schweißverbindung 75
   Stoß **64**
   Übergreifungslänge
      DIN 1045 68
      EC 2 .... **71**
   Übergreifungsstoß 66
   Verankerungslänge an Auflagern 58
   Verankerung von Stabbündeln 62
   wandartiger Träger .... **(349)**
Bewehrungsgrad 4, 167
Bewehrungsplan .... 102, **(60)**
   Abkürzungen .... **(63)**
   Achsennetz .... **(60)**
   Allgemeines .... *siehe auch* Bauzeichnung
   Bemaßung .... **(62)**
   Betonstabstahl .... **(63)**
   Betonstahlmatten .... **(77)**
   Biegeanweisung .... **(62)**
   Darstellung .... **(60)**, **(64)**, **(77)**
   Darstellungsart .... **(67)**
   Decke .... **(82)**
   einzelne Bewehrungsstäbe .... **(64)**
   Fundament .... **(83)**
   Gruppe von Bewehrungsstäben .... **(66)**
   Layer .... **(60)**
   Legende .... **(62)**
   Linienart .... **(61)**
   Linienbreite .... **(61)**
   mehrlagige Bewehrung .... **(67)**
   Positionierung .... **(77)**
   Positionsnummer .... **(70)**, **(72)**
   Schrifthöhe .... **(62)**
   Stahlauszug .... **(60)**, **(68)**, **(70)**
   Stahlliste .... **(75)**
   Stütze .... **(83)**
   Symbole .... **(63)**
   Treppe .... **(82)**
   Unterstützungsbock .... **(82)**

Bewehrungsplan (*Fortsetzung*)
- Unterzug .... (82)
- Bezugshöhe .... (53)
- Biegeanweisung .... (62)
- Biegebemessung **111**
  - beliebige Druckzone **162**
  - Bemessungsmoment **114**
  - Bemessungsnomogramm 136
  - Bemessungstabelle
    - dimensionsbehaftete Beiwerte 133, 155
    - dimensionslose Beiwerte 126, 127, (40), (318)
    - stark profilierter Plattenbalken 155
  - Bereich 1 118
  - Bereich 2 118
  - Bereich 3 118
  - Bereich 4 119
  - Bereich 5 119
  - Dehnungsverteilung 117
  - dimensionsgebunden 133
  - dimensionslos 125
  - Druckbewehrung 137
  - Fundament .... (284)
  - grafisch 135
  - Grenzdehnung **116**
  - Grenzwert der Biegezugbewehrung..... **159**
  - Grundlagen **111**, 121
  - Mindestbewehrung 159, 160
  - Plattenbalken **142**
  - Rechteckquerschnitte **121**
  - statische Höhe 113
  - Tragmoment 137
  - Vorbemessung **161**
  - Zusammenhang mit Querkraftbemessung 175
- Biegen von Betonstahl **46**
  - Beanspruchungen 46
  - Betonstahlmatten .... (**23**)
  - Biegeform .... (63), (70), (72)
    - maximale Abmessung .... (81)
    - Vereinfachung .... (81)
  - Biegerollendurchmesser
    - DIN 1045 .... 48, (23), (333)
    - EC 2 49
    - Matten .... (**23**)
  - Grenzabmaße 53
  - Kaltrückbiegen 50
  - Spannungen 47
  - Warmrückbiegen 53
  - Zurückbiegen 50, 52
- Biegeschlankheit **293**
  - DIN 1045 293
  - EC 2 297
- Biegezugbewehrung
  - Anordnung 113
  - Auslagerung in Gurte 209
  - Höchstwert 160
  - Zugzonennachweis 111
- Biegung mit Längskraft 118
- BREDTsche Formel 233, 238

Bruch
- mit Vorankündigung 118
- ohne Vorankündigung 119, 159
- Bügelanordnung .... (67)
- Bügelmatte .... *siehe* Betonstahlmatten

C

Calciumhydroxid 30
charakteristische Länge .... (296)
Chlorideinwirkung **33**
c_o-c_u-Verfahren
- Durchlaufträger 96
- Kombination mit Wänden 100
- Rippenplatten 98
- Schnittgrößen 97

D

Darstellungsart .... *siehe* Bewehrungsplan
Dauerfestigkeitsbereich 307
D-Bereich .... (310)
Dehnungsbereich 118
direkter Stoß 71
Doppelkopfbolzen .... (234), (**242**)
Doppelstäbe .... (3)
Drillbewehrung .... (108), (133)
Drillmoment .... (132), (177)
Drilltragfähigkeit .... (144)
Druckbewehrung 137
Druckfestigkeit
- Bestimmung 20
- Festigkeitsklasse 22
- Kurzzeitfestigkeit 26
- Prüfkörper 21
- Überfestigkeit 272
Druckglieder
- aussteifende Bauteile 331
- Bemessungshilfsmittel 347
- Bügelbewehrung 324
- Einteilung **311**, (**130**)
- Einzeldruckglied 336
- Ersatzlänge 319, (302)
- gedrungene - **337**
- horizontale Verschieblichkeit 331
- Konstruktionsregeln **312**, (**129**)
- kritische Last 329
- Längsbewehrung 322
- Mindestabmessungen 322, 325
- Mindestmoment 338
- Modellstützenverfahren 334, 342
- schiefe Biegung 352
- schlanke - **337**
- Schlankheit 331
- stabförmige - 321, 322

Druckglieder (*Fortsetzung*)
   Stabilitätsnachweis 342
      einachsig **338**
      vorwiegend einachsig 349
      zweiachsig 349
   statisches System **331**
   Stützen 322
   Theorie II. Ordnung 326, (50), (265)
   Tragwerksverformung 326, (50), (265)
   Umschnürung 321, (50), (131)
   unbewehrter Beton .... (267)
   Verformungseinfluss 326
   Verschieblichkeit 336
   Wand ....*siehe* Wand
Druckzone
   Begrenzung der
      Höhe 138
      Spannungen 257
Dübelleiste .... (234), **(242)**
Duktilität 26
Durchbiegung ....*siehe* Verformungsbegrenzung
Durchhang 291
Durchstanznachweis
   Aussparungen .... (223)
   Bewehrungselemente .... (234), (236)
   Bewehrungsführung .... (243)
   Durchstanzbewehrung
      mit - .... **(233)**
      ohne - .... **(224)**
   Fachwerkmodell .... (232)
   Fundament .... (285)
   Gitterträger .... **(245)**
   kritischer Umfang .... (222)
   maßgebende Querkraft .... **(221)**
   Mindestbewehrung .... (236)
   Mindestmoment .... (220)
   Pilzdecke .... (223)
   Rotationssymmetrie .... (224)

E

Ebenheitstoleranz .... (39)
Eigenlast ....*siehe* Bemessungssituation
Eigenspannungen 19
Einbauteilliste .... (52)
Ein-Ebenen-Stoß .... *siehe* Betonstahlmatten
Einhängebewehrung **229**
Einschneiden ....*siehe* Querkraftdeckung
Eintragungslänge 267
Einwirkung 105, 258
   Lastaufteilung .... (134)
   Lasteinflussfläche .... (160), (183)
   Lasteinzugsfläche .... *siehe* Lasteinflussfläche
Einwirkungsgruppe 106
Einwirkungskombination
   häufig 110, 308

Einwirkungskombination (*Fortsetzung*)
   nicht häufig 110
   quasi-ständig 110, 258, 275
   selten 110, 258, 259
Einzeldruckglied 336
Eisenhydroxid 32
Elastizitätsmodul 22, 256
   Beton 23
   Betonstahl 30
   Sekantenmodul 23
Elastizitätstheorie 87, (342)
Elementplatte
   Auflager .... (120), (122)
   Bemessung .... (121)
   einachsig gespannt .... (118)
   Gitterträger .... (118), (119)
   Herstellung .... **(118)**
   Ortbetonergänzung .... (118)
   punktgestützte Platte .... **(245)**
   Querkraftbemessung .... (180)
   Schnittgrößenermittlung .... **(121)**, (178)
   Wand .... (308)
   zweiachsig gespannt .... (180)
Erdbeben ....*siehe* Bemessungssituation
erforderliche Verankerungslänge 56
Ermüdungsnachweis
   Besonderheiten bei Stahlbeton 308
   Ermüdungsverlauf 307, 309
   Betriebsfestigkeitsnachweis
      genauer - **315**
      vereinfachter - **318**
   Dauerfestigkeitsbereich 307
   Grundlagen **306**
   Kriterien für Entfall **310**
   PALMGREN-MINER-Regel 314, 315
   Schadensakkumulation 315
   Schwingbreite
      schadensäquivalente - 318
   Spannungsnachweis 310
   WÖHLER 306
   Zeitfestigkeitsbereich 307
Ersatzlänge 329
EULER-Last 329
Explosion ....*siehe* Bemessungssituation
Expositionsklasse
   Beispiele für die Zuordnung 14
   Betonkorrosion 15
   Bewehrungskorrosion 13
   Bezeichnung 13

F

Fachwerkmodell
   Arten 191
   Durchstanznachweis .... (232)
   Gurt von Plattenbalken 208

Fachwerkmodell (*Fortsetzung*)
    Pfostenfachwerk 192
    Risswinkel 194
    Strebenfachwerk 192
    Strebenwinkel 193, 242, 246
    Torsion 236
    Versatzmaß bei Zugkraftdeckung 250
Fahrzeuganprall .... *siehe* Bemessungssituation
Fehlende Stützung .... **(183)**
Feldsparmatte .... *siehe* Betonstahlmatten
Feldstreifen .... (219)
Festbeton 13, **20**
Festigkeitsklasse 20, 22
Finite-Elemente-Methode
    Ausgabepunkte .... (101)
    Dokumentation .... (103)
    Elementanzahl .... (96), **(101)**, (164)
    Ergebnisinterpretation .... **(101)**, **(165)**
    Genauigkeit .... (101)
    Kontrolle .... (103)
    Lagerung .... (99)
    Netzgenerierung .... (96), (164)
    Netzverdichtung .... (99)
    nichtlineare Berechnung .... (104)
    Prinzip .... (94)
    Schnittgrößenermittlung .... **(94)**, **(164)**, **(218)**
    Singularitäten .... (97)
Flachdecke .... *siehe* Platte: punktgestützte -
Flächengründung .... **(296)**
Flachgründung .... (274)
Fließbeton 13
FRIEDELsches Salz 34
Frischbeton 13, **16**, 264
Fundament
    Baugrund .... **(274)**
    Belastung
        exzentrisch .... (284)
        zentrisch .... (281)
    bewehrt .... **(281)**
    Bewehrungsplan .... (83)
    Bezeichnungen .... (276)
    Biegebemessung .... (284)
    Dehnfuge .... (278)
    elastisch gebettete Platte .... **(296)**
    Flächengründung .... **(296)**
    Flachgründung .... (274)
    Gleiten .... (277)
    Grundbruch .... (275)
    Gründungstiefe .... (277)
    Kippen .... (277)
    konstruktive Grundlagen .... **(277)**
    Lastausstrahlung .... (279)
    Momentenverteilungszahl .... (285)
    Querkraftbemessung .... (285), (292)
    Sauberkeitsschicht .... (57), (278)

Fundament (*Fortsetzung*)
    Schnittgrößenermittlung
        Einzelfundament .... **(281)**
        Flächengründung .... (297)
        Streifenfundament .... **(292)**
        unbewehrtes Fundament .... (279)
    Setzungsunterschied .... (275)
    Sohldruck .... (275)
    Streifen- .... (291)
    unbewehrt .... **(279)**

G

Gebäudeaussteifung
    Lotabweichung 94
    lotrechte Aussteifung 93
    Schnittgrößenermittlung 95
    waagerecht aussteifende Bauteile 95
Gesamtaußenmaß .... (53)
Geschichte der Bauweise **1**
Gitterträger .... (118), (119), (234)
Gleichgewichtstorsion 231
Gleiten .... (277)
Grenzabmaß .... (39), (40)
Grenzdehnung 116, 117
    Auswirkungen unterschiedlicher - 119
    innerer Hebelarm 120
Grenzdurchmesser 273, 282
Grenzzustand
    Gebrauchstauglichkeit 103, 110
        Rissbreitenbeschränkung **263**
        Schnittgrößenermittlung 110
        Spannungsbegrenzung **256**
        Verformungsbegrenzung **291**
    Tragfähigkeit 103, 105
        Biegebemessung **111**
        Durchstanznachweis .... **(221)**
        Ermüdungsnachweis **306**
        Querkraftbemessung **175**
        Schnittgrößenermittlung 106
        Torsionsmomentbemessung **231**
        unbewehrter Beton .... **(265)**
        vereinfachte Schnittgrößenermittlung 109
        verformungsbeeinflusstes Bauteil ... **311**, (130)
        Wand .... **(303)**
        Zugkraftdeckung **249**
Größtmaß .... (38)
Grundbruch .... (275)
Grundkombination 105
Grundmaß der Verankerungslänge 53
Gründungstiefe .... (277)
Gurtstreifen .... (219)

H

Hauptträger	229
Haupttragrichtung	(130), (167)
Herstellkosten	(56)
hochfester Beton	*siehe* Hochleistungsbeton
Hochleistungsbeton	2, 13
Hochofenzement	15
Höhenangabe	(55)
HOOKEsches Gesetz	3, 5, 11, 23
Hydratation	
Erhärtungsgeschwindigkeit	15
vollständige	17
Wärme	266

I

Imperfektion	93
Interaktionsdiagramm	
Anwendung	168
Bewehrungsanordnung	167
einachsige Biegung	168
Grundlagen	167
Vorgehensweise bei der Bemessung	166, 172
zweiachsige Biegung	171
Isokorb	**(193)**
Istabmaß	(38)
Istmaß	(38)

K

Kältebrücke	(192)
Kapillarporen	17
Karbonatisierung	30
Karbonatisierungsfront	30
Karbonatisierungstiefe	32
Kassettenplatte	*siehe* Rippenplatte
Kesselformel	47
Kippen	352, (277)
klaffende Fuge	(275)
Kleinstmaß	(38)
Kombinationsbeiwert	106, 110
Konsistenz	16
Konsole	
Aufgabe	**(318)**
Ausführungsmöglichkeit	(320)
ausgeklinktes Auflager	**(326)**
Bemessung	**(322)**
Bewehrungsführung	(321)
Tragverhalten	**(321)**
Konstruktionsplan	*siehe* Bauzeichnung
Kriechen	292, 319, 342
kritische Last	329
Krümmung	343
Kurzzeitfestigkeit	26, 307

L

Labilitätszahl	331
Lagermatte	*siehe* Betonstahlmatten
Längsrichtung	(87)
Last	*siehe* Einwirkung
Lastpfadmethode	*siehe* Stabwerkmodell
Leichtbeton	13
lichte Weite	81
Linienart	(48), **(51)**, **(61)**
Linienbreite	(45), (48)
Liniengruppe	(45)
Lotabweichung	94
Lohnkosten	(56)

M

Maßabweichung	
Auswirkung	(39)
Begriffe	**(38)**
Ebenheitstoleranz	(39)
Grenzabmaß	(39), (40)
Größtmaß	(38)
Istabmaß	(38)
Istmaß	(38)
Kleinstmaß	(38)
Maßtoleranz	(39)
Nennmaß	(38)
zulässige -	**(39)**
maßgebende Querkraft	177
Maßhilfslinie	(46)
Massivplatte	*siehe* Platte
Maßlinie	(46)
Maßtoleranz	(39)
Maßzahl	(46)
Materialkosten	(56)
Maximalbewehrung	312
Membrankraft	(211)
Mindestabmessungen	
DIN 1045	87, 89
EC 2	87, 89
Mindestbewehrung	159, 160, 271, 287, 322, (236), (345)
Mindestmaß	39
Mindestmoment	**90**, 115
mittelbare Lagerung	178, 179
mitwirkende Lastverteilungsbreite	(90)
mitwirkende Plattenbreite	143, (184)
Modellstützenverfahren	324, 342
Momentenausrundung	115, (147), (292)
Momenten-Krümmungs-Linie	10, 302, 328, (196)
Momenten-Rotations-Diagramm	(197)
Montagebeschreibung	102
Muffenstoß	
Anwendung	51, 74
GEWI-Schraubanschluss	76

Muffenstoß *(Fortsetzung)*
   LENTON-Schraubanschluss 76
   Lieferform 72
   Pressmuffenstoß 76
   vorgefertigter Bewehrungsanschluss 77
   WD 90-Schraubanschluss 76

N

Nachbehandlung
   Einfluss auf Dauerhaftigkeit 31
   Maßnahmen 18
   Mindestdauer 20
   Rissbildung 266
Nachweisverfahren
   nichtlineare- .... *siehe* nichtlineares Verhalten
Nebentragrichtung .... (130), (168)
Nenndurchmesser .... (76)
Nenngewicht .... (76)
Nennmaß .... (38)
Nennquerschnitt .... (76)
Nichtlagermatte .... *siehe* Betonstahlmatten
nichtlineares Verhalten
   Bemessungskonzept
      DIN 1045 .... **(208)**
      EC 2 .... **(210)**
   Entwurfskonzept .... **(207)**
   Materialebene .... **(195)**
   Platten .... **(210)**
   Querschnittsebene .... **(196)**
   Stahlbetonmodell .... **(207)**
   Tragwerksebene .... **(197)**
Nische .... **(53)**
Normalbeton 13
Nulllinie 11, 118, 142, 148, 152, 154

O

Oberflächenstruktur .... (54), (55)
opus caementitium 2

P

PALMGREN-MINER-Regel 314, 315
Parabel-Rechteck-Diagramm 26
Passform .... (82)
Passlänge .... (63)
Passmaß .... (63)
PIEPER/MARTENS .... *siehe* Platte
Pilzdecke .... *siehe* Platte: punktgestützte -
Plannummer .... (44)
Planung von Bauvorhaben .... **(41)**
   Ausführungsplanung .... (42)
   Baugesuch .... (41)
   Grundlagenermittlung .... (41)

Platte
   Abreißbewehrung .... (107)
   Auflager .... **(192)**, (193)
   Auflagerkraft .... (160)
   Begriffe .... **(84)**
   Belastungsumordnungsverfahren .... (144)
   Bewehrungsführung .... (178), (184)
   Bewehrungsstaffelung .... (168)
   Biegebemessung .... **(104)**, **(167)**, **(219)**
   Differentialgleichung .... (141)
   dreiseitig gelagert .... **(177)**
   Drillbewehrung .... (108)
   Drillmoment .... (108)
   drillsteife - .... (141)
   Durchstanznachweis ..... *siehe* Durchstanznachweis
   einachsig gespannt .... **(84)**
   Einzelmoment .... (91)
   elastisch gebettete - .... **(296)**
   Elementplatte .... *siehe* Elementplatte
   freier Rand .... (107)
   Gleichflächenlast .... (89)
   Isokorb .... (193)
   Kassettenplatte .... *siehe* Rippenplatte
   Konstruktionsregeln .... (**86**), (**106**), (168), (**169**)
   kontinuierlich gestützt .... (84)
   Koordinatensystem .... (147)
   Längsrichtung .... (87), (104), (167)
   Lasteinflussfläche .... (160)
   Linienlast .... (89)
   mehrfeldrige - .... **(144)**
   mit Öffnung .... **(190)**
   Näherungsverfahren .... (144)
   nichtlineares Verhalten .... **(210)**
   Ortsbezeichnung .... (141)
   PIEPER/MARTENS .... (144), (152)
   Plattenecken .... (133)
   Plattentypen .... (85)
   punktgestützte - .... (84), **(212)**
      Auflagerkräfte .... **(219)**
      Begriff .... **(212)**
      Lastabtrag .... **(217)**
      Schnittgrößen .... **(214)**
      Tragverhalten .... **(214)**
      Vorbemessung .... **(247)**
   Querbewehrung .... (105)
   Querdehnzahl .... (88)
   Querkraftbemessung .... **(113)**
   Querkraftdorn .... (193)
   Querrichtung .... (88), (105), (168)
   Rippenplatte .... *siehe* Rippenplatte
   Schnittgrößen .... (**88**), (133), (183)
   Sonderfälle der Bemessung .... **(182)**
   Streifenkreuzverfahren .... **(134)**
   Stützweitenverhältnis .... (144), (152)
   Teilflächenlast .... (89)
   Tragverhalten .... (**86**), (177)

Platte (*Fortsetzung*)
    unterbrochene Stützung
        Bewehrungsführung .... (184)
        Biegebemessung .... (184)
        Querkraftbemessung .... (184)
    vierseitig .... *siehe* Platte, zweiachsig gespannt
Plattenbalken 142
    Begriff 142
    Bemessung
        gegliederte Druckzone 152
        rechteckige Druckzone 148
    Ersatzbreite 157
    Lage der Nulllinie 142
    mitwirkende Plattenbreite **84**, 143
    Profilierung 151
    schwach profilierter - 152
    stark profilierter - 152
Plattengleichung .... (130), (**141**)
Plattensteifigkeit .... (**132**)
Portlandzement 15
Positionierung .... (80)
Positionsnummer .... (47), (64), (72), (75), (77)
Positionsplan
    Darstellung .... (**47**)
    Zweck 102, (**47**)

Q

Querbewehrung **69**, **70**, (105)
Querdehnzahl .... (88), (164)
Querkraftbemessung **175**
    Arbeitsfugen 214
    Aufhängebewehrung **229**
    Bauteil
        konstante Höhe 177
        mit Querkraftbewehrung **191**
        ohne Querkraftbewehrung **182**
        variable Höhe 180
    Bauteilwiderstand 177, 215, 216
    Bemessungswert der Querkraft 177, 215
    Betondruckstrebe 177, 192, 233
    Bewehrungsabstand 198
    Bewehrungsform **228**
    Bogentragwirkung 183
    Dübelwirkung 184
    Durchstanznachweis .... (**221**)
    Einhängebewehrung **229**
    Fachwerkmodell 191
    Fundament .... (285), (292)
        mit Querkraftbewehrung .... (115)
        ohne Querkraftbewehrung .... (114)
    Grundlagen **175**
    Gurte **208**
    Lagerungsart 177
    maßgebende Querkraft 177
    Methode mit wählbarer Druckstrebenneigung 204

Querkraftbemessung (*Fortsetzung*)
    Nachweisverfahren ....
    .... 184, 189, 191, 200, 203, 210, 213
    Platte .... (**113**)
    Querkraftbewehrung 177, 192
    Querkraftdeckung **218**
    Querkraftkomponenten 180
    Rissverzahnung 184
    Standardmethode 203
    Tragverhalten 208, 214
        mit Querkraftbewehrung 191
        ohne Querkraftbewehrung 182
    Voute 180, (64)
    Ziel der Bemessung 175
Querkraftbewehrung
    Bügel 192, 193, (64)
    Höchstwert 197, 198
    Mindestwert 199
    Schrägaufbiegung 192, 223
Querkraftdeckung
    Bügel 219
    Durchstanznachweis .... (235)
    Einschneiden 219
    Schrägaufbiegung 223
    Ziel 218
Querrichtung .... (88), (168)
Querzugspannungen 66

R

Rahmen 336
    Näherungsverfahren zur Schnittgrößenermittlung
    .... **95**
    Rahmenecke .... (332)
    Rahmenknoten .... (334)
    Regeldurchführung des c_o-c_u-Verfahrens 97
Rippenfläche, bezogene - 28
Rippenplatte .... (122)
    Bemessung .... (124)
    Kassettenplatte .... (181)
    Konstruktionsregeln .... (123)
    Längsrippen .... (125)
    Querrippen .... (125)
    Tragverhalten .... (122)
Riss
    abgeschlossene Rissbildung 9, 11, 268
    -abstand 267
    -arten 264
    Biegebemessung 118
    -bildung
        Beeinflussung 265
        Wahrscheinlichkeit 266
        Zeitpunkt 265
    -breite .... *siehe auch* Rissbreitenbeschränkung
        Außenbauteil 264

Riss (*Fortsetzung*)
   -breite (*Fortsetzung*)
      Berechnung
         DIN 1045 275
         EC 2 281
      Beschränkung
         Grundlagen der Rissentwicklung **264**
         Notwendigkeit im Stahlbeton 263
      Definition 263
      Grenzdurchmesser 282
      Grundgleichung 269
      Innenbauteil 264
      zulässige - 264
   Erstrissbildung 7, 11, 268
   infolge Verformung **291**
   Kennzeichen 264
   Ursachen 264
Rissbreitenbeschränkung
   Berechnung
      DIN 1045 275
      EC 2 281
   Erfordernis 263
   Grenzdurchmesser 273, 279
   Grundgleichung 269
   Grundlagen der Berechnung **267**
   Hilfsmittel 286
   Höchstabstand der Bewehrung 280
   Konstruktionsregeln
      DIN 1045 279
      EC 2 284
   Mindestbewehrung 271
   Nachweis
      DIN 1045 .... **275**
      EC 2 .... **281**
   Stabdurchmesser .... (1)
   wirksame Zugzone 270
Rohbauzeichnung .... *siehe* Schalplan
Rost .... *siehe* Stahlkorrosion
Rotation
   plastische .... (**198**)
      Biegung .... (**198**)
      Nachweis .... (**201**)
      Querkraft .... (**200**)
      plastisches Gelenk .... (197)
      zulässige .... (203)
Rüttelgasse
   Abstand 114
   Anordnung 113
   Druckbewehrung 139

S

Sauberkeitsschicht .... (57), (278)
Schalplan 102, (**49**)
   Abkürzungen .... (53), (**55**)
   Achsmaß .... (53)
   Allgemeines .... *siehe auch* Bauzeichnung

Schalplan (*Fortsetzung*)
   Aussparung .... (53)
   Bauteilmaß .... (53)
   Begriff .... (**49**)
   Bemaßung .... (53)
   Bezugshöhe .... (53)
   Darstellung .... (**50**)
   Decke .... (57)
   Einbauteilliste .... (52)
   Fundament .... (57)
   Höhenangabe .... (55)
   Legende .... (**52**)
   Lichtmaß .... (53)
   Linienbreite .... (**51**)
   Nische .... (53)
   Oberflächenstruktur .... (54), (55)
   Schaltechnik .... (**55**)
   Schraffur .... (50)
   Schrifthöhe .... (**52**)
   Stütze .... (57)
   Symbole .... (**55**)
   Treppe .... (57)
   Unterzug .... (57)
Schaltechnik
   Baukosten .... (56)
   Decke .... (57)
   Fundament .... (57)
   Grundsätze .... (**55**)
   Stütze .... (57)
   Treppe .... (57)
   Unterzug .... (57)
Schalungsüberhöhung .... (57)
Scheibe .... *siehe* wandartiger Träger
Schlankheit 331
   Grenz- 332, 342
   kritische - 338
   wandartiger Träger .... (**337**)
Schneideskizze .... *siehe* Betonstahlmatten
Schnittgrößenermittlung
   Elementplatte .... (**121**), (179)
   Fundament
      Einzel- .... (**281**)
      Platte, elastisch gebettet .... (**297**)
      Streifen- .... (**292**)
   Imperfektionen **93**, 328, 344
   linear-elastisches Verfahren 87, 88, 256
   Mindestmoment 90
   Momentenumlagerung 88, 262
   nichtlineare Verfahren 90, (195)
   Plastizitätstheorie 90
   Platten
      einachsig gespannte - .... (**88**)
      punktgestützte - .... (**214**)
      zweiachsig gespannte - .... (**133**)
   punktgestützte Platte .... (**214**)
   Treppen .... (**251**)
   Verfahren 87

Schnittgrößenermittlung (*Fortsetzung*)
    Wand .... (**302**)
    wandartiger Träger .... (**342**)
Schnittlänge .... (81)
Schrägaufbiegung 199, 223, (**236**)
Schriftfeld .... *siehe* Bauzeichnung
Schrifthöhe .... *siehe* Bauzeichnung
Schubmittelpunkt 233
Schubspannung 175, 233
Schweißverbindung 72, 75
Schwerbeton 13
Schwinden 293, 302
Schwingbreite .... *siehe* Ermüdungsnachweis
Setzmaß 16
Setzungsunterschied .... (**275**), (292)
Sicherheitsklasse 103, 104
Spannungen
    Betondruckzone 144, 257
    Eigen- 267
    Haupt- 175
    Zwang- 267
Spannungsbegrenzung
    Beton 257
    Betonstahl 258
    Entfall des Nachweises **262**
    Nachweis **256**
    Voraussetzungen 256
    Ziel **256**
Spannungsblock 26
Spannungs-Dehnungs-Linie 116, 292, 327
    Beton 25
    Betonstahl 30
    Verfestigungsbereich 30
Stabbündel
    ergänzende Regeln 62
    Verankerung 62
    Vergleichsdurchmesser 44
Stabilität
    Kippen 352
    Knicken .... *siehe* Druckglieder
    Nachweis .... *siehe* Druckglieder
Stabwerkmodell
    B-Bereich .... (310)
    Bemessung .... (**313**)
    D-Bereich .... (310)
    D1-Bereich .... (312)
    D2-Bereich .... (343)
    D5-Bereich .... (343)
    D6-Bereich .... (343)
    D7-Bereich .... (344)
    D9-Bereich .... (344)
    D11-Bereich .... (313)
    D12-Bereich .... (313)
    Diskontinuitätsbereich .... (**309**)
    Druckstab .... (314)
    Knoten .... (315)
    Konsole .... *siehe* Konsole

Stabwerkmodell (*Fortsetzung*)
    Lastpfadmethode .... (**311**)
    Modellierung .... (**310**)
    Rahmenecke .... *siehe* Rahmen
    Teilsicherheitsbeiwert .... (313)
    wandartiger Träger ..... *siehe* wandartiger Träger
    Zugstab .... (**315**)
Stahlauszug .... (60), (68), (70)
Stahlbeton
    Dauerhaftigkeit 34, 263
    Eigenschaften **1**
    geschichtliche Zusammenfassung **1**
    Verbundbaustoff **3**
    wasserundurchlässiger Beton 263
Stahlkorrosion 32, 263
Stahlliste 102, (8), (22), (**75**)
statische Berechnung 79, 102
statische Höhe
    Berechnung 113
    Schätzung 114
Steifigkeit
    statisch unbestimmter Konstruktionen 84
    Torsions- 231
Stoß
    Betonstahl 64
    Betonstahlmatten .... (15), (**28**)
    Bewehrungsplan .... (66)
    Höchstwert der Bewehrung 160
    Muffenstoß 51
    Querbewehrung **69, 70**
    Übergreifungslänge 68
Streckgrenze 26, 46, 140
Streifenkreuzverfahren .... (**134**), (216)
Stütze .... *siehe* Druckglieder
Stützung
    fehlende - .... (**183**)
    unterbrochene - .... (**182**), (184)
Stützweite 81, 295, 298
    ideelle 293, 294
    Momentennullpunkt 293
    Treppe .... (251)
St. VENANTsche Torsion 231
Symbole .... *siehe* Bauzeichnung

T

Teilfertigplatte .... *siehe* Elementplatte
Teilflächenbelastung
    Bewehrungsanordnung .... (272)
    D-Bereich .... (312)
    Grundlagen .... (**269**)
    Nachweis
        Druckspannungen .... (**270**)
        Zugspannungen .... (**271**)
Teilsicherheitsbeiwert
    Einwirkungen 107

Teilsicherheitsbeiwert (*Fortsetzung*)
  Ermüdungsnachweis 308, 309, 315, 319
  Fundament .... (274)
  Stabwerkmodell .... (**313**)
  Tragwiderstand 105
tension stiffening .... *siehe* Zugversteifung
Theorie
  I. Ordnung 326
  II. Ordnung 326
Tiefgründung .... (275)
Toleranz .... (38)
Torsionsmomentbemessung
  Bauteilwiderstand 233
  Bemessung nach
    DIN 1045 .... 239, 241
    EC 2 .... 239, 241
  Bemessungsmodell
    Querkraft plus Torsion **240**
    reine Torsion **236**
  Bewehrungsführung 239
  BREDTsche Formel 233
  Fachwerkmodell 236
  Gleichgewichtstorsion 231
  Grundlagen **231**
  Nachweisgrenze 240
  Querkraftbewehrung 233
  Querschnitt
    geschlossen 233
    offen 235
  Querschnittswerte **233**
  Schubmittelpunkt 233
  St. VENANTsche Torsion 231
  Torsionsbügelbewehrung 239
  Torsionsflächenmoment 2. Grades 235
  Torsionslängsbewehrung 239
  Torsionssteifigkeit 231
  Verträglichkeitstorsion 231
Tragelement 79
Trägheitsradius 331
Tragmoment 137
Tragrichtung .... (78)
Tragverhalten
  von Baustoffen 3
  von Stahlbeton unter
    Biegung 10
    Druck 3
    Zug 5
Tragwerke **78**
Tragwerksidealisierung **78**
  Steifigkeit 84, 331
  Stützweite 81
  Systemfindung 79
Tragwerksplanung **78**, **79**, (42)
Tragwerksverformungen
  Einfluss
    Herstellung 328
    Kriechen 329
    Momentenverteilung 327

Tragwerksverformungen (*Fortsetzung*)
  Verbundbaustoff Stahlbeton 327
  Einflussgrößen 327
Tragwiderstand 105, 170
Transport .... (81)
Transportbeton 13
Treppe
  Abmessungen .... (248)
  Auge .... (248)
  Begriffe .... (**248**)
  Bewehrungsführung .... (82)
  Bezeichnungen .... (249)
  Entwurf .... (**248**)
  Lauf .... (248)
  notwendige - .... (248)
  Nutzlast .... (**251**)
  Podest .... (248)
  Schalldämmung .... (262)
  Schaltechnik .... (57)
  Schnittgrößenermittlung .... (**251**)
  Schrittmaßregel .... (249)
  Stufenhöhe .... (57)
  Tragsystem .... (**251**)
  Unterschneidung .... (250)
  Verkehrslasten .... (**251**)
Trockenrohdichte 13

U

Übergreifungsstoß 66, 313, (29), (30)
Überhöhung 291
Umlenkpressung bei Stabkrümmung 48
Umweltbedingung .... *siehe* Expositionsklasse
Umwelteinfluss auf Beton **30**, 263
unbewehrter Beton
  Druckglieder .... (267)
  Fundament .... (**279**)
  Nachweis
    Biegung und Längskraft ...... (265)
    Querkraft .... (268)
  Teilflächenpressung ..... *siehe* Teilflächenpressung
  Tragverhalten .... (**265**)
  Verformungsbeiwert .... (268)
  Wand .... (**306**)
unmittelbare Lagerung 177
Unterstützung, unbeabsichtigte .... (107)

V

Vakuumbeton 19
Verankerungslänge 266
  Bestimmung der -
    DIN 1045 56
    EC 2 63
  Betonstahlmatte .... (27), (**28**)
  Biegeform **57**

Verankerungslänge (*Fortsetzung*)
  Grundmaß 53
  rechnerischer Anfang 252
  Spannungen 44, 54
  Tragwirkung 53
  Verbundspannung **56**
Verbund
  .. 12, 28, 35, 44, 55, 111, 264, 306, 327, (1), (285)
Verbundbaustoff Stahlbeton
  Eigenschaften **3**
  Tragverhalten unter
    Biegung 10
    Druck 3
    Zug 5, (202)
Verbundbereich
  Benennung 55
  Einteilungskriterien 55
Verdichtungsmaß 16
Verformungsbegrenzung **291**
  Berechnung **300**
  Biegeschlankheit **293**
  Durchbiegung 291
  Durchhang 291
  Platte .... (86)
  Rechenwerte 300
  Überhöhung 291
  Verformungen von Stahlbetonbauteilen **292**
  Verformungsberechnung 301
  Verkrümmung 301
  zeitabhängige Verformung 292
Vergleichsdurchmesser 36, 56, 62, (28)
Verkehrslast .... *siehe* Bemessungssituation
Versagen
  Beton 116
  Betonstahl 116
  Grenzdehnung 116
  Zustand 116
Versagensvorankündigung 159
Versagenswahrscheinlichkeit 104, 107
Versatzmaß 193, 250, (106)
Verwahrkasten 51
Verzerrung .... *siehe* Grenzdehnung
Völligkeitsbeiwert 122, 277
Vorbemessung
  Plattenbalken 162
  punktgestützte Platte .... (247)
  Rechteckquerschnitt 161
Vorhaltemaß 35, 37, 39
Voute 180, 182

W

Wand .... *siehe auch* Druckglieder
  aussteifende - .... (301)
  Bemessung
    bewehrte - 315, (303)
    unbewehrte - .... (306)
  bewehrte - .... (301), (303)
  Definition .... (300)
  Dreifachwand .... (308)
  Ersatzlänge .... (302)
  Konstruktionsregeln .... (300)
  Mindestabmessungen 325, (190), (300)
  Mindestbewehrung .... (300)
  Schnittgrößenermittlung .... (302)
  statisches System .... (302)
  Teilfertigwand .... (308)
wandartiger Träger
  AIRYsche Spannungsfunktion .... (342)
  Auflagerkräfte .... (345)
  Auflagerverstärkung .... (340)
  Bemessung .... (345)
  Bewehrungsführung .... (349)
  Definition 111, (337)
  Einfeldsystem .... (339)
  Lagerung .... (340)
  Mehrfeldsystem .... (340)
  Mindestbewehrung .... (345)
  Schnittgrößenermittlung .... (342)
  Stabwerkmodell .... (345)
  Tragverhalten .... (339)
Wassergehalt 16
wasserundurchlässiger Beton 263, (296), (308)
Wasserzementwert 16, 17, 34
Werkstoffgesetz 112
Wind .... *siehe* Bemessungssituation
WÖHLER-Linie 306

Z

Zeitfestigkeitsbereich 307
Zement
  -art 15
  -festigkeitsklasse 15
  -leim 13
Zugabewasser 16
Zugfestigkeit 22, 26, 111, (265)
Zugglied
  Bemessung 165
  Grundlagen 164
Zugkraftdeckung
  bei Platten .... (106)
  Durchführen der - **251**
  Grundlagen **249**
  Versatzmaß 193, 250
  Zugkraftdeckungslinie 253
  Zugkraftlinie 252
Zugversteifung 9, 269
Zugzone 142, 264, 270
Zurückbiegen 50
Zustand I 7, 119, 273, 292, 300
Zustand II 7, 118, 231, 292, 300
Zwang 271

Stahlbetonbau in Beispielen

Avak

Stahlbetonbau in Beispielen
DIN 1045 und Europäische Normung
Teil 2: Bemessung von Flächentragwerken –
Konstruktionspläne für Stahlbetonbauteile
2., neu bearbeitete und erweiterte Auflage 2002.
408 Seiten, 17x24 cm, kartoniert,
€ 30,–/sFr 60,–
ISBN 3-8041-1074-6

Inhalt:

Die Stahlbetongrundnorm DIN 1045 ist in den Teilen 1 bis 4 neu erschienen und wird bauaufsichtlich eingeführt. Sie ist damit die neue Regelbemessungsvorschrift in Deutschland. DIN 1045 baut auf der europäischen Vornorm Eurocode 2 auf. In diesem Buch werden die neuen Bemessungsverfahren für beide Regelwerke kcmplett dargestellt. Das Buch wendet sich an Studierende des Bauingenieurwesens und gleichermaßen an Bauingenieure in der Praxis.

Te l 2 erweitert die im ersten Teil angesprochenen Themen zu einer Basisdokumentation über Stahlbeton. Die erläuterten Grundlagen werden in zahlreichen Zahlenbeispielen angewendet.

„Stahlbetonbau in Beispielen" ist so konzipiert, dass die Kenntnisse leicht im Selbststudium erarbeitet werden können. Es eignet sich auch als Repetitorium zur Prüfungsvorbereitung.

Inhaltsübersicht:

Bewehren mit Betonstahlmatten • Grundlagen der Konstruktion • Schalpläne und Rohbauzeichnungen • Bewehrungspläne • Einachsig gespannte Massivplatten • Zweiachsig gespannte kontinuierlich gestützte Massivplatten • Sonderfälle der Plattenbemessung • Nichtlineare Nachweisverfahren • Punktgestützte Platten • Treppen • Unbewehrter Beton • Fundamente • Wände • Stabwerkmodelle • Wandartige Träger

Autor:

Univ.-Prof. Dr.-Ing. Ralf Avak, Leiter des Lehrstuhls für Massivbau der Brandenburgischen Technischen Universität Cottbus

Zu beziehen über Ihre Buchhandlung oder direkt beim Verlag.

Wolters Kluwer Deutschland GmbH
Niederlassung Neuwied · Postfach 23 52 · 56513 Neuwied
Telefon 02631 8012-222 · Telefax 02631 8012-223
www.wolters-kluwer.de · www.werner-verlag.de
E-Mail info@wolters-kluwer.de

WERNER VERLAG
Eine Marke von Wolters Kluwer Deutschland